# 绿色低碳

## 新型数据中心技术应用手册

李克民◎主编　王浩宇◎副主编

人民邮电出版社
北京

图书在版编目（CIP）数据

绿色低碳新型数据中心技术应用手册 / 李克民主编
. -- 北京 : 人民邮电出版社，2023.9
ISBN 978-7-115-62409-3

Ⅰ. ①绿… Ⅱ. ①李… Ⅲ. ①数据处理中心－研究
Ⅳ. ①TP308

中国国家版本馆CIP数据核字(2023)第143209号

## 内 容 提 要

在建设新型数据中心的过程中，利用新能源、新技术加速实现节能减排，提升算力服务水平，赋能数据中心产业的节能低碳绿色发展。

本书解读了国家关于绿色低碳新型数据中心政策与节能发展要求，详细介绍了新型数据中心规划、设计和建设的要求以及旧机房 DC 化重构的整体思路和新技术应用案例，突出新型数据中心智能化管理平台的框架和实现方案以及低碳节能维护管理的基本要素，重点分析了电源系统和空调系统的低碳节能维护要点与管理体系以及新技术应用案例，体现了数据中心赋能经济社会。

本书是信息通信基础设施低碳节能技术的总结和新建局站节能的指南，可供数据中心工程设计、建设施工、运营管理的人员以及系统集成、智慧建筑、IT 等行业的技术人员参考和阅读，也可作为大中专院校相关专业师生的参考用书。

◆ 主　　编　李克民
副 主 编　王浩宇
责任编辑　王建军
责任印制　马振武
◆ 人民邮电出版社出版发行　　北京市丰台区成寿寺路 11 号
邮编　100164　　电子邮件　315@ptpress.com.cn
网址　https://www.ptpress.com.cn
涿州市般润文化传播有限公司印刷
◆ 开本：775×1092　1/16
印张：27　　　　2023 年 9 月第 1 版
字数：450 千字　　　　2023 年 9 月河北第 1 次印刷

定价：229.00 元

读者服务热线：(010)81055493　印装质量热线：(010)81055316
反盗版热线：(010)81055315
广告经营许可证：京东市监广登字 20170147 号

# 编委会

任　凯　中国联合网络通信集团有限公司

侯永涛　中讯邮电咨询设计院有限公司

高　波　中国信息通信研究院

贾　骏　中国信息通信研究院

赖世能　中国电信集团电源支撑中心

张燕琴　中国联合网络通信有限公司研究院

李程贵　中国移动通信集团内蒙古有限公司

李国宏　中电信量子信息科技集团有限公司北京分公司

李宝宇　华为数字能源技术有限公司

张长岭　中兴通讯股份有限公司

徐志炜　苏州安瑞可信息科技有限公司

顾遵正　苏州安瑞可信息科技有限公司

张　华　北京海悟技术有限公司

张兆明　北京海悟技术有限公司

田青春　科华数据股份有限公司

王继鸿　南京佳力图机房环境技术股份有限公司

张炳华　北京秦淮数据有限公司

王　舜　北京秦淮数据有限公司

郭改英　澳蓝（福建）实业有限公司

苏礼华　深圳市杭金鲲鹏数据技术有限公司

董　捷　理士国际技术有限公司

谢宗强　上海良信电器股份有限公司

付真海　上海良信电器股份有限公司

李镇杉　广东美的暖通设备有限公司

曾旭东　联方云天科技（北京）有限公司

姚燕家　突破电气（天津）有限公司

余　强　突破电气（天津）有限公司

严锦程　新疆华奕新能源科技有限公司

吴建雨　德森云阀科技（江苏）有限公司

王　锋　德森云阀科技（江苏）有限公司

李慧燕　上海莫秋环境技术有限公司

丁卫明　上海莫秋环境技术有限公司

白霄桦　宁波科博通信技术有限公司

吴任国　纳尔科（中国）环保技术服务有限公司

周青松　中塔新兴通讯技术集团有限公司

（排名不分先后）

# 前言 PREFACE

数据是我国基础战略性资源和重要生产要素。加快构建全国一体化大数据中心协同创新体系，是我国重大的战略部署。以深化数据要素市场化配置改革为核心，优化数据中心建设布局，推动算力、数据、应用资源集约化和服务化创新，对全面支撑各行业数字化升级和产业数字化转型具有重要意义。

当前，要以加快我国数据强国建设为目标，强化数据中心、数据资源的统筹和要素流通，加快培育新业态新模式，引领我国数字经济高质量发展。要优化数据中心基础设施建设布局，加快实现数据中心集约化、规模化、绿色发展，形成"数网"体系，使数据安全保障能力稳步提升。要推动完善绿色数据中心标准体系，引导清洁能源开发应用，加快推广应用先进节能技术，提高能源利用效率。

要深化大数据应用创新。要以引领全球云计算、大数据、人工智能、区块链发展为长远目标。

为了加快我国数据强国建设，工业和信息化部印发了《新型数据中心发展三年行动计划（2021—2023 年）》，提出新型数据中心是以支撑经济社会数字转型、智能升级、融合创新为导向，运用绿色低碳技术、具备安全可靠能力、提供高效算力服务、赋能千行百业应用的新型基础设施。传统数据中心要加速与互联网、云计算的融合发展，加快向新型数据中心的演进。主要目标是用 3 年的时间，基本形成布局合理、技术先进、绿色低碳、算力规模与数字经济增长相适应的新型数据中心发展格局。关于新型数据中心的可靠性，提出要增强防火、防雷、防洪、抗震等保护能力，强化供电、制冷等基础设施系统的可用性，提高新型数据中心及业务系统整体可靠性。

中国通信企业协会为了积极响应和落实工业和信息化部的通知，部署行业专家组织编写《绿色低碳新型数据中心技术应用手册》一书，为的是引导电信运营企业，不仅要把在线运行的数据中心使用好、维护好，还要发展好，按照新型数据中心可靠性的要求，增强防火、防雷、防洪、抗震等保护能力，强化供电、制冷等基础设施系统的可用性。

我国三大基础电信运营商对在线运行的数据中心使用好、维护好、发展好一向非常重视，投入了大量的人力、物力和财力，并取得了良好的业绩。本书以总结运营商的技术先进、效果显著、可推广、可复制的成功经验为主体，以便引领更多数据中心向新型数据中心快速顺利发展。

本书之所以称为《手册》，是因为本书聚焦于技术应用。基础电信运营商对数据中心基础设施的每一项技术改造，都是要经过反复论证的，因为每一处数据中心布局的具体场景都千差万别，要想收到绿色创新发展的实效，必须提升技术的适应性。本书汇集的技术应用实例，都是在线运行的成功之举。本书可作为新型数据中心建设和传统数据中心向新型数据中心演进时选型评估的依据。

本书编委会由三大基础电信运营商的运维高管和技术骨干、研究院和设计院的专家、行业知名专家和装备制造商的技术专家组成。这本书是运维专业集体智慧的结晶，在此向参编人员深表感谢！由于我们水平有限，书中错误疏漏之处在所难免，敬请读者批评指正。

《绿色低碳新型数据中心技术应用手册》编委会

2023 年 2 月

# 目 录 CONTENTS

第 1 章

# 绿色低碳新型数据中心政策解读与节能发展要求

## 1.1 绿色低碳新型数据中心定义

### 1.1.1 数据中心定义

根据数据中心相关标准规范，数据中心可以从实体形式和业务形式两个角度定义。

实体形式的数据中心被定义为由信息设备场地（机房）、其他基础设施、信息系统软硬件、信息资源（数据）、人员及相应的规章制度组成的实体。

业务形式的数据中心被定义为向用户提供资源出租基本业务和有关附加业务、在线提供IT应用平台能力租用服务和应用软件租用服务的场所，用户通过使用数据中心的业务和服务实现自身对外的业务和服务。互联网数据中心以电子信息系统机房设施为基础，拥有互联网出口，由机房基础设施、网络系统、资源系统、业务系统、管理系统和安全系统组成。

### 1.1.2 绿色低碳新型数据中心定义及要求

数据中心行业蓬勃发展，规模迅速增长，在推动社会经济发展、促进传统产业转型升级、服务社会民生等方面发挥着越来越重要的作用。但同时其耗电量也急剧增加，受到各方重视。2020 年，国内数据中心的用电量已超过 2000 亿千瓦时，相当于燃烧 6000 万吨标煤，占全国用电总量的 2.7%。2030 年，国内数据中心的用电量将超过 4000 亿千瓦时，用电量占比也将上升到 3.7%。同时，已投入运营的数据中心的能效利用率较低，电能利用效率（Power Usage Effectiveness，PUE）值普遍高于 1.5，甚至超过 2.0。

根据 T/CIE 049A—2020《绿色数据中心评估准则》的定义，绿色数据中心是指在全生命周期内，在确保信息系统及其支撑设备安全、稳定、可靠运行的条件下，可实现能源、资源利用最大化和环境影响最小化的数据中心。

工业和信息化部、国家发展和改革委员会、商务部、国家机关事务管理局等 6 个部门每年组织开展国家绿色数据中心推荐工作，根据 2022 年 11 月发布的 2022 年度国家绿色数据中心评价指标体系，从能源高效利用、绿色低碳发展、科学布局及集约建设、算力资源高效利用 4 个方面的 15 个指标进行综合评价。国家绿色数据中心评价指标见表 1-1。

零碳数据中心是在确保数据中心功能和安全标准的同时，从供能侧、用能侧、碳抵消侧和上下游供应链等多个维度着手，采用多种可持续能源供应方式、全生命周期绿色数据中心技术应用等手段，在数据中心尽可能实现低碳绿色发展的基础上，充分利用碳排放抵消技术，实现数据中心节能目标。

表1-1 国家绿色数据中心评价指标

| 序号 | 指标 | 权重分值 |
|---|---|---|
| 一、能源高效利用 | | |
| 1 | 电能利用效率 | 40 |
| 2 | 可再生能源利用水平 | 10 |
| 3 | 单位信息流量综合能耗下降水平 | 2 |
| 4 | 能源利用智慧管控水平 | 7 |
| 5 | 余热余冷利用水平 | 4 |
| 二、绿色低碳发展 | | |
| 6 | 水资源利用水平 | 5 |
| 7 | 绿色采购水平 | 5 |
| 8 | 绿色运维水平 | 5 |
| 9 | 绿色化改造提升情况 | 3 |
| 10 | 绿色公共服务水平 | 3 |
| 三、科学布局及集约建设 | | |
| 11 | 科学布局水平 | 3 |
| 12 | 集约建设水平 | 3 |
| 四、算力资源高效利用 | | |
| 13 | 机柜资源利用水平 | 4 |
| 14 | 算力负荷利用水平 | 3 |
| 15 | 网络资源利用水平 | 3 |

## 1.2 新型数据中心低碳节能相关政策

### 1.2.1 国家层面的政策

国家一直高度重视数字经济、数据中心和节能降碳工作。

2022 年 10 月，中国共产党召开第二十次全国代表大会，党的二十大报告指出，十年来，我国建成世界最大的高速铁路网、高速公路网，机场、港口、水利、能源、信息等基础设施建设取得重大成就。基础研究和原始创新不断加强，一些关键核心技术实现突破，战略性新兴产业发展壮大，载人航天、探月探火、深海深地探测、超级计算机、卫星导航、量子信息、核电技术、新能源技术、大飞机制造、生物医药等取得重大成果，进入创新型国家行列。互联网上网人数达 10.3 亿人。在《国民经济和社会发展第十四个五年规划和 2035 年远景目标纲要》中提出，我国将建成现代化经济体系，形成新发展格局，基本实现新型工业化、信息化、城镇化、农业现代化。推进新型工业化，加快建设制造强国、质量强国、航天强国、交通强国、网络强国、数字中国。推动战略性新兴产业融合集群发展，构建新一代信息技术、人工智能、生物技术、新能源、新材料、高端装备、绿色环保等一批新的增长引擎。加快发展物联网，建设高效顺畅的流通体系，降低物流成本。加快发展数字经济，促进数字经济和实体经济深度融合，打造具有国际竞争力的数字产业集群。优化基础设施布局、结构、功能和系统集成，构建现代化基础设施体系。

随着国家一系列政策的相继颁布，在“新基建”“东数西算”等多重战略的全力推进下，数据中心作为基础设施的需求将适度超前并有序发展，绿色、低碳将成为数据中心的高质量可持续发展战略。通过创新节能技术提升设备的能效，充分利用可再生能源降低碳排放，进而推动数据中心作为数字化新基建的基础性支撑作用。国家对数据中心的政策要求见表 1-2。

表1-2 国家对数据中心的政策要求

| 时间 | 发布部门 | 政策 | 内容 |
|---|---|---|---|
| 2013年8月 | 国务院 | 《关于促进信息消费扩大内需的若干意见》 | 持续推进电信基础设施共建共享，统筹互联网数据中心等云计算基础设施布局 |
| 2015年1月 | 国务院 | 《关于促进云计算创新发展培育信息产业新业态的意见》 | 云计算数据中心区域布局初步优化，新建大型云计算数据中心PUE值低于1.5 |
| 2015年5月 | 国务院 | 《关于加快高速宽带网络建设推进网络提速降费的指导意见》 | 着力提高光纤宽带的覆盖范围，鼓励有条件的地区推广高带宽接入服务 |
| 2015年8月 | 国务院 | 《促进大数据发展行动纲要 》 | 从政府大数据、新兴产业大数据、安全保障体系3个方面着手推进大数据领域十大工程建设。要全面推进大数据发展和应用，加快政府数据开放共享，深化大数据在各行业中的创新应用，通过建设数据强国，提升政府治理能力，推动经济转型升级 |
| 2015年10月 | 党中央 | 《十八届五中全会公报》 | 提出实施网络强国战略和国家大数据战略，拓展网络经济空间，促进互联网和经济社会融合发展，支持基于互联网的各类创新 |
| 2016年3月 | 全国人大 | 《中华人民共和国国民经济和社会发展第十三个五年规划纲要》 | 提出把大数据作为基础性战略资源，全面实施促进大数据发展行动，加快推动数据资源共享开放和开发应用，助力产业转型升级和社会治理创新 |
| 2016年12月 | 国务院 | 《“十三五”国家信息化规划》 | 要求充分利用现有设施，统筹规划大型、超大型数据中心在全国适宜地区布局，有序推动绿色数据中心建设。超前布局、集约部署云计算数据中心、内容分发网络、物联网设施，实现应用基础设施与带宽网络优化匹配、有效协同。支持采用可再生能源与节能减排技术建设绿色云计算数据中心 |

（续表）

| 时间 | 发布部门 | 政策 | 内容 |
|---|---|---|---|
| 2017年6月 | 全国人大 | 《中华人民共和国网络安全法》 | 从法律上保障了人民群众在网络空间的利益，明确了网络空间主权的原则以及网络产品和服务提供者的安全义务，明确了网络运营者的安全义务，进一步完善了个人信息保护规则，建立了关键信息基础设施安全保护制度，确立了关键信息基础设施重要数据跨境传输的规则，在网络安全史上具有里程碑意义 |
| 2017年10月 | 党中央 | 《十九大工作报告》 | 进一步提出要建设网络强国、数字中国、智慧社会，推动互联网、大数据、人工智能和实体经济深度融合 |
| 2021年3月 | 全国人大 | 《国民经济和社会发展第十四个五年规划和2035年远景目标纲要》 | 明确将新型基础设施作为我国现代化基础设施体系的重要组成部分，要求统筹推进传统基础设施和新型基础设施建设，打造系统完备、高效实用、智能绿色、安全可靠的现代化基础设施体系 |
| 2022年1月 | 国务院 | 《“十四五”数字经济发展规划》 | 推进云网协同和算网融合发展。在京津冀、长三角、粤港澳大湾区、成渝地区双城经济圈、贵州、内蒙古、甘肃、宁夏等地区布局全国一体化算力网络国家枢纽节点，建设数据中心集群。加快实施“东数西算”工程，推进云网协同发展 |
| 2022年10月 | 党中央 | 《二十大工作报告》 | 加快发展数字经济，促进数字经济和实体经济深度融合，打造具有国际竞争力的数字产业集群。优化基础设施布局、结构、功能和系统集成，构建现代化基础设施体系 |

### 1.2.2 行业层面的政策

围绕国家加快数字经济和新基建建设、东数西算优化布局等宏观政策，工业和信息化部、国家发展和改革委员会等部委积极发布了一系列配套政策保驾护航。总体来看，从 2012 年开始，国家积极鼓励发展数字经济和数据中心，推进大型、超大型数据中心布局，并鼓励数据中心在各个领域的应用。2017 年以后，相关政策更加科学合理，强调绿色节能和科学布局，逐步提高对PUE值等指标的要求。2022 年年初正式启动“东数西算”工程，国家将进一步优化数据中心建设布局，促进东、西部协同联动，推进数据中心一体化建设工作绿色有序发展。各部委对数据中心的政策要求见表 1-3。

表1-3 各部委对数据中心的政策要求

| 时间 | 发布部门 | 政策 | 内容 |
|---|---|---|---|
| 2018年7月 | 工业和信息化部 | 《推动企业上云实施指南（2018—2020年）》 | 支持企业上云，推动企业加快数字化、网络化、智能化转型，提高创新能力、业务实力和发展水平促进互联网、大数据、人工智能与实体经济深度融合，加快现代化经济体系建设 |

（续表）

| 时间 | 发布部门 | 政策 | 内容 |
| --- | --- | --- | --- |
| 2019年1月 | 工业和信息化部、国家机关事务管理局、国家能源局 | 《关于加强绿色数据中心建设的指导意见》 | 建立健全绿色数据中心标准评价体系和能源资源监管体系，打造一批绿色数据中心先进典型，形成一批具有创新性的绿色技术产品、解决方案，培育一批专业第三方绿色服务机构。到2022年，数据中心平均能耗基本达到国际先进水平，新建大型、超大型数据中心的电能使用效率值达到1.4以下，高能耗老旧设备基本淘汰，水资源利用效率和清洁能源应用比例大幅提升，废旧电器电子产品得到有效回收利用 |
| 2019年6月 | 国家发展和改革委员会、工业和信息化部 | 《绿色高效制冷行动方案》 | 要求大幅度提高制冷产品能效标准水平，强制淘汰低效制冷产品，落实《绿色产业指导目录》，推动政策、资金向绿色产业倾斜。加强制冷领域节能改造，重点支持中央空调节能改造、数据中心制冷系统能效提升；鼓励使用液冷服务器、热管背板、间接式蒸发冷却、行级空调、自动喷淋等高效制冷系统，因地制宜采用自然冷源等制冷方式，推动与机械制冷高效协同，大幅提升数据中心能效水平 |
| 2020年3月 | 工业和信息化部 | 《关于推动工业互联网加快发展的通知》 | 统筹发展与安全，推动工业互联网在更广范围、更深程度、更高水平上融合创新，培植壮大经济发展新动能，支撑实现高质量发展。建设工业互联网大数据中心。加快国家工业互联网大数据中心建设，鼓励各地建设工业互联网大数据分中心 |
| 2020年12月 | 国家发展和改革委员会、国家互联网信息办公室、工业和信息化部、国家能源局 | 《关于加快构建全国一体化大数据中心协同创新体系的指导意见》 | 到2025年在全国范围内数据中心形成布局合理、绿色集约的基础设施一体化格局。东西部数据中心实现结构性平衡，大型、超大型数据中心运行电能利用效率降到1.3以下。数据中心集约化、规模化、绿色化水平显著提高，使用率明显提升 |
| 2020年12月 | 工业和信息化部 | 《工业互联网创新发展行动计划（2021—2023年）》 | 到2023年，覆盖各地区、各行业的工业互联网网络基础设施初步建成，在10个重点行业打造30个5G全连接工厂。标识解析体系创新赋能效应凸显，二级节点达到120个以上。打造3～5个具有国际影响力的综合型工业互联网平台。基本建成国家工业互联网大数据中心体系，建设20个区域级分中心和10个行业级分中心 |
| 2021年4月 | 工业和信息化部 | 《关于开展2021年工业节能监察工作的通知》 | 数据中心能效专项监察工作手册中指出，按照GB/T 32910.3—2016《数据中心资源利用第3部分：电能能效要求和测量方法》、YD/T 2543—2013《电信互联网数据中心（IDC）的能耗测评方法》等标准，核算PUE实测值，检查能源计量器具配备情况 |

（续表）

| 时间 | 发布部门 | 政策 | 内容 |
|---|---|---|---|
| 2021年5月 | 国家发展和改革委员会、国家与联网信息办公室、工业和信息化部、国家能源局 | 《全国一体化大数据中心协同创新体系算力枢纽实施方案》 | 在京津冀、长三角、粤港澳大湾区、成渝，以及贵州、内蒙古、甘肃、宁夏等地布局建设全国一体化算力网络国家枢纽节点，发展数据中心集群；加快实施“东数西算”工程，提升跨区域算力调度水平 |
| 2021年7月 | 工业和信息化部 | 《新型数据中心发展三年行动计划（2021—2023年）》 | 要求统筹推进新型数据中心发展，构建以新型数据中心为核心的智能算力生态体系 |
| 2021年10月 | 国家发展和改革委员会、工业和信息化部、生态环境部、国家市场监督管理总局、国家能源局 | 《关于严格能效约束推动重点领域节能降碳的若干意见》 | 鼓励重点行业利用绿色数据中心等新型基础设施实现节能降耗。新建大型、超大型数据中心电能利用效率不超过1.3。到2025年，数据中心电能利用效率普遍不超过1.5 |
| 2021年11月 | 工业和信息化部 | 《“十四五”信息通信行业发展规划的通知》 | 数据中心算力：2025年达到300每秒百亿亿次浮点计算，2020—2025年CAGR达到27%。新建大型和超大型数据中心运行PUE值，2025年小于1.3。通信网络终端连接数：到2025年达到45亿个，2020—2025年CAGR达到7% |
| 2022年2月 | 国家发展和改革委员会、国家互联网信息办公室、工业和信息化部、国家能源局 | 同意启动建设八大国家算力枢纽节点 | “东数西算”工程正式启动，在京津冀地区、长三角地区、粤港澳大湾区、成渝地区、内蒙古、贵州、甘肃、宁夏启动建设国家算力枢纽节点，并规划了10个国家数据中心集群 |
| 2022年8月 | 工业和信息化部、国家发展和改革委员会、财政部、生态环境部、住房和城乡建设部、国务院国有资产监督管理委员会、国家能源局 | 《信息通信行业绿色低碳发展行动计划（2022—2025年）》 | 推进绿色数据中心建设，推动绿色集约化布局。加大先进节能节水技术应用。提高IT设施能效水平。推动通信机房绿色改造。到2025年，全国新建大型、超大型数据中心PUE值降到1.3以下 |

### 1.2.3 “东数西算”国家算力枢纽节点建设要求

2022 年 2 月，国家发展和改革委员会等四部委联合印发通知，同意在京津冀、长三角、粤港澳大湾区、成渝、贵州、内蒙古、甘肃、宁夏启动建设国家算力枢纽节点，并规划了 10 个国家数据中心集群，“东数西算”工程正式全面启动。“东数西算”国家数据中心集群起步区要实现数据中心平均上架率不低于 65%，东部枢纽PUE值控制在 1.25 以内，西部为 1.2 以内。“东数西算”八大国家算力枢纽节点建设要求见表 1-4。

表1-4 “东数西算”八大国家算力枢纽节点建设要求

<table>
<tr><th>类别</th><th>八大枢纽</th><th>十大集群</th><th>起步区</th><th>上架率</th><th>PUE值</th></tr>
<tr><td rowspan="6">“东数”</td><td>京津冀地区</td><td>张家口数据中心集群</td><td>张家口怀来县、张北县、宣化区</td><td rowspan="10">＞65%</td><td rowspan="6">＜1.25</td></tr>
<tr><td rowspan="2">长三角地区</td><td>芜湖数据中心集群</td><td>芜湖鸠江区、弋江区、无为市</td></tr>
<tr><td>长三角生态绿色一体化发展示范区数据中心集群</td><td>上海青浦区、苏州吴江区、嘉兴嘉善县</td></tr>
<tr><td>粤港澳大湾区</td><td>韶关数据中心集群</td><td>韶关高新区</td></tr>
<tr><td rowspan="2">成渝地区</td><td>重庆数据中心集群</td><td>两江新区水土新城、西部科学城璧山片区、重庆经开区</td></tr>
<tr><td>天府数据中心集群</td><td>成都双流区、郫都区、简阳市</td></tr>
<tr><td rowspan="4">“西算”</td><td>内蒙古</td><td>和林格尔数据中心集群</td><td>和林格尔新区、集宁大数据产业园</td><td rowspan="4">＜1.2</td></tr>
<tr><td>贵州</td><td>贵安数据中心集群</td><td>贵安新区电子信息产业园</td></tr>
<tr><td>甘肃</td><td>庆阳数据中心集群</td><td>庆阳西峰数据信息产业集聚区</td></tr>
<tr><td>宁夏</td><td>中卫数据中心集群</td><td>中卫工业园西部云基地</td></tr>
</table>

“东数西算”作为国家的又一个重大的跨区资源调配工程，在推动数据中心合理布局、优化供需、绿色集约和互联互通等方面具有重要的战略意义。“东数西算”工程通过构建全国一体化大数据中心体系，有利于提升国家整体算力水平，促进绿色发展，扩大有效投资，推动区域协调发展，这既是推进我国数字经济高质量发展的关键举措，又是我国在新型基础设施领域建设全国统一大市场的率先探索。

对于京津冀、长三角、粤港澳大湾区、成渝等用户规模较大、应用需求强烈的节点，重点统筹好城市内部和周边区域的数据中心布局，实现大规模算力部署与土地、用能、水、电等资源的协调可持续，优化数据中心供给结构，扩展算力增长空间，满足重大区域发展战略实施需要。

对于贵州、内蒙古、甘肃、宁夏等可再生能源丰富、气候适宜、数据中心绿色发展潜力较大的节点，重点提升算力服务品质和利用效率，充分发挥资源优势，夯实网络等基础保障，积极承接全国范围内需要进行后台加工、离线分析、存储备份等的非实时算力需求，打造面向全国的非实时性算力保障基地。

对于国家枢纽节点以外的地区，重点推动面向本地区业务需求的数据中心建设，加强对数据中心的绿色化、集约化管理，打造具有地方特色、服务本地、规模适度的算力服务。加强与邻近国家枢纽节点的网络连通。后续，根据发展需要，适时增加国家枢纽节点。

“东数西算”工程的实施有4个重要意义。一是有利于提升国家整体算力水平。通过全国一体化的数据中心布局建设，扩大算力设施规模，提高算力使用效率，实现全国算力规模化集约化发展。二是有利于促进绿色发展。加大数据中心在西部布局，将大幅提升绿色能源的使用比例，就近消纳西部绿色能源，同时通过加大自然冷源利用、技术创新、以大换小、低碳发展等措施，持续优化数据中心能源的使用效率。三是有利于扩大有效投资。数据中心产业链条长、投资规模大，带动效应强。通过算力枢纽和数据中心集群建设，有力带动产业上下游投资。四是有利于推动区域协调发展。通过算力设施由东向西布局，带动相关产业有效转移，促进东、西部数据流通，价值传递，拓展东部发展空间，推进西部大开发形成新格局。

国家对“东数西算”枢纽节点数据中心的PUE值提出了严格要求，因此我们在数据中心规划建设中要积极应用节能新技术，根据不同的区域条件有针对性地选择合适的节能技术组合模型，以满足可靠性为前提，在成熟技术的基础上进行优化，做到既节能又不影响可靠性。

## 1.3 新型数据中心低碳节能发展要求

与传统数据中心相比，新型数据中心具有高技术、高算力、高能效等特征。《新型数据中心发展三年行动计划（2021—2023 年）》强化了新型数据中心的利用率、算力规模、能效水平等反映数据中心绿色发展的指标。到 2023 年年底，全国数据中心平均利用率力争提升到 60% 以上；在算力规模方面，总算力规模超过 200EFLOPS[1]，高性能算力占比达到 10%；在能效水平方面，新建大型及以上数据中心 PUE 值降到 1.3 以下，严寒和寒冷地区力争降到 1.25 以下。

在提出新型数据中心之前，信息通信行业就在大力发展新型基础设施建设的同时，着力研究绿色低碳技术及高效节能产品应用。从电信运营商到互联网企业，它们在大规模开展数字赋能的同时，也在积极蓄力绿色可持续发展总体布局。从设备制造商来看，构建健康的绿色产业链将成为推动企业跻身行业先进梯队的直接因素，这也对数据中心高效供电、先进制冷、新型储能、绿色用能等相关产品提出了更高的要求。在管理与金融方面，新型数据中心也在通过建立绿色应用管理制度及内部碳定价制度来促进业务升级与可持续发展，实现深度绿色化转型。同时，绿色电力及交易市场的建立和完善，进一步激发了数据中心使用绿色能源及降低碳排放的积极性。

那么，如何在整个信息通信行业掀起绿色可持续发展的风潮？又如何带动新型数据中心在行业风口上持续彰显其独特地位？标准化工作首当其冲，因为只有对该行业的绿色发展进行明确要求，才可以在能效提升、可再生能源大规模应用、算力优化等方面持续输出最佳方案。

1 FLOPS（Floating-point Operations Per Second，每秒浮点操作数）。

### 1.3.1 新型数据中心低碳节能发展国家标准

GB 40879—2021《数据中心能效限定值及能效等级》于2021年10月11日发布，2022年11月1日正式实施，该标准对我国新建及改扩建的数据中心的能效等级要求、技术要求进行了明确说明，并给出统计范围、测试与计算方法。其中，在PUE值方面，分成了3个等级，分别为1.2、1.3和1.5。同时，对数据中心整体、各类型基础设施、IT设备的能耗采集方法进行了详细的描述及计算指导，这对未来新型数据中心大规模承载数字化转型业务及新一代信息技术应用发展所带来的能耗及能效变化形成了有效且一致的测量标准。

在推荐性标准上，国家也在逐步推进绿色化发展在新型数据中心上的应用进程。GB/T 32910.4—2021《数据中心 资源利用 第4部分：可再生能源利用率》于2021年11月1日正式实施，其中给出了可再生能源利用率这一重要定义，并且提出了相应的计算公式、核算边界、披露值要求等。

GB/T 37779—2019《数据中心能源管理体系实施指南》于2020年3月1日实施，依据数据中心设计、建造和运维的特点，对数据中心实施能源管理体系的策划、实施、检查等过程进行了重点阐述。该标准也明确提出了对于余热余能回收利用的划分问题，此方面也是国家对未来新建数据中心，尤其是承载“互联网+”行业的新型数据中心绿色发展的核心方向之一。同时，该标准也对能源管理者、企业用能管理者提出具体的管理要求，对能源评审、信息披露等给出了详细的可参考流程，为今后大规模开展新型数据中心绿色低碳评价、试点示范相关工作提供了基础文件参考。

GB/T 36448—2018《集装箱式数据中心机房通用规范》对一体集装箱式及分体集装箱式数据中心IT设备、制冷系统、供配电系统、综合监控系统等提出了具体结构、安装及功能要求。此类型数据中心与行业内先进的微模块数据中心有一定的相似之处，均是以拼装组合、即插即用为特点，适用于各种规模需求的数据中心建设。对于部署在边缘侧的数据中心，此类型数据中心可以很好地适应业务的流转，同时可以快速替换故障系统，使系统减少对人工的运维需求，同时面向各类极端天气，安全性和稳定性更高。

GB/T 34982—2017《云计算数据中心基本要求》于2018年5月1日实施，云计算数据中心是新型数据中心的重要组成部分。对于云计算数据中心的计算存储功能、绿色低碳应用，该标准进行了较为详细的说明。在电力设施和制冷设施两个方面，标准对优先采用节能环保型的设备提出了要求。在计算、存储、网络功能方面，标准对虚拟化管理配置、高扩展性、动态调整CPU、网络资源隔离、云存储、生命周期管理提出了相应的要求。

GB/T 32910.2—2017《数据中心 资源利用 第2部分：关键性能指标设置要求》于

2018 年 2 月 1 日实施。该标准建立了系统性的数据中心关键性能指标，包括电能适用效率、可再生能源利用率、制冷负载因子、供电负载因子、数据中心基础设施效率、局部电能适用效率、水资源适用效率、碳适用效率、能源再利用效率、IT 设备能源使用效率、IT 设备利用率。

### 1.3.2 新型数据中心低碳节能发展行业 / 团体 / 地方标准

通信行业标准近几年着重于数据中心、通信基站、IT 设备的节能设计、低碳应用等规划布局，因此对新型数据中心的发展脉络把握十分精准，也推动了若干相关标准的制定。新型数据中心绿色发展相关近 5 年行业典型标准汇总见表 1-5。

表1-5　新型数据中心绿色发展相关近5年行业典型标准汇总

| 标准号 | 标准名称 |
|---|---|
| YD/T 4049—2022 | 绿色设计产品评价技术规范 服务器 |
| YD/T 4048—2022 | 通信制造业绿色供应链管理评价细则 |
| YD/T 4024—2022 | 数据中心液冷服务器系统总体技术要求和测试方法 |
| YD/T 4023—2022 | 微模块数据中心能效比（PUE）测试规范 |
| YD/T 4006—2022 | 信息通信用10kV交流输入的直流不间断电源系统 |
| YD/T 3983—2021 | 数据中心液冷服务器系统能源使用效率技术要求和测试方法 |
| YD/T 3982—2021 | 数据中心液冷系统冷却液体技术要求和测试方法 |
| YD/T 3981—2021 | 数据中心喷淋式液冷服务器系统技术要求和测试方法 |
| YD/T 3980—2021 | 数据中心冷板式液冷服务器系统技术要求和测试方法 |
| YD/T 3979—2021 | 数据中心浸没式液冷服务器系统技术要求和测试方法 |
| YD/T 3838—2021 | 通信制造业绿色工厂评价细则 |
| YD/T 3823—2021 | 整机柜服务器散热子系统技术要求 |
| YD/T 3767—2020 | 数据中心用市电加保障电源的两路供电系统技术要求 |
| YD/T 2435.4—2020 | 通信电源和机房环境节能技术指南 第4部分：空调能效分级 |
| YD/T 2435.3—2020 | 通信电源和机房环境节能技术指南 第3部分：电源设备能效分级 |
| YD/T 2321—2020 | 通信用变换稳压型太阳能电源控制器技术要求和试验方法 |
| YD/T 1970.8—2020 | 通信局（站）电源系统维护技术要求 第8部分：动力环境监控系统 |
| YD/T 1969—2020 | 通信局（站）用智能新风节能系统 |
| YD/T 5184—2018 | 通信局（站）节能设计规范 |
| YD/T 3399—2018 | 电信互联网数据中心（IDC）网络设备测试方法 |
| YD/T 3319—2018 | 通信用240V/336V输入的直流—直流模块电源 |
| YD/T 1818—2018 | 电信数据中心电源系统 |
| YD/T 1095—2018 | 通信用交流不间断电源（UPS） |

考虑到行业标准从立项到审批发布流程跨度长，面对快速迭代及应用迫切性强的

技术及解决方案，团体标准的研制是非常专业且合理的工作方案。以中国通信标准化协会下布局的团体标准来看，近年来新型数据中心领域的标准众多，涉及设备及系统管理、计算存储、碳排放、节能高效利用等方面。新型数据中心绿色发展相关近5年团体标准汇总见表1-6。

表1-6　新型数据中心绿色发展相关近5年团体标准汇总

| 标准号 | 标准名称 |
|---|---|
| T/CCSA 403—2022 | 数据中心基础设施智能化运行管理评估方法 |
| T/CCSA 402—2022 | 数据中心碳中和技术要求和评估方法 |
| T/CCSA 401—2022 | 数据中心分布式存储测试方法 |
| T/CCSA 379—2022 | 大数据 对象存储技术要求与测试方法 |
| T/CCSA 370—2022 | 数据中心网络能效比测量规范 |
| T/CCSA 331—2021 | 互联网边缘数据中心模块化技术要求和测试方法 |
| T/CCSA 330—2021 | 互联网边缘数据中心基础设施技术要求和测试方法 |
| T/CCSA 327—2021 | 数据中心碳利用效率技术要求和测试规范 |
| T/CCSA 325—2021 | 数据中心存储能效测评规范 |
| T/CCSA 324—2021 | 数据中心服务器能效测评规范 |
| T/CCSA 304—2021 | 绿色设计产品评价技术规范 网络存储设备 |
| T/CCSA 274—2019 | 数据中心液冷系统冷却液体技术要求和测试方法 |
| T/CCSA 273—2019 | 数据中心液冷服务器系统能源使用效率技术要求和测试方法 |
| T/CCSA 272—2019 | 数据中心浸没式液冷服务器系统技术要求和测试方法 |
| T/CCSA 271—2019 | 数据中心喷淋式液冷服务器系统技术要求和测试方法 |
| T/CCSA 270—2019 | 数据中心冷板式液冷服务器系统技术要求和测试方法 |
| T/CCSA 268—2019 | 微模块数据中心能效比（PUE）测试规范 |
| T/CCSA 257—2019 | 智能终端应用计算性能评测方法 |

### 1.3.3　新型数据中心低碳节能国际标准

国际电信联盟（International Telecommunication Union，ITU）作为数据中心领域标准化制定的先导机构，在高效信息化方案、基础设施节能发展、净零排放、碳中和、智慧能源实践等方面成果突出。其中，ITU-T L.1381《数据中心智慧能源方案》包含绿色能源与传统市电优化协调供给、先进自然冷却方案、能源智能化综合管理、新型储能方案等内容，该标准由我国牵头制定，凝聚了大量国内通信运营企业及互联网企业的研究成果。目前，ITU在数据中心碳排放核算、通信运营企业碳排放范围、数据中心致力于净零排放及碳中和的最佳实践等方面已实现系统布局，在未来2～3年内将有大量成果输出，为今后国际化贸易及国内国际双循环发展提供深入细致的指引性依据。

### 1.3.4 新型数据中心低碳节能评价关键指标

长期以来，以PUE为核心的能效指标一直是业界关注的重点。近年来，数据中心的发展理念逐步向着低碳、节能、智能、环保的方向倾斜。改善用能结构、提高用电效率、减少碳排放成为新型数据中心的优化方向。水效、碳效、算效等指标越来越受到行业的关注，成为与能效并列的新型数据中心节能低碳关键指标。从本质上来说，能效、水效、碳效及算效4个指标各有侧重，同时又相互补充，完整反映了新型数据中心绿色低碳发展的基本内涵。

1. 数据中心PUE值

该指标于2007年由美国绿色网格组织（The Green Grid，TGG）提出，目前被国内外数据中心广泛使用。数据中心PUE值指数据中心总耗电量与数据中心IT设备耗电量的比值，一般用年均PUE值。详细计算和测量要求参照YD/T 2543—2013《电信互联网数据中心（IDC）的能耗测评方法》。PUE值越接近1表明用于IT设备的电能占比越高，制冷、供配电等非IT设备耗能越低。

$$\mathrm{PUE}=P_{\mathrm{Total}}/P_{\mathrm{IT}} \qquad \text{公式（1）}$$

式中：

$P_{\mathrm{Total}}$为维持数据中心正常运行的总耗电量，单位为kW • h；

$P_{\mathrm{IT}}$为数据中心中IT设备耗电量，单位为kW • h。

随着“东数西算”工程的全面推进，数据中心在供配电、制冷、监控、照明等子系统广泛应用先进的节能技术，数据中心选址越来越向科学化、合理化的方向发展，我国数据中心的整体能效逐年提升，部分大型、超大型数据中心的PUE值达到国际先进水平。根据工业和信息化部发布的《全国数据中心应用发展指引（2020）》，截至2022年年底，全国超大型数据中心平均PUE值为1.63，大型数据中心平均PUE值为1.54。全国规划在建数据中心平均设计PUE值为1.5左右，超大型、大型数据中心平均设计PUE值分别为1.41、1.48。国家层面相继出台政策，明确我国数据中心整体PUE值水平的发展目标。

2. 数据中心碳使用效率

该指标于2010年由TGG提出，用以反映数据中心对可再生能源的使用程度。碳使用效率（Carbon Use of Efficiency，CUE）是数据中心全年碳排放总量与IT设备全年耗电量的比值。在理想情况下，当数据中心实现碳中和时，碳排放量为零，碳效为零。

$$\mathrm{CUE}=C_{\mathrm{Total}}/P_{\mathrm{IT}} \qquad \text{公式（2）}$$

式中：

$C_{\mathrm{Total}}$为数据中心全年$CO_2$总排放量，单位为kg；

$P_{\mathrm{IT}}$为数据中心中IT设备耗电，单位为kW • h。

根据国际标准化组织发布的ISO14064，温室气体的排放主要包括3个方面：一是企业拥有或控制的排放源产生的直接排放；二是企业购买的电力、蒸汽、供热或制冷有关的间接排放；三是覆盖企业价值链产生的所有间接排放，包括采购原料、员工差旅、产品运输等环节中产生的排放。对于数据中心而言，大部分能源消耗来自外购电力，因此90%以上的碳排放来自间接排放。现阶段，国际碳排放核算体系主要以联合国政府间气候变化专门委员会的《国家温室气体排放清单指南》为代表，该指南通过对国家主要的碳排放源进行分类，采用自上而下的方式进行核算。2022年4月，开放数据中心委员会发布了《数据中心碳核算指南》，提出了数据中心碳核算方法和评价体系，为数据中心碳核算和数据中心绿色低碳水平评估提供了参考依据，并明确了数据中心碳排放核算的重要因子，主要包括购入的电力和热力产生的排放、天然气燃烧排放、柴油燃烧排放、输出电力和热力产生的排放等。

3. 数据中心水分利用效率

该指标于2009年由TGG提出，用以衡量数据中心的水资源使用水平，指数据中心总耗水量与数据中心IT设备耗电量的比值［单位为L/（kW·h）］，一般用年均水分利用效率（Water Use Efficiency，WUE）值。WUE数值越小，代表数据中心利用水资源的效率越高。

计算公式为：$\mathrm{WUE}=(\Sigma L_{总耗水})/\Sigma P_{\mathrm{IT}}$　　公式（3）

式中：

$L_{总耗水}$为输入数据中心的总水量，单位是L；

$P_{\mathrm{IT}}$为数据中心中IT设备耗电，单位为kW·h。

WUE会受到一些变量的影响，其中数据中心水源水质、数据中心选址、空调系统设计是影响WUE的主要因素。例如，在自然冷源比较丰富的地区，数据中心能够在天然凉爽的环境中运行，对冷却用水的需求低，WUE通常较低。反之，在较高的环境温度下，数据中心需要全年无间歇地运行水冷式冷水机组，以保证服务器的运行温度在要求的温度范围内，WUE值则会较高。

4. 数据中心算力使用效率

算力（Computational Power，CP）数据中心的服务器通过对数据进行处理后实现结果输出的一种能力，是衡量数据中心计算能力的一个综合指标，数值越大，综合计算能力越强。算力包含以中央处理器（Central Processing Unit，CPU）为代表的通用计算能力和以图形处理单元（Graphics Processing Unit，GPU）为代表的高性能计算能力。最常用的计量单位为EFLOPS（$10^{18}$ FLOPS）。据测算，1EFLOPS约为5台天河2A或50万颗主流服务器CPU或200万台主流笔记本的算力输出。

$$CP=CP_{通用}+CP_{高性能}$$　　公式（4）

算效（Computational Efficiency，CE）是指数据中心算力与功率的比值，即数据中心每瓦功率所产生的算力，是同时考虑数据中心计算性能与功率的一种效率。数值越大，则单位功率的算力越强，效能越高。

$$CE=CP/PC_{IT}$$ 公式（5）

式中：

$CP$ 为数据中心的算力，用单精度浮点数（FP32）表示；

$PC_{IT}$ 为数据中心IT设备的整体功率，单位为W。

近年来，我国在政策层面多次提出“加快提升算力算效水平”，2021年，工业和信息化部发布的《新型数据中心发展三年行动计划（2021—2023年）》中，将“算力提升赋能行动”列为重点任务之一。上海市发布的《新型数据中心“算力浦江”行动计划（2022—2024年）》中提出“到2024年上海市数据中心总算力规模超过15EFLOPS，高性能算力占比达到35%，人均可用智能算力超过220GFLOPS”。随着技术升级和产业规模日臻成熟，我国整体算力规模不断扩大，近5年算力平均增速超过30%。截至2021年年底，我国数据中心算力总规模已超过140EFLOPS。同时，我国算力布局日益优化。新建数据中心，特别是大型、超大型数据中心逐渐向中、西部及一线城市的周边转移，已基本形成京津冀、长三角、粤港澳大湾区、成渝等核心区域协调发展，中、西部地区协同补充的发展格局。

## 1.4 绿色通信，节能减排——通信行业节能减排发展现状和应用

向绿色低碳经济转型，是全球经济发展的趋势。对我国而言，节能减排既是负责任大国的责任体现，也是我国自身经济实现可持续发展的必然选择。信息通信产业是国民经济的先导产业，在节能减排的国家行动中，信息通信行业应该走在前列，不仅做到自身的节能减排，还要发挥示范带头作用，给其他行业带来有益经验，发挥自身的优势，帮助国民经济在各个领域实现节能减排。

### 1.4.1 “双碳”目标是加快生态文明建设和实现高质量发展的重要抓手

基于工业革命以来现代化发展正反两个方面的经验教训，基于对人与自然关系的科学认知，人们逐步认识到依靠以化石能源为主的高碳增长模式，已经改变了人类赖以生存的大气环境，日益频繁的极端气候事件已开始影响人们的生产生活，现有的发展方式日益显示出不可持续的态势。为了可持续发展，人类必须走绿色低碳的发展道路。

着眼于降低碳排放，有利于推动经济结构绿色转型，加快形成绿色生产方式，助推高质量发展。突出降低碳排放，有利于传统污染物和温室气体排放的协同治理，使环境质量改善与温室气体控制产生显著的协同增效作用。强调降低碳排放人人有责，有利于推动形成绿色简约的生活方式，降低物质产品消耗和浪费，实现节能减污降碳。加快降低碳排放步伐，有利于引导绿色技术创新，加快绿色低碳产业发展，在可再生

能源、绿色制造、碳捕集与利用等领域形成新的增长点，提高产业和经济的全球竞争力。从长远看，实现降低碳排放目标，有利于通过全球共同努力减缓气候变化带来的不利影响，减少对经济社会造成的损失，使人与自然回归和平与安宁。

### 1.4.2 贯彻新发展理念，推进创新驱动的绿色低碳高质量发展

在深入贯彻新发展理念方面，要突出强调创新驱动的绿色发展。党的二十大以来，随着国家创新体系的不断完善、相关产业政策的精准支持，我国绿色低碳领域的创新发展取得了明显成效。目前，我国风电、光伏、动力电池的技术水平和产业竞争力总体处于全球前沿。根据美国战略与国际研究中心的报告，我国在全球清洁能源产品供应链中占主导地位。我国已建成了全球最大规模的清洁能源系统、最大规模的绿色能源基础设施，新能源汽车保有量已居世界前列，并为全球清洁能源产品的快速扩散和应用提供了坚强的后盾。持续不断的努力，让我们具备了坚实的产业生态基础、较强的技术能力及丰富的人力和科技资源，通信企业完全可以在中央顶层设计和统筹协调下，以更加开放的思维和务实的举措推进国际科技交流合作，加快绿色低碳领域的技术创新、产品创新和商业模式创新，实现多点突破、系统集成，推动以化石能源为主的产业技术系统向以绿色低碳智慧能源系统为基础的新生产系统转换，实现经济社会发展向全面绿色转型。

### 1.4.3 充分认识信息通信行业节能减排的重要性和紧迫性

信息通信行业是支撑国民经济发展的战略性、基础性和先导性行业，是推动传统产业转型升级、促进经济结构战略性调整、提升国家信息化水平的重要力量。信息通信行业的迅猛发展带动了网络规模的不断扩大，各种通信设备不断增加，网络设备所需的电力等能源需求日益增长。

1. 能源消耗大幅增长

据统计，信息通信行业的发展能耗以每年 4% 的幅度不断增加。2020 年，实际能耗已达 1.43GT，在我国信息通信行业的发展过程中，每消耗 1kW·h 电量，就会排放 1kg 二氧化碳。根据国家能源局发布 2022 年全社会用电量等数据，2022 年，全社会用电量 86372 亿 kW·h，同比增长 3.6%。虽然信息通信业能源消耗总量占全国能源消耗总量的比例不足千分之一，但随着我国信息化建设的加速推进及互联网、云计算、5G、人工智能、大数据等新技术新业务的蓬勃发展，通信网络规模快速扩张，通信业能源消耗呈快速增长态势，其能源消耗占全国能源消耗的比重逐年增加，IT 行业存在的现实能源消耗已占我国全部能源消耗的五成，其存在的新型能源消耗仍然处于不断上升的现实态势，每年增长速度已达 10%。

2. 能源管理体系薄弱

信息通信行业节能减排基础管理比较薄弱，能耗统计体系、监测管理体系和市场

节能机制有待完善，绿色发展任务艰巨，节能减排面临较大的挑战。通信企业为积极响应政府号召，在推动经济繁荣发展的同时，最大限度地减少通信行业对环境的影响，提高通信设备的能源使用率，进一步扩大信息通信行业在服务国家社会经济发展大局、推动可持续发展方面所发挥的重要作用和影响。

### 1.4.4 大力推进信息通信行业节能减排，为国家生态文明建设做贡献

节能减排是一项系统化工程，需要内外一体建设节能减排的和谐运行机制，实现工作长效和可持续发展。企业内部通过管理节能、技术节能、结构节能等手段推进节能减排，企业外部注重与产业链上游的沟通协作，同时为产业链下游的客户提供大量信息化服务，以信息化促进社会节能减排，并加强与行业内同业者的沟通和合作，深入推进共建贡献工作。在推进节能减排的过程中，应该注重系统化推进，构建节能减排体系，力促从上到下提高认识，真正把节能减排工作落到实处。根据目前信息通信行业的发展现状，下面从建筑节能减排技术、通信主设备节能减排技术、通信基础配套低碳管理和新能源系统建设 4 个方面浅析节能减排的应用。

1. 建筑节能减排技术

在进行建筑节能减排技术构建的过程中，需要对建筑保温性进行详细分析。建筑保温性主要是指整体建筑在构建过程中为外墙、外窗、屋面等诸多热点构件所具有的保温性质。信息通信行业中的机房需要常年维持恒定温度和良好的通风效果，由此便需要对建筑的保温通风工作进行详细的分析，确保在构建过程中使整体建筑的隔热保温和通风性能较为优质，以此使机房在恒温控制过程中降低空调能源消耗量，达到节能减排的目的。目前，通信机房的通风技术主要有以下 4 种。

（1）精确送风节能技术

精确送风节能技术可以分为精确下送风和精确上送风方式。精准下送风方式是在机柜底部开一个可调节风量的进风口，将架空地板下的冷空气输送到机柜前面的专门冷气通道，保证冷气不会流失；而精准上送风方式从气流组织原理上基本与下进风方式相同，唯一不同的是进风口设在机柜顶上。整体而言，精确送风节能技术的优势在于实现了定点、定量输送冷气，减少了冷气的浪费。更重要的是，该技术实现了冷、热气流通道完全分离，在一定程度上颠覆了传统机房环境温度的概念，通常在高发热量的大型机房均适用。实验证明，将机房送风方式改为精确送风后可节能近 30%。

（2）智能通风节能技术

智能新风系统根据室内温度按高低梯度分布规律，通过进出风口位置的高度差，利用空气对流的原理，由风扇组引入机房外部经过过滤的较低温度的空气，与室内热空气交换并排出室内的热空气，达到降温的效果。该节能技术对室外空气的湿度、洁净度有较高的要求，适合用于常年室内外温差不小于 3℃、空气相对湿度小于 70%、

空气质量高的区域。

（3）热交换节能技术

热交换节能技术由两套独立的循环风道组成，室外冷空气经过管道进入室内，换热器与强制循环流动的室内热空气通过特制形状的金属换热芯体进行热量交换，从而降低室内温度。该技术的最大特点是本身不带任何制冷元件，且室外空气不进入机房。该技术适用于空气质量不高，但常年室内外温差不小于5℃的区域。

（4）封闭式冷通道方式

封闭式冷道方式通常是指采用下送上回风空调、机柜面对面、背靠背布置，且封闭两列机柜正面之间的通道，其内部两列机柜间的距离一般为1.2米。冷空气先通过微孔防静电地板进入冷通道，再进入柜体冷却信息通信设备，最后柜体后部送热风进入热通道。而微孔防静电地坪能够调节出风率，从而能够根据封闭冷通道的制冷要求灵活调整封闭冷通道的送风量。

2. 通信主设备节能减排技术

通信主设备的节能减排技术可以从以下两个方面分析：一是通信机房的主设备；二是相应的基站主设备。

通信机房的主设备在构建过程中主要包含相应的线路改造及线路演进等。线路演进的整体核心网络架构所具有的综合管理更具扁平化的特征，而通信企业在发展过程中，其自身的业务网会逐步向垂直模式、水平方向进行综合性研究，而此过程会应用到许多创新型技术，这些技术在应用过程中会对老旧设备进行替换，并进行有效的更新，由此达到节能减排的目的。

在对基站主设备进行研究的过程中，主要涉及硬件及软件节能技术。而在具体的机架结构设计及具体的分布式塔带等诸多设计过程中，均需要确保应用的材料具备高度的阶段性。此外，对于软件，主要的节能技术包含优先分配技术和相应的智能关断技术等，这些技术在应用过程中能够进一步保证基站的实际效率，使基站能够依照实际的工作需求对能源进行消耗，以此达到节能减排的目的。

3. 通信基础配套低碳管理

（1）基站空调远程管理

利用基站动环监控系统的电力采集模块，实现对机房内动力设备的消耗情况实时采集。通过温度传感器实时收集室内温度，采集空调控制温度，根据温度情况和电源设备的供能情况远程控制空调温度，实现对基站温度的远程设置，同时加强电能结算的实时性，降低人工成本，提高电能管理工作的效率和自动化水平，以此降低空调能耗及日常维护工作量。

（2）空调温度设置及节能

机房温度设置得过低，会加大基站用电能耗；设置得过高，会影响设备的正常运行及蓄电池的寿命。无论是前者还是后者，都会造成能源消耗增加维护成本。温度为25℃时，蓄电池的容量为100%；温度在25℃以上时，每升高10℃，蓄电池的容量会减少一半。因此，设置基站空调温度，是处理各种利益关系的关键。基站的节能处理一般都从空调节能出发，合理设置基站空调温度，不仅可以保证设备运行正常，还能实现节能。空调系统的能耗值仅次于IT设备的能耗，其能耗占比将会直接影响数据中心的PUE值，当空调系统对应的能耗占比从38%降至17.5%后，对应的PUE值为将从1.92下降到1.3，因此，通过有效的节能维护管理措施降低空调系统的能耗是数据中心的PUE是否能降低到合理水平的关键因素之一，也是低碳节能维护技术措施中关键的一环。

（3）办公与照明低碳管理

为了便于日常巡检和设备维护管理，数据中心往往会配置数量众多的照明器具，其能耗约占机房总能耗的5%，因此，在保证数据中心照明质量的原则下，应尽可能减少照明用电。传统的白炽灯、荧光灯等有着灯丝发光易烧、热沉淀、光衰弱、高能耗等缺点，极易损坏，增加灯具的维护成本。若现场维护管理人员节能意识不足，在进行日常维护工作后未能及时关闭不必要的灯具，将会造成能耗增加，导致机房PUE值上升。在光源的选择方面，数据中心机房尽量避免使用传统的白炽灯、荧光灯等高能耗灯具，采用LED、T5或T8系列三基色直管荧光灯等高效节能灯具作为主要的光源；在智能控制方面，数据中心应能对机房内灯具的开关进行方便、灵活的控制，控制方式可采用分区、定时、感应、智能照明控制。

（4）开关电源模块休眠

开关电源整流模块智能休眠功能是一种通信电源中通过整流模块进行冗余控制的节能技术。在通信电源系统多模块并联工作时，根据系统实际负载动态调整工作模块数量，使其他并联模块进入休眠状态，从而使系统总电能损耗降低到最小。休眠状态的整流模块数量可以根据负载的变化而动态调整，当负载增大到一定值时，可以自动唤醒休眠模块，保证整体输出容量。同时，还可以通过软件设置整流模块的休眠时间和休眠次序，使各整流模块轮换休眠，维持各整流模块工作的平均时长，提高各模块的使用寿命。

（5）蓄电池恒温箱及容量恢复

蓄电池恒温箱可以将设备与外部粉尘、雨水完全隔离，通过箱体保温材料、防辐射夹层等保持箱体内温度的稳定，维持蓄电池的恒定工作环境，提高蓄电池的使用效率，延长其使用寿命。利用化学技术消除电池极板硫化，缩小电池间的内阻差距，增加电池容量，延长蓄电池的使用寿命，减少因废弃电池产生的污染。

4. 新能源系统建设

太阳能作为一种清洁、环保的新能源，受到人们的高度重视，太阳能发热在众多国家中得到了广泛应用。我国陆地表面每年接受的太阳能辐射相当于49000亿吨标准煤的燃烧量，全国2/3的国土面积日照时长在2200小时以上。另外，在太阳能和风能充足的区域，还可以通过风能及太阳能互补的方式来满足基站的供电需求，从而有效达到节能减排的目的。

### 1.4.5 对通信行业节能减排发展的现实思考

1. 创新能力有待进一步提升

在各行各业的发展过程中，创新是极为重要的驱动能力。我国在发展的过程中已经逐步促使社会的创新性得到进一步提升，创新对于信息通信行业的绿色发展极为重要，而我国信息通信行业在发展过程中的创新能力仍然存在一定程度的欠缺。在当前的社会发展过程中，诸多高端技术得到了进一步发展，但部分节能减排核心技术仍被国外企业掌握，我国信息通信行业在发展过程中，就能源消耗角度而言，仍然无法通过匹配更为核心的技术对其进行有效的支撑，因此，需要不断提升通信领域的综合创新能力来带动我国通信行业发展过程中节能减排综合能力的不断发展。

2. 节能减排认识有待进一步提高

企业在发展的过程中为了获取更多的经济利益，往往会忽视节能减排等问题，存在着过于注重业绩而无法注重环保的现实发展特征。基于可持续发展视角，企业若想得到充分的高质量发展，则需要对传统思想进行有效转变，将节能减排工作作为其发展环节中的重要一环。如果在实际工作过程中无法对节能减排工作保持高度重视，企业在发展中所存在的实际能耗将会大幅增加。同时，部分企业在发展过程中无法对各类节能减排问题予以有效解决，也就无法应用更加创新的设备及技术，从而导致企业的碳排放量增加，最终使我国实际生态环境受到严重破坏。因此，信息通信行业对节能减排的认知有待进一步提高。

3. 节能技术和节能管理共同发展

我国电信运营商在当下的发展过程中，需要充分考量节能减排的现实目标。我国节能减排管理工作已经成为当前电信运营商在实际发展过程中具有重要基础性的管理内容。节能减排管理主要包含对各类节能减排指标制度进行有效构建，对相应考核体系进行完善，对相应保障体系进行综合性优化。同时，工作人员在日常工作中需要充分对节能减排理念予以贯彻，将节能减排与具体日常生活办公进行有机结合，使信息通信行业各企业内部能够开展标准化及常态化节能减排工作。

可以看出，信息通信行业的“支柱、基础、先导”作用已经在国民经济各个领域的节能减排中逐渐显现，信息通信行业自身的节能减排、信息通信行业助力其他行业的节能减排对提升全社会生产水平、改善民生福祉起到的作用越来越重要。企业要想完成节能减排的艰巨任务，需要从加快经济结构调整、推进技术进步、严格管理措施、完善激励机制、强化企业主体责任、深化基础设施共建共享等方面着手推进。

第 2 章

# 新型数据中心规划、建设与旧机房改造

## 2.1 数据中心发展历程

在计算机和网络技术诞生后，数据中心就随之产生了。早期的数据中心和现在的数据中心不可同日而语。随着技术的变革、网络的发展、政策的牵引，数据中心从战略地位、应用场景、建设规模等方面都发生了根本性的变化。

1946 年，世界上第一台全自动电子数据计算机“埃尼阿克”这一庞然大物的诞生开启了与之配套的“数据中心”历程的演进。2000 年前“数据中心”被称为计算机房，机房制冷、电源保障、防雷标准、综合监控和机房装修都没有形成完善的标准。

2000—2010 年，早在 2002 年，数据中心已经消耗了美国 1.5% 的能源，并以每年 10% 的速度递增。为此，数据中心从业者也开始意识到这些问题的严重性，并部署更加经济高效、绿色环保的基础设施。

2010—2012 年，由于国家对战略性新兴产业的推动和 3G 的规模商用，数据中心迎来大量投资。这个阶段的数据中心，大部分布局在一线城市，平均每个数据中心仅不到 300 个机柜，规模较小，很多采用租建方式，PUE 值普遍在 2.5 左右，技术欠佳，能效水平偏低。

2013—2016 年，随着国家及地方布局政策和相关标准的出台，数据中心建设企业对市场需求的把控和预期更为理智，将数据中心的建设与应用相结合，运营商、互联网等企业开始规划部署自己的数据中心。同时，利用行业组织的力量，开展了大量新技术的研发与创新，采用模块化、因地制宜的节能技术。

2017—2019 年，国家对数据中心日益关注，数据中心被纳入国家新型工业化产业示范基地范畴，数据中心技术水平大幅提升，空调、电源与服务器、环境深入融合，模块化、预制化、标准化的程度越来越高。大型、超大型数据中心行业平均 PUE 值降至 1.5 左右。

2020 年 3 月，中共中央政治局常务委员会明确提出“加快 5G 网络、数据中心等新型基础设施建设进度”，国家发展和改革委员会将数据中心列入“新型基础设施”范畴。边缘和云数据中心的协同、计算和存储的融合、数据中心和网络的协同成为行业主旋律。5G 作为无线通信平台，将物联网、数据中心、人工智能以及工业互联网等融合，构成了完整的新一代信息基础设施。“双碳”战略要求及“东数西算”工程的实施，推动节能降碳新技术的大量应用和推广。

## 2.2 新型数据中心选址布局

新型数据中心总体布局应按照绿色、集约的原则统筹规划。总体来说，未来，新型数据中心总体布局将呈现两个协同一体化趋势：横向上东西部协同一体化、纵向上多类型数据中心协同一体化。

1. 东西部协同一体化

我国数据中心市场呈现东部地区市场需求旺盛，但土地、电力、人员等生产要素成本较高，中西部地区自然环境优越，土地、电力等资源充足，但本地数据中心市场需求相对较低的特点。如何改善我国数据中心供需失衡的问题，2021 年 5 月，国家发展和改革委员会等 4 部门联合印发的《全国一体化大数据中心协同创新体系算力枢纽实施方案》给出了明确答案，即：通过“东数西算”工程，系统化合理布局数据中心资源，实现全国数据中心的一体化发展。

实施方案明确在京津冀、长三角、粤港澳大湾区、成渝、贵州、内蒙古、宁夏、甘肃八大区域部署国家枢纽节点，引导数据中心集约化、规模化、绿色化发展。并通过“东数西算”的相关工程，提升我国各大区域间、各数据中心间的网络能力，积极推进数据中心与网络协同发展，建设数据中心高速承载网络，优化数据中心跨网、跨地域数据交互，优先在国家枢纽节点内的新型数据中心集群间形成网络直连，满足算力调度需求。未来，随着“东数西算”工程进入全面建设期，我国数据中心布局将呈现东西部协同一体化的特点。

2. 多类型数据中心协同一体化

除地域布局上的东西部协同，为应对不断涌现的应用场景需求，不同类型的数据中心也要协同发展。

目前，我国数据中心产业正在由通用数据中心占主导，演变为多类型数据中心共同发展的新局面，数据中心间协同以及云边协同的体系将不断完善。根据工业和信息化部《新型数据中心发展三年行动计划（2021—2023 年）》，新型数据中心按照国家枢纽节点、省内数据中心、边缘数据中心、老旧数据中心，以及海外数据中心进行分类引导，着力推动形成数据中心梯次布局。一是加快建设国家枢纽节点。推动京津冀等 8 个国家枢纽节点加快新型数据中心集群建设进度，满足全国不同类型算力需求。二是按需建设各省新型数据中心。提高存量数据中心利用率，打造具有地方特色服务的算力服务。三是灵活部署边缘数据中心。构建城市内的边缘算力供给体系，满足极低时延的新型业务应用需求。四是加速改造升级“老旧小散”数据中心。提高“老旧小散”数据中心能源利用效率和算力供给能力。五是逐步布局海外新型数据中心。支持我国数据中心产业链上下游企业“走出去”，重点在“一带一路”沿线国家布局海外新型数据中心。六是加快云边协同发展。通过打造新型数据中心集群示范，开展边缘数据中心应用标杆评选，发布《云边协同建设应用指南》等举措，推动边缘数据中心与数据中心集群协同发展。

未来以应用为驱动，多种类型的数据中心协同一体，共同提供算力服务的模式，将成为我国数据中心算力供给重要形态，持续支撑我国数字经济发展。

## 2.3 新型数据中心绿色低碳发展

对于国家提出的“双碳”要求，作为能耗大户的数据中心有着非常重要的责任，绿色低碳成为数据中心发展的重要方向。为实现绿色低碳的要求，数据中心需要从高效建造、低碳共生、融合极简和数智赋能 4 个方面发展。

1. 高效建造

从项目全生命周期角度科学设计，实现信息通信设备、土建、机电之间的最佳匹配。价值方面，通过标准化、极简化、集约化、规模化等手段，实现全生命周期成本（TCO）最低，确保效益。效率方面，降低单机架平均建筑面积、提高装机率；高密度部署，提高上架率与功率密度；减少设备冗余，提高空间、电力、制冷利用率，提升负载率。工期方面，通过模块化、预制化、装配化等理念，快速部署、敏捷交付，缩短建设周期。实施方面，既适度超前建设，确保满足发展需求，又合理控制节奏，避免资源闲置。柔性方面，系统具有灵活性与可扩展性，根据气候分区、机房等级、客户需求科学预留弹性条件，高效适应未来发展变化，保障远期平滑扩容。

2. 低碳共生

坚持绿色发展理念，充分利用当地气候、能源、环境等条件，积极应用绿色技术、绿色产品、清洁能源，全面提高能源利用效率，数据中心年均设计PUE值须严格满足国家和地方要求，持续降低能耗水平与碳排放强度。同时，建立多维度评价体系，PUE是衡量数据中心绿色程度的指标，但绝不是唯一指标，PUE值、火电和绿电所产生的碳排放量完全不同。评价数据中心绿色低碳度要走向xUE，建立包含PUE值、CUE（碳利用率）、WUE（水资源利用率）、GUE（市电利用率）、SUE（空间利用率）等在内的多维评价体系。

3. 融合极简

极简意味着快速的部署和上线能力，需要应用预制化、模块化、标准化的融合建造技术和产品实现“建设极简、架构极简、供电极简、温控极简”的数据中心自身形态的演进。采用工业化的建造方式，实现数据中心一站式交付，满足建设周期短、业务快速上线；简化系统架构，实现工厂预集成，分场景灵活应用全集成式及分布式系统，采用高压直流、市电直供技术、UPS 增强ECO模式、一体化交直流供电系统等技术实现极简架构，提高供电系统效率、降低供电损耗；采用蒸发冷却、氟泵、液冷、预制化集成冷站、新型末端等制冷技术，系统架构简单的同时模块化程度高，适配灵活，节能效果好。

4. 数智赋能

利用大数据、人工智能、数字孪生、物联网等多种技术，通过虚拟化呈现辅助规划、设计与建设，运行阶段实时感知数据中心设备、负载及气象参数等变化，通过深度学习、推理、决策与执行，实现数据中心多系统多工况自适应运行，提高资源利用效率，规避运行隐患，通过“运维自动、能效自优、运营自治”重构数据中心运营和运维的管理模式。

## 2.4 新型数据中心设计与建设

### 2.4.1 新型数据中心设计与建设的原则

新型数据中心规划应统筹处理好发展和减排、整体和局部、短期和中长期的关系，提升基础设施能效和绿色能源使用水平，形成布局完善、适度超前、架构先进、能效优化的信息基础设施。

① 科学布局：紧密结合国家战略发展、企业业务发展和市场需求，考虑网络架构及演进趋势，统筹规划、合理布局，建设绿色集约型数据中心。

② 合理规划：统筹考虑未来 10 ～ 15 年的发展需求，按照“能力适度超前，避免闲置浪费”的原则，将近期建设与中远期发展相结合，并根据实际变化定期或适时调整。

③ 经济适用：在满足业务需求的前提下，从项目全生命周期的角度科学设计，合理确定保障等级和容量规划，努力实现土建工程与通信设备、配套设施之间的最佳匹配，提高运行效率，降低建设投资和运行维护成本。

④ 绿色节能：坚持绿色发展理念，积极应用绿色低碳技术、高效节能产品、可再生能源等，助力信息通信行业实现“双碳”目标。新型数据中心应满足国家及地方对绿色数据中心的要求，规划与建设应统筹考虑建筑全生命周期内的节能、节地、节水、节材及保护环境等要求。

⑤ 安全可靠：新型数据中心应满足国家、地方及行业规范规程中的相关安全要求。场地应具备与数据中心建筑相适应的市政基础条件，电力、水源、通信应稳定可靠，交通条件应便捷。规划与建设应统筹考虑防洪、防火、防雷、抗震、防电磁干扰等要求，合理进行系统架构与设备配置，为机房信息通信设备正常运行提供安全、连续不间断的室内外环境。

### 2.4.2 新型数据中心园区规划

新型数据中心园区规划统筹考虑周边环境、市政条件、规划指标、交通组织、综合管线等因素，对功能布局进行合理规划，做好园区外部条件与内部功能的衔接，合理使用土地，提高土地利用率。

① 功能分区：遵循功能分区合理、建筑组合紧凑的原则，科学布局地上、地下空间。按照集中规整，并能灵活适应未来发展需要的原则预留发展用地，节约集约土地。数据中心、动力中心及其他配套设置应集中建设，与维护支撑用房应有明确分区。变电站位置应靠近园区负荷中心及市政电源引入方向，又要避免对通信机房造成电磁干扰，应尽量远离主要规划道路交叉口、园区主要出入口，不影响城市和园区主要景观。

② 交通系统：合理规划交通组织，场地之间应有畅通的公共交通系统，公共交通站点间有便捷的人行通道连接。当数据中心远离城市中心时，应配置交通班车，满足员工通勤的需要。园区内各功能流线应清晰顺畅，园区出入口宜设缓冲区，数据中心出入口应考虑卸货区，动力中心、制冷站、变电站周围应考虑留有大型设备搬运和维护空间。

③ 竖向设计：应充分利用场区自然地形，统筹考虑周边道路标高、市政管网、河流水位、防洪要求等因素，合理确定场区标高，尽可能做到场区土方平衡，避免大量土方填挖，降低造价。首层建筑完成面应高出当地洪水百年重现期水位线 1.0 米以上，并应高出室外地坪至少 0.6 米。

④ 综合管网：根据市政条件、场地竖向标高，统筹考虑管网安全、施工维护便利、经济等因素合理排布；充分考虑近期和远期的使用要求，统筹规划，分步实施，做好衔接；每栋数据中心应设置不少于两个相对独立的电（光）缆进线室和不少于两个相对独立的外部电（光）缆引入路由。

⑤ 其他：园区消防、智能化系统要统一规划，高效设置，原则上应集中设置总控制中心；消防水池应集中设置，蓄冷罐宜与所保障的数据中心就近布置，地下油罐宜按分区适度集中的原则设置于园区绿地内，避免同类设施分散布置。

### 2.4.3 新型数据中心建筑节能设计与建设

新型数据中心设计和建设应注意设计思路、方法、方案等多方面的内容。

1. 标准化设计

充分研究目前国内外先进、可靠、成熟的数据中心节能技术，形成“平面标准化、配置标准化、设备标准化”成套设计。合理优化建设周期，着力降低建设成本。

① 平面标准化。建筑平面结合防火与疏散要求，确保主机房、辅助区、支持区的经济合理布置，形成建筑楼梯、电梯、卫生间、制冷站、变配电室等标准化模块，提高了装机效率。

② 配置标准化。根据抗震规范的规定及数据中心荷载大、层高高的特点，制定了不同地震烈度地区数据中心建筑层数和高度的选取原则，以适用在全国范围不同烈度地区应用。

③ 设备标准化。对于油机、冷水机组、冷却塔等机电设备，合理选型，确定采用哪些标准化设备，在满足功能需求的同时，尽量减少设备型号数量，有利于提高采购效益。

2. 一体化设计

建筑方案应具有前瞻性，统筹考虑未来业务变化及新技术发展要求，对建筑、结构和工艺设备进行一体化设计。空间布局应具有灵活性和通用性，从层高、内部交通、消防、建筑构造、楼面荷载等方面为远期生产用房的调配创造条件。做好工艺、土建、机电等各专业之间合理衔接，提前考虑位置规划，例如，走线路由、楼板孔洞、穿墙孔洞等应满足土建构件预埋等要求。

3. 数字化设计

运用建筑信息模型等数字技术，实现数据中心项目的全生命周期协同、绿色和可持续设计、建设和管理运营。基于三维模型的可视化特征，实时、直观地检查各项设计性能参数，对设计结果不断修正，优化综合管线排布空间，提高工程效率和质量。

4. 平面布局设计

数据中心、制冷站及动力中心宜按工业建筑进行设计。平面布置设计应紧凑合理，不应设计成圆形、三角形等利用率低的异形建筑。数据中心宜采用大平面方案，在满足消防等要求情况下，尽可能减少辅助用房面积和不必要的交通面积，提高平面使用效率。柱网尺寸应考虑机架、空调末端、机电配套设备布置方式及建筑功能要求，合理选择。柴油发电机、水冷冷水机组、变压器等大型设备土建位置应根据机房分级、系统配置、功率密度和设备容量合理设计。

5. 结构体系设计

应在满足工艺要求的前提下，根据抗震设防类别、抗震设防烈度、建筑高度、场地条件、地基、结构材料和施工等因素，经技术、经济和使用条件综合比较确定。

6. 建筑装修设计

造型要素应简约，且无大量装饰性构件。外墙饰面材料宜采用经济、适用、耐久、易清洁的材料；不应设置与使用功能无关的格栅、百叶、钢构等装饰造型或构件；除楼梯间、供人员使用的辅助用房、走廊及消防救援要求的部位外，其他部位原则上不设置外窗，不应设置装饰性假窗。内装修中，墙面、顶棚饰面材料应采用燃烧性能A级的乳胶漆及不起尘的无机涂料。

7. 建筑构件和建筑材料

采用工业化生产的建筑预制构件，选用本地化生产的建筑材料，采用可再利用建筑材料和可再循环建筑材料，使用以废弃物为原料生产的建筑材料，合理选用防潮建筑材料、防静电材料和高耐久性装饰装修材料。

## 2.5 新型数据中心电源系统总体架构设计与建设

### 2.5.1 高压交流供电系统

根据GB 50174—2017《数据中心设计规范》的规定，数据中心可分为A、B、C这3个级别，我们应根据数据中心的管理要求、用户性质及其在经济和社会中的重要性确定其级别，不同级别的数据中心应灵活地设计相应的高低压配电系统。

A级数据中心应由双重电源供电，变压器采用2*N*配置，容错配置的变配电设备应分别布置在不同的物理隔间内；B级数据中心宜由双重电源供电，变压器采用*N*+1配置；C级数据中心可由两回线路供电，变压器采用*N*配置。

1. 10kV外市电引入

根据GB 50174—2017《数据中心设计规范》的规定，A级数据中心应从两座不同的变电站或同一变电站不同段母线分别引入两路10kV电源，且两路10kV电源不应同时有计划地检修停电；B级数据中心宜引入两路10kV电源（10kV专用线路或公用线路），若只能引入一路10kV电源，则需要增设柴油发电机组作为备用电源；C级数据中心若不具备引入10kV电源条件，则可就近引入380V电源。

2. 高压交流供电系统组成

单路外市电电源供电的数据中心10kV配电系统设计采用单母线（不分段）接线；双路（主、备电源）外市电电源供电的数据中心10kV配电系统设计采用单母线分段接线，也可以采用单母线（不分段）接线。

10kV配电装置一般包括市电进线柜、计量柜、PT柜、出线柜、母联柜、隔离柜、直流屏、市电/发电切换柜（若项目采用10kV柴油发电机组）。

10kV配电系统一般可以分为单电源单母线（不分段）接线、双电源单母线（不分段）接线、10kV双电源单母线分段接线3种接线方式。

3. 高压交流配电系统运行方式

正常运行时，同组两路市电电源分别接至两段母线，母线分段断路器断开运行，当一路市电电源发生故障停电或检修时，母线分段断路器投入运行，由另一路市电电源向两段10kV母线供电。当同组两路10kV市电电源同时失电时，自动断开两路10kV市电进线开关，断开母联开关，闭合应急进线电源开关转换为由柴油发电机供电。当10kV市电恢复后，可手动/自动恢复到市电供电状态（自投自复或自投手复）。同组的两路10kV市电进线开关和母联开关间设置电气连锁，同一时间最多只能有两只开关处于闭合状态。每组两段10kV市电母线上发电机电源进线断路器与母联断路器之间设置电气联锁，3个断路器只能闭合2个。

#### 4. 高压配电设备

（1）高压开关柜

高压开关柜是指用于电力系统发电、输电、配电、电能转换和消耗中起通断、控制或保护等作用。开关柜具有架空进出线、电缆进出线、母线联络等功能。由柜体和断路器两个部分组成，柜体由壳体、电器元件（包括绝缘件）、各种机构、二次端子及连线等组成。

① 高压开关柜按断路器安装方式分为移开式（手车式）和固定式。移开式或手车式（用Y表示），表示柜内的主要电器元件（例如断路器）是安装在可抽出的手车上的。手车柜有很好的互换性，可以提高供电的可靠性，常用的手车类型有隔离手车、计量手车、断路器手车、PT手车、电容器手车和所用变手车等，例如KYN28A-12。固定式（用G表示），表示柜内所有的电器元件（例如断路器或负荷开关等）均为固定式安装的，固定式开关柜较为简单经济。

② 高压开关柜按柜体结构可以分为金属封闭铠装式开关柜、金属封闭间隔式开关柜、金属封闭箱式开关柜和敞开式开关柜。

金属封闭铠装式开关柜（用字母K表示），主要组成部件（例如断路器、互感器、母线等）分别装在接地的用金属隔板隔开的隔室中的金属封闭开关设备。

金属封闭间隔式开关柜（用字母J表示），与铠装式金属封闭开关设备相似，其主要电器元件也分别装于单独的隔室内，但具有一个或多个符合一定防护等级的非金属隔板。

金属封闭箱式开关柜（用字母X表示），开关柜外壳为金属封闭式的开关设备。

敞开式开关柜，无保护等级要求，外壳有部分是敞开的开关设备。

（2）高压隔离开关

高压配电接线中，要求电源开关与电源（线路）之间应当有一个明确的断开点，可以保证检修时能够看到电源是被断开的，以确保人身安全。在高压柜进线开关前，往往设置一个隔离柜，再在其中设置隔离开关或者隔离开关小车，在停电检修时，将此隔离开关打开，以保证高压柜与电源断开连接。

高压隔离开关没有专门的灭弧装置，因此不允许接通或切断负荷电流和短路电流，禁止带负荷断开、闭合隔离开关。通常，高压隔离开关与断路器配合使用，切断电源时，先断开断路器，再拉断隔离开关；送电时，先闭合隔离开关，再闭合断路器。在工程中，常用于固定式高压柜或高压电源的室内进线端。

（3）高压断路器

高压断路器不仅可以切断或闭合高压电路中的空载电流和负荷电流，而且当系统发生故障时通过继电器保护装置，可以切断过负荷电流和短路电流。高压断路器具有相当完善的灭弧结构和足够的断流能力，数据中心高压配电柜中一般采用真空断路器，具有短路保护、过载保护、漏电保护等功能。

高压断路器的主要参数是额定电压（kV）和额定电（A），断路器的额定电压不应小于装置的工作电压，断路器的额定电流是指断路器在闭合状态下能长期通过的电流。此外，还有两个重要参数——额定短路开断电流及额定短路关合电流。

① 额定短路开断电流（kA）：是指在断路器额定电压下，断路器能可靠切断的最大短路电流，它应符合地方供电部门的要求。

② 额定短路关合电流（kA）：是指断路器在额定电压下所能闭合的最大短路电流峰值。采用自动重合闸装置时，断路器有可能处在短路状态下合闸，此时断路器的触头应完好无损。

（4）高压负荷开关

高压负荷开关（QL）能通断正常的负荷电流和过负荷电流，隔离高压电源。高压负荷开关具有简单的灭弧装置，因此能通断一定的负荷电流和过负荷电流。但是它不能断开短路电流，它一般与高压熔断器串联使用，借助熔断器来进行短路保护。

（5）高压熔断器

高压熔断器是一种结构简单、应用广泛的保护电器。在电路发生短路或过负荷时，它能进行自身熔断，与电路断开，起到保护作用，FU一般由熔管、熔体、灭弧填充物、静触座、绝缘支柱等构成。室内广泛采用RN型管式熔断器，室外则广泛采用RW型跌落式熔断器。

（6）电流互感器和电压互感器

电流互感器是依据电磁感应原理将一次侧大电流转换成二次侧小电流来测量的仪器。电流互感器是由闭合的铁心和绕组组成的。它的一次侧绕组匝数很少，串联在需要测量的电流的线路中。

电流互感器分为测量用电流互感器和保护用电流互感器；保护电流互感器又分为过负荷保护电流互感器、差动保护电流互感器、接地保护电流互感器（零序电流互感器），保护用电流互感器主要与继电装置配合，在线路发生短路过载等故障时，向继电装置提供信号切断故障电路，以保护供电系统的安全。

电压互感器和变压器类似，是用来变换电压的仪器，主要用于将主电路中的电压变换到仪表电压线圈允许的量限范围之内，使其便于测量或计量。

电压、电流互感器使用时需注意以下3点：①电流互感器二次绕组不能开路；②电压互感器二次绕组不能短路，互感器二次绕组侧有一端必须接地；③使用时需要区分端子极性。

## 2.5.2 低压交流供电系统

1. 低压交流供电系统组成

变压器采用*N*配置的数据中心0.4kV配电系统设计采用单母线（不分段）接线；

变压器采用 2*N*/*N*+1 配置的数据中心 0.4kV 配电系统设计采用单母线分段接线。0.4kV 配电装置一般包括进线总柜、无功补偿柜、出线柜、联络柜、市电/发电切换柜。

0.4kV 配电系统一般可以分为单母线（不分段）接线和单母线分段接线两种接线方式。在变压器低压侧设功率因数自动补偿装置，无功补偿装置应采用成套装置且具备自动投切功能，补偿后功率因数不应低于 0.95。

2. 低压交流供电系统运行方式

数据中心低压交配电系统一般选用双路市电低压配电切换系统，此系统同规格、同容量的变压器每两台为一组，两台变压器间设置低压母联开关。正常运行时，同组的两台变压器同时工作，互为备用。变压器负荷率控制在 50% 以下，当一台变压器发生故障或在检修时，由另一台变压器带起全部负荷。每组变压器中，当一台变压器发生故障或进行检修时，由另一台变压器带起全部负荷，负荷率不超过 100%。

低压母线需要具有自投自复、自投手复、手投手复等功能，还应能实现两个市电进线开关和一个母联开关间的闭锁，要求同一时间最多只能有两个开关闭合。由变压器经低压开关柜放射式向各配电/用电设备供电。

3. 低压配电设备

（1）低压交流配电柜

低压交流配电柜又称为低压开关柜，是按一定的线路方案将有关一、二次设备组装而成的成套低压交流配电设备，由受电、馈电、联络、自动切换柜等组成，担负着低压电能分配、控制、保护、测量等任务。

低压交流配电柜的结构形式通常有两种，一种是固定式，另一种是抽屉式。二者各有利弊。

固定式低压交流配电柜的断路器采用插拔式塑壳断路器，不需要通过抽屉进行隔离，只需要将断路器本体从插拔底座上拔下即可。抽屉式低压交流配电柜是由抽屉、柜体骨架及相关组件构成的，电气元件均固定安装在抽屉内。相比抽屉式低压交流配电柜，固定式低压交流配电柜使用起来更方便，系统更稳定，结构改造模数定制更灵活。从使用和维护方面看，抽屉式低压交流配电柜维修方便，同规格的抽屉式低压交流配电柜可靠互换；但抽屉式低压交流配电柜采用封闭式结构，柜内散热比固定式低压交流配电柜差。

低压交流配电柜由柜体、母线室（包括水平母线和垂直母线）、功能单元室（开关隔室）、电缆出线室（包括电缆室）、二次设备室组成。低压交流配电柜如图 2-1 所示。

（2）低压进线柜

低压交流配电柜为主电源进线，内部装有主断路器，前端连接变压器。低压进线柜主要由框架断路器、垂直母线、电流互感器、电压互感器、各种显示仪表等组成。

低压进线柜为负荷侧的总开关柜，该柜担负着整段母线所承载的电流，起隔离、分断、保护、监测、控制主电路供电质量等作用。

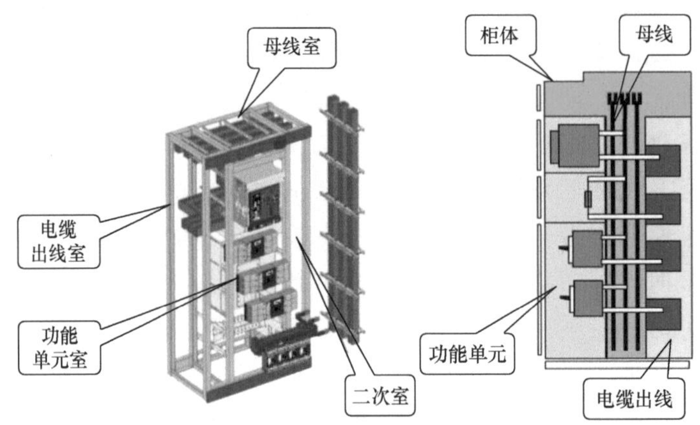


图 2-1　低压交流配电柜

（3）低压电容补偿柜

低压电容补偿柜又称为低压无功补偿装置。电容器的电流将抵消电路中一部分电感电流，从而使电感电流减小，总电流随之减小，电压与电流的相位差变小，使功率因数提高。低压电容补偿柜的作用是提高供电系统的功率因数，改善电网功率因数低下带来的能源浪费。低压电容补偿柜由柜壳、母线、断路器、隔离开关、热继电器、接触器、避雷器、电容器、电抗器、端子排、功率因数自动补偿控制装置、盘面仪表和一、二次导线等组成。

（4）低压联络柜

低压联络柜又称为母线分段柜，用来连接两段母线的设备，主要用在两个电源、两台变压器的配电系统中，两台变压器的主控柜分别出线到联络柜里面。在联络柜上、下口分别接两台主控的出线，即一个采用上口进线，一个采用下口进线。针对两套及以上的供电系统，当一套系统停电后，另外一套供电系统可以通过联络柜来给这套停电系统的出线柜供电。

（5）低压出线柜

配电系统的出线开关柜，带下级用电设备。在变压器低压侧安装出口开关柜，将电能经过进线柜送至低压母线，再通过开关柜送至低压负载或用电设备，该开关柜为出线柜。与高压柜不同的是，低压出线柜基本直接连接用电设备，开关一般采用框架式断路器或塑壳断路器。

4. 常见低压配电电气

（1）低压刀开关

低压刀开关是最普通的一种低压电器，适用于交流电频率 50Hz、额定交流电压

380V（直流电压 440V），隔离开关的作用是断开无负荷电流的电路，使所检修的设备与电源有明显的断开点，以保证检修人员的人身安全，隔离开关没有专门的灭弧装置，不能切断负荷电流和短路电流，必须在断路器断开电路的情况下，才可以操作隔离开关。

低压刀开关根据其工作原理、使用条件和结构形式的不同分为开启式负荷开关、封闭式负荷开关、隔离刀开关、熔断器式刀开关和组合开关。

（2）低压熔断器

熔断器集感应、比较与执行功能于一体，结构简单，性能优异，在低压配电线路中常用于短路和过载保护。常用的熔断器有瓷插式熔断器（RC 系列）、螺旋式熔断器（RL 系列）、无填料（RM 系列）或有填料封闭管式熔断器（RT 系列），以及专门用于大功率半导体器件做过载保护用的快速熔断器（RS 系列）等。

（3）刀开关

刀开关是一种应用广泛的手动电器，通常在 500V 以下的交流低压供电线路中，作为非频繁的手动接通和切断电路或隔离电源之用。

刀开关的主要功能是隔离电源。在满足上述功能的前提下，选用的主要原则是保证其额定绝缘电压和工作电压不低于线路的相应数据，额定工作电流不小于线路的计算电流。

当要求有通断能力时，应选用具备相应额定通断能力的隔离器。如果需要接通短路电流，则应选用具备相应短路接通能力的隔离开关。若用刀开关来控制电动机，则必须考虑电动机的启动电流比较大，应选用额定电流大一级的刀开关。此外，刀开关动稳定电流值和热稳定电流值等均应符合电路的要求。按照工作条件和用途的不同，刀开关主要有开启式负荷开关、封闭式负荷开关、隔离刀开关、熔断器式刀开关和组合开关等 5 种类型。

（4）低压断路器

低压断路器按规定线路条件，对低压配电电路、电动机或其他用电设备进行实时通断操作并起保护作用，即当电路内出现过载、短路或欠电压等情况时，能自动分断电路的开关电器，是低压配电系统中最重要的一类电器。

低压断路器品种较多，可以按用途、结构特点、极数、限流性能和传动方式等分类，就结构形式而言，低压断路器分为塑料外壳式断路器和框架式断路器。

① 塑料外壳式断路器。国产塑料外壳式断路器主要有 DZ20 系列和 DZ15 系列等，塑料外壳式断路器的触头系统、灭弧室、操作机构及脱扣器等元件均装在一个塑料壳体内，具有结构紧凑、体积小、使用安全、价格低廉及外形美观等优点。

② 框架式断路器。框架式断路器的一个特点是有一个金属框架，所有元件都安装在框架上，多数属于敞开式。出于防尘考虑，也有设计为金属箱防护式的。这类断路

器保护方案和操动方式比较多，装设地点灵活，因此也称为万能式低压断路器。

（5）接触器

接触器是利用电磁吸力的作用使触头动作，从而接通或断开大电流电路的开关电器。按接触器主触头所控制电流种类的不同，接触器可以分为交流接触器和直流接触器两大类。交流接触器则主要用于远距离控制电压至380V、电流至600A的交流电路，以及频繁地控制交流电动机的起停，直流接触器用于通断直流负载。

（6）继电器

继电器是一种根据特定形式的输入信号而动作的电器，主要用于通断控制电路，继电器触头通断的电流值比接触器小，没有灭弧装置。继电器的输入信号可以是电信号（例如电压、电流等），也可以是非电信号（例如温度、压力等），但输出量与接触器相同，都是触头或触点的动作。继电器的种类很多，分为电压继电器、中间继电器、电流继电器、热继电器、时间继电器等。

### 2.5.3 发电机系统的设计与建设

1. 发电机系统工作原理和组成

柴油发电机组是以柴油为燃料、以柴油机为原动机带动发电机发电的动力机械，柴油机将柴油的化学能转换为旋转的机械能，发电机将旋转的机械能转换为电能；整套机组一般由柴油机、三相交流发电机、控制屏（箱）、散热水箱、联轴器、日用油箱、消声器及公共底座等部分组成。交流发电机分为异步发电机与同步发电机，柴油发电机组中的发电机大多采用无刷交流同步发电机。

2. 发电机系统电压选择

柴油发电机按照供电电压等级分为高压和低压两种，两种机组的根本区别在于：相同容量的机组，400V机组的出口电流是10kV机组出口电流的25倍以上。高压机组所使用的电缆用铜量大大下降，供电距离显著增加。表2-1显示了以2000kW备用功率的柴油发电机组为例，对400V发电机组和10kV发电机组进行的分析对比。

表2-1　2000kW高低压发电机组技术性能对比

| | 400V发电机组 | 10kV发电机组 |
|---|---|---|
| 发动机 | 相同 | 相同 |
| 发电机 | 400V | 10kV，绝缘加强，重量和尺寸增加 |
| 占地面积 | 相当 | 相当 |
| 安装方式 | 相同 | 相同 |
| 额定电流 | 3800A | 144A |
| 机组成本 | 低 | 比低压略高，不足10% |

（续表）

| | 400V发电机组 | 10kV发电机组 |
|---|---|---|
| 配电设备 | 低 | 增加PT柜及保护，成本高 |
| 中性点设备 | 无 | 一套接触器柜和电阻柜 |
| 电力传输距离 | 短，需要考虑线损和压降 | 长，压降可忽略 |
| 供电电缆或母线 | 电流大，线径粗，布放困难，土建工程费用高 | 电流小，线径细，布放方便，土建工程费用低 |

从表 2-1 可知，高低压发电机组在技术性能上与低压发电机组差别不大，但是由于发电机组出线电压等级提高，在电缆配置和土建工程配合方面节省的成本比较明显。

采用 10kV 发电机组作为备用电源，节约了大量的走线空间，减少了大量低压电缆的走线通道需求，简化了施工要求，提高了系统的安全性。

考虑到 10kV 发电机组的诸多优点，系统容量越大，优势越明显，因此建议在供电部门允许的情况下，在大中型数据中心采用 10kV 发电机组作为备用电源，小型数据中心根据系统容量及经济性选择合适的发电机供电电压等级。

3. 数据中心发电机性能要求

（1）性能等级要求

GB/T 2820.1《往复式内燃机驱动的交流发电机组 第一部分：用途、定额和性能》将发电机组的性能分为 G1、G2、G3、G4。

G1：连接的负载只规定基本电压和频率参数，适用于照明和简单的电气负载。

G2：电压特性与电网类似，当负载发生变化时，允许暂时的电压和频率的偏差，适用于照明、水泵、风机等。

G3：连接的设备对发电机组的电压、频率和波形有严格要求，适用于电信负载和晶闸管控制的设备。

G4：连接的设备对发电机组的电压、频率和波形有特别严格的要求，适用于数据处理设备和计算机系统。

因为数据中心对发电机组的输出频率、电压和波形有严格要求，所以要求发电机组的性能等级应不低于 G3 级。

（2）带容性负载的能力

电子信息设备属于非线性设备，除了产生大量谐波，其在系统内也呈现“容性”，当高低压系统没有经过补偿时，负载特性就呈现“容性”。目前，柴油发电机均按照功率因数 0.8（滞后）的感性负载进行设计和生产，柴油发电机带感性负载时，可以有良好的输出表现，但当柴油发电机带“容性”（功率因数超前）负载时，由于谐振等问题，柴油发电机的输出将受到很大的影响，功率因数超前到一定程度时（例如-0.95），会导致柴油发电机失速宕机。因此，《数据中心设计规范》第 3.2.2 条规定：柴油发电机系统应能够承受容性负载的影响，选择发电机时应该要求发电机有带一定“容性”负载的能力。

4. 数据中心发电机的功率标定

GB/T 2820.1《往复式内燃机驱动的交流发电机组 第一部分：用途、定额和性能》将发电机组的输出功率分为以下 4 种。

持续功率（Coefficient Of Power，COP）、基本功率（Prime Power，PRP）、限时运行功率（Limited Time Power，LTP）和应急备用功率（Emergency Standby Power，ESP）。任何一台柴油发电机都可以标定为 4 种功率中的一种。

COP：无运行时间限制，为恒定负载持续供电的最大功率。

PRP：无运行时间限制，为可变负载持续供电的最大功率。

LTP：为恒定负载供电，年运行时间＜ 500 小时。

ESP：为可变负载供电，年运行小时数＜ 200 小时。

4 种功率之间的大小关系如图 2-2 所示。

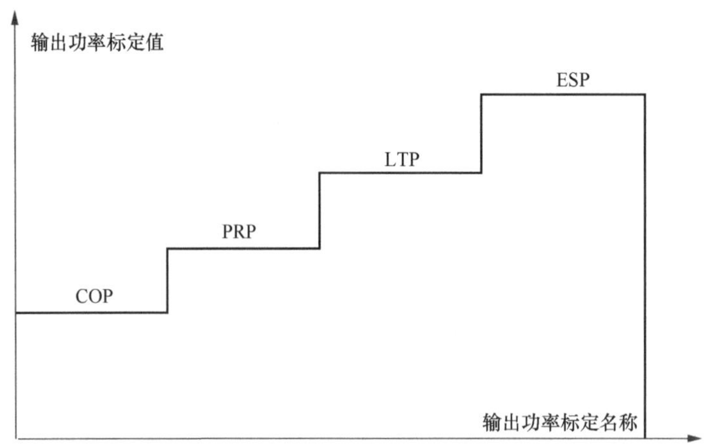


图 2-2 4 种功率之间的大小关系

从图 2-2 中可以看出，COP标定的输出功率值最低，ESP标定的输出功率值最高。

5. 数据中心发电机系统建设标准

GB 50174《数据中心设计规范》中将数据中心分为A、B、C这 3 级。A级数据中心应由双重电源供电，并应设置备用电源。备用电源宜采用独立于正常电源的柴油发电机组，也可以采用供电网络中独立于正常电源的专用馈电线路。当正常电源出现故障时，备用电源应能承担数据中心正常运行所需要的用电负荷。B级数据中心宜由双重电源供电，当只有一路电源时，应设置柴油发电机组作为备用电源。

（1）发电机系统配置

后备柴油发电机系统A级数据中心按照（$N$+$X$）冗余（$X$=1 ～ $N$）；当供电电源只有一路时，B级数据中心需要设置后备柴油发电机，系统按照$N$+1 配置；当不间断电源系统的供电时间满足信息存储要求时，C级数据中心可不设置柴油发电机。

（2）发电机系统容量

A级和B级数据中心柴油发电机组的基本容量应包括不间断电源系统的基本容量、空调和制冷设备的基本容量。

（3）发电机燃料存储

A级数据中心柴油发电机的储油应满足 12h用油，当外部供油时间有保障时，燃料存储量仅需大于外部供油时间即可，并且应具备防止柴油微生物滋生的措施。

（4）发电机组运行功率选择

后备柴油发电机组的性能等级不应低于G3 级，A级数据中心发电机组应连续、不限时运行，发电机组的输出功率应满足数据中心最大平均负荷的需要。A级数据中心要求可选择COP或选择 70%的PRP。B级数据中心发电机组的输出功率可按限时 500h运行功率选择。综合考虑B级数据中心的负荷性质、市电的可靠性和投资的经济性，发电机组输出功率中的限时运行功率能够满足B级数据中心的使用要求。

（5）发电机系统中性点接地

3kV ～ 10kV备用柴油发电机系统中性点接地方式应根据常用电源接地方式及线路的单相接地电容电流数值确定。当常用电源采用非有效接地系统时，柴油发电机系统中性点接地宜采用不接地系统。当常用电源采用有效接地系统时，柴油发电机系统中性点接地可采用不接地系统，也可采用低电阻接地系统。当柴油发电机系统中性点接地采用不接地系统时，应设置接地故障报警。当多台柴油发电机组并列运行且采用低电阻接地系统时，可采用其中一台机组接地方式。

1kV及以下备用柴油发电机系统中性点接地方式宜与低压配电系统接地方式一致。多台柴油发电机组并列运行，且低压配电系统中性点直接接地时，多台机组的中性点可经电抗器接地，也可采用其中一台机组接地方式。

（6）发电机系统架构要求

GB 50174《数据中心设计规范》规定了不同等级的数据中心，后备柴油机的配置要求。发电机配置要求见表 2-2。

与GB 50174《数据中心设计规范》规定了不同等级数据中心后备发电机组的要求相对应，图 2-3、图 2-4 和图 2-5 直观地显示了 3 个级别的发电机系统配置。

表2-2 发电机配置要求

| 项目 | 技术要求 | | | 备注 |
|---|---|---|---|---|
| | A 级 | B 级 | C 级 | |
| 后备柴油发电机系统 | （N+X）冗余（X=1～N） | N+1 | 不间断电源系统的供电时间满足信息存储要求时，可不设置柴油发电机 | |
| 后备柴油发电机的基本容量 | 应包括不间断电源系统的基本容量、空调和制冷设备的基本容量 | | — | |
| 柴油发电机组燃料存储量 | 满足12h用油（当外部供油时间有保障时，燃料存储量仅需大于外部供油时间） | — | — | • 当外部供油时间有保障时，燃料存储量仅需大于外部供油时间<br>• 应防止柴油微生物滋生 |

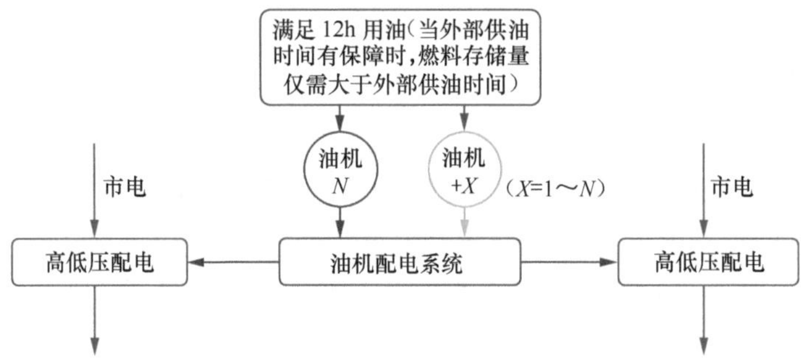


图 2-3 A 级数据中心发电机系统配置

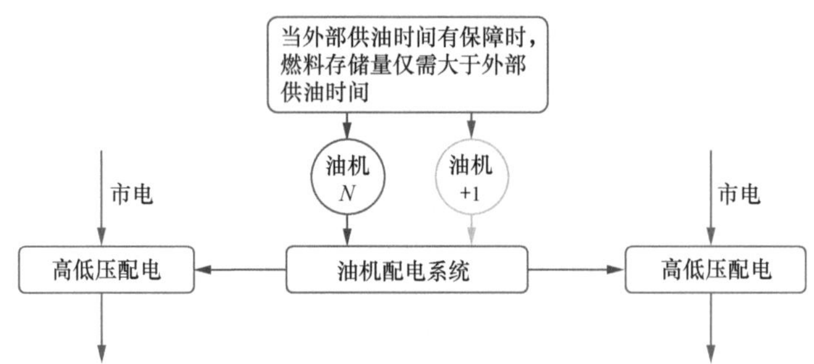


图 2-4 B 级数据中心发电机系统配置

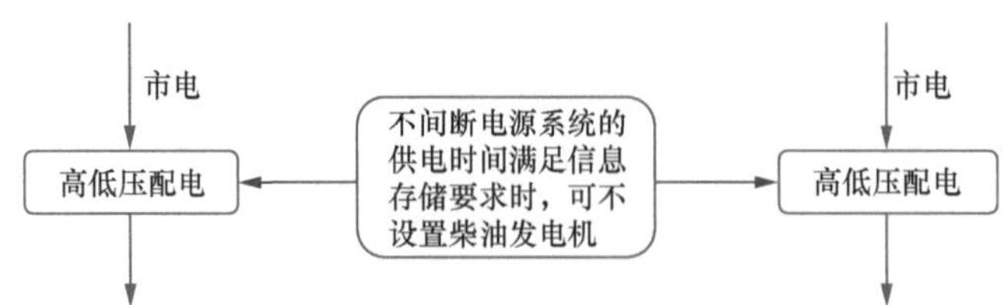


图 2-5 C 级数据中心发电机系统配置

6. 低碳化、绿色化对发电机系统的优化配置

（1）整合发电机资源，提高发电机资源利用率

近年来，随着数据中心建设的规模越来越大，后备保障用柴油发电机的数量越来越多，但有些IDC的负荷增长缓慢，导致后备柴油发电机短期内无法充分发挥作用，造成企业资金投入巨大，无法产生应有的效益，与数据中心低碳化和绿色化的发展思路相违背，迫切需要优化发电机系统配置，充分利用柴油发电机多余的容量，发挥其应有的价值。发电机系统优化整合示意如图 2-6 所示。

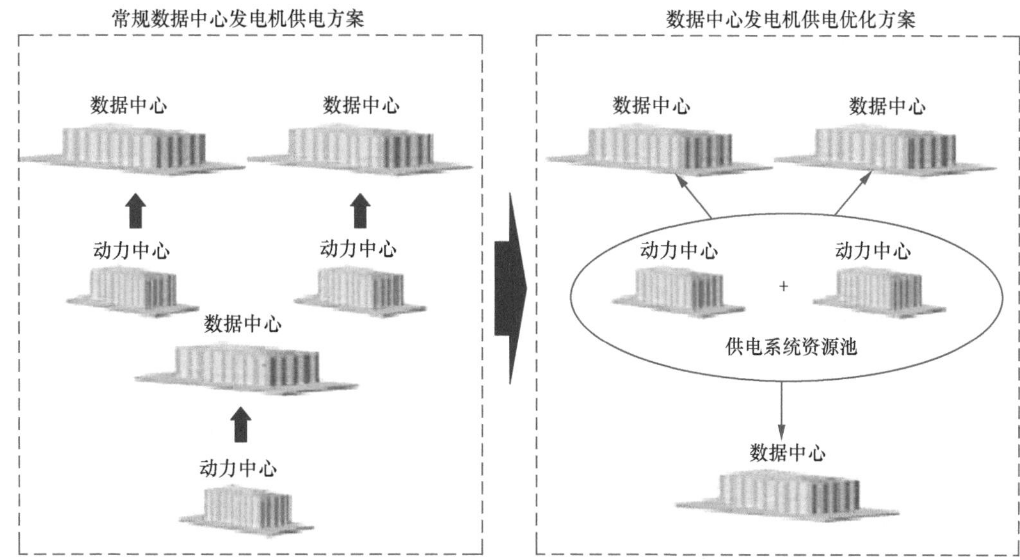


图 2-6　发电机系统优化整合示意

采用 10kV 智能控制系统，整合多套柴油发电机系统，将柴油发电机供电系统组成资源池，从发电机组并机到后端负荷供电均实现智能化管理，达到发电机组容量与负荷的最优匹配，从而提高发电机组的利用率，节省柴油发电机投资成本，节省运维时间，降低风险。该系统对后端负荷进行分级，为划小服务单元、差异化保障、差异化服务及收费提供了基础条件，实现与客户需求的紧密匹配，给数据中心扩大用户群体、增加收入提供了必要条件。

（2）采用双层室外厢式油机，节省占地面积，提高出柜率，加快建设进度

柴油发电机组作为数据中心供电保障的最后一道屏障，对数据中心供电连续性和可靠性具有非常重要的意义。同时，柴油发电机系统投资高，占地面积大，进排风系统和排烟系统对建筑工艺要求高，对数据中心的柴油发电机系统建设提出了较高的要求，柴油发电机系统方案直接影响着数据中心综合效益的产出。而采用双层室外钢构厢式柴油发电机的建设方案，可节省占地面积，提高机柜产出率，减少土建工程量，加快建设进度，并且满足现有的各项规定。

宜根据园区规划指标、容积率、园区现状及当地规划部门的要求，选择传统的室内建设模式、单层室外厢式建设模式或双层室外钢构厢式建设模式。在条件允许的情况下，优先采用双层室外钢构厢式的建设模式。

### 2.5.4 不间断电源系统的设计与建设

不间断电源（Uninterruptible Power Supply，UPS）系统是指发生市电断电或异常故障时，能够从市电供电快速切换到系统内蓄电池组供电，为数据中心内的服务器、存储设备等信息通信设备提供安全、稳定的不间断电源的系统。一般情况下要求系统切换时间不大于10ms。

根据UPS系统输入的不同的电压等级，UPS分为低压输入和中压10kV输入。

#### 2.5.4.1 低压输入的不间断电源系统

低压输入的不间断电源系统的输入电源为380V/220V的交流电，通过内部换流装置转换后，可为不可间断负载提供一定后备时间的、不间断的高可靠性电力。

按照输出电压类型的区别，低压输入的不间断电源系统分为直流不间断电源系统和交流不间断电源系统。

1. 直流不间断电源系统

（1）直流不间断电源系统设备简介

直流不间断电源系统由交流配电、整流模块、监控模块、直流配电组成，一般配置蓄电池组，采用全浮充供电方式。当交流电源正常时，直流不间断电源系统通过内部的整流单元，将输入的交流电源转换为信息通信设备需要的直流电源，并向蓄电池组浮充。在市电断电或发生异常等故障时，由蓄电池组直接为信息通信设备提供不间断的直流电源。

直流不间断电源系统多用于通信行业，也称为通信用直流供电系统，一般根据输出电压等级的不同，分为-48V直流不间断电源系统、高压直流不间断电源系统，高压直流不间断电源系统又包含240V和336V两种电压等级的电源系统。其中，-48V直流不间断电源系统是通信行业的直流基础电源，通常被称为通信用开关电源系统，主要用于为传输设备、交换机、路由器等网络设备供电，是应用广泛的通信电源系统。

随着IDC业务的发展、数据中心不断建设，通信行业在交流不间断电源系统与-48V直流不间断电源系统的基础上，集中两者的优点，形成了高压直流不间断电源系统。与交流不间断电源系统相比，高压直流不间断电源系统减少了DC/AC变换环节，同时由于直接输出直流电，电源供给单元（Power Supply Unit，PSU）减少了DC/AC变换环节，电路结构更加简化，供电效率更高，成本更低，电池直接连接在输出母线上，可靠性更高，整流模块为热插拔结构，扩容更方便，且便于维护。相较于-48V直流不间断电源系统，高压直流不间断电源系统的输出电压提高了5～7倍，在输出功率相同的情况下，工作电流只有前者的 1/7 ～ 1/5，可以采用截面更小的线缆，成本较低，同时线缆损耗小、转换效率高。

数据中心中，直流不间断电源系统按照设备形态，分为分立式和组合式两种形式。分立式不间断电源系统一般由交流配电屏、直流配电屏、整流机架（含监控模块和整流模块）等组成。组合式不间断电源系统的交流配电单元、整流单元、直流配电单元和监控单元在一个机架中。容量较大的直流系统一般选择分立式电源，例如容量在 2000A 及以上的-48V 不间断电源系统，容量在 400A 以上的 240V 不间断电源系统，容量在 160kW 以上的 336V 不间断电源系统。

高压直流不间断电源系统电压等级较高，需要采用悬浮方式供电，正常使用时，正、负极全程均不接地，系统交流输入与直流输出电气隔离，直流输出与地、机架、外壳电气隔离。同时系统中必须配置绝缘监控装置，监控高压直流电源直流输出电压的对地绝缘情况。

（2）直流不间断电源系统架构

数据中心常用的直流不间断电源系统主要有 3 种供电架构：单系统双回路供电架构、双系统双回路供电架构、市电/直流不间断电源双路供电架构。

① 单系统双回路供电架构。单系统双回路供电架构是指信息通信设备的 A、B 路电源取自同一套直流不间断电源系统的两个不同回路，系统结构简单。一般交流电源输入采用双路电源引入。常见于-48V 直流不间断电源系统，以及对保障等级要求不高的高压直流不间断电源系统场景。

单系统双回路供电架构如图 2-7 所示。单系统双回路供电系统原理如图 2-8 所示。

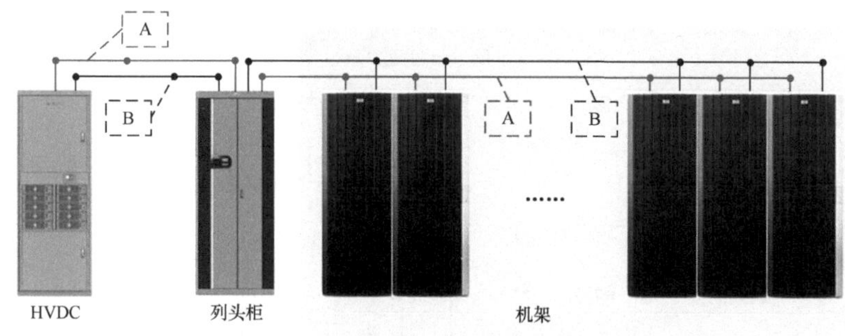


图 2-7 单系统双回路供电架构

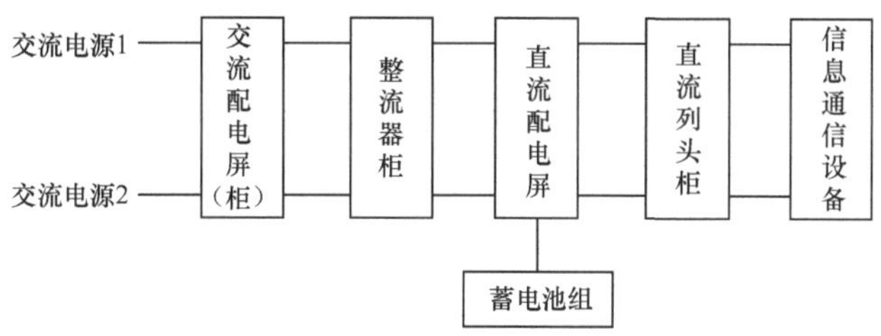


图 2-8 单系统双回路供电系统原理

直流不间断电源系统的整流模块按照*N*+1 的冗余方式配置，类似于*N*+1 并联均分冗余供电架构的交流不间断电源系统，但减少了DC/AC变换环节，因此可用度略高，在通信行业中的应用广泛，成熟度较高，且系统成本较低。但由于信息通信设备的双路电源输入均来自同一套直流不间断电源系统，系统在电源侧存在单点故障。

② 双系统双回路供电架构。双系统双回路供电结构是指信息通信设备的A、B路电源取自2套不同的直流不间断电源系统的回路，高压直流不间断电源系统常采用这种供电架构，多见于对保障等级要求较高的ICT供电场景。双系统双回路供电架构如图 2-9 所示。双系统双回路供电系统如图 2-10 所示。

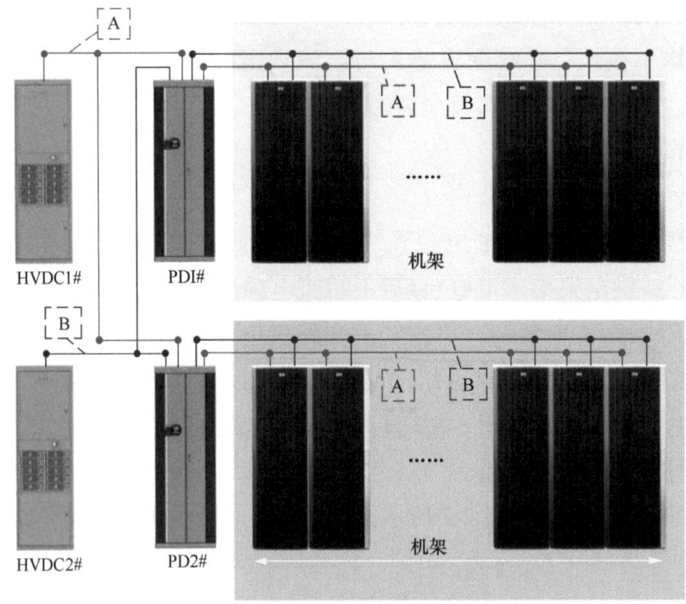


图 2-9 双系统双回路供电架构

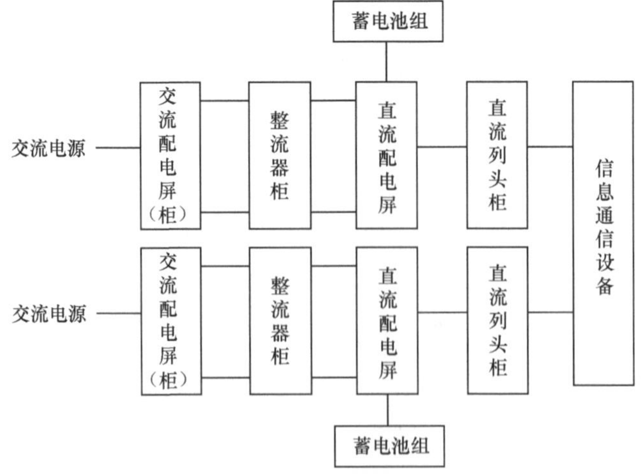


图 2-10 双系统双回路供电系统

双系统双回路供电架构采用 2N 方式进行配置，两套直流不间断电源系统互为主备用。在正常情况下，两套电源系统共同负责同一个通信设备的供电，理论上，两套电源系统均分负载，每套系统各承担 1/2 的负载，当其中 1 套系统发生故障时，另 1 套系统将承担全部负载，因此可以消除单系统双回路供电架构的单点故障问题，极大地提高供电的可靠性、可用度及容错能力。但由于系统采用 2N 方式配置，系统的冗余配置较多，冗余设备数量多，成本高，占地面积大，正常运行时系统带载率较低。

③ 市电/直流不间断电源双路供电架构。市电/直流不间断电源双路供电架构是指信息通信设备的A、B路电源分别取自市电与直流不间断电源系统。此架构下，不间断电源系统通常为高压直流不间断电源系统，一般应用于市电质量好、停电次数与故障极少的场景。市电/直流不间断混合供电系统架构如图 2-11 所示。

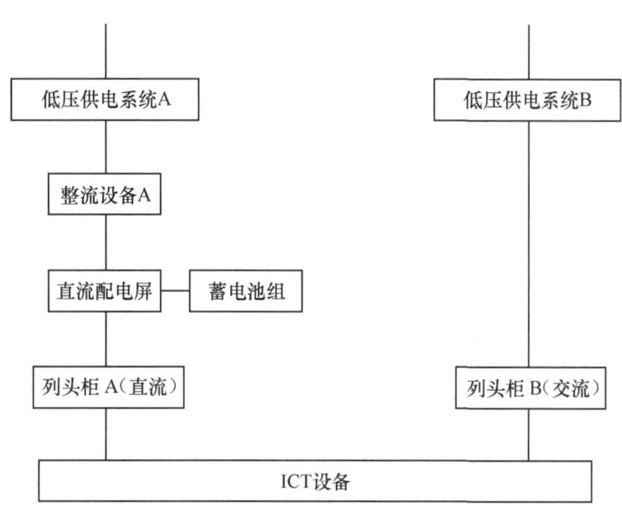


**图 2-11 市电 / 直流不间断混合供电系统架构**

在正常情况下，市电/直流不间断电源双路供电系统的运行方式一般有两种。一种是市电混供方式，即市电与直流不间断电源系统共同供电，互为主备用，在正常情况下，市电与直流不间断电源系统各承担 50% 的负载，当市电停电或发生故障时，由直流不间断电源系统为负荷供电。另一种是市电直供方式，即优先采用市电供电，市电作为主用供电电源，直流不间断电源系统为热备状态，当市电停电或发生故障时，由直流不间断电源系统的蓄电池放电为负荷供电。

市电/直流不间断电源采用双路供电架构，其中一路采用市电作为供电电源，与传统的双路供电架构相比，减少了一套不间断电源系统，建设成本降低，且减少了转换环节，可用度更高，可达到 99.99%，效率提升较多，在市电电源作为主用的运行方式下，由于市电电源的供电效率接近 1，供电系统的供电效率可达到 98%。由于此架构一路直接由市电供电，一路由不间断电源系统供电，需要考虑市电供电回路电涌冲击对信息通信设备的影响，另外，需要信息通信设备的电源模块支持市电回路与直流不间断电源系统回路的瞬间切换，以保证在市电停电或发生故障时切换到直流不间断电源系统供电后，可连续供电，不发生中断。

在建设数据中心时，需从节能、低碳的角度考虑，当市电电源质量较好时，优先选择市电/不间断直流电源双路供电架构；当客户要求保障等级较高时，优先选择双系统双回路供电架构；当建设投资紧张时，优先选择单系统双回路供电架构。

（3）直流不间断电源系统配置原则

① 输入配置。在建设数据中心直流不间断电源系统时，单系统双回路供电架构的供电系统建议采用双路电源引入，双路电源可以由低压配电系统的出线柜引接，也可以由专用的交流配电屏引接。直流不间断电源系统的交流配电屏或交流配电单元应该具备两路电源输入功能，并配置手动或自动转换开关装置，高等级数据中心建议采用自动转换开关装置。双系统双回路供电架构或市电/直流不间断电源双路供电架构的直流不间断电源系统可以采用单路交流电源引入，引入方式与单系统双回路供电架构相同，其中市电引入回路要对市电质量进行评估，若市电质量没有达到要求，则需要通过有源滤波等方式改善市电质量，同时提升信息通信设备的电源输入性能指标范围。

② 输出设计。单系统双回路供电架构的供电系统由同一系统的不同回路引接到为信息通信设备供电的列头柜的A、B路，双系统双回路供电架构或市电/直流不间断电源双路供电架构分别由两套系统引接为信息通信设备供电的列头柜，也可以采用机顶小母线代替列头柜和电缆直接为信息通信设备供电。

③ 设备配置。直流不间断电源系统的交流输入配电设备容量、直流配电设备应按照远期负荷配置，交流输入配电设备的输出分路容量及路数根据用电需求配置，另外，宜配置1～2路同容量的备用开关，直流配电设备的输出分路容量及路数根据信息通信设备的用电需求而定，整流部分的容量应按近期负荷配置，整流模块应按$N$+1冗余方式配置，其中$N$为主用。主用整流器的总容量应按负荷电流和电池的均充电流之和确定。

需要注意的是，采用市电/直流不间断混合供电架构的系统，信息通信设备的内置电源模块一般按“$N$+$N$”的方式配置，其中，$N$个模块为交流220V/直流12V模块，由交流市电电源回路供电，另外，$N$个模块为高压直流/直流12V模块，由高压直流不间断电源系统回路供电。

2. 交流不间断电源系统

（1）交流不间断电源系统设备简介

交流不间断电源系统是为信息通信设备不间断地提供交流电源的供电系统，又称为交流UPS系统，可提供高精度、高稳定性的电压波形与频率，具有承受电网波动或扰动（波涌、跌落、谐波）、间断及短时停电的能力。

根据电路的拓扑结构和不间断供电的运行机制，交流不间断电源系统分为3种类型：后备式、在线互动式、在线双变换式。

后备式交流UPS系统结构如图2-12所示。在市电电源正常时，通过低通滤波器和智能稳压器吸收部分干扰，进行初步稳压后，为负载供电，同时通过整流电路为蓄电池组进行浮充。在市电断电时，蓄电池组通过逆变器为负载供电。后备式交流UPS系统技术含量低，价格低廉，运行费用低，电能转换效率高，但其稳压功能较简单，没有电网污染治理功能，市电故障时切换时间较长，因此可以应用于重要级别不高的场景，不符合数据中心信息通信设备负载的供电要求。

在线互动式交流UPS系统结构如图2-13所示。在市电电源正常时，通过低通滤波器、电压调整单元构成的旁路供电回路，一方面为负载供电，另一方面经过电池充电器为电池进行浮充，在市电发生故障或出现异常时，转换开关自动断开旁路供电回路，防止逆变器向电网反送电，蓄电池组通过逆变器为负载供电。在线互动式交流UPS在市电正常时，直接为负载供电，供电质量欠佳，且由于存在逆变器由整流转为逆变的过程，转换时间相对较长，如果市电电源畸变过大，会导致转换开关的误动作，过频的切换动作也会引起偶发性的误动作、供电瞬间中断或自动关机，所以互动式交流UPS不符合数据中心信息通信设备负载的供电要求。

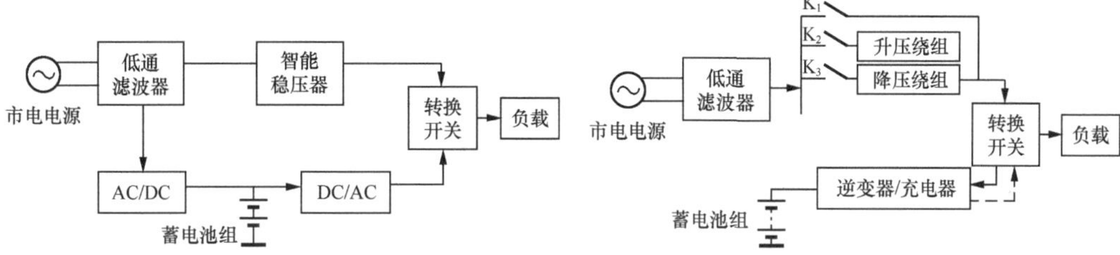


图 2-12　后备式交流 UPS 系统结构　　图 2-13　在线互动式交流 UPS 系统结构

在线双变换式交流UPS系统结构如图2-14所示。在市电电源正常时，市电电源通过内部的整流电路和逆变电路为负载供电，同时为蓄电池组进行浮充。在市电电源发生故障或出现异常时，蓄电池组通过逆变电路为负载直接供电。由于在线双变换式交流UPS在市电正常时为负载供电需要经过整流和逆变两次变换，所以称为双变换式。在线双变换式交流UPS正常运行时，经过两级变换，可以提高电源功率因数，消除市电电源谐波。在线双变换式交流UPS共有4个运行模式，分别为正常运行时的双变换模式、市电停电时的蓄电池放电模式、旁路运行模式和维修旁路运行模式。

其中，旁路运行模式又被称为ECO[1]模式，即在市电质量能够满足通信设备供电要求时，交流不间断电源系统通过静态旁路直接给通信设备供电，同时主路通过整流器给电池充电，此时逆变器处于待机状态，不输出能量，当旁路电源异常时，交流不间断电源系统自动切换到主路或电池逆变器供电状态（切换时间一般在1～2ms），当

1. ECO（Ecology，Conservation，Optimization，环保、节能、最优化）。

旁路电源恢复正常后（在允许范围内），系统自动地恢复到ECO运行模式。由于交流不间断电源系统在ECO运行模式工作时，逆变器处于待机状态，所以自身损耗较小，交流不间断电源系统整机效率在98%以上。

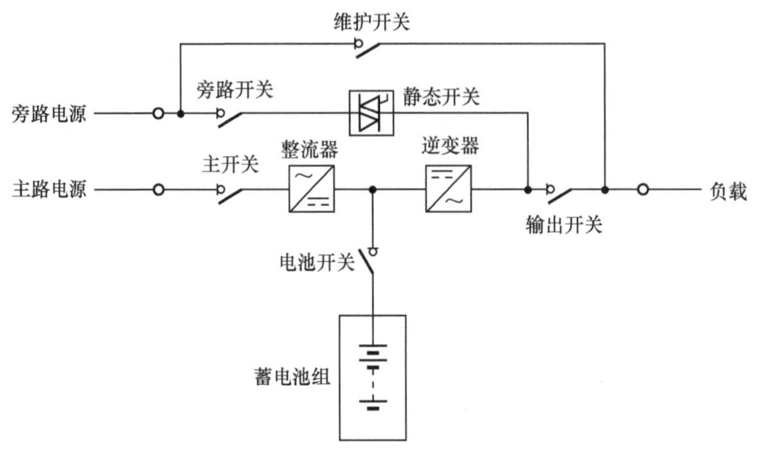


图 2-14　在线双变换式交流 UPS 系统结构

交流不间断电源系统的发展与电力电子技术、功率半导体器件的发展密切相关，从低频技术向高频技术的转变，是现代电力电子技术的发展方向，为电源设备的高效、节能、节约等提供了重要的技术基础。在线双变换式UPS设备随着电力电子技术的发展，分为工频机（工频UPS）和高频机（高频UPS）两种类型，工频UPS与高频UPS是按照设计电路原理和工作频率来区分的。工频UPS按照模拟电路原理设计，由晶闸管整流器、绝缘栅双极型晶体管（Insulated Gate Bipolar Transistor，IGBT）逆变器、逆变器输出回路升压/隔离变压器等主要元器件构成，输入及输出电路均在50Hz。高频UPS按照数字电路原理设计，主要由IGBT整流、IGBT逆变器、电池变换器等主要元器件构成，IGBT整流器的开关频率一般在几千赫兹到几十千赫兹，其输入及输出电路均高于50Hz。

高频UPS相较于工频UPS的优势如下。

① 体积小、重量轻，高频UPS在整流环节中采用IGBT整流电路，代替了工频UPS的晶闸管整流电路，同时取消了输出变压器，极大地节省了成本，提高了供电效率，并减小了UPS的占地面积和重量。

② 输入输出电气参数好，在输入谐波电流与输入功率因数方面，高频机采用IGBT整流技术，输入电流谐波含量THDi、输入输出功率因数均优于工频UPS。

③ 转换效率高，工频UPS比高频UPS多出谐波滤波器或12脉冲整流及输出变压器两个环节，因此，工频UPS效率明显低于高频UPS。近年来，高频UPS的性能指标已全面优于工频UPS，工频目前已趋于淘汰，国内和国际主流UPS生产厂家的工频机

产品已逐步停止生产，高频UPS已开始全面代替工频UPS。

根据设备结构与形态的不同，高频UPS又分为一体化高频UPS（塔式UPS）和模块化UPS。模块化UPS将整个不间断电源系统按主要功能分为功率变换、电池系统、智能管理和通信等部分，把每个部分又按基本功能和功率容量在结构上做成独立的可热插拔的模块。模块化UPS组成原理结构如图 2-15 所示。

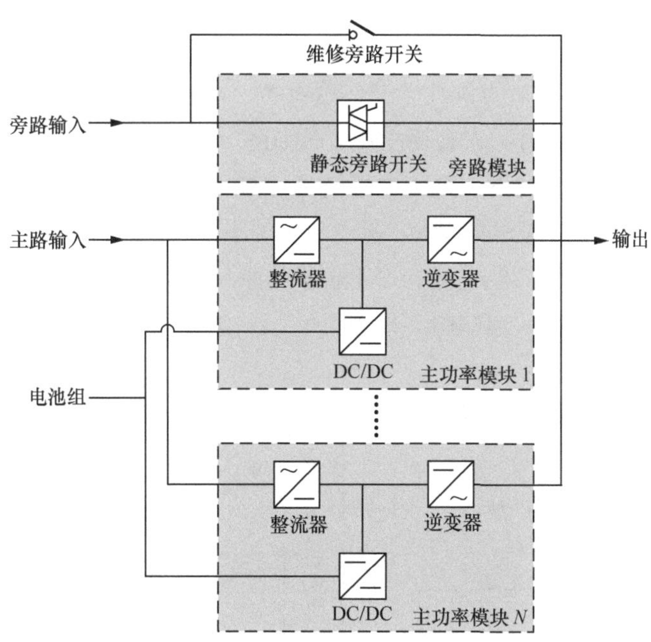


图 2-15　模块化 UPS 组成原理结构

与一体化UPS相比较，模块化UPS具有以下优势。

① 可靠性强，模块化UPS可以通过模块冗余达到一体化UPS冗余的架构，且模块发生故障时可退出，不影响整机运行。

② 易维护性高，模块化UPS可以在线热插拔，维护简单快速，无须转旁路。

③ 扩展性强，可动态扩展，随着信息通信设备的增加而扩容。

④ 投资更加经济，可按需扩容，节省初期投资，同时只需要通过增加模块实现并联冗余，成本低。

⑤ 节能环保，对电网污染小，高效率及模块休眠等技术可减少能源浪费。

模块化UPS可以满足用户对供电系统的可用性、可靠性、可维护性和节能等方面的需求。从成本、系统可用性、灵活性、维护性等方面出发，建议数据中心采用模块化UPS。

数据中心常用的一体化UPS和模块化UPS的容量一般为200kVA、300kVA、400kVA、500kVA、600kVA，模块化UPS的功率模块容量一般为25kVA、30kVA、40kVA、50kVA、

60kVA、80kVA、100kVA。

（2）交流不间断电源系统架构

数据中心常用的交流UPS主要有4种供电架构："$N+X$"并联均分冗余交流不间断电源供电架构、2$N$双总线交流不间断电源供电架构、$M$（$N$+1）交流不间断电源供电架构、市电/交流不间断电源双路供电架构。

①"$N+X$"并联均分冗余交流不间断电源供电架构。它是一种并联均分冗余的供电系统，即$N$台交流UPS设备与$X$台交流UPS设备组成系统共同为负荷供电。此架构实际为多台同型号、同功率的单机交流UPS设备，在输出端通过并机装置组成多机交流UPS并机冗余系统。其中，$N$台为主用交流UPS，$X$台是备用交流UPS主机，$X$可等于1或大于1。在正常情况下，系统中所有交流UPS主机并机运行，均分负载，每台交流UPS各承担1/（$N+X$）的负载，蓄电池组处于浮充状态；当其中1台或$X$台交流UPS主机发生故障时，由其他交流UPS主机承担系统全部负载供电。"$N+X$"并联均分冗余交流不间断电源供电架构如图2-16所示。

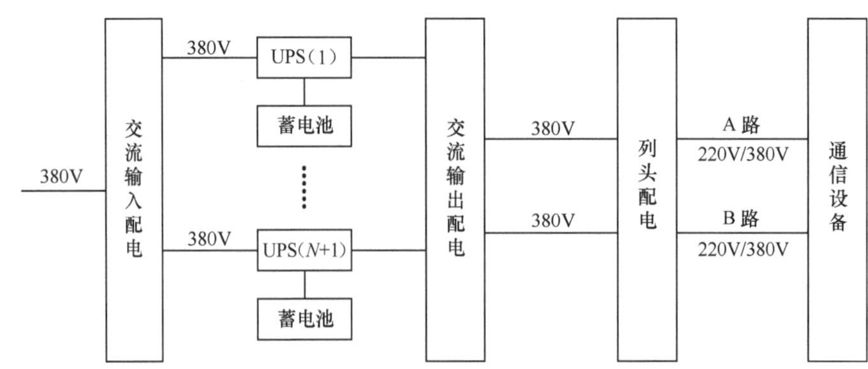


图2-16 "$N+X$"并联均分冗余交流不间断电源供电架构

此架构能够灵活简便地实现$N$+1或$N+X$的冗余配置，当系统正常运行时，所有交流UPS设备均分负载，当系统发生单台交流UPS或$X$台脱机故障时，整个系统是冗余设计，不会对负载供电造成影响，同时，冗余设计可以将并机的交流UPS关闭并进行维护。但是此架构是由多台交流UPS构成的单套并机系统，会出现系统性单点故障。

"$N+X$"供电架构可以是多台一体化交流UPS并机，也可以是多台模块化、可并联的交流UPS功率模块、监控模块和电池等通过内部并机，构成供电系统并联，需要注意的是，若采用一体式UPS，通常$X$为1；若采用模块化UPS，可根据交流UPS系统的可用度和功率模块的数量选择$X$值，若功率模块配置数量≤10，建议$X$选为1，若功率模块配置数量＞10，$X$可选为2。

此系统常用于等级不高的数据中心。

② 2*N*双总线交流不间断电源供电架构。它由 2 套完全独立的交流UPS主机、输入与输出配电屏、蓄电池组等构成，该系统全程双路由，所有负载均采用 2*N*容错供电方式（双电源负载）。2 套系统可为负载提供双电源回路，能独立为 2 套交流UPS系统所带的全部负载供电。2*N*双总线交流不间断电源供电架构如图 2-17 所示。

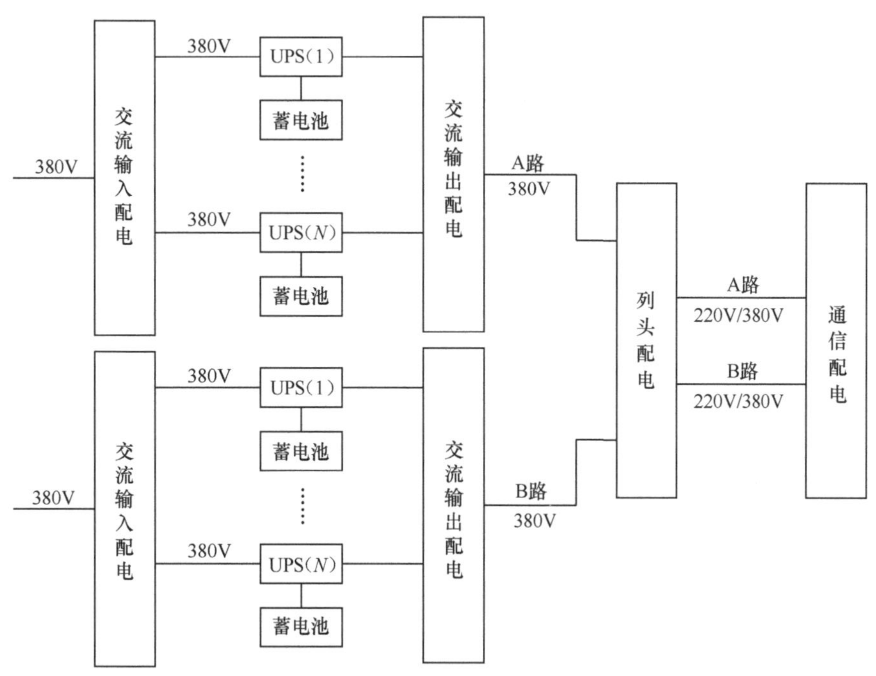


图 2-17　2*N* 双总线交流不间断电源供电架构

每 2 套交流UPS供电系统组成 1 套双总线分布冗余系统，2 套交流UPS供电系统互为主备用。在正常情况下，2 套交流UPS供电系统共同负责同一个通信设备的供电，理论上 2 套系统均分负载，每套交流UPS供电系统各承担 50%的负载，每套交流UPS系统的负载率不超过 45%，蓄电池组处于浮充状态；当一套交流UPS供电系统发生故障时，另外一套交流UPS供电系统将承担系统的全部负载，每套交流UPS的负载率不超过 90%。

相对于*N*+*X*交流不间断电源系统供电架构，2*N*双总线交流不间断电源供电方式能够在系统任意单点处于检修状态或发生故障时，不间断地为信息通信设备供电，解决供电回路中的单点故障问题，做到点对点的冗余，极大地提高整个供电系统的可靠性，提高了供电系统的可用度和“容错”能力。同时，在线改造、扩容、维护等工作也便于开展。但由于此架构需要 2 套交流UPS系统，冗余设备较多，成本高，同时正常运行时负载率低，交流UPS设备容量利用率较低。

此架构可用度高，常用于高保证等级的数据中心，是当前业内应用最广泛的交流不间断电源供电系统之一。

③ $M$（$N$+1）交流不间断电源供电架构。它由 2 套或多套交流UPS系统组成，当$M$等于 2 时，为 2$N$系统的冗余版；当$M$等于 3 时，为 3$N$系统的冗余版，但不同的是它的每套系统设有 1 台冗余交流UPS设备（或模块）。正常运行时，每套交流UPS系统只承担部分负荷，这部分负荷为所有负荷的 1/$M$。这种多系统的供电模式可以解决单点故障，但当$M$≥ 3 时，多系统结构及接线较为复杂，所以在实际工程项目中无应用。此系统常用于保证等级较高的数据中心。

④ 市电/交流不间断电源双路供电架构。它是指信息通信设备的A、B路电源分别取自市电与交流不间断电源系统，其不间断电源系统可采用冗余配置。市电/交流不间断电源双路供电架构如图 2-18 所示。

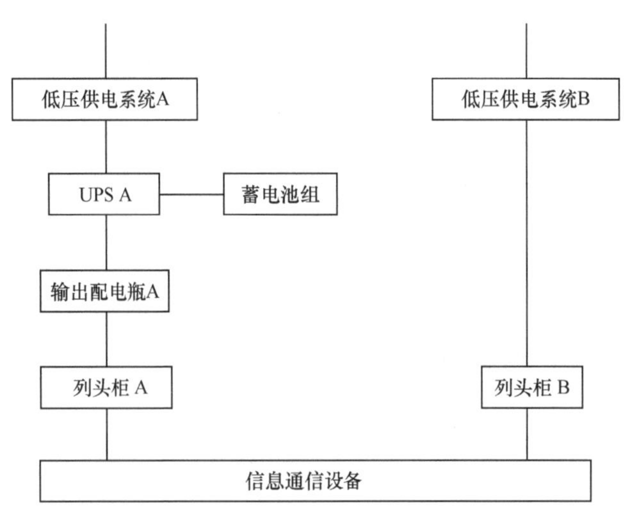


图 2-18　市电 / 交流不间断电源双路供电架构

在正常情况下，市电/交流不间断电源双路供电系统的运行方式一般有两种。一种是市电混供方式，即市电与交流不间断电源系统共同供电，互为主备用，在正常情况下，市电与直流不间断电源系统各承担 50%的负载，当市电停电或发生故障时，由交流不间断电源系统为负荷供电。另一种是市电直供方式，即优先采用市电供电，市电作为主用供电电源，交流不间断电源系统为热备状态，当市电停电或发生故障时，由交流不间断电源系统的蓄电池放电为负荷供电。

市电/交流不间断电源双路供电架构中的一路采用市电作为供电电源，近年来我国供电质量稳步提升，市电/交流不间断电源双路供电架构的可用性可达 99.999%，高于传统$N$+$X$并联冗余均分架构，建设成本也由于设备数量的减少而降低，系统可靠性低于 2$N$系统，但比 2$N$系统效率高、损耗低，更加节能。

此架构适用于一般重要的A级数据中心IT设备供电或者市电质量稳定的地区。

在建设数据中心时，应从节能、低碳的角度考虑，在市电电源质量较好时，优先选择市电/不间断交流电源双路供电架构，当客户要求保障等级较高时，优先选择 2*N* 双总线交流不间断电源供电架构或 *M*（*N*+1）交流不间断电源供电架构；当保障等级较低时，优先选择"*N*+*X*"并联均分冗余交流不间断电源供电架构。

（3）交流不间断电源系统配置原则

① 输入设计。交流不间断电源系统的引入，可以从低压配电系统引接，也可以从交流UPS系统的交流配电屏引接。需要注意的是，交流不间断电源系统的交流输入引接应依据其供电架构、上端低压配电系统架构和高压配电系统供电架构确定，需要确认以下内容。

主路输入和静态旁路应分别引自不同的输入开关；同一套交流UPS电源系统中，所有并机交流UPS的旁路输入必须是频率、相位完全相同的交流电；在 2（*N*+1）、2*N* 供电架构中，当变压器为 2*N* 架构时，2 套交流UPS系统应分别由 2 台互为备用的变压器的低压母线段供电，当变压器为 *N*+1 架构时，应由 2 台不同的主用变压器的低压母线段分别供电；在 3*N*、3（*N*+1）供电架构中，当变压器为 2*N* 架构时，由于信息通信设备分别从 3 套交流UPS系统中引接两路电源，为避免两路电源同时失电的情况出现，3 套交流UPS系统应分别由 3 台非互备的主用变压器的低压母线段供电，当变压器为 *N*+1 架构时，应由 3 台不同的主用变压器的低压母线段分别供电；市电/交流不间断电源双路供电架构，交流输入电源的引接同 2*N*、2（*N*+1）架构一致。

② 输出设计。"*N*+*X*"并联均分冗余交流不间断电源供电架构的供电系统由同一系统的不同回路引接到为信息通信设备供电的列头柜的A、B路，2*N* 双总线交流不间断电源供电架构、*M*（*N*+1）交流不间断电源供电架构、市电/交流不间断电源双路供电架构分别由 2 套或多套系统引接为信息通信设备供电的列头柜。采用 3*N*、3（*N*+1）供电架构时，应尽量做到输出引接的配电平衡。

③ 设备配置。交流不间断电源系统在进行设备配置、选择设备容量时，应考虑采用不同供电架构时的最大负载率的要求，保证设备容量选用得当。

采用市电/交流不间断混合供电架构的系统，信息通信设备内置电源模块按"*N*+*N*"配置，其中 *N* 个配置 $220V_{ac}/12V_{dc}$ 模块，采用市电交流 220V 市电电源供电；另外 *N* 个配置 $220V_{ac}/12V_{dc}$ 模块，采用交流不间断电源供电。

#### 2.5.4.2 中压10kV输入的不间断电源系统

中压 10kV 输入的不间断电源系统是指能够将中压交流 10kV 直接转换成直流或交流电源，并利用蓄电池作为后备储能设备为IT负载提供不间断电源的集成式系统。该系统将传统供配电架构中的中压隔离柜、变压器设备、低压配电设备、直流或低压交流不间断电源设备、蓄电池整合为一套电源系统，对整个供配电链路和架构进行优化和简化，提高了电源转换和配电效率，近年来在数据中心已经逐步试点及应用。

根据不同的输出电压类型，中压10kV输入的不间断电源系统可以分为直流输出不间断电源系统和交流输出不间断电源系统。

1. 直流输出不间断电源系统

在数据中心中，根据输出电压等级，可有-48V、240V、336V 3种电压等级的直流输出不间断电源系统。其中，-48V直流电源系统主要为数据中心内传输、路由器、交换机等网络设备供电，在通信行业中应用较多。240V或336V直流电源系统主要为数据中心内服务器等IT设备供电。巴拿马电源系统是近年提出的一种用于数据中心的中压10kV输入不间断直流输出的新型供电架构，由于其具备效率高、省空间、交付快、易维护等优势，近年来在行业内备受关注，下面将对其详细介绍。

（1）巴拿马电源系统的组成及特点

巴拿马电源是一种10kV交流输入240V或336V直流输出的不间断电源系统，系统由中压柜、移相变压器、整流输出柜、交流输出柜组成（选配）。巴拿马电源系统结构示意如图2-19所示。

图2-19　巴拿马电源系统结构示意

巴拿马电源系统方案对传统方案中的10kV配电、变压器、低压配电及HVDC电源4个环节进行了柔性集成，采用移相变取代工频变压器，从10kV交流输出到240V或336V输出，使整个供电链路做到合并和优化，简化了配电架构，减少了设备配置，提高了供电效率。

传统的供电系统方案采用的变压器只有一个一次侧绕组和一个二次绕组，巴拿马电源系统中采用的多脉冲移相变压器一次侧为一个绕组，二次侧为多个独立绕组，可以通过二次侧多个绕组的不同接法实现移相。以72脉移相变压器为例，72脉移相变压器原理示意如图2-20所示。变压器的二次绕组由12组相互电气隔离的绕组组成，相互间有$60/n=5°$（$n$为12）的移相角度，变压器最终可产生12组相位角相差5°的三相电，输入整流部分为36相，被称为72脉整流或72脉移相变压器。72脉移相变压器的次级绕组能够有效滤除（72-1）次低次谐波，改善二次电能的质量。

移相变压器在多绕组输出的情况下能大幅减少10kV测电流谐波，因此，巴拿马电源系统中的整流模块可以省去传统方案中包含的功率因素校正（Power Factor Correction，PFC）功能而选择结构更为简单的Boost升压拓扑。巴拿马电源系统整流模块拓扑与传统HVDC拓扑对比如图 2-21 所示。整流模块主电路采用Boost+BUCK非隔离型拓扑，其中AC/DC变换器不包含功率因数矫正电路，功率因数校正功能靠移相变压器来实现。

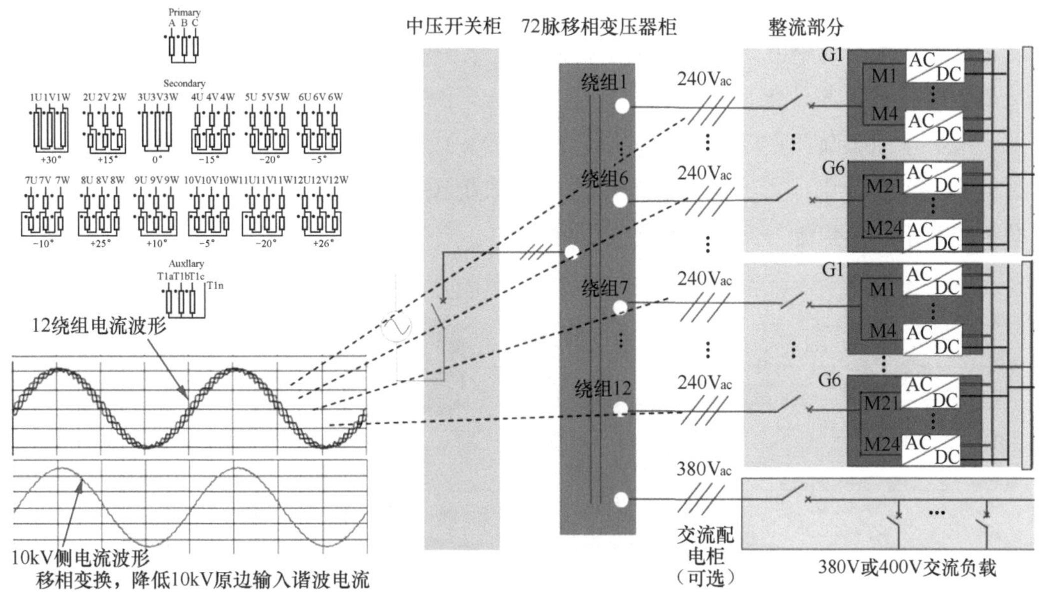


图 2-20　72 脉移相变压器原理示意

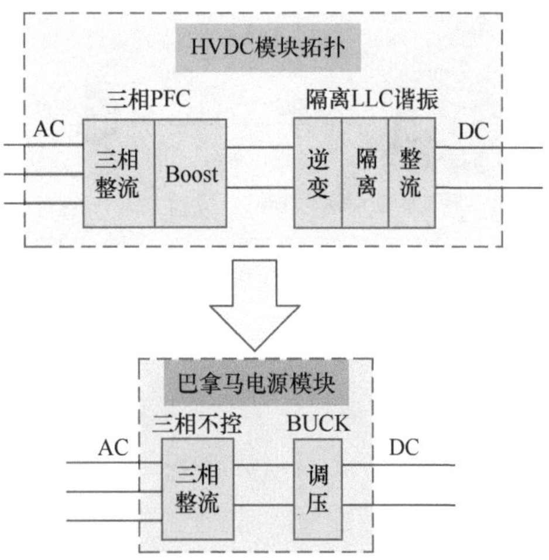


图 2-21　巴拿马电源系统整流模块拓扑与传统 HVDC 拓扑对比

巴拿马电源系统采用移相变压器，一方面减少了变压器副边绕组的短路电流，降低其下游开关的短路电流容量；另一方面结合整流模块单元，该系统对传统供电架构配电层级进行优化，减少了整流模块内的功率变换环节和器件数量，其功率密度从 $1.8W/cm^3$ 提升到 $3.6W/cm^3$，在体积不变的情况下，单模块功率达 30kW 以上，在 20% 轻载时，效率可达 97.5% 以上。与传统供电方案相比，供电效率大幅提高，能有效降低数据中心的PUE值。

巴拿马电源系统将传统的供配电链路进行“4 合 1”融合创新，进行架构重塑及逻辑性匹配，将传统配电链路中的中压 10kV配电柜、变压器、低压配电柜、HVDC电源融合集成为一套电源系统，取消了传统供电架构中的多级低压配电，缩短供电链路，减少设备数量，与传统供电方案对比，巴拿马电源系统大大减少了电源设备的占地面积，减小了设备施工的工程量，降低了设备投资成本。将多层级、多链路的供电系统集成到一个产品中，可实现数据中心供配电系统预制化，便于安装和维护。巴拿马电源与传统不间断电源方案对比如图 2-22 所示。

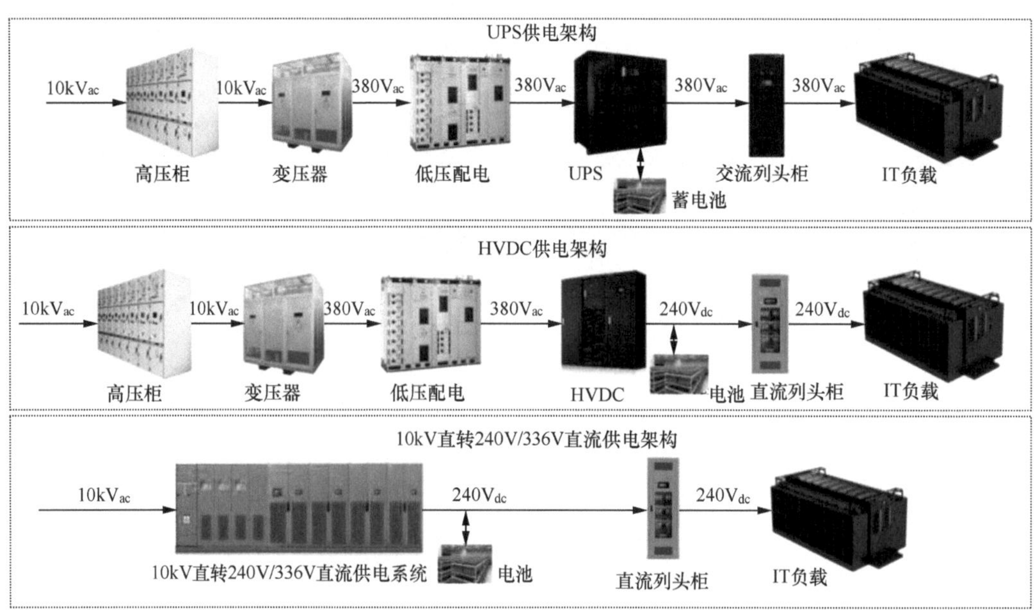


图 2-22　巴拿马电源与传统不间断电源方案对比

（2）巴拿马电源系统设计特点

根据数据中心等级及IT负荷等级对供电的不同要求，巴拿马电源系统架构主要包括 2*N*系统、1 路市电直供+1 路不间断电源系统。

① 2*N*系统。2*N*系统由 2 套相同配置、完全独立的巴拿马电源组成。2 套系统可以为负载提供双电源回路，2*N*供电系统架构示意如图 2-23 所示。正常工作时，2 套巴拿马电源独立工作，分别承担总负荷的 50%，当单边市电停电或其中一套系统发生故障或维修时，由另一套系统独立承担所有负载的供电，整体供电架构效率峰值可达 97%。该供电架构解决了供电回路中的单点故障问题，具有较高的可靠性和可用度，

一般应用于信息通信设备输入电压为 240V 或 336V 直流且需要具备“容错”能力和较高等级的供电系统或数据中心。

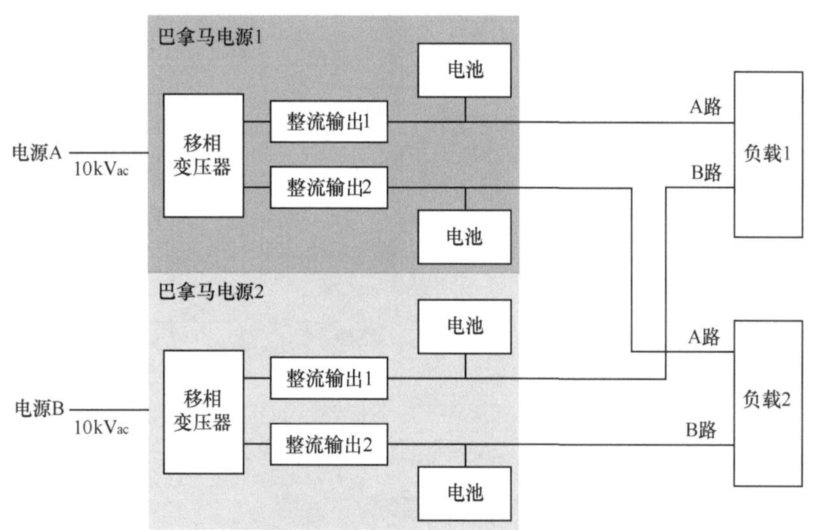


图 2-23　2N 供电系统架构示意

如果在 2N 系统的输出端加入直流母联，则构成了 2N 带母联供电架构。2N 带母联供电系统架构示意如图 2-24 所示。正常工作时，2 套巴拿马电源独立工作时，分别承担总负荷的 50%，当单边市电停电或其中一套系统发生故障需要维修时，直流母联开关闭合，保障负载的物理两路输入，负载无掉电感知，使系统具有较高的稳定性和可靠性。另外，多段母联可分别配置不同品牌的电池，避免单品牌电池批次性问题导致电池不可用。同时，母线上的电池云化设计支持双边复用，配置设计时可降低单边电池备电容量需求，节约成本。该 2N 母联供电架构对于末端负载具有更好的稳定性和可靠性，但架构相对复杂，需要具备较高的运维管理水平，一般适用于信息通信设备输入电压为 240V 或 336V 直流和对供电设备“容错”等级高且拥有较高运维管理水平的数据中心。

② 1 路市电直供+1 路不间断电源系统。随着市电质量的提高，出现了一种采用市电与不间断电源系统混合供电的框架模式。1 路市电+1 路不间断电源系统架构示意如图 2-25 所示。以巴拿马电源系统为例，设备负载一路采用市电直供，一路采用巴拿马电源系统进行供电。当正常工作时，市电直供回路和巴拿马电源系统回路共同为负载供电，当停电或市电发生故障时，由巴拿马电源系统单独为负载供电。该架构在保证供电可靠性的同时减少了电源变换环节，最大限度地减少设备数量，降低损耗，综合供电效率可达 98%，设备成本低，一般适用于信息通信设备输入电压为 240V 或 336V 直流且市电质量好、机房空间有限的数据中心。

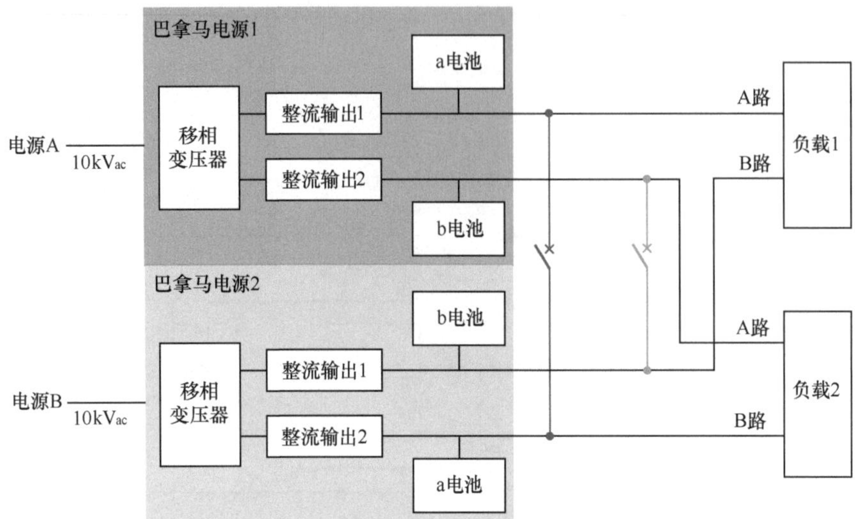


图 2-24　2*N* 带母联供电系统架构示意

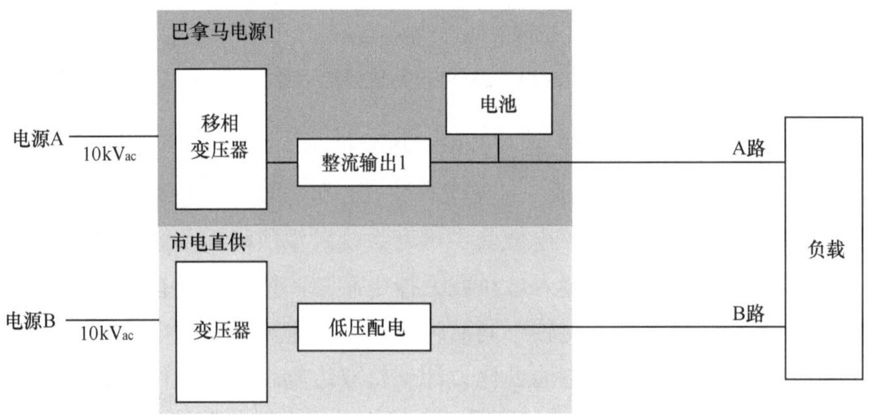


图 2-25　1 路市电 +1 路不间断电源系统架构示意

（3）巴拿马电源系统配置原则和方法

① 系统内中压柜、变压器、输出柜的容量按终期负荷配置。

② 单系统最大容量不宜超过 3100kVA。

③ 整流模块按 *N*+1 冗余方式配置，其中 *N* 为主用，主用整流模块的总容量应为信息通信设备负载电流和均充电流（10 小时率充电电流）之和。

④ 主用整流模块负载率按 100% 设计。

⑤ 单台整流输出柜蓄电池组一般设置 2 组或 4 组并联电池组，可选择高倍率阀控铅酸蓄电池及磷酸铁锂电池。

⑥ 输出分路配置要根据电池容量、数量及用电设备的需求而定，后期可以灵活扩容。

（4）巴拿马电源系统的典型案例

以华东某数据中心为例，该数据中心共有 2 个模块，每个模块包含 3 个IT设备机房，IT设备为直流 240V 负载，单机柜功耗为 5kW，每个IT设备机房设置 400 个机柜，每个IT设备间设备总功耗为 2000kW，考虑电池充电容量，采用 2*N*架构，配置 2 台 2.5MW 巴拿马电源为每个IT设备机房供电。每台巴拿马电源支持 16 路列头柜，单列最大功率 125kW，配置电池 8 组，每组电池为 120 只 2V/500AH 铅酸蓄电池。采用巴拿马电源系统方案与传统的 2*N* HVDC 或 1 路市电直供+1 路 HVDC 方案对比分析如下。

**节省空间**。在数据中心中，如果采用传统 2*N* HVDC 或 1 路市电直供+1 路 HVDC 方案，变压器和低压配电柜需要单独放置于变配电室内，而采用巴拿马电源方案使配电设备的数量大幅减少，所有设备柔性集成节省了机房空间。经过分析和核算，采用传统方案配电面积大概为 $460m^2$，而采用巴拿马电源系统配电室面积为 $310m^2$，配电面积节省了 30%以上，节省的空间可以部署更多的IT设备，增加数据中心的装机量。

**提高效率**。巴拿马电源系统相较于传统的供电方案，供电链路缩小，转换环节和耗电量减少，在该数据中心，巴拿马电源系统方案与传统 2*N* HVDC 方案相比，每年节约用电量 851.4 万 kW·h，如果电费以每千瓦时 0.7 元计算，一年可节省运营电费 596 万元，减少 $CO_2$ 排放约 5192t。

**降低投资成本**。巴拿马电源系统方案在实现双侧直流供电方案的同时，投资成本较传统 2*N* HVDC 方案下降约 40%，运行效率比 2*N* HVDC 方案提升约 4.5%，该数据中心的建设模块初投资减少约 1800 万元，全生命周期可减少投资约 4000 万投资，比 1 路市电直供+1 路 HVDC 方案投资减少约 1400 余万元。

2. 交流输出不间断电源系统

380V 交流输入 380V/220V 交流输出的不间断电源系统（低压 UPS 系统）可以不间断地为负载提供高可靠性的电力，但是该系统 380V 交流输入电源需要市电电源经过变压器、低压配电等环节，环节中各设备分别布置在独立的变配电室和电力电池室中，为了实现高效集成，减小损耗，便于维护，近年来一种 10kV 交流输入 380V/ 220V 交流输出的不间断电源系统被研发了出来。

（1）交流输出不间断电源系统组成及特点

10kV 交流输入 380V/220V 交流输出的不间断电源系统聚焦改变现有布局分散的供电系统建设模式，实现变、转、备、配电一体化集成，可以有效降低供配电系统的占地空间，提升系统效率和智能化运维水平，降低系统建设成本和运营成本。该系统主要包括变压器、低压配电柜、电能质量补偿柜、交流 UPS 柜、维修旁路柜（可选），输出馈线柜等。10kV 输入交流输出不间断电源系统结构示意如图 2-26 所示。

10kV 输入交流输出不间断电源融合了从中压变压器到负载馈线端的全功率链路。

与传统供电系统相比，其对原有的多环节的各类设备进行逻辑集成，对低压配电柜、输出馈线柜、维护旁路柜等设备进行了集中和优化，减少了设备数量，传统系统中需要配置的大量铜排和线缆在本集成系统中也得到了大量节省。同时，由于缩短了变压器与配电柜的距离，减少了线路中的短路电流，下游配电柜中断路器选型时可以降低对短路电流容量的要求，从而降低数据中心的综合投资成本。另外，通过柔性集成，供电系统的各环节链路大幅缩短，降低了线损，提高了系统效率，降低了数据中心的PUE值。

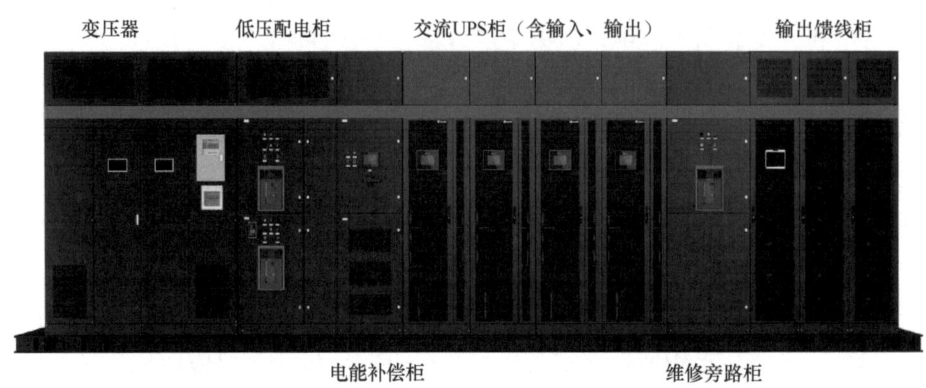


图 2-26　10kV 输入交流输出不间断电源系统结构示意

该系统为预制式设备，工厂完成预装和调测，现场施工简单，减少多种设备调测和各类走线安装导致的问题，缩短了部署周期。同时，系统中功率转换、维修旁路、配电出线、电能补偿及监控等都采用模块化配置，可以实现快速更换扩容、按需配置和灵活部署。

（2）交流输出不间断电源系统设计

根据数据中心等级及IT负荷等级对供电的不同要求，10kV输入380V/220V交流输出不间断电源系统架构主要包括2*N*系统和1路市电直供+1路不间断电源系统。

① 2*N*系统。2*N*系统由2套相同配置的不间断电源组成，2套系统之间通过母联开关连接，2套系统可以为负载提供双电源回路。2*N*供电系统架构示意如图2-27所示。正常工作时，2套不间断电源独立工作，分别承担总负荷的50%，当单边停电或其中一套系统发生故障需要维修时，母联开关闭合，由另外一套系统独立承担所有负载的供电。该供电架构解决了供电回路中的单点故障问题，具有较高的可靠性和可用度，但是由于冗余设备数量较多，成本较高，正常运行时交流UPS负载率较低，不间断电源设备容量利用率较低。该系统适用于输入电压为380V或220V交流、高保证等级的信息通信设备的供电系统或数据中心。

② 1路市电直供+1路不间断电源系统。1路市电+1路不间断电源系统架构示意如图2-28所示。设备负载一路采用市电直供，一路采用不间断电源系统进行供电。当

正常工作时，市电直供回路和不间断电源系统回路共同为负载供电，当停电或市电发生故障时，由不间断电源系统单独为负载供电。该架构在保证供电可靠性的基础上减少了电源变换环节，最大限度地减少了设备数量，降低损耗，一般适用于信息通信设备输入电压为 380V 或 220V 交流且市电质量好、机房空间有限的数据中心。

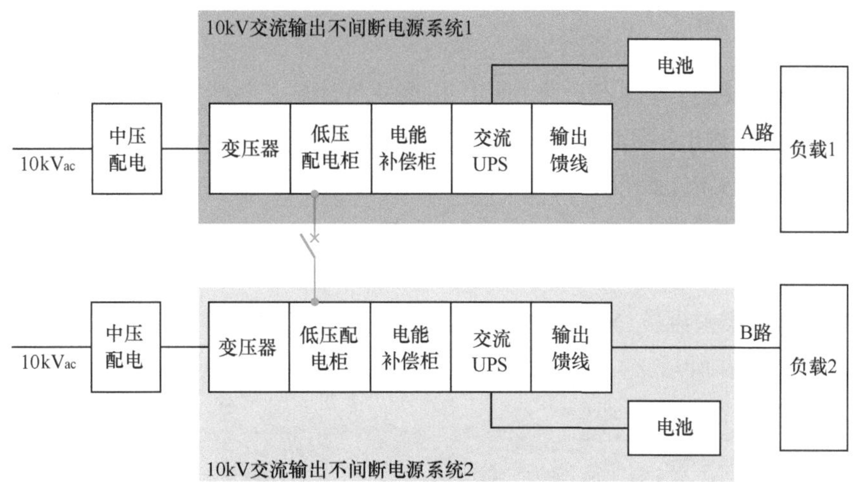


图 2-27　2*N* 供电系统架构示意

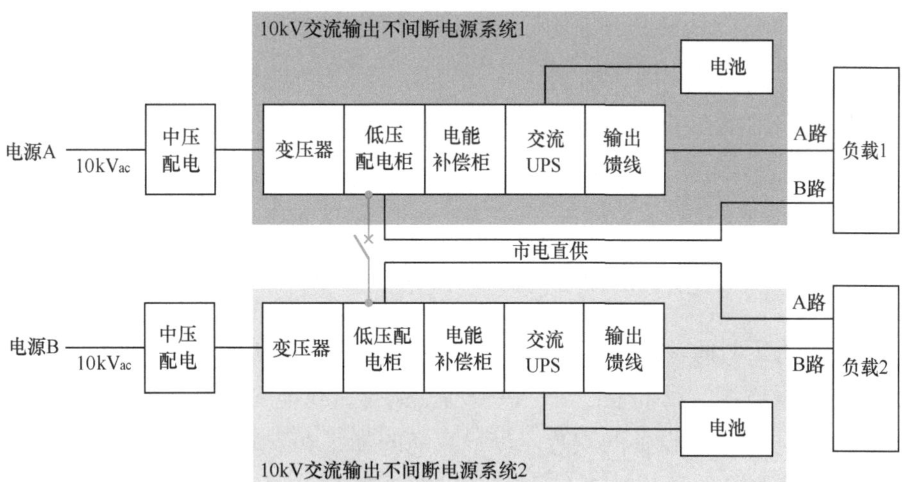


图 2-28　1 路市电 +1 路不间断电源系统架构示意

（3）交流输出不间断电源系统配置

① 系统内变压器的容量按终期负荷配置，功率转换、维修旁路、配电出线、电能补偿及监控单元模块化设计，可按需配置。

② 单系统变压器最大容量不宜超过 2500kVA。

③ 交流 UPS 系统容量 =（1.1 ～ 1.2）× 信息通信设备负荷。

④ 交流UPS输入、输出及蓄电池组接入应配置的开关装置（断路器、负荷开关），其中蓄电池组的接入断路器应配置直流专用断路器。

⑤ 系统可选择高倍率阀控铅酸蓄电池及磷酸铁锂电池。

⑥ 电能补偿柜考虑无功补偿和谐波补偿，柜内一般最多配置5个补偿模块，容量和数量根据项目需求配置。

（4）交流输出不间断电源系统典型案例

以某数据中心供配电系统方案为例，根据负荷计算，单栋楼配置了16套2000kVA的10kV输入交流输出不间断电源系统为IT负载供电，供电架构为2*N*。该方案与传统供电系统方案对比分析如下。

**节省占地和投资成本**。对变压器、配电设备与交流UPS设备进行了柔性集成，同时交流UPS采用4×600kVA并机，相比传统2套2×600kVA，并机系统可以提高系统的可靠性，共用集中维护旁路和输出馈线支路，节省占地面积和投资成本。两种方案设备布局如图2-29所示。

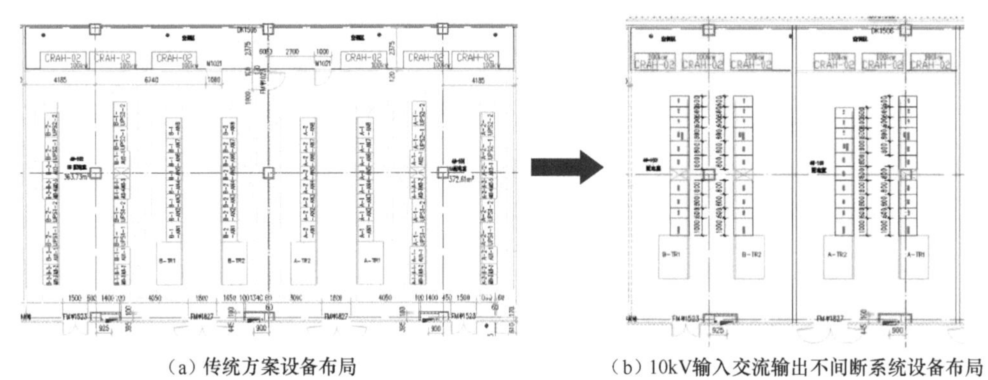

（a）传统方案设备布局　　（b）10kV输入交流输出不间断系统设备布局

**图2-29　两种方案设备布局**

**缩短现场施工时间**。传统方案采用攒机模式，安装2500kVA的系统，需要连接15根铜排和264根线缆，设备来自多个供应商，铜排、线缆均需要现场设备到场就位进行工程勘测后再加工，设备的安装，母线线缆的加工和安装，设备单体调试、联调，系统验证，整个周期需要耗时2个月。10kV输入交流输出不间断电源系统以整体设备的形式，出厂就完成了预装和调测，现场只需要简单安装及与上层网管简单联调就完成了施工，施工周期不超过2周。

**快速维护**。与传统方案不同，10kV输入交流输出不间断电源系统采用模块化的思路，对关键部件（例如交流UPS功率模块、旁路模块、配电馈线模块、电能质量补偿模块、监控模块等）全部采用模块化设计，实现5min快速更换，模块化设计可按需部署，避免供电设备与负载设备因不同步部署造成浪费。

# 2.6 新型数据中心空调系统的设计与建设

## 2.6.1 数据中心空调技术发展路径和趋势

数据中心能耗主要分布在IT能耗、空调能耗及电源能耗3个部分，其中空调能耗占到总能耗的30%～40%，因此数据中心机电基础设施节能重点需要解决如何降低冷却带来的额外能源消耗的问题。

多年来空调冷却系统为了实现低能耗，不断进行技术演进，主要从减少高能耗冷量输送设备开启时间和提高冷量输送设备自身能效两个方面进行不断优化，从而使热量从数据中心内转移至室外大气环境的过程中降低空调整体冷量输送能耗，实现空调系统节能。

对于如何减少高能耗输送设备运行时间，主要考虑充分利用自然冷源，提高冷却工质的温度，例如，在满足服务器安全运行的前提下，提高空调供回水温度和送回风温度。还可以利用较低的自然冷源温度，例如采用直接蒸发冷却技术使室外空气接近湿球温度、采用间接蒸发冷却技术使室外空气接近露点温度，或者直接利用自然界中江河湖海低温水体冷源来冷却数据中心。还可以考虑减小冷却传热热阻，从而减少自然冷源利用过程中的温差损失，一方面可以减小冷却系统传热热阻，例如增大换热器面积，减小换热环节；另一方面可以减小服务器内部芯片传热热阻。

对于提高输送设备能效，主要从水泵、空调末端及冷机等关键设备进行能效提升；水泵可以通过变频运行、增大供回水温差等途径进行提升；空调末端可以通过就近制冷、优化气流组织、风机变频等途径进行提升；冷机可以通过采用无油磁悬浮压缩机、变频冷机、水温提升等途径进行提升。

数据中心行业已从早期的没有自然冷源利用、制冷容量小、无特殊节能措施的DX风冷机房专用空调逐渐发展到制冷容量大、高能效水冷冷水机组，通过冷却塔供冷充分利用自然冷源的冷冻水空调系统，再到近年来，随着数据中心建设数量的进一步增加，对节能性有了更高的要求，各类新型水冷、风冷制冷形式不断涌现，形成多种制冷形式并存的态势，其中水冷系统水温、风温进一步提高，自然冷时间进一步延长，风冷系统则通过加入自然冷模式、减少换热环节、优化变频压缩机能效，大幅提高节能性。未来，随着数据中心的不断发展、单机架功耗的不断提升，以及国家对节能减排的要求不断提高，液冷可能是未来的发展趋势。

以下介绍几种绿色低碳新型数据中心空调技术的设计与建设要点。

## 2.6.2 自然冷却冷冻水空调系统的设计与建设

冷冻水空调系统主要由冷水机组、冷却塔、板式换热器、冷却水循环泵、冷冻水循环泵、空调末端及配套管道、阀门等组成，空调末端的热量通过自身风机与冷冻水盘管换热，冷冻水热量带至冷水机组，冷机通过冷媒压缩做功把热量带至冷却侧，通过冷却水循环和冷却塔蒸发散热带至大气环境，冷水机组一般使用大容量离心机组，能效COP可达6.0～7.0，甚至7.0以上。数据中心全年均需要24小时供冷，气温较低时可以通过冷却塔供冷利用室外自然冷源，通常会设置板式换热器（简称板换），冷冻水可以直接和冷却水换热降温，板换与冷机的连接包括并联和串联两种形式，冷冻水空调系统可以分为一次泵系统和二次泵系统。冷冻水空调系统原理如图2-30所示。

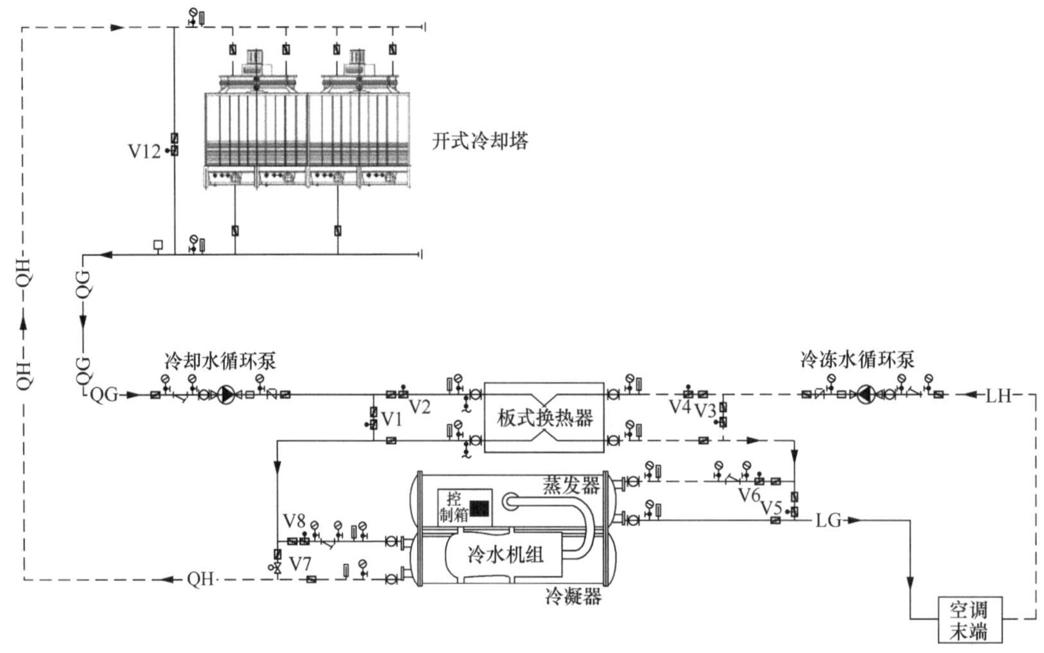


图2-30　冷冻水空调系统原理

根据室外环境参数，该系统有3种运行工况模式，分别是夏季冷机独立供冷模式、过渡季冷机+板换联合供冷模式和冬季冷却塔+板换联合供冷模式。

近年来，为了进一步挖掘冷冻水空调系统节能潜力及提升绿色低碳水平，行业内提出了水温提升技术、水侧蒸发冷却技术—间接蒸发冷水机技术、运行控制优化技术及预制冷站技术。

（1）水温提升技术

传统的数据中心冷水设计供水温度大多采用10℃、12℃、15℃等温度参数，众所周知，冷水温度提高对空调系统节能有较大意义，水温提高可以带来的节能优势有冷机能效提高及自然冷源时间延长，但水温提高会对空调末端产生不利的影响，在相同的风温设计工况下，空调末端会存在一定程度的冷量衰减。

不同空调送/回风温度控制场景下的水温提升会对空调带来不同的制冷量影响，在满足规范机房环境温度要求，同时不影响空调末端制冷量的情况下，通过调研行业内水冷空调末端厂家，目前可以提升的水温可达 22℃～28℃。

水温提升对空调冷源最直接的影响是可以提高冷机能效。按照主流电动压缩式冷水机组厂家的经验参数，冷冻水温度每提升 1℃，冷机能效可提高 2%～3%。另外，水温提升对冷源节能的最大影响是可以大幅延长自然冷源时间。通过逐时气象参数对比计算统计自然冷却小时数，以水温 15℃/21℃为基准，针对不同地区，水温提高 3℃，完全及部分自然冷却小时数增加 700～2400h；水温提高 7℃，完全及部分自然冷却小时数增加 1000～3100h。

水温提升最终会提高空调冷源系统能效，以下分别对 5 个气象分区典型城市的数据中心在不同冷冻水温度下的空调冷源部分 PUE 因子进行测算。不同水温不同城市下空调冷源部分 PUE 因子如图 2-31 所示。

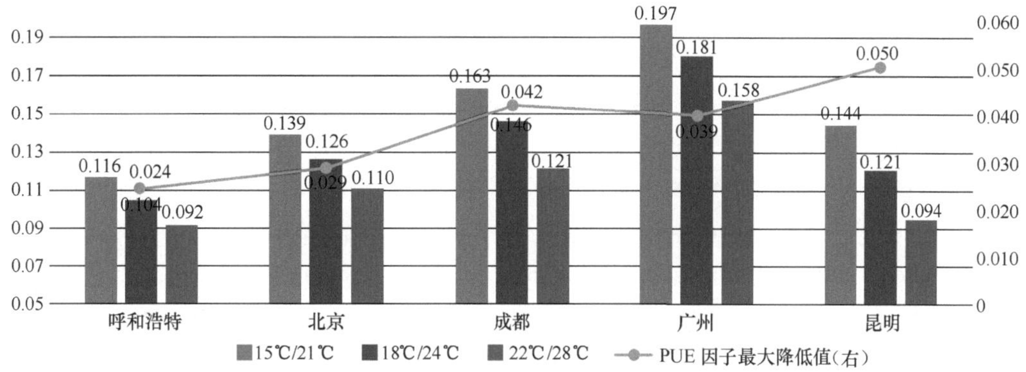


图 2-31 不同水温不同城市下空调冷源部分 PUE 因子

可以看出，针对不同地区，水温升高 3℃，冷源 PUE 因子降低 0.012～0.023；水温升高 7℃，冷源 PUE 因子降低 0.024～0.05。因此，水温提升对夏热冬冷、夏热冬暖及温和地区的节能意义更大。

需要注意，数据中心除了 IT 主机房外，还有一部分电力电池室等电力用房，此部分房间要求的环境温度较低，由于无法进一步提高空调回风温度，因此水温提高后所采用的水冷精密空调冷量只能大幅衰减，考虑到设备摆放空间有限，对于此类房间可以采用独立设置风冷空调独立解决其制冷问题，从而实现整体水温的提升。

（2）水侧蒸发冷却技术——间接蒸发冷水机技术

间接蒸发冷水机原理和冷却塔原理结构上有些相似，主要采用了间接蒸发冷却散热技术，分为间接蒸发冷却和直接蒸发冷却两个功能段，设备形式可以分为外冷式和内冷式。在传统开式冷却塔的基础上，增设间接蒸发冷却预冷器，冷却塔出水温度更低，理论上可低于湿球温度，逼近露点温度，进一步延长自然冷源利用时间，且越干燥的地区节能效果越好。传统冷却塔和间接蒸发冷水机热力过程如图 2-32 所示。

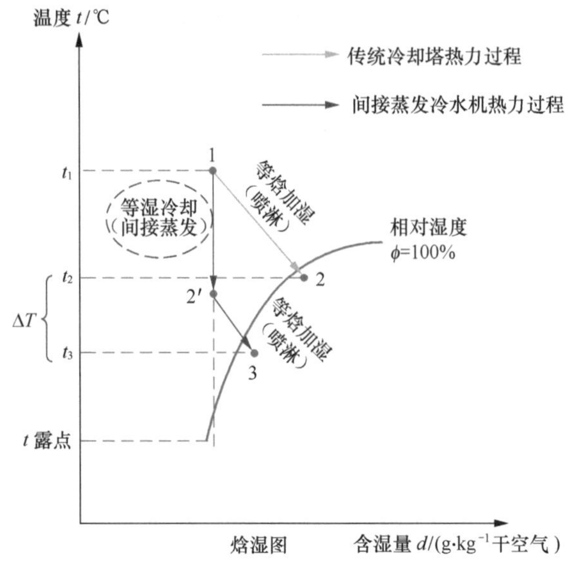

图 2-32　传统冷却塔和间接蒸发冷水机热力过程

间接蒸发冷水机虽然可以安装在机楼屋面或室外地面，不占用机房面积，不影响现有机房装机率，但机组设备较大，需要结合屋面和室外地面空间进行排布。

机组防冻措施与传统开式冷却塔大体相同，主要通过风机变频和电加热避免机组结冰，对于极端寒冷地区，可以增加乙二醇换热段。

机组主要维护部件为风机、水泵和过滤网，普通水电工即可完成全年维护，维护难度较低，与传统冷却塔维护方式大体一致。

（3）运行控制优化技术

良好的运行逻辑可以使水冷空调系统发挥应有的节能效果，甚至可以使空调系统运行PUE值优于理论设计PUE值，其属于低成本提升系统节能水平的有效手段。

对于冷源系统，在夏季冷机独立供冷模式时，重点通过机组加减机实现非满载负荷运行，实现冷机运行在最高效工况，降低冷水机组能耗；在过渡季冷机+板换联合供冷模式时，重点在避免冷机喘振情况下，维持冷机低载率，充分利用自然冷源碎片时间；在冬季冷却塔+板换联合供冷模式初期，冷却塔风机全部运行，优先降低冷却塔出水温度，通过加大冷却塔供出水温差、减少冷却水泵流量，维持少量水泵运行、减少输配能耗，同时冷却塔风机通过加减机策略维持在低频区间，进一步降低冷却塔风机能耗。

对于空调末端系统，建议采用送风温度控制，具体控制方法为：当空调负载降低后，空调风机首先变频减小风量，以保证送/回风温差维持固定不变，同时减小水阀开度，维持设计送风温度不变。该方法节省了风机和水泵能耗，同时空调设备风量始终与服务器所需风量保持一致，既保证了服务器进风温度恒定，又在节能的同时保证了安全性。

（4）预制冷站技术

传统水冷空调制冷站设备、管线、阀门众多且繁杂，存在以下痛点问题：施工工期长、施工质量参差不齐、施工材料损耗大、现场施工动火及动电存在安全隐患、自控不到位、设备占地面积大。

为解决以上痛点问题，数据中心行业内发展出两种预制冷站模式：一种是预制装配式冷站，另一种是预制集成式冷站。预制冷站技术分类如图 2-33 所示。

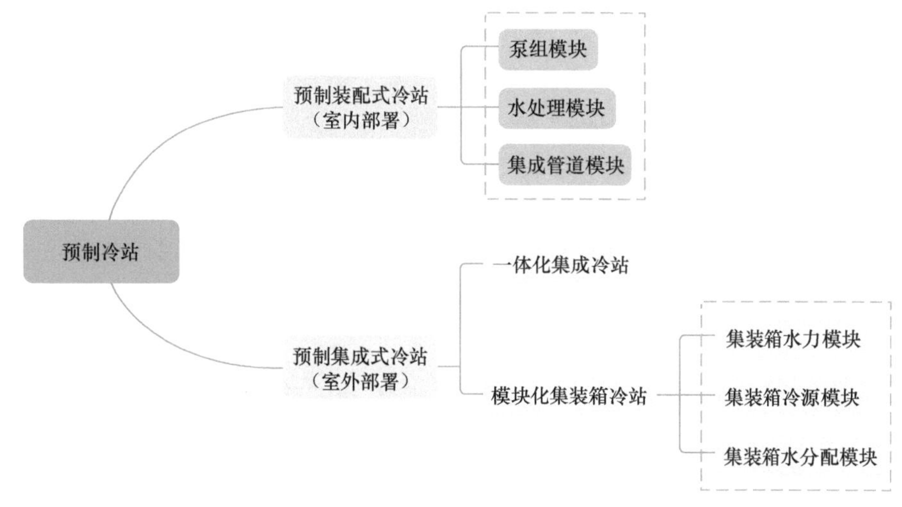


图 2-33 预制冷站技术分类

预制装配式冷站针对大型新建数据中心制冷站内管道施工去工程化，可以实现空调冷源系统各个部件完全工厂预制、现场简单连接。预制装配式冷站是对传统冷站的系统进行优化，与传统冷站相比，降低了现场安装的工作量和技术要求。各模块之间的连锁及性能匹配得到优化，通过模块运输，做简单的管路连接即可，达到缩短工期，去工程化、产品化，降低成本的目的。新建和改扩建数据中心均适用该技术。

预制集成式冷站是将传统的冷水机组机房系统进行有机整合，集冷水机组、冷水输配及水处理系统、冷却水输配及水处理系统、换热站、动力系统、集中智慧控制系统于一体的高效冷水机房系统，具有高效集成、节能绿色、智慧运行、无人值守安装、管理及维护成本低等特点，基于“即插即用”的理念，通常以集装箱的形式在工厂预制好，相较于装配式冷站，集成度更高，且可以放在室外绿地或屋面，不占用室内面积，灵活度更高，适用于规模较小的数据中心建设。

## 2.6.3 风侧蒸发冷却技术——间接蒸发冷空调系统的设计与建设

利用风侧间接蒸发冷却技术，室外空气经水喷淋冷却后与室内空调回风进行间接热交换，利用水蒸发吸热降温，减少或关闭压缩机供冷，简化换热环节，实现节能，其在干燥地区更有优势。一般需要辅以直接膨胀式机械制冷，按室外冷风间接供冷干工况、蒸发冷却供冷湿工况和机械混合供冷工况 3 种工况模式运行。

通常，在一定设计工况下，依据室外侧风机和喷淋系统分别开启的时长，还可以分为节能优先和节水优先两种模式。节能优先是指在不冻结的情况下延长工况时间，从而达到增加水消耗、降低室外风机能耗的目的。节水模式是指当室外风机干冷却到可以满足供冷要求时，即停止喷淋系统，系统处于空—空换热状态，减少水资源的消耗。

该技术整体架构简单，预制化产品可现场快速部署，维护便利。不需要制冷机房但设备占用较大层高及室外空间，降低了装机率，同时机房模块内为弥漫送风，单机架功率不宜过大且各机架功率不宜相差较大。该技术较冷冻水系统更节水，全年耗水量约为冷冻水系统的 30% ～ 40%。

该技术可以根据不同的建筑条件确定不同的安装方式，主要的安装方式有侧面安装和屋面安装，且都能够根据机房气流组织需要设置成热通道封闭，其中顶层机房采用屋面部署可以提高装机率。间接蒸发冷空调屋顶安装示意如图 2-34 所示，间接蒸发冷空调侧墙安装示意如图 2-35 所示。

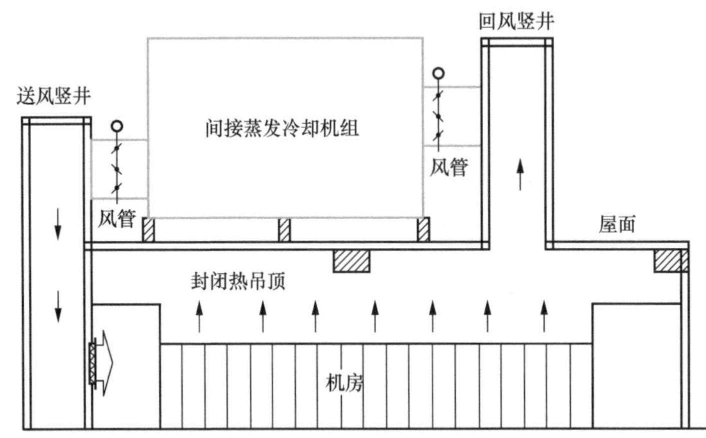


**图 2-34　间接蒸发冷空调屋顶安装示意**

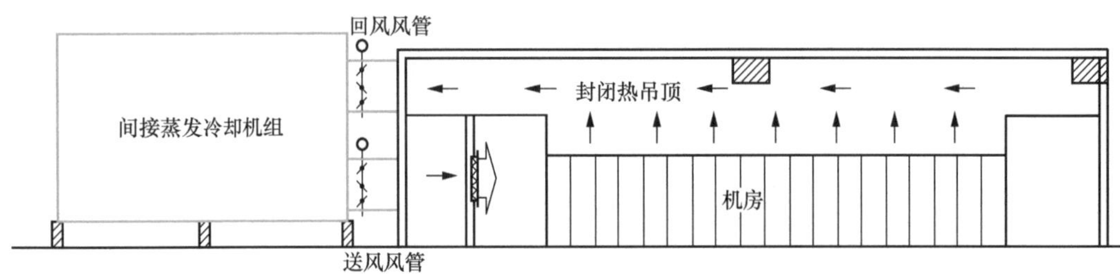


**图 2-35　间接蒸发冷空调侧墙安装示意**

该技术在设计和建设中有以下几个注意事项。

① 设计中要做好机组间距和排风高度、建筑间距等规划，避免散热气流相互干扰。

② 由于机组尺寸较大，安装面积和层高占用较多，土建设计阶段需要提前做好建筑层高、房间布局设计、承重结构设计，与设备尺寸良好衔接，并考虑后续扩容弹性。

③ 由于机组节能依赖良好的气流组织，机房内应在设计阶段做好气流组织规划，同时做好计算流体力学（Computational Fluid Dynamics，CFD）仿真模拟，以保障节能效果。

④ 为减少换热芯体结垢，应配置软水装置，保障喷淋用水水质。

⑤ 冬季室外气温较低时，可能出现换热器冷凝问题，应强化机组自控，冬季自动调节降低一次风风量或采用一次混风，避免低温出现换热器冷凝和结冰。

⑥ 换热芯体长期使用后换热效果可能有所衰减，应严格把控换热芯体质量，并提高芯体维修更换的便利性，降低长期使用后换热效果衰减。风沙较大的地区需要加强室外空气过滤，强化维护以保障芯体换热效果。

⑦ 为保证连续供冷，空调风机和压缩机均应配置不间断供电保障。

### 2.6.4 氟泵变频空调系统的设计与建设

压缩机在制冷系统中的作用是分别在室内和室外两端建立制冷剂和环境的温差，从而实现室内吸热、室外放热，以及为制冷剂循环提供动力；当室内和室外两端的制冷剂与环境自然形成传热温差时，则只需要为制冷剂提供循环动力，节省建立温差所消耗的能量，这就是氟泵节能冷却技术的基本原理。

氟泵变频空调系统是由变频压缩机、室内外变频风机、电子膨胀阀、变频氟泵等组成的全变频制冷系统，将氟泵节能技术和变容量调节技术相结合，是传统氟泵空调的发展迭代，进一步提升了系统的节能效果。

氟泵节能技术是国内较早应用的中小型数据中心节能冷却技术，依托风冷单元式机房精密空调在ICT行业有着悠久的应用历史和广泛的应用范围，成为数据中心节能冷却体系的重要组成部分。除了显著的节能效果，氟泵变频空调系统凭借系统复杂度低、维护简单、无水消耗等特性建立了一定的应用优势。随着市场需求的变化、技术迭代，目前有单元式、多联式和一体式氟泵变频空调系统。

单元式氟泵变频空调原理如图 2-36 所示，与传统氟泵空调的系统架构相同，其采用最新的变频技术，不仅提升了器件自身的能效，而且具有宽泛的容量调节能力，除了实现冷量动态输出，还具备系统能效调优功能，多重措施使节能效果进一步增强，适用性扩大至更多的地域范围，再加上极简的安装方式和轻维护，单元式氟泵变频空调在中小型数据中心具有不错的应用效果，主要产品类型包括房间型、列间型，制冷量范围覆盖 35 ～ 120kW。

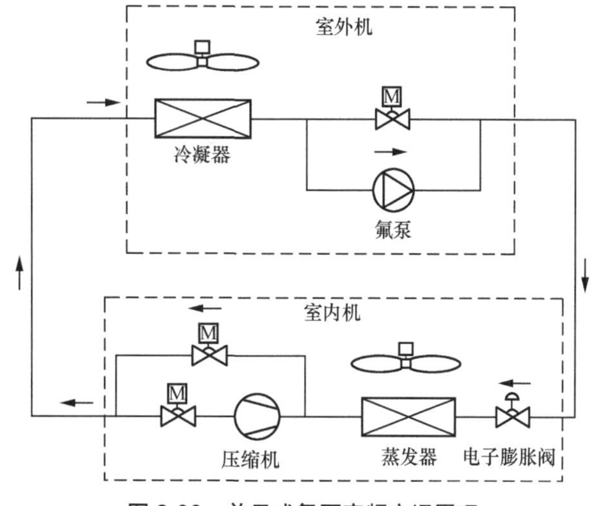

图 2-36 单元式氟泵变频空调原理

多联式氟泵变频空调是从早期的氟泵多联空调演变而来的，与单元式氟泵空调演变路线不同，它的演变主要是增加节能属性。早期的氟泵多联空调主要用于对末端形式有特殊要求的场景，例如机柜顶置、通道吊顶、列间等，为了兼容多种末端形式，采用了主机、多联末端的概念，氟泵的主要作用是建立末端与主机之间的制冷剂循环，冷源始终为机械制冷，通过板换与机械冷进行隔离、传热，应用范围较小。随着节能需求的日益增长、室外散热空间的日益紧张，多联式氟泵变频空调因氟泵节能循环、室外集中冷凝的特性扩大了应用范围。多联式氟泵变频空调可分为两种形式。一种形式是机械冷和自然冷的冷凝器独立配置，机械冷的冷量通过板换传递至末端循环，在机械冷模式下，氟泵建立多联末端与板换之间的二次侧循环，压缩机在板换另一侧建立一次侧循环；在自然冷模式下，氟泵建立多联末端与自然冷冷凝器之间的制冷循环；在混合模式下，二次侧循环的制冷剂先进入自然冷冷凝器再进入板换；氟泵主机制冷量涵盖 60 ～ 240kW，还可以进行并联组成大型制冷系统，以应对不同规模的机房需求。另一种形式是取消传统多联式氟泵空调的板换，除了末端是多联方式，运行模式与单元式氟泵基本相同，主机最大制冷量也在 200kW 左右。

多联式氟泵变频空调原理（一）如图 2-37 所示，多联式氟泵变频空调原理（二）如图 2-38 所示。

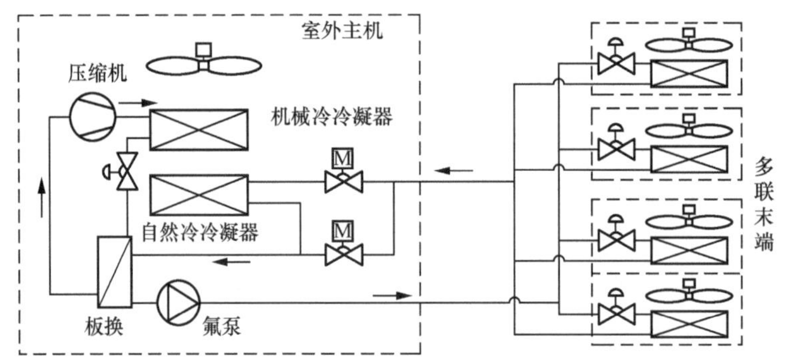


图 2-37 多联式氟泵变频空调原理（一）

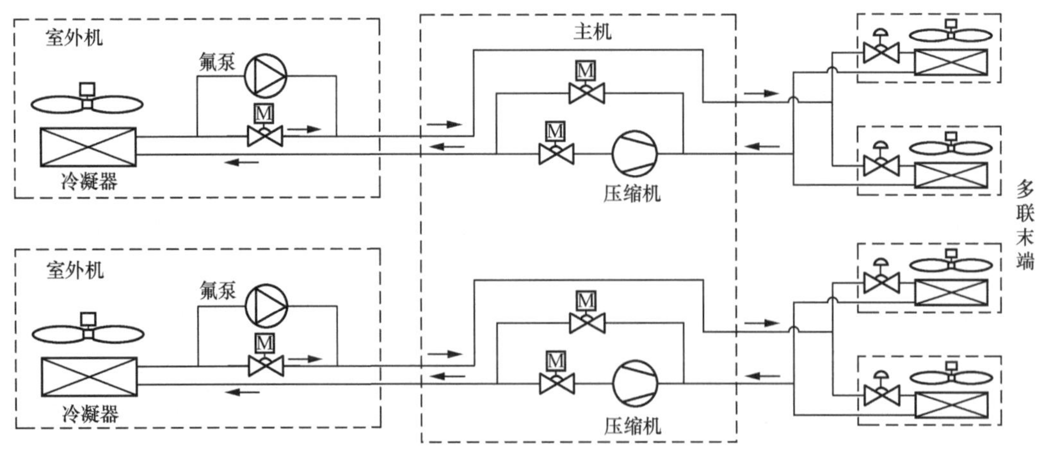


图 2-38 多联式氟泵变频空调原理（二）

一体式氟泵变频空调是室外AHU机组的形式，所有系统部件集成一体，安装在数据中心机房同层或者屋顶，机房内的气流组织形式一般是封闭热通道吊顶回风、水平送风。一体化氟泵变频空调除节能外，一方面与其他室外型AHU一致，工厂化预制，不占用室内机房空间，现场安装简便，施工周期短；另一方面是机组集成了末端和主机，是单体颗粒度最大的氟泵变频空调方案，制冷量有200kW和400kW冷量段，适用于中大型数据中心。一体式氟泵变频空调架构侧视如图2-39所示。

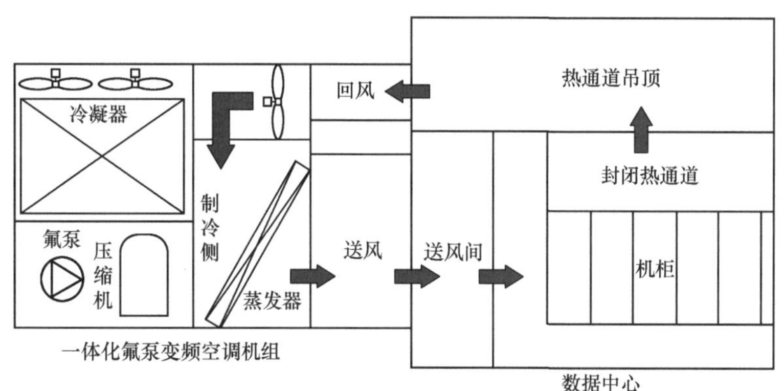


图 2-39 一体式氟泵变频空调架构侧视

单元式、多联式、一体式氟泵变频空调等一起组成了氟泵技能技术矩阵，涵盖了多种类型数据中心的需求。

氟泵变频空调在建设与设计中的建议如下。

① 风冷氟泵变频空调全自然冷模式对室内回风、室外温度之间的温差要求一般为25℃～30℃，因此应尽可能地提高室内回风设计温度，充分提高节能效果，扩大使用地域范围。

② 单元式氟泵变频空调在应用中要注意室外机的布放，避免室外机之间形成“热岛效应”影响自然冷源的利用。

③ 多联式氟泵变频空调、依赖双循环式机组的多联末端与主机之间，因为有专用的氟泵输送制冷剂，多联末端与主机之间可以实现更长的连接距离，能够解决部分旧机房改造、室外机平台位置欠佳的问题。单循环式机组没有中间换热器的效率损失，在集成度、系统效率、成本等方面具有一定的优势，对于中小型数据中心机房尤其是微模块形式较为适用。

④ 一体式氟泵变频空调作为一种节能型AHU方案，其颗粒度和安装形式有利于大型数据中心的分布式或分阶段建设，有利于作为风冷系统无水消耗，制冷剂管路集成在机组内部，数量和复杂程度都低于冷冻水系统或多联氟泵系统，维护工作更为简单，适用于大型数据中心。

### 2.6.5 磁悬浮相变冷却空调系统的设计与建设

磁悬浮相变冷却空调系统由主机和多联末端组成，主机机械制冷采用具有低压比、无油特性的高效磁悬浮压缩机，自然冷采用氟泵技术，冷凝侧采用蒸发冷凝器，是集成了众多节能技术的氟制冷系统。长期以来，大型数据中心传统中央冷冻水系统方案由于其能效、维护等问题促使多种新方案的诞生，各种AHU方案可以看作在风侧做出冷却方式的改变，而磁悬浮相变冷却空调系统可以看作基于氟侧的中央冷却系统，将主循环介质由水变为制冷剂，是系统所谓“相变”的来源。

磁悬浮相变冷却空调系统首次引入已在冷水机组领域得到应用的磁悬浮离心压缩机，提供中央制冷系统级别的制冷量。实现无油运行，提高了蒸发器、冷凝器和整个系统的能效，无油运行也避免了多联系统回油的风险，末端与主机之间的部署不受高差、管长等因素约束，安装方式更为灵活。

不同于传统冷冻水系统，该系统无水氟壳管换热环节，最大限度地简化换热过程，尽可能提高蒸发温度，蒸发式冷凝器能够提供更低的冷凝温度，高蒸发、低冷凝、低压比能够使机械制冷达到更高的能效水平。

整个系统全部为制冷剂循环，氟泵节能技术自然而然地融入系统，作为自然冷模式实现极致节能。磁悬浮相变冷却空调系统主机的单机供冷量目前为200～400kW，适用于中大型数据中心。

磁悬浮相变冷却空调系统的设计和建设的建议如下。

① 系统颗粒度适中，适用于大型数据中心的分布式或分阶段建设，以及中型数据中心建设，尤其是系统灵活的安装形式，对于旧数据机房改造建设场景中的空间、位置限制等具有更好的适应性。

② 系统以制冷剂为主循环介质，对管路承压、密封等有相应的要求，需要规划合理的系统规模，避免这些特性引发较大的风险。

③ 蒸发式冷凝器的喷淋水需要进行相应的处理，减少换热器结垢。

### 2.6.6 直接新风冷却空调系统的设计与建设

直接新风冷却技术对室外空气进行相应的过滤、等焓加湿降温、混风加热等措施，使处理后的室外空气符合室内的温/湿度要求，对数据中心设备进行冷却。空调系统的全部功能段包括进风、混风、多级过滤、补冷、等焓加湿、挡水、送风、排风等。

直接新风冷却空调系统是数据中心最早使用的自然冷却技术之一，也是节能效果最佳的自然冷却技术，雅虎“鸡舍”数据中心、Facebook Prineville数据中心是采用直接新风冷却空调系统的“先驱”，带动了新风冷却方案在众多数据中心的应用。系统形式一般有两种，一种是各功能段的器件分布式安装在数据中心建筑结构中，无机组形式；另一种是分别在进风侧和排风侧将各功能段集成在机组中，建筑结构只预留进风口、排风口、设备安装空间和相应的气流组织结构，这种建设形式更加灵活。两种形式均要求数据中心土建方案与直接新风方案协同。直接新风冷却空调系统架构如图 2-40 所示，直接新风冷却空调系统架构侧视示意如图 2-41 所示。

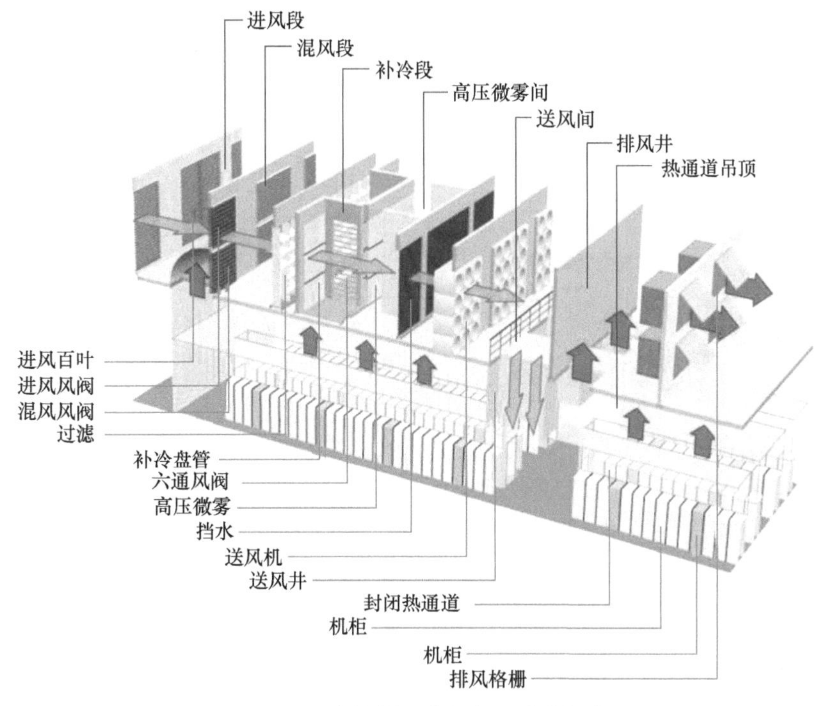


图 2-40 直接新风冷却空调系统架构

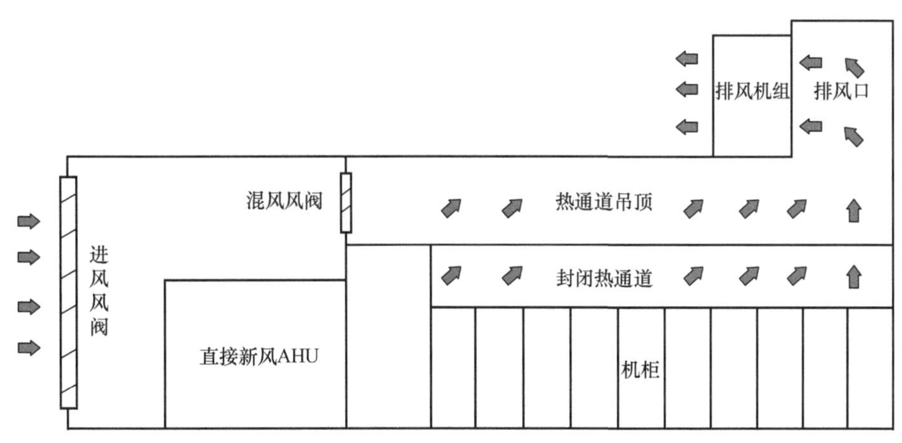


图 2-41 直接新风冷却空调系统架构侧视示意

直接新风冷却空调系统的设计思路是按照数据中心环境温/湿度要求对室外空气进

行处理。GB 50174—2017《数据中心设计规范》中，对于A级、B级、C级数据中心，要求在空气焓湿图上围一个工况区，也就是新风处理的目标区域，将数据中心所在地区的全年温/湿度逐时数据点全部分布在焓湿图上，目标区域内的新风可以直接引入室内，目标区域外的新风工况则需要进行处理。直接新风冷却工况分区示意如图 2-42 所示。

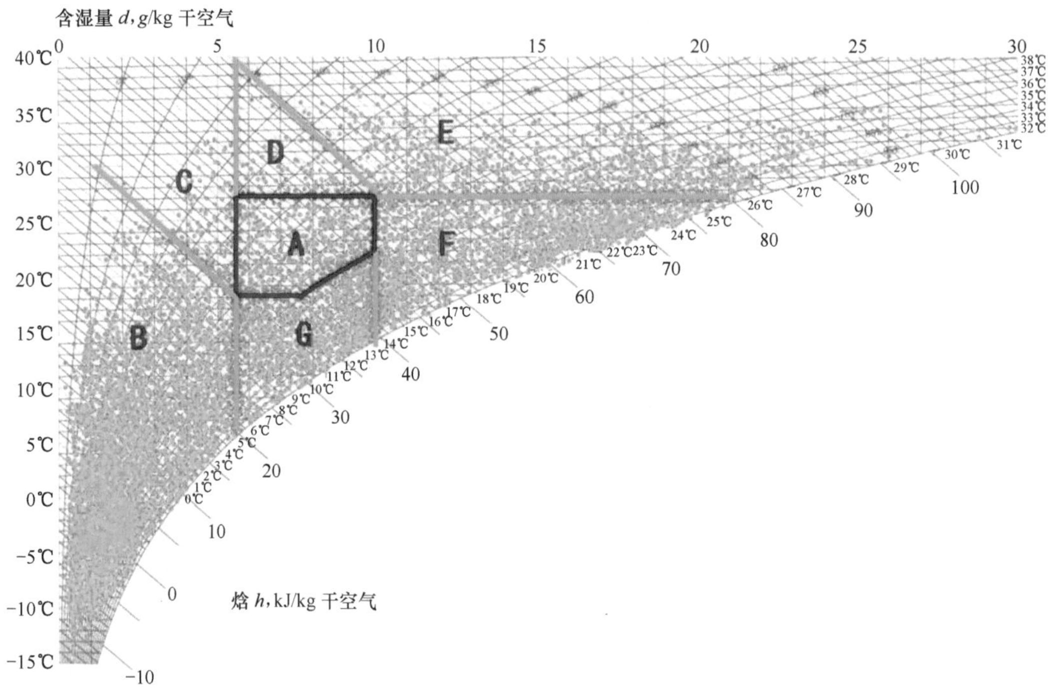


图 2-42　直接新风冷却工况分区示意

以北京地区某数据中心为例，使用等温线、等焓线、等湿线等对全年温/湿度逐时数据点进行工况分区，对不同工况进行空气处理。

A工况，该区域完全满足机房环境要求，只需要直接引入新风。

B工况，该区域新风露点温度偏低，需要加湿，等焓加湿后会使干球温度偏低，因此需要先将新风和回风混合以提高干/湿球温度，然后对混风进行等焓加湿冷却。

C工况，该区域新风露点温度偏低，进行等焓加湿处理，使新风同时满足室内温湿度要求。

D工况，该区域新风干球温度偏高但湿球温度适宜，因此可以直接蒸发冷却新风。

E工况，该区域新风干/湿球温度均偏高，可以通过等焓加湿冷却新风，但处理后的新风露点将超出机房露点上限，需要进一步进行除湿。

F工况，该区域新风露点温度及相对湿度偏高，虽然通过将新风和回风混合提高温度的方式可以降低相对湿度，但混风后的露点温度并没有降低，需要进一步进行除湿。

G工况，新风相对湿度偏高或干球温度偏低，通过将新风和回风混合以提高温度，降低相对湿度。

除了温/湿度控制，直接新风冷却空调系统的设计还需要控制室外空气中的灰尘和有害气体的影响。数据中心洁净度要求为每立方米空气中粒径大于或等于 0.5μm 的悬浮粒子数应不少于 1760 万粒，需要对新风进行初效过滤、中效过滤，对于洁净度要求很高的机房，还需要增加高效过滤段。

大气中的氮氧化物、硫化物等有害气体在一定条件下会对电路板造成腐蚀，腐蚀程度严重的会导致电路板短路，ETSI EN300 019-1-3v2.2.2（2004-07）给出的腐蚀性气体浓度限值见表 2-3。有害气体的腐蚀过程具有滞后性，通常不易被察觉，研究发现常见的两种故障是电路板中的铜蠕变腐蚀和小型表面安装组件中的镀银腐蚀，对这两种情况的监测基本能反映出机房是否存在气体腐蚀的风险。ANSI/ISA-71.04-2013《过程测量和控制系统的环境条件：大气污染物》是被行业内人员普遍认可和采用的标准。在新风节能技术中必须考虑气体污染物的防治，所实施的机房应考虑远离冶炼、化工等排放有害气体和散发盐雾空气的沿海地区，室外进风口应处在污染源上风口等，必要时应在系统设计中增加化学过滤器。

表2-3　腐蚀性气体浓度限值

| 化学活性物质 | 平均值 / ( mg · $m^{-3}$ ) | 最大值 / ( mg · $m^{-3}$ ) |
|---|---|---|
| 二氧化硫（$SO_2$） | 0.3 | 1.0 |
| 硫化氢（$H_2S$） | 0.1 | 0.5 |
| 氨气（$NH_3$） | 1.0 | 3.0 |
| 氯气（$Cl_2$） | 0.1 | 0.3 |
| 氯化氢（HCl） | 0.1 | 0.5 |
| 氧化氮（$NO_x$） | 0.5 | 1.0 |

## 2.6.7　液冷冷却系统的设计与建设

1. 液冷技术背景

随着信息通信技术的发展，数据中心单柜功耗在逐渐攀升，面对数据中心突出的能耗压力及“双碳”助推行业节能降碳，近年来，工业和信息化部、国家发展和改革委员会等有关部门关于数据中心节能问题出台了一系列规划及指导意见，其中明确了数据中心PUE指标要求。目前，空调系统能耗约占数据中心总能耗的35%，因此，降低数据中心空调系统能耗对实现低PUE具有重要的意义。与现有风冷式空调先冷却环境再冷却设备的低效制冷方式相比，液冷技术是通过直接与信息通信设备发热器件（CPU、GPU、DIMM[1] 等）进行换热，从而减少路径冷损耗，这是一种更为精准的制冷方式，液冷系统具有相对较高的供/回液温度设计，可充分利用自然冷源进行散热，实现高效、绿色制冷，逐渐在数据中心领域得到应用和推广。

2. 液冷技术应用

（1）冷板式液冷

冷板式液冷属于间接式液冷，在应用时需要对服务器进行相应的改造，主要解决了高功率密度发热器件的散热问题，对服务器内存、PSU等低功率密度器件仍采用风冷散热，对于冷板式液冷数据中心而言，根据不同的功率密度采用液冷技术和风冷技术，可以实现分区温控的效果，使数据中心空调系统更加高效、节能。冷板式液冷按照不同的热传递过程，分为温水式冷板液冷和热管式冷板液冷。目前，常用的冷板式液冷服务器有 1U 单节点服务器、2U4 节点服务器等。

温水式冷板液冷单节点服务器存在多个发热器件连通管路，发热器件连通管路可以采用硬接和软接两种方式，硬接可以采用紫铜或无氧铜进行焊接，对安装尺寸及结构要求高，安装时难度较大。软管可以采用波纹管、橡胶管（例如FEP、PTFE、EPDM等材质）等进行连通，对安装尺寸及结构要求低，但PCB板需要具备固定软管所需的空间。温水式冷板液冷服务器（硬接）如图 2-43 所示，温水式冷板液冷服务器（软接）如图 2-44 所示。

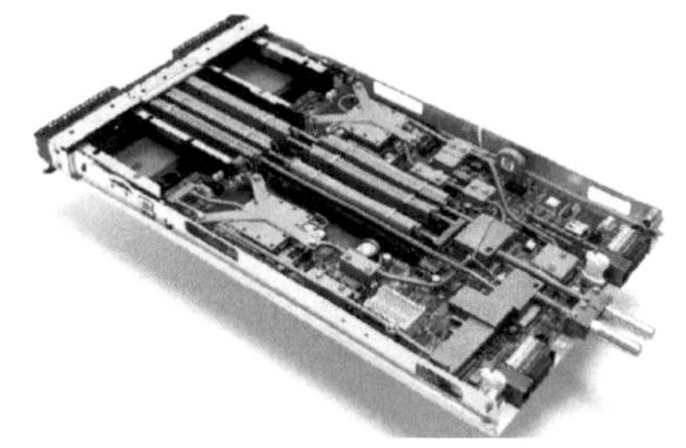

图 2-43　温水式冷板液冷服务器（硬接）

图 2-44　温水式冷板液冷服务器（软接）

温水式冷板液冷服务器根据算力性能要求及耐温性，供/回液设计温度可采用 40℃ / 45℃，或采用更大散热温差，供/回液设计温度采用 40℃ /50℃，因此，与水冷机房空调相比，液冷的供回液温度较高，在大部分区域可实现全年自然冷，进一步降低数据中心能耗，实现低PUE值运行。

热管式冷板液冷服务器主要通过热管实现发热器件与水环路之间的热传导，热管的吸热端通过固定装置与发热器件贴邻敷设，热管的放热端通过水冷基板把热量释放至水环路中，热管内部液体介质一般为相变介质，可实现周期性的相变循环。与温水

1. DIMM（Dual-Inline-Memory-Modules，双列直插式内存组件）。

式冷板液冷相比，水环路不进入服务器，避免水渗漏所带来的PCB短路风险。

热管式冷板液冷服务器如图 2-45 所示，热管如图 2-46 所示。

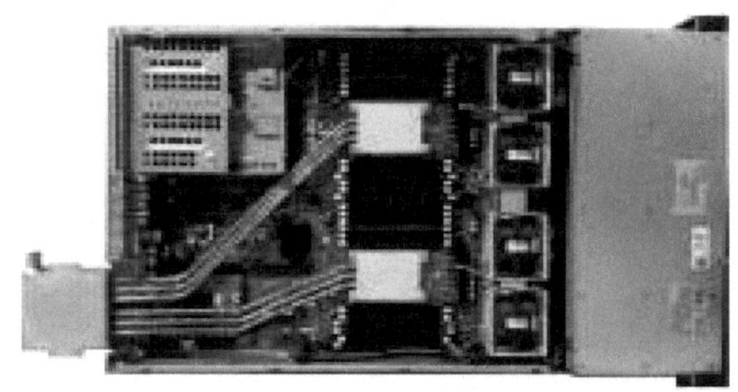

图 2-45　热管式冷板液冷服务器

图 2-46　热管

冷板与发热器件通过热传导的方式实现热量传递，冷板一般由基板（底座）、上盖或固定架等组成。基板（底座）一般采用ADC10（压铸铝合金）制成，基板（底座）与上盖或固定架之间形成密闭流道腔体，腔体内设有fin片用于强化换热，根据腔体内强化换热方式的不同，冷板分为埋管式、铣槽道式、扰流片式、微通道式。冷板与发热器件之间一般填充导热硅脂或金属垫片以加强导热。相对于直接式液冷技术（例如浸没式液冷、喷淋式液冷等），冷板式液冷技术对服务器改造的工程量较少且更容易实施。热管传热原理如图 2-47 所示。

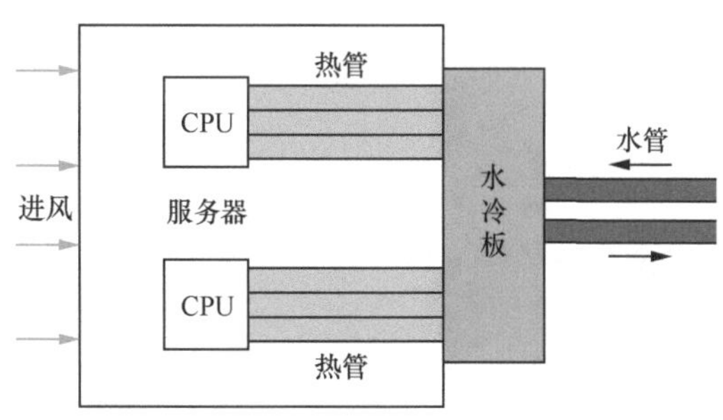


图 2-47　热管传热原理

上盖或固定架示例如图 2-48 所示，基板（底座）及流道示例如图 2-49 所示。

（2）浸没式液冷

浸没式液冷属于直接式液冷，服务器所有低功率密度发热和高功率密度发热器件完全浸没在冷却液中。单相浸没式液冷如图 2-50 所示。

冷却液环路实现液冷机柜与冷量分配单元之间的连通，而相变浸没式液冷通过在液冷柜内设置冷凝器，管内为冷却水，气化的冷却液遇冷液化滴落至液冷柜实现循环。相变浸没式液冷如图 2-51 所示，TANK 液冷柜如图 2-52 所示。

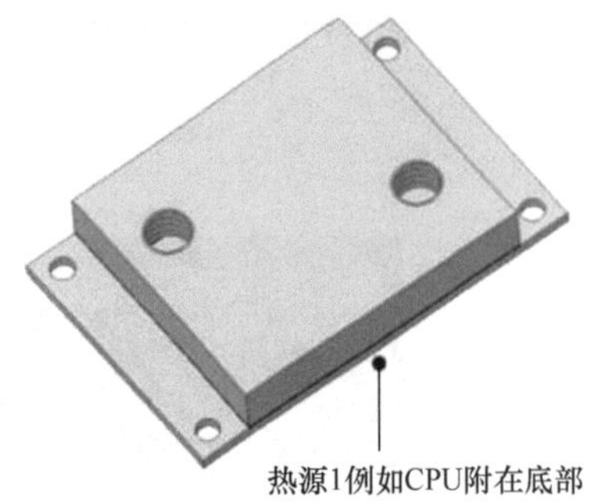


图 2-48　上盖或固定架示例

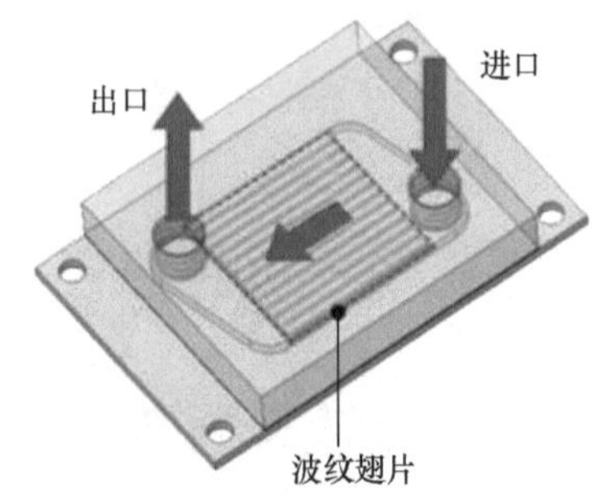


图 2-49　基板（底座）及流道示例

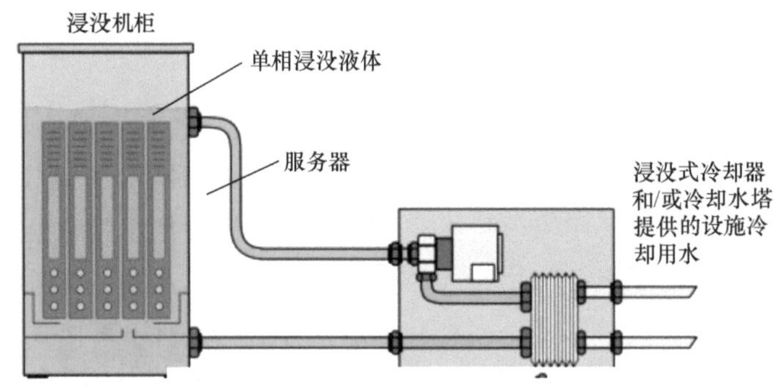


图 2-50　单相浸没式液冷

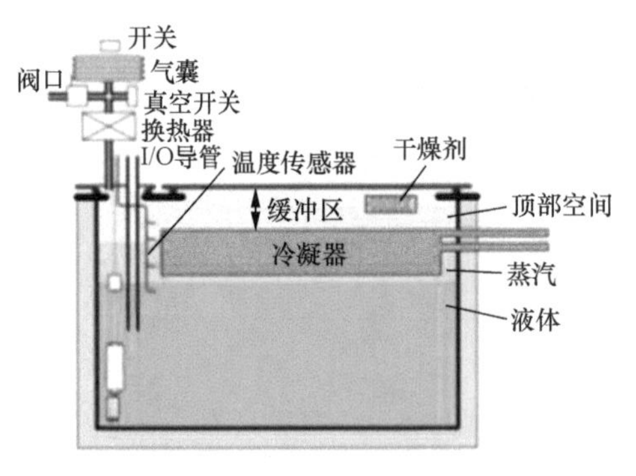


图 2-51　相变浸没式液冷

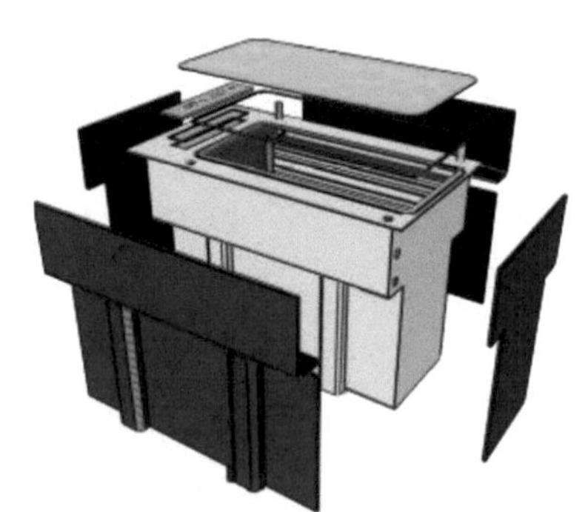

图 2-52　TANK 液冷柜

服务器完全浸没在冷却液中，包括服务器本身的结构设计及特殊的器件，例如光模块、机械硬盘等均需要特殊处理，浸没液冷 PCB 对光模块进行封装处理，光模块封装如图 2-53 所示，浸没液冷柜对线缆进行密封处理，密封线缆如图 2-54 所示。浸没式液冷柜在对服务器设备维护操作时不同于风冷式机架服务器，其会受冷却液的影响，宜采用专用吊臂车对服务器进行取出或存放，服务器吊臂车维护操作示例如图 2-55 所示。

图 2-53　光模块封装

图 2-54　密封线缆

图 2-55　服务器吊臂车维护操作示例

（3）喷淋式液冷

喷淋式液冷属于直接式液冷，采用自上而下喷淋式结构设计，目前较多应用于机架式服务器，喷淋式液体完全覆盖服务器发热器件，同时，针对不同发热器件的功率密度，可以对喷淋板上的液孔进行精准化的开孔设计，以满足不同功率发热器件的散热需求。喷淋式液冷相较于浸没式液冷，其每台服务器为独立的液冷设计，不改变现有的机架式服务器部署形态，喷淋式液冷所需的冷却液总量较少，降低了对建筑承重的要求。目前，喷淋式液冷较多采用硅油、矿物油或植物油等作为冷却液，相比于浸没式液冷，电子氟化液成本较低。

喷淋式液冷原理如图 2-56 所示，喷淋式液冷服务器如图 2-57 所示。

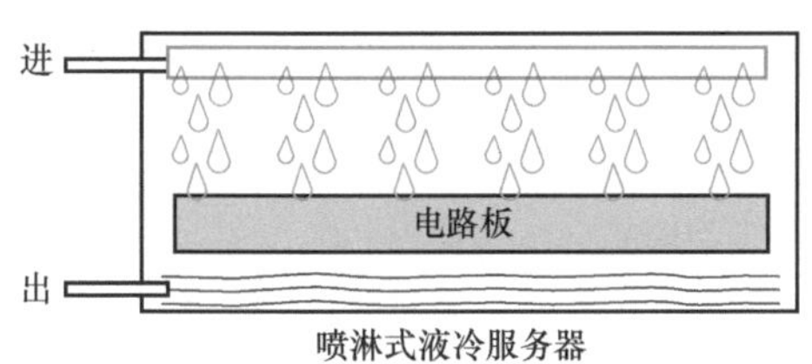


图 2-56　喷淋式液冷原理

图 2-57　喷淋式液冷服务器

（4）雾化喷射式液冷

雾化喷射式液冷是目前研究的重要方向，相比于现有的液冷技术，雾化喷射液冷是最高效的CPU散热技术之一，但目前仍处于研究阶段，尚未成品应用，其原理是雾化喷管借助高压气体（气助喷射）或依赖液体本身的压力（压力喷射）使液体雾化，将其强制喷射到发热物体表面，从而实现对物体的有效冷却，其换热强烈，具有很高的临界热流密度值，且冷却均匀，适用于一些对温度要求很严格的领域（例如微电子、激光技术、国防、航天等），并凸显独特的优势和重要性。研究表明当液流喷射速度达到 47m/s时，其散热能力高达 1700W/cm$^2$。雾化喷射式液冷原理如图 2-58 所示。

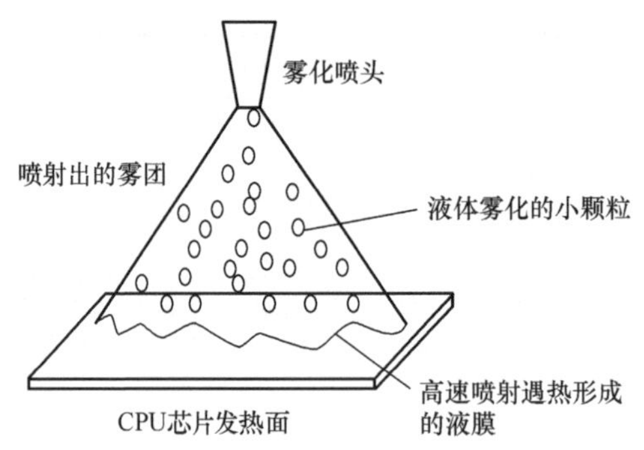


图 2-58　雾化喷射式液冷原理

3. 液冷技术应用建议

直接式液冷技术冷却液与服务器内部发热器件直接接触，服务器内部器件及选用的材质需要进行改造和适配，满足冷却液与材质的兼容性，直接式液冷技术所用服务器目前均是通过常规服务器进行改造，例如PSU、SUB、VGA[1] 等线路接口改造等，因机械硬盘及光模块等性能受冷却液影响的器件，需要进行独立的封装设计或更换器件。

间接式液冷技术与直接式液冷技术的不同之处在于，间接式液冷技术仅解决了CPU和GPU等高功率密度发热器件的散热问题，但服务器内存、PSU等低功率密度发热器件仍旧采用风冷散热，因此对于间接式液冷数据中心需要同时配置风冷精密空调和液冷空调系统，以满足数据中心分区温控需求，通常建议液冷占比达60%以上，液冷占比是指液冷系统中直接通过液体带走的热量（功耗）与设备总功耗的比值。

液冷占比体现液冷系统直接利用液体冷却带走热量的效率，液冷占比越高，冷却效率越高，推荐采用高液冷占比的系统提升能源利用效率。

液冷占比计算公式：

$$LPE = P_L/P_0$$

式中：

*LPE*为Liquid Performance Efficiency，液冷性能效率，简称液冷占比；

$P_L$为直接液冷功耗，为直接由液冷带走的冷却功耗；

$P_0$为系统总功耗，包含直接液冷功耗和风冷功耗两个部分。

## 2.6.8　余热回收系统的设计与建设

1. 数据中心余热回收的必要性

近年来，随着信息化的高度发展，物联网、云计算及移动互联概念的推广，数据中心也加快了建设步伐，向着高功率高密度演进，数据中心所使用的服务器和网络传

1. VGA（Video Graphic Array，视频图形阵列）。

输设备将高品位电能转化为低品位热能，最终通过空调系统散发到室外环境中，没有被充分利用的电能，对企业造成了极大的损失。

2. 余热回收系统方式

（1）水冷式冷水机组及液冷系统余热回收

通常，数据中心冷源系统采用水冷式冷水机组+板式换热器+冷却塔的形式为数据中心提供全年的供冷，余热回收系统单独设置热泵机组回收余热为建筑供暖。在非采暖工况下，水冷式冷水机组承受服务器的热量，最后经冷却塔散到大气中。在采暖工况下，大中型数据中心余热回收系统采用热泵机组回收余热，取热形式有回收冷却水余热和冷冻水余热两种。二次侧串联式余热回收系统原理如图 2-59 所示。

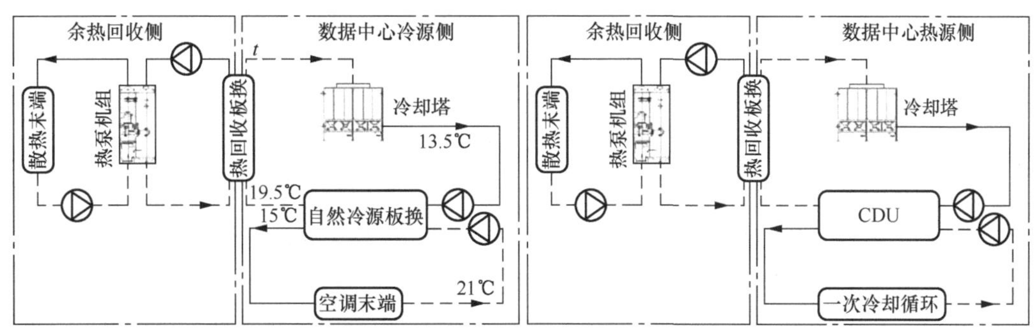


（a）水冷式冷水机组冷却水侧余热回收系统　　（b）液冷系统冷却水侧余热回收系统

图 2-59　二次侧串联式余热回收系统原理

水冷式冷水机组冷却水侧余热回收系统如图 2-60（a）所示，该方案在机房水系统中的自然冷源板换后串联一级热回收板式换热器，冷却塔低温水经过自然冷源板换与冷冻水换热升温后，再通过热回收板换放热，热泵机组完成对数据机房低位热源的热回收。该方案仅需要在数据中心冷源机房内增加热回收板换即可完成对冷却水热量的回收。虽然热回收板换出口温度受热泵机组用热端负荷变化而波动，但最后由通过冷却塔出水管的温度传感器控制冷却塔风机转速，始终保证冷却塔出水温度维持在设定值，满足数据中心供冷需求。液冷系统冷却水侧余热回收系统如图 2-60（b）所示，为余热回收系统通过换热单元与液冷数据中心液冷系统二次冷却循环系统串联运行，利用热泵系统进行余热提质回收，输出热水供后续使用。

一次侧串联式余热回收系统原理如图 2-60 所示。水冷式冷水机组一次侧串联式余热回收系统如图 2-60（a）所示，该方案将机房水系统中的自然冷源板换与热回收板换串联，不需要单独增加循环水泵，热回收板换直接与冷冻水换热后，进入热泵机组，仅降低一次冷冻水温，热泵机组的效率比回收冷却水的高。液冷系统一次侧串联式余热回收系统如图 2-60（b）所示，为余热回收系统通过换热单元与一次冷却循环系统中的CDU 串联运行，利用热泵系统进行余热提质回收，输出热水供后续使用。液冷系统二次冷却平时以热泵系统运行为主，冷却塔为辅。

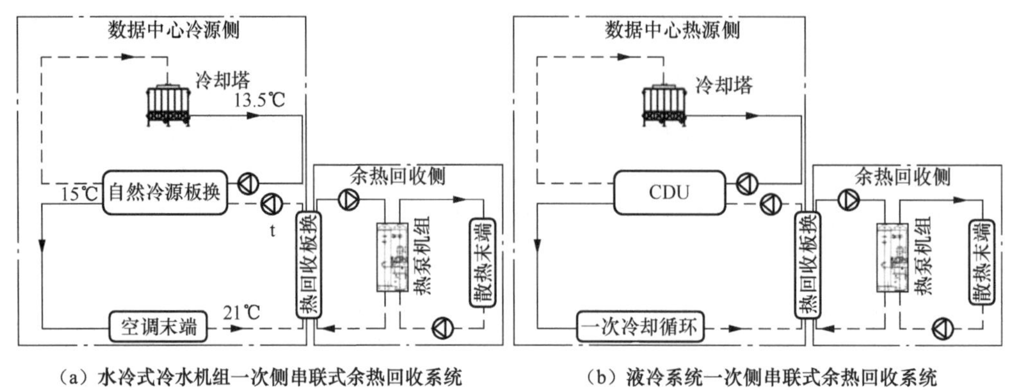


（a）水冷式冷水机组一次侧串联式余热回收系统　　（b）液冷系统一次侧串联式余热回收系统

图 2-60　一次侧串联式余热回收系统原理

一次侧并联式余热回收系统原理如图 2-61 所示，水冷式冷水机组一次侧并联式余热回收系统如图 2-61（a）所示，该方案将机房水系统中的自然冷源板换与热回收板换并联，每台热回收板换需要相应增加一台循环水泵，热回收板换直接与冷冻水换热后，进入热泵机组，仅降低一次冷冻水温，热泵机组的效率比采用回收冷却水余热时高。该系统散热末端由于受室外温度波动的影响，热回收板换冷冻水供水温度会存在一定的幅度波动，与自然冷源板换冷冻水供水混合后送至空调末端，这会给冷源系统自控带来一定的复杂性，尤其是在散热末端需要热量很小的情况下，热泵机组减载到无法调节时，自控系统需要持续调节自然冷源板换的供水温度，以保障混合的水温满足机房空调末端的要求。液冷系统一次侧串联式余热回收系统如图 2-61（b）所示，余热回收系统通过换热单元与一次冷却循环系统中的CDU并联运行，利用热泵系统进行余热提质回收，输出热水提供使用。液冷系统二次冷却平时以热泵系统运行为主，冷却塔为辅。

（2）自来水厂+数据中心新型余热回收

我国大部分地区的自来水温度较低，尤其是严寒、寒冷及夏热冬冷的地区，较低温度的自来水中蕴藏着巨大的冷量，居民对生活热水又有很大的需求，如果两者结合使数据中心IT设备余热回收至自来水中，将会减少居民对生活热水用电和燃气的消耗，而数据中心空调系统为了节能，一般控制冷冻水供水温度在 15℃～18℃，这为采用自来水水源作为数据中心空调系统冷源和电制冷机组冷却水创造了有利条件。

需要自来水水源对空调系统冷却的数据中心，可以把数据中心和自来水厂临近建设，以减少管道长度、降低源水冷却水泵能耗、降低系统投资及管道施工难度。自来水水源现先经过水厂预处理后，供入数据中心对空调系统冷却，回收IT设备余热后再供至水厂处理成自来水，最后接入市政自来水管网供至用户。自来水厂+数据中心新型余热回收系统原理图如图 2-62 所示。

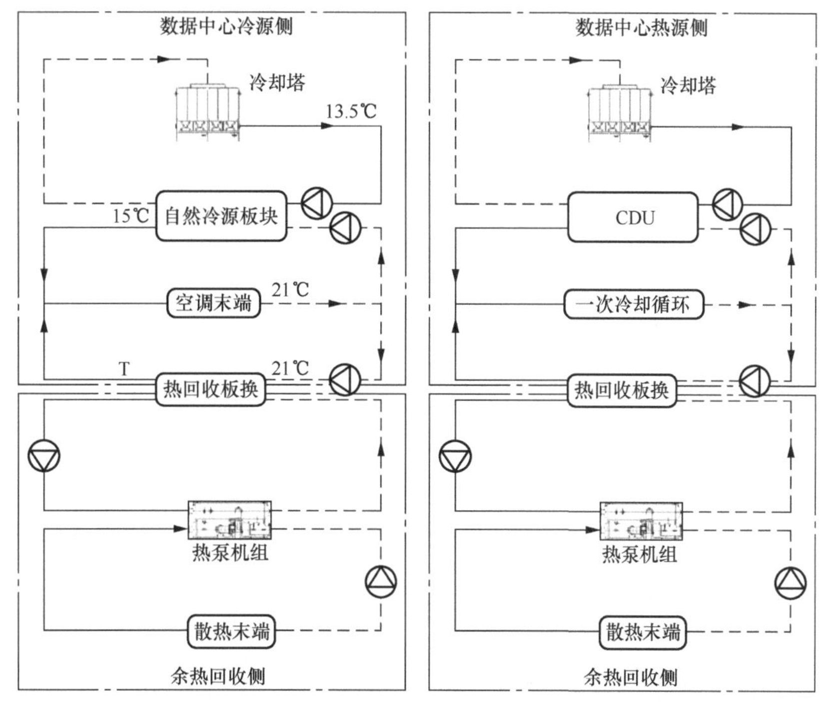


（a）水冷式冷水机组一次侧并联式余热回收系统　（b）液冷系统一次侧并联式余热回收系统

图 2-61　一次侧并联式余热回收系统原理

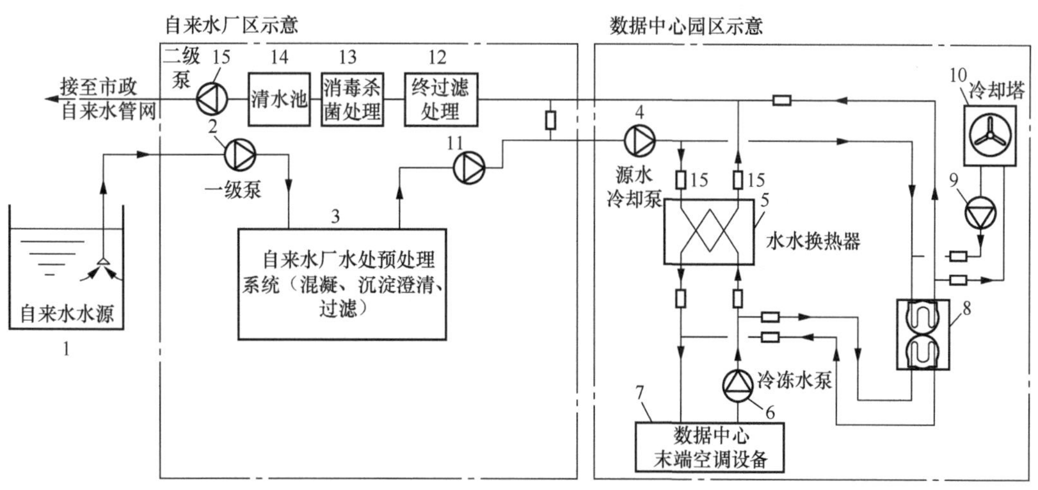


图 2-62　自来水厂 + 数据中心新型余热回收系统原理

数据中心在冬季和过渡季，可把水厂中经过混凝、絮凝、沉淀过滤后的中间过程源水通过板换和冷冻水换热，为数据中心的空调系统供冷，实现免费冷却。而吸收机房余热的源水进入自来水厂用以制备自来水，可以把数据中心的IT设备余热回收到自来水中，当夜间自来水供应量较小时，由冷却塔自然冷却为空调系统补充供冷。在夏季，当自来水温度较高时，把处理后的中间过程源水供入电制冷机冷凝器作为冷机冷却水，源水升温后再进入自来水厂用以制备自来水。当夜间自来水供应量较小时，由冷却塔补充为电制冷机提供冷却水，此方案中冷却塔仅是辅助的供冷设备，使用时间较短。降低冷却塔的电耗、水耗，可以提高数据中心能源的使用效率。

（3）吸收式制冷余热回收系统

吸收式制冷是利用工质特殊的物化特性，通过一种物质对另一种物质的吸收和释放产生物质的状态变化，从而伴随吸热和放热过程，常用于余热制冷等节能系统和冷热电三联供系统中。温度超过 70℃的水，可以被用来作为溴化锂吸收式制冷系统的驱动热源。研究显示，采用余热—溴化锂制冷系统的超算中心在各个季节的节能效果都很显著，与原始冷却系统相比，新型冷却系统的总功耗降低了约 48%，数据中心 PUE 值能常年保持在 1.5 以下，数据中心余热吸收式制冷系统如图 2-63 所示。此外，采用冷热电三联供系统，可以显著提高数据中心能源利用效率，降低数据中心 $CO_2$ 的排放量。

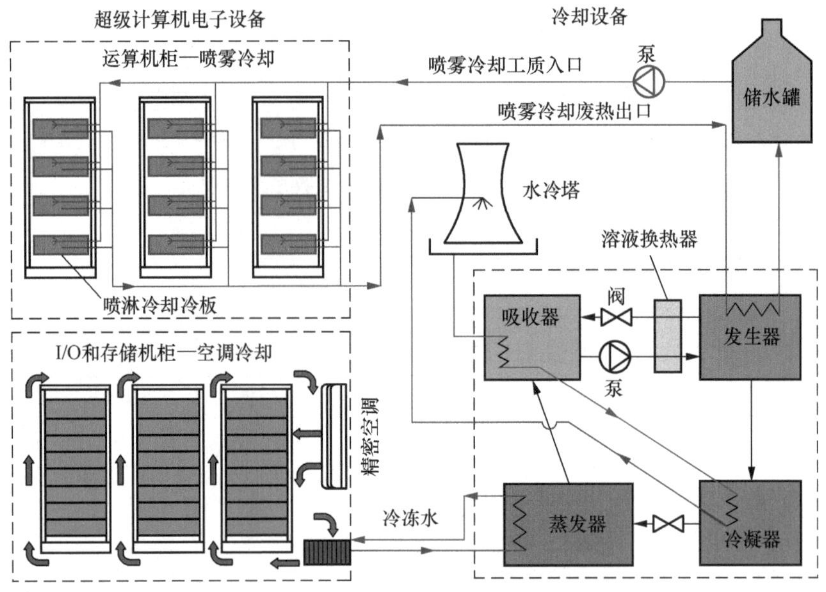


图 2-63　数据中心余热吸收式制冷系统

## 2.7　低碳储能（绿色能源）应用分析

高能耗、高排放、高成本一直是困扰数据中心建设者和运营者的难题，数据中心耗电量预计 2030 年将上升到占全社会用电总量的 8%。但是数据中心作为数字经济的算力支撑底座，其规模及数量仍然呈高速增长的态势，耗电量和电费也随之高速上涨。那么如何在机架规模增加的背景下实现数据中心产业的“双碳”目标呢？储能技术可以帮助我们解决这个问题。一方面，储能技术能够实现可再生能源消纳，加大可再生能源在数据中心的利用占比，逐步改变以煤电为主的数据中心能源结构，最终实现节能、节费和降碳；另一方面，储能技术可实现削峰填谷、需求侧响应、需量控制等功能，减少电费，降低运营成本。

2019 年 1 月，工业和信息化部等部门联合印发《关于加强绿色数据中心建设的指导意见》，指出要建立健全绿色数据中心标准评价体系和能源资源监管体系，并提高储能在数据中心的重要性。

## 2.7.1 储能技术分类

储能技术是通过装置或物理介质将能量储存以便日后需要时利用的技术。储能技术按照储存介质分类，可以分为机械类储能、电气类储能、电化学类储能、热储能和化学类储能。

① 机械类储能一般用于大规模储能领域，主要包括抽水储能、压缩空气储能、飞轮储能等。其中，抽水储能是主要的储能方式；物理储能是利用天然资源来实现的一种环保、绿色的储能方式，具有规模大、循环寿命长和运行费用低等优点；缺点是建设局限性较大，对储能建设的地理条件和场地有特殊要求。机械类储能因其一次性投资较高，一般不适用于小规模且较小功率的离网发电系统。

② 电气类储能：主要为超级电容器储能和超导储能。优点是功率大，响应速度快，维护少，对温度要求不高；缺点是投资成本高，能量密度低。电气类储能一般应用在交流输电系统中，可提高电能的质量和稳定性。

③ 电化学类储能：利用化学反应转化电能的装置/系统，是一种直接的储能方式。具有使用方便、环境污染少、高转化效率等优点。电化学类储能技术对比见表 2-4。

**表2-4 电化学类储能技术对比**

| 储能方式 | 储能技术 | 基本原理 | 优点 | 缺点 |
|---|---|---|---|---|
| 电化学类储能 | 铅酸电池 | 铅酸电池内的阳极（$PbO_2$）及阴极（Pb）浸入电解液（稀硫酸）中，两极间会产生2V的电势 | 成本低、安全可靠 | 放电功率较低、寿命较短 |
| 电化学类储能 | 锂离子电池 | 当电池充电时，电池的正极生成锂离子，锂离子经过电解液运动到负极。而作为负极的碳呈层状结构，它有很多微孔，到达负极的锂离子嵌入碳层的微孔中。当电池放电时，嵌在负极碳层中的锂离子脱出，又运动回正极 | 储能密度高、充放电效率高、响应速度快、产业链完整 | 价格偏高，安全性欠佳 |
|  | 钠离子电池 | 主要依靠钠离子在正极和负极之间移动来工作，与锂离子电池工作原理相似 | 资源丰富、成本低、能量转换效率高、循环寿命长、维护费用低、安全性高 | 金属钠易燃，并运行在高温下，因此存在一定的风险 |

（续表）

| 储能方式 | 储能技术 | 基本原理 | 优点 | 缺点 |
|---|---|---|---|---|
| 电化学类储能 | 液流电池 | 能量存储在溶解于液态电解质的电活性物中，用泵将存储在罐中的电解质打入电池堆栈，并通过电极和薄膜，将电能转化为化学能，或将化学能转化为电能 | 全钒液流电池技术已比较成熟；使用寿命长，循环次数可超过10000次 | 能量密度和功率密度与其他电池相比较低；响应时间不理想 |

④ 热储能：该技术中，热能被存储在隔热容器的媒质中，日后需要时可以被转化回电能，也可直接利用而不再被转化回电能。该技术的优点是规模大、成本低、寿命长，缺点是需要各种高温化学热工质。该技术一般应用于电力、建筑和其他工业。

⑤ 化学类储能：该技术主要利用氢或合成天然气作为二次能源的载体。其中，储氢技术是最受关注的一种化学储能方式，如果与可再生能源或低碳技术相结合，储氢技术将达到零碳排放。该技术优点是储存能量大、时间长、低碳环保；缺点是从发电到用电全周期的效率较低。

储能技术种类繁多，在实际应用时，要根据各种储能技术的优缺点进行综合比较再选择。储能技术的主要特征包括能量密度、功率密度、响应时间、储能效率（充放电效率）、设备寿命（年）或充放电次数、技术成熟度、经济因素（投资成本、运行和维护费用）、安全和环境等方面。在实际工程项目中，要根据储能技术的上述特征，结合应用的目的和需求，选择技术种类、设备安装地点、设备容量，以及和各种技术的配合，也要考虑客户的经济承受能力。

结合各种储能技术的特点，目前在数据中心中应用比较广泛的是电化学类储能技术，主要包括锂离子电池储能和铅酸电池储能。其中，锂离子电池储能技术相比其他技术具有能量密度高、转换效率高、建设周期短、自放电小、循环寿命长、环保绿色、易于维护、应用范围广泛等优点，因此，近年来锂离子电池储能技术在数据中心应用中得到了快速发展，并得到了不断的完善。

### 2.7.2 储能技术在数据中心的应用

数据中心可依靠锂离子电池组或铅酸电池组作为储能电源，储能系统替代传统UPS，能够在保证数据中心不间断供电能力的同时，可通过储能系统积极参与电网的互动及服务，与传统UPS相比，其可大幅提高资产利用率及系统运行收益。储能电池本身即可作为不间断电源，为数据中心的负载设备供电，也可以实现可再生能源的平滑接入、电力削峰填谷、需量管理及需求响应等功能。储能系统不但可以推动可再生能源在数据中心的规模应用，实现数据中心的节能降碳，还能降低电网的峰值负荷，有利于电网安全运行，同时，通过电价差减少运营成本，产生巨大的经济效益和良好的社会效益。

（1）平滑波动，减少弃风弃光

在新型绿色数据中心中，可再生能源的供电比例会越来越高，因为光能、风能等可再生能源具有波动性、间歇性和难以预测性等特点，所以大波动性会导致发电出力不能为数据中心提供稳定、可靠的电源。储能技术具有控制灵活和响应快速的特点，可以改善可再生能源发电的不稳定性，从而加大数据中心对可再生能源的消纳量。储能平滑光电波动如图 2-64 所示，经过储能电池灵活快速的功率调控，光伏发电系统输出功率出现了明显的平滑波动，提高了可再生能源发电系统的稳定性，为将来在数据中心中大规模的应用可再生能源奠定了基础。

另外，可再生能源还存在不均衡的特点，例如光伏、风电一般是集中在一天中某一时段发电量较多，很多时候发电较少或不发电，当数据中心内某个时间段负荷较低而可再生能源发电量较大时，可将可再生能源发出的多余电能吸收在储能系统中，并在可再生能源发电量较少或用电负荷高峰时弥补供电不足的情况。储能系统存储弃光、弃风的电能，提高数据中心对可再生能源的消纳。储能消纳弃光、弃风示意如图 2-65 所示，在数据中心中，光伏发电为某个机房供电，机房内负荷的变化规律为图中红色曲线，光伏发电功率为图中黑色曲线，当白天机房负荷较小且光伏发电出力较大时，光伏除了满足负荷的供电量②，会将剩余的电量①存储到储能电池中。傍晚以后，光伏发电量急速下降，则由电网和储能电池共同为负荷供电，该技术充分利用光能，避免了可再生能源限发电量的浪费，大幅提高了可再生能源利用率。

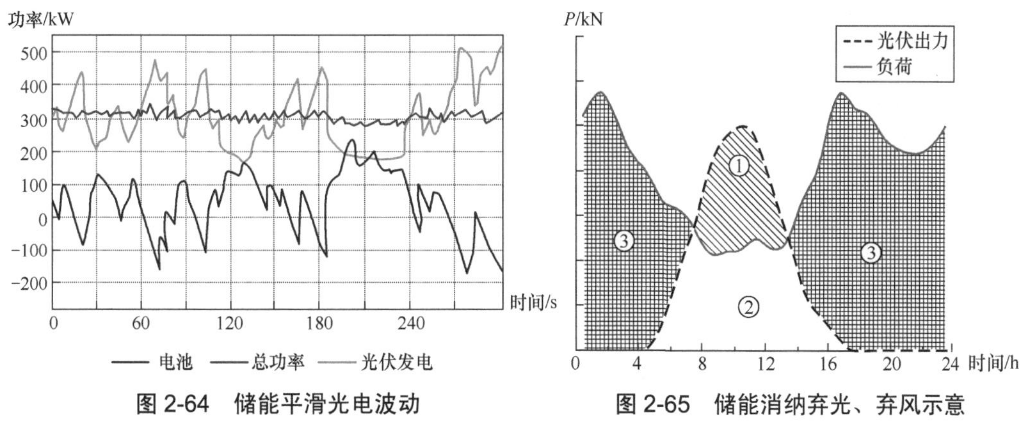


图 2-64 储能平滑光电波动

图 2-65 储能消纳弃光、弃风示意

（2）削峰填谷，分时电价管理

根据数据中心的负荷用电特点，在分时电价和实时电价差异的引导下，储能系统可以在电价较低时（数据中心负荷较低）存储电量，在电价较高（数据中心负荷较高）时释放电量，实现数据中心用户侧的削峰填谷。在峰谷电价差较大的区域，还可以大幅降低数据中心的运营电费。储能系统具有双向功率调节功能，充/放电转换速度可达百毫秒级以下，远快于传统电源。另外，储能系统中应用的电池循环寿命长且充/放电循环效率较高，在多次峰谷调节和充放电循环中实现电量损耗少，储能系统与用电负荷就近部署，可以避免远距离电力输送的电量损耗。

储能系统电池充/放电策略如图 2-66 所示。某数据中心应用储能系统进行削峰填谷和分时电价管理，在 1 ～ 7 时，电价处于低谷，用电负荷也较低，储能电池进行充电；在 8 ～ 10、16 ～ 18、22 ～ 23 时，用电负荷增加，电价也在增加，电池处于不充不放的静置状态，负荷完全由电网供电；在 11 ～ 15 时，用电负荷处于高峰，电价也处于峰时电价，储能电池放电，降低数据中心对电网电力的需求。

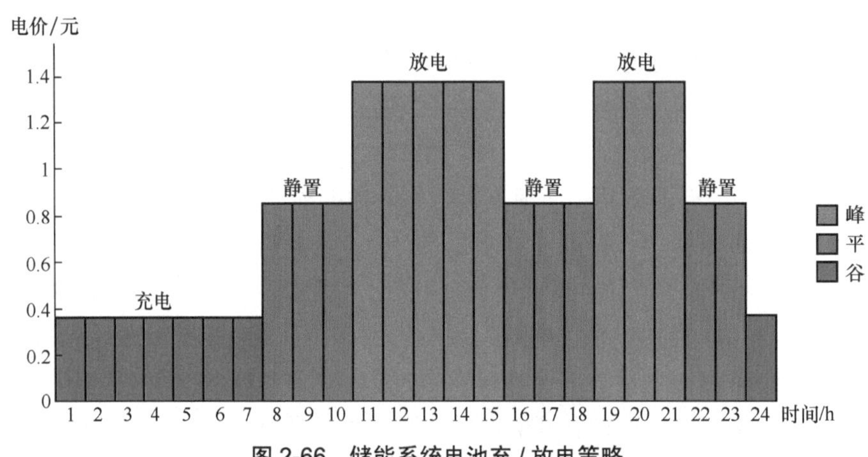


图 2-66　储能系统电池充 / 放电策略

在整个运行周期，储能电池的充/放电起到削峰填谷的作用，降低了电网供电压力，同时利用峰谷电价差，降低了数据中心的运营成本。

储能系统的分时电价差管理实现了运营成本的降低，企业要考虑储能系统投资效益回收周期，在分时电价差较大的地区，投资收益比较快。目前，一般建议峰谷价差大于 0.7 元/（kW・h）的区域建设储能系统实现分时电价的功能。

2022 年 9 月各省（自治区、直辖市）最大峰谷电价差如图 2-67 所示。

（3）需量管理

数据中心电费包含基本电费和电量电费，其中，基本电费可按变压器容量计费，变压器的容量一般是按照最大负荷来计算的，但是通过对数据中心用电负荷进行分析发现，数据中心大部分时间都处于平均负荷状态，只有某个时间段处于峰值负荷状态，当在该时段内，企业可以通过储能系统的功率调节功能，降低数据中心的峰值负荷，这样可以减小变压器的容量配置，降低数据中心的基本电费，同时在用户侧实现调峰的功能。

（4）需求响应

当数据中心用电负荷规律比较稳定，并且储能系统形成一定规模时，可主动与电网进行响应调度。在电网供电压力较大时，数据中心通过储能系统可快速响应电力调度，一部分负荷由储能系统供电，减少对电网的供电依赖，在电网供电压力较小时，再给储能电池充电，通过主动响应，改变对电网的用电需求，来获取收益。

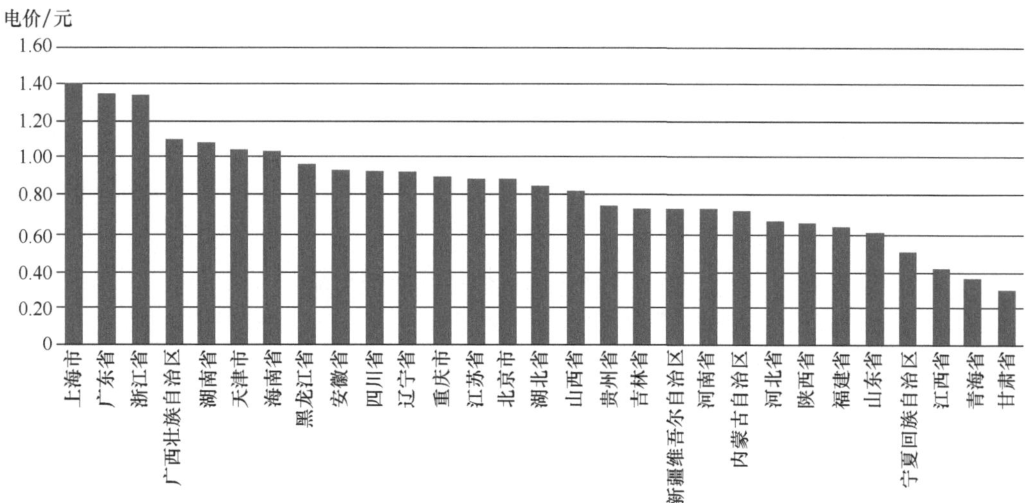


图 2-67 2022 年 9 月各省（自治区、直辖市）最大峰谷电价差

目前，储能技术在数据中心的应用尚处于试点推广阶段，大规模建设储能设备对数据中心是否具备足够的安全性、稳定性还需要进行科学严格的论证。储能设备接入数据中心的相关标准还不完善，安全规范尚未形成。储能技术可实现数据中心的节能降碳，促进可再生能源的大规模接入，减少数据中心的运营电费，储能技术在数据中心应用的标准体系和安全规范需要不断完善，实现高安全、智能化、模块化和低成本。而在实际项目中，企业还要结合不同的需求和根据成本情况，选择最优的储能方案。

### 2.7.3 通信储能新架构与智能分级新定义的研究

随着 5G 网络和数据中心的大规模建设，5G 网络站点及机房设备功耗大幅上升，站点数量增加数倍，数据中心更是能耗大户，全网的能耗呈现爆发式增长。为了适应 5G 网络新业务要求，迎合能源结构转型，中兴通讯基于对未来网络演进的深入理解，融合电池技术、网络通信、电力电子、智能测控、热设计、AI 及大数据、云管理等多项技术，全面推行智能锂电，并创新提出“通信储能双网融合新架构 & 智能化 L1 ～ L5 分级新定义”，推动通信储能的智能化发展。

1. 通信储能现状

传统铅酸电池在通信网络领域广泛应用，站点、机房、数据中心对储能的能量密度、能效和智能化水平等提出了更高的要求，锂电池以其能量密度、寿命特性、温度特性、环保特性等性能优势逐步替换铅酸电池，5G 和电力储能的快速发展加速了“铅退锂进”的进程。我国 2021 年电动汽车销量突破 350 万辆，2022 年 1 ～ 9 月销量达

456万辆（中国汽车工业协会）。2018年是储能元年，我国2021年锂离子储能突破2GW（累计5GW，数据源自中关村储能产业技术联盟），这两大领域对锂电池的需求极大地推动了锂电池产业的成熟和快速发展。

当前，通信行业提供的锂电池由简单电池管理系统（BMS）和电芯封装，虽然具备了锂电池的特性，但功能趋于简单、扩容升级成本高、应用场景有限。智能锂电池在常规锂电池的基础上，增加DC/DC模块，具有更精准的功率、电压等调控功能，适应整体通信网络智能化的发展方向。

5G网络的分布和大功率需求将推动极简杆站和极简柜能源方案的应用。智能锂电池支持智能混用、智能并机、智能远供、智能防盗，能够有效地支持5G供电方案的平滑演进、安全可靠供电、极简运维和提升经济效益。

从能源视角看通信能源的发展，低碳化、电能化、数字化是三大趋势，智能锂电池能够支持电信号的数字化监控和管理，稳定支持新能源的接入，更多创新储能业务应用，推动能源替代和安全革新。

2. 通信储能双网融合新架构＆智能化L1 ～ L5分级新定义

由前述分析可见，当前通信网络应用的储能单元大多是孤立的哑设备或智能化程度较低的锂电池，无法支持通信能源进一步的数字化、智能化和低碳化发展。

通信储能架构从最初的“单一架构”发展到当前主流的“端到端架构”，最终向“双网融合新架构”演进。通信储能架构演进如图2-68所示。

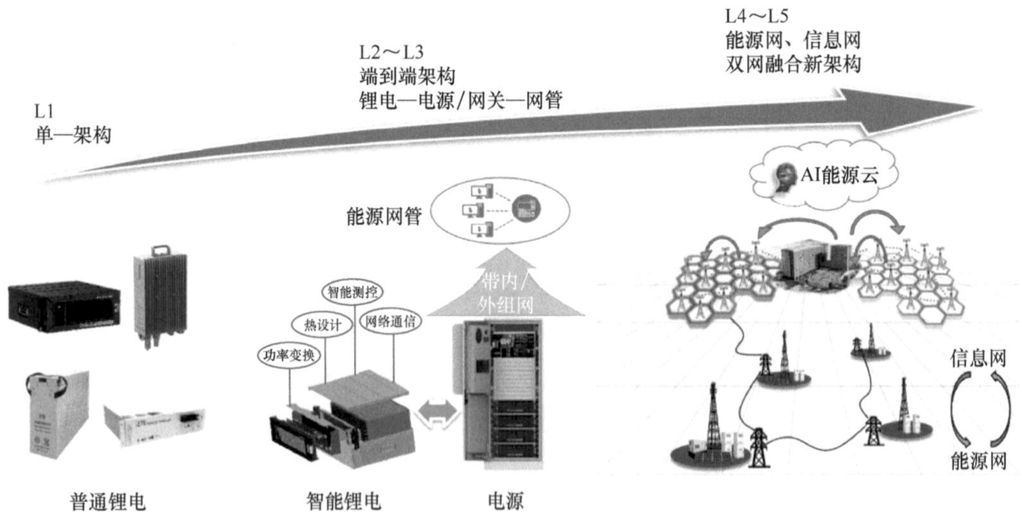


图2-68　通信储能架构演进

单一架构中，锂电池作为孤立的执行部件，资产价值沉没。

端到端架构采用“锂电—电源/网关—网管”的组网模式，建立了站点储能信息网，具备远程监测锂电设备状态、参数设置和故障检测等管理功能。

但是信息流重在站点和网管交互，能量流局限于站点内的优化，仍不满足全网储能的协同调度等需求，以及大数据和AI辅助等应用，架构上需要进一步升级。

双网融合新架构是由公共电网、站点发电、站点储能、站点用电等构建全场景连接的能源网和信息网，实现全网储能信息和能源的互联，在双网融合的基础上建立能源云，达到信息流管理能源流。

双网融合新架构是从被动储能到主动储能、主动安全，实现全网储能全生命周期价值最大化的基础，双网融合架构最终实现全网储能的信息流和能源流的双向互通，满足未来站点储能综合应用、创新发展需要。

对应通信储能架构的发展，参考电动汽车智能化等级定义的框架，我们将通信储能智能化发展定义为 5 个阶段。从最初的L1 被动执行经过L2 辅助自智，发展到L3 条件自智，逐级提高智能化水平，最终向L4 高度自智、L5 互联互通方向演进。通信储能智能化分级新定义如图 2-69 所示。

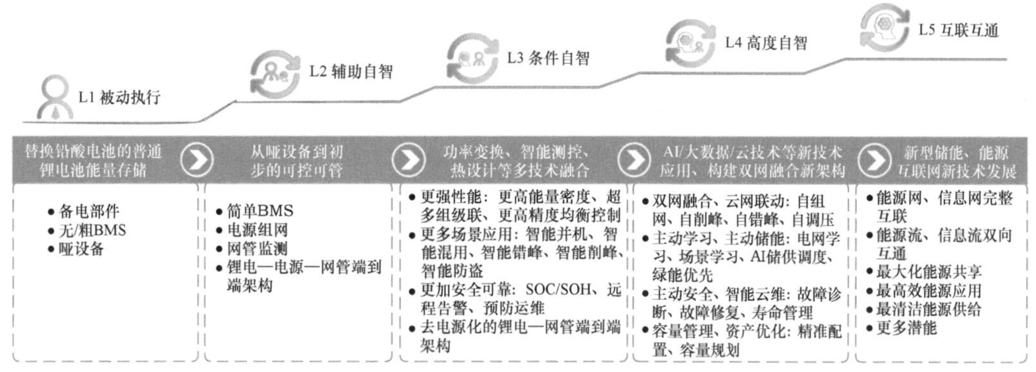


图 2-69　通信储能智能化分级新定义

L1 被动执行对应铅酸电池应用；L2 通过独立的简单BMS的锂电池实现辅助自智。L3 与L2 相比，智能化水平有较大幅度的提升。通过功率变换技术引入、感知能力提升和部分决策系统的植入，L3 具备执行和感知自主，以及部分决策能力，功能更强大，主要体现在以下 3 个方面。

- 更强性能，例如，更高能量密度、超多组级联、更高精度均衡控制等性能。
- 更多场景应用，例如，具有智能混用、智能并机、智能错峰、智能削峰、智能升压等智能化功能。
- 更加安全可靠，例如，具有SOC/SOH、远程告警、智能防盗、预防运维等功能。

目前，中兴通讯已具备L3 的成熟产品和方案，L3 的创新功能满足 5G网络全场景应用的新需求，提升 5G网络供电综合智能化水平，最大化提高网络供电效率和运维效率，降低TCO。

L4 高度自智是通信储能智能化等级的阶段性跨越。L4 融入AI、大数据、IoT 等新技术，从端到端架构升级为双网融合新架构，并采用“云、管、端”3 层智能化管理模式。中兴通讯成熟方案示例如图 2-70 所示。

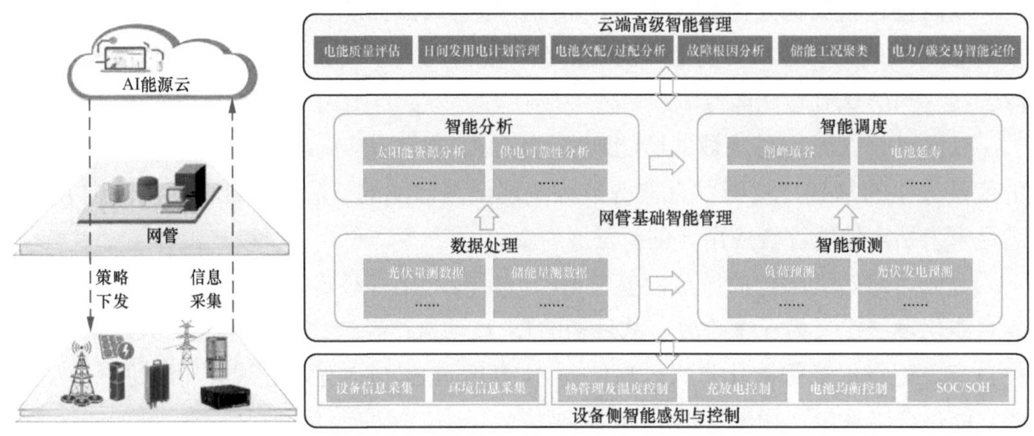


图 2-70　中兴通讯成熟方案示例

设备侧智能感知与控制，包括设备、环境信息采集等，热管理及温度控制，充放电控制等在端侧完成的功能模块。

网管基础智能管理，包括数据处理、智能预测、智能分析和智能调度功能模块，各模块由多个子功能单元组成，通过子单元升级进行功能的拓展和完善。

云端高级智能管理，融合AI 算法完成更高级的管理分析和决策，例如电价博弈、容量规划等，对下一级管理进行策略指导和下发，实现全网储能的全云化管理。

“云、管、端”3 层智能化管理可以逐级部署，管理水平逐级提升。L4 高度自智从部分决策向自主决策的模式转变，减少对人的依赖，运行更安全、运维更高效、应用更全面，经济效益进一步提升，L4 是目前中兴通讯投入的主要方向，具体功能及优势体现在以下 4 个方面。

- 双网融合、云网联动。信息网和能源网融合，能源云通过信息流对能源流进行全面、精细化管理。云网联动，实现能源站内和站外的协同调度，结合“云、管、端”3 层智能化管理，实现自混用、自错峰、自削峰和自升压等应用升级。

- 主动学习、主动储能。基于历史数据主动学习（电网、负荷、辐照、碳交易信息）、动态数据分析（环境数据、电网质量、负荷波动），实现多能（太阳能、油机、市电）下的最优储能充放策略、AI 储供实时调度、绿能优先等主动储能，从静态储能到动态储能转变，由“孤岛”管理向“并网”管理迈进，最大化发挥全网储能的价值。

- 主动安全、智能云维。运用更精确的SOX算法，基于历史工作数据和锂电状态监控、AI 学习，主动优化充/放电策略，延长锂电的寿命；通过不同自智运行等级的状态，进行故障检测、分析、诊断和修复，预测控制算法协同运作，防患未然，全方位保证锂电池全生命周期安全；通过云网联动、全场景远程云管理，减少人工上站，从极简运维向智能云维、免运维迈进。

- 容量管理、资产优化。通过AI和大数据分析，对比各站间的储能运行状态和资源配比，对全网站点进行AI 精准配置、容量规划，实现现网储能资源最大化利旧和资产优化，降本提效，带来额外的经济效益。

L5 互联互通是在双网融合架构上通信储能智能化发展的顶级阶段，在执行、感知、分析、决策和意图各个方面实现完全自主。随着能源互联网技术和新型能源应用的革命性发展，通信储能将发挥更多潜能。能源互联网和新型能源应用如图 2-71 所示。

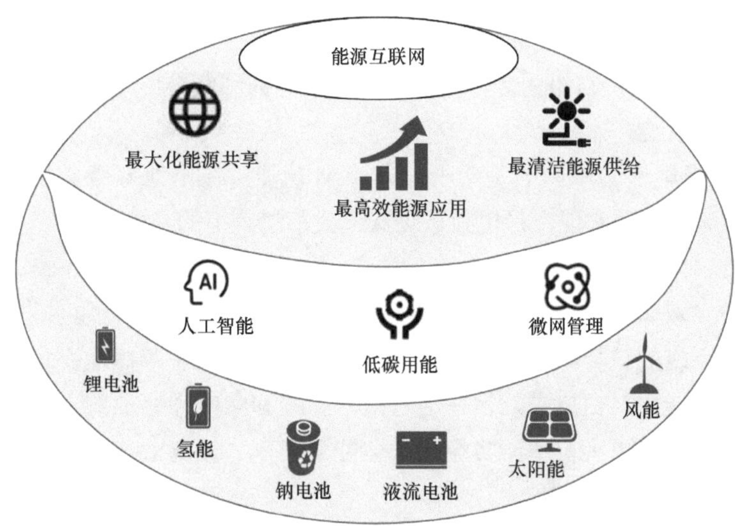


图 2-71　能源互联网和新型能源应用

- 多能应用、低碳用能。支持多种储能形式（锂电池、钠电池、液流电池、燃料电池等）的联合工作；支持多能（太阳能、风能、氢能、生物质等）综合供能优化。
- 智能学习、算法升级。全网AI学习，提取满足能源架构网络的最优调度方法，自我优化；纳入碳指标评估，算法支持最优碳排决策，最优碳排结果。
- 完整互联、双向互通。通过虚拟电厂、微网系统等接入区域能源互联网，实现不同储能形式、不同能源形式信息完整交互，基于安全算法实现双向调度，支持客户最优目标实现。

当然，L4 和L5 储能创新业务的落地，有赖于电力化改革政策的匹配。可以看到电力市场化政策将会赋予储能的独立市场地位，通信储能的更多应用价值将得到开发。

• 削峰填谷应用。削峰填谷是通信行业近期极为关注的应用场景，下面结合该场景分析不同智能化水平的功能演进，削峰填谷智能化演进如图 2-72 所示。

智能削峰通过控制电池的放电功率，减少或延迟站点电力设备扩容投入。另外，随着各省电力峰谷价差进一步拉大，峰谷套利应用的价值日益凸显。

L2 级智能电池是现网较多的储能产品，可以通过智能化的电源实现削峰填谷应用，主要应用于配置智能化电源的新建站点。

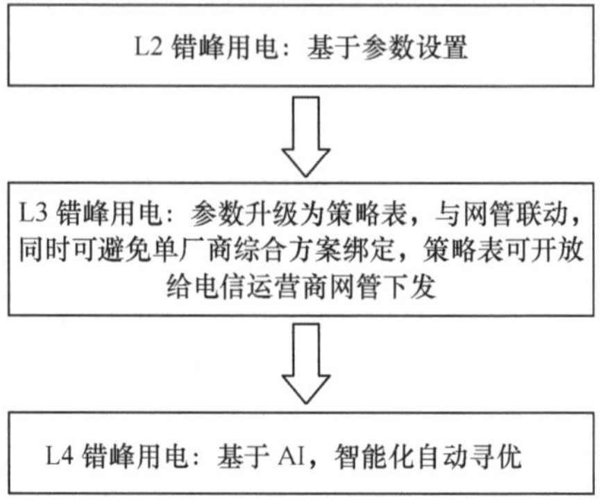


**图 2-72 削峰填谷智能化演进**

L3 级智能电池支持自组网，不受电源功能状态的限制。既可应用于新建站点，也可以应用于老站改造。

L4 级智能锂电在自组网的基础上，支持AI功能，在电池寿命延长、绿能优先等方面支持多策略博弈的实现，是电力市场深化改革趋势下的必然选择。

3. 展望

随着全球“双碳”的发展，能源结构向“低碳化、电能化、数字化”加速转型，储能作为能源系统的重要组成部分，其功能和用途也在发生革命性变化。中兴通讯发布《通信储能智能化》白皮书，旨在通过技术积累和实践为行业的不断发展和进步探索方向，为客户创造更大价值，实现最大化能源共享、最高效能源应用、最清洁能源供给，拥抱可持续的能源未来。

## 2.8 空调系统低碳节能改造

1. 改造背景及原则

随着“双碳”目标的提出，各地政府对数据中心能耗指标做出了新的规定，对存量数据中心的PUE值提出了要求。大量数据中心、老旧机房绿色低碳改造已提上日程。

老旧数据中心具有数量多、分布广、条件差异大、现状问题复杂的特点，空调系统低碳节能改造可按照以下原则开展行动，保障效果效益：

① 以节能降耗为目的，围绕能耗、能效目标，选择经济适用的方案路径，保证投资效益；

② 优先通过运维提升，充分利用现有空调系统，通过加强维护维修，调节运行状态，优化运行参数，充分挖掘既有设施系统的能效潜力；

③ 对于设施落后的数据中心，经运维提升仍无法满足基准要求的，再行安排工程改造；

④ 严格核实节能改造可能涉及的网络割接操作，认真制定各个阶段的改造行动计划，确保机房安全运行。

2. 挖掘既有设施节能潜力

(1) 气流阻隔优化技术

目前，数据中心机房存在的普遍问题是封堵措施欠佳，出现大量漏风、混风的情况，降低了制冷效果。因此应保证在机架无设备安装的位置加装挡风盲板，以满足封堵安装的要求，减少混风的情况出现。地板封堵不严密或机柜底座未封闭造成漏风时，应对架空地板接缝、机柜底部、进出线孔洞、无机柜或无源设备区域、空机柜内的送风口等进行有效的封闭。机柜盲板封堵示意如图 2-73 所示。

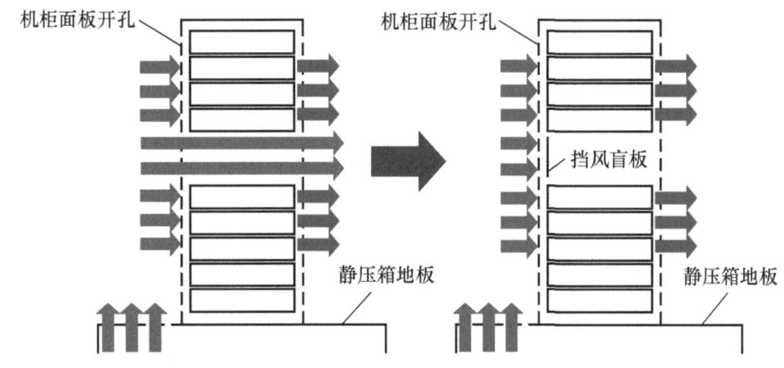


图 2-73　机柜盲板封堵示意

当数据中心机房机架摆放位置规整及进出风方式基本正常时，可以采用一些简易的手段封闭冷热通道进行冷热隔离，避免出现混风的情况，一些简易帘子也可以起到很好的气流阻隔作用。

当风管送风口被走线架、设备阻挡时，送风气流受阻，应把送风口移至无走线架处的机柜进风侧，保持送风畅通。

空调下送风机房的高功耗机柜进风侧通道可以增加开孔地板或增加开孔率，保证高功耗机架空调进风量。低功耗设备附近可以减少开孔地板或降低开孔率，以避免热通道开送风口。

当下送风+下走线，或架空地板高度过低时，可清理架空地板下的线缆，主线缆的走向应与机架通道平行，精密空调出风口导向板建议调整齐，起到有效导流的作用，降低气流被阻挡的概率。

部分冷通道存在风阻不平衡的情况，近端、远端出风量小，以及中部风量问题，这时应调整冷通道地板的开度，减小中间开度，或在近端地板下加装气流导向板，使气流向上流动。

(2) 空调设备自身及安装优化

数据中心机房专用空调在到达使用年限后，制冷效率显著下降，应及时更换老旧空调设备，积极应用高效变频节能空调设备，优化空调设备自身控制逻辑，可根据机房不同回风温度、送风温度、送/回风温差等控制设备能耗，与厂家沟通设置PID参数，优化压缩机频率与风机转速控制逻辑。

风冷机房专用空调室外机安装在通风条件不良的半封闭空间等场所的，应设置在通风良好的场所；室外机进风与排风短路的，应采取有效措施，例如在冷凝风机出风口安装导向风管，并适当加大风机静压；增加高室外机组的安装高度，保证补风空间等；室外机受太阳直射或西晒，存在热岛效应，影响压缩机能效，可进行整体搬迁。

（3）机房环境运维控制优化

目前，大多数老旧机房温度设定过低，不利于空调节能，机房环境温度宜设定在25℃以上。

在变压器室等耐受温度较高的电力房间内，可以通风散热降低温度，并提高空调温度设定值。

目前，机房还应优先考虑温/湿度独立控制功能，关闭空调电极加湿功能，宜采用湿膜加湿等方式，降低加湿能耗。

机房内空调设备的规格和数量应根据主设备实际功耗和建筑围护结构冷负荷来确定，当机房专用空调已经配置过多时，建议将超出数量的空调移机或关闭，还可以通过空调自适应群控系统按需供冷，增加AI调优，联合自控系统进行底层设备节能调节。

3. 分场景空调节能改造方案

根据老旧机房可以改造的实施范围，按照以下3种场景分别提出节能改造方案，分别是机楼整体改造场景、单个机房整体腾退改造场景及机房局部改造场景。

场景一：机楼整体改造场景，属于最佳的改造场景，可以应用多种节能改造手段，从根本上解决问题。

首先推荐风冷空调改冷冻水空调方案，该方案对原有风冷精密空调系统架构整体改造替换，虽然大多数机楼不具备水冷改造条件，但有条件时仍建议优先采用此方案。冷源系统可以采用冷机+板式换热器+冷却塔的传统水冷空调系统，也可以采用带自然冷却风冷冷水机组，另外，也适用预制集成式冷站在室外空地或屋面部署。

其次推荐风冷空调改冷却水空调方案，当风冷空调需要利旧或机楼不完全具备改造为水冷空调系统条件时，可以在室外机平台外墙增设机房专用空调冷却用壳管式冷凝器，增设集中冷却水系统，将局部或整体改造为水冷系统的形式，其中，冷却塔可以采用间接蒸发冷却冷水机组，进一步提高节能效率。

场景二：单个机房整体腾退改造场景，该场景以一个机房房间为改造对象，属于较好的改造场景，可以应用一定小规模的技术方案改造。

首先可以改造空调系统为风冷列间空调或风冷热管背板空调，实现就近制冷，做到空气输送距离短，风机功率小，同时可以配置氟泵，在过渡季和冬季充分利用自然冷源制冷。

另外，可以应用蒸发冷磁悬浮相变冷却系统，利用磁悬浮技术、蒸发冷却技术、氟泵技术提高系统节能性。

在气流优化方面，建议改造采用精密空调地板下送风或列间空调列间送风+封闭冷/热通道的形式，可以有效对冷热气流进行隔离避免混风。还可以采用上部风管+智能化配风群控精确送风技术，通过风管对空调送风气流进行有组织的引导，既可以实现精确送风又可以实现不同机柜负载下灵活匹配调整。

场景三：机房局部改造场景。该场景以机房的局部作为改造对象，改造条件有限，可以因地制宜，对症应用一定节能手段。

该场景下，机房可以局部改造，应用风冷氟泵列间空调或风冷氟泵热管背板空调，该方案同样适用局部改造的场景。

对于气流优化方面，除了做好各类气流封堵措施，可以使用一些简易帘子对气流阻隔。对于空调下送风机房，高功耗机柜进风侧通道可以增加开孔地板或增加开孔率，再进一步还可以在送风地板下加装送风机，保证高功耗机架空调进风量，还可以局部加装小容量空调设备，改善局部微环境。在机房内的适当位置可以吊装或落地设置轴流风机作为辅助风机，保障送风或回风的气流组织更加顺畅。各种气流优化改造方案在实施之前建议根据实际场景机架布置和根据功耗情况进行CFD模拟验证。

气流问题基本解决后，需要校核房间设定温度，适当提高环境温度设定值。

## 2.9 旧机房 DC 化绿色低碳改造

### 2.9.1 背景及现状

（1）网络演进

随着传统电信业务增长趋缓，代表数字经济的VR/AR、网络视频、自动驾驶、无人机、智能制造、云计算等应用业务发展迅猛，数据流量持续保持高增长，数字化转型带来各行业应用上云，带来网络云化的巨大需求。伴随着软件定义网络（Software Defined Network，SDN）和网络功能虚拟化（Network Functions Virtualization，NFV）技术的发展，传统通信网络架构已不能满足未来通信发展的需求。未来的网络“是以数据中心（Data Center，DC）为中心”的“云化网络”，所有的网络功能和业务应用都将运行在云数据中心上。

（2）网络演进对于通信机房的影响

随着信息技术（Information Technology，IT）和通信技术（Communication Technology，CT）的深度融合，新增的信息与通信技术（Information Communications Technology，

ICT）设备向大容量、高功率密度快速演进，需要机房具有承载高密度、通用化、虚拟化的计算、存储和网络资源的能力，这对于传统通信机房（特别是早期建设的通信机房）的供电、制冷、空间及荷载等提出了新的要求和挑战，传统通信机房数据中心化，或称DC化重构，是实现未来信息通信网络可持续发展的关键步骤。

对电信运营商而言，现网通信机房存在大量传统的通信设备，基础设施供电、制冷等无法满足机房DC化要求。面对重新构建新的网络架构的要求，为了支撑未来网络的发展，电信运营商应着手做好通信机房中长期发展规划和机房基础设施的配套改造方案，为网络DC化演进提供可靠的基础设施保障。

（3）通信机楼现状

当前，电信运营商在全国范围内大约有两万余栋通信机楼，通信机楼分布根据行政区域划分确定，与后期建设的数据中心相比，通信机楼具有数量多、单体面积相对较小、地域布局相对分散的特点。

随着通信技术发展，很多老旧网元，例如，时分多路复用（Timedivision Multiplexing，TDM）、公共电话交换网（Public Switched Telephone Network，PSTN）、全球移动通信系统（Global System for Mobile Communications，GSM）等设备陆续退网，各电信运营商拥有大量设备腾退后空闲的机房资源。

早期通信机楼建设遵循的是《电信专用房屋设计规范》（YD/T 5003—1994），高层电信建筑的耐久年限为100年以上，其他电信建筑的耐久年限为50～100年，实际项目多为50年；通信主机房净层高要求在3.2～3.3m，通信机房的均布活荷载标准值要求为6.0kN/m$^2$。从通信机楼的建设时间上来看，东部沿海城市机房建设在1994年到1996年达到高峰，而中部和西部地区则集中在20世纪90年代末期。按照50年的建筑耐久年限考虑，大部分通信机楼还有近30年甚至更长时间的使用年限，通信机房具备进行DC化再利用的可行性。

### 2.9.2 通信机房DC化重构的整体思路

通信机房DC化重构应面向未来网络的发展，满足通信网络云化、IT和CT融合以及ICT设备高功率密度的演进需求，明确通信机房DC化布局及规划，要实现以下目标。

- 满足需求。面向未来网络的发展，重点关注通信网络云化及通信业务的近远期发展需求，同时满足各专业的业务发展及网络布局的近远期发展需求。
- 资源盘活。根据机房条件明确其使用定位，结合网络架构调整和布局要求，盘活、挖潜、整合现有的机房资源，力争实现对现有机房资源的利用最大化和使用最优化。
- 能力提升。对具备条件且重点发展的机房，通过整改和扩容提升机房、电源、空调等容量能力，为业务发展提供条件。采用新技术提升机房、电源和空调等系统，适应云化网络对基础设施能力的要求。

• 效率提升。根据DC化设备的特点，积极部署，通过基础设施智能运营系统、空调人工智能（Artificial Intelligence，AI）调优节能等措施，提升供电、空调等基础设施的运行效率，降低运营成本。

（1）通信机房DC化重构路径

通信机房DC化的重构实施方案，存在新建与改造两种类型，针对不同类型的通信机房有着不同的演进路径。

① 新建机房的DC化重构。新建通信机房应100%按照DC化模式建设，设计PUE值不大于1.5，并遵循当地政府能效指标的相关要求。新建通信机房应满足传统通信设备和DC化设备的需求，合理设置功能分区，采用模块化设计，充分考虑空间弹性利用，并预留适当的空间、层高、荷载、通道、容量及配套设施管线，分步实施，减少未来改造的投入。未来，随着网络DC化的演进，逐步过渡至数据中心。新建机房建设标准可参考GB 50174—2017《数据中心设计规范》，应根据业务需求严格控制建设标准，合理选用新技术、新方案，降低建设成本和运营成本。

② 老旧通信机房的DC化重构。老旧通信机房内新开机房以及腾退机房，可逐步进行DC化重构，改造后的PUE值不大于1.5。该部分机房数量庞大，是DC化重构实施重点部分。

老旧通信机房的重构应对现有机房基础设施资源现状进行统计和分析，关注制约机房DC化重构的瓶颈问题，对各个专业的需求进行汇总，结合机房的实际情况，根据网络演进和发展布局情况，明确机房的定位，完成现有老旧通信机房的资源利用规划，实现老旧通信机房DC化重构的布局。

老旧通信机房的现状分析应从机房布局、空间资源、机房配套3个维度，进行了梳理分析。

• 机房布局。包括局址分布、机房类型和外围条件情况，现有机房布局是否满足近远期的网络发展及布局要求，是否具有可持续发展的条件。

• 空间资源。包括机房面积、安装的通信设备类型，空间资源与现有基础设施资源的匹配情况分析等情况。

• 机房配套。包括外市电、变配电系统、空调系统、室外机平台、剩余机房面积和可安装机架数量等情况，重点关注对机房使用、发展的制约瓶颈和可持续发展的能力。

（2）老旧通信机房DC化重构实施要点

① 机房选择。机房局址选择应综合考虑下列因素。

• 建议选择符合条件的电信运营商自有产权和自建机房进行DC化重构，不建议选择租赁机房进行DC化重构。

• 既有建筑原建设标准不低于YD/T 5003—1994《电信专用房屋设计规范》要求，优先选择建设标准符合YD/T 5003—2005《电信专用房屋设计规范》要求的局房，优先选择框架结构，不建议选择砖混结构的机房。

- 优先选择使用年限不超过 25 年，且日常维护过程中未发现异常的机房。对于其他机房如果确实需要使用，应根据原始设计资料和现场调查资料进行综合评估，确定合理的使用方案。
- 应选用楼面设计均布活荷载不小于 6.0kN/m$^2$ 的机房。不建议选择楼面设计均布活荷载小于 6.0kN/m$^2$ 以及无原始设计资料、无法判断承重情况的机房。
- 一般情况下，不建议对原有机房进行加固改造，可采用机柜直接布置在主次梁上或贴近主次梁布置，降低楼板内力，或者采用散力架改变传力途径以降低机柜均布荷载的方式。
- 优先选择变配电系统、发电机组容量满足新增设备功率需求的机房。
- 应优先保证机房自有业务发展对基础设施的需求。
- 电力电池室具有空余位置，空调具有室外机摆放位置。
- 优先选择面积大于 100m$^2$ 的机房。
- 优先选用梁下净高不小于 3.2m 的机房，建设方案采用空调上送风或微模块方式的机房净高可适当降低层高要求。

② 基础设施评估，包括电源系统评估、空调系统评估和消防评估。

- 电源系统评估。对于外市电、变压器、发电机组、配电柜、48V 开关电源、UPS、蓄电池等设备，应按照国家标准规范、电信运营商的运维规程等进行设备评估，主要指标满足要求可以继续使用，否则应进行更新改造。

对于高低压变配电及油机设备具有 3 级、4 级隐患且仍未整改的通信机房严禁选用；通信电源设备（48V 开关电源、UPS、蓄电池等设备）具有 3 级、4 级安全隐患且仍未整改的机房，应新建通信电源系统适配通信设备 DC 化的要求。

供电安全隐患分级定义见表 2-5。

**表2-5　供电安全隐患分级定义**

| 分级 | 描述 | 定义说明 | 分级标准 |
|---|---|---|---|
| 4级 | 严重、紧急 | 严重影响供电系统安全、稳定性或存在人身财产安全的特别重大隐患，问题严重必须尽快处理 | 1．关键不合格项；<br>2．与标准强制要求相违背，故障频发或已出现并影响到系统安全供电；<br>3．与标准强制要求相违背，可能导致人员伤亡或设备财产损失 |
| 3级 | 重要 | 影响供电系统安全、稳定性或存在人身财产安全的重大安全隐患，需要尽快处理 | 1．故障若出现可能影响系统供电；<br>2．故障若出现可能导致人员伤亡或设备财产损失 |
| 2级 | 重视 | 可能影响供电系统安全、稳定性的隐患，需要重视 | 1．故障若出现将降低系统供电安全可靠性；<br>2．若不处理可发展为3、4级问题 |
| 1级 | 一般 | 不影响供电系统正常运行的一般隐患 | 1．故障若出现不会影响系统供电；<br>2．不处理问题不会升级 |

• 空调系统评估。根据通信机房内空调现状和机房的使用性质综合评判现有空调是否可以利旧使用。

对现状良好的机房专用空调，且空调的送风形式、制冷量等满足机房使用要求的，该部分空调建议利旧使用。对于不满足上述使用条件的机房专用空调，建议新建专用空调系统，或者将现有空调调整至其他有需求的机房再利旧使用。对于已经严重老化，基本无法正常运行或制冷量严重衰减的机房空调设备，建议不再利旧使用。

• 消防评估。以机房所在大楼内公共消防系统可满足大楼内消防安全需求为前提，如原建筑消防系统不能满足现有国家消防规范，投入使用前应根据现有国家消防规范进行消防改造。

③ 建设方案。建设等级、直流系统与UPS系统、空调系统、消防系统和机房装修的相关要求如下。

• 建设等级。参考GB 50174—2017《数据中心设计规范》，评估原有机房变配电系统的等级标准，结合业务需求，综合考虑基础设施建设方案。

• 直流系统与UPS系统。原有UPS系统或48V直流系统运行状态及空余容量可以满足新增业务需求时，可以考虑利旧原有系统。若UPS系统、48V直流系统都满足利旧时，应比较线缆等投资，选择投资较少的方案。

UPS设备应选用高频UPS设备。高压直流系统可采用240V直流系统或336V高压直流系统。

对于双电源输入服务器供电方式，在服务器单路供电风险可控的前提下，可采用一路市电直供，一路高压直流或UPS供电。

蓄电池组优先考虑放置在单独电池室，受限于实际情况，蓄电池组与电源设备可一同放置在电力室。这两种放置方式宜设通风系统，通风量按YD 5003—2014《通信建筑工程设计规范》要求，每小时0.5 ～ 1次计算。电源设备可放置在电力室或通信机房。

原有48V直流系统及UPS系统的更新改造，应结合后期设备下电、DC建设容量要求等因素综合考虑。

• 空调系统。根据机房内通信设备容量的大小、设备安装实施进度、所在地区的气候特点、现有机房的空调形式，以及DC化机房改造的空调方案，统一考虑机房的空调形式以及空调设备的类型，同时注重节能产品的使用，例如，在寒冷和严寒地区，采用分散式空调系统的机房宜选用智能双循环空调机组；在湿球温度较低的地区，宜采用蒸发冷却空调技术。

机房气流组织建设应根据机房内机柜散热量的大小和特点，合理选用气流组织方式，封闭冷通道、热通道，以提高空调系统的效率。

机房采用架空地板下送风、上部回风的方式时，活动地板高度根据机房送风量，通过计算确定，净高不应低于350mm（地板内禁止布放通信线缆）。通信设备应采用上走线方式，设备布置宜采用面对面、背对背的方式，以便形成冷热通道。对于机房梁下净高低于4.0m、面积小于100m$^2$的机房，不建议采用下送风、上部回风的气流组织方式。

机房采用上送风方式并设有空调风管时，建筑的层高应考虑空调风管的占用空间。根据机房送风距离，采用静压箱总风管直接开风口送风或送风帽送风方式或送风管送风等方式，风管、送风口等的尺寸规格应根据通信设备散热量计算来确定。

机房各空调设备数量应按国家标准规范及电信运营商建设指导意见等综合确定。

机房采用分散式空调系统的机房应具备安装机房空调室外机的平台或位置，并保证空调室外机通风条件良好，无遮挡。

- 消防系统。机房所在建筑原有公共消防设施应经当地消防主管部门验收，并具备正常运行的功能。如果机房内有符合现有国家消防规范要求的消防系统，可以利旧。如果机房内没有符合现有国家消防规范要求的消防系统，则根据机房建筑平面新增无管网（柜式）气体自动灭火系统（机房面积小于500m$^2$）。相应设置火灾自动报警系统，报警系统应联动切断火灾时其他的非消防电源。

- 机房装修。对机房进行基本装修，建筑材料应满足基本的功能需求和防火防护需求，宜选用节能环保材料，机房内不应进行装饰性的装修。装修材料应满足GB 50222—2017《建筑内部装修设计防火规范》的相关要求。

④ 典型方案。典型方案主要分为以下四类，见表2-6。

典型方案适用于多数机房，机架布放可根据机房承重、形状等情况灵活处理，综合造价低；微模块方案对机房净高要求低（最低2800mm），部署时间快，综合造价高。对于不同方案，建议根据业务需求、机房现状、经济评价等情况综合评估后进行选择。

⑤ 实际案例。某电信运营商机房始建于1993年，属于汇聚节点机房，启用时规划1～5层为各类机房，6～10层为办公区域，主要承载传输、数据、固话等业务。

表2-6　典型方案

| 方案 | 机房及空调 | 单机柜功率 | 承重 | 其他要求 |
|---|---|---|---|---|
| 常规方案一 | 机房部分腾退，原有空调上送风 | 小于2.5kW | 不小于6kN/m$^2$ | 建议有条件的机房进行隔断。空调送风方式与原有机房一致 |
| 常规方案二 | 机房完全腾退，新建空调上送风 | 小于2.5kW | 不小于6kN/m$^2$ | 受限于机房层高等因素，无法采用空调下送风方式。机房送风距离在10m以内的，应采用静压箱总风管直接开风口送风或送风帽送风方式；机房送风距离15m以内的，应采用送风管送风方式；空调送风距离大于15m时，宜采用两侧布置空调室内机的送风方式；空调送风距离大于15m时，宜采用两侧布置空调室内机的送风方式 |

（续表）

| 方案 | 机房及空调 | 单机柜功率 | 承重 | 其他要求 |
|---|---|---|---|---|
| 常规方案三 | 机房完全腾退，新建空调下送风 | 2.5～6kW | 2.5～4kW不小于6kN/m²，大于4kW不小于10kN/m² | 机房净高不低于4.0m，封闭冷通道或热通道，架空地板不低于500mm |
| 常规方案四 | 机房完全腾退，新建列间空调 | 大于6kW | 不小于10kN/m² | 封闭冷通道或热通道 |

备注：（1）机房部分腾退、原有空调下送风的情况，建议根据实际情况分析确定。
（2）低等级机房不建议低功率密度机柜与高负荷密度机柜混合安装。
（3）空调是否需要连续制冷根据实际情况确定。

2014年机房整合，将二层传输机房、三层数据机房、五层数据机房整合至三楼新综合机房。2018年全部完成PSTN退网工作，二层、三层固话机房全部下电。

2020年，该机房开始进行DC化重构改造，根据负荷情况，进行了备用油机的扩容。同时，明确改造机房PUE值不高于1.5，提升运营效能。

在二层及三层机房开展老旧机柜腾退搬迁，腾退搬迁后的机房采用风冷房间空调+封闭冷通道+地板下送风的微模块建设方式；新建UPS系统采用2*N*架构，放置在电力电池室；根据当地气象条件，采用智能双循环（氟泵）空调；共计新增100架通信云网络机柜（平均功率为3kW、局部可支持5kW高功率机柜）。

通过在该机房开展机房空间、电源系统、空调系统3个方面的DC化重构，系统性解决了制约该机房发展的空间瓶颈、供电瓶颈、制冷瓶颈，显著提升了承载DC化等高功率业务增长的基础设施支撑能力。

## 2.10 新技术及应用案例

### 华为数据中心绿色低碳技术的应用

#### 1. 全预制模块化数据中心

全预制模块化数据中心FusionDC1000C是面向新建、无楼场景的解决方案。该方案采用全栈建设理念，融合数据中心土建工程（L0）及机电工程（L1），功能区域采用全模块化设计，把结构系统、供配电系统、暖通系统、管理系统、消防系统、照明系统、防雷接地、综合布线等子系统预集成于预制模块内，所有预制模块在工厂预制、预调测，在现场站点同步进行地基土建。在交付过程中，预制模块从工厂运输到站点现场，不需要进行大规模土建，只需要进行简单吊装搭建，即可完成数据中心快速建设及部署，相比传统方式，上线时间提前50%。

（1）主要技术特点

全预制模块化数据中心建筑主体为钢结构材料，采用高度集成化设计，装配率高达95%，能够满足国家AAA级装配式建筑要求，大幅减少施工周期的碳排放。创新性地将预制装配式建筑技术与模块化数据中心技术相融合，现场地基土建与模块工厂生产同时进行，1500个机柜数据中心建设周期仅需要6个月，上线交付时间比传统模式缩短50%以上。

① 建设过程绿色：预制装配率高达97%，采用乐高积木式搭建，现场施工量仅为传统方式的10%，施工工程无湿法作业，施工过程无三废，施工用水和用电比传统方式减少80%以上。此外，全预制模块化数据中心的结构主体采用全钢结构，主体材料可回收率超过90%。

② 运行过程绿色：支持间接蒸发冷却、高温冷冻水风墙等高效温控方案配置，同时，独有的iCooling制冷系统能效优化技术，在AI技术的支持下，比传统模式降低PUE值8%～15%。

③ 运维过程绿色：智能管理系统，独有iPower、iManager智能运营技术，减少运维人力，提升资源利用率。

④ 全生命周期对标建筑：支持5层堆叠，有50年寿命，满足建筑标准交付的数据中心要求，创新采用磐石架构建筑结构技术，其采用多维互联支撑架构，支持抗震设防裂度9度。

⑤ 传统数据中心层高在5m以上，在24m高层与多层建筑分界线范围内，最多只能建设4层；全预制模块化数据中心的层高一般在4m左右，在同等高度限制范围内，可以建设5层，提高土地利用率超过16%。此外，全预制模块化数据中心可适配锂电力系统，可以大幅减少配电区域的面积和机房占地面积。

（2）节能减排效果及效益

以1500个机柜规模数据中心为例，全预制模块化数据中心的建设周期为6个月，而传统土建方式至少需要18个月，建设周期缩短50%。同时，全预制模块化数据中心装配率高达97%，现场施工用水量、用电量、施工垃圾量比传统模式减少80%。同时，建筑主体采用全钢结构，相比传统的钢混建筑，建设期间的碳排放大幅减少。

全预制模块化数据中心建设模式与传统土建楼宇机房建设模式相比，建设过程中节省碳排放量7740t。碳排放对比见表2-7。

表2-7　碳排放对比

| 建设模式碳排放分析 | 预制模块化模式 | | 传统土建楼宇模式 | |
|---|---|---|---|---|
| | 碳排放量/t | 碳排放量占比 | 碳排放量/t | 碳排放量占比 |
| 地基（混凝土） | 444.8 | 52.9% | 533.8 | 6.2% |
| 机房主体 | 357.2 | 42.5% | 7996.1 | 93.2% |

（续表）

| 建设模式碳排放分析 | 预制模块化模式 | | 传统土建楼宇模式 | |
|---|---|---|---|---|
| | 碳排放量/t | 碳排放量占比 | 碳排放量/t | 碳排放量占比 |
| 隔热板 | 12.0 | 1.4% | 18.0 | 0.2% |
| 密封胶条等 | 3.0 | 0.4% | 9.0 | 0.1% |
| 钢结构平台 | 23.8 | 2.8% | 23.8 | 0.3% |
| 合计 | 840.8 | 100% | 8580.6 | 100% |

注：

① 钢结构材料可回收率按照90%计算，生产钢结构材料，用钢量 : 碳排放量=1 : 1.8。

② 生产混凝土碳排量，按不可回收计算，混凝土重量 : 碳排放量=1 : 0.4。

③ 橡胶材料碳排量，橡胶重量 : 碳排放量=1 : 3.8。

④ 隔热板采用岩棉夹芯板材料，岩棉夹芯板 : 碳排放量=1 : 0.2。

### 2. UPS智能在线模式

UPS智能在线模式是基于智能在线技术的UPS新型工作模式，是对供电架构和逻辑的优化，解决在线双变换模式的系统效率低，ECO模式输出有间断、谐波大、输入浪涌电压的干扰问题，并具备4个核心价值：0ms模式切换、全负载段高效、高压浪涌吸收、主动谐波补偿。

（1）主要性能特点

① UPS在VFI、VFD、VI[1] 模式之间的切换时间为0ms。

② 当负载率不低于30%时，VFD模式下的UPS效率不低于98.5%（R载）。

③ UPS工作在智能在线模式（VI）下，可以通过逆变器进行谐波补偿及输出功率因数校正，保证旁路输入功率因数（Power Factor，PF）值不小于0.95、THDi[2] 不高于5%。

（2）智能在线技术原理

① 高低压箝位技术确保全模式0ms切换和高压浪涌抑制。传统ECO存在旁路输入检测时延（主要因素）、旁路内部晶闸管过零关断（半控型器件）、控制信号传输时延和逆变开启时延4个方面的原因，导致旁路异常切换到逆变供电的过程中有1～10ms的间断时间，IT负载和动力负载对于接近10ms的供电间断存在风险。

间断产生的原因如图2-74所示。

1. VFI、VFD、VI是电源质量代码。

2. THDi（Total Harmonic Current Distortion，电流谐波长畸变率）。

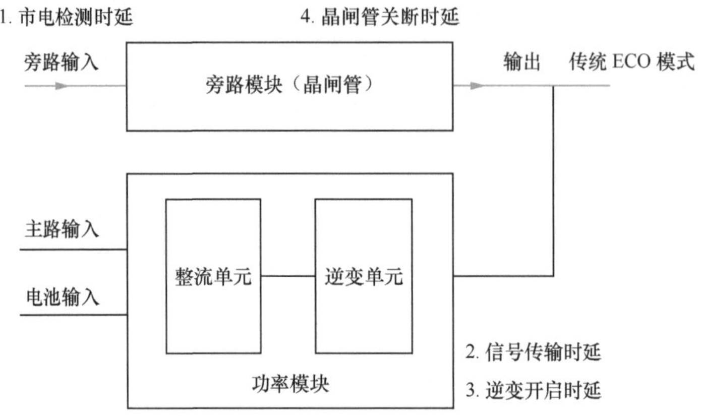


图 2-74 间断产生的原因

华为智能在线模式采用硬件高低压箝位技术，UPS 功率模块输出，当旁路输入发生短暂的电压导致跌落或者出现浪涌高压时，UPS 可以充分利用模块化架构的优势。部分功率模块输出 210V，实现低压箝位；部分功率模块输出 230V，实现高压箝位，箝位幅值 ±10V，该技术不需要等待软件侦测和信号传递时延，直接通过硬件箝位的方式实现 0ms 切换，可靠性更高。

高低压箝位工作示意如图 2-75 所示。

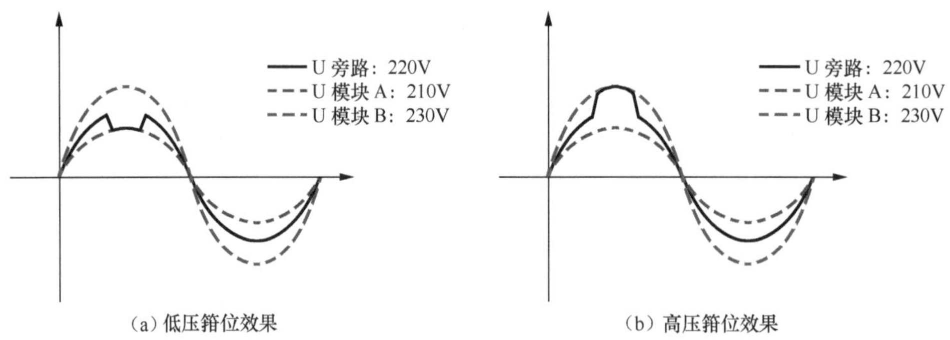


图 2-75 高低压箝位工作示意

② 零电流热备份技术实现全负载范围高效率。高低压箝位技术并非将功率模块的逆变器之间直接并联，而是通过热备份单元后再并联，每个功率模块的逆变器输出都串联了该热备份电路，相较于业界常用的小电流备份技术增加了硬件电路（软件控制切换，旁路输入正常时为电流源模式，旁路输入异常时切换成电压源模式），该电路最显著的特点是零电流，因此可以实现零损耗热备份，效率高达 99.1%。

零电流热备份与小电流备份对比示意如图 2-76 所示。

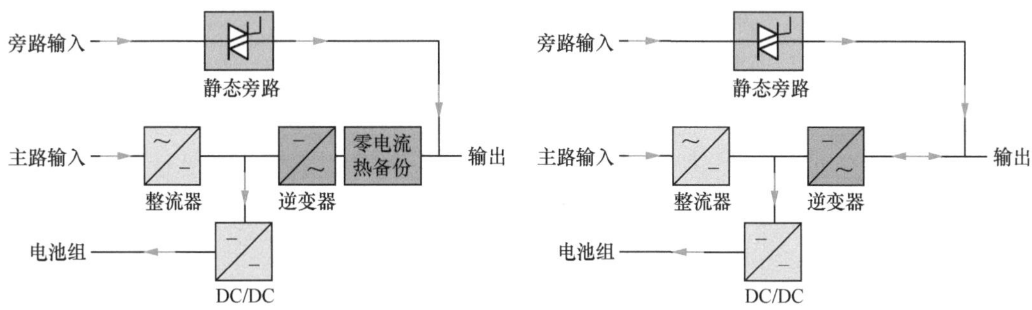


图 2-76　零电流热备份与小电流备份对比示意

零电流热备份技术是华为的专利技术，该项专利技术的核心原理是利用晶闸管的正向电压导通、反向电压截止的特性：当旁路电压正常时，所有功率模块的晶闸管都处于截止状态，实现零电流和零损耗；当旁路电压异常时，晶闸管实现高低压箝位功能。

零电流热备份如图 2-77 所示。

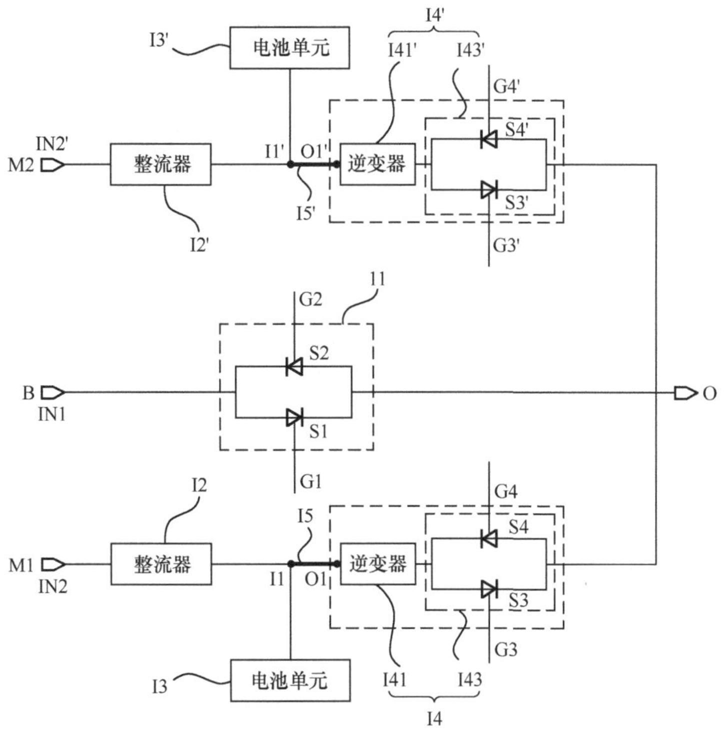


图 2-77　零电流热备份示意

小电流备份和零电流热备份技术的对比见表 2-8，后者具备更高的效率。

表2-8　小电流备份和零电流热备份技术的对比

| | 动态响应 | 备份电流 | 效率 | 主路旁路关系 | 造价费用 |
|---|---|---|---|---|---|
| 小电流备份 | CLASS1/CLASS3 | 小 | 高达98.5% | 直接并联 | 低 |
| 零电流热备份 | CLASS1 | 无 | 高达99.1% | 硬件隔离 | 中 |

除了零电流热备份技术，智能休眠技术通过休眠部分的功率模块，提升全负载范围的效率，UPS会自动根据当前的负载率，预判剩余工作模块的负载率，当负载率小于100%时，其余模块进行休眠。若UPS预判剩余工作模块的负载率大于100%时，会在5ms以内快速唤醒休眠模块，保证供电的可靠性。

休眠模式还支持轮休机制，休眠间隔以天为单位，定时唤醒和休眠，保证模块的运行时间一致。

模块休眠示意如图2-78所示。

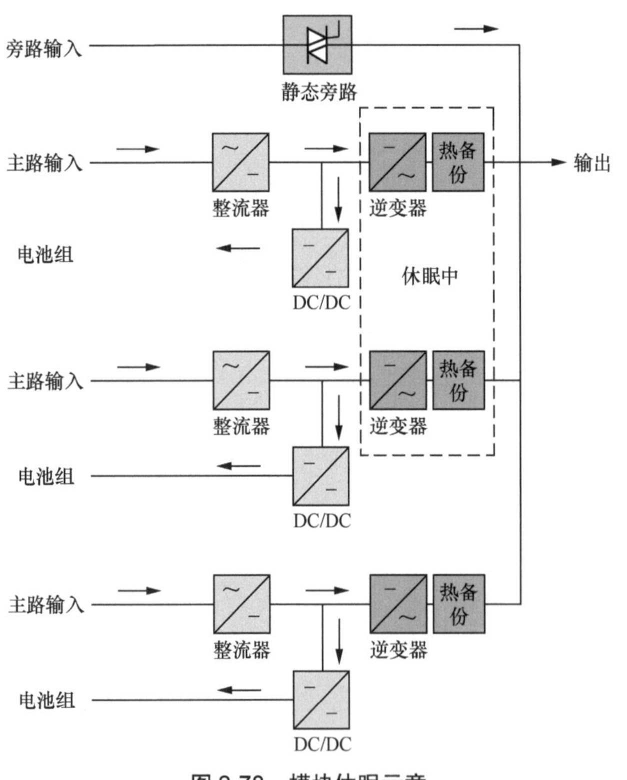


图2-78　模块休眠示意

③ 主动谐波补偿技术，实现等同于双变换模式的输入功率因数：针对非阻性负载，智能在线模式具备主动谐波补偿能力，其工作原理如下。

系统通过分析UPS的输出负载电流$I_{load}$，分解其中的谐波分量，传输给逆变器进行运算，此时，逆变器在电流源模式下工作，按负载谐波电流输出补偿谐波电流$I_{inv}$，负载上的谐波电流全部由逆变器提供，旁路输入电流$I_{bps}$只是基波成分，从而保证电网输入电流THDi非常小。

主动谐波补偿工作原理如图 2-79 所示。

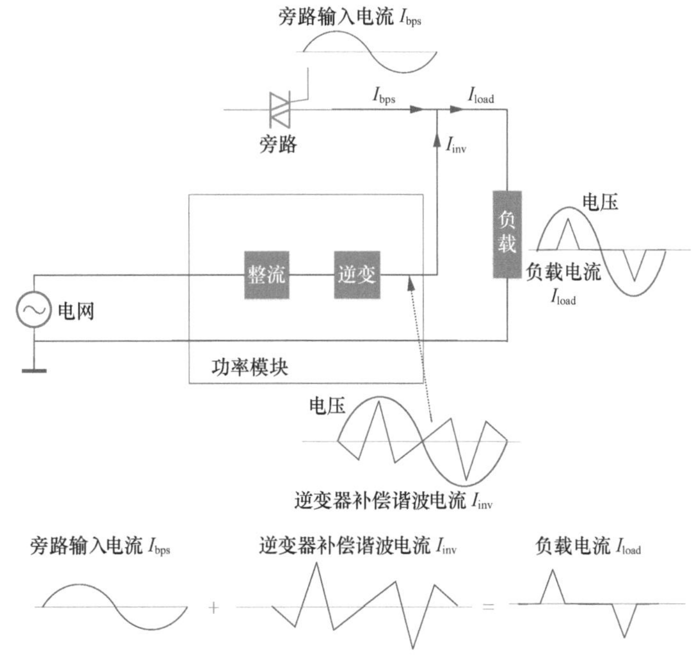


图 2-79 主动谐波补偿工作原理

智能在线模式可以适配各种负载组合，包括阻性、阻容性、阻感性、非线性负载，逆变器均可以补偿负载的无功成分，补偿效果与在线模式相当，保证输出满载时系统输入的PF大于0.99，输入的THDi小于5%。

（3）节能减排效果及效益

假设，一台 600kVA UPS（PF=1）、负载率为 40%、电费为每千瓦时 0.8 元、空调实际COP为 3、有 10 年生命周期，UPS不同模式下的电费及二氧化碳排放量见表 2-9。

表2-9 UPS不同模式下的电费及二氧化碳排放量

| 模式 | 生命周期<br>耗电量/（GW·h） | 生命周期<br>电费/万元 | 生命周期等效二氧化碳<br>排放量/t |
|---|---|---|---|
| 双变换模式（效率94%） | 23.7 | 1897.7 | 18620.9 |
| 双变换模式（效率97%） | 22.3 | 1786.9 | 17534.3 |
| 智能在线模式（VFI模式，效率98.5%） | 21.7 | 1734.1 | 17015.8 |

### 3. 电力模块技术

电力模块是一种包含变压器、低压配电柜、无功补偿、UPS及馈线柜、柜间铜排和监控系统的一体化集成、安全可靠的全新一代供配电产品，输入为三相无中线+PE的10kV、50Hz的交流电源，输出为380V三相四线+PE交流输出。它能节省机房占地面积，提升供电系统的整体可靠性，是一种支撑数据中心的低碳产品。

电力模块通过将变压器、低压配电柜、无功补偿、UPS及馈线柜和监控系统相结合，能够减少柜位数，缩短柜间铜导体的连接长度，减少铜导体使用量，减少供配电间的占用面积，进而减少损耗，提升系统效率，节能减排效果明显。

电力模块技术节能减排效果见表2-10。

表2-10 电力模块技术节能减排效果

| 方案 | | 传统 | 电力模块 | 电力模块深度融合 |
|---|---|---|---|---|
| 占地 | | 1（参考基准） | ≤0.7 | ≤0.6 |
| 效率 | 整体<br>（UPS双变换工作模式，50%负载条件） | 94.5% | ≥95.5% | ≥95.6% |
| | 整体<br>（UPS市电直驱模式，50%负载条件） | | ≥97.7% | ≥97.8% |
| | 配电链路<br>（除变压器与UPS外，50%负载条件） | 99.45% | ≥99.65% | ≥99.75% |

### 4. 高温冷冻水空调技术

高温冷冻水空调系统由机房内空调末端和机房外部制冷机组组成，机房外部制冷机组分风冷冷冻水系统与水冷冷冻水系统。

在风冷冷冻水场景下，制冷设备包括风冷冷水机组、冷冻水精密空调。风冷冷水主机利用自然冷却盘管承担部分或者全部室内热负荷，将冷冻水经由泵送到空调末端，再通过热交换将IT设备产生的热量带出机房。

风冷冷冻水制冷场景如图2-80所示。

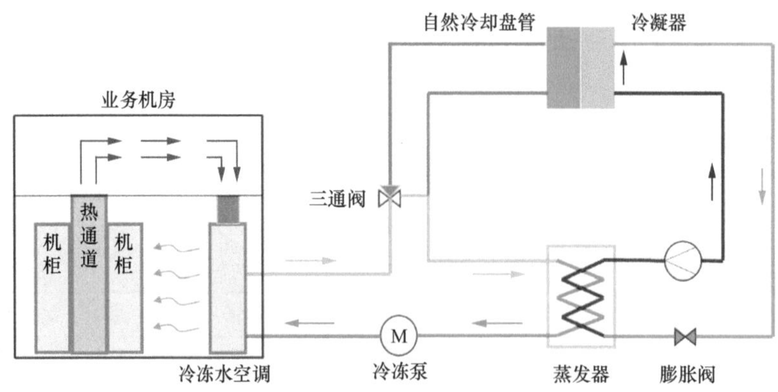


图2-80 风冷冷冻水制冷场景

水冷冷冻水系统包括冷却塔、冷水主机和热交换器等生产冷源，并通过热交换把机房产生的热量输送到数据中心外；机房内的制冷设备包括末端空调、密闭风道和管路、新风系统等，负责把冷源送到IT设备，并通过热交换器把IT设备产生的热量输送到室外。

水冷冷冻水制冷场景如图 2-81 所示。

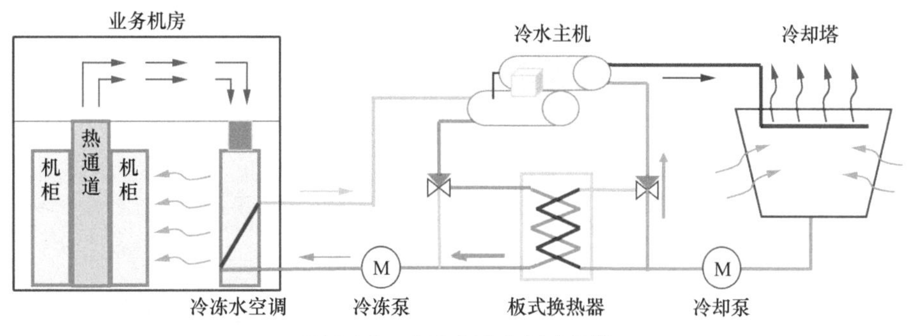


图 2-81 水冷冷冻水制冷场景

以 2000 个机柜规模数据中心为例，采用高温冷冻水空调系统，在IT负载率 100%的情况下，当空调末端进/出水温度为 20℃～ 28℃时，相比进/出水温度 15℃～ 21℃，可降低运行能耗约 10%。制冷能效因子（Cooling Load Factor，CLF）详细对比见表 2-11。

表2-11 制冷能效因子详细对比

| IT负载率 | 进/出水温度20℃～28℃ | 进/出水温度17℃～23℃ | 进/出水温度15℃～21℃ |
| --- | --- | --- | --- |
| 100% | 0.187 | 0.194 | 0.206 |

注：数据中心所在地点为广州。

#### 5. 间接蒸发冷却技术

数据中心业务包括制冷和供电两大核心业务，制冷保证ICT设备在适合的温度、湿度中工作，供电保证ICT设备的稳定性运行。数据中心运营成本由初期投资及 10 年运行费用组成，其中，耗电约占运营成本的 60%，而空调设备耗电约占总耗电的 30%。因此，降低空调设备耗电是数据中心降低运行成本的关键途径，是客户的核心诉求。

（1）EHU设备的主要特点

① 以蒸发冷却空调设备中的一台设备为单位，结合数据中心制冷空调配套的间接蒸发冷却换热器芯体、风机（包含间接蒸发冷却空调的一、二次风机）、控制柜等电气设施，集成在集装箱内。

② 集成化蒸发冷却空调设备其箱体内部高温冷水管路、产出空气风道应布置合理

恰当，并且做好管路保温。

③ 集成化蒸发冷却空调设备应尽可能地将能放入集成箱体内的相关设备部件组装进箱体，尽量减少设备现场安装作业的任务量，以提高设备交付、投用速率。

EHU（间接蒸发冷却）产品是新型制冷方式设备，具有高度集成性，其采用间接换热技术，最大限度地利用自然冷降低数据中心的PUE值。间接蒸发冷却机组为整体式，在数据中心现场安装风管、水管，配电后即可投入使用，机组有3种运行模式。

干模式：仅风机运行，完全采用自然冷却。

湿模式：风机和喷淋水泵运行，利用喷淋冷却后的空气换热。

混合模式：风机、喷淋水泵、压缩机同时运行。

间接蒸发制冷原理如图2-82所示。

图2-82　间接蒸发制冷原理

（2）控制逻辑及制冷原理

① 干模式。当室外温度低于一定温度时，机组采用干模式运行即可满足机房制冷需求，此时室内外侧风机运行。室外空气与机房空气不直接接触，通过冷热空气交换实现室外冷空气和室内热空气的热交换，室内空气不受环境空气污染的影响。干模式运行示意如图2-83所示。

② 湿模式。当室外温度高于湿模式启动温度时，机组采用湿模式运行，此时水泵启动运行，水喷淋利用软化水液态到气态蒸发时的变化，吸收空气热量使空气降温。湿模式运行示意如图2-84所示。

③ 混合模式。当室外温度高于“湿模式+辅冷模式”启动温度时，机组采用混合模式制冷运行，此时压缩机和水泵均开启。DX系统对冷热空气交换后的室内空气进行再一次降温，以满足机房对温度的要求。混合模式运行示意如图2-85所示。

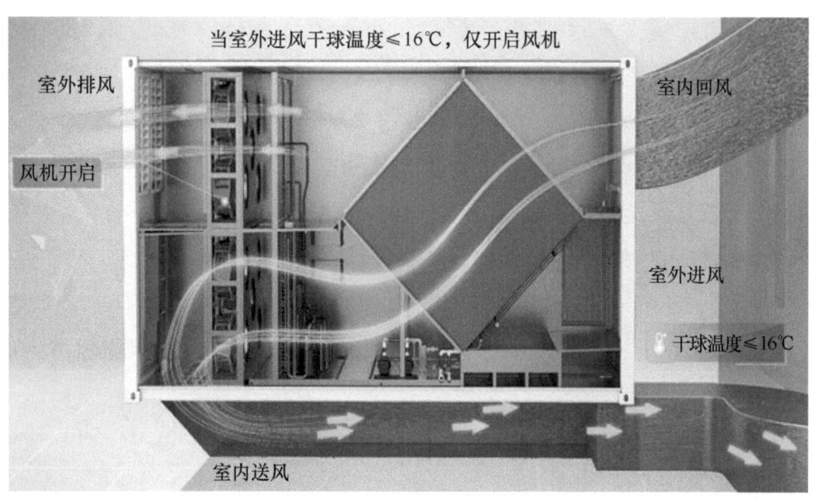


图 2-83　干模式运行示意

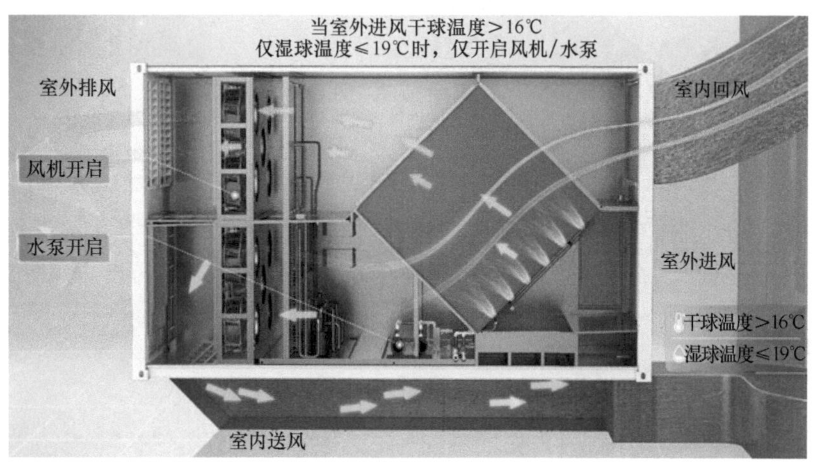


图 2-84　湿模式运行示意

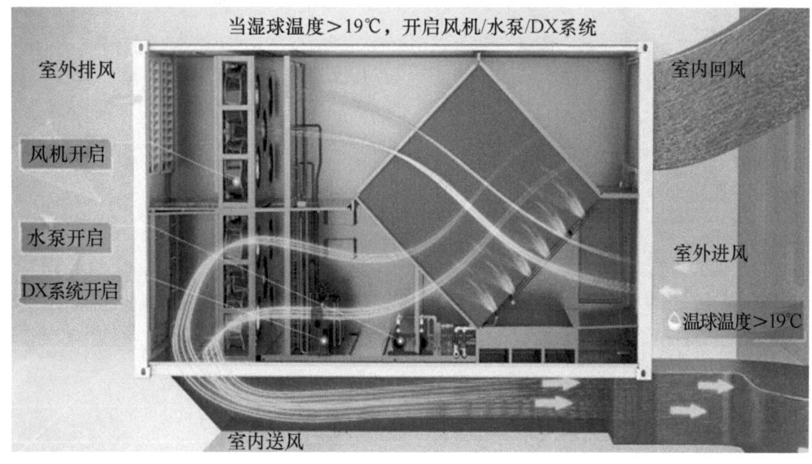


图 2-85　混合模式运行示意

另外，3 种运行模式可以结合气象参数和机组自身的特性曲线，结合智能控制，进行寻优调节，达到节能的目的。EHU 在连续制冷方面可以通过以下方案实现。

① 机组可以内置蓄冷模块，在市电掉电仅送风机带电运行情况下实现 10min 连续制冷。

② 机组可以通过备电储能方案，在主路或者备路掉电切换时，保证控制系统不掉电，控制风机、压缩机运行零中断，连续运行 10min，实现连续制冷。

采用间接蒸发冷却技术的数据中心，制冷年均 PUE 值低至 1.25，数据中心建设时间不超过 6 个月。

（技术依托单位：华为数字能源技术有限公司）

## DTCT-MicroD 模块化微型数据机房一体机

### 1. 模块化微型数据机房一体机概述

模块化微型数据机房一体机如图 2-86 所示，本机由浙江德塔森特数据技术有限公司自主研发，具备绿色节能、智能运维，贴近用户侧，建设规模更加小型化等特点。

### 2. 模块化微型数据机房一体机的创新技术

（1）微模块超融合一体化技术

系统整体采用超融合架构，即在一个封闭式的机柜内将数据中心基础设施，包括供配电单元、UPS、电池包、空调等硬件设备，以及可配置监控管理系统有机结合，实现多系统控制一体化，自主协同控制。机柜占地面积小、密封性高、防尘降噪效果显著，有效提升 IT 设备使用寿命，形成一个智能的数据中心。

超融合一体化技术如图 2-87 所示。

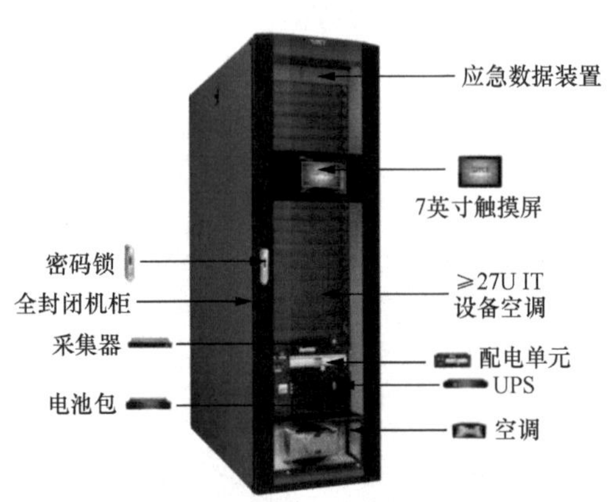


图 2-86 模块化微型数据机房一体机

图 2-87 超融合一体化技术

（2）分布式机房节能控制技术

分布式机房的节能控制方法是采集分布式架构下的各节点数据。根据机房环境监控设备的状态数据，将智能终端、分析终端实时反馈的IT设备瞬时功率、机房内部温度等进行分析，并将数据传递至热交换控制策略库，智能调整温度。

（3）多元化多层次安全管理技术

数据机房可提供短信、语音、声光、App、灯带等多元化报警管理方式，并在机柜物理层、数据监控层、运维巡检层，提供多层次的数据机房安全保障，实现对多样化数据的可视化监控，提高数据中心运行的安全可靠性。

### 3. DTCT-MicroD模块化微型数据机房一体机的构成

DTCT-MicroD模块化微型数据机房一体机主要由机柜系统、热交换智能控制系统、可视化监控系统（动环监控）等系统组成。

（1）机柜系统

模块化微型数据机房一体机一体化机柜设计如图2-88所示，严格按照标准设计，兼容ETSI的生产标准，为数据中心服务器提供可靠稳定的安装空间，保证服务器的安全运行。

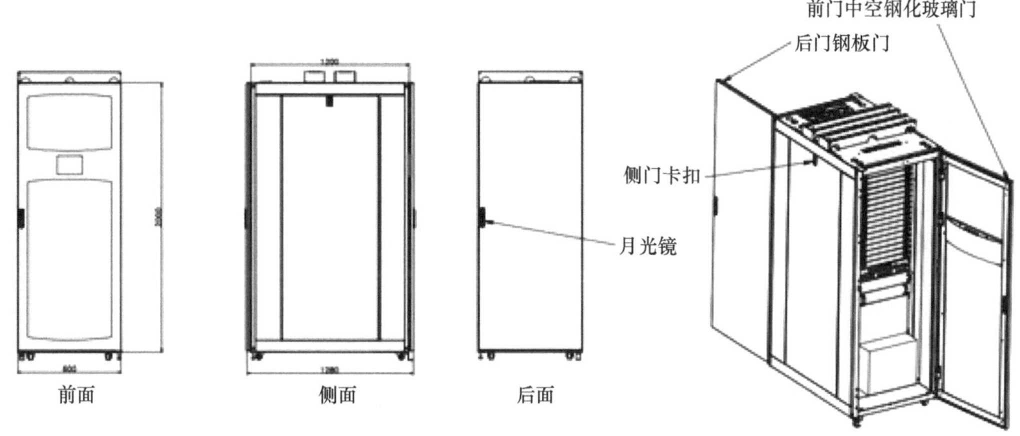


图2-88 模块化微型数据机房一体机一体化机柜设计

（2）热交换智能控制系统

在模块化微型数据机房一体机中，采用分布式架构的机房节能控制方法，智能调整温度。

（3）可视化监控系统

可视化监控系统通过对人员可视化、管理对象可视化、评测指标可视化、流程可视化的管理，实现整个微型数据机房一体机内所有的物理环境、微环境因素实时可视化监控。并通过可视化监控系统中的监控模块，将数据处理端所采集的数值和所述标准数值进行比对，得出变化值的百分比，判断所属机房状态是否存在异常；当判断所述一体机运行状态出现异常时，通过AI告警模块从所述数据处理段发送至接收端来实现告警功能。

#### 4. 适用场景

模块化微型数据机房一体机是机柜级数据中心，是小微型数据中心产品化的代表，极大地加快了小微型数据中心的建设速度，真正达到即插即用。模块化微型数据机房一体机可广泛应用于各类政务、金融、通信、医疗、教育、政法、交通等领域及相关大型工商业企业数据中心机房的建设。

#### 5. 绿色低碳与节能效果

按火力发电1元/千瓦时计算，1万个微型数据中心一年可节省用电：1000×5万千瓦时=5亿千瓦时，碳排放削减量为：5亿千瓦时×0.997=4.985亿千克二氧化碳。

#### 6. 工程项目选用要点

（1）选址与建筑结构

在确定机房位置时，应对安全、设备运输、管线敷设、雷电感应、结构荷载、水患及空调系统室外设备的安装位置等问题进行综合分析和经济比较。机房的运输通道的宽度及门的尺寸应满足设备和材料的运输要求，建筑入口至主机房的通道净宽不应小于1.5m。机房门的宽度尺寸不应小于0.9m。

（2）现场施工要点

模块化微型数据机房一体机内包含UPS、电池和配电单元模块，工程实施人员应仔细检查配电单元模块的总输入空开大小，选择对应规格的电缆，敷设在相应桥架上。制冷系统包含一体机内的精密空调制冷系统，现场需预埋铜管，机房内预留给排水管路。动环监控系统包含动环监控模块（温/湿度、烟感、空调、视频监控、短信电话报警、门禁等模块）和动环监控设备，以上设备应根据客户内部网段进行匹配和调试。

#### 7. 项目应用案例及效益

模块化微型数据机房一体机因其占地面积小，快速部署，智能高效的特点，应用领域广泛，实施项目众多。项目部署效果如图2-89所示。

某税务局数据中心

某集团智能制造云平台

某消防救援大队项目

图2-89　项目部署效果

模块化微型数据机房一体机应用效益显著，实施项目的主要效益如下。

① 工程产品化：所有的软硬件产品可实现一体化预装和调试，安装简单快速，即插即用，12～24个小时即可完成部署。

② 产品模块化：把精密空调、电池包、UPS、配电单元、动环监控主机、消防模块这传统的 6 个分散系统融合到一个密闭的柜体内，节省 60% 以上的空间。

③ 绿色节能：相比传统机房，节能达 50% 以上，经过测试，PUE 值约为 1.14，精准靶向制冷。

④ 智能运维：自主研发动环监控软件，集中监控一体机的所有设施设备的运行情况，包括温度、湿度、空调、UPS 配电等，可通过屏幕一览设备运营状况，也可通过计算机后台集中管理，或是将软件安装在手机上实时查看，满足远程管理运维，实现“7×24 小时”无人值守。

⑤ 柔性扩容：当机位不足，需要扩容时，模块化微型数据机房一体机可以快速地扩容，空调具备靶向制冷技术，均衡送风到整个密闭空间的每个角度。

（技术依托单位：浙江德塔森特数据技术有限公司）

## 天诚 Magic 系列模块化数据中心

### 1. Magic 系列模块化数据中心概述

Magic 系列模块化数据中心采用了高密度一体化的设计思路，在确保安全的前提下，大幅提高了空间利用率，减少了对环境资源多余的占用。

天诚将传统的模块化数据中心中各产品的空间布局进行优化，使 Magic 系列模块化数据中心的实际空间利用率高于传统模块化数据中心，在技术设计上大胆创新，具有诸多独特的优势。

Magic 系列模块化数据中心示意如图 2-90 所示。

图 2-90 Magic 系列模块化数据中心示意

### 2. Magic 系列模块化数据中心的技术优势

（1）高密度

Magic 超高密度配线架沿用了 Magic 通用配线架架构主体，每个配线架可安装 2 个超高密度 192 芯光纤模组安装支架，每个模组支架可选择安装 8 个预端接单元盒，单元盒前端支持双工 LC 及 MPO 两种连接，组成的密度远远超过目前的 144 芯方案。Magic 系列模块化数据中心采用免托盘轨道单元盒设计和一体化适配器设计，使 1U 空间可以安装 4×4 层预端接单元盒提供的双工 LC/MPO 标准接口，满足实现布线密度达到 192 芯/U 的 LC 连接或 1152 芯的 MPO 连接，同时具备分层抽拉，使后期维护更加简单。

（2）模块化设计

天诚微模块数据中心采用模块化设计方式，并且对于配电柜和配线架架构进一步优化；配电柜支持模块化、热拔插等方面的功能，而天诚 Magic 系列配线架则实现了布线密度达到 192 芯/U 的 LC 连接或 1152 芯的 MPO 连接，同时具备分层抽拉的功能。

精密配电柜可以为机柜中的IT设备提供电能和能源数据测量，通过触摸显示屏单元，实时掌握电能参数和电能质量，通过通信接口上传至后台环境监控系统，达到对整个配电系统的实时监控和运行质量的有效管理，使数据中心的管理者可以随时了解负载机柜的加载情况、各配电分支回路的状态、各种参数，以及不同机群的电量消耗等。配电柜技术参数见表2-12。

表2-12 配电柜技术参数

| | | |
|---|---|---|
| 输入电源 | 输入电压范围 | AC 380V（-20%～+15%） |
| | 相数 | 3ph+N+PE |
| | 额定频率 | 50～60Hz |
| | 额定功率 | 40kW（机架式配电单元）/120kW（配电柜） |
| | 浪涌保护器 | 20kA（最大） |
| | 输入电仪表 | 全电量检测 |
| UPS端 | UPS输入 | 100A/3P（机架式配电单元）、160A/3P（配电柜） |
| | UPS输出 | 100A/3P（机架式配电单元）、160A/3P（配电柜） |
| 输出电源 | 输出电压 | AC 380V |
| | 额定频率 | 50～60Hz |
| | 输出空调回路 | 不少于2+1/3P 32A |
| | 输出PDU回路 | 不少于8+2/1P 32A |
| | 输出电仪表 | 全电量检测 |
| 系统 | 进线方式 | 后端进线 |
| | 出线方式 | 后端出线 |
| | 通信协议 | TCP/IP、RS485、Modbus |
| | 表面颜色 | RAL9005黑色砂纹粉 |
| 环境 | 温度 | 0℃～85℃ |
| | 湿度 | 10%～85% |
| | 防护等级 | IP20 |
| | 海拔高度 | ≤1000m，超过1000m降额使用 |
| 结构形式 | 机架式安装 | 19英寸机架（1英寸=2.54厘米） |
| | 外形尺寸 | （W×H×D）485×787×486（mm）（机架式配电单元）<br>600×1200×2000（mm）（UPS一体式配电柜） |
| | 产品重量 | — |
| 电气性能 | 额定分段能力 | 36kA |
| | 机械寿命 | 机械寿命≥4000次 |
| | 脱扣特性 | D、C（执行标准GB 10963.1—2005） |
| | 绝缘强度 | 1000V（1min） |
| | 阻燃等级 | UL94～V0 |
| | 设计使用寿命 | 20年 |

适配器采用一体化设计，使用具有非常高的高低温尺寸稳定性的抗蠕变醚酰亚胺这种塑胶材料。该材料目前是行业内公认的可以替代金属制造高性能光纤连接器最好的材料，为数据中心不间断的高速传输提供了强有力的保证，设计的预端接单元盒可以提供 1 个 12 芯MPO转 6 个双工LC、2 个 24 芯MPO转 6 个 8 芯MPO，以及 3 个 16 芯MPO转 6 个 8 芯MPO等多种预端接单元盒，为高密度数据中心的 40G ～ 10G、400G ～ 40G过渡需求提供了最佳的无缝过渡解决方案。

同时，天诚Magic高密度一体化配线柜采用 19 英寸机架式结构，模块化设计，分为主输入模块（5U）、UPS配电模块（3U）、分路输出模块（3U）。主输入模块包含 19 英寸机架框架、双路输入塑壳，同时，包括断路器、防浪涌保护模块、智能仪表及电量检测系统等。UPS配电模块包括框架、UPS输入开关、维护旁路开关和UPS输出模块等。分路输出模块包含市电输出分路开关、UPS输出分路开关和插拔式模块等。机架式配电单元中的分路输出模块，可支持在线热插拔，便于设备在运行过程中对空开等进行更换而不影响设备运行。同时，还可以根据业务发展变化增加空开型号或数量，支持平滑扩容。

（3）大空间

机柜将原本 26U的使用空间，提升到 32U的使用空间。机柜以更小的占地面积，提供了更大的柜内空间，方便用户自行配置。

### 3. Magic系列模块化数据中心适用场景

Magic系列模块化数据中心适用于金融/证券、医疗/教育、互联网/云计算、电信运营商、政府/企事业单位等中、大型数据中心机房、小型数据中心、边缘数据中心。工厂整机全预制，各子系统标准化，去工程化，实现现场快速部署，整体交付给客户。客户可根据业务发展即时匹配机柜，快速扩容。

### 4. 绿色节能效果

天诚Magic系列模块化数据中心采用了高密度的设计理念，使天诚Magic系列模块化数据中心与传统数据中心相比，场地占用面积更小，安排空间更加合理，让有限的空间产生更大的效率，并且天诚Magic系列模块化数据中心比传统数据中心在能耗方面总体下降 20%左右，在节能方面更具优势。

（技术依托单位：上海天诚通信技术股份有限公司）

## 智能“风去热”模块化数据中心

### 1. 智能“风去热”模块化数据中心概述

该模块化数据中心采用工厂预制化出货，现场只需要简单组装，有效缩短了数据中心的建设周期，提高了利用率，节省约 30%的运营成本；采用直接新风+蒸发制冷模式，PUE值低至约1.1，节省电能成本、建筑成本和水系统成本；单机柜负载可实现5～35kW，可以适用于高算力场景，也可应用到超算场景。主要的技术研发路径如下。

完全预制化模块化设计的研发：研发数据中心模块化安装方式，免去工具安装设计，实现机柜快速搭建，机房整体结构设计减少占地面积，实现便捷装卸、运输和搬运。

绿色节能技术的研发：研发直接新风+蒸发制冷结合的模式，实现快速移除服务器上的热量，并精确控制机房温湿度，从而提升整体机房的能源使用效率。

智能控制系统的研发：自主研发可以替代PLC控制的智能控制平台，可以在不同场景下自动化运行数据中心。

湿膜加湿技术的研发：设计湿膜加湿器，与控制系统配合，当传感器感应数据中心温度过高时，控制系统会自动控制湿膜加湿以蒸发水分进行降温。

### 2. 技术理念及运行模式

传统数据中心均采用机械制冷方式，PUE值都比较高，一般在1.5以上，有些甚至大于2.0。如果使用智能“风去热”模块化数据中心，可以将PUE值降到1.1左右。全新风蒸发制冷模块采用的是等焓加湿的原理，将机房温度降低到使用范围内，同时将服务器产生的热量直接带到机房外面。变压器主绝缘三重冗余结构示意如图2-91所示。

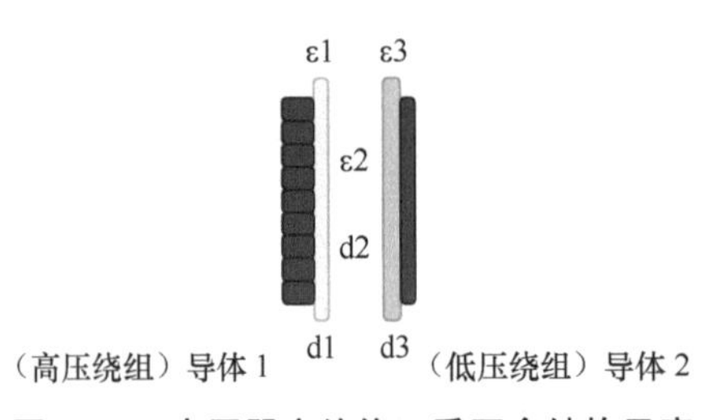


图2-91　变压器主绝缘三重冗余结构示意

全新风蒸发制冷模块主要有以下3种运行模式。

① 工况一：全新风模式。当外界气象条件满足送风要求时，使用全新风制冷。

② 工况二：蒸发制冷模式。当外界气温满足等焓加湿条件时，模块开启全新风蒸发制冷模式。

③ 工况三：混风模式。当外界气温/焓值较低时，将新风与热通道回风进行一定比例的自动混合，送入冷通道。

### 3. 适用领域

该模块化数据中心的整体结构由保温板与高强度铝型材组成，采用模块化设计，组装方便，对现场条件要求低，可以分为室内与室外两种版本。如果选择室外版本可以直接将模块运到现场，通上电就可以使用，部署速度快且方便快捷。例如，5G基站、室外一体柜、节点机房等都可以使用室外版本。室内版本只需要将模块内的气流管理好并将模块产生的热气引导至房间外部即可使用。

### 4. 绿色节能效果

该模块化数据中心的整体PUE值小于1.1，节能效果非常明显，运营成本低，部署快，比传统数据中心部署成本节约至少30%，并且采用全自动智能化运维管理，电能利用率可提高40%。

### 5. 工程项目应用要点

全新风模块化数据中心对工程项目的要求不高，室内版本可以直接放在厂房内，做好排风管即可。室外版本只需要做好地基，模块可以直接放在地基上面，即可完成部署。室内版本对房间的通风要求较高，所以要做排风管，将环境空气与服务器排出的热气隔绝。因为是直接新风蒸发制冷，所以要接给排水管，保证模块用水量。模块化设计对机房内部地面水平有较高的要求。如果模块自身带底座，地面不平时也可以调节底座，控制整个模块的水平角度。

### 6. 项目应用案例

某2MW全新风模块化数据中心，单机柜功率为10～20kW，模块坐落在普通厂房内部。目前整个模块控制温度20℃～28℃，湿度控制为20%～80%，设备运行平稳，没有产生局部热点。现在实际运行PUE值为1.05，整个负载约为1.5MW。如果与PUE值为1.3的传统机房比较，每年可以节约电能330万kW·h。模块布局如图2-92所示。

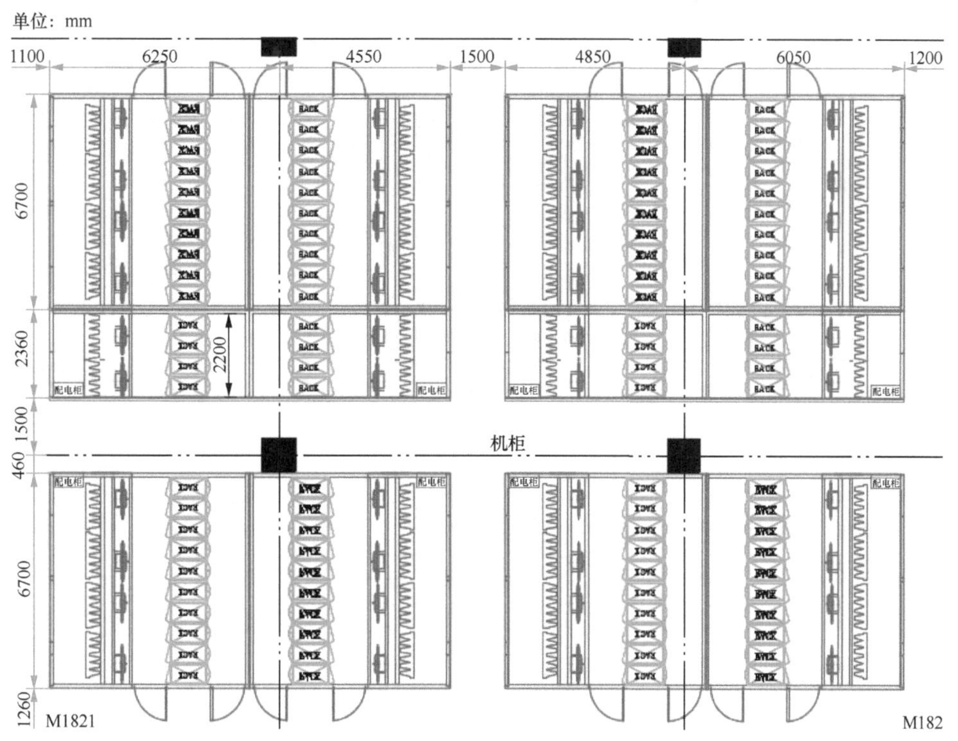


图 2-92 模块布局

（技术依托单位：苏州安瑞可信息科技有限公司）

## “达峰”微型数据中心在企业级机房的应用

### 1.“达峰”系列微型数据中心

“达峰”系列微型数据中心秉承绿色节能理念，高度融合机柜通道、热管空调、微动环、综合配电、UPS电源及消防灭火等全套子系统于一体，为诸多行业用户提供多用途、集成一体化的高可用性解决方案。

“达峰”系列微型数据中心采用一体式机柜设计，在一个19英寸标准机柜内的设计有机架热管空调、电池包、机架UPS、综合配电PDU、声光报警灯、消防单元、微环境一体机、IT白空间等标准单元模块，工厂预制、整机出厂，简化了现场工程量，1天内即可完成设备安装和调试，即插即用。“达峰”系列微型数据中心及各主要功能模块如图2-93所示。

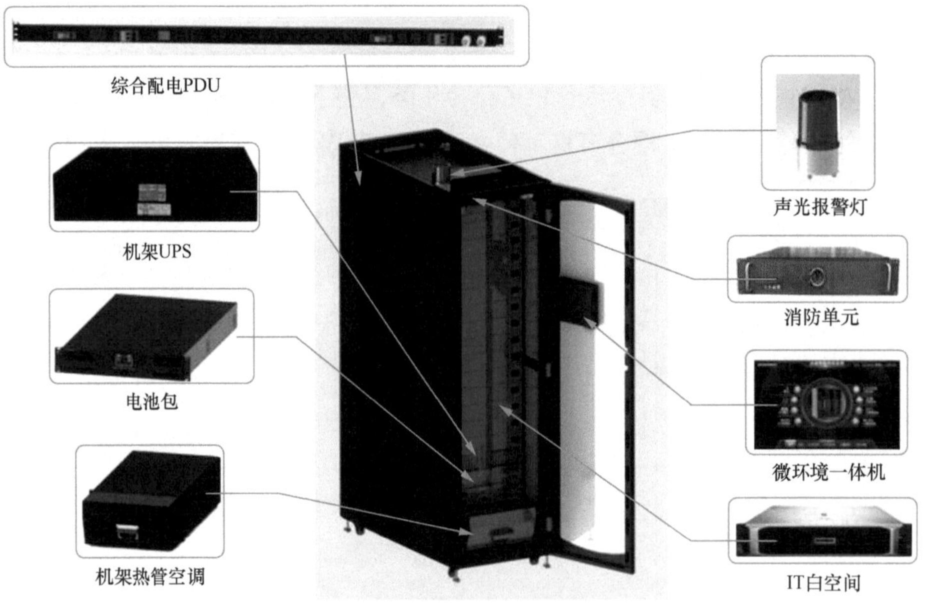


图2-93　“达峰”系列微型数据中心

### 2.“达峰”系列微型数据中心的创新技术

采用机架热管空调，将热管技术延伸到机柜级制冷，冷却气流在密闭式机柜内部循环，机柜内冷热区域严密隔离、杜绝紊流，同时，热管空调在春、秋、冬实现大多数时间自然冷却，将全年PUE值降低到1.20～1.25。

采用综合配电PDU，即将IT供电、动力供电高度集成在一个竖装PDU中，不占用机柜宝贵的U位空间，给用户更高的空间利用率。该数据中心实现无人值守、智能化运行，做到来电自启动，可以通过本地和远程全面管理空调、PDU、UPS、消防等设备的运行。

一体机所有组成单元均采用模块化、通用化的设计理念，可以根据不同用户的差异化需求，快速选型匹配合适的模块组件，高效输出满足用户需求、完善的解决方案。

### 3."达峰"微型数据中心主要技术参数

按IT容量推出以下 3 种标准产品，并可组合多种配置产品，满足用户多元化需求，总体参数及系统配置见表 2-13。

表2-13 "达峰"微型数据中心3种机柜的总体参数及系统配置

<table>
<tr><th colspan="2" rowspan="2">性能参数</th><th>单柜（6K）</th><th colspan="2">双柜（10K）</th><th colspan="3">三柜（20K）</th></tr>
<tr><th>综合柜</th><th>综合柜</th><th>IT柜</th><th>综合柜</th><th>IT柜</th><th>IT柜</th></tr>
<tr><td rowspan="7">总体参数</td><td>产品型号</td><td>MDCDF-ZR06K10RK</td><td colspan="2">MDCDF-ZR10K11RK</td><td colspan="3">MDCDF-ZR20K12RK</td></tr>
<tr><td>尺寸（宽×深×高）/mm</td><td>600×1200×2000</td><td colspan="2">1200×1200×2000</td><td colspan="3">1800×1200×2000</td></tr>
<tr><td>IT总功率/kW</td><td>5</td><td colspan="2">9</td><td colspan="3">18</td></tr>
<tr><td>单柜电功率/kW</td><td>5</td><td colspan="2">7</td><td>4</td><td>7</td><td>7</td></tr>
<tr><td>IT白空间</td><td>30U</td><td>18U</td><td>37U</td><td>8U</td><td>37U</td><td>37U</td></tr>
<tr><td>供电制式</td><td>单路，63A/220VAC</td><td>单路，63A/380 VAC</td><td>单路，32A/220 VAC</td><td>单路，63A/380 VAC</td><td>单路，32A/220 VAC</td><td>单路，32A/220 VAC</td></tr>
<tr><td>静态承重/kg</td><td colspan="6">1500</td></tr>
<tr><td rowspan="4">系统配置</td><td>机柜柜体</td><td colspan="6">19英寸，单开玻璃前门（综合柜带动环屏），双开钢板后门</td></tr>
<tr><td>机架热管空调</td><td colspan="6">重力热管/动力热管，6kW</td></tr>
<tr><td>机架UPS</td><td>6kVA，单进单出</td><td>10kVA，三进三出</td><td>—</td><td>20kVA，三进三出</td><td>—</td><td>—</td></tr>
<tr><td>电池包/min</td><td>10/20</td><td>15/30</td><td>—</td><td>10</td><td>—</td><td>—</td></tr>
<tr><td rowspan="3">系统配置</td><td>综合配电PDU</td><td>63A综合配电PDU</td><td>63A机架配电PDM</td><td>PDU：16×C13+4×C19</td><td>63A机架配电PDM，PDU：8×C13+2×C19</td><td>PDU：16×C13+4×C19</td><td>PDU：16×C13+4×C19</td></tr>
<tr><td>消防单元（选配）</td><td colspan="3">1U机架式气体灭火装置，温控型</td><td colspan="3">2U机架式气体灭火装置，温控型</td></tr>
<tr><td>微环境一体机</td><td colspan="6">主要配置及功能包括：智能触控屏，温/湿度、烟雾、漏水、防雷，总电压、总电流、总功率、总功率因数、总电能、PUE值、声光报警、短信告警、手机App等</td></tr>
</table>

### 4."达峰"微型数据中心主要适用场景

"达峰"微型数据中心在长江以北地区全年PUE值低至 1.20 ～ 1.25；如果部署在东北、内蒙古等高纬度地区，全年PUE值可达到 1.15 ～ 1.20，可达到 1 级能效数据中心的指标要求。该数据中心以其高效、快速、节能、省地、省工等突出优势，可广泛应用于政府、教育、医疗、银行、证券、电力、通信、轨道交通、企事业、商务办公等各种边缘计算节点。同时，该数据中心具有很强的环境耦合性，满足水泥地面、地砖、架空地板等多种场地安装，适合办公室、会议室、弱电间、库房、厂房、车间等各种场所部署。

5.“达峰”微型数据中心项目应用要点

“达峰”微型数据中心产品在工程安装上非常简便，由于整机工厂预制出厂，项目现场施工仅需定位固定、连接内外机管路、接入市电、IT设备上架、开机调试等简单几步，即可交付客户使用。其中，工程项目应用要点如下。

① 确定客户计划上架的IT设备容量，包括用电容量和上架空间容量。

② 考察设备安装场地所在楼层、场地楼板的建筑荷载值、梁下净高场地平面布局，以及空调室外机安装区域等。

③ 根据客户的IT设备容量和用电要求，结合现场条件，输出设计方案：机柜数量设计、UPS容量设计、后备电池设计、配电单元设计、机架式空调设计、机房平面布局设计、设备搬运方案、市电接入方案、室外机安装方案、管路路由等。

④ 为了确保热管空调良好的运行效果，对室外机安装高度有要求，即空调室外机底部最低点要求比机柜顶部高出 0.5m 以上。

⑤ 空调室内外机连接管路、水平段要求有坡度，并且从室外机坡向室内机柜，坡度角不小于千分之三。

6. 工程项目应用案例

天津市滨海新区某高新企业网络机房建设项目，是应业务发展需求新建的小型网络机房。该机房位于厂房 3 层，机房总面积约 10m$^2$，考虑近期部署和远期扩容规划，IT设备容量最大约 15kW，要求机柜上架空间不少于 80U，同时，该企业响应国家环保政策，要求采用节能新技术，全年PUE值不大于 1.35。

基于此，针对此项目部署了微型数据中心方案，选配三联柜产品，包括 1 台综合柜和 2 台IT柜。同时，该数据中心具有先进的智能化监控管理系统，全程实现无人值守，系统维护简便，极大地降低了运维人员的工作量。另外，该数据中心采用分布式独立配电和制冷，互不干扰和影响，具有很高的安全性和冗余度，深受客户的认可。天津市滨海新区某高新企业网络机房部署实景如图 2-94 所示。

图 2-94　天津市滨海新区某高新企业网络机房部署实景

该数据中心投入运行一年后，运维人员反映，该产品在天津地区全年仅 7 ～ 8 月完全开启机械压缩制冷，其余时间采用热管和干冷器实现环境自然冷却，全年PUE值稳定在 1.2 ～ 1.23，相比传统的风冷直膨空调方案，节能效果提升 30% ～ 40%，整机电功率降低超过 2.8kW，按照 8760 小时/年核算，每年节约电量约 24500kW • h，经济效益显著。

（技术依托单位：突破电气（天津）有限公司）

## 大规模全预制模块化液冷数据中心的应用

### 1. 全预制模块化液冷数据中心概述

全预制模块化液冷数据中心由数百台标准预制集装箱拼接而成，其中集装箱分为电力、后备电源及并机、水处理、空调、主机房、辅助空间、回风空间等模块，各类模块标准化设计、标准化制造。所有机电设备均在工厂进行集装箱集成设计、组装。该数据中心的新技术、新架构、新设计、新制造工艺、建设工艺等均由秦淮数据集团主导研发，并独立运营，总体上实现了以下四个“首次”。

① 超大规模预制结构数据中心首次由我国集成一次性整装出海。

② 首次由中国、新加坡、马来西亚三国联合团队合作完成规划、设计、建造、测试全过程交付。

③ 首次在热带地区（北纬 1°）将PUE值降至 1.2 以下。

④ 首次将冷板式液冷技术和整体集成预制技术相结合。

### 2. 绿色低碳与节能

DR配电系统和电力集成技术的应用减少了电力设备和线路的使用量，预装工艺连接更加精确。同时减少了工程材料用量，包括铜材、钢材、聚乙烯材料、混凝土和水资源的使用。

该数据中心将冷板式液冷技术与间接蒸发制冷技术相结合，加快了服务器内CPU的散热速度，大幅降低PUE/WUE，减少未来电力和水资源的使用量，对部署地的环境保护做出了突出贡献。创新性技术的应用还将减少碳排放、减少温室气体和其他污染性气体的排放。

### 3. 适用场景

全预制模块化液冷数据中心解决方案适用范围广，交付快捷，工程量少，尤其适用于海外设备供应短缺，或人力成本较高的地区部署。

### 4. 项目应用案例

由秦淮数据集团部署建设的海外算力设施，为超大规模全预制模块化液冷数据中心。该项目按照业务部署地永久建筑相关规范进行设计，主体建筑结构设计使用年限为 50 年，总IT设备功率为 20MW。整个项目分为主机房、辅助空间、回风模块、配电模块、自备电源模块、并机模块、制冷模块，均为在我国完成集成组装的预制模块化产品，共计326个集装箱集成模块。

（1）项目方案设计

该项目的供电系统采用市电电源作为主供电源（A/B路），自备应急电源采用快速自启动集装箱柴油发电机组并机运行，中低压设备采用我国预装式一体化电力方舱的形式，并支持后期更高计算密度的弹性扩容。中压设备采用2*N*结构，两路电源同时工作，互为备用，柴油发电系统采用*N*+1冗余，低压IT设备配电采用DR架构，大规模全预制模块化液冷数据中心效果如图2-95所示。

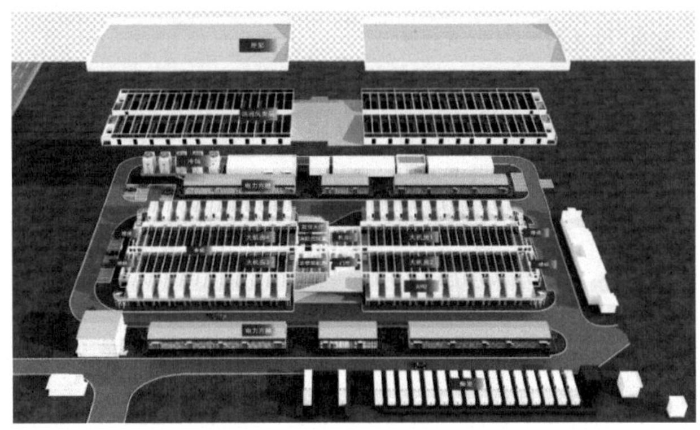

图2-95 大规模全预制模块化液冷数据中心效果

该项目于2021年11月启动国内工厂的产品深化设计工作，在国内预制率高达90%。2022年8月，首个机房完成测试并交付，2022年9月15日完成所有测试并交付运维团队，现场从开始吊装到完成交付的时间仅用105天，其中模块拼装时间仅用30天。

制冷系统支持功率密度达到单机柜23kW，采用冷板液冷和间接蒸发冷却技术的组合，大幅降低能耗，在马来西亚常年高温高湿环境下，尽可能多地利用自然冷源，降低空调系统的能耗，设计PUE值低至1.2。同时通过秦淮数据集团自研的鲲鹏智慧运营平台实施数据中心的运营管理。

该项目所有预制模块及测试组件均采用海陆空多形式联运模式抵达海外交付现场，以搭积木方式快速吊装搭建，体现出高效、节能、环保的技术优势。项目实施现场如图2-96所示。

图2-96 项目实施现场

（2）项目实施效果及效益

大规模全预制模块化液冷数据中心采用建筑工业化最高等级模块化建筑（Prefabricated Prefinished Volumetric Construction，PPVC）技术，在工厂内集成业务运行保障系统、温控系统、供配电系统、消防系统，以及内部精装修于一体的整体式集成建筑体系，全部在质量和安全可控的工作环境下完成，工厂装配率达 90%，满足国家装配式建筑最高AAA级评级要求，项目施工现场进行简单拼装即可完成数据中心建设，其主要特点体现在以下 5 个方面。

① 全预制模块化液冷数据中心装配化建造方式将大部分工序由工地现场转移到工厂内，更高的自动化程度和更优的工作环境使其施工精度高于工地现场作业。

② 全预制模块化液冷数据中心工厂预制和施工现场建设可同步进行，模块到施工现场只需要简单拼接，加快了交付速度。

③ 全预制模块化液冷数据中心几乎杜绝了现场作业的粉尘、噪声污染，工厂智能化生产可节约耗材，且模块化的部品、部件可灵活调整，在全生命周期内实现降碳、节能。

④ 中国设计团队与新加坡、马来西亚建设团队深度合作，有效规避了各国规范差异导致的现场返工，且无过多冗余设计，有效降低投资成本，保证生产、建造、运营全生命周期的绿色、低碳、环保。

⑤ 该项目采用自研平台，集成了云边协同、人工智能、低代码、数据中台等多项先进技术，赋能全预制模块化液冷数据中心的全生命周期管理。

（技术依托单位：北京秦淮数据有限公司）

## 智能模块化冷板式液冷数据中心的应用

### 1. 智能模块化冷板式液冷数据中心概述

科华数据“智能模块化冷板式液冷数据中心”基于智能技术，可显著降低制冷系统和供配电系统能耗，提供PUE值不超过 1.2 的高功率密度绿色节能数据中心解决方案，可支持单机柜功率密度高达 40kW。PUE实时智能自动化调优，减少运维工程师干预，显著降低数据中心运行维护成本，实现节能减排。IT设备与数据中心基础设施智能联动管理和精细化运营，秉承模块化、积木化的建设理念，融合统一规划、按需部署、绿色节能等特点，可节省最高超过 30% 的运营费用。

智能模块化冷板式液冷数据中心运行示意如图 2-97 所示。

智能模块化冷板式液冷数据中心采用冷板式液冷系统和风冷列间空调的制冷系统架构，风液比为 80%，整体系统按 $2N$ 架构进行配置。液冷系统的散热占比 60% ～ 80%，剩余热量由风冷系统提供散热，可实现微模块数据中心PUE值不超过 1.2，系统运行绿色可靠。供回水温度根据液冷服务器需求设计，单台CDU换热量在 400kW 以上。

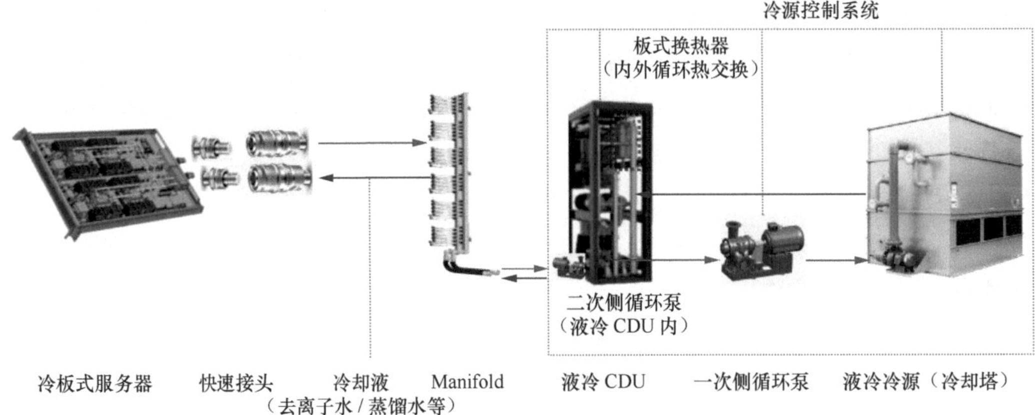


图 2-97　智能模块化冷板式液冷数据中心运行示意

智能模块化冷板式液冷数据中心采用冷板式液冷微模块的形式进行布局建设，单机柜负载 40kW，IT 设备负载 280kW。供配电系统采用三电平电路拓扑、新型器件、材料、动态效率优化技术，实现模块化系统效率高达 96%。供配电系统输入功率因数大于 0.999，输入电流谐波小于 3%。供配电系统运用新型控制技术，使整机控制开关频率提高至 80kHz，AC/DC（PFC）效率可达 98%，DC/DC 变换效率可达 98%，整机效率大于 96%。PFC 采用有源全数字化三电平控制技术，使半载功率因数可大于 0.99，THDi 可大于 5%；满载功率因数可大于 0.999，电流谐波 THDi 可大于 3% 。

2. 创新技术的应用

（1）冷板式液冷技术

微模块制冷系统采用冷板式液冷技术，液冷系统散热占比 60% ～ 80%，剩余热量由风冷系统提供散热，可提供 PUE 值大于 1.2 的数据中心解决方案。

① 支持高功率密度需求：单台 CDU 换热量≥ 400kW（供回水温度根据液冷服务器需求设计），可支持单机柜 40kW 的功率密度。

② 系统冗余性高，安全可靠：整系统按 2*N* 进行配置设计，且液冷 CDU 循环水泵采用双泵冗余设计，保障系统稳定可靠运行。

③ 液冷 CDU 控制和告警功能完备：CDU 具有漏水检测报警功能、防凝露功能，可根据系统压力自动补液，CDU 循环水泵具有自动调频功能。

④ 液冷系统群控功能自动切换：单台 CDU 的水泵具备轮巡、故障切换功能，多台 CDU 之间也具备组网轮巡、故障切换功能。

（2）智能化电源能效管理技术

供配电系统采用新型节能供电技术、智能监控技术，实现能效的智能管理。

① 供配电监控系统设计：供配电监控系统可实时采集模块化不间断电源（含配电系统）主路与配电支路的主要电参数（电压、电流、功率、谐波、功率因数等）、运行

状态、故障信息等，保障系统安全运行。在机柜一侧，采用智能远程电源管理器监控机柜内部IT设备的主要电参数（电压、电流、功率、功率因数等），实现系统能耗的机架级监控。

② 高效模块化交流供电技术：模块化UPS以电力电子变换技术为基础，结合先进数字控制技术、三电平逆变控制技术、高输入功率因数/低输入电流谐波抑制技术、模块化动态热插拔技术等，从而实现模块化UPS应用的高效、节能及可维护性。高效节能及绿色环保特点具体如下。

- 采用三电平电路拓扑、新型器件、材料、动态效率优化技术，可实现模块化系统效率高达96%，实现工程运用的有效节能。
- 新型电路拓扑的运用：模块化UPS功率变换采用三电平电路拓扑结构，功率变换回路中的功率器件电压值低、损耗小。
- 低损耗功率器件的运用：功率回路中的功率器件采用低导通电阻及导通压降的器件（例如碳化硅半导体器件），能够有效减少功率器件的开通损耗及导通损耗。同时，功率回路中低损耗的磁性材料（例如铁硅材料、非晶材料）能够有效减少功率回路中磁性器件在功率变换过程中的磁损，提升系统效率。
- 模块化UPS输入采用有源功率因数校正电路拓扑、高输入功率因数、低输入电流谐波抑制技术，采用数字化PFC控制技术，实现输入电流波形的正弦化，实现系统输入功率因数大于0.999、输入电流谐波小于3%的节能指标，有效提高电网利用率。

③ 高效模块化高压直流供电技术：HVDC采用全数字控制技术、三电平控制技术、系统智能化监控技术、LLC谐振控制技术、智能轮巡控制技术等研制的大功率、高智能、高可靠、节能环保的绿色电源系统。其中，高效节能与绿色环保设计特点如下。

- 新型电路拓扑的运用：系统核心整流模块输入整流采用VIANA三电平全数字化整流控制技术，直流变换采用全桥谐振数字化三电平控制技术，实现开关管零电压开通。
- 新低损耗功率器件的运用：新型器件的应用（例如铁硅铝磁性器件、COOLMOS管、碳化硅二极管等），能够有效减少功率器件的开通损耗及导通损耗。
- 新型控制技术的运用：该技术使整机控制开关频率提高至80kHz，开关频率的提高在很大程度上减小了磁性器件的体积，提高了整机的密度及效率。其中AC/DC效率可达98%，DC/DC的效率可达98%，整机工作效率在96%以上。
- 智能轮巡控制技术：系统可根据实际的负载情况，自动调节系统整流模块启动、休眠或唤醒，使运行的整流模块负载在70%附近，处于整流模块的最优工作状态，提高系统的工作效率，达到节能效果。
- PFC采用有源全数字化三电平控制技术，使半载功率因数大于0.99，电流谐波THDi大于5%；满载功率因数大于0.999，电流谐波THDi大于3%。

④ 智能能效管理：智能监控系统通过供配电监控系统获取系统的实时负载数据

后，结合UPS/HVDC的效率曲线，可自动计算UPS/HVDC最优效率点，并决定投入运行的UPS/HVDC功率模块数量。智能监控系统通过向UPS/HVDC下发模块轮巡、休眠指令，可保证UPS/HVDC保持较高的工作效率，在系统负载处于中低水平时，PUE值可降低约0.02。该能效管理技术可有效改善UPS/HVDC在常规工况下各模块均分带载、模块不能自动寻优、效能低下等问题。

（3）冷电联动节能技术

① 高效风冷系统：采用直流变频压缩机，动态制冷，高效低耗；采用高效的离心式EC风机、*N*+1冗余设计，根据数据中心负荷自动调整送风风量；采用电子膨胀阀节流，与变频压缩机及EC风机完美配合，实现最高制冷效率；与传统机型相比，高效直接膨胀式行间制冷系统节能率在30%以上。

② 制冷系统前馈控制技术：传统的空调控制方式通过温/湿度传感器间接感知负载变化，由于温/湿度的读取具有滞后性，空调不能及时跟踪负载变化。当负载突变时（例如从100%降到75%），出风温度会降低到22℃以下，造成局部冷点，此时会关闭空调，而当负载突然增大时，又出现局部热点。制冷系统前馈控制技术通过智能监控系统中负载变化的数据，再通过软件算法计算出匹配的空调输出冷量，提前发出指令控制空调的最优冷量输出方案。对系统负载量与制冷量进行联动，有效解决了空调对负载量感知滞后问题，显著提升了系统环境参数的稳定性，同时精确匹配负载与冷量，降低能耗浪费。

③ 控制温度自适应技术：当微模块交付时，空调根据设计设定固定的目标温度，在微模块投入使用的前期，负载常不能达到设计值。在中低负载条件下，空调冷量输出过大，会造成无效损耗，同时也会导致冷通道温度场波动较大。使用控制温度自适应技术后，智能监控系统可根据负载变化数据，通过软件算法计算出实际的冷量需求，快速调整空调输出，使冷量输出与负载量实时匹配，减小冷量损耗及温度波动。

④ 冲突管理技术：在传统微模块中，空调根据自身逻辑，运行群控模式，实现多台空调互联控制。当有两台空调运行需求处于相反状态时，空调自身不能准确判断运行状态，这会造成空调性能损失。科华数据通过微模块智能监控系统实现冲突管理技术，能够避免微模块中的不同空调运行于相反的状态，造成冷量抵消，导致制冷效率下降。

⑤ 热点追踪技术：在传统微模块中，空调通过自身外扩传感器感知温度场，数据量较少，不能精确地识别系统热点。系统中热点的消除需要通过加大整个空调系统的输出，造成冷量浪费，温度场波动。

科华数据微模块智能监控系统通过空调、温/湿度监控系统采集数据，形成3D温控云图，结合智能PDU数据，精确判断系统的热点位置。动力及环境监测系统通过软件算法计算出消除热点的空调风场和冷量输出策略，精准地消除系统热点。

（4）智能化运维管理技术

① 制冷系统健康管理技术：在传统微模块中，当空调器件的微小变化影响性能时，系统不能识别。器件只有通过告警或现场检测，才能确认系统损坏，更换速度缓慢。科华数据制冷系统健康管理技术通过制冷系统的健康监测，能够及时对系统的细微变化进行诊断，并给出对应的解决方案，使系统性能保持高效，进而实现节能。同时，制冷系统可针对异常自行提供对应的解决方案，减少人为判断，节省时间成本。

② IT设备上架智能推荐技术：微模块内机柜负载的位置可根据布线及人员的经验进行布置，缺乏对整体性能的考虑，容易造成系统温度场的不均匀及空调能耗的浪费。科华数据微模块IT设备上架智能推荐技术，可根据待上架设备规格，结合机柜温/湿度分布、机柜IT负载率分布、机柜剩余U位空间分布、机柜承重分布等指标进行算法综合研判，给出客户最佳上架机位推荐。采用IT设备上架智能推荐技术进行设备布置，可在保证系统温度场均衡的同时，使供配电系统、制冷系统处于最佳的运行模式，提高系统能效及使用寿命。

### 3. 工程设计与应用要点

以超算数据中心为例，工程设计的要点主要包括液冷回路的设计与安装、冷却塔侧的工程、循环管网的设计等，如何使整体数据中心和谐美观并保证安全是超算数据中心工程设计中应该考虑的重点。

在液冷回路的设计及安装过程中，要求路由尽可能短，一次侧管路及二次侧管路无缝衔接（提前进行BIM走管模拟，避免后续施工管路干涉），室外部分走管要考虑安全布管及外观的美化。

冷却塔需要足够的放置场地，且整体地面需要足够承重，与CDU侧位置尽可能短，避免过长的管路。同时，冷塔侧是否对外立面有影响，因放置在数据中心外部，需要确认是否需要做美化处理，在设计过程中也需要考虑振动、噪声是否有影响。

在整体数据中心建设过程中，采用循环管网，大幅提升了液冷系统运行的可靠性，循环管网在任何环节出现单点故障不会影响整体运行。

在超算数据中心工程施工的过程中，根据规划的路由及BIM布置，提供模拟水管走线及布置，避免阀门等设备相互干涉。

### 4. 项目应用案例

厦门大学嘉庚实验室超算数据中心，位于厦门市翔安区，采用科华数据智能模块化冷板式液冷数据中心解决方案，该项目总投资约4000万元，超算数据中心区域总面积165m$^2$，2022年9月开始投入运行使用。该数据中心采用“冷板式液冷系统+风冷列间空调”的制冷系统架构，风液比为80%，整体系统按2$N$架构进行配置。

（1）项目建设情况

① 该项目分为三期建设，已完成一期建设。

② 超算数据中心，微模块冷板式液冷，一期功率密度40kW/rack。

③ 一期为 1 列 ×7 个机柜，为二期预留两列。

④ 液冷冷源采用闭塔，风冷采用列间空调和封闭冷通道。

⑤ 一期两台液冷CDU，两台闭式塔。

⑥ 设计年PUE值小于 1.2。

（2）项目运行效益测算

① 项目系统每小时节省用电：（1.80−1.20）×280×1=168（kW·h）

② 项目运行 1 年节省用电：168×24×365=1471680（kW·h）

③ 1 年节省电费：1471680×0.9=$1.3245\times10^6$（元）

④ 1 年节省用电折合标准煤：1471680×0.404÷1000≈594.59（t）

⑤ 1 年减少二氧化硫排放：1471680×0.03÷1000≈44.15（t）

⑥ 1 年减少碳粉排放：1471680×0.272÷1000≈400.30（t）

智能管理系统设计与动力环境监控融合可实现U位可视化、配电可视化、制冷可视化、温度可视化、安防可视化、模型可视化，运维智能化，从而降低运维难度。

（技术依托单位：科华数据股份有限公司）

## 集装箱式数据中心的应用

### 1. 集装箱式数据中心概述

在大数据及云计算迅猛发展的时代背景下，集装箱式数据中心基于多站融合、智慧交通、智慧城市、野外勘探、应急灾备等户外可移动场景，能够快速部署数据中心需求，作为一个一体化的高效配置产品，本着可靠、整体、绿色环保、易维护的原则，以集装箱为载体，在箱体内集成机柜系统、供配电系统、制冷系统、消防系统、动环监控系统、安防系统等，打造高度集成的新一代边缘云计算数据中心产品，在支持单箱独立运行的同时还可以通过积木式扩展的方式构建各种规模的数据中心。集装箱式数据中心具有快速部署、灵活扩展、简化运维、节能高效、智能管理等优势，成为各种边缘数据中心场景下的首选方案。集装箱式数据中心外观如图 2-98 所示。

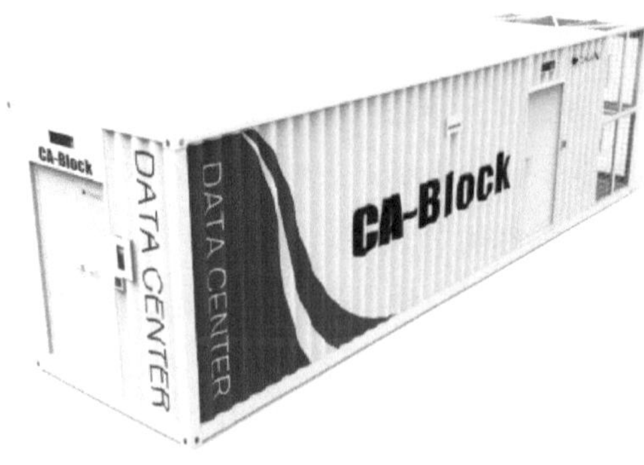


图 2-98 集装箱式数据中心外观

### 2. 集装箱式数据中心的创新设计

佳力图集装箱数据中心采用 5 防（防潮、防霉、防盐、防风、防火）设计，满足 IP55 的防护等级。

箱内装修整体采用家装工业化设计思路，保温板+桥架+三角龙骨+铝扣板，双层吊顶暗走线，便于后期线缆维护，照明模块与吊顶同比例模块化安装，增强内部装修观感体验。新排风采用嵌入式设计，分别位于冷、热通道处，兼具实用性与美观性。箱内线管布放采用电源在上、水在下的思路，具备较强的可维护性。

机柜及通道系统作为承载数据中心电子设备和合理规划气流组织的重要工具，兼顾稳定性与通透性，冷、热通道封闭系统可以满足日常人员维护空间的需求。

在供配电方案上，集装箱式数据中心采用精密列头柜方案，遵循一体化的设计理念，采用高可靠双路冗余的电源结构，同时，具备主、支路全电量采集功能，为箱内 PUE 检测提供数据支撑，实现智能化与数字化的统一。

动环监控系统作为实现机房“集中化、网络化、智能化、无人化”的科学管理模式的重要部分，嵌入式监控系统配套解决方案采用先进的架构，从电力资源、制冷资源、空间资源等多个维度对数据中心微模块机房的基础设施进行管理。

同时，箱内配备的消防系统、安防系统等配套设施可以为安全可靠的数据中心环境保驾护航。

### 3. 集装箱式数据中心的设备构成

集装箱式数据中心运用高度集成化的理念，以及预制化与模块化的思想，将机架、空调、配电柜、消防柜、安防、监控、UPS 甚至发电机等数据中心基础设施部分或者全部集成到集装箱内，从而构建一个高度集成、灵活扩建、多种功能用途的数据中心。根据不同的功能类型，集装箱式数据中心既可以实现单体独立运行，也可以通过搭积木的方式，灵活建造各种规模的数据中心，以适应各种不同的应用场景。设备构成如图 2-99 所示。

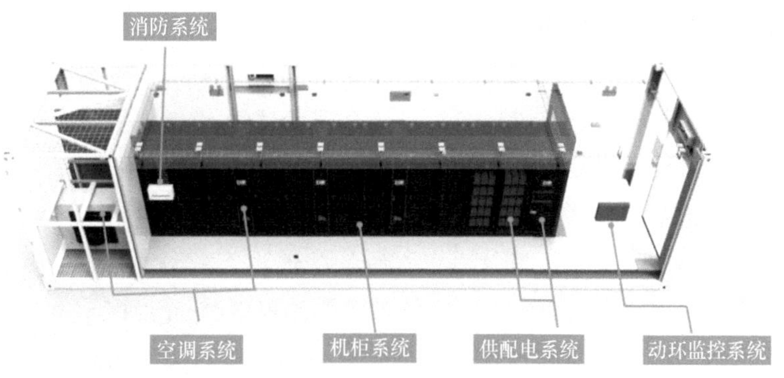


图 2-99 设备构成

### 4. 集装箱式数据中心的主要性能特点

（1）建设周期短，建设成本低

集装箱式数据中心可以实现工厂预制，在工厂进行关键设备的安装与调试，只需要2～3个月便可实现现场接水、接电、接网络。传统的固定式数据中心建设以土建装修为先导，建设周期需要2～3年，相比之下，集装箱数据中心能够极大地缩短建设周期。同时，传统机房建设需要从土建、装修开始，初期投资费用较多，集装箱式数据中心可减少土建、装修需求，进而大幅降低建设成本。

（2）具有良好的扩展性

集装箱式数据中心采用模块化设计，模块化设备之间的通信可以根据业务需求进行扩展，并得到快速部署，配电、冷却等子系统充分利用模块化设计，根据业务需求柔性规划，在业务发展需要时方便柔性扩展。监控管理系统实时对配电、冷却、安防等子系统集中监控和统一管理，采用柔性拓展的物理架构和模块化设计的思路，既能对单个机房基础设施进行管理，也能对多个分地域的机房基础设施进行集中统一管理，从而实现按需建设，简单复制，做到即插即用，节省建设成本。

（3）具有较好的节能环保优势

集装箱式数据中心除了供电及空调可节能，与钢筋混凝土建造的机房相比，其所需钢材的碳排放量大幅降低。同时，集装箱内部结合冷、热通道封闭技术，达到冷、热气流隔离，减少冷、热气流混合所造成的能量损失，从而具有较高的制冷效率。

（4）空间需求更少

集装箱式数据中心采用紧凑的设计方式，空间利用率有较大的提高，与传统的数据中心机房相比，在相同的设备数量下，集装箱式数据中心的面积只需要传统数据中心面积的25%。

（5）易于管理和维护

集装箱式数据中心采用先进的远程故障诊断系统，通过远程控制可以将故障复位；采用模块化UPS和蓄电池（可选锂电池）、静电地板等，便于日后的管理和维护。

### 5. 集装箱式数据中心的应用场景

集装箱式数据中心的应用场景包括边缘计算场景，金融备份数据中心，小型企业及大型企业、政府、教育、医疗、能源、通信等分支机构数据机房，智慧城市、智慧交通场景，军事、救灾、石油、勘探、野外作业等可移动场景需求。

### 6. 绿色节能效果

集装箱式数据中心作为边缘数据中心的基础设施，制冷方式的选择是多样化、个性化的，通过选择合理的制冷方式，可以实现整体PUE值低于1.25。

从建筑物的整个生命周期过程分析，采用全钢外壳的集装箱式数据中心与传统的钢筋混凝土机房相比，有着巨大的节能减排优势。

### 7. 项目应用案例

国网湖南电力 2020 年数据中心建设租赁项目作为助力国网多站融合项目的一部分，针对湖南省长沙市、张家界市等在内的 13 个地级市、26 个站点提供了包括 20 英尺（50.8 厘米）集装箱数据中心、40 英尺（101.6 厘米）集装箱数据中心，制冷方式涵盖风冷直膨、间接蒸发冷等，实现工厂预制，缩短现场建设周期，以适应户外场景下数据中心建设需求。

以本项目中的间接蒸发冷集装箱数据中心为例，结合长沙市的气象参数，间接蒸发冷方案比风冷直膨方案节电约 57291kW，约 43.2%，能效比提升约 77%。长沙市 2020 年各月平均干球温度如图 2-100 所示，风冷直膨方案能耗分析见表 2-14，间接蒸发冷方案能耗分析见表 2-15，能耗对比分组如图 2-101 所示。

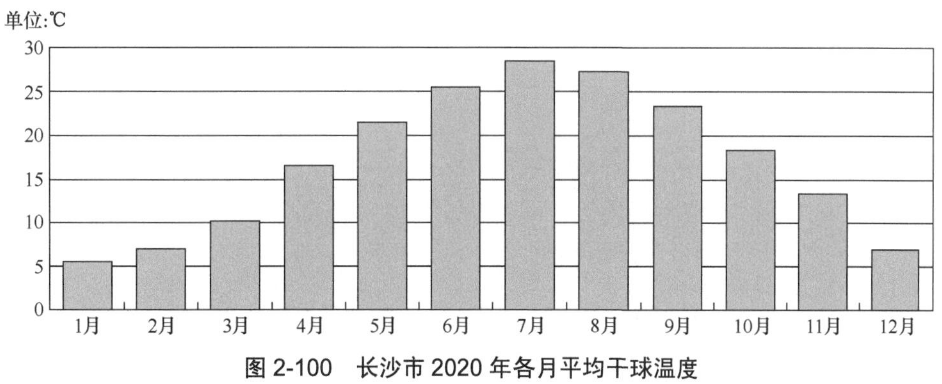


图 2-100 长沙市 2020 年各月平均干球温度

表2-14 风冷直膨方案能耗分析

| 模式 | 时长/h | 总功耗/（kW·h） | 总负荷/kW | 综合能效比 |
|---|---|---|---|---|
| <0 | 79 | 1016.2 | 50 | 3.89 |
| 0～5 | 809 | 11195.5 | 50 | 3.61 |
| 5～15 | 2930 | 42383.6 | 50 | 3.46 |
| 15～25 | 2935 | 44294.6 | 50 | 3.31 |
| >25 | 2007 | 33450.0 | 50 | 3.00 |

表2-15 间接蒸发冷方案能耗分析

| 干球温度 $A$ /℃ | 运行时间 /h | 湿球温度 $B$ /℃ | 运行小时数 /h | 运行模式 | 总制冷量 /kW | DX辅助制冷需求 /kW | 辅助制冷功率 /kW | 内循环风机功率 /kW | 外循环风机功率 /kW | 水泵功率 /kW | 运行总功率 /kW | 机组能效比 | 运行时间总功率 /kW |
|---|---|---|---|---|---|---|---|---|---|---|---|---|---|
| $-4<A\leqslant-3$ | 3 | |  | 干模式 | 50 | 0 | 0.00 | 4 | 0.6 | 0 | 4.60 | 10.87 | 13.80 |
| $0<A\leqslant1$ | 137 | | 3829 | 干模式 | 50 | 0 | 0.00 | 4 | 1.2 | 0 | 5.20 | 9.62 | 712.40 |
| $14<A\leqslant15$ | 291 | |  | 干模式 | 50 | 0 | 0.00 | 4 | 4 | 0 | 8.00 | 6.25 | 2328.00 |

（续表）

| 干球温度A /℃ | 运行时间 /h | 湿球温度B /℃ | 运行小时数 /h | 运行模式 | 总制冷量 /kW | DX辅助制冷需求 /kW | 辅助制冷功率 /kW | 内循环风机功率 /kW | 外循环风机功率 /kW | 水泵功率 /kW | 运行总功率 /kW | 机组能效比 | 运行时间总功率 /kW |
|---|---|---|---|---|---|---|---|---|---|---|---|---|---|
| $A$>15 | 1004 | 7<$B$≤8 | 3 | 湿模式 | 50 | 0 | 0.00 | 4 | 2.5 | 0.37 | 6.87 | 7.28 | 20.61 |
| | | 12<$B$≤13 | 86 | 湿模式 | 50 | 0 | 0.00 | 4 | 4 | 0.37 | 8.37 | 5.97 | 719.82 |
| | | 16<$B$≤17 | 270 | 湿模式 | 50 | 0 | 0.00 | 4 | 4 | 0.37 | 8.37 | 5.97 | 2259.90 |
| $A$>15 | 3927 | 17<$B$≤10 | 300 | 混合模式 | 50 | 3 | 0.45 | 4 | 4 | 0.37 | 8.82 | 5.67 | 2647.36 |
| | | 23<$B$≤24 | 448 | 混合模式 | 50 | 21 | 3.89 | 4 | 4 | 0.37 | 12.26 | 4.08 | 5491.98 |
| | | $B$>30 | 1 | 混合模式 | 50 | 45 | 10.14 | 4 | 4 | 0.37 | 18.51 | 2.70 | 18.51 |

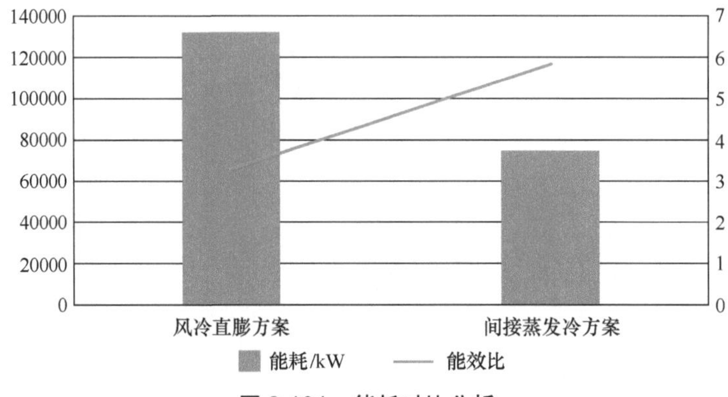


图 2-101　能耗对比分析

（技术依托单位：南京佳力图机房环境技术股份有限公司）

## 集成式制冷机房的应用

### 1. 集成式制冷机房概述

集成式制冷机房以制冷机房工程设计方案为基础，基于系统能效最优原则对相关设备及控制策略进行优化配置，同时利用三维辅助设计软件对管道系统进行优化设计，将冷水机组、水泵、板式换热器等制冷机房相关设备及其管道、水处理系统、自控系统进行集成，并采用彩钢板、夹芯板等材料做成围护箱体，具有防护、隔声、保温、美观等特点。当条件允许时，也可将冷却塔与集成式机房进行集成，形成工厂预制、整体供货、现场装配的制冷机房系统。集成式制冷机房示意如图 2-102 所示。

### 2. 集成式制冷机房的创新设计

① 高度集成，简化建设程序。以工厂预制、现场装配为主要形式，高度集成了设备、管道、自控系统，由唯一的集成供应商代替了原来的设计、采购、安装、调试等多环节建设程序，责任清晰，实施简单。

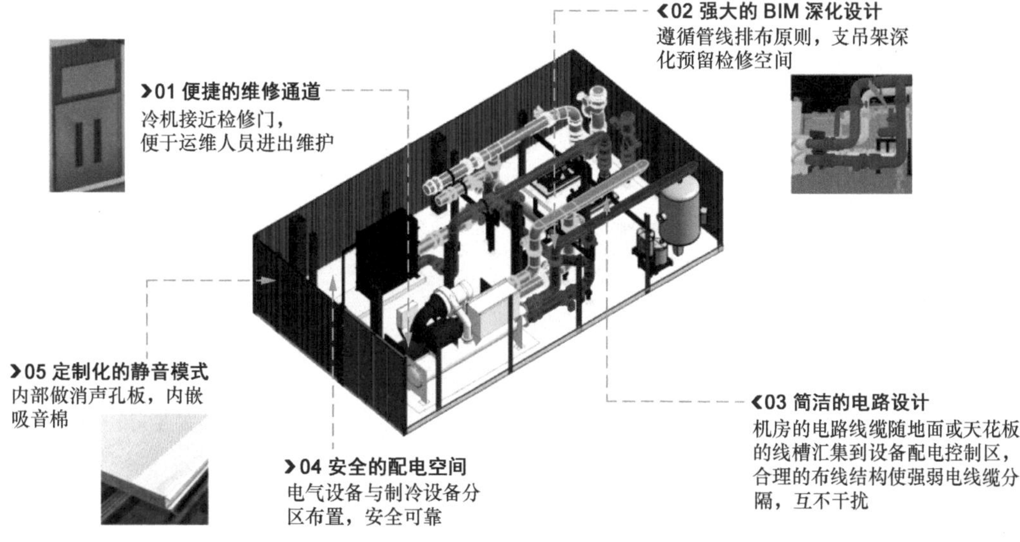


图 2-102 集成式制冷机房示意

② 模块化设计，灵活组合。主机、辅机采用模块化设计，既可满足不同建筑、不同冷量规模的需要，也可满足项目分期建设、分期实施的需要。

③ 紧凑集约，减少机房占地面积。利用三维模拟技术，优化设备及管道布置，采用紧凑式框架结构进行组合，最大限度地减少机房占地面积。

④ 即插即用，迅速快捷。将复杂的机房系统设备化，现场仅需要简单的组装，接驳水、电即可运行，达到即插即用的效果，大幅节省了现场安装的时间。

⑤ 高度自控，降低调试运维难度。集成式制冷机房均是机电一体化设计，对自控系统的传感器、控制器、控制过程等进行了最佳匹配，在工厂完成绝大部分联动调试，可实现无人值守、自动运行。

⑥ 高效低耗，社会效益和经济效益俱佳。集成式制冷机房大幅提高了机房能效，降低了用户运行费用，提高了系统经济性，为节能减排做出贡献。

### 3. 集成式制冷机房的核心技术应用

① 高效冷水机组、水泵、冷却塔应用。

② 变频技术。

③ 基于BIM及三维仿真技术的系统集成设计及布局优化。

④ 超低阻力止回阀、高效低阻过滤器等低阻高效附属设备应用。

⑤ 管道及设备安装整体工厂模块化预制，现场快速装配。

⑥ 基于主机全工况性能的主机负荷优化控制策略。

⑦ 完善的自控系统，具有主机群控、设备联动、能量优化等多种运行策略及控制功能，实现了无人值守、高效节能。

4. 适用场景及布置方式

集成式制冷机房适用于对施工工期要求短、室内建筑空间有限、现场加工区域有限、后期需要搬迁拆除的建筑项目。针对项目空间和环境，布置方式灵活，主要有室内撬块式、室外地面叠式、屋顶平铺式，布置示意如图 2-103 所示。

（a）室内撬块式

（b）室外地面叠式

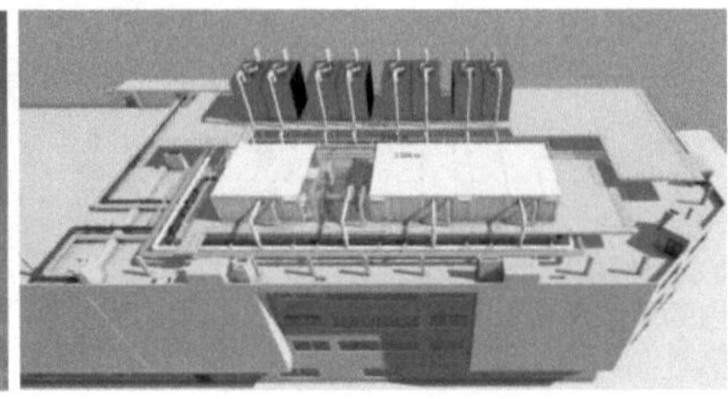
（c）屋顶平铺式

图 2-103　布置示意

5. 绿色低碳与节能效果

集成冷却塔设计使主机和冷塔的间距管道减少 30% ～ 50%，机房内管路紧凑，布局合理，比传统冷站管网更短，更加灵活合理，冷冻及冷却管路阻力降低。配合主机、冷却塔及水泵运行曲线制定高效运行策略，使集成式制冷机房的综合能效比传统机房提升 5% ～ 10%。

6. 工程设计与施工要点

（1）设备设计要点

① 根据机房系统的能效标准进行设备配置与优化。

② 对负荷特性进行分析，确定主机数量、容量及控制方式等。

③ 分析系统的水力特性，选择高效循环泵。

（2）管路设计要点

① 优化管道流程，达到紧凑、流畅与高效的最佳平衡。

② 采用 45° 弯头、低阻力 90° 弯头、低阻力三通。

③ 采用低阻高效止回阀、过滤器等。

（3）箱体框架设计要点

① 根据安装场合、设备配置，选择装配式框架。

② 在室外安装时，采用集成式机房形式。

（4）自控系统设计要点

① 以提高系统季节能效比为原则。

② 获取主机、冷却塔及水泵的性能数据，获得主机控制权限。

③ 配置移动端远程监控功能。

（5）工程施工要点

① 集成式制冷机房按装配式进行工厂预制生产。

② 集成式制冷机房满足严密性要求，各水路及部件连接处应无松动、变形和渗漏。

③ 集成式制冷机房设备应符合现行国家标准的有关规定。

④ 集成式制冷机房安装前，应做好地面找平、防水及必要的土建基础，给水、排水、电源具备条件，机房荷载满足要求。

**7. 项目应用案例**

怀来大数据科技产业园项目（二期）3 号楼预制化冷冻站项目位于河北省张家口市怀来县，工程集成式冷站设置在屋面，包含冷机（“4+1”台 1400RT 变频离心机组）、板式换热器、冷冻水泵、冷却水泵、水处理设备及相关管路。

（1）方案设计

该项目利用BIM三维辅助设计软件对设备布置、管道系统进行优化设计。主机、板式换热器、水处理设备布置在钢结构平台上方，主机设置在主机箱内，板式换热器设置在板式换热器箱内，冷冻水泵、冷却水泵分布在水泵箱内，定压补水装置、旁滤则设置在水处理设备箱内，共有 5 台主机箱、5 台板式换热器箱、5 台水泵箱、4 个过道箱、1 个水处理设备箱。另外，预制化冷冻站内设置照明，内部火灾探测系统，水处理设备、风机、水环热泵空调的配电，内部管槽预留。自控系统采用分布式控制，每一个模块有一个专用的直接数字控制器对其进行控制，上位机设置在机房内。平面布置如图 2-104 所示，BIM 箱体模型如图 2-105 所示，项目现场拼装如图 2-106 所示。

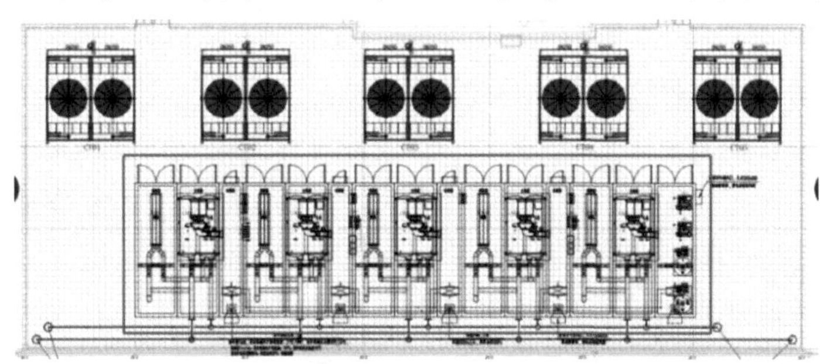

图 2-104 平面布置

图 2-105 BIM 箱体模型

图 2-106 项目现场拼装

（2）项目实施效益

缩短工期：从方案设计到调试完毕，全过程用时与传统工程模型用时相比可节约80%。这主要归功于机房相关主机设备的生产和机房系统装配的工作可以同步开展。

降低成本：相比传统建造方式，集成式制冷机房占地面积只需要传统机房占地面积的1/2。在功能效果不变的情况下，整体布局紧凑合理。

提供能效：冷水机组、冷却塔、水泵采用高能效标准，附属设备、管件、阀门等选择低阻高效产品，以及对水系统管路进行优化设置。配合主机、冷却塔及水泵运行曲线制定高效运行策略，集成式制冷机房全年综合能效比传统机房提高7.4%。主机和冷却塔全年逐时运行冷负荷分配如图2-107所示。机房全年运行能效如图2-108所示。

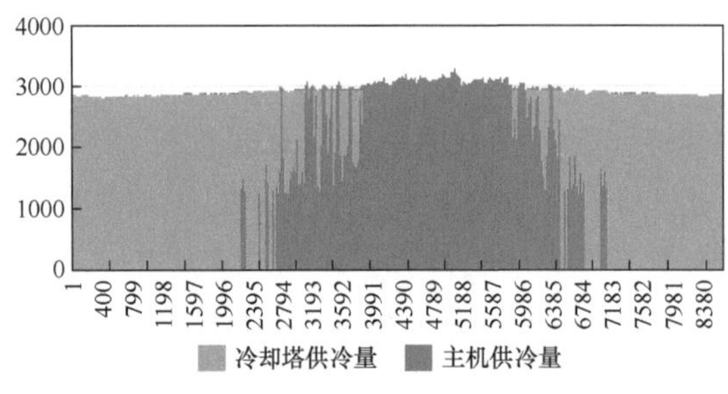


图2-107　主机和冷却塔全年逐时运行冷负荷分配

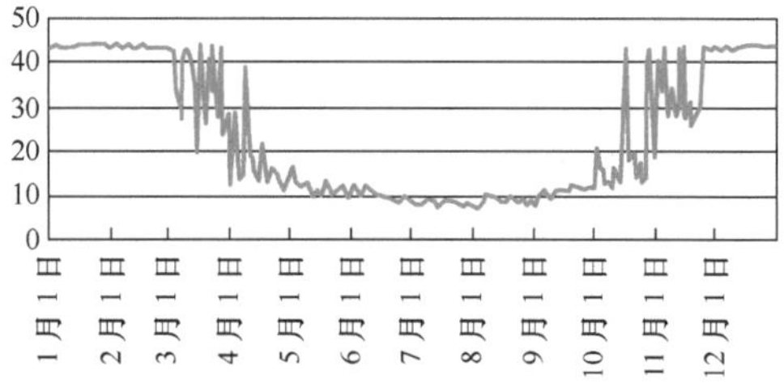

图2-108　机房全年运行能效

（技术依托单位：广东申菱环境系统股份有限公司）

## 智能集成冷站在高性能计算中心的应用

### 1. 智能集成冷站的概述

智能集成冷站是将系统工程集成化、产品化，将冷水机组、冷却水泵和冷冻水泵等设备集成化，以集装箱为载体，做成不同冷量的冷站装置，各冷站模块之间相互独立，可以实现灵活部署；同时，通过工厂预制的方式，减少现场施工，缩短了安装周期，提高了系统的可靠性，在很大程度上解决了传统的水冷系统存在的易出现单点故障、管路对接复杂、通用性较差的问题，有效降低数据中心的综合运营成本。

智能集成冷站压缩机机械制冷系统设在集装箱内，自然冷源制冷系统设在集装箱外，该结构构成一个单一的制冷模块。单个模块即可实现完整的制冷功能，同时为满足有全年制冷需求的场合，通过变频磁悬浮冷水机组实现自动控制调节，可以根据室外环境温度的改变，实现自然冷源的综合利用。智能集成冷站一体化解决方案包括主机采用集装箱冷站，末端采用热管背板、热管列间、风墙和冷冻水末端等。

### 2. 智能集成冷站的设备构成

以佳力图冷站为例，该智能集成冷站装置包括磁悬浮冷水机组、冷却水泵、冷冻水泵、定压补水装置、软化水装置、管路系统（包括手动阀门和自动阀门）、全自动在线清洗装置、配电系统、控制系统（包括温度检测、流量检测、压力检测及各设备运行装置检测和控制等）。冷站将压缩机组、换热器组、水力模块和电气控制系统在工厂内装配集成并完成系统调试。在商业楼宇的空气调节和工业生产的工艺冷却应用中，使用集成式冷水机站不需要再另外配置水泵和冷却塔，可以取代传统的冷水机房。智能集成冷水站配置示意如图 2-109 所示。其中，冷水机组可以是水冷离心式冷水机组、水冷螺杆式冷水机组和水冷涡旋式冷水机组。

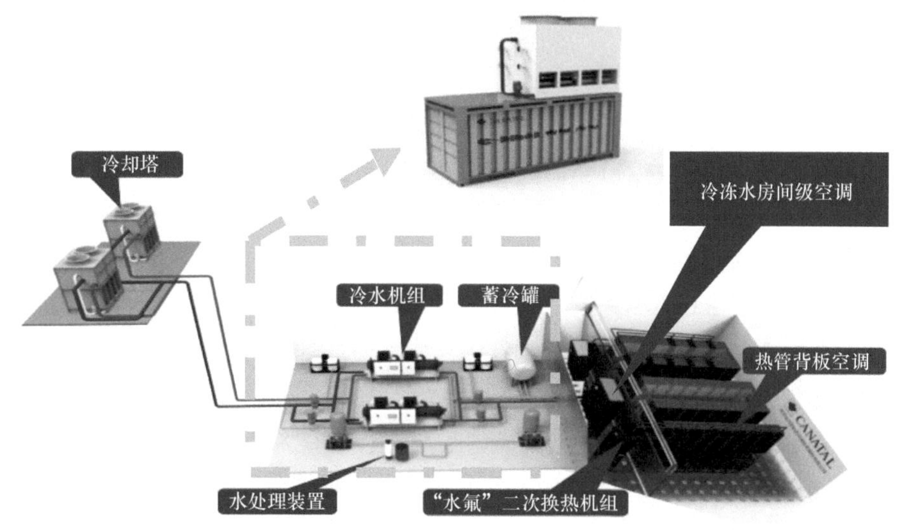


图 2-109 智能集成冷水站配置示意

### 3. 智能集成冷站的性能特点

智能集成冷站主要有单冷开塔型冷站、单冷闭塔型冷站、自然冷源开塔型冷站等形式。

（1）节能化配置

智能集成冷站配置磁悬浮离心机组、高效变频泵、变频冷塔风机，配合自然冷源模式，高能效、低能耗，综合COP更高更节能，比传统冷冻站节能 20% ～ 50%。

（2）模块化设计

智能冷站运用集成化设计理念，将制冷主机和水冷模块及配电集成采用二次优化精细结构设计，集成度更高，有效节省设备占地面积和材料成本，采用工厂预制化模式，可以缩短现场施工周期，避免各专业交叉施工。室外型冷站省去冷冻站建设需求，性价比更优。

（3）智能化控制

智能冷站配备佳力图自控关系型数据库服务（Relational Database Service，RDS），这是一个即开即用、稳定可靠、可弹性伸缩的在线数据库服务系统，采用AI智能运维，可以实现数据可视化，实时显示能效数据，同时配置远程控制应用程序，可以提升安全与风险管理。

（4）一体化交付

智能冷站通过机电一体化设计，跨专业分工与协作，避免人员的交叉和浪费，从而降低了系统运行和维护管理过程的难度和费用。完全工厂预制，运输到实施现场后只需要进行管道对接即可完成安装。

（5）多元化组合

智能冷站解决方案可以搭载多元化末端设备，包括热管背板、热管列间、风墙、冷冻水末端等。

#### 4. 智能集成冷站的适用场景

智能集成冷站适用于无制冷机房规划和改造型数据中心、对PUE值有较高要求的机房、需要集中式冷源的机房、对施工周期有较高要求的数据中心、水资源可用性较高区域的机房等。

#### 5. 智能集成冷站绿色节能效果

绿色环保：采用R134a制冷剂，消耗臭氧潜能值（Ozone Depleting Potential，ODP）为0，其属于正压型制冷剂，避免了系统混入空气的风险。

节能：采用集装箱智能冷站技术可以实现年节约5772t标准煤，减少14386t碳排放，实现经济效益年节约1443万元；通过控制技术中心实现主要耗电设备协同关联高效运行，综合节能30%以上；与传统冷冻站相比，机房PUE值降到1.25以下；整体能效运行效率为0.65kW/Ton。

#### 6. 智能集成冷站项目应用案例

某高校建设的高性能计算中心机房用佳力图磁悬浮智能冷站、数据中心空调末端系统（行间空调）及RDS集控系统解决方案，如图2-110所示。

图2-110　高性能计算中心机房示意

磁悬浮智能冷站主要包括磁悬浮冷水机组、冷却塔及水泵等，共有机械模式、完全自然冷源模式和混合模式 3 种运行模式。其中，机械模式采用磁悬浮冷水机组提供冷冻水，完全自然冷源模式采用冷却塔提供冷冻水，混合模式采用冷却塔和磁悬浮冷水机组分级完成冷冻水回水降温制冷。磁悬浮智能冷站的 3 种运行模式如图 2-111 所示。

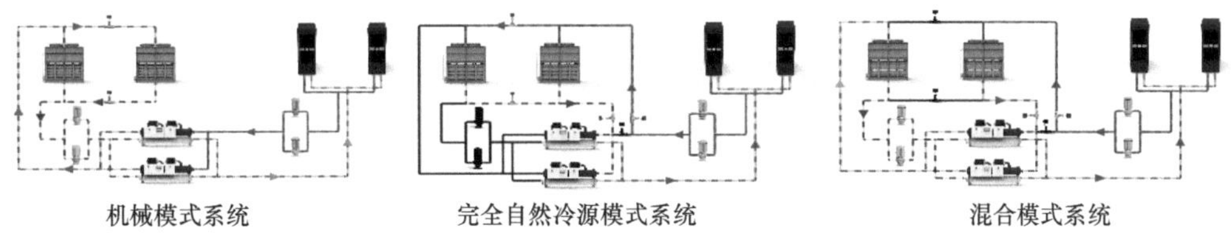


图 2-111 磁悬浮智能冷站的 3 种运行模式

该高性能计算中心项目采用 2 台 125RT 冷站，末端采用行间空调，采用先进的磁悬浮压缩机技术，更加节能。自安装完毕投入运行以来，系统情况稳定，自动化程度高，节能效果明显。整个数据中心 PUE 值为 1.24，磁悬浮冷水机组整体能效为 7.48。主要运行数据及效益如下。

① 制冷量：125RT × 2（一用一备）。

② 设备投资：80 万元/台（传统设备投资 60 万元）。

③ 运行时间：8760h（全年运行）。

④ 设备运行整体能效：0.65kW/Ton（传统设备整体能效：1.0kW/Ton）。

⑤ 机房整体负荷率：80%（100 冷吨负荷）。

⑥ 电费：元每千瓦时。

⑦ 年运行费用：56.94 万元（传统设备整体运行费用 87.6 万元）。

⑧ 投资回收时间：1.533 年（超出设备投资回收时间）。

⑨ 节能减碳：年节约 122.64t 标准煤，减少 83.39t 碳。

（技术依托单位：南京佳力图机房环境技术股份有限公司）

## “玄冰”无水冷却技术的应用

### 1.“玄冰”无水冷却技术概述

“玄冰”无水冷却技术是一款集成类空调系统的应用，其主要利用泵驱相变技术实现自然冷却，通过制冷剂泵代替压缩机实现室外温度较低条件下的制冷。与间接蒸发技术相比，由于设备没有换热芯体，室内外风机的风阻更小，功耗更低。“玄冰”无水冷却技术是间接蒸发冷却空调的一款替代方案，可以有效解决项目所在地的缺水困境，具备实现水电消耗“最优解”的潜力。“玄冰”无水冷却机组如图 2-112 所示。

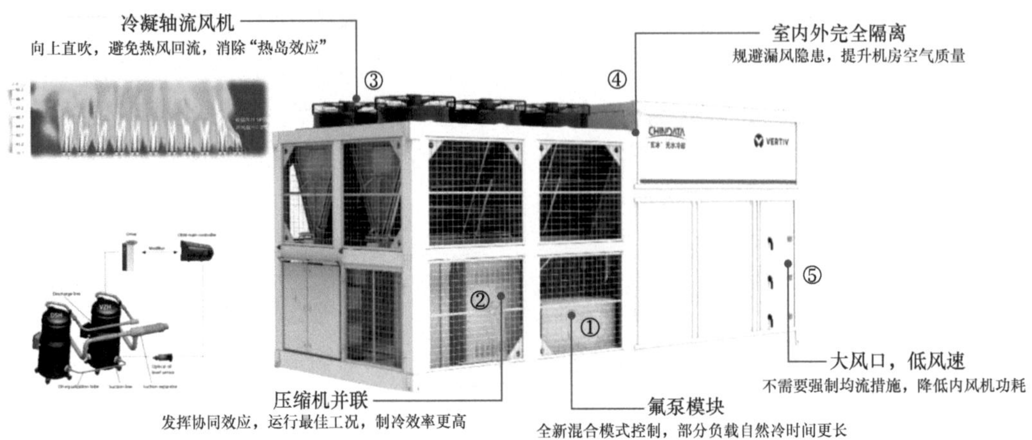


图 2-112 “玄冰”无水冷却机组

## 2. 系统组成及运行模式

“玄冰”无水冷却系统的核心部件包括室内风机、蒸发器、压缩机、制冷剂泵、电子膨胀阀、冷凝器、室外风机等，还可以选配喷淋组件进一步降低CLF，提升IT设备产出率。

随着室外温度的变化，压缩机和制冷剂泵可以自动在3种不同模式间切换，这3种模式为：只有压缩机运行的机械冷模式、压缩机和制冷剂泵结合运行的混合模式、仅制冷剂泵运行的自然冷模式。另外，可选配喷淋组件，在机械冷模式下还可以启动喷淋，降低冷凝压力和最大输入功率，提升电产出率。经实测，“玄冰”无水冷却技术不喷水时在张家口市怀来地区的极端COP甚至略高于喷水的间接蒸发冷却空调。机组运行模式对比如图2-113所示。

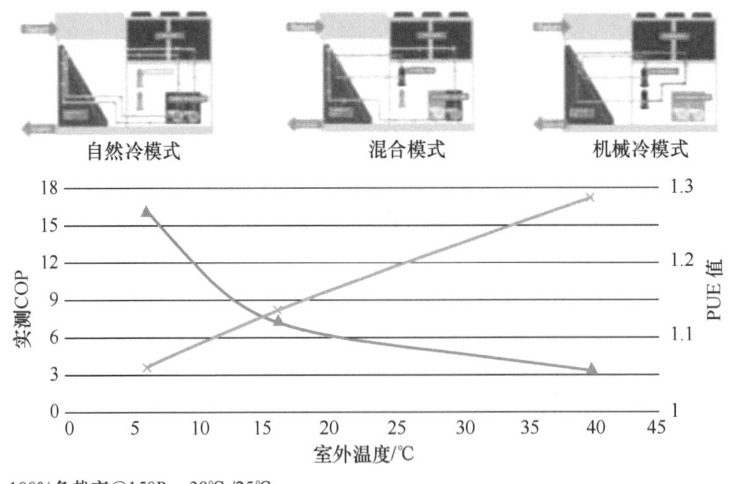


图 2-113 机组运行模式对比

### 3.“玄冰”无水冷却技术的特点

① 全新的泵驱相变、压泵混合模式，在设计工况下自然冷却时间更长。

② 压缩机并联技术，发挥协同作用，在实际工况下蒸发温度更高，冷凝温度更低。

③ 室外采用轴流风机，向上直吹，避免热风回流，消除“热岛效应”。

④ 室内外完全隔离，规避漏风隐患，提升机房空气质量。

⑤ 大风口，低风速，不需要强制均流措施，风机功耗更低。

### 4. 适用场景

“玄冰”无水冷却技术是针对水源紧缺、行业限水、空调耗水的行业现状开发的一款集成类空调产品，尤其适用于北方缺水地区，其单台制冷量可以达到 200 ～ 400kW，适用于大平层建筑和顶层屋面。

### 5. 绿色低碳与节能

经核算，“玄冰”无水冷却技术在零水资源利用率（WUE）的条件下，在张家口市怀来地区年均CLF预计在 0.097 左右，100MW IT设备一年可节省用水 $4\times10^5$ ～ $1.2\times10^6$t，相当于 106 ～ 320 个标准游泳池的蓄水量，可满足 3300 ～ 10000 户家庭的一年用水量。

### 6. 项目应用案例

目前，该技术已应用于秦淮数据集团位于怀来县总部基地 4 号楼的某IT包间进行实际业务的试点运行，并在相同条件下搭建了与间接蒸发冷却空调的对比测试平台。该模式为业内首创，旨在摸清真实业务场景下，“玄冰”无水冷却技术是否可以在节水的前提下继续保持行业领先的PUE。两种系统的测试平台如图 2-114 所示。

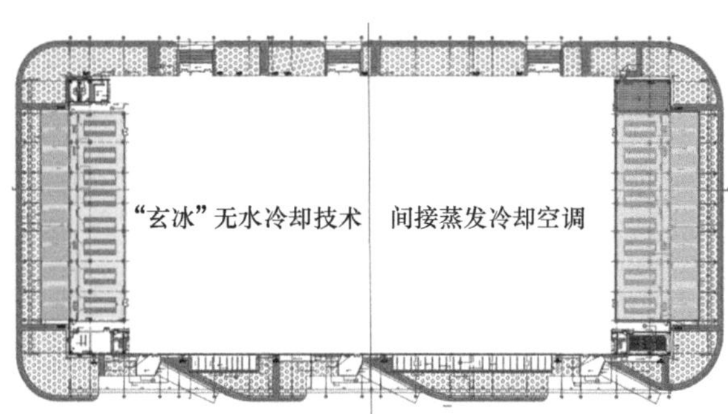


图 2-114　两种系统的测试平台

为了搭建科学的测试平台，秦淮数据集团携手客户，搭建了“六相同”测试条件的测试平台。

① 气候环境相同：同一建筑楼内，相同气候及柳絮沙尘条件。

② 台数/制冷量相同：每个IT包间 11 台空调，260kW冷量，$N$+1 冗余。

③ 安装方式相同：都是侧面安装，室内的送风格栅、机柜的高度和相对位置完全

相同。

④ 负载情况相同：机柜数量和设计单柜功率相同，客户部署了业务相同、数量和负载相近的服务器。

⑤ 运行策略相同：热备运行，并保证空调运行台数相同。

⑥ 监测方式相同：以包间为单位，布置电表、水表，同时，每台设备内部的风机和压缩机，都布置了相应的电表监测。

这两个IT包间已经投产运行，相关数据正在采集中。我们将持续收集运营数据，并从硬件、软件两个方面优化产品，继续引领行业在无水/少水条件下，实现最佳的PUE值，打造真正的绿色、和谐、可持续的新一代数据中心暖通技术。

（技术依托单位：北京秦淮数据有限公司）

## 数据中心高效输配系统的解决方案

### 1. 方案概述

格兰富数据中心高效输配系统解决方案立足于整个数据中心输配系统的优化，不仅采用了超高效率的水泵设备，并配以具有效率寻优功能的智能变频控制系统，确保泵送设备运行的高效节能状态，同时针对相连的管路阀门进行全方位的优化并整合成紧凑的“灵适”智能泵组系统，真正实现整个输配系统的最佳节能状态。同时，数据中心高效输配技术融入了最新的数字化御水智@智能监测平台，确保所有运行数据被实时传送到云端，设备实时监控、健康管理、故障、预警等功能一目了然，实现数据中心运行过程中智慧在线运维、现场无人值守。

在整个数据中心输配系统设计层面，格兰富引入了创新的分布式泵送理念，在传统水冷空调一次冷冻、二次冷冻循环泵的基础上，采用分布式泵送设计形式，在相对独立的数据中心末端空调或机柜前加入末端泵，解耦输配系统不同末端需求，真正实现了末端区域冷量需求的实时调节，同时达到自动进行水力平衡，以泵代阀，大幅减少阻力损失，实现深度节能，极大地降低了数据中心水泵运行的能耗。

针对数据中心的模块化需求及液冷技术、间接蒸发冷却技术的不断发展，格兰富的数据中心高效输配系统解决方案也以高效智能的水泵设备为依托，推出了多种集成化、模块化产品，极大地提高了输配系统的工作效率和节能效果，并发挥出工期短、现场安装便捷等优势，为“东数西算”工程提供全方位的输配系统。

格兰富的数据中心高效输配技术以数据中心输配系统为出发点，并采用模块化设计方式，各子模块可以随意匹配整合以满足不同使用场景及冷却技术的需求，整体达到最佳的使用效果，在确保设备安全可靠运行的前提下，进一步实现机房高效节能的效果。广泛适用于传统风冷、水冷数据中心，新型液冷数据中心，直接与间接蒸发冷却等所有数据中心冷却场景。格兰富数据中心高效输配系统解决方案如图 2-115 所示。

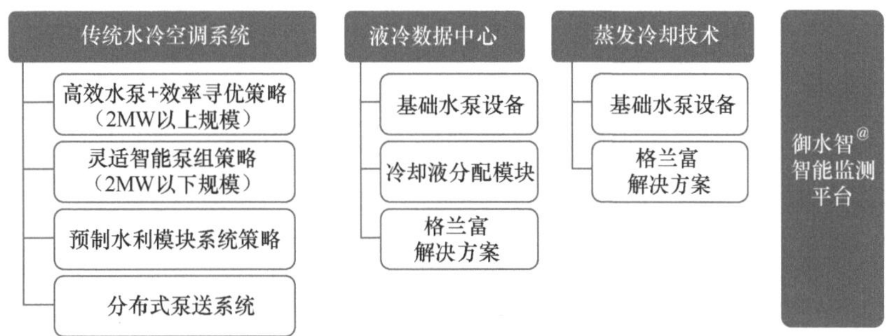


图 2-115　格兰富数据中心高效输配系统解决方案

## 2. 传统水冷空调系统的解决方案

针对采用水冷空调系统制冷的传统数据中心，格兰富以“运行能耗”为出发点，着眼于整个数据中心冷源输配系统的优化，提出了“效率寻优”+“智能泵组”的全方位解决方案，覆盖了全规模数据中心项目，实现输配系统实时节能优化，进一步助力 PUE 值的降低。系统运行示意如图 2-116 所示。

（1）高效水泵+高效控制方案（2MW 以上规模）

高效水泵+效率寻优控制策略广泛适用于大型及超大型数据中心一次泵、二次泵系统，可实现数据中心水泵能耗节省 10% ～ 15%，水泵流量为 600 ～ 2500m$^3$/h，功率为 90 ～ 500kW。

针对数据中心循环水泵效率低、能耗严重的问题，格兰富高效水泵采用独特的双蜗壳结构。双蜗壳结构如图 2-117 所示。该技术的主要特点是能够平衡作用在轴和叶轮上的径向力，能够延长机封轴承的寿命，降低振动及噪声，确保水泵超高的泵头效率，极大地扩充了高效区间，从而充分适应变频控制需求，并确保全范围的高效节能状态。

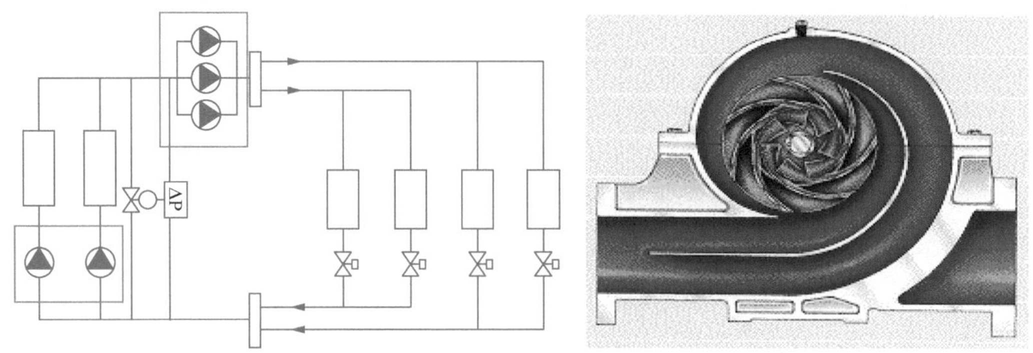


图 2-116　系统运行示意　　图 2-117　双蜗壳结构

针对数据中心水泵单一变频控制，格兰富推出独特的格智控制柜，其融入了专业泵送控制器 CU352，主要技术特点如下。

① 曲线内置：根据现场条件自学习水泵实际运行曲线，并实时动态调节水泵，确保最小的运行能耗。

② 智能控制：针对水泵并联实时计算和比较多种工况的运行能耗，选择最优台数及频率满足需求。

③ 效率寻优：基于内置曲线，不同的流量下自动切换最高效率点运行，实现效率寻优的运行模式。

（2）灵适智能泵组方案（2MW以下规模）

灵适智能泵组策略广泛适用于大、中、小型数据中心二次泵系统，可以实现数据中心水泵能耗节省10%～15%。泵组水泵数量为2～6台，单泵功率为4～75kW，进出水主管为DN100～DN500。系统运行和智能泵组如图2-118和图2-119所示。

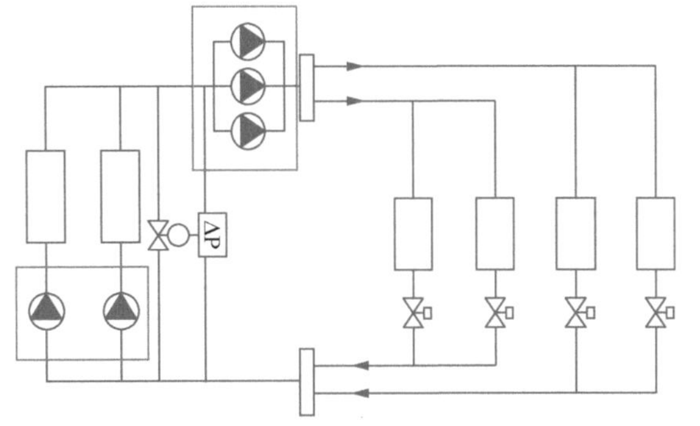


图2-118　系统运行

图2-119　智能泵组

采用机电一体化集成技术，将水泵及相关阀门管件、传感器仪表、基座和智能控制柜等在工厂预制集成的水利系统模块，通过水力优化、预装测试和智能控制等，保证泵组整体性能，按需供应、精准适配，从根本上解决数据中心输配系统水利参数确定难、现场施工难把控、调试运维成本高等诸多问题。

① 水力优化：不仅关注结构设计对输配系统内水力性能的优化，而且关注每个组件的性能优化，最大化地降低水力损失，实现最大的节能效果。

② 性能保证：率先提出整个机组流量扬程曲线概念，解决水泵并联损失难题，并真正实现整机性能验证，确保实际运行参数。

③ 智慧运维：智能控制柜系统云平台能够实时监测，提供远程专家诊断、预防性维护、系统持续优化建议，实现全生命周期的“一站式”管理。

（3）预制水利模块系统策略

针对数据中心涉及专业多、工程量大、周期长等问题，格兰富推出数据中心冷冻、冷却系统集装箱模块，所有相关设备内置于集装箱体内部，外部预留箱体间的管路对接法兰，实现现场直接法兰连接搭建成整套数据中心制冷系统。整个预制水利模块在工厂中预制组装完成，经过严格的出厂实现系统高可靠性、绿色节能，具备缩短建设周期、分期建设、智能运维等优势。

该系统由冷冻冷却水泵、智能控制柜、管路阀门、定压补水装置、软水装置、加药装置、沙滤装置、水箱等组成。预制水利模块系统适用于对模块化有需求的相关数据中心项目，以及工期短、现场施工不便等特殊场合。集装箱模拟示意如图 2-120 所示。

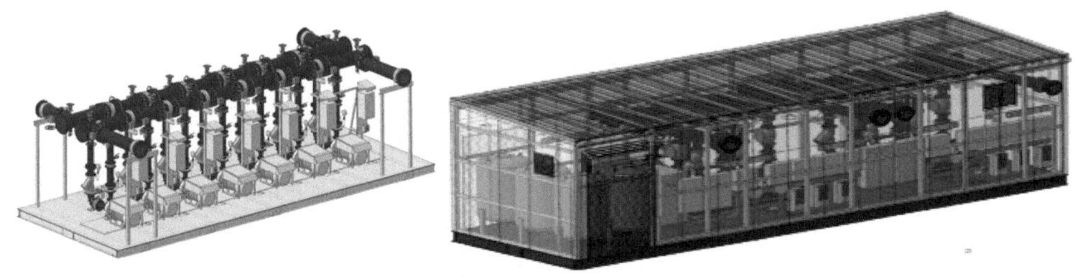

图 2-120　集装箱模拟示意

（4）数据中心分布式泵送系统

分布式泵送是在末端局部制冷区域加入单独的分布式水泵，由其负责局部的冷量循环，同时根据局部负荷需求实现实时适配调节的过程。采用分布式泵送设计形式，通过将电动阀和平衡阀替换为水泵，系统将从压力消耗部件中释放，同时解耦输配系统的不同末端，自动进行水力平衡，大幅减少阻力损失实现深度节能。分布式泵送系统模拟示意如图 2-121 所示，该系统的主要优势如下。

① 水力易平衡，调试简单。

② 整个系统无超压区。

③ 减小主泵配置，节约主泵能耗。

④ 无小温差综合症。

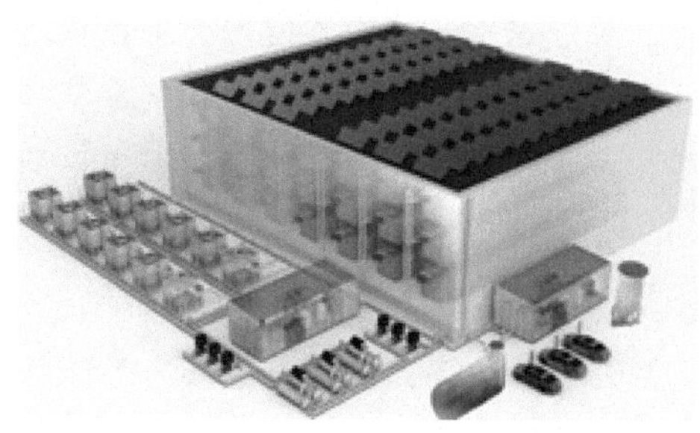

图 2-121　分布式泵送系统模拟示意

此系统适用于节能要求高的数据中心，以及有局部调节需求的相关场合，较传统方案预计提升输配系统能效 30% ～ 50%，局部水泵流量＜ $70m^3/h$，扬程＜ 18m。

（5）御水智@智能监测平台

数据中心智能化、网络化的发展，对水泵提出了更高的要求，在可靠、绿色的基础上，借助数字化手段实现远程监控，并进一步降低运行成本，提升运营效益成为必然趋势。格兰富御水智@就是一个即插即用的水泵实时监控、诊断分析、运行优化平台。凭借在水泵技术和物联网传感器方面的专业知识，格兰富御水智@智能监测平台专注于水泵全生命周期管理，提供优化的运行和维护模式，减少停机时间并降低成本，主要适用于数据中心所有水泵设备的监测和管理。格兰富御水智@智能监测平台如图 2-122 所示，该平台的主要特点如下。

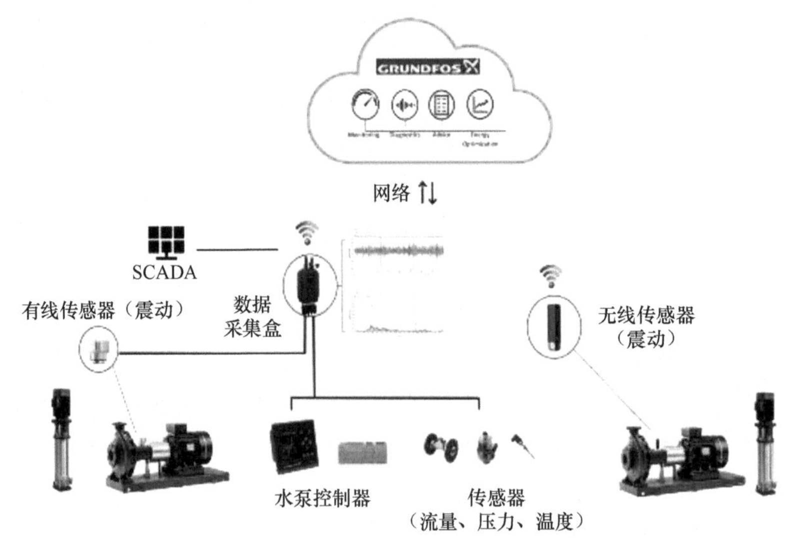


图 2-122　格兰富御水智@智能监测平台

① 可视。通过直观可视化的指标、报表，实时监测能耗，做到对运行能耗了如指掌。

② 智能。集成水泵性能曲线和能耗优化算法，智能识别节能潜在空间，并提供不同场景下的能效优化方案。

③ 闭环。智能调度，能设定给定水泵优化参数，将理论节能变成客户能源账单的实际节省。

### 3. 液冷数据中心的解决方案

针对新型液冷数据中心，格兰富依托高效可靠的水泵设备，确保整个液冷系统的安全节能运行效果，同时推出全新的小型冷却液分配模块设备，为液冷数据中心冷量输配提供完整的解决方案。

（1）冷板式系统（基础水泵）

针对冷板式液冷系统，常用的水泵包括NBG系列卧式端吸泵、CM系列卧式多级泵。NBG 系列卧式端吸泵如图 2-123 所示，CM 系列卧式多级泵如图 2-124 所示。

流量≤ 1400m³/h，扬程≤ 170m，-25℃<温度<140℃，承压最大为25Bar。

宽广的性能范围可选，一体式联轴器设计，泵体结构小巧紧凑，环氧树脂电泳处理，节能认证。

特别适用于采用冷水介质冷板式系统，紧凑的设计确保最小水泵占用空间，布置灵活，高效节能

图 2-123 NBG 系列卧式端吸泵

流量≤ 36m³/h，扬程≤ 132m，-20℃<温度<120℃，承压最大为16Bar。

结构紧凑，外形小巧；多种材质配置可选；广泛的温度适应范围；无轴封、无泄漏、免维护；湿转子无风扇电机，噪声低。

广泛适用于各种冷板式及直接冷却液冷系统，尤其是在敏感环境和紧凑空间中性能更优

图 2-124 CM 系列卧式多级泵

（2）浸没式系统（基础水泵）

浸没式液冷系统通常采用CRN系列磁力驱动泵。CRN系列磁力驱动泵如图 2-125 所示。

流量≤ 336m³/h，扬程≤ 400m，-40℃<温度<150℃，承压最大 40Bar。

无机械密封设计，磁力驱动组及轴承，运行确保零泄漏，多种结构和材质可选，高可靠性及高运行效率。

广泛适用于各种浸没式液冷系统

图 2-125 CRN 系列磁力驱动泵

（3）冷却液分配模块

针对液冷数据中心小型化、模块化的需求，格兰富可以根据需求实现完整的冷却液分配模块定制，模块高效智能，整机性能可靠，PUE值极低，节能效果明显。系统由水泵、控制系统、温度和压力传感器、流量计、换热器、过滤器、气压罐、壳体及管路阀门组成，适用于液冷数据中心提供标准冷却液分配模块或对冷却液分配模块定制化的相关需求。

**4. 蒸发冷却系统的解决方案**

格兰富针对蒸发冷却系统的解决方案主要采用高效的水泵，同时将变频系统、监

测测量系统、控制系统、智能通信系统完全整合在整泵电机中，实现了一体化的智能设计，全面覆盖蒸发冷输配需求，助力打造极低PUE值的数据中心系统。蒸发冷却系统及智能水泵分别如图 2-126 和图 2-127 所示。

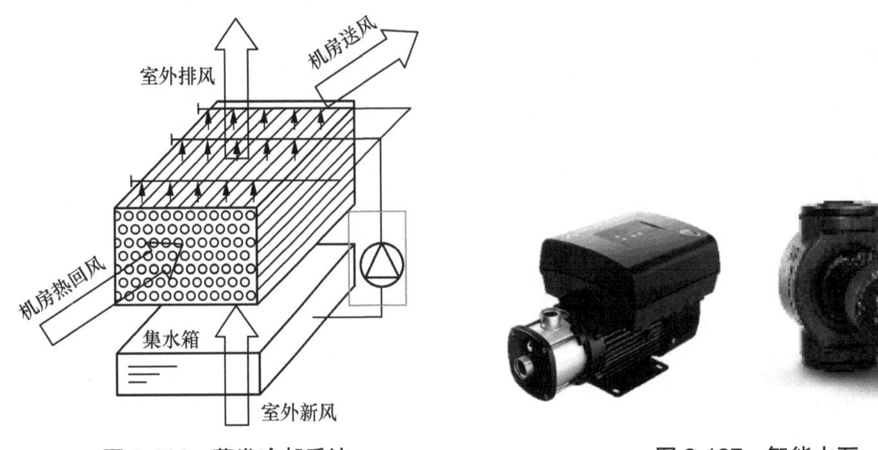


图 2-126　蒸发冷却系统

图 2-127　智能水泵

该方案广泛适用于各种蒸发冷凝装置及采用蒸发冷却技术、液冷技术的数据中心，其高效节能、低噪、安全，具有以下特点。

① 超高效 IE5 电机，自带变频调速功能。

② 电机与变频器集成一体式设计，具有完美的电磁兼容性，噪声低，寿命长。

③ 独特的曲线控制功能，最优化运行能耗，监测水泵性能。

④ 强大的控制及保护功能，满足多种通信协议，实现远程监控。

⑤ 通过 GRUNDFOS GO 数字化无线设置，结构紧凑，安装调试方便。

⑥ 参数范围：MAGNA3 流量≤ 70m$^3$/h，扬程≤ 18m。

**5. 格兰富数据中心高效输配系统解决方案应用案例**

（1）高质量水泵助力四川某数据中心可靠运行

该项目位于四川省某一线城市内，新建建筑 4 栋总建筑面积 4.6 万平方米，提供约 6500 台机架的装机能力。

格兰富为数据中心提供大型水泵和控制机柜，包括空调系统水泵、供水系统水泵和智能控制系统，以及卧式双吸泵LS系列、立式管道水泵TP系列、Nerene宁冉智能控制柜，高质量的水泵稳定可靠，节能效果明显。宁冉系列控制柜可提供灵活全面的标准化装配，为水泵和控制提供“一站式”服务。

（2）智能控制系统确保山东某数据中心绿色节能

该项目位于山东省境内，总建筑面积近 70 万平方米，总投资超 100 亿元人民币，机架数量超 1.4 万台。

优化水力设计及项目管理，采用高效的LS系列水泵及智能控制柜，提高水系统输送效率，降低运行能耗，从而降低数据中心的整体PUE值，实现了数据中心的绿色节能和可持续发展。宁冉控制柜、CUE变频器等电气设备的机电一体化系统解决方案，通过水泵的能耗优化控制技术及远程监控技术，实现了水泵设备的智能互联，降低维护成本。

（3）预制水利模块实现国外某数据中心快速安全交付

该数据中心位于国外某城市内，整体装机功率超过20MW容量，Tier III级别，分3个阶段建设完成。该数据中心整体采用异地建设、现场安装的方式进行，对前期方案匹配要求高、定制化强、工期短、安装空间小。对设备的可靠性及节能性均有极高的要求，同时需要完善设备就地智能控制及远程监控管理，确保可靠节能运行。

格兰富提供预制水利模块的整体解决方案，实现了水泵、控制柜、罐体、加药装置等的整体箱体内预制，并于工厂内实现组装和出厂检验，确保整个模块的高质量和精确的系统参数匹配，极大地降低数据中心的建设周期及运行效果；同时，应用格兰富泵撬系统及蒸发冷却系统的解决方案，真正实现节能与智慧互联。

**（技术依托单位：格兰富水泵（上海）有限公司）**

## 间接蒸发冷却技术节能应用及分析

### 1. 蒸发冷却技术的分类

蒸发冷却技术的分类见表 2-16。

**表2-16　蒸发冷却技术的分类**

| 分类 | | 说明 | 机组类别 | 图例 |
|---|---|---|---|---|
| 技术形式 | 直接蒸发冷却技术 | 空气与水直接接触进行热湿交换，产出介质与工作介质之间既存在热交换，又存在质交换，是一种以获取冷风或冷水的技术 | 1. 直接蒸发冷却新风机组<br>2. 传统冷却塔 | $t_g$　100%　$t_s$ |
| | 间接蒸发冷却技术 | 产出介质（空气或水）与工作介质（空气或水）间接接触，仅进行显热交换，而不进行质交换，是一种以获取冷风或冷水的技术 | 1. 间接蒸发冷却空调机组（AHU）<br>2. 闭式冷却塔 | $t_g$　100%　$t_1$ |

（续表）

| 分类 | | 说明 | 机组类别 | 图例 |
|---|---|---|---|---|
| 技术形式 | 间接复合直接蒸发冷却技术 | 通过间接蒸发复合直接蒸发的多级蒸发冷却过程，是一种以获取低于湿球温度的冷风或冷水的技术 | 1. 间接复合直接蒸发冷却空调机组（AHU、MAU）<br>2. 间接蒸发冷却冷水机组 | $t_g$ $t_s$ $t_1$ 100% |
| 产出介质 | 风侧蒸发冷却技术 | 是一种产出介质为冷风的技术 | 1. 直接蒸发冷却新风机组<br>2. 间接蒸发冷却空调机组（AHU）<br>3. 间接复合直接蒸发冷却空调机组（AHU、MAU） | — |
| | 水侧蒸发冷却技术 | 是一种产出介质为冷水的技术 | 1. 传统冷却塔<br>2. 闭式冷却塔<br>3. 间接蒸发冷却冷水机组 | — |

### 2. 蒸发冷却技术节能应用——存量机房改造方案

（1）风侧空调系统改造方案

① MAU机组。对于“干空气能”富足，干湿球温差大且室外空气品质高的地区，推荐使用蒸发冷却新风机组（MAU机组），包括直接蒸发冷却空调机组和间接复合直接蒸发冷却空调机组。上述机组全年有新风引入机房，寒冷季节为避免结露采用混风方式处理。

② AHU机组。对于“干空气能”富足，干湿球温差大但室外空气品质较差的地区，推荐使用AHU机组，包括间接蒸发冷却空调机组和间接—直接蒸发冷却空调机组。上述机组全年会有循环风送入，在极端高温高湿天气时，间接复合直接蒸发冷却空调机组会引入新风，但时长较短。

对于湿球温度较高，夏季高温高湿天气的地区，推荐使用复合间接蒸发冷却技术与压缩机制冷技术的AHU机组，以满足全年制冷需求。

（2）水侧空调系统改造方案

相较于传统冷却塔，采用间接蒸发冷却冷水机组或间接蒸发冷却一体化集成冷站改造空调系统，增加了间接蒸发预冷段，降低了进入填料空气的湿球温度。通过得到低于湿球温度（亚湿球温度）的冷水，能够延长自然冷却时长，降低机组能耗，达到节能的目的。水侧改造较为简单的方式之一是将间接蒸发冷却冷水机组替换成原有的冷却塔接入原空调系统。间接蒸发冷却水机组的出水温度低于传统冷却塔，一方面延长了自然冷却时长，另一方面能够带走更多的冷凝热，降低压缩机能耗，从而达到节能的目的。

（3）氟侧空调系统改造方案

对于不希望冷水、新风进入机房的改造工程，推荐采用间接蒸发冷凝改造的方案。该方案采用间接复合直接蒸发冷却技术，充分降低了冷凝器所处环境的温度。冷凝换热所需冷量既有显热交换，又有蒸发冷却潜热交换，且较低的冷凝温度提高了压缩机能效比，可以使空调系统节能运行。

#### 3. 蒸发冷却技术节能应用——新建机房/数据中心空调系统建设方案

（1）风侧空调系统建设方案

新建机房/数据中心也可以选择MAU机组、AHU机组进行空调系统的建设，选择的原则同存量机房改造，这里不再赘述。

（2）水侧空调系统建设方案

① 纯蒸技术。对于西北、华北、东北等全年极端湿球温度不超过27℃的地区，推荐采用间接蒸发冷却冷水机组或间接蒸发冷却一体化集成冷站作为冷源的空调系统进行全年制冷。

② 间接蒸发冷却复合机械制冷技术。对于南方等全年极端湿球温度大于27℃的地区，因单独利用蒸发冷却技术不能满足全年的制冷需求，推荐采用间接蒸发冷却复合机械制冷技术（例如，间接蒸发冷却冷水机组复合传统冷冻水系统）以实现全年制冷需求。

GB 50174—2017《数据中心设计规范》中规定机房送回风温度为18℃～27℃，间接蒸发冷却冷水机组的出水温度可以达到室外空气湿球温度以下，因此，以27℃作为初步选择方案中的湿球温度临界值来决定。

#### 4. 间接蒸发冷却冷水技术复合其他节能技术应用

（1）复合末端节能技术

末端侧的节能也是空调系统中保证节能率的一种措施，尤其是将蒸发冷却技术与末端节能技术进行复合，可以有效提高供回水温度，延长自然冷却时长，降低空调系统能耗，以达到目标PUE值。

目前，常见的末端节能技术有液冷技术、热管背板技术等，同时通过采用液气双通道、双盘管等来提高末端供水温度，达到节能的目的。

（2）复合传统机械制冷技术

在不能单独利用蒸发冷却实现温控的地区，可将间接蒸发冷却技术与机械制冷技术复合，能满足全年8760h的制冷要求。

（3）复合氟泵技术

将氟泵技术与间接蒸发冷却技术复合，或者将氟泵技术、间接蒸发冷却技术与末端节能技术加以复合，能够获得更长的自然冷却时间。

（4）蒸发冷却水氟换热技术（蒸发冷凝技术）

用更低温度的冷水充分降低冷凝器所处的环境温度，低的冷凝温度能够提高压缩机能效比，使空调系统节能运行。

（5）复合AI控制技术

通过空调负荷跟随特性预测机理仿真和冷源系统动态优化AI算法，可以实现数据中心的自主节能运行，达到节能目的。

综上所述，间接蒸发冷却冷水技术可以与多项节能技术复合应用，体现了间接蒸发冷却技术冷水技术万用冷源的属性。

**5. 典型应用案例**

（1）中国联通乌鲁木齐市某数据中心

该项目采用复合乙二醇自由冷却的间接蒸发冷却冷水机组为主用冷源、外冷式蒸发冷却新风机组为备份冷源、机房专用高温冷冻水空调机组为末端的集中式蒸发冷却空调系统，中国联通复合乙二醇自由冷却的间接蒸发冷却冷水机组如图 2-128 所示。该系统已安全运行 5 年多，全年可实现 100% 自然冷却。该项目是全球首个实现全年 100% 自然冷却的数据中心。2018 年 9 月，中国制冷空调工业协会组织专家组对该项目进行科学技术成果鉴定，鉴定结论显示：总体技术达到国际先进水平，其中，在采用内外强化复合换热技术，实现亚湿球温度冷水（风）方面和利用拓扑理论实现水侧蒸发冷、水冷和风侧复合蒸发冷及乙二醇自然冷工况的控制策略方面均达到国际领先水平。

图 2-128　中国联通复合乙二醇自由冷却的间接蒸发冷却冷水机组

（2）北京电信某数据中心

该项目为改造项目，原空调系统为传统水冷式冷冻水空调系统，改造方案采用间接蒸发冷却冷水机组代替原有冷却塔，北京电信间接蒸发冷却冷水机组如图 2-129 所示。该项目于 2021 年 6 月完成改造并交付使用，通过延长自然冷却时长和降低压缩机能耗实现全年节能，改造前数据中心的年均PUE值约为 1.45，改造后可实现年均PUE值为 1.29，空调系统节能率达 42% 以上。该项目是国内外首个采用蒸发冷却冷水系统节能改造方案的数据中心。

图 2-129　北京电信间接蒸发冷却冷水机组

（3）中国移动南方某数据中心

该项目采用间接蒸发冷却一体化集成冷站为主用冷源与液气双通道为制冷末端的集中式蒸发冷却空调系统，是高温高湿地区首个蒸发冷却冷水系统，中国移动间接蒸发冷却一体化集成冷站如图 2-130 所示。目前，该系统已安全运营 2 年，年均制冷系数可达 0.10，在高温高湿地区可实现全年自然冷却，对我国南方地区数据中心的节能具有示范意义。

图 2-130　中国移动间接蒸发冷却一体化集成冷站

（4）海南电信某数据中心

该项目的原空调系统采用传统风冷冷媒精密空调系统，改造方案采用间接蒸发冷却一体化集成冷站作为冷源对现有机房空调系统进行改造，集成冷站间由间接蒸发冷却冷水机组、压缩机冷水主机、水泵等设备组成，在机房侧将现有精密空调更换为高温冷冻水精密空调末端给机房进行制冷，海南电信间接蒸发冷却一体化集成冷站如图 2-131 所示。通过间接蒸发冷却技术应用，该项目实现约 1200h 的自然冷却应用，新建间接蒸发冷却冷水系统不考虑备份冗余，原空调不拆除，与新建空调系统进行联动控制，实现机房空调系统 2$N$备份，在提高机房安全供冷的基础上，实现最大程度的节能。

图 2-131　海南电信间接蒸发冷却一体化集成冷站

此次改造在室外设置了一台 400kW 的间接蒸发冷却一体化集成冷站，全年稳定地向机房提供冷冻水，室内新增 20 台高效冷冻水末端。该项目年均节能率可达 63% 以上，每年可节省电费 78.56 万元。

（5）唐山电信某数据中心

唐山电信某数据中心改造项目采用间接蒸发冷却水氟换热系统，原空调系统室外机全部布置于屋面，仅剩余小部分空地，无法满足新增机组放置需求。改造方案是将屋面风冷冷媒空调室外机部分全部拆除，采用间接蒸发冷却水氟换热机组进行替换。唐山电信间接蒸发冷却水氟换热机组如图 2-132 所示，该项目在节省空间的同时，不仅能够提高空调工作效率，而且能够提高系统整体的COP，实现双赢。

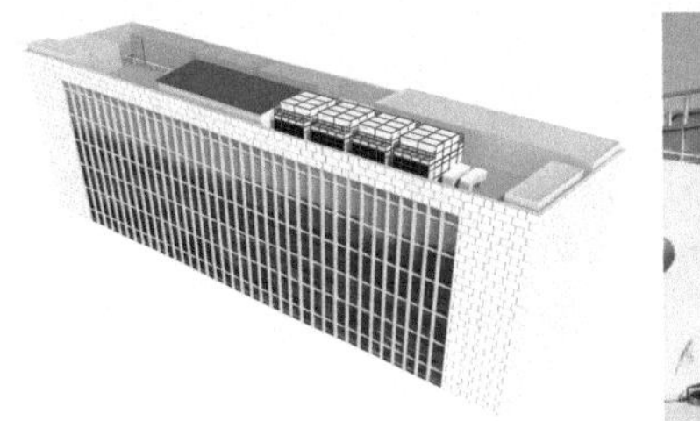

图 2-132　唐山电信间接蒸发冷却水氟换热机组

该项目采用 4 台 1050kW 间接蒸发冷却水氟换热机组，改造完成后，空调系统能耗大幅度降低，节能率达到 40% 以上，腾挪机房空间以配置新建机房的空调外机。

（技术依托单位：新疆华奕新能源科技有限公司）

## CobiNet 数据中心光铜混配布线方案的应用

### 1. 方案应用背景

在光进铜退的大环境趋势下，综合布线行业用的通信设备及网络产品也在不断更新换代，在布线机房中使用体积更小、密度更高的网络布线解决方案是客户关键诉求之一。

在广州广发银行数据中心项目上，CobiNet为客户定制了高密度光铜混配配线架的方案，成功解决了客户因数据中心空间小，机柜数量有限，点位较多，无法使用市场上标准产品的问题。

### 2. 方案研究设计

CobiNet设计了标准 19 英寸 1U 高度，可替换模块式光铜混配配线架，配线架带有 5 个可替换式插口，插口可以适配 24 芯MPO盒、12 芯MPO盒和 4 口 RJ45 模块盒，客户可以按照实际布线需求任意配合组装，避免了一个不满配光纤配线架占 1U和不满配铜网络配线架占 1U的情况，而且光铜混配配线架前端自带理线架，又避免了理线架单独占 1U的情况，大幅提高了机柜的空间利用率。

CobiNet设计的配线架如图 2-133 所示。

该解决方案在小型化高密度布线的数据机房，优势更加明显。

### 3. 现场的优化设计

经过CobiNet工程技术人员与现场施工人员的无缝对接，针对配线架安装的不同模块，以及机柜的不同功能。CobiNet工程技术人员为施工人员定制了塑封标签，贴在对应的列头柜、EDA柜和已经就位的内外线柜上，标签清晰明显，一目了然，现场施工进展顺利，布线井然有序，一次性通过了工程验收，业主方对现场进行勘察后也非常认可。

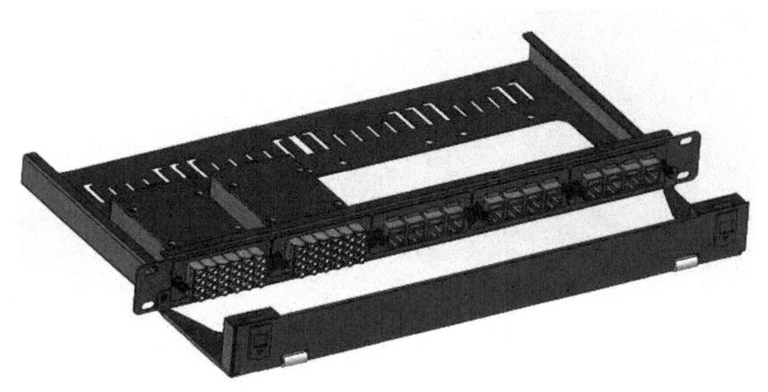

图 2-133 CobiNet 设计的配线架

配线架安装如图 2-134 所示。

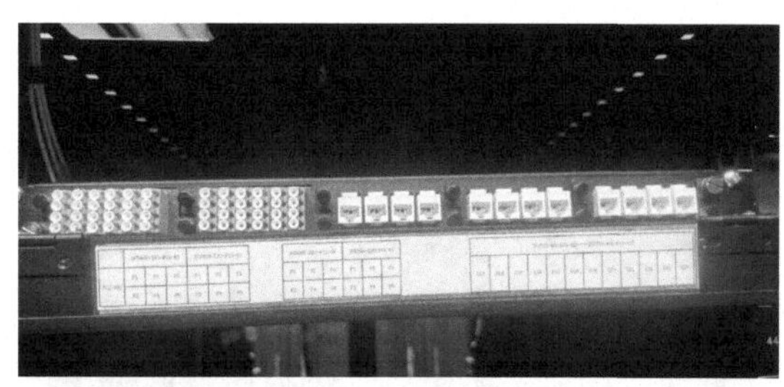

图 2-134 配线架安装

4. 发展方向

在综合布线行业，数据中心网络布线不仅对环境的要求非常高，而且对设备和产品的质量、稳定性都有很严格的要求。尤其是银行项目、物联网项目中的数据中心，产品的质量稳定性直接影响业务的收入。因此，相信综合布线在未来一定是朝着小型化、高密度、高稳定性、客户定制化的方向发展。

（技术依托单位：宁波科博通信技术有限公司）

## 双偏心蝶阀 / 在线修复技术的应用

### 1. 双偏心蝶阀在线修复技术原理

双偏心蝶阀在线修复是使用特制工具通过阀体侧面预留的堵头孔二次注入材料，

实现在线修复。以德森（DESN）为例，在线修复技术原理为：阀体与密封橡胶阀座之间留有一段槽，其通过注入液体特殊材料充盈阀座，经过一段时间后固化成型（黑色为密封橡胶，灰白色为特殊材料，蓝色为阀体）。双偏心蝶阀示意如图 2-135 所示。

图 2-135　双偏心蝶阀示意

2. 双偏心蝶阀在线修复技术的主要特点

该技术在不拆管的情况下，可对密封破损造成的漏水阀门实现二次修复，做到省时、省力、省成本；修复时，仅须关闭阀门，保持阀瓣的关闭状态，修复后需要进行自然固化，常温下至少固化 8 小时。

3. 双偏心蝶阀的适用场景

在大口径蝶阀（≥DN200）的使用环境中，可以使用双偏心蝶阀，特别是常闭型阀门，其选用效果远远优于中线型阀门。

4. 主要的节能效果

当阀门密封出现破损时，不需要拆管维修，做到省时、省力、省成本。双偏心阀门的扭力小于中线型阀门，其选用电动、气动原件时，可选型更低等级的产品，可节省用电、用气。当项目运行时，此阀门特性是水压越大，密封效果越好，无滴漏现象出现，可避免水资源的浪费。

5. 项目应用案例

中国移动呼和浩特数据中心二期工程于 2019 年 5 月启动。二期工程包括 5 个机楼，1 个交流展示中心，建设面积 12.6 万 $m^2$，投资额 18 亿元，中国移动呼和浩特数据中心为中国移动钻石五星级机房。二期工程数据中心拥有 8 座机楼，容纳量增加至 15000 台机架，设置 15 万台～20 万台服务器。

该项目水阀采用德森（DESN）阀门，DN300 及以上规格使用德森双偏心阀门。2022 年 3 月接到客户反馈，DN450 双偏心阀门出现泄漏，经售后人员现场评估为管道内杂质磨损割破了阀座。售后人员利用在线修复技术，在没有拆卸阀门的情况下，于 8 个小时内对阀座进行了修复，此技术带给用户的体验是省时、省力、省成本。据评估，双偏心阀门比中线型阀门在运行使用过程中平均节能约为 10%。

（技术依托单位：德森云阀科技（江苏）有限公司）

第 3 章

# 新型数据中心智能化管理平台

## 3.1 新型数据中心智能化管理平台总体框架

数据中心智能运维遵循“安全、稳定、可靠，快速、有序、有效，体验、效率、效益”的总体原则。数据中心智能运维框架如图 3-1 所示。

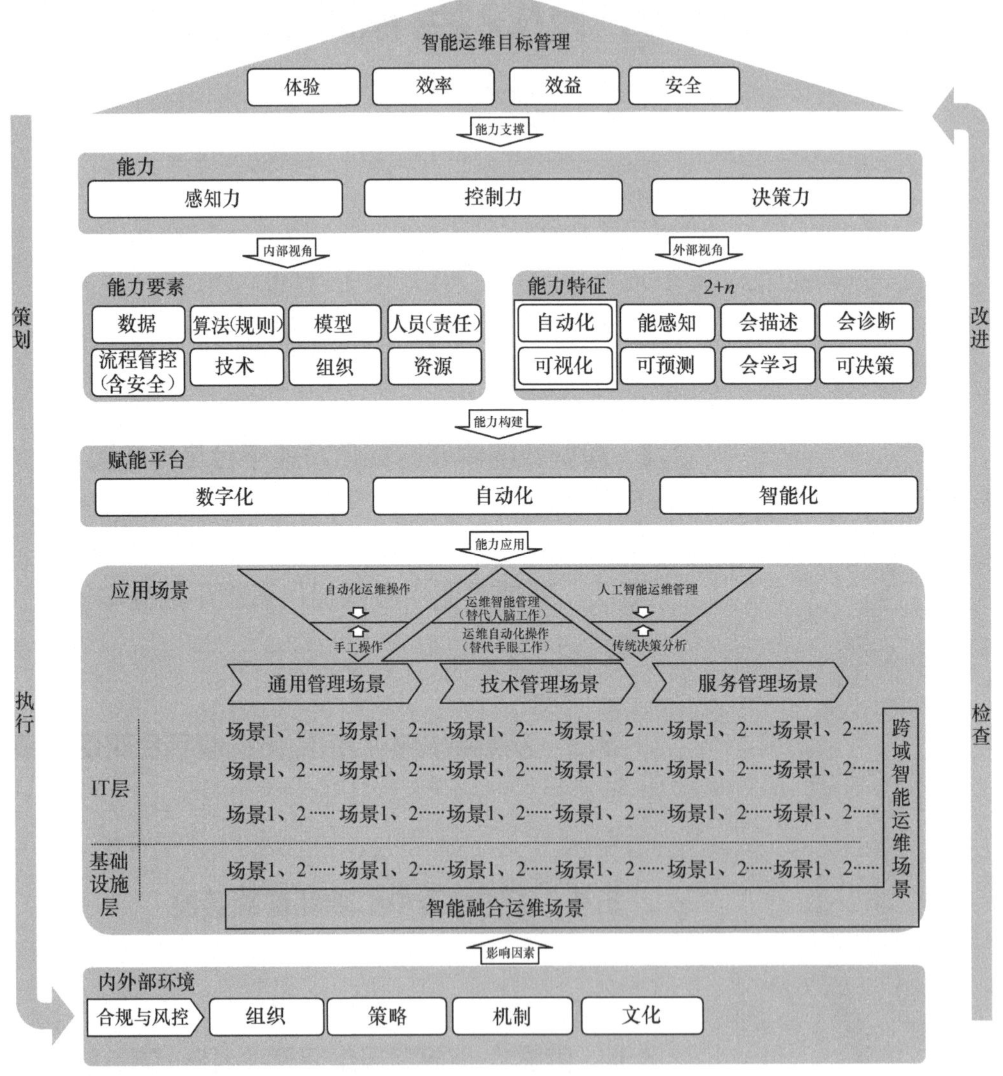


图 3-1 数据中心智能运维框架

1. 智能运维目标管理的总体要求

数据中心智能运维应围绕体验、效率、效益、安全设定具体的、可测量的、有达成的、相关的且有明确期限的目标。智能运维的目标可以依据组织智能运维管理的能力及成熟度进行分阶段设置，通过每个阶段目标的达成，最终实现数据中心智能运维体验、效率、效益、安全的统一和平衡。

2. 智能运维能力的总体要求

数据中心智能运维能力由感知力、控制力、决策力组成，能够有效支撑智能运维目标的实现。

3. 智能运维能力要素的总体要求

从智能运维能力的内部视角看，智能运维能力要素是驱动智能运维能力实现的元素集合，主要内容如下。

① 数据是指对信息的记录，是对信息的性质、状态及相互关系等的记载。运维数据是智能运维实现的基础，为保证智能运维实现预期的目标，数据中心应建立并维护相关的数据治理和数据管理体系。

② 算法（规则）是一系列解决问题的清晰指令，用系统的方法描述解决问题的策略、规则、机制，是智能运维相关知识的抽象体现。自动化运维、智能运维应设计针对具体的运维场景及目标的相应算法。

③ 模型是指数据中心运维对象和变量的某种适当组合，定性或定量地描述运维对象和各变量之间的相互关系或因果关系。变量可以来自业务需要、管理要求、其他运维对象的变化等。数据中心应设计智能运维模型，并建立验证机制以保证模型的正确性。

④ 人员（责任）是指自动化运维、智能化运维场景中对管理岗位和执行岗位人员的意识、能力、职责要求。数据中心应对全部运维人员进行意识、能力和职责的识别、定义和评价。

⑤ 流程管控（含安全）是指对智能运维过程一系列相互关联的活动的管控，通过流程管控实现智能运维的相关目标。在智能运维人机协作的场景中应明确定义自然人和机器人的运维角色与职责。

⑥ 技术是指与能力项活动执行相关的工具和平台。数据中心应统一设计智能运维平台以实现对自动化运维、智能运维各场景的赋能与支撑。

⑦ 组织是实现数据中心智能化运维的职能支持和保障。组织应建立支持数据中心智能化转型的治理结构和管理组织，明确智能运维组织的职责和要求，落实智能运维相关的策划、实施、运行、改进工作。

⑧ 资源是指与智能运维配套的人力、财力和物力方面的支撑。数据中心应通过有效的管理机制确保资源与智能运维目标相匹配。

4. 智能运维能力特征的总体要求

从智能运维能力的外部视角看，智能运维能力特征是指在不同场景下智能运维实现的程度和水平的外在表现。数据中心应通过能力特征设定智能化运维实现的阶段目标，逐步从初步智能化、部分智能化向高度智能化、整体智能化运维演进。自动化和可视化是智能化运维的两个基础特征，能感知、会描述、会诊断、会预测、会学习、可决策是智能运维能力的六大核心特征。

5. 赋能平台总体要求

① 数据中心应构建、维护、持续优化数据中心统一的赋能平台以实现智能化运维。

② 赋能平台应有效支撑运维数据与应用、平台资源、虚拟与物理资源、机房基础设施的智能管控，并涉及智能运维的规划设计、部署实施、例行管理、服务支持、服务交付、监督改进全生命周期。

③ 赋能平台应通过数字化、自动化、智能化等功能模块有效支撑数据中心智能运维的感知力、控制力、决策力。

④ 赋能平台应通过数据治理、数据管理提升感知力，实现运维管理数字化。

⑤ 赋能平台应通过构建自动化、可视化能力提升控制力，实现运维自动化。

⑥ 赋能平台应通过构建能感知、会描述、会预测、会学习、会诊断、可决策的能力实现运维智能化。

6. 应用场景总体要求

① 应逐步实现自动化运维代替人工运维，逐步通过人工智能运维管理代替传统运维决策分析。

② 应用场景应覆盖通用管理场景、技术管理场景、服务管理场景 3 类场景。

③ 应用场景应覆盖IT层和基础设施层。IT层包括数据与应用、平台资源、虚拟与物理资源 3 个层次。IT层对机房基础设施提出支撑要求，机房基础设施为IT层的正常工作提供支持。基础设施层包括机房基础设施。

④ 智能运维应覆盖跨不同运维层次、不同场景类型的运维场景，形成跨域智能运维场景。

⑤ 数据中心应逐步实现全场景融合的一体化智能运维，即智能融合运维。

7. 内外部环境总体要求

① 合规与风控：数据中心应持续识别对智能运维目标的优化和内外部环境变化的影响，通过适时调整组织、策略、机制、文化，确保数据中心智能运维能力持续满足要求。

② 组织：应建立支持数据中心智能化转型的治理结构和管理组织，明确智能运维组织的职责及要求，落实智能运维相关的策划、实施、运行、改进工作，有效支撑智能化运维工作的持续优化。

③ 策略：应明确数据中心智能运维能力建设的整体策略，并落实到对应的治理结构、管理组织、人员要求、技术实现、资源要求、管理机制、文化建设等方面。

④ 机制：针对智能运维能力要素之间的结构关系和运行方式，应建立并运行评价、指导、监控和沟通机制，以保证智能运维能力的管理与治理能有效满足需求。

⑤ 文化：应建立、培育、维护促进数据中心智能运维的精神文化，提升人员对智能运维和管理的认知、认可和认同，建设开放、共享、创新、持续改进的文化氛围。

## 3.2 新型数据中心智能化管理平台基本模块

### 3.2.1 智能化管理平台基本功能

1. 智能化管理平台功能架构

数据中心智能化管理平台是集成监控、巡检、自动作业和服务管理等多种系统的一体化智能管理平台，通过人工智能技术对这些系统进行控制，从而实现对机房运行情况的分析、对故障的预警，还具有自动控制、排除故障或隐患的功能。在运行过程中，该平台能够将监控系统、巡检系统、运维服务系统及自动化作业系统等信息收集起来，对这些信息进行集中存储和分析，对系统运行情况进行预判，并基于分析结果对各系统的运行进行调整或发出警报。

管理平台是数据中心基础设施的综合工具平台，一般包括数据中心运营管理（Data Center Operation Management，DCOM）平台、数据中心基础设施管理（Data Center Infrastructure Management，DCIM）平台、数据中心资产管理（Data Center Asset Management，DCAM）平台、数据中心可视化管理（Data Center Visualization Management，DCVM）平台。这些管理平台整合基础设施监控系统及安全防护系统，整合监控、资源资产及运维管理事务，可以实现资源优化配置，保障数据中心的灵活性与经济性。

（1）DCOM

DCOM面向运维团队的管理，整合监控、资源资产及运维服务管理，通过运维体系打造运维流程工具，提升运维效率。

（2）DCIM

DCIM面向基础设施的检测和控制，整合数据中心各基础设施监控系统，实现一体化检测和控制，事件的联动响应、告警的统一管理，基于设备能效与运行趋势分析，实现设备自动调整，注重基础设施的可用性、经济性、绿色节能。DCIM包含机房环境监控、IT设备物理特征监控等子系统模块，并通过数据的分析和聚合，使数据中心的运营效率最大化，提高各类业务应用系统的可靠性。机房环境监控包括场地环境、动力环境、安防环境等，IT设备物理特征监控包括温度、电压、风扇工作状态、电源状态等。

（3）DCAM

DCAM面向数据中心基础设施软硬件及其提供服务能力的管理工具，包含容量管理、IT资产管理等子系统模块。容量管理包括机柜U位容量管理、配电负荷容量管理、制冷容量管理等，IT资产管理包括全周期管理、资产盘点、配置管理、虚拟设备管理等。

（4）DCVM

DCVM呈现数据中心园区、楼宇、设备、设施、管路、桥架等实物的3D视图，也可以对机房环境的监测和分析、3D云图、智能调度多任务管理进行可视化，提供2D、3D可视化自动切换展现、自定义路线巡游、第一视角参观功能，具备数据洞察能力，通过数据分析、智能挖掘，可以在数据看板、自助视图表、可视化大屏等上面呈现数据价值。

2. 数据中心智能化管理平台主要功能模块

数据中心智能化管理平台主要功能模块见表3-1。

表3-1　数据中心智能化管理平台主要功能模块

| 模块名称 | 主要功能描述 |
| --- | --- |
| 资产管理 | 平台通过灵活可配置的流程管理引擎，结合自有的、可精确到U级的定位硬件，对数据中心内的IT资产及非IT资产提供功能全面、实用高效的全生命周期资产管理。通过对海量资产数据的挖掘和分析，为数据中心管理流程及运营成本的优化提供决策依据 |
| 容量管理 | 平台提供包含场地资源、空间、制冷、连接、承重等多个维度资源的检索、添加、删除、修改、导入、导出等操作，并可以多维度、多形式地展示多种图表 |
| 成本管理 | 数据中心成本维护、月度计算、预测、图表展示 |
| 供应商管理 | 供应商维护，与资产管理、运维管理联动 |
| 合同管理 | 采购、维保类型的合同管理，与资产库存管理、计划性运维管理联动 |
| 能耗管理 | 对外部采集设备、设施进行数据整合，通过算法计算出数据中心实时的PUE、CLF、PLF、WUE等能耗指标；对数据进行统计、分析，按照不同维度自动计算电量及PUE等数据；电价灵活配置支持电费成本计算；提供能耗指标趋势分析 |
| 3D可视化管理 | 数据中心园区、楼宇、设备、设施、管路、桥架等实物的能够3D呈现，包括2D、3D可视化自动切换展现、自定义路线巡游、第一视角参观功能 |
| 集中监控 | 通过可视化、图表等方式对数据中心内的全部资源及子系统进行集中管理；利用数据处理引擎对数据进行多维度的处理与分析；进行监控对象的统一管理、告警的集中呈现、多维信息融合、问题快速溯源、故障影响判断 |
| 运维管理 | 以IT IL4为设计蓝本实现了数据中心运维工单及流程的规范化管理，在支持事件管理、问题管理、变更管理等功能的同时提供值班管理、巡检管理、计划性运维、人员进出、设备进出等功能，并最终通过工单中心进行统一整合 |
| 数据洞察 | 数据分析，数据价值呈现包括数据看板、自助视图表、可视化大屏等 |
| 培训管理 | 培训资源管理及学习中心管理 |
| 系统管理 | 数据字典管理、业务设置、资产库管理 |

3. 数据中心智能化典型应用场景

数据中心智能运维或运营应用场景如图3-2所示。

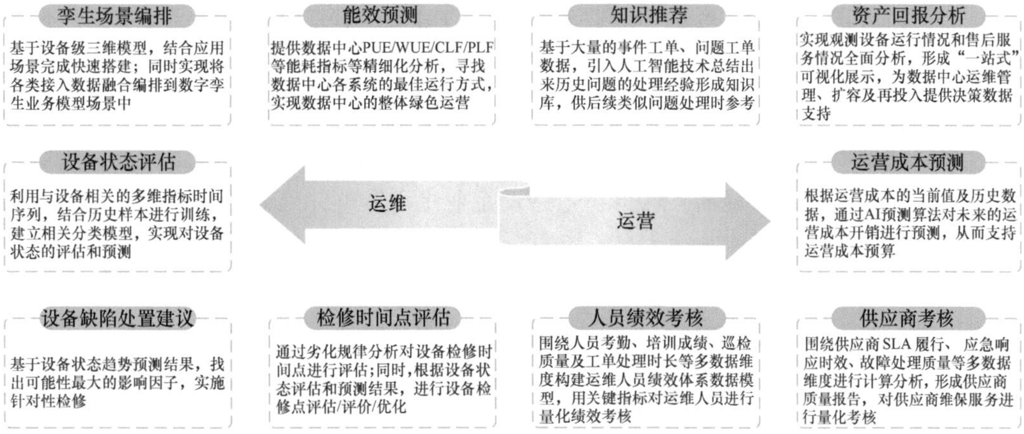

孪生场景编排
基于设备级三维模型，结合应用场景完成快速搭建；同时实现将各类接入数据融合编排到数字孪生业务模型场景中

能效预测
提供数据中心PUE/WUE/CLF/PLF等能耗指标等精细化分析，寻找数据中心各系统的最佳运行方式，实现数据中心的整体绿色运营

知识推荐
基于大量的事件工单、问题工单数据，引入人工智能技术总结出来历史问题的处理经验形成知识库，供后续类似问题处理时参考

资产回报分析
实现观测设备运行情况和售后服务情况全面分析，形成“一站式”可视化展示，为数据中心运维管理、扩容及再投入提供决策数据支持

设备状态评估
利用与设备相关的多维指标时间序列，结合历史样本进行训练，建立相关分类模型，实现对设备状态的评估和预测

运维

运营

运营成本预测
根据运营成本的当前值及历史数据，通过AI预测算法对未来的运营成本开销进行预测，从而支持运营成本预算

设备缺陷处置建议
基于设备状态趋势预测结果，找出可能性最大的影响因子，实施针对性检修

检修时间点评估
通过劣化规律分析对设备检修时间点进行评估；同时，根据设备状态评估和预测结果，进行设备检修点评估/评价/优化

人员绩效考核
围绕人员考勤、培训成绩、巡检质量及工单处理时长等多数据维度构建运维人员绩效体系数据模型，用关键指标对运维人员进行量化绩效考核

供应商考核
围绕供应商SLA履行、应急响应时效、故障处理质量等多数据维度进行计算分析，形成供应商质量报告，对供应商维保服务进行量化考核

图 3-2 数据中心智能运维或运营应用场景

### 3.2.2 DCIM

DCIM主要针对机房内的动力、环境、视频、消防、安防等设备进行监控，监控对象包括机房内配电、空调、UPS、漏水、烟感、门禁、视频、红外等基础设施。监控系统提供详细信息，可显示当前监控设备的实时状态和运行参数，并发送给DCOM，与DCOM协同确认是否产生告警及提供产生告警的信息，可进一步自动触发工单系统督促相关责任人进行快速处理，同时与DCVM协同，提供具备2D平面、2.5D鸟瞰、3D浸入式全景展示功能，并进一步提供数据中心容量管理、能耗管理等高级功能。

DCIM主要应用于能效管理、集中监控、应用性能监控、日志分析监控等场景。

1. 能效管理

电力价格在数据中心生命周期中占据很大的比重，同时也是总运营成本中一个不可忽视的组成部分。数据中心电力管理最有效的方法是充分利用工程概念和能源效率最佳实践。能效管理要从体系的全过程出发，遵循系统管理原理，通过实施一套完整的标准、规范，在组织内建立起一个完整有效的、可以形成文件的能源管理体系，注重建立和实施过程的控制，不断优化组织的活动、过程及其要素，通过例行节能监测、能源审计、能效对标、内部审核、组织能耗计量与测试、组织能量平衡统计、管理评审、自我评价、节能技改、节能考核等措施，不断提高能源管理体系持续改进的有效性，达到预期的能源消耗或使用目标。

2. 集中监控

基础设施集中监控系统是面向基础设施、IT设施和资源的一体化综合监控。重点聚焦于监控资源繁多、资源分布广泛、监控模式零散、开源工具使用复杂和问题定位困难等问题，实现对云平台、数据中心等环境中的网络设备、存储设备、服务器、操作系统、虚拟化、大数据、数据库、中间件、Web服务等状态指标采集、配置信息采集、监控、管理、可视化展示和综合分析，帮助用户在节省成本的情况下更好地保证资源正常运行。

3. 应用性能监控

应用性能监控系统通过主动监控终端用户真实体验及应用系统运行状态，实现针对业务系统的端到端性能监控与分析，帮助企业主动发现并处理业务应用各个环节的异常现象，确保应用系统能够达到预期的应用等级。

应用后端分析以应用及事务为监控对象，在响应用户请求的过程中监控执行过程、调用链路、响应耗时、响应状态、异常信息、缓存及数据库操作等性能指标。通过分析监控数据，IT人员可以快速掌握应用系统整体运行状态，包括吞吐率、平均响应耗时、错误率、缓慢率等，并可针对缓慢及异常情况进行快速诊断及定位，分析应用缓慢代码模块及详细异常信息。

4. 日志分析监控

日志分析监控系统基于大数据技术与智能算法来实现离散日志数据的统一采集、处理、存储与查询分析。日志分析监控系统已经与智能运维能力高度融合，包括动态基线、异常检测（基于动态基线、小波分析、自动阈值、自动推荐等算法）、智能故障预测、根因分析、智能合并（基于聚类算法）、知识工程（事件关联知识与推荐）等。日志分析监控系统与智能运维能力高度融合如图3-3所示。

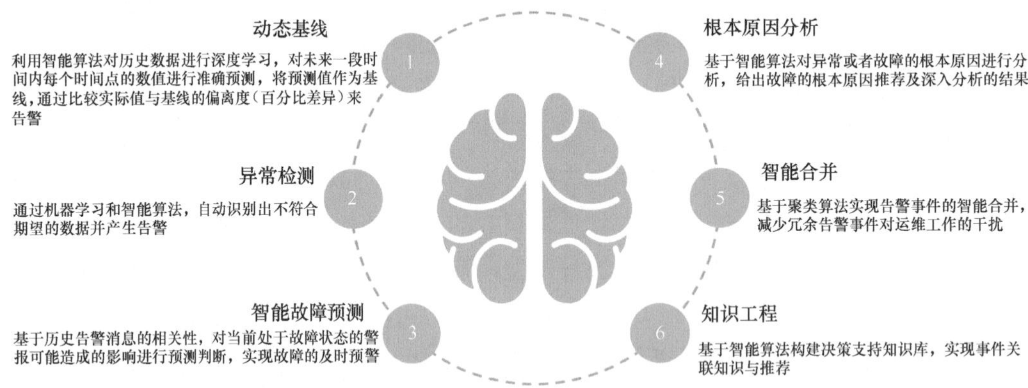


图3-3　日志分析监控系统与智能运维能力高度融合

日志分析监控系统一般支持日志检索、日志模式识别、日志可视化分析、日志智能告警、日志脱敏、日志关联查询等功能，可应用于统一日志管理、基于日志的运维监控与分析、调用链监控与追踪、安全审计与合规、各种业务分析等数字化运维和运营场景。

### 3.2.3 DCAM

DCAM集成RFID等技术，可以适应新一代数据中心的特点，针对数据中心各类设施设备、无形资产（软件许可等）及资源（例如空间、带宽、端口、容量、IP地址等）进行全过程、全生命周期的管理，并结合虚拟现实技术，实现浸入式全景的资产可视化跟踪管理。除数据中心应用外，DCAM还可以应用于企业IT设备、仓储等管理，有效解决了管理工具落后、管理范围狭隘等问题，提高了数据中心资源资产管理的自动化水平。RFID应用尤其适合管理高价值、高敏感性、可移动的设备。

DCAM可以应用于资产台账、全生命周期管理、资产盘点、资产维保、自动化管理等场景。资产台账能够统一维护配置资产信息属性、资产状态机、资源类型、合同项目等数据。全生命周期管理贯穿资产入库、领用、维修、退库到报废的整个生命周期。平台提供的管理流程包括资产生命周期中的各环节，支持资产生命周期的灵活配置。资产盘点是指定期或临时对库存商品的实际数量进行清点作业，对机房现有物品的实际数量与系统记录的数量进行核对，以准确掌握库存数量。资产维保是指可维护资产的维保时间，设置维保到期提醒，维保到期后可设置延长维保时间。自动化管理通过物联网技术部署RFID硬件设备，可以实现对设备位置信息的实时采集、精准定位、自动盘点等功能，使资产管理的日常工作效率得到极大的提升。

通过DCAM做容量规划，可以实现对空间、电力、制冷、承重的多维度容量精细化监测，直观展示容量使用状态与趋势，辅助IT资产部署与容量扩容决策。

1. 资产管理要求

资产管理系统是对数据中心的IT资产进行全面标识，实现了IT资产生命周期和使用状态的全程定位和跟踪；提供丰富的统计分析图表及可视化展现辅助决策；提供可定制化的变更管理流程，所有资产变动均得到授权许可并有据可查。数据中心资产包括所有数据中心管辖范围内的以物理或逻辑方式存在的IT设备、基础设施、产品服务等对企业具有经济价值的资源。

数据中心资产管理的核心目的是提高资产管理工作绩效，实现对资产管理的规范、精准、方便、可控等目标。建立以资产为中心的管理方式，查询与当前资产相关的信息，例如资产的配置、分类、原值、库存、状态、申领发放记录、转交记录、调拨记录、维修报损报废记录、要素变更记录等信息，从目录可以查询到业务发生的审批及讨论意见，整个资产的使用过程透明可见。

数据中心资产管理系统的应用需要做到规范性、全面性，严格遵照国家、行业有关IT设备管理制度的要求，制定规范的体系结构、业务流程、管理信息项。任何一项资产增（减）业务须由一个或多个管理角色参与完成，同时提供事中的实时控制和事前的前馈控制功能。

2. 资产台账管理

资产台账管理包括对固定资产、无形资产、库存、资产视图等的管理，并支持用户自定义资产管理。

① 固定资产管理针对数据中心内IT设备进行基础数据的维护与管理。固定资产管理相关功能包括对固定资产的单个或批量查看、新增、编辑、删除、添加标签、信息导出等。

② 无形资产管理支持对无形资产进行统计管理，例如应用软件、支撑软件、基础软件、软件授权等。无形资产管理相关功能包括对无形资产的单个或批量查看、新增、编辑、删除、添加标签、信息导出等。

③ 库存管理针对数据中心的固定资产库存进行管理，支持仓库分类树管理模式，并提供库存设备列表。库存管理相关功能包括筛选分类信息、筛选库存信息、查看库存信息、修改库存记录等。

④ 资产视图可以对数据中心资产的整体情况进行统计视图呈现。资产视图相关功能包括资产分类管理、资产统计视图、资产生命周期视图管理等。

⑤ 自定义资产管理。系统支持自定义资产分类，每种资产分类均可以进行对应的资产实例维护管理。平台为自定义资产分类与资产实例提供标准化的管理功能，包括对资产的单个或批量查看、新增、编辑、删除、添加标签、信息导出等。

3. 资产管理流程

（1）资产生命周期流程定义与发布

用户可灵活自定义资产生命周期流程，包括以下6个方面。

① 流程基本设置：定义流程名称、流程类型、流程图标、工单编号前缀、是否允许被外部调用、描述、流程分组、发布到服务目录。

② 流程表单设计：通过图形化方式定义流程表单详细内容，支持各类表单字段类型，支持指定一个或多个关联模型。

③ 流程环节设置：支持以拖曳方式构建流程，包括开始事件、结束事件、用户任务、同步子流程、异步子流程、单一网关、并行网关等及其权限设置。

④ 任务节点处理方式设置：支持对每个流程环节进行设置，包括处理方式、指派方式、选择字段、转派范围、权限设置等。根据不同节点的处理方式、指派方式，相关配置项相应改变。

⑤ 网关节点设置：配置网关执行使用的判断条件且可以灵活组合。

⑥ 其他设置：动态表单、流程自动化、权限管理、VIP设置、服务级别协议、表单模板设置等。

（2）服务目录管理

平台支持为数据中心资产生命周期管理发布服务目录，通过服务目录呈现相关流程入口。用户可以通过订阅服务目录发起流程，通过收藏常用流程提升工作效率。系统内置采购、入库、出库、上架、上线、下线、下架、清理八大基本流程，用户可以根据业务需要进行流程设计。

（3）资产全流程管理

平台通过对资产生命周期（包括采购、入库、出库、上架、上线、下线、下架、清理）进行管理，来保证资产发挥价值，同时为资产领用、调拨、报废、盘点、预警提醒等场景赋能。

4. 资产容量管理

数据中心的容量主要包括空间、电力、制冷和网络等。只有这些指标同时可用时，对应的数据中心容量才是可用的。

数据中心生命周期与容量的关系如图 3-4 所示，其中，虚线表示设计容量增长的状况，实线表示实际容量增长的过程。这是由实际业务增长对容量的需求与前期设计规划存在偏差引起的。虽然数据中心的容量不可能达到 100%，但如果在生命周期中进行了有效的容量管理，则可以最大限度地提高容量的利用率，减少损失。

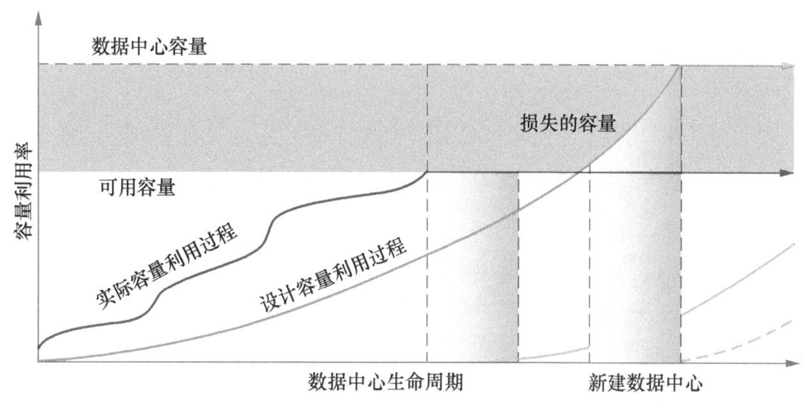


图 3-4 数据中心生命周期与容量关系

IT 设备部署需要综合考虑场地的支撑能力，以及 IT 设备的扩容估算。未来数据中心在 IT 设备部署方面，应主要着重考虑整体观、高可靠性、标准化、灵活性、可实施性、可维护性、美观性等，以有效利用数据中心的机柜空间。

5. 资产连接管理

资产连接系统能够利用设备定位信息和动环监控系统信息建立设备配电信息关联，能够准确标识计算机设备供电的 PDU 接口、配电柜、UPS、变压器、发电机、高压开关柜、接入市电等信息，形成动态供配电拓扑结构，明确各配电柜、母排、UPS 机组、变压器、柴油机容量信息及机房配电结构拓扑中各节点的容量信息。

DCAM 系统不仅能收集和汇总来自 IT 和基础设施的尽可能多的数据，还能重组这些零散、无序的数据，并找到数据与数据之间的关系，把数据变成有用的信息，有效地管理和利用这些信息，使数据中心管理人员更加清楚地了解设备之间的相互关系。相互关系的核心是量化两个数据值之间的数理关系。相互关系强是指当一个数据值增加时，另一个数据值也会随之增加。例如，当数据中心服务器、存储设备不断增加时，强电PDU和UPS的负荷也会不断增加，局部和整体温度不断上升等。

建立在连接管理和相互关系引擎之上的分析、模拟和预测是DCAM的核心之一。因此，连接性信息管理是体现相互关系和分析引擎的基础和关键。准确精细的连接性信息把数据中心的管理提升到一个全新的阶段。数据中心核心系统的管理人员不必再依靠猜测，而是凭借设备间准确细致的连接性、相互关系信息和强大的数据分析预测引擎来做出最合适的判断决定。

业务系统通过网关和公网或主干网上的其他网关连接，每个网关管理局域网中所有的控制器，控制器控制本组中的识别器、电子配线架及RFID跳线。业务系统通过网关和分布在各个LAN中的控制器安全可靠通过，实现跨区域的智能布线管理。运维人员可以快速发现和定位IT设备与机电设备之间的可视化和组态化问题，实时了解关键路径的运行状态。

6. 资产数据管理

（1）资产库管理

系统内置一套完整的设备、设施及配件模型库，无须额外录入即可自动关联相关信息，目前积累信息库条目已超过万条，其中包含品牌、型号、尺寸、规格、重量、能耗、端口数量等相关信息，用户也可以根据自己的需求对模型库进行设备的添加、删除与修改。平台支持资产库管理功能，包括筛选、新增、编辑、删除资产库操作及查看详细信息等。

（2）资产标签管理

系统可自定义标签编码规则，并自动分配给不同类别的设备，管理条码的使用量及剩余量。分类标签编码规则可随时在多个规则间进行切换，系统自动识别规则并进行标签条码的分配。系统支持智能标签标识编码的规则创建，以及实现编码的自动生成、编辑及打印，并可以在系统中实现逐级可视化展现。

### 3.2.4 DCOM

DCOM一般以ITSS、ITIL、ISO20000等服务管理最佳实践为理论基础，结合数据中心的运维特点，参考Uptime M&O体系，以配置管理数据库（Configuration Management DateBase，CMDB）为核心，构建业务完整、流程规范的运维服务管理体系；实现数据中心日常运维工作的电子化、规范化、流程化、自动化，使数据中心管理者能够追踪运维工作的处理进展，考核员工的工作绩效，统筹全局；提高运维工作效率，加强运维绩效管理；缩短故障响应时间，降低业务操作风险；提升运维服务水平，增加用户满意度；明确账号权限控制，降低越权执行风险。DCOM一般以大数据和人工智能技术为支撑，适应企业数字化转型中新的业务发展与IT架构的特点，对数据中心各类要素（人、物、财）进行科学的组织管理，合理调配人力资源，有效管理信息化软硬件，提高运维管理工作水平，提升运维整体效能。

DCOM流程可以支撑数据中心运维和运营，主要应用于工单管理、日常任务管理、排班管理、配置管理等场景。工单管理包括事件管理、变更管理、问题管理，并与配置管理中的相应配置项进行关联，进行工单处理流程流转。日常任务管理能根据用户要求制定日常任务计划，包括巡检和维护管理，通过系统、移动App实现计划、审批、工单、巡检记录、操作手册等各类文档的电子化，并能够根据值班计划在指定时间向相关人员发送通知。排班管理具备排班与录入交接班记录功能，实现记录统计和查询功能。配置管理用于记录提供运维服务对象的相关配置信息，与所有运维流程紧密相连，支持这些流程的运转，同时依赖于相关流程保证数据的准确性。

1. 值班管理

（1）值班日历

值班日历内显示本月值班人员的值班计划、值班人员日常工作内容记录、交接班总结记录、值班统计，能够保证值班人员的值班质量，实现值班人员排班计划，以及重大节日或重保期间的值班人员的调整，加强数据中心安全运维。

（2）值班排班

实现数据中心值班管理人员对不同分组人员的排班计划管理。快速创建值班表，按规律快速复制生成值班表，并可以修改完善，也能通过日历直观展示值班表信息。

（3）值班调班

实现对现有值班计划进行二次调班，调班之后关联巡检管理功能，自动对巡检工单进行修改并同步更新。

（4）值班统计

对数据中心值班人员签到、请假等情况进行统计，包括应出勤天数、实际出勤天数、请假天数等信息，并能够对统计信息进行统一展示和分类查询。

2. 巡检管理

系统可实现对机房巡检的管理，用户可自定义巡检模板，将巡检模板以工单派发的形式下发给不同职权的维护人员，维护人员根据不同岗位职责对机房进行例行巡检，并且根据巡检工单的巡查内容与结果，统计生成各项巡检指标（例如异常率、故障率及合格率等）。

（1）巡检记录管理

平台支持对巡检记录的筛选，筛选条件包括计划创建时间（开始日期、结束日期）、巡检计划名称；平台支持筛选异常状态的巡检记录；支持巡检详情展示，对已完成的巡检任务详情进行查看，包括每个巡检对象的巡检结果反馈；支持过滤状态异常的巡检对象。

（2）巡检项配置

平台支持通过设备类型名称筛选待配置巡检项，快速定位配置目标；支持为不同的巡检设备类型设定独立的巡检项（巡检记录内容）。

（3）巡检计划配置

平台支持通过名称筛选巡检计划；支持新建巡检计划，设置巡检计划名称、标准化巡检流程、巡检时间窗口（支持配置多个巡检时间）；支持为巡检计划添加巡检对象；支持通过巡检对象类型、巡检对象名称进行快速筛选；支持从巡检计划中删除巡检对象；支持编辑已有巡检计划，包括计划基本信息及计划关联的巡检对象；支持删除已有的巡检计划。

3. 计划性运维

计划性运维包括计划性运维日历、维保型计划性运维管理和自修型计划性运维管理。

（1）计划性运维日历

计划性运维日历实现在系统内以全年的视图制定基础设施维保及演练计划，以不同的颜色区分展示计划的执行情况，系统自动提前给相关专业工程师发送待办计划提醒。系统可对维护计划内容进行详细的记录与查询；支持以列表或日历的形式进行展示；支持日历筛选，筛选条件包括日期范围、计划信息属性、实施人员、名称等，也支持根据计划类型（维保、自修）进行筛选；支持查看计划详情，包括计划基本信息、计划关联的运维对象；支持对特定运维对象的运维记录进行查看等。

（2）维保型计划性运维管理

维保型计划性运维管理一般由第三方公司负责计划性运维工作，定期对数据中心设备进行合同规定的维护保养动作，主要包括维护保养计划管理、维护保养实施、设备维护记录等。

（3）自修型计划性运维管理

自修型计划性运维管理由用户的员工负责计划性运维工作，以完成对数据中心设备定期维护保养，包括自修型计划管理、自修型计划实施、设备维护记录等。

4. 事件管理

事件管理是负责管理所有事件生命周期的过程，是监控管理的基础。事件可以通过多种来源发起，包括但不限于告警信息、巡检发现、健康检查发现、人工填写等手段；事件管理包括事件流程的发起、审批、执行、关单等操作，能够对各个环节的处理内容及时间进行记录，实现事件工单可追溯、可查询。事件管理的目的是尽快恢复服务，避免造成业务中断，把业务的负面影响降到最低，以确保服务质量和可用性满足商定的符合SLA中定义的正常服务级别。

事件管理的主要任务是及时识别和创建事件，通过事件分类和调查分析，发现引起事件的原因，完成事件处理并恢复服务，在这个过程中跟踪和监管所有事件的解决过程，并随时进行沟通。事件管理的时效性将直接影响整个企业的服务质量和整体运营状况。

事件管理活动的关键点包括事件识别和创建、事件处理与分析、事件升级、事件关闭等。事件管理流程如图 3-5 所示。

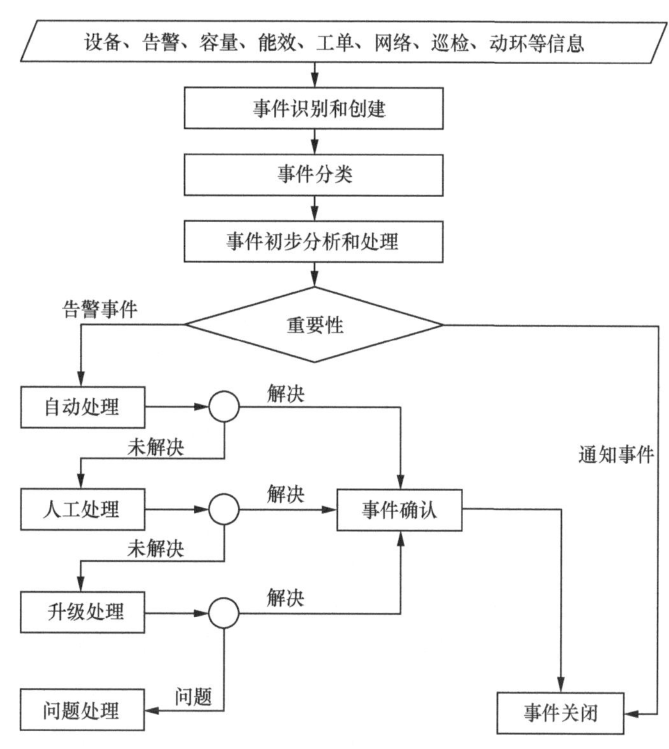


图 3-5　事件管理流程

5. 告警管理

系统可对监控的数据及开关的状态进行管理，可查询相关告警信息及历史告警信息，通过短信和邮件的方式通知给指定的机房管理人员处理。

事件管理可以根据事件的类型、状态、影响度、紧急度、优先级及 SLA 等对不同类型的事件进行编码，向用户提供建议来解决或处理问题。

事件管理按重要性对事件进行分级管理，通常设为 1 ～ 4 级报警，等级越高，处理优先级越高。决定事件级别的要素主要有 3 个，分别是影响度、紧急度和处理优先级。影响度是指就所影响的用户或业务影响而言，事件偏离正常服务级别的程度；紧急度是在解决故障时，对用户或业务来说可接受的延误时间；优先级是根据影响度和紧急度决定处理事件和问题的先后顺序。

数据中心的不同等级一般用不同的颜色表示（从高到低默认颜色为红、橙、黄、蓝）。引起关键基础设施系统退出服务导致核心业务退服的告警定义为一级告警（ITIL

的定义，关键服务中断，影响SLA的达成）；可能对关键基础设施系统招采整体退出服务或运行性能下降的告警定义为二级告警（ITIL的定义，关键服务组件出现故障，导致不满足冗余条件或服务水平下降，有潜在影响SLA的可能性）；基础设施中发生的部件故障不影响设备整体运行性能的告警定义为三级告警（ITIL的定义，非关键服务组件故障，不影响SLA的达成）；不影响业务的维护提示性告警信息，需要在规定的时间内进行检修的告警定义为四级告警（ITIL的定义，非关键服务的质量下降，造成轻微影响或影响可以忽略）。

系统对告警的处理一般包括支持告警生成和解除、告警分级、告警列表、告警确认、告警备注、告警策略、告警升级、定时发送等功能。

6. 故障管理

系统具备基于ISO20000 IT服务管理体系的故障及维修处理，故障设备或设施能够关联合同和供应商功能，支持在发起故障时，提供设备的相关合同和供应商信息，以及供应商对应的联系人姓名和电话信息。故障处理过程支持手工签名，并能够按照特定的模板打印，便于统计或审计。

7. 问题管理

记录与跟踪基础设施风险问题，问题管理应具备问题类别的区分、详细描述的记录，以及问题解决人的记录，支持问题当前状态的标识，能够实现问题的发起、解决反馈等流程环节的审批。

记录与跟踪审计发现的信息安全问题，可记录详细的问题及当前状态，方便管理人员及时对问题进行跟踪和处理。

对季度或其他设施定期检查、跟踪管理内外部审计问题、跟踪管理基础设施风险问题。

8. 变更管理

变更管理的目标即规范数据中心各类变更活动的管理，消除或降低变更风险，减少变更对生产运行的影响，保障各系统的安全、稳定运行。基础设施类的变更表现形式为电力系统、暖通系统、布线系统、安防弱电系统、消防系统、机房温/湿度等对象的检修和维护操作，数据中心的容灾演练和搬迁也属于变更的范畴。

根据变更操作对数据中心业务的影响，将变更操作分为重大变更、较大变更、标准变更和紧急变更。变更操作类型及说明见表3-2。

表3-2 变更操作类型及说明

| 变更类型 | 变更说明 |
| --- | --- |
| 重大变更 | 变更风险高，可能影响一个或多个关键服务中断，可能影响一个或多个用户服务中断，从而违反SLA（第三方数据中心）。影响多用户的配电柜以上电路改造，例如，列头柜、UPS的新增、迁移及市电电路改造等 |

（续表）

| 变更类型 | 变更说明 |
| --- | --- |
| 较大变更 | 变更风险中等可控，可能影响一个或多个关键服务，可能导致服务质量下降或者非关键服务中断，从而影响SLA的履行。例如，单个机柜电路的带电改造，需要在带电条件下实施机柜接入电路、接地、PDU等的调整；再如，机房已投产的弱电系统改造（消防系统、CCTV系统、门禁系统等） |
| 标准变更 | 变更风险可控，不影响服务的正常提供，例如，服务器的上架、下架、迁移，直流电源模块的增加，空调备机的检测等 |
| 紧急变更 | 紧急变更是指为迅速恢复服务或降低当前故障的影响范围而需要紧急实施的变更。一般情况下，仅限于因事件引发的服务中断，这需尽可能得到快速处理的变更，例如，当BA发生故障时，紧急启动冷机等 |

数据中心变更控制的关键点包括变更计划、变更回退预案、变更审核、变更窗口、变更前导时间、变更通知策略等。每次变更必须保证空间、电力、冷却和其他因素同时满足。还要对每次变更进行记录，包括日期、时间、设备功能描述、变更原因、变更结果等信息。变更管理流程如图 3-6 所示。

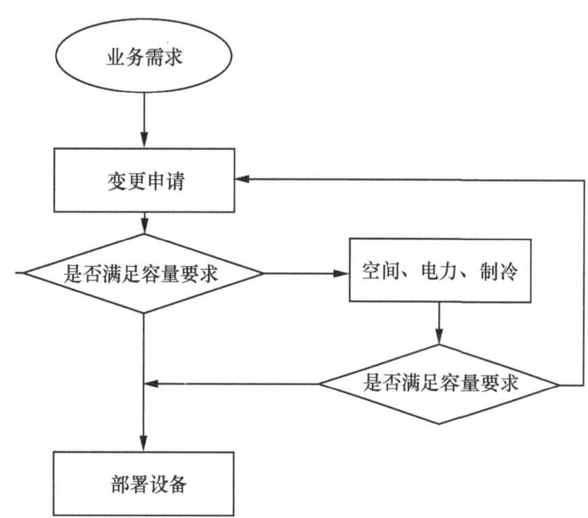


图 3-6　变更管理流程示意

9. 人员进出管理

系统具备内外部人员出入数据中心登记与审批功能，能够登记进入的厂商信息、身份信息、工作内容、进入区域、携带工具、进入时长等，支持流程审批，并且支持统计每日进出机房人员的数量和次数，实现对人员进出机房的规范化管理。

10. 设备进出管理

按照设备进出管理的流程，规范设备进出机房过程的管理制度，实现设备进出机房的过程监控，并同步资产信息。

11. 智能陪同管理

系统使用Wi-Fi或4G/5G对接平台，以实现数据和图像的实时传输。系统支持有线和无线传输，将视频回传至平台。平台实时展示远程图像画面，以实现远程陪同和指导。智能陪同管理示意如图 3-7 所示。

图 3-7　智能陪同管理示意

12. 成本管理

平台通过在资产管理中加入财务属性及在能耗管理中加入电费计算来对资产折旧、资产消耗、电费等进行核算，从而简化财务人员的工作量，反映准确的运行成本。

① 成本视图。成本管理管控公司各项支出资金，方便管理人员进行成本计算。平台支持对企业不同成本类型进行统计，并以柱状图的方式等直观展示不同时间周期的成本，成本类型包括人员薪酬、固定资产折旧、无形资产摊销、电费及其他费用等；支持设定成本查看周期（年份）；支持复选成本类型进行成本筛选。

② 成本详情。支持对统计周期内的成本详情进行多级列表展示；支持按年度进行汇聚，也支持按照月度展示成本状况；按照总成本及各成本类型分别展示当前值，以及对应成本的同比、环比情况。

③ 成本预测。平台支持通过 AI 预测算法对未来一段时间内的成本开销进行预测，并统计展示。

④ 成本录入。平台支持对已计算的成本进行人工校准，可被校准的成本类型包括人员薪酬、其他费用等。

13. 合同管理

合同管理是资产全生命周期管理中的一环，如果在资产管理时不考虑采购环节，则会造成资产生命周期管理的缺失，不利于企业控制成本和发挥资产的最大价值。

平台在合同管理方面提供以下能力。

① 查看合同详情。展示合同相关的属性信息，包括默认属性（包括管理条线、合同类型、服务商等重要信息）、详细信息（包括合同执行过程主要时间点、维保期限、

考评记录、资金执行信息等）、合同标的明细列表（包括资产类型、数量、服务等级、资产实例等）、服务人员信息列表。

② 对合同信息全生命周期管理，包括新增、筛选、编辑、删除、导入、导出合同信息及批量操作合同属性信息等。

14. 供应商管理

供应商管理是资产全生命周期管理中的一环，如果在资产管理时不考虑采购环节，则会造成资产生命周期管理的缺失，不利于企业控制成本和发挥资产的最大价值。用户可以通过对供应商的维护响应时长、服务品质监控，对供应商进行管理考核。

平台对供应商管理方面提供以下支持。

① 查看供应商详情。展示供应商相关的属性信息，包括默认属性、考核信息、备件报告、约谈记录、其他附件、支持人员信息；展示供应商相关联的信息，支持查看供应商信息变更历史、回溯查看，查看供应商信息关联工单信息等。

② 对供应商信息全生命周期管理，包括新增、筛选、编辑、删除、导入、导出供应商信息及批量操作供应商数据。

15. 移动运维App

系统应支持移动运维App，实现在移动端完成日常运维工作，移动运维App包括以下功能：支持对故障设备进行保修，支持人工派发工单，设定巡检计划、填写巡检记录，设置维保期限，自动发送过保通知，推送监控系统的实时告警等。移动运维App示意如图3-8所示。

图 3-8　移动运维 App 示意

16. 知识管理

（1）学习中心管理

平台支持“一站式”培训，在员工入职时从工作台自动推送入职培训内容，从而提升员工技能，降低培训成本。平台对管理员上传课程执行统一定义管理，支持课程概览、学习数据、个人任务的展示及课程筛选等操作；支持课程筛选，按照学习状态（全部、已学习、未学习）、课程名称进行课程筛选，并进一步查看课程详情。

（2）培训资料管理

平台通过文档管理、知识录入模板等功能，帮助企业员工自动沉淀知识，并在运维中随用随查，从而实现知识的沉淀及知识价值的最大化。平台支持对员工所需学习的课程、题库、课程资料进行统一定义管理，支持课程分类分级、课程列表的展示及课程筛选、新建、编辑、导出等操作。

### 3.2.5 DCVM

DCVM是集3D建模、场景仿真、多系统交互、数据查询分析、故障智能预测于一体的可视化数据中心管理软件。为用户提供"所见即所用"的使用体验，通过可视化方式降低使用门槛，提升管理水平，实现对数据中心的运营。

DCVM主要应用于环境、资源、管线、温场等场景的可视化。环境可视化利用可视化技术建立与实际数据中心环境完全一致的3D虚拟环境，可以在3D场景中呈现园区环境、数据中心楼宇、机房布局、设备摆放，对任意信息均可以利用可视化技术进行表达。资源可视化以3D可视化形式对资产进行建模，直接点击相应的设备即可查看设备的资产信息和监控实时运行参数、工作状态。管线可视化以3D可视化形式直观呈现链路或管道连接，呈现配电或暖通的信息，实现供配电设备的上游设备告警溯源及下游设备的影响力分析。温场可视化以温度云图形式表达数据中心温度分布状况，直观看出机房内部的热点变化和潜在风险，支持多层温度云图功能，保证机房内IT设备的安全运行。智能告警处置可以统一多个离散工具的告警，通过人工或智能方式设定阈值，自动预警、告警。统一展示可以对机房进行低代码、全方位建模，统一展示多维信息，实现数字孪生。

通过数据洞察，再可视化展示，DCVM可以实现以下两个功能。

① 透视业务的运维场景。清晰掌握有效信息，实现立体式、透明化的新一代数据中心管理。大幅提升信息交互效率，降低时间损耗，有效增强整体信息管控力。提供可视化的3D虚拟编辑器，快速高效地调整3D场景的设备摆放。为IoT管理提供便捷，广泛应用于智慧楼宇、智能制造等领域。

② 助力明智的决策分析。着眼于全局运营视角，以数据分析为基础构建可以跟踪的运营体系。聚焦IoT和数据中心架构管理，规避单点故障，提升管理的认知效率。通过CEP算法结合应用间的关系实现故障根源定位，快速完成故障诊断。

1. 数据洞察

（1）综合报表

系统提供多种复合条件组合的明细数据查询功能，能够按照某字段及属性进行排序、分页显示及灵活设置。系统可以对相关信息的单项内容条目设置查询条件，也可以对主要内容条目进行组合过滤查询，以多种方式实现报表数据的灵活查询。系统可以根据用户实际要求，灵活创建报表的定时任务，定制报表的生成时间及发送规则策略，满足用户免登录系统，通过邮件等方式即可远程监管系统的运行状况及设备动态运行数据。系统会根据用户需求自动生成监控管理信息的月报表、年报表及汇总表等。综合报表示意如图 3-9 所示。

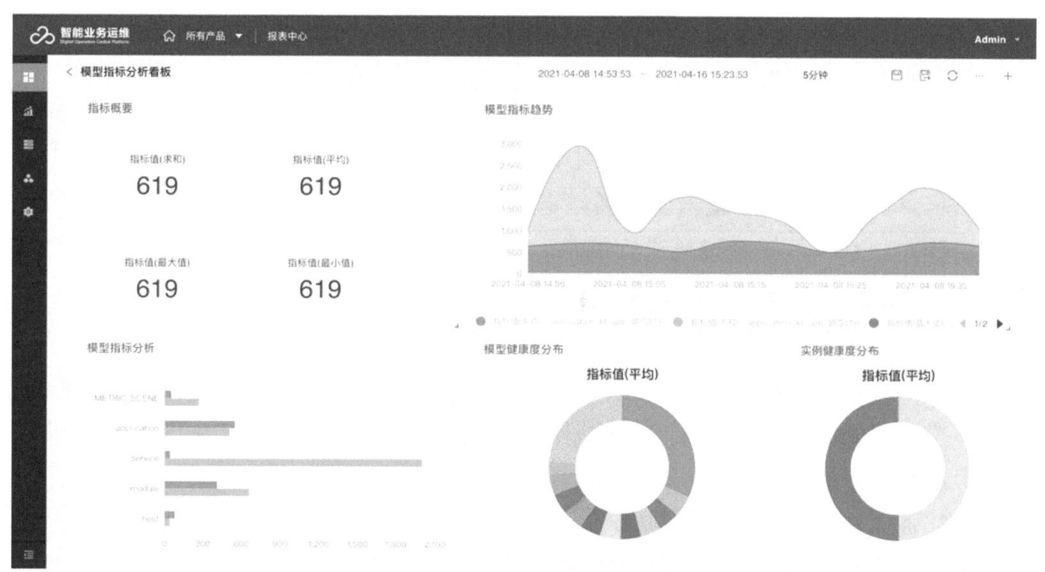


图 3-9 综合报表示意

（2）数据总览

系统应具备数据总览的功能，能够将各功能模块关键数据进行集中展示和呈现，包括但不限于资产视图、运维视图、容量视图、监控视图等。

（3）对比分析

系统能够对历史数据进行对比分析，包括耗电量历史曲线分析、机房容量对比分析、负载历史数据对比分析等。对比分析包括对同时间不同设备的统计及对不同时间同设备的统计信息。

2. 3D 可视化展示

数据中心可视化展示包括园区可视化、建筑可视化、楼层可视化、数据中心可视化、机柜及设备可视化、资源及容量可视化、监控报警可视化、链路连接可视化、温度云图可视化、实时温湿度监测、视频监控展示、机房温度云图、ECC 监控大屏等应用场景。

（1）园区可视化展示

高仿真 3D 可视化可以展现整个园区及周边的建筑、设施，可以精细到公共设施、树木花草等细节，同时还可以在全局角度进行资源容量的审视。

（2）建筑可视化展示

通过数据的钻取操作，可以看到每栋独立建筑，并可以对每栋建筑的细节与资源容量状况进行直观展示。

（3）楼层可视化布局展示

通过每个楼层内各个房间及房间内设备、设施的统一展现，能够达成数据洞察与统一展现的效果。

（4）数据中心可视化展示

系统提供了全面的数据中心视图，可以通过导入数据中心图纸，自动生成可操作的数据中心视图。在数据中心视图上用鼠标、键盘进行简单操作便可实现设备、端口及连线信息的模糊查询、检索、分类、定位、变更、移除等，同时根据不同需求按照图层分别对机房内的设备设施进行展示，支持2D、3D一键切换，支持3D展示模式、鸟瞰模式、第一视角模式，使运维工作变得更简单、更高效，体验感更强。

（5）机柜及设备可视化展示

通过系统的可视化功能，可以快速查看数据中心内机柜及基础设备的部署情况，例如，机柜中都放了什么设备，这些设备在机柜中的哪个U位上，以及该设备的品牌、型号、属性、应用，以及设备前后面板样式、端口信息等数据。

（6）资源及容量可视化展示

通过检索筛选便可直观展现整个数据中心内空间、容量、冷量、电量、承重等资源的占用状况，还可以根据统计信息及时了解资源变化与剩余状况。

（7）监控报警可视化展示

监控报警可视化展示关键监控指标、报警信息、通告信息等，并可以通过灵活的协议接口实现多系统间数据透明传送，在可视化中进行统一展现，达到一体化的监控效果。

（8）链路连接可视化展示

链路连接可视化功能展示可以轻松地查看设备的端口信息，以及该端口的整条物理端口的链路连接，以便检索查询线缆信息。还可以实现包括电力线缆、光纤线缆、铜缆网线及楼宇间综合布线、垂直管线管井、安防广播布线等线缆信息的管理。

（9）温度云图可视化

温度云图可视化通过在每个机柜部署温湿度传感器，实时把多点温湿度数据传输到系统平台，通过相关温湿度云仿真算法，实时生成数据中心温度云图，及时发现机房内局部热点，降低运维风险，实现节能减排。

（10）实时温/湿度监测

实时温/湿度监测可以展示多种温/湿度数据，与此同时，可以对每个温/湿度传感器进行阈值设定，并通过短信、邮件、系统等方式进行告警提醒。

（11）视频监控展示

视频监控展示可以在系统实时查看机房视频监控页面，单击指定的摄像头之后，直接弹出对应的监控画面。

（12）机房温度云图

机房温度云图根据部署机柜微环境传感器，统计温度数据，利用特定的算法，生成机房温度云图。温度云图支持分层级展示，以不同的颜色区分温度冷热区域。机房温度云图如图 3-10 所示。

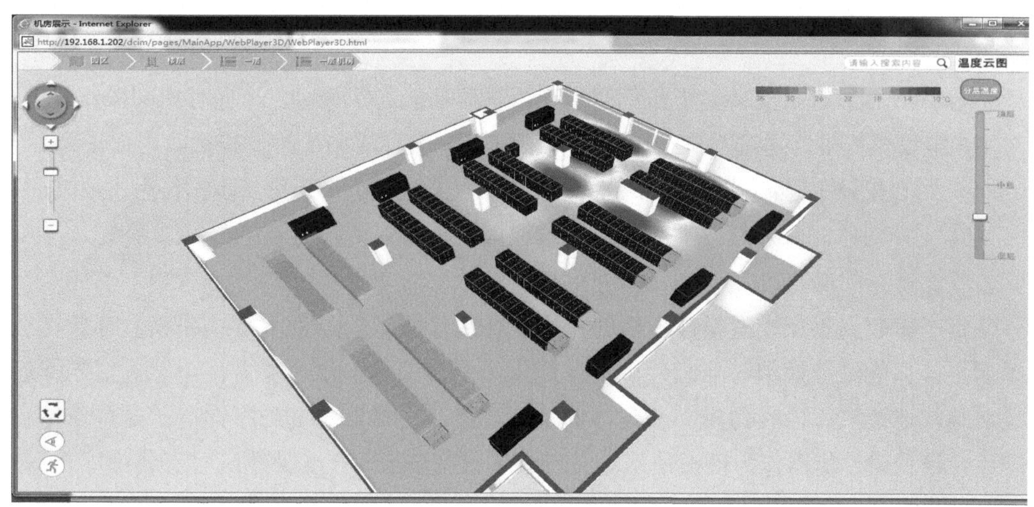


图 3-10　机房温度云图

（13）ECC[1] 监控大屏

汇总和计算基础设施监控数据，将基础设施关键运行数据进行计算并呈现在ECC监控大屏上，实时展示告警信息；直观展示资源容量信息，减少多系统之间的切换，实现关键运行数据的集中监控和管理。

## 3.2.6　数据中心智能化管理平台系统设置

1. 权限管理

系统具备完善的权限管理功能，通过为系统操作人员创建不同角色的权限内容，实现操作权限的严格划分。

① 基于角色的用户管理，在定义合法用户时，可以对用户进行分权分域管理，并为管理员提供单用户模式。

② 分权分域管理，可设置用户的操作权限、查看权限，还可以授权用户可访问的

1. ECC（Enterprise Control Center，企业控制中心）。

管理域（例如，某个楼宇、楼层、房间、区域、微模块甚至机柜）。

③ 可设置时间策略（自动注销、登录时间、过期时间），可设置账号策略（IP绑定、账号长度、锁定、停用）。

④ 系统验证用户的合法性及权限，确保只有授权的用户才能接入系统。

⑤ 为登录用户提供管理功能，包括增加、删除、修改、级别定义和密码修改等。

⑥ 根据不同的操作人员（系统管理员、操作管理员、一般操作人员）的职责，定义不同的级别。系统支持至少5级以上的权限。

⑦ 系统支持角色权限管理，可以对管理和使用者分配不同的操作使用权限，并根据职能对所有管理者和使用者进行分组管理，包括允许查看的内容、允许控制的设备等。

⑧ 用户组管理：支持基于角色的用户组管理功能，同一用户组拥有相同操作权限，对用户组设置权限，通过用户组为用户分配权限，支持增加、删除和修改用户设置。

⑨ 用户权限变更时应当即时生效，不依赖于用户的重新登录等异步操作后才生效。

⑩ 支持对临时账号权限的管理，临时权限到期后，用户将不能再登录系统。

2. 资产库管理

资产库起到资产模型属性模板的作用，在用户服务的过程中持续积累，有效提高了用户信息的维护效率与准确性。平台提供对资产库维护管理能力，功能包括支持通过名称筛选资产库内设备模型及具体的资产模板；支持查看资产库详情；支持新建资产库，设置属性值以作为模板使用；支持编辑已有资产库；支持删除已有资产库。

3. 数据字典管理

系统支持对公用数据字典、字典值进行管理维护。系统支持新增数据字典，设置字典名称、字典ID、字典类型（单选、多选、下拉），增加、修改、删除数据字典项（包括字典项名称、字典项ID）；支持编辑已有的数据字典，允许修改字典名称、字典类型，支持增加、修改、删除字典项；支持删除已有的数据字典。

4. 业务设置

① 计划性运维设置。系统为计划性运维中“维保”“自修”类型的计划指定对应的标准化执行流程。

② 资产管理设置。系统提供对资产管理功能的相关配置，包括支持设定是否开启固定资产手动台账能力。开启后，用户可以对固定资产数据直接进行新增、删除、修改等操作，而对使用流程驱动资产变更不进行严格控制；支持设定是否开启固定资产库存验证能力。开启后，资产实例创建与库存实现联动（库存数量对应减少，并支持库存预警），同时，开启该能力将限定实例创建时必须使用资产库模板；支持生命周期名称与资产状态的映射管理。

③ 容量管理设置。系统支持对容量管理功能的参数设置。冷量单位包括容量计算

单元（机柜）对应模型、U位/功率/冷量/承重/自重的取值来源（支持固定值、属性字段值、不适用等选项）。

④ 成本管理设置。系统支持对成本管理功能的参数设置。成本单位包括万元、千元、元；成本构成包括人员薪酬、固定资产折旧、无形资产摊分、电费、其他费用，支持多选；固定资产单位包括万元、千元、元；无形资产单位包括万元、千元、元。

## 3.3 新型数据中心智能化管理平台实现方案

随着云计算、大数据、物联网和人工智能等新一代信息技术的蓬勃发展，数据中心的规划、设计、建设和运维呈现绿色节能、智能化和智能运维管理、向资本效率转型等特点，智能化运维在数据中心的作用已经不局限于基础设施的建设、应用及对工具的维护，数据中心业务对智能化运维的依赖程度越来越高，智能化运维已经成为数据中心价值链中不可或缺的重要一环。本节以运维数据为驱动，介绍如何打造具备标准化、自动化、智能化特征的数据中心智能化管理平台。

### 3.3.1 智能化管理平台建设概述

1. 智能化管理平台建设目标

（1）实现管理的全面性

平台实施全面支持IT基础设施（包括但不限于服务器、存储备份设备、网络设备、机房环境设备、计算机终端等硬件设备）、操作系统、数据库和中间件等系统，能够满足全方面的监控需求。运维管理系统的监控指标细致、深入，不仅能够实现对多种指标的监控，还能实现查错、故障定位、性能分析和操作控制等功能。

（2）实现统一的平台监控

平台能够对信息系统进行集中监控、集中维护、集中管理，在统一平台上实现性能、事件、报表的统一处理。平台对采集的原始监控数据进行压缩存储，以节省存储空间。

（3）实现监控告警的灵敏性和时效性

监控平台能在最终用户可以接受的最短时间内感知监控异常事件，对系统故障、异常的预警灵敏度为秒钟级，在出现故障后数秒内通过监控界面、监控大屏展现，并能通过邮件、短信、声光电或App等多种方式在尽可能短的时间内通知用户。

（4）基于业务巡检，化被动为主动

产品支持从业务维度进行设备巡检，单一业务下的设备可以作为巡检任务的执行主机。基于业务的日常巡检，以底层设备呈现上层业务的健康程度，以便在业务受影响前发现问题设备，做到防患于未然。

2. 智能化管理平台管理要求

① 经济性。包括如何有效利用网络资源、空间资源和动环资源，节省能源和维护人员的运行费用。

② 灵活性。包括如何识别和降低过度部署和冗余、灵活扩展空间、制冷和供电容量，以及更快地响应业务。

③ 可用性。如何实现精细化管理、及时排除隐患、处理复杂故障及实现动态资源管理。

④ 管理性。如何进行有效的数据分析以支撑决策和规划、实现系统一体化、系统统一协作和快速响应、满足大客户服务等级协议和自服务管理等。

3. 智能化管理平台建设过程

智能化管理平台建设以最终达到智能运维为目标，同时，结合数据中心的IT建设程度，规划出渐进式的3个阶段的数据中心智能化管理平台建设方案。管理平台建设方案总体上是以数据为基础、以算法为核心、以场景为导向来逐步推进的。数据中心智能化管理平台建设方案如图3-11所示。

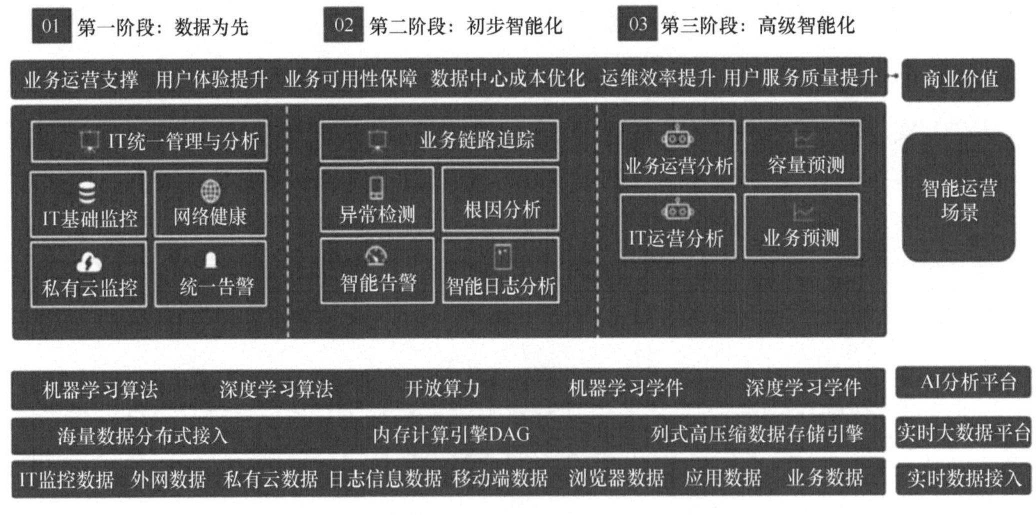


图3-11 数据中心智能化管理平台建设方案

（1）第一阶段：对关键业务系统实现立体式监控，实现初步智能

① 提供应用视角资源依赖关系，将设备、指标、告警集中，打破运维筒仓。

② 完成对部分业务系统服务组件访问关系的梳理工作。

③ 覆盖关键业务系统，初步实现根本原因定位、异常检测、事件关联分析等场景。

④ 定制化IT资源和健康大屏，展示IT运维价值，满足汇报和参观的需求。

（2）第二阶段：扩大业务系统覆盖面，全面提高运维人员效率

基于多维的数据分析结果，综合运用语音语义识别、多轮对话、知识图谱、智能

运维模型、标签技术、巡检机器人等，构建智能助理，实现分钟级的运行趋势分析、故障预判、故障定位、自动处置。

① 实现故障预测、容量预测，消除故障隐患，保证系统持续健康稳定的运行。

② 全面感知业务系统健康状态，发生故障时可快速重启服务，实现部分工作自动化。

③ 变更前分析变更风险、影响面，对比变更前后的性能变化，持续提升性能。

④ 监督学习历史故障定位的结果，提升模型的适应性和智能程度。

（3）第三阶段：全面覆盖各业务系统，实现智能诊断

① 实现事前预测、事中定位、事后自动的全运维流程的智能化处理。

② 提供智能助理，人机交互、多论对话等功能，全面提升运维效果。

③ 依据业务访问并发，实现系统规模动态调整。

#### 4. 智能化管理平台建设成功要素

智能化管理平台建设是一项企业级的系统工程。高层管理的坚定支持是项目成功的基础。业务部门及全体员工应积极参与。DCIM涉及企业的方方面面，从战略决策到具体业务操作执行，需要所有业务部门和全体员工积极参与。

运维数据及其转化的AI使能如图 3-12 所示。

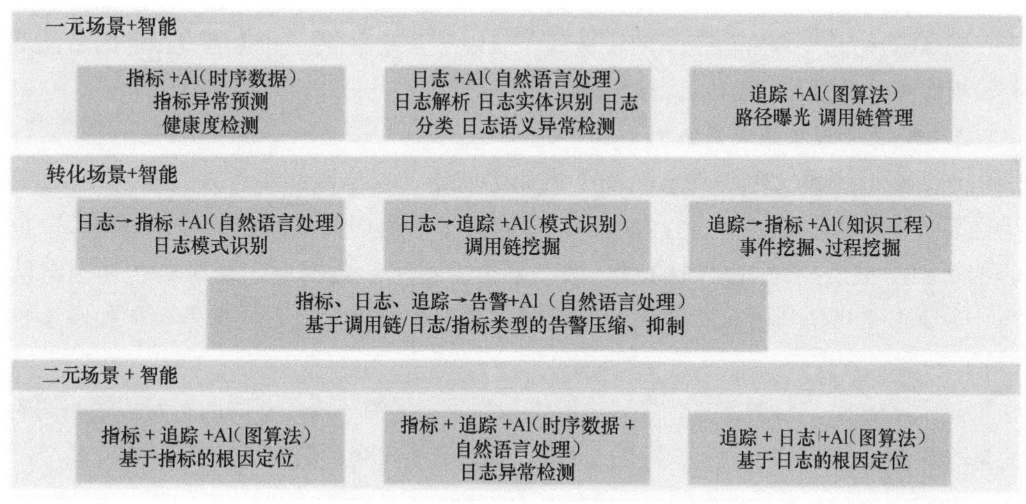


图 3-12　运维数据及其转化的 AI 使能

平台建设需要与服务商的密切合作。服务商提供实施和业务流程的建议，并最终实现业务流程，因此，有效借助服务商的力量，可以确保项目的成功。平台建设需要合理的期望和明确的项目目标。DCIM工具是一种支撑的手段，但并不是万能的。目标必须建立在企业的业务现状和管理现状的基础上，不能脱离企业的管理现状和业务现状。

最后，平台的建设需要全面的培训。在整个项目中，应保证项目组成员、业务部门及管理层等各个相关人之间沟通是全程的。

### 3.3.2 数据中心智能化管理平台总体设计

1. 智能化管理平台总体架构

以运维数据为驱动，打造具备标准化、自动化、智能化特征的智能数字员工，助力数据中心数字化转型。

① 数据采集是“数字员工”的感知系统，实现多源数据实时采集，资产和配置、动环、安防、三方数据源。

② 运维中台是“数字员工”的核心引擎，实现全面打通运维/运营数据，展示主数据、元数据、数据字典、数据管道、数据存储、数据共享。

③ 监控与可视化是“数字员工”的智能头显，实现全景监控、告警收敛、数字孪生，告警、组态、拓扑、视频、阈值规则。

④ AI算法是“数字员工”的大脑，实现预测、预防、优化、分析、决策，容量预测模型、风险预测模型、能耗预测模型。

⑤ 服务流程是“数字员工”的神经网络，实现了规范企业各环节、人员高效协作，运维流程、培训、人员管理。

⑥ 自动化是“数字员工”的机械臂，实现了自动盘点、自动巡检、辅助节能调控，摄像头、机器人、设备可自动控制。

2. 智能化管理系统部署架构

一个典型的数据中心网络架构分为业务网络、存储网络和管理网络等子网络，运维系统需要与各个子网进行对接，以接收各个子网的数据。在监控过程中，采集器部署到与被监控网络互通的网络域，采集器在采集数据后，发送给传输消息队列，这要求采集器与消息队列的网络能够互通。智能化管理系统部署架构如图3-13所示。

云计算IaaS[1]平台的部署，经常将网络划分成不同的子网，不同的子网传输不同的流量，既方便运维管理，也方便租户使用，既保证了安全又做到了互不干涉。

① 管理网：适用于运维管理，传输运行数据、管理数据。

② 业务网：适用于业务系统的流量，适用于业务系统使用（例如OA系统等）。

③ 存储网：适用于部署了基于x86架构的分布式存储、虚拟存储或大数据存储平台，需要独立的存储网络支撑存储流量。

④ SAN[2]网：适用于集中存储的数据存储环境，此网络属于光纤网络。

注：1. IaaS（Infrastructure as a Service，基础设施即服务）。

2. SAN（Storage Area Network，一个集中式管理的高速存储网络）。

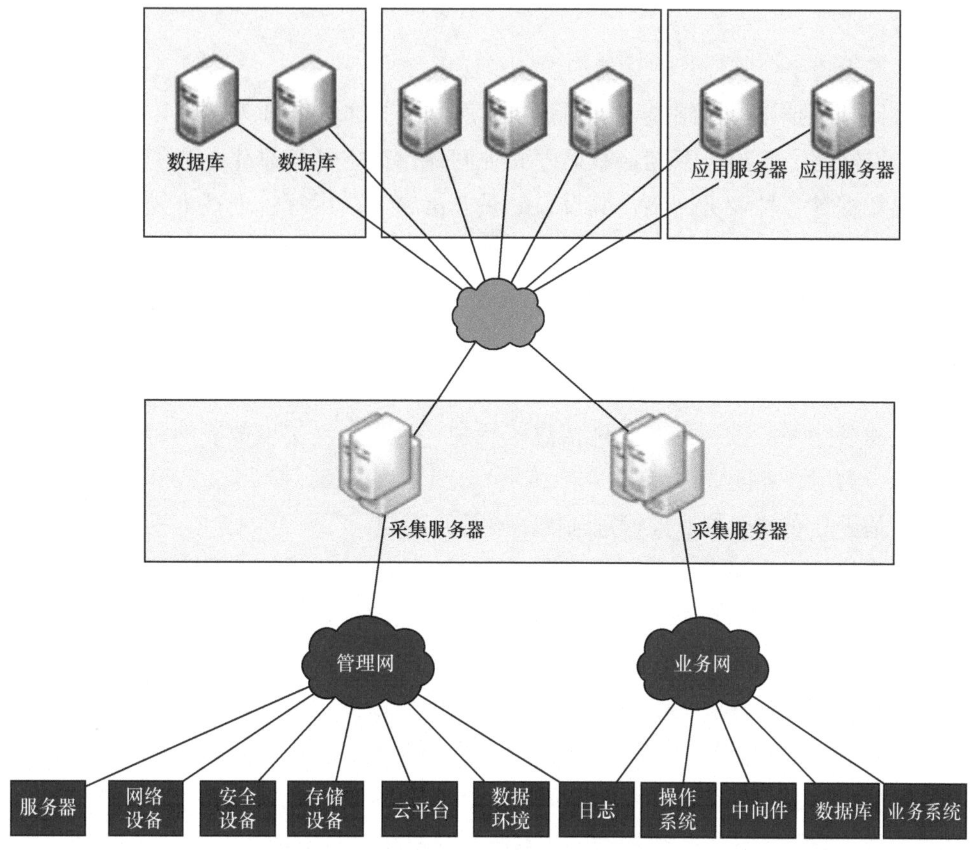


图 3-13　智能运维管理系统部署架构

⑤ 工控网：在机房环境监控使用。如果网络划分了管理、业务子网，部署监控系统采集器的服务器或者虚拟机至少具备 3 个网卡、3 个网址，并分别属于不同的子网。

监控系统实现了对机房环境、网络设备、安全设备、服务器、操作系统、中间件、数据库、业务系统及日志等数据的监控，不同的监控对象和监控数据需要在不同的网络中获取。应用服务器采用双机冗余，部署资源管理、策略管理、系统管理、告警模块和报表模块等管理模块，部署消息队列、缓存、数据解析分析、外部接口等基础软件模块。

3. 智能化管理平台技术路径

随着微服务等新兴架构的提出，平台在框架轻量解耦、需求敏捷响应、结构自动演化、资源弹性伸缩等方面有了实质性的进步，但也带来了性能损耗、整体资源要求高和运维复杂等缺点。在数据中心智能化管理平台的建设过程中，需要充分结合现有信息系统的特点和现状要求，考虑机动环境快速构建、服务运行自动扩容等场景，借鉴并兼容微服务中基于容器技术的服务持续集成、动态迁移、弹性扩展和监控治理等技术，实现服务持续集成、部署迁移和监控治理等能力，提供更加精准和敏捷的信息服务能力。

（1）基于跨平台监控管理功能的设计及应用

随着计算机技术、网络技术、通信技术和安全技术的飞速发展，以及经济全球化的加速，以网络、主机、存储、数据库和中间件作为主要信息化组成的部件搭建了交换、传输数据等各种业务网络，其设备数量非常庞大。运行管理技术是保证业务系统正常运行的重要措施。在复杂的多技术应用场景下，如何使监控管理功能适配多种技术，并且能够在多个技术平台运行，是必须考虑的技术问题。基于跨平台的监控管理是通过一个管理平台对互连的多个不同专业的IT运行环境进行全面的集中管理，对所提供的业务进行端到端的管理，实施跨专业的故障定位和故障排除。它能够管理所有IT资源，将各个系统的告警和性能信息统一到一个平台，实现故障的跨专业综合分析及使用统一的用户界面。

（2）基于分布式架构监控管理功能的设计及应用

分布式架构有多个节点，很容易通过主备、冗余、哈希等手段实现计算和存储冗余备份，从而实现高可用性。分布式架构多个节点的设计也因此带来了在保持一致性和高可靠性上的巨大挑战，分布式系统的存储往往会设计成多份冗余，并尽可能在机架、机房甚至城市维度将冗余的数据分散在多处，以保障系统的高可用性和业务的连续性。借鉴分布式架构等技术，采集层、分析处理器、应用层、数据库存储层实现了多节点集群，提供了服务高效稳定运行、可持续扩展等能力。

（3）基于有代理和无代理相结合的数据采集技术

作为整个管理系统的组成部分，Agent的主要功能是用来采集监控的基础数据。Agent监控方式的最大问题是需要在每个被监控的系统终端安装一个代理软件，但这样会使整个系统的部署及维护难度较大。而且运行在每个被监控端的代理一旦出现问题，还需要登录系统维护。Agentless监控方式是指在被监控应用所在的主机上面，不安装代理软件采集相应的信息，而是通过一些标准协议，包括主机使用的SNMP、Telnet、SSH、WMI等，以及应用使用的JMX、JDBC、ODBC等实现监控。对比Agent的监控方式，Agentless在易用性、可维护性和性能损耗上的优势明显。同时，数据采集是整个管理平台的基础，负责采集平台运行需要的数据。在被监测对象上部署Agent的方式，可能对业务系统产生冲突，并带来不安全因素。Agent监控方式的优势包括在监控资源端采集的数据经过压缩处理后传输给监控服务器、对网络带宽占用比较低、支持二次开发等。鉴于Agentless和Agent的各自优缺点，技术人员可以综合两种方式的特性，支持两种方式的监控采集，尽量做到扬长避短。

（4）基于ITIL以服务为中心的运维服务管理

ITIL主要适用于IT服务管理，ITIL为IT服务管理实践提供了一个客观、严谨和可量化的标准与规范。结合业界运维过程管理标准，本系统以ITIL和ISO20000为信息化服务流程规范，统一制定信息化服务流程，并由运维流程子系统进行统一管理，对服务流程实行统一集中监控，提供直观、美观且图形化的监控视图，动态实时反映各项服务流程的执行情况和效率。规范化的流程梳理工作，可以定义完善的服务台统一接入、服务请求和事件处理流程，以及其他信息化运维必要的流程。系统提供丰富多样的统计分析工具和图表展示，以报表形式形成信息化运维管理周报及月报，用于分析和统计各项服务管理流程的执行情况及效率，为不断优化服务流程、提高运维服务效率和用户满意度提供依据。

（5）基于自动化技术的配置管理数据库搜集维护过程管理

CMDB存储与IT架构中设备的各种配置信息，与所有服务支持和服务交付流程都紧密相连，支持这些流程的运转、发挥配置信息的价值，同时依赖于相关流程保证数据的准确性。过程管理主要是完成资产和配置数据的增删改查操作，微软的.net架构和J2EE架构是比较成熟的技术。采用自动化的技术自动维护CMDB的配置信息，可极大地减少人工维护的工作量、提高数据的准确性，充分发挥CMDB在运维中的基础作用。本系统模块的侧重点在配置和管理系统的状态上，不需要安装Agent，主机通过SSH协议与监控对象进行通信，从运维成本和维护性上来说，只需要关注主机的运行状态，不会增加额外的运维成本。由于在运维服务管理选择了J2EE技术，因此本系统的基础技术路线也选择J2EE体系，保证底层技术的一致性。在CMDB数据的维护中，部分数据采用人工和基于SSH协议的自动化结合的方式进行。

### 3.3.3 数据中心全域数据采集汇聚

智能化管理平台对各子系统（例如，动环系统、门禁系统、视频监控系统、入侵告警系统、冷机群控系统）进行统一数据采集，并在此之上搭建智能化综合管理平台，实现数据中心全面监控、集中管理、统一运维。统一数据采集是数据中心智能运维数据分布式采集和任务控制中心，是数据中心智能运维的基础。统一数据采集包含设备直采、现有离散工具系统对接、平台内部数据归集等。

① 数据采集的范围：电力、电气、暖通、消防、安防等基础设施实时运行信息；通信、网络、服务器等IT设备实时运行信息；IoT传感器、机器人、声纹等监测信息；集成BA、门禁、视频等第三方监控子系统运行信息。

② 采集能力：开箱即用数百种采集器，覆盖主流厂商的常见设备模型；丰富的协议标准和架构适配，包括SNMP、IPMI、REST[1]、JDBC、HTTP[2]、Modbus、WebService、Socket、ONVIF[3]等；高并发采集架构，支持千万级测点数；高可用采集任务管控。

注：1. REST（Representation State Transfer，表述性状态转移）。

2. HTTP（Hyper Text Transfer Protocol，超文本传输协议）。

3. ONVIF（Open Network Video Interface Forum，开放型网络视频接口论坛）。

下面介绍数据中心的安全防范系统、动力环境监控系统、冷源群控系统和DCIM综合监控管理系统等数据采集功能。

1. 安全防范系统

安全防范系统包括视频监控系统、门禁系统、入侵报警系统等。安防集成平台架构示意如图 3-14 所示。

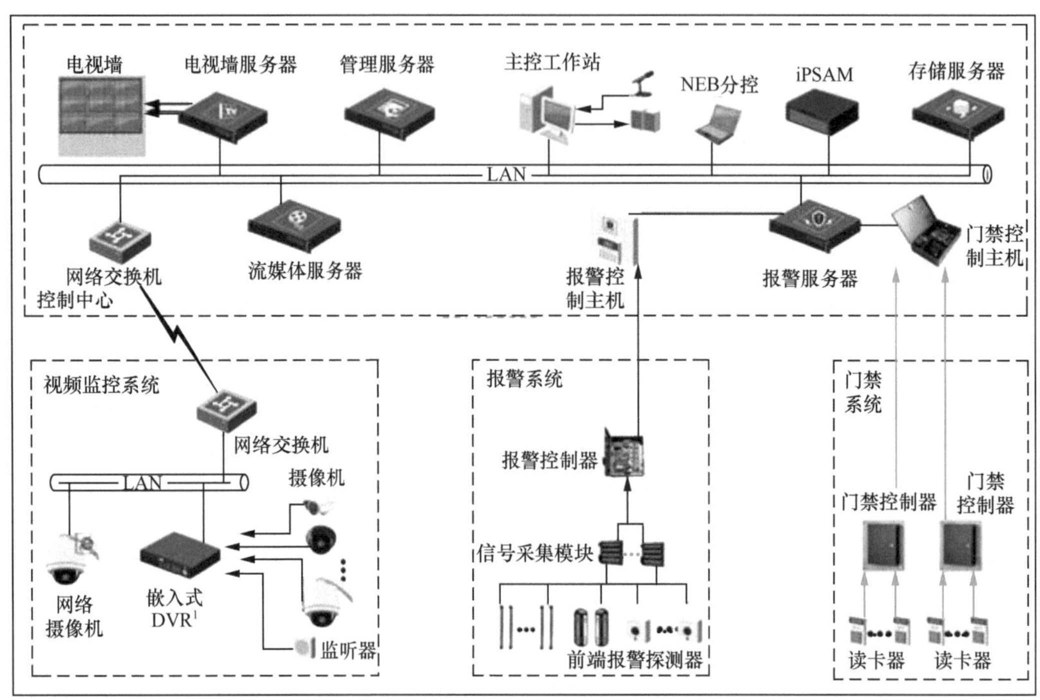


注：1. DVR（Digital Video Recorder，硬盘录像机）

图 3-14　安防集成平台架构示意

2. 动力环境监控系统

动力环境监控系统监控的对象主要包括配电系统、UPS、空调系统、蓄电池组、空调、水浸、温湿度、氢气浓度和进线间有害气体浓度等，详见表 3-3。

表3-3　动力环境监控系统的监测内容

| 序号 | 监控对象 | 监测内容 | 接口协议 |
|---|---|---|---|
| 1 | UPS | 三相输入电压、输入频率、三相输出电压、三相输出电流、输出频率、输入屏电能、输出屏各回路电能、同步/不同步状态、UPS/旁路供电、市电故障、整流器故障、逆变器故障、旁路故障、蓄电池分断器状态、风扇故障、逆变工作状态等 | Modbus/SNMP |
| 2 | 蓄电池 | 蓄电池的单节内阻、单节电压、单节温度、总电压，以及组充放电电流。根据用户需求定制开发相关功能模块和统计报表，实现电池容量管理功能，图形化界面实时监测和显示相关数据 | Modbus/SNMP |

（续表）

| 序号 | 监控对象 | 监测内容 | 接口协议 |
|---|---|---|---|
| 3 | 配电柜（智能仪表） | 三相电压、三相电流、频率、开关状态 | Modbus/SNMP |
| 4 | 变压器 | 三相电压、电流、变压器温度等参数和状态 | Modbus/SNMP |
| 5 | ATS柜 | 三相输入电压、三相输出电流、输入频率、故障告警、ATS的切换状态等 | Modbus/SNMP |
| 6 | 列头柜 | 输入相电压、电流、频率、最大千伏安、输出功率（有功、无功、视在）、谐波率、功率因素等，监测输出电压、电流、频率超限、过载、负载不平衡等 | Modbus/SNMP |
| 7 | 智能母线 | 输入相电压、电流、频率、最大千伏安、输出功率（有功、无功、视在）、谐波率、功率因素等，监测输出电压、电流、频率超限、过载、负载不平衡等 | Modbus/SNMP |
| 8 | 柴油发电机（预留接口） | （1）遥测：三相输出电压、三相输出电流、输出频率/转速、启动电池电压、液（油）位等。<br>（2）遥信：工作状态（运行/停机） | Modbus/SNMP |
| 9 | 精密空调 | 空调压缩机工作电压、工作电流、送风温度、回风温度、送风湿度、回风湿度、压缩机累计工作时间、设备开/关状态 | Modbus/SNMP |
| 10 | 温湿度 | 机房级：环境温度、环境湿度 | Modbus |
| 11 | 水浸 | 空调周围漏水定位监测，关键管路漏水定位检测 | Modbus |
| 12 | 氢气浓度 | 监测电池附近的氢气浓度 | Modbus/SNMP |
| 13 | 进线间有害气体浓度 | 监测进线间的有害气体浓度 | Modbus/SNMP |
| 14 | 燃油控制箱 | 燃油控制箱带有液晶显示屏，能实时显示储油罐、日用油箱液位，泵、阀的状态，泵、阀的运行、故障和告警的状态 | Modbus |

3. 冷源群控系统

系统配置需要遵循开放性原则，各系统提供软件、硬件、操作系统和数据库管理系统等诸多方面的接口与工具，使系统具备良好的灵活性、兼容性和可移植性。系统提供向上和向下集成接口，符合开放式的设计标准，支持目前业界广泛使用的OPC server、SNMP标准。可对外提供各种通信协议及接口，例如，OPC、ODBC、API等，完全实现与第三方系统的对接，传递各种监控及报警信息。

控制系统与暖通系统协同工作，为关键负荷提供可靠、连续可用的冷却。水泵、冷却塔、冷水主机和冷站内的其他机械组件须遵照程序运行，以尽量减少制冷中断。在任何情况下，程序不得完全关闭制冷所需要的某一个组件。当控制系统断电或故障时，不影响受控设备的正常运行。整套系统满足无单点故障要求；控制系统故障不影响制冷系统的正常运行。

系统分管理层、现场控制层和传感器/执行机构层3层架构。现场控制层与管理层之间采用以太网，使用TCP/IP连接；传感器/执行机构层与现场控制层之间则采用现场总线制等连接。

4. 综合监控管理系统

数据中心基础设施监控管理系统采用模块化的分层架构设计，各功能模块之间采用松耦合关系，确保系统的稳定可靠运行，任何模块出现故障都不会影响同级别的其他模块正常工作，并能随着业务发展的需求，灵活地扩充更多关联性的功能模块。各子系统之间相对独立，当某一子系统出现问题时，只需要更换相应模块即可，不需要让系统停止运行，对其他子系统不产生任何影响。

系统软硬件均采用模块化结构，以提高系统稳定性，并为将来的维护和扩展提供便利条件。DCIM综合管理平台的监控对象应包括供配电、制冷、环境、高压、视频、门禁、BA等多种设备及专业系统，部署架构充分考虑不同物理空间、不同设备和系统种类的特性及影响。DCIM综合管理平台典型系统架构如图3-15所示。

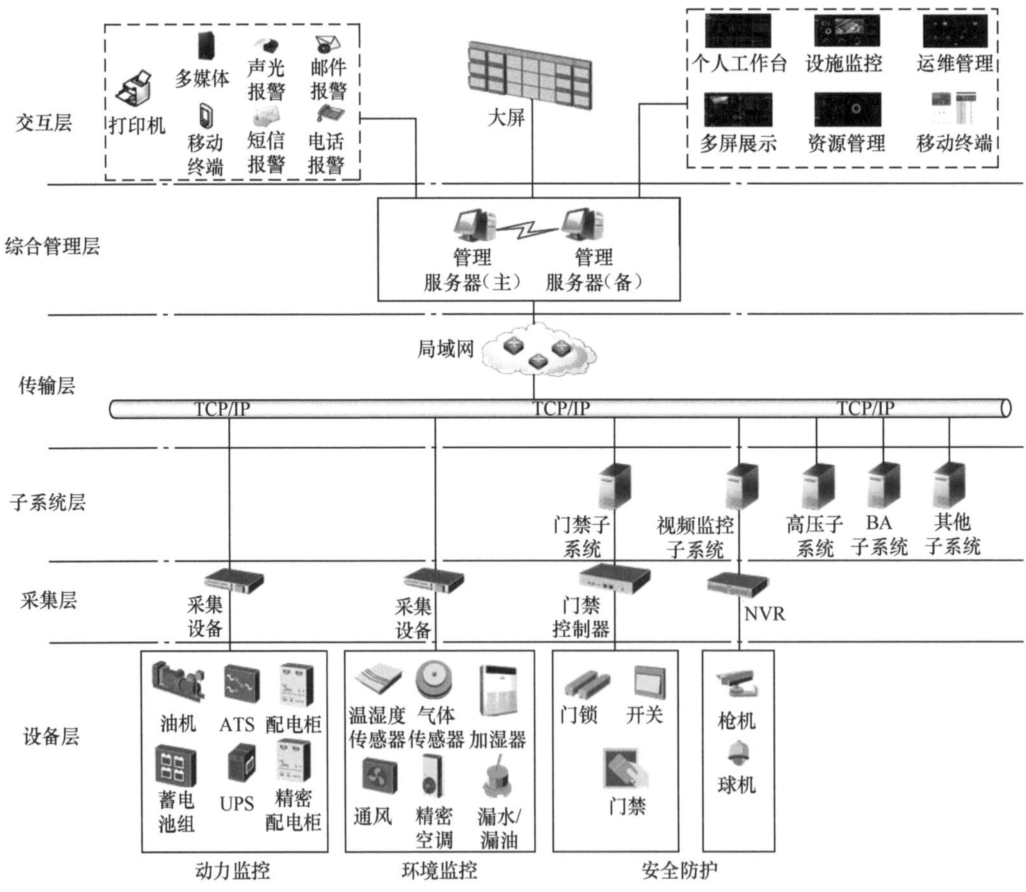


图3-15　DCIM综合管理平台典型系统架构

## 3.4 新型数据中心能耗智能管控

当前，运维是通过统计、分析、查询等人工方法分析网络流量、告警和排除故障，人工方法耗时耗力、效率低、成本高。随着大数据、AI、云计算、5G等相关技术的应用兴起，数据中心亟须提高自动化和智能化的程度。运维需要具备通过大数据计算与分析，根据资源池设备性能趋势，在设备性能劣化的情况下能够做到提前预警。提升运维效率，为运维工作提供科学的数据支撑；以AI和机器学习技术赋能运营、运维，将人从目前这种基础工作中彻底解放，专注于更有价值的运营。

## 3.5 数据中心智能运维管理（KP-DCIM）平台的应用案例

1. KP-DCIM平台的概况

KP-DCIM平台是由深圳市杭金鲲鹏数据有限公司完全自主研发，拥有所有自主产权，可以基于对数据中心内部基础设施、IT层全覆盖接入，实现集中化运维监控，适用十万级别以上测点数据中心的监控运维管理。KP-DCIM平台示意如图 3-16 所示。

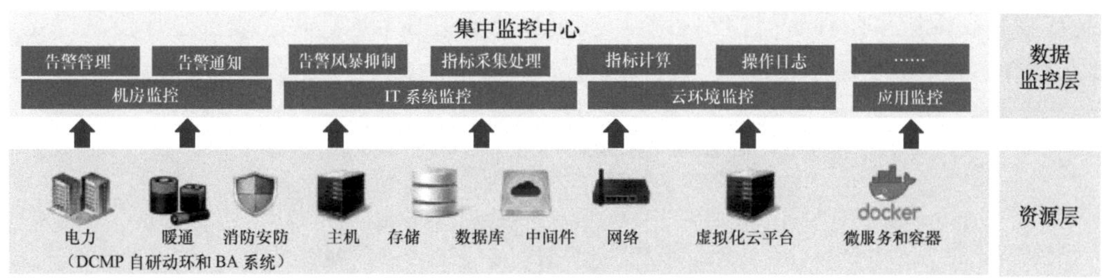


图 3-16 KP-DCIM 平台示意

平台支持智能自动化控制，结合算法模型，自动配置最优工作参数和输出节能控制措施，提升了数据中心基础设施能源、资源利用效率，满足数据中心节能技术产品的核心要求。

管理平台主要采用比较前沿的开源技术，根据行业属性搭建软件框架平台，末端控制通过硬件厂商的控制器实现（例如西门子），控制逻辑和控制算法模型由平台提供。

数据中心暖通设备通过控制器输入控制逻辑指令下发到设备，本管理平台节能功能模块不直接通过软件下发指令到设备，其应用条件是现场控制器允许管理平台调用其接口、接受平台控制指令或调节工作参数等权限。

2. KP-DCIM平台的主要系统及功能

① 可闭环智能控制系统用于直接对制冷设备（通信控制）、冷却设备（DO、

AO)、管道阀门（DO、AO）进行调节及控制，同时，实时监控各类传感器设备的数据，作为控制逻辑运行参数，例如，管道压力、管道温度等，本身基于PID控制根据给定的参数及自定义规则（自定义规则依据制冷类型、数据中心规模、结构等进行编写）对设备进行直接控制。

② 智能监控系统用于监控数据中心基础设施，例如，温/湿度传感器、精密空调及UPS、配电开关等；本地控制交互中心为第二级自动化控制中心，会根据智能监控系统监测的各类暖通设备（末端空调、室内外环境数据等）、电气设备（各类供、配电设备）的运行状态及本地记录的历史能耗的相关数据做运算，将各类数据进行标准化量化，基于贝叶斯分析公式计算各类标准参数的最优范围，提供节能运行相关建议及措施，可使用手动或自动功能，将相关运行参数及规则写入可闭环智能控制系统，从而实现控制逻辑优化。

③ 云端数据汇算中心汇总许多不同的数据中心的监控数据及控制参数，同样基于贝叶斯分析公式，以大数据为依据，将许多本地数据中心无法进行本地汇算的参数代入公式进行分析，将地理位置、天气、制冷类型等数据进行标准化量化，进行第三次数据汇算分析，计算各类指标及参数在能源使用效率中的比重，完成计算后进行反推（主要进行横向比较分析），将计算结果持续反馈给本地控制交互中心，再由本地控制交互中心反馈给可闭环智能控制系统，从而对数据中心本地的相关设备进行控制优化。KP-DCIM平台的系统架构如图3-17所示。

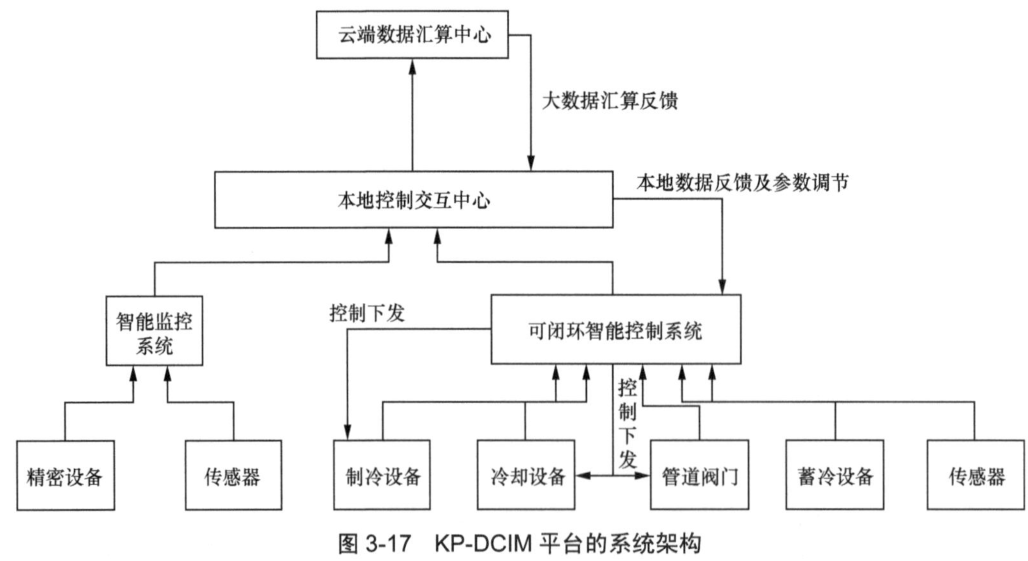


图3-17 KP-DCIM平台的系统架构

3. KP-DCIM平台的主要技术特点

① 平台分三级管理中心，每级中心均可实现本地闭环运行，在保证系统本身运行安全、稳定的前提下有效避免了“信息孤岛”的产生，减少了实施成本，提高了有效

信息的利用率；传统产品为一级或二级管理中心，安全性、稳定性及建设成本均无法做到有效保障及控制。

② 同级数据及控制响应时间在 50ms 以内，跨级别交互响应时间在 300ms 以内；传统产品同级数据及控制响应时间均为秒级，跨级别交互响应时间在 2 ～ 15s，实效性无法得到有效的保障。

③ 二级管理中心支持百万级监控测点及虚拟测点监控，能有效满足因管理需要产生的大量虚拟测点及相关计算功能；传统产品大多支持 5 ～ 15 万级监控测点，无法满足基于管理需要产生的虚拟测点和相关计算功能。

④ 支持云端大数据汇算反馈控制策略和相关参数，传统产品无此类功能。

⑤ 依托于大数据支持自动、动态调整控制管理策略，也支持人工修正策略和参数，能有效提高能耗利用率；传统产品仅支持人工调整参数，灵活性不足，无法有效适应环境和业务变化，能耗利用率不高。

4. 适用场景

该平台基于绿色运维管理技术，适用于对数据中心基础设施、IT 设备等关键设备进行集中监控、容量规划、节能减排等集中管理，主要适用于十万级别以上测点数据中心的监控运维管理。

5. 绿色节能效果

老旧数据中心在使用传统产品时，大部分的平均 PUE 值在 1.4 ～ 1.65，基于已有案例，在改造替换为该系统后，PUE 值有明显下降，最低可达 1.26，平均约为 1.35；在已有改造案例中，节能量为 6% ～ 22%（此数据与数据中心本身的具体设计及业务情况有关）。

新建数据中心因其建设及相关设备均有较好的能效指标，总体 PUE 值较低，设计 PUE 值均在 1.3 以下，在已有案例中，该系统对比传统产品 PUE 值平均降低约 0.03。

数据中心部署 KP-DCIM 平台，采集并展示数据中心运行能耗数据，通过人工智能算法对能耗数据进行分析挖掘，与 BA 系统联动，对制冷系统自动进行实时控制，有效节约冷量，间接达到节能和节水的目的。

6. 项目应用案例

深圳某数据中心项目投产于 2017 年年初，设计电容量均为 20000kVA，机架数量为 1500 个，现场运维人员和专家配置均为标准配置，使用独立的基础设施监控及自动化系统。投产前两年，PUE 均值均为 1.68 左右，处于偏高的水平。基于此情况，以下改造方案有效降低了 PUE 值和运维成本。

（1）改造自动化中心

原有的自动化控制系统仅能够支持简单的控制功能，无法满足优化和节能的需求。因此重建了自动化中心，以 DCIM 自动化中心替代原有的自动化系统。

基本控制逻辑根据现场实际情况及运维的需求定制，大量的可配参数均可作为后续调优使用。节能措施主要包括：动态调整精密空调运行方式，根据冷冻水供水温度及末端温度动态调整冷机工作逻辑，以及动态调整冷冻泵、冷却泵工作方式，调节依据PID控制进行。

（2）优化自动化处理逻辑及相关参数

重建完的自动化中心与KP-DCIM平台中心数据互通，KP-DCIM平台在长期采集、分析后，不断地对自动化中心内参与运算的参数进行微调，进一步优化用能效率。平均PUE值也由之前的1.68下降到1.55，能源使用效率得到较大提高。按2020年及2021年汇算，平均PUE值已经分别达到了1.52及1.48，成效显著，数据中心总投入为98万元，投资回报期为12个月。

经过4年多的使用，KP-DCIM平台运行速度快，性能稳定，通过自动化控制，优化缩减了35%的人员配置，达到卓有成效的绿色节能效果，显著降低了运维成本。

# 第 4 章

# 低碳节能维护管理基本要素

## 4.1 低碳节能维护管理定义

数据中心低碳节能维护管理是在数据中心建立低碳节能管理机构，运用先进的管理平台与手段，设立设备能效标准和能效标识，进行能效认证，制定低碳节能政策和激励机制，指导和规范数据中心运维管理人员对各系统和设备的能源利用情况进行管理、监测、诊断、优化、评估，在保证数据中心安全、可靠运行的前提下，逐步降低能耗水平，提升能源利用效率；同时，推行合同能源管理和电力需求侧管理，从而减少能源消费过程中的损失和浪费，更加有效、合理地利用能源，实现数据中心的绿色低碳发展。

## 4.2 低碳节能维护管理组织架构及人员构成

### 4.2.1 低碳节能维护管理组织架构

低碳节能维护管理组织是为实现数据中心绿色低碳发展而设立的专职机构，是负责数据中心日常节能维护管理工作的常设机构，数据中心低碳节能维护管理组织架构的建立必须紧密围绕企业的业务目标、数据中心的安全运营目标及绿色运营目标，并为之服务。

数据中心等级应符合GB 50174—2017《数据中心设计规范》的相关规定，应明确数据中心组织架构、岗位配置和各岗位工作职责，并形成组织架构图及岗位职责书面文档。A级数据中心应具备完整的运维团队，具备“7×24 小时”服务响应和支持能力，以满足业务和用户服务的需求。B级与C级数据中心宜根据其规模与定位选择服务级别和服务模式。

数据中心应根据自身特点和使用需求，选择相应的运维服务模式。数据中心运维服务组织模式主要包括以下 3 种：自主维护模式，即所有运维团队和人员为组织自有人员，日常维护自主实施；全外包模式，即由第三方服务商提供全部驻场运维服务团队并进行管理，组织保留少量运营管理人员，进行服务管理和监控；部分外包模式，即骨干运维人员为组织自有人员，值班岗等非关键岗位人员采用外包驻场方式，由骨干运维人员现场管理。

### 4.2.2 人员构成

数据中心应根据数据中心等级、业务功能和服务需求，配置相应的数据中心运维及服务团队。数据中心运维组织架构中所配置的团队与岗位包括以下 6 种。

① 数据中心用户服务团队：数据中心提供服务的接口团队，也是协调用户与数据中心技术性服务团队的关键岗位。用户服务团队的工作职责包括负责数据中心中用户

需求的管理，负责数据中心与用户相关工作的协调。

② 数据中心技术团队：以数据中心技术、规划、建设等为工作核心的团队，工作重点包括负责数据中心的整体资源分配使用，负责数据中心项目建设与改造升级，负责数据中心规划建设设计和技术的研究，负责对数据中心运维工作的技术支撑和标准的制定。

③ 数据中心IT团队：以服务器、网络设备等业务设备和系统维护支持为主要工作，主要负责但不限于负责IT设施的日常变更与服务处理，负责IT设施的现场操作服务，负责用户远程技术支持。

④ 数据中心设施运维团队：为数据中心设施的运行提供保障支持，主要负责数据中心设施的日常维护管理（巡检、定期维护、故障应急处理等），负责数据中心各设施维护厂商管理，负责与外部用户或部门的沟通与处理。数据中心运维人员应满足政府法规对该岗位从业的强制要求。数据中心设施运维团队应确保各岗位人员具备运行所需的经验和技术能力，运维人员的能力应覆盖数据中心运行所需各专业技能。数据中心运维关键岗位（例如，专业工程师、班长等关键岗位）应做到A/B角配置。数据中心设施运维团队人员上岗前必须测试合格，具有独立操作的能力。

⑤ 安防管理团队：负责管理数据中心的消防、周边和安全相关监控系统，主要职责包括负责数据中心人员、设备出入的安全管理，负责数据中心建筑消防系统监控、火警响应、灭火系统操作，负责数据中心门禁权限、视频监控系统管理，负责数据中心建筑及周边安全巡检和安全事件响应。

⑥ 综合管理团队：负责数据中心综合管理，例如，园区物业管理、日常运营管理等。主要负责数据中心园区物业管理，负责数据中心人事、行政、财务等综合性管理事务，负责数据中心调度计划管理与跟踪，包括团队工作计划执行情况、培训完成情况、计划性维护完成情况等，负责数据中心前台管理和参观接待等。

数据中心应制订年度运维人员培训计划，培训计划应涵盖数据中心运行各相关系统和管理领域，包括各系统工作原理、操作流程、应急预案，以及管理制度等。数据中心新员工需要经过岗前培训和考核才能上岗，岗前培训内容除理论培训外，还应包括数据中心主要设施设备的现场操作训练。数据中心对在岗人员应每年进行岗位能力培训。数据中心人员培训的主要形式包括技能培训与认证、经验总结与分享、交流学习等。数据中心应对员工培训计划的执行情况进行管理和追踪。对数据中心运维团队的培训和训练应记入员工档案，并保留培训记录备查。

数据中心应有专人负责数据中心人员的日常管理，包括但不限于日常排班、考勤加班、资质管理、绩效考核等。新进员工在岗位试用期结束前应进行考核，对其是否达到岗位能力要求进行评估，考核内容宜包括但不限于公司管理制度和流程、设施维护理论知识、设施维护实操技能等。数据中心人员绩效考核宜包括中心安全运营状况、岗位纪律遵守情况、日常工作完成情况、培训和能力提升情况等，并且应与人员的职级与薪资调整挂钩。

## 4.3 低碳节能维护管理手段

### 4.3.1 建筑低碳管理

（1）机房密封

提高机房密封性，减少外界环境对机房的不良影响。对密封性差的机房来说，无论其他方面如何改善，都是无法提高制冷效率的。无论是室外灰尘，还是水汽或热量，都会破坏机房的原有环境。数据中心机房的湿度应控制在 40% ～ 70%，如果与室外的潮湿空气或干燥空气混入，则需要空调去湿或加湿，会造成能源的消耗。

① 应保障墙壁、屋顶、地板、线缆出入口的密封和隔热现象，必要时，可使用防蒸汽涂料、隔热膜等进行密封隔热，在机房天面增加隔热层。

② 如果有换气的需要，应使用通风装置换气，不能直接打开门窗换气。

③ 如果机房为有窗建筑，为减少太阳辐射等对机房温度的影响，应对窗户进行隔热贴膜及密封。

④ 减少不必要的人员进出，在没有人员进出的情况下，门应随时保持密封的状态。严格执行机房管理，要求人员进出机房必须随手关门。

⑤ 新建机房时，应选取隔热效果好的建筑材料。门、窗面积设计不宜过大，可适当减小窗墙面积比。选址宜选日照度低、空气质量好的区域。

⑥ 通信机房的门、窗、孔洞在条件允许时应做到封堵密闭，减少室内冷气外漏或室外热量入内。不具备条件的数据中心可加装防火窗帘，减少外界的热辐射。

（2）合理的制冷空间

控制机房内需要制冷的空间，更大的制冷空间需要配备更高制冷量的空调，过大的空间会导致冷量的浪费。为控制合理的制冷空间，对于有大量空位的机房，应在空位区域设置隔断，只对已摆放设备的区域提供制冷。

（3）合理的气流组织

数据中心常用的气流组织方式有上送风方式、精确上送风方式、下送风方式、封闭式冷（热）通道方式、DC舱（微模块）方式和机柜级制冷方式 6 种。

① 上送风方式。上送风方式广泛应用于机柜和传统机房空调的布置，一般采用上送风下回风空调、开放式机柜布置、面对面或背靠背布局，一些老旧机柜甚至采用面背布局。上送风方式先制冷空间，再制冷设备，没有使用物理隔离方式阻断冷热气流，会造成严重的气流短路现象，冷风利用率低，而且普遍存在热岛效应，不适合数据中心机房采用。

② 精确上送风方式。精确上送风方式是在上送风的基础上，通过加装风管，直接将空调冷风送至机房的相应位置或高功率机柜的内部。与上送风方式相比，精确上送风方式虽然能有效地提高冷风的利用率，改善热岛效应，但未能从根本上解决冷热气流组织混乱的问题。

③ 下送风方式。下送风方式为下送风上回风空调、机柜开放式布置、背靠背式布局。下送风方式的冷风由空调出风口直接送至静电地面，经机柜底部进风口（可调节）冷却ICT设备后从机柜背面吹出。虽然实现了冷热气流的分离，但是气流输送距离的延长造成单柜垂直温度场分布不均匀，且当单柜平均工作功率大于2kW时，要求机房的防静电地板高度必须大于450mm。

④ 封闭式冷（热）通道方式。封闭式冷（热）道通常采用下送上回风空调、机柜面对面或背靠背布置。封闭两列机柜正面之间的通道，即为封闭式冷道，其内部两列机柜间的距离一般设置为1.2m。冷空气先通过微孔防静电地板进入冷通道，再进入柜体冷却ICT设备，最后从柜体后部将热风送入热通道。而微孔防静电地坪能够调节出风率，从而能够根据封闭冷通道的制冷要求灵活调整封闭冷通道的送风量。

⑤ DC舱（微模块）方式。DC舱（微模块）方式采用模块化设计思想，通过简单组装，连接一体化机柜、空调、电源、监控等功能模块，实现快速交换。将实用新型空调直接布置在微模块内封闭冷通道内部的机柜之间，缩短送风、回风的距离，且温度精确均匀，大大提高了制冷效率。

⑥ 机柜级制冷方式。机柜级制冷方式采用机柜级空调与设备机柜构成一体化送风与制冷架构，在机柜内部形成冷（热）通道分离，实现制冷路径最短、空调能效比最高。

### 4.3.2 空调与机房环境低碳管理

在数据中心能耗组成中，空调系统的能耗仅次于IT设备的能耗，其能耗占比将会直接影响数据中心的PUE值，当空调系统对应的能耗占比从38%降至17.5%后，对应的PUE值将从1.92下降到1.3。因此，通过有效的节能维护管理措施降低空调系统的能耗是数据中心的PUE值降低到合理水平的关键手段之一，也是低碳节能维护技术措施中最关键的一环。空调系统不同能耗占比下的PUE值如图4-1所示。

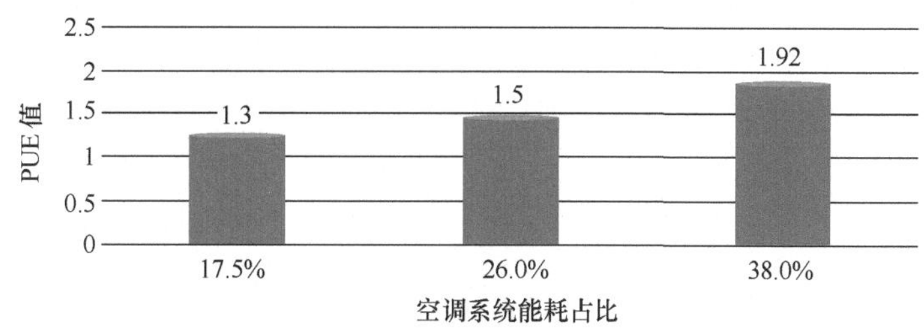


图 4-1 空调系统不同能耗占比下的 PUE 值

影响空调系统能耗的因素众多，包括运行控制策略、设备选型、气温等，各种影响因素可能会相互制约，一个参数的变化可能引发其他参数的连锁变化，增加能耗控制的难度，技术人员需要对相关节能策略进行科学分析、实践总结，从不同的维度综合管理节能维护工作。

1. 冷却侧节能维护措施

（1）合理降低冷却水泵频率

冷却水泵的运行功率与频率的三次方成正比，合理降低冷却水泵频率可显著降低冷却水泵的运行功率，冷机负载率越低，节能效果越明显；但应当设置冷却水泵的最小运行功率（设置值根据自身设备的情况确定），确保满足冷机最小冷却水的流量要求，同时，避免因冷却塔流量过低而导致冷却塔效率下降。

（2）合理加减冷却塔

冷却塔回水温度与湿球温度的差值称为逼近度，逼近度越小，冷却效果越好，冷却塔越经济。逼近度越低，说明冷却塔回水温度越低，有利于冷水主机的节能运行，因此需要合理加开冷却塔来降低逼近度。当已无法降低逼近度时，此时若依旧多开冷却塔，冷却系统的效果已无法凸显，反而会增加系统的能耗，导致PUE值的增加。因此，现场运维人员需要及时关注系统运行的情况，根据运行数据及时调整冷塔的启用情况。

（3）定期清洗冷塔填料

冷却塔是水冷系统重要的组成部分，冷却塔使用时间长容易形成水垢，影响冷却塔的散热效果，导致冷却水回水温度较高，影响主机的制冷效果。为保持冷却塔良好的散热效果，工作人员需要定期清洗冷却塔。

（4）水质处理

冷却水一般为外界自来水，杂质较多，若不进行水处理，冷却水会在冷塔和空调冷凝器内结垢，影响设备的换热效率，还可能会腐蚀设备，严重影响系统的安全和经济运行，工作人员必须定期对冷却水进行相应的除杂处理。

2. 冷冻侧节能维护措施

（1）定期清洗冷水机

循环水中含有少量的杂质，冷水机长期运行会使冷凝器表面产生厚厚的水垢，导致冷水机水温差较大，降低工作效率，不利于冷水主机的经济运行，对冷水机进行必要的清洁可以减小水温差。清洗的频率一般按水质情况或水温差来决定，当水质情况较差或水温差较大时，需要及时清洗冷水机，以免增加冷水机的功耗，不利于节能运行。

（2）提高冷却水出水温度

冷水主机作为空调系统中能耗最大的设备，其经济运行关乎制冷系统的能耗量，因此需要尽量提高主机的运行效率。根据热力学分析，较高的冷冻水水温能够提高冷水机组的制冷效率，相关节能措施表明，冷冻水温度每提升1℃，冷水机COP可提高约 3%；同时，当冷冻水温度升高时，可提高空调的显热比，提高到一定数值后，可实现干工况运行，减少除湿功耗；最后是提高冷冻水温度，对于利用自然冷源的冷冻水系统，可增加利用自然冷源的时间，减少能源消耗。随着技术的发展，服务器的适用环境逐渐宽泛，冷水机组还有提高供水温度的空间，需要数据中心运维管理人员合理控制，从而进一步降低空调的能耗。

（3）水泵控制方式

与冷却泵相同，在满足末端制冷量的前提下，应该合理降低水泵的运行频率，减少水泵的功耗。

3. 末端节能维护

（1）优化末端空调控制

机房的冷量一般是由水阀开度和末端空调风机转速决定的，在保证冷通道温度不变的前提下，通过增加水阀开度、降低风机转速的方法可以达到列间空调节能的目的。从冷冻水泵节能的角度分析，水阀的开度应该越大越好，开度越大意味着水系统阻力越小，水泵耗能也更少。目前，比较常见的是水阀采用送风控制（送风热点、送风平均），风机采用回风控制（回风热点、回风平均）或者温差控制（温差热点、温差平均），控制的组合比较多，根据实践经验总结，水阀采用送风控制+风机采用温差控制的组合节能效果相对较好，同时，也能避免冷通道出现热点，不会影响机房的安全运行。

（2）降低末端风机转速

风机的功率与转速的三次方成正比，降低风机转速可以大幅减少末端空调的能耗，因此需要在满足制冷需求的前提下，降低风机转速。“多开低频”是一个有效的节能方式，即当末端空调转速未达到最低转速时（可以根据现场情况适当降低最低转速设定值），尽可能增加开启空调的数量，降低风机转速。同时，末端空调风机控制的冷热温差越大，风机的转速越低，末端的能耗越低。在条件允许的范围内，尽可能加大送回风温差，但需要考虑远端送风风量是否可以满足需求。

（3）清洗空调过滤网

空调过滤网可以过滤空气中的大颗粒灰尘和其他污染物，避免灰尘进入机房内对IT设备的运行造成影响，若长时间不清理过滤网中的灰尘，则会影响空调的送风量，增加空调能耗，因此需要定期清洗空调的过滤网，保持空调的洁净度，减少滤网脏堵的情况，增加透风性能，从而降低风机抽取足量回风风量的功耗。

（4）优化气流组织

对于制冷末端来说，如何最大程度地利用冷风量将是运维人员需要重点关注的问题。运维期间的气流管理，主要体现在以下 3 个方面：平时加强防/漏风管理，防止一切泄漏点位，例如，地板掀开、孔洞封堵材料脱落等；根据不同区域的热密度调节出风口地板的风量，以避免出现局部热点；封堵空缺的U位及时，确保气流全部用于冷却IT设备。

机房的气流组织有3条基本管理原则：一是应避免阻挡风口；二是应避免冷热气流掺混；三是送回风口设计应合理，避免气流短路。新建机房和有改造条件的老机房首先选用DC舱（微模块）或机柜级制冷模式，应在空位放置机架盲板，以避免气流流动紊乱。如果机架存在大片的空位，机架后部的热风有机会从空位绕出回到前方，降低制冷效率。为了消除这种气流紊乱的情况，必须在空位放置挡板（盲板）。

（5）双冷源空调节能运行

因地制宜，选择合适的室外冷源，作为空调设备的辅助制冷能源。双冷源空调系统因出色的安全性被许多传统数据中心采用，但使用风冷压缩机制冷时，又会加大制冷系统的能耗，因此需要对其合理控制，例如，优先使用节能效果明显的水冷系统，减少使用或不使用压缩机，将风冷系统作为热备使用。对于水冷和风冷的切换控制逻辑及相关参数的设定是现场运维人员需要重点把握和关注的问题。

4. 控制策略

① 制定不同负载率下冷机运行策略，寻找最佳的运行方式。

② 设置空调群控，供需匹配，避免浪费冷量。

③ 根据季节与气温的变化，制定相应的机组运行策略，最大限度地增加自然冷源的利用时间，是非常有效的节能手段。

### 4.3.3 供配电及电源低碳管理

一直以来，数据中心的节能是围绕着空调系统的节能工作展开的，但随着空调系统节能技术的成熟与提升，供配电的能耗占比也开始提升。目前，数据中心行业已经普遍意识到，供配电系统的节能水平正在更大幅度地影响自身的运营成本。供配电系统的损耗主要是配电设备自身内部不可避免的损耗及负载不均、负载率较低及功率因数低等外部原因所造成的损耗。供配电节能维护措施主要包括无功补偿、均衡负载和模块休眠技术等。

1. 无功补偿

在电力网的运行中，功率因数越大，有功功率就越大，无功功率的消耗就越少，电能损耗就越少。提高功率因数、减少无功电力消耗，减少线路电压的损失，提高电力网的传输能力，可以达到节能降耗的目的。在数据中心的功率损耗主要包括供电线路的有功功率损耗和变压器的损耗。

① 供电线路的有功功率损耗，计算公式如下。

$$\Delta P = 3I^3 R = \frac{P^2 R}{U^2 \cos^2 \phi}$$

式中：$\Delta P$为供电线路的有功功率损耗，单位为W；

$I$为线电流，单位为A；

$R$为线路电阻，单位为Ω；

$U$为线电压，单位为V；

$P$为线路的有功功率，单位为W；

$\cos\phi$为功率因数。

由上式可知，线路的电阻和线电压不变，当线路有功功率一定时，其有功损耗与功率因数的二次方成反比，提高功率因数，可以显著地减少线路损耗。

② 变压器的损耗。变压器在运行过程中，会产生铜耗和铁耗，其中，铜耗受其功率因数大小的影响。变压器的损耗量计算公式如下。

$$P_{损}=\left[\frac{P}{(S_{N}\cos\phi)}\right]^{2}P_{K}$$

式中：$P_{损}$为变压器的铜耗，单位为kW；

$P$为变压器的输出有功功率，单位为kW；

$S_N$为变压器的额定容量，单位为kVA；

$\cos\phi$为变压器的功率因数；

$P_K$为变压器的额定铜耗，单位为kW。

通过上式可以得出，当变压器的输出有功功率一定时，其铜耗与功率因数的平方成反比，若变压器的功率因数过低，会加大变压器的铜耗，导致变压器的损耗增加。

因此，在维护数据中心的过程中，在满足当地供电部门的要求前提下，需要尽量提高功率因数。一般情况下，当功率因数低于0.90时，应当投入无功补偿装置进行无功补偿。

2. 均衡负载

在供配电系统中，电力系统三相电压平衡的状况是电能质量的主要指标之一，但三相负载不平衡及系统元件三相参数不对称将会导致系统三相不平衡，三相不平衡将导致旋转电机附加发热和振动、变压器漏磁增加和局部过热、供电系统线损增大，出现多种保护和自动装置误动等情况。

因此，数据中心应当加强相关负载的管理，及时调整配电系统下级电源设备的挂载情况，当系统中出现明显的负载不均的情况，在后续机房需要增加负载时，应当制定相关的加载计划和方案，避免出现负载严重不均衡的情况。在方案设计阶段，应当着重考虑负载平衡的问题，需要把增加的负荷均匀地分配到A、B、C相；在施工阶段，严格按图施工，验收调试时，实测电力系统各回路电流，从供配电线路末端向变压器低压出线端逐级调整负荷，做到电力系统各级负荷都达到三相平衡；在运行阶段，应加强运行巡视维护，确保电流互感器、电流指示表正常运行，出现三相电流值不平衡时，及时查找原因，消除相应的问题。

3. 模块休眠

（1）模块化UPS节能

UPS的效率与UPS的负载率紧密相关，负载率在50%～75%时，可获得最高的系统效率；在负载率低于40%时，UPS的效率有较大的下降。不同负载率下UPS运行效率如图4-2所示。模块化UPS可以有效改善因低载带来的低效现象，其一般具有智能休眠功能，它可以根据目前所处的负载情况，在留有冗余的前提下，适当休眠几个模块，从而提升其他运行模块的负载率，提升系统的效率。

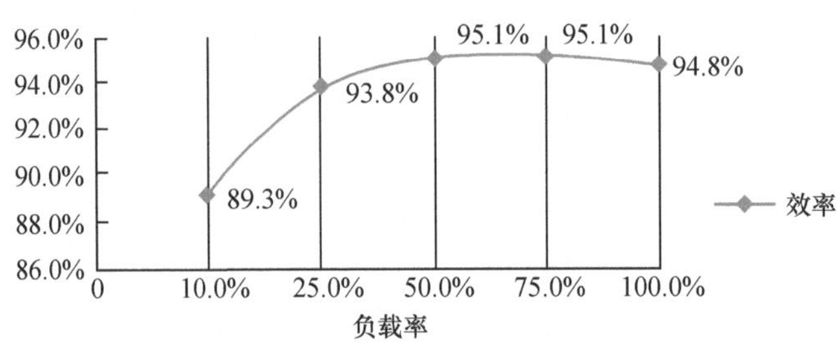


图4-2　不同负载率下UPS运行效率

以负载率为30%的“2+1”模块冗余系统为例，通过智能休眠功能，系统将休眠1个模块，使剩余2台机器负载率达到45%，在这种情况下，UPS系统仍保留冗余，即保障1台机器出现故障时，剩余1台机器仍可正常带载运行，此时UPS的效率将得到较大提升。

（2）HVDC供电系统节能

现阶段，越来越多的数据中心使用HVDC供电系统，其采用体积小、重量轻的小型化、集成化整流模块。模块转换损耗主要包括输出功耗、带载损耗和空载损耗：输出功耗是根据负载电流决定的，无法降低能耗；带载损耗主要决定因素是模块的转换效率，转换效率越高、带载损耗越少；空载损耗则是模块内部各器件正常工作的损耗。因此，在节能维护管理过程中，需要重点考虑如何降低带载损耗以提升系统的运行水平。模块休眠技术是一项针对低负载系统而使用的节能手段，主要是基于软件实现的，通过采集实际负载，计算负载率和实际需要开启模块的数量，由监控下发指令，控制模块定时开启和关闭，把负载率调整到40%～80%，提高模块转换的效率。因为模块总是处于一段时间工作和一段时间休息的状态，所以可以延长模块的使用寿命。同时，各模块的工作和休息时长平均，可以实现模块的同步老化，从而延长整个直流电源系统的使用寿命。

在模块化通信电源的日常维护过程中，维护人员应当重点关注以下指标。

① 洁净度：过多的灰尘或其他污染物进入模块内部将会引起模块故障等问题，影

响模块的使用寿命，因此需要定期清洁模块，保持模块的洁净度。

② 均衡性：当多模块并联运行时，需要随时记录各个模块的负载均衡性，不同模块负载率的差值不宜超过 10%，否则可能会影响模块的稳定运行，降低设备的可用性。

### 4.3.4 办公与照明低碳管理

为了便于日常巡检和设备维护管理，数据中心往往配置了数量众多的照明器具，其能耗约占机房总能耗的 5%，因此在保证数据中心照明质量的原则下，应尽可能减少照明用电。传统的白炽灯、荧光灯等有灯丝发光易烧、热沉淀、光衰弱、能耗高等缺点，频繁使用灯具也极易损坏灯具，增加灯具的维护成本。同时，若现场维护管理人员节能意识欠佳，日常维护工作后未能及时关闭灯具，将会增加能耗，导致机房 PUE 值上升。不宜选用悬垂型的灯具，以免影响排风管道和爬线架的安放，也会阻碍气流流通。

在运行维护阶段，照明系统有效的节能措施是合理选择光源类型和控制方式。在光源的选择方面，数据中心机房内宜减少传统的白炽灯、荧光灯等高能耗灯具，采用 LED、T5 或 T8 系列三基色直管荧光灯等高效节能灯具作为主要的光源。在智能控制方面，应能方便、灵活地控制机房内灯具的开关，控制方式可采用分区、定时、感应和智能照明。当然，在照明系统的节能管理方面，除了必要的技术措施，也需要对现场运维人员进行节能宣传和培训，并及时发现和关闭不必要的灯具。

加强办公环境的空调管理，要求做到开空调时必须关紧门窗，人离开时必须关闭空调，并按照国家节能指导意见合理设定办公环境空调的温度。在环境温/湿度适宜时尽量减少使用空调，特别是在公共场所，尽量少用空调。

办公设备长时间不用时，应关闭电源，例如，下班时应关闭计算机、打印机和复印机的电源。

### 4.3.5 能耗监控与智能低碳管理

了解能耗情况是节能工作的基础，实时监控、记录、分析能耗情况，可以考察已使用节能手段的效果。

能耗监控涉及机房各个层次的能耗状况，包括机房整体能耗、分块能耗（通信用电、空调用电、照明用电、办公用电及其他）和局部能耗（可精细到每个机架，甚至精细到每台设备）。能耗监控的结果可用于设备摆放、部署方面的决策，以及基础设施淘汰更换的决策，例如，空调、UPS 等。

传统数据中心采用人工或者人工与动环系统相结合的能耗分析方式，面对复杂的系统、大量的运行数据和报表时，很难做到全面监控以及精准预测、分析和控制。

为了更好地监测和管理数据中心的能耗，需要搭建能耗分析管理平台，对数据中心的设备级、系统级及机房级的能耗情况进行分级监测和管理。能耗分析管理平台可以对数据中心各子系统的运行状态和用能效率分项监测、分析，进而发现各子系统运行中存在的耗能问题，有针对性地对各子系统进行运行调整和节能改进，从而降低数据中心的电能消耗，提高整体能效。能耗分析管理平台应当具备数据精确、统计全面、智能分析等特点，并包括以下功能。

① 智能监控：实时、精准监控系统的运行数据，自动计算系统的能耗。

② 智慧BA：根据实时监控数据自动分析各系统的能耗，依托AI的智能化数据分析和处理，结合系统运行情况提出节能维护方案。

③ 能耗预警：自定义预警条件，当系统能耗出现异常时，可以发出预警提示。

④ 远程可视：将各系统用能数据集中于平台，可视化显示运行状态，显示系统能耗排名，支持随时、随地查看网页/应用程序端。

⑤ 分区管理：对数据中心的设备级、系统级及机房级的能耗情况进行分区监测和管理。

⑥ 报表定制：根据实际需求定制报表模板，可以随时导出报表，满足不同应用的需求。

### 4.3.6 其他低碳管理方法

① 加强对汽车燃油管理：根据不同车型和车况的具体情况，定期核定每台车辆的油耗指标。实行定点加油，并通过采用打卡方式凭车辆牌号加油，以杜绝工作漏洞。加强对汽车发动机的维护保养工作，提高汽车发动机的效率，积极倡导节能驾驶。

② 油机燃油管理：应根据模块局和接入网的油机发电机的油机型号、负荷量和设备运行状况，核定油机每小时的油耗指标，以杜绝燃油费用报销时的漏洞。加强对油机发电机组的维护保养工作，提高油机发动机的工作效率。

③ 水消耗管理：宜采用恒流式节水器、恒压式节水器、感应式节水器等系列节水产品。加大用水管理检查制度，严查跑、冒、滴、漏现象，并严厉处罚浪费水的行为。

## 4.4 低碳节能维护管理效果评估体系

### 4.4.1 评估体系的意义

低碳节能维护管理效果评估，旨在发现数据中心节能管理和实施中的问题或不足，能更加有效地协助数据中心运用数据中心低碳维护管理体系，其结果便于数据中心了解自身的差距，设立数据中心能力改进目标和范围，并针对差距采取改进措施，为推动数据中心节能和能效双提升，引导数据中心向高效、低碳、集约和循环的绿色发展道路发展，助力实现“双碳”目标。

### 4.4.2 评估对象

低碳节能维护效果评估是对数据中心在运行维护阶段内，针对其能耗系统开展的相关节能管理工作的评价，而节能工作是需要长时间的分析对比和实施的，其节能效果可能是需要较长时间才能得到验证的，因此，低碳节能维护管理效果评估的对象应当是通过竣工验收后至少已连续运行一年的数据中心，且该数据中心应当已经形成一套行之有效的节能维护管理办法。

### 4.4.3 评估指标

低碳节能维护管理效果评估体系需要制定评估办法用于分析数据中心开展节能维护的相关工作，其中，不仅需要关注节能量的变化情况，而且也需要综合考虑节能管理制度的制定、节能技术措施的实施情况等，综合客观地评估数据中心的节能维护效果。

低碳节能维护效果评估以节能管理制度、资源绿色管理、高效节能技术及节能措施效果为主要的评估指标，通过分解各评估指标，形成 18 个评估子项。低碳节能维护管理效果评估体系如图 4-3 所示。

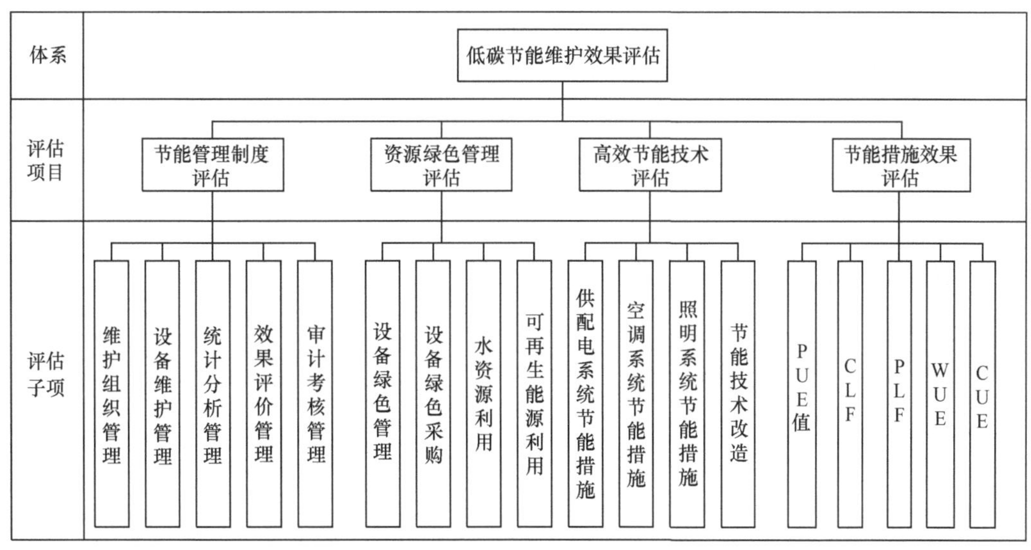


图 4-3 低碳节能维护管理效果评估体系

1. 节能管理制度评估

节能管理制度评估是指数据中心在运行过程中，针对节能管理而制定的管理制度的建设和执行情况进行综合评价，主要用于评价人和事的节能管理。该评估子项目包括维护组织管理、设备维护管理、统计分析管理、效果评价管理和审计考核管理5项。

（1）维护组织管理

维护组织管理是设立专门的节能负责人及节能维护小组，每个组织成员应当有明确的岗位职责，重点对用能系统、设备配置专业技术人员并进行专项管理。在评估本项时，需要重点关注技能管理组织设立是否合理、组织成员的职责是否明确，以及相关职责是否落实到位。

（2）设备维护管理

包括对设备维护的技术要求、维护周期要求等应当有明确的定义，建立详细的用能设备、设施台账和系统运行记录管理档案，并且定期对设备维护记录进行分析总结，输出设备运行分析报告，以此了解设备的运行状况，保障设备的高效运行。

（3）统计分析管理

应当具备能源数据统计分析的管理制度和具体的实施方案，定期对数据中心的用能数据进行统计，分析各个系统、设备的能耗量，并以月度、季度、年度为周期输出用能报表，报表应能反映现阶段存在的问题，分析各个系统和设备的节能潜力，并提出有效的解决方案。

（4）效果评价管理

定期对节能维护效果进行分析总结，用于分析节能目标和指标的实现程度。

（5）审计考核管理

对节能管理人员实行目标责任制，设立专业的审计小组定期对数据中心内部的节能维护工作进行审计考核，根据审计情况定期输出审计报告，对存在的问题提出专业的改进建议，针对不达标的问题项对相关责任人进行考核处理。

2. 资源绿色管理评估

资源绿色管理评估主要是针对数据中心的设备、水资源和再生资源的节能管理情况进行评价，用于评估数据中心“物”的节能管理，包括设备绿色管理、绿色采购管控、水资源利用和可再生能源利用。

（1）设备绿色管理

包括报废设备的回收和再利用。对于数据中心日常运行维护、检修等产生的废旧电池、滤芯、废旧电缆、废弃油料、制冷剂、污水等各类可能对环境产生不良影响的废弃物，应当按照国家相关管理要求进行处理，对于具有回收价值的报废设备可与有相应资质的回收企业签署报废设备回收协议，对有再利用价值的废旧设备采取再利用措施，报废设备处理过程应当有完整的记录。

（2）设备绿色采购

优先采购满足国家有关绿色设计产品评价要求或满足相关节能、节水、低碳等相关标准要求的设备和产品。数据中心在主要设备更换时，积极选用近3年的《国家绿色数据中心先进适用技术产品目录》《国家通信业节能技术产品推荐目录》推荐的技术产品或类似功能及性能的技术产品。

（3）水资源利用

具备水资源规划方案和节水制度，运用有效的节水措施，包括使用非传统的水资源、使用节水设备以及加强用水设备的巡查，及时维修故障管道、用水设备，定期对用水量进行统计分析，保证数据中心水资源利用效率不宜高于每千瓦时0.6L。

（4）可再生能源利用

在运行维护方面有合理利用风能、太阳能等可再生能源的技术措施；有合理利用余热资源，开展余热回收的措施；积极采购可再生能源和清洁能源，购买可再生能源绿色电力证书等。

3. 高效节能技术评估

根据数据中心的用能特点和系统组成，应制定供配电系统、空调系统、照明系统和节能技术改造等方面的具体节能措施和方案，包括供配电设备的高效使用，制冷系统的合理运行，照明系统的节能控制，节能新技术、新工艺、新设备等的应用等，主要是评估数据中心节能技术措施的执行情况。

（1）供配电系统节能措施

针对配电系统、关键用能设备制定详细且可执行的节能运行方案；对系统的用能效率、负载均衡性等技术指标应当有明确的要求；对相关节能措施的执行和后续跟踪应当保存记录。

（2）空调系统节能措施

针对空调系统、关键用能设备制定详细且可执行的节能运行指导方案；对冷机、水泵、冷却塔、末端空调等设备的节能运行参数应当设立指导范围；对相关节能措施的执行和后续跟踪应当保存记录。

（3）照明系统节能措施

数据中心选用高效节能的灯具作为主要的照明光源，同时，针对不同区域采用定时、感应、智能照明控制等控制方式。

（4）节能技术改造

对老旧设备进行节能评估记录；对已经无法满足节能要求的设备完成改造或有计划的改造，改造的设备满足国家有关绿色设计产品评价要求或满足相关节能、节水、低碳等相关标准要求。

4. 节能措施效果评估

节能措施效果评估主要通过分析节能管理前后总能耗的节能量及PUE值等指标的变化量，从而评估其节能措施的效果。节能措施效果评估指标可分为5个分项指标，包括PUE、CLF、PLF、WUE和CUE，它们是衡量节能措施实施效果和节能收益的重要指标，可以帮助数据中心从电、水、碳排放等多角度评估节能效果。

（1）PUE/CLF/PLF

PUE值是数据中心消耗的所有能源与IT负载消耗的能源的比值，是评价数据中心能源效率的最基本和最有效的指标之一，影响PUE值的因素很多，其中一些影响因素可能会存在相互制约。为了进一步深入分析制冷系统和供配电系统的能源效率，引入CLF、PLF对PUE值补充和深化，分别计算这两个指标，可以较为清楚地了解节能维护措施给各个系统带来的节能效果。

（2）WUE

随着数据中心对能耗的要求越来越严格，节能效率较高的冷水系统方案得到越来越多的应用，但随之而来的是大量水资源的消耗及循环水的净化处理问题，从能源利用的综合角度分析，单纯地靠PUE值指标难以全面准确地评估数据中心的能耗水平，为全面合理地评估数据中心的节能维护效果，让运维人员更好地了解和衡量对水资源的使用，需要对用水量进行相应的管理。WUE可以量化水资源使用的有效性，在节能维护管理的过程中，可以使用WUE衡量节能措施的效果。

（3）CUE

在“双碳”战略背景下，如何有效降低数据中心碳排放量是数据中心未来重点需要探索的问题，数据中心需要对碳排放量进行有效的监测和测量，从而达到控制的目的。CUE能够帮助数据中心的管理人员更好地了解和衡量基础设施产生的温室气体排放量及影响，可以使数据中心的管理人员更加关注碳排放量。因此，在节能维护效果评估中，CUE评估指标可以有效地量化数据中心节能维护管理的效果。

### 4.4.4 评估方式

（1）内部审核

内部审核是依据低碳节能维护效果评估体系的要求，定期对数据中心节能维护管理进行自我评估，分析相关的节能数据，检验节能维护的有效性，对数据中心的节能管理制度、资源绿色管理、高效节能技术等进行自我说明和评价，编写相应的自评价报告。

（2）外部评估

外部评估是由独立的第三方机构或专家组对数据中心低碳节能维护管理进行评估的，核查数据中心自评价报告各项内容的真实性，依据低碳节能维护效果评估体系的要求，检查相关计量设备及单据，以及在此基础上核对PUE值、WUE、CUE等指标计算结果的情况。另外，还需要对数据中心的节能管理制度、资源绿色管理和高效节能技术 3 个评估指标，共计 13 个评估子项的评价情况进行说明。

# 4.5 低碳节能维护管理制度

## 4.5.1 具体的维护需求

数据中心节能维护管理制度包括执行数据中心设备的日常维护、电源系统的维护、空调系统的维护以及机架和用电等方面的维护。

（1）数据中心设备的日常维护

① 数据中心的维护人员对机房应按规定的周期认真进行巡检，填写巡检记录；应根据维护规程的要求，按照维护作业计划进行设备维护。

② 数据中心的设备主要包括路由器、交换机、防火墙、主机设备和存储设备等，数据中心的系统包括各种应用系统和网管系统。

③ 在维护过程中，不能随意修改数据，修改数据前必须获得主管的同意，并且修改前要做好数据备份工作，修改后要做好修改记录。

④ 应在业务空闲时进行日常维护，发现异常情况应及时处理并做好详细记录。

（2）数据中心电源系统的维护

① 电源系统包括高压配电屏、变压器、低压配电屏、后备油机、UPS设备、开关电源设备、蓄电池组（包括UPS用蓄电池组和开关电源用蓄电池组）和楼层配电屏等。

② 根据电源、空调维护规程的相关要求制定电源维护工作方案，按计划做好维护工作，同时制定严格的操作规程，确保用电的安全。

③ 建立每个配电屏和列头柜的资料表格并汇总成册，并利用电源监控系统对配电屏和列头柜的实际用电情况进行统计分析，提出容量配置优化方案。

④ 定期巡视机房电源设备，发现问题及时处理，并认真填写机房巡视记录。

⑤ 如果机房电源出现中断或割接电源出现中断，及时关闭各设备的电源开关，在电源恢复供应后，可根据设备情况逐步分批加载负荷。

⑥ 对超过上端保险容量80%的配电柜，加注明显标识，并视情况拒绝继续加负载。

⑦ 检查网络柜负载功率，对超过规定功率的机架提出合理的整改方案。

（3）数据中心空调系统的维护

① 空调系统包括中央空调系统（主机、水泵、冷却塔和末端设备）、冷水机组精密空调、风冷精密空调、普通空调和送/回风管道等。

② 根据电源、空调维护规程的相关要求对空调系统进行维护和管理。

③ 制定空调维护工作计划，并按计划做好维护工作。

④ 定期对空调进行巡视，发现问题及时处理，并认真填写机房巡视记录。

⑤ 机房平均温度在 23℃～ 28℃、湿度在 40% ～ 70%。

⑥ 动态调节机内送风口流量，确保各区域温度处于合格水平。

⑦ 检查网络柜设备的发热情况，对温度超标机架提出合理的整改方案。

（4）数据中心机架和用电的维护

① 机架电源资源包括网络柜电源设施、列头柜电源设施等。

② 检查各网络柜的安装数量、实际耗电总功率，确保不超过规定指标。

③ 协助用户为设备安全上电，对用户设备接电安全性、可靠性提出指导意见。

④ 机架用电需要充分考虑交流的三相平衡，三相负荷不平衡度小于 20%。

### 4.5.2 具体的维护管理制度

（1）低碳节能维护组织管理

低碳节能维护组织管理制度应包括以下主要内容。

① 明确建立数据中心低碳节能维护管理组织的意义和目的。

② 确立数据中心低碳节能维护管理组织的目标，并分解落实。

③ 规范建立数据中心低碳节能维护管理组织和体系。

④ 数据中心低碳节能维护管理组织架构及其职责。

⑤ 数据中心低碳节能维护管理组织运作模式及调整方式。

（2）低碳节能日常维护管理

低碳节能日常维护管理制度应包括以下主要内容。

① 各系统（配电、暖通、弱电和照明等）日常节能维护的周期、内容及要点。

② 各系统（配电、暖通、弱电和照明等）节能运行策略的制定、实施及反馈的要求。

③ 节能相关政策的研究及落地的要求。

④ 节能降碳新产品、新技术研究、推广、应用的方法及要求。

⑤ 开展有实效的节能绿色技术改造的要求。

⑥ 建立数据中心运维人员培训、培养机制，提升运维人员节能运维与管理职业技能水平的要求。

（3）低碳节能维护绿色采购管理

低碳节能维护绿色采购管理制度应包括以下主要内容。

① 绿色采购理念的建立。

② 绿色采购应遵循的原则。

③ 绿色采购标准和流程的制定。

④ 绿色采购方案的制定、调整和完善及采购实施的具体要求。

⑤《国家绿色数据中心先进适用技术产品目录》和《国家通信业节能技术产品推荐目录》所推荐技术产品或类似功能及性能技术产品。

（4）低碳节能维护资源绿色管理

低碳节能维护资源绿色管理制度应包括以下主要内容。

① 能源规划制定与执行的要求。

② 日常运维节电、节水、节油和节气的制度，如何结合气候环境、自身负载变化和运营成本等因素科学运维，以实现能源利用效益最大化的要求。

③ 可再生能源电力消纳、绿色电力证书消费的模式与操作流程。

④ 碳交易的模式与操作流程。

⑤ 自建可再生能源电站的流程和要求。

⑥ 自建储能电站的流程和要求。

（5）低碳节能维护设备绿色管理

低碳节能维护设备绿色管理制度应包括以下主要内容。

① 数据中心日常运行维护、检修等产生对环境造成不良影响的废弃物（例如，空气滤芯、废旧电缆、水处理残渣、废旧电池、电缆桥架、废弃油液、会破坏臭氧层或具有温室效应的制冷剂和污水等）回收和处理的流程和要求。

② 建立电器电子类产品管理档案的要求。

③ 建立废旧电器电子产品回收处理体系的要求。

（6）低碳节能维护统计分析管理

低碳节能维护统计分析管理制度应包括以下主要内容。

① 数据采集、统计、分析的范围、内容、周期与方法。

② 数据统计分析报表的格式与内容要求。

③ 统计分析结果报送对象、时间和程序及其应用要求。

④ 能源计量仪表、衡器的日常管理要求。

（7）低碳节能维护效果评价管理

低碳节能维护效果评价管理制度应包括以下主要内容。

① PUE、CLF、PLF 的评估方法、指标及要求。

② WUE 评估方法、指标及要求。

③ CUE 评估方法、指标及要求。

（8）低碳节能维护审计考核管理

低碳节能维护审计考核管理制度应包括以下主要内容。

① 低碳节能维护管理内部审计的周期、方法与流程。

② 低碳节能维护管理外部审计的周期、方法与流程。

③ 参加第三方节能测评与认证的要求。

④ 参加行业会议、参与研究制定相关标准规范的要求。

⑤ 低碳节能维护考核的奖惩办法及长效考评机制。

第 5 章

# 电源系统低碳节能维护与管理

5.1 交流市电高低压变配电设备、低压设备、变压器

5.2 发电系统

5.3 -48V 直流供电系统

5.4 240V 直流供电系统

5.5 交流 UPS 供电系统

5.6 电池

5.7 电源系统新技术及应用案例

# 5.1 交流市电高低压变配电设备、低压设备、变压器

## 5.1.1 系统组成

数据中心的交流供电系统一般由高压变配电设备、变压器、低压变配电设备、接地与防雷装置等组成。

## 5.1.2 高低压变配电设备一般要求、维护内容、周期及指标

1. 一般要求

① 配电屏四周的维护走道净宽应保持规定距离（≥ 0.8m），四周走道均应铺绝缘胶垫。

② 禁止无关人员进入高压室，在危险处应设防护栏，并在明显处设“高压危险，不得靠近”等字样的警告牌。

③ 高压室的门窗、地槽、线管、孔洞应做封堵处理，严防水及小动物进入，应采取相应的防鼠、灭鼠措施。

④ 为了安全供电，专用高压输电线和电力变压器不得搭接外单位负荷。

⑤ 必须使用专用的高压防护用具（绝缘鞋、手套等），高压验电器、高压拉杆绝缘应符合规定要求，并应定期检测和试验。

⑥ 高压维护人员必须持有高压操作证。

⑦ 变配电室停电检修时，应报主管部门同意并通知用电部门后再检修。

⑧ 人工倒换备用电源设备时，必须遵守安全规定，严防人为差错。

⑨ 继电保护和告警信号应保持正常开启，严禁切断警铃和信号灯，严禁切断各种保护连锁。

⑩ 断路器跳闸或熔断器烧断时，应查明原因再恢复使用，必要时允许试送电一次。

⑪ 应有熔断器备用件，不应使用额定电流不明或不符合规定的熔断器。

⑫ 引入通信局（站）的交流高压电力线应安装高压、低压多级避雷装置。

⑬ 机房接地采用TN-S、TN-C者TN-C-S系统，使用TN-C系统时，零线不准安装熔断器。

⑭ 每年检测一次接地引线和接地电阻，其电阻值不应大于规定值。

⑮ 停电检修时，应先停低压、后停高压；先断负荷开关，后断隔离开关。送电顺序则相反。切断电源后，三相相线上均应接地线。

⑯ 高、低压变配电设备连续运行第5年后，宜每两年做一次预防性试验，试验应

由具备相应资质的专业机构完成。

2. 高压变配电设备维护内容、周期及指标

（1）基本要求

① 高压变配电设备的使用环境应符合相关规范标准的要求，包括但不限于温/湿度、安全间距、应急照明、防鼠和消防封堵等。

② 高压变配电设备操作维护人员应持证上岗，经培训考试合格，并取得高压电工操作证等相关特种作业操作证。

③ 高压变配电设备操作维护人员应配备必要的防护工具和劳动保护用品，并按照相关标准规范的要求定期检测。防护工具和劳动保护用品包括但不限于绝缘鞋、绝缘手套、验电笔、高压拉杆和防静电服等。

④ 高压变配电设备操作维护人员进行电源人工倒换、应急演练或其他带电作业时，应确保有两人及以上同时在场，并安排有专人监护，严防人为差错，保证安全。

⑤ 高压变配电设备操作维护人员应严格按照相关维护规程（动电作业票、审批制度等），严禁用手或金属工具碰触带电母线。并编制高压变配电设备操作专项应急预案，配备齐全应急预案所需仪器仪表、急救物资等。

⑥ 操作维护 10kV ～ 35kV 导电部位时，安全距离应不小于 1m；操作维护 10kV 以下导电部位时，安全距离应不小于 0.7m。安全距离不能满足时，应切断总电源，并将变压器高低压两侧断开；内置电容或电容功能的器件应放电后方可作业。

⑦ 不准在雨天露天作业，在高处作业时应佩戴安全帽、系好安全带，严禁使用金属梯子。

（2）停电检修

高压变配电室停电检修应报主管部门同意并通知用户，制定现场处置方案后再进行，并应遵守停电—验电—放电—接地—挂牌—检修的程序。

① 切断电源前，任何人不准进入防护栏。

② 切断电源的顺序：先断负载开关，后断隔离开关；先停低压，后停高压。

③ 应使用符合相应等级的试电笔或验电器检查通电部位，核实负载开关可靠断开、设备不带电。

④ 有电容或电容功能的器件应进行放电。

⑤ 切断电源后，在电源三相进线末端、进线隔离开关之前悬挂临时接地线；安装接地线时，应先接接地端，再接线路端。

⑥ 在所有断开的断路器手柄上悬挂“有人作业、禁止合闸”等警示牌。

⑦ 应有检修工作的详细记录。

⑧ 检修完毕，核实电气装置上确实无人工作后，先拆除临时接地线的线路端，再拆除接地端；送电顺序与切断电源的顺序相反。

⑨ 警示牌只允许原挂牌人或监视人拆除。

（3）日常巡查

① 机房环境检查。包括但不限于温/湿度检查、易燃易爆物品堆放情况、防火封堵情况和灰尘污垢情况等。

② 设备设施异常情况检查。包括但不限于设备设施工作温度检查、监控装置工作状态检查、设备设施外绝缘破坏/老化检查等。

③ 维护管理落实情况。包括但不限于人员值班情况、机房出入登记情况、设备倒换/停电检修等资料台账留存情况。

（4）常规检查

① 高低压变配电设施，例如，变压器、高压配电设备等外观应完好正常，不应有破损等异常现象。

② 高低压变配电相关设备、仪表、器件等应完好、工作正常，不应有劣化、状态指示异常等现象。

③ 电力电缆等线路应外观无破损、接头无裸露、路径标识清晰准确、外护套未变色、绝缘无老化的情况。

④ 电力机房环境的设备应接地良好，线缆外护套颜色应符合标准规范要求，防鼠/防火封堵/应急照明等应符合标准规范的要求，安全出口指示标识正常、无杂物堆放，机房环境及相关设备设施保持清洁。

（5）定期检测

① 定期检测干式变压器的温升（以说明书的规定为准）。

② 每年检测一次安装在室外的电力变压器的绝缘油，每两年检测一次安装在室内的电力变压器绝缘油。

③ 操作电源及电池的维护可参照整流器及蓄电池的有关内容。

（6）高压变配电设备的维护项目及周期见表5-1。

表5-1　高压变配电设备的维护项目及周期

| 序号 | 维护项目 | 维护周期 |
| --- | --- | --- |
| 1 | 检查设备运行状态、告警指示、变压器温度情况 | 月 |
| 2 | 清洁机架 | 季 |
| 3 | 堵塞进水和小动物的孔洞 | |
| 4 | 检查干式变压器的风机 | |
| 5 | 检查油浸式变压器的油枕和油位是否合格，干燥剂颜色是否合格，二次保险温升是否合格 | |
| 6 | 检测仪表是否正常 | |
| 7 | 检查熔断器接触是否良好，温升是否符合要求 | 年 |
| 8 | 检查接触器、闸刀、负荷开关是否正常 | |

（续表）

| 序号 | 维护项目 | 维护周期 |
|---|---|---|
| 9 | 检查各接头处有无氧化，螺丝有无松动 | 年 |
| 10 | 清洁电缆沟 | |
| 11 | 校验继电保护装置 | |
| 12 | 检测避雷器及接地引线 | |
| 13 | 检验高压防护用具 | |
| 14 | 检查变压器、高压柜和高压电力电缆的绝缘情况 | |
| 15 | 校正仪表 | |
| 16 | 主要元器件的耐压等预防性试验（两年一次） | |
| 17 | 清洁变压器油污及高压、低压瓷瓶 | |
| 18 | 检查变压器一次保险规格、二次保险规格 | |
| 19 | 检查变压器接地电阻值，连接线路 | |
| 20 | 检查高压开关柜的开关、网门连锁 | |
| 21 | 电源及蓄电池的维护可参照整流器及蓄电池的有关内容 | |

3. 低压变配电设备维护内容、周期及指标

（1）基本要求

① 低压变配电设备的作业环境应符合相关规范标准的要求，包括但不限于温/湿度、安全间距、应急照明、防鼠和消防封堵等。

② 低压变配电设备的操作维护人员应持证上岗，经培训考试合格，并取得低压电工操作证等特种作业操作证。

③ 低压变配电设备的操作维护人员应配备必要的劳动保护用品和防护工具，并按照相关标准规范的要求进行定期检测。劳动保护用品和防护工具包括但不限于绝缘鞋、绝缘手套、验电笔和防静电服等。

④ 低压变配电设备操作维护人员进行电源人工倒换、应急演练或其他带电作业时，应确保有两人及以上同时在场，并安排有专人监护，严防人为差错，保证人身安全。

⑤ 低压变配电设备的操作维护人员应严格按照相关维护规程，严禁用手或金属工具碰触带电母线。并编制低压变配电设备操作专项预案，配备应急预案所需仪器仪表、急救物资等。

（2）日常巡查

① 机房环境检查。包括但不限于检查温/湿度、易燃易爆物品堆放情况、防火封堵情况、灰尘污垢情况。

② 设备设施异常情况检查。包括但不限于设备设施工作温度检查、监控装置工作状态检查、设备设施外绝缘破坏/老化检查。

③ 维护管理落实情况。包括但不限于人员值班情况、机房出入登记情况、维护规

程执行情况、巡检/设备倒换/停电检修等资料台账留存情况。

（3）常规检查

① 低压变配电柜外观应完好，不应有破损、柜门缺失等异常现象，以防止人为误触电。

② 相关设备、仪表、器件等应完好、正常工作，不应有劣化、状态指示异常等现象。

③ 低压母线槽与变压器及低压开关柜的连接应紧密、可靠。检查母线槽温升是否正常，母线槽接头连接及导电体接触部分是否有松动现象，在母线槽运转中，应不间断查看整条体系的四周是否存在渗漏、喷水、潜在的潮气源，查看是否有异物进入母线槽内部，查看其体系零部件有无残缺、锈蚀表象，查看支架绷簧是否有弹力。

④ 螺丝有无松动。

⑤ 仪表指示是否正常，面板仪表的显示值与实际值的误差应不超过 5%。

⑥ 电线、电缆、低压母线槽等载流设施的运行电流不能超过额定允许值。检查载流设施的外观和温升，要求温度在允许范围内，外观无绝缘破损。尤其要加强对电缆拐弯处、电缆沟和电缆井道的巡查，要求载流设施敷设的周边环境应该能保证必需的散热条件，安装固定的方式应确保不破坏电气绝缘，必要时须做好防护措施。

⑦ 电力电缆等线路应外观无破损、接头无裸露、路径标识清晰准确、外护套未变色和绝缘无老化。

⑧ 设备应接地良好，线缆外护套颜色应符合标准规范的要求，防鼠/防火封堵/应急照明等应符合标准规范的要求，安全出口指示标识正常，无杂物堆放，机房环境及相关设备设施保持清洁。

⑨ 电气设备通过额定电流时，各电器元件和部件的温升不得超过规定值。各电器元件和部件温升限值见表 5-2。

**表5-2 各电器元件和部件温升限值**

| 部件 | | 温升/℃ |
|---|---|---|
| 铜母线的接头 | 接触处无被覆层<br>接触处搪锡<br>接触处镀银或镀镍 | 50<br>50<br>60 |
| 铝母线的接头 | 接触处超声波搪锡 | 50 |
| 其他金属母线接头 | | 55 |
| 熔断器触头 | 接触处镀锡<br>接触处镀银或镀镍 | 50<br>60 |
| 刀开关触头（紫铜或其他合金制品） | | 50 |

（续表）

| 部件 | | 温升/℃ |
|---|---|---|
| 可能会触及的壳体 | 金属表面<br>绝缘表面<br>塑料绝缘导线表面 | 30<br>40<br>20 |
| 密集母线 | 外壳金属表面<br>接头 | 40<br>60 |

注：衡量温升的基准温度是室内温度，如果室温超过28℃，则按28℃计算。

⑩ 交流设备三相电流平衡时，各相电路之间相对温差不大于 25℃。

（4）定期检测

① 定期对低压变配电设备用仪器仪表及劳动防护用品等进行第三方检测、计量等，应及时更换检测结果不合格的用品，确保质量性能全部符合标准规范的要求。

② 定期检查配电线路负荷率，配电线路应符合以下要求：线路额定电流≥低压断路器（过载）整定电流≥负载额定电流。

③ 定期检查脱扣器的电流整定值和时延值，检查上下级整定是否合理。对于整定值小于 1 的断路器应进行醒目标识。

④ 定期检查 ATS 切换开关的工作状态（自动/手动），检测启动和转换时延是否合理；定期分别对双路电源进行自动、手动切换测试。

⑤ 框架断路器使用超过 5 年后，应每两年做一次深度保养。

（5）低压变配电设备的维护项目和周期

低压变配电设备的维护项目和周期见表 5-3。

**表5-3 低压变配电设备的维护项目和周期**

| 序号 | 维护项目 | 维护周期 |
|---|---|---|
| 1 | 检查设备状态、告警和指示情况 | 月 |
| 2 | 检查接触器、开关接触是否良好 | |
| 3 | 检查ATS切换开关的工作状态 | |
| 4 | 检查信号指示、告警是否正常 | |
| 5 | 测量熔断器的温升或压降 | |
| 6 | 检查功率补偿屏的工作是否正常 | |
| 7 | 清洁设备 | |
| 8 | 测量刀闸、母排、端子、接点、线缆的温度、温升及各相之间温差 | |
| 9 | 检测ATS启动和转换时延设置；分别对双路电源进行自动、手动切换测试 | 半年 |
| 10 | 检查回路投切、保护装置是否正常 | |
| 11 | 检查脱扣器的电流整定值和时延值 | |

（续表）

| 序号 | 维护项目 | 维护周期 |
|---|---|---|
| 12 | 检查避雷器是否良好 | 年 |
| 13 | 测量地线电阻（干季） | |
| 14 | 检查各接头处有无氧化、螺丝有无松动 | |
| 15 | 校正仪表 | |
| 16 | 检查、调整三相电流不平衡度（≤25%） | |
| 17 | 检查、测试供电回路电流不超过线路额定允许值 | |
| 18 | 框架断路器深度保养（使用5年后，每两年一次） | |

### 5.1.3 设备更新周期

高压配电设备：20 年或按照本地供电部门的规定。

变压器：20 年或按照本地供电部门的规定。

交流或直流配电设备：15 年。

### 5.1.4 接地与防雷

1. 一般要求

① 通信雷电防护维护工作应严格执行相关国家标准、行业标准及行业主管部门法规规范。

② 通信雷电防护维护工作应制订操作维护规程及工作计划，并严格执行。

③ 发生雷电灾害事故，造成人员设备伤害、财产损失或网络运行事故的，应按照标准规范要求及时上报。

④ 通信雷电防护维护工作相关人员应参加教育培训，并经行业主管部门考试合格方可上岗工作。

⑤ 通信雷电防护维护工作应配备必要的仪器仪表工具，例如，接地电阻测试仪、等电位测试仪、电涌保护器（Surge Protective Divice，SPD）直流参数测试仪等。相关测试仪表应定期计量校准，确保其测试结果准确有效。

⑥ 通信雷电防护维护工作应在每年的雷雨季节之前进行一次全面自查，及时整改发现的问题和隐患。

⑦ 通信雷电防护维护工作应按照相关标准规范的要求，开展第三方在用防雷系统抽查检测工作。

⑧ 通信雷电防护维护工作应对相关工作情况进行详细记录、归档，并保留完整资料台账。

2. 维护技术指标

① 接闪器、引下线的不应断裂，锈蚀不应超过截面积的 1/3。

② 楼顶电缆、信号线应穿金属管引入，并在两端进行接地处理。电源线、信号线严禁与避雷带捆绑布放。

③ 机房内设备、走线架等均应做接地处理。两端走线架之间应做等电位跨接。

④ 保护接地线的外护套颜色应为黄绿相间，接地线应做好路径标识。

⑤ 浪涌保护器若出现劣化变红的情况，则应及时更换。

⑥ 浪涌保护器配套开关应处于闭合状态。

3. 月度巡查

① 接闪器、引下线的断裂、锈蚀情况。

② 楼顶设备接地，电缆、信号线等布放、防护情况。

③ 机房内设备、走线架等接地情况。

④ 接地线外护套颜色、路径标识情况。

⑤ SPD 的劣化指示、配套空气开关的关断情况。

4. 季度检查

① 通信雷电防护自查记录检查。

② 通信雷电防护问题隐患整治情况检查。

③ 检测接地电阻、检查数据中心联合接地。

④ 检测等电位。

⑤ 检查接闪器、引下线的断裂、锈蚀情况。

⑥ 检查楼顶设备接地，电缆、信号线等布放、防护情况。

⑦ 检查机房内设备、走线架等，特别是光缆金属加强芯、新加装设备等接地情况。

⑧ 检查接地线铜鼻子松动、截面积、外护套颜色和路径标识情况。

⑨ 在用 SPD 的标准符合性认定检查。

⑩ SPD 的劣化指示、配套空气开关的关断情况。

⑪ SPD 的配置容量、保护模式、接地线截面积及长度等是否符合标准规范的要求。

⑫ 两级 SPD 的退耦距离、SPD 并联使用等是否符合标准的要求。

5. 年度检测

① 通信雷电防护每年雷雨季节前全面自查，应覆盖所有数据中心。

② 通信雷电防护在用防雷系统第三方抽查。

6. 特种作业

（1）高处作业

① 进行高处作业时，应严格执行审批流程。

② 进行攀爬等工作时，应佩戴安全帽、防护绳等劳动防护用品。

③ 需要 2 人及以上同时在场。

④ 风力大于 5 级时，严禁进行高处作业。

（2）特殊情况

① 雷雨时，严禁进行插拔 SPD、接地电阻检测等雷电防护维护工作。

② 在进行涉及交流配电柜等带电设备的操作时，必须提前用验电笔验电，确保安全后方可工作。

### 5.1.5 节能降耗运维管理

① 减低变配电线损率。一般配电系统的线损率在 3% 以上，且经过多次变压后，线损率会达到更高。应从技术上和管理上采取有效措施来降低线损率。

② 电力变压器运行负载在 60% ～ 70% 处于理想状态，此时，变压器损耗较小，运行费用较低。

③ 电力变压器的温升每超过 8℃，寿命将减少一半。如果电力变压器的运行温度超过变压器绕组绝缘允许的范围，绝缘会迅速老化，甚至使绕组击穿，烧毁电力变压器。因此，要降低电力变压器运行温度以实现节能。

④ 尽量保持配电系统三相电流平衡，负序电流最大不能超过正序电流的 5%。如果变压器绕组 YO 接线，则在中线流过的电流不应超过变压器额定电流的 25%，否则将会加大损耗。

⑤ 在配电系统中，各种高次谐波会造成电能损耗，电力变压器要减少或消除供电系统的高次谐波。

⑥ 应合理分配电力变压器的负载，如果分配不当，则重载有功损耗加大，轻载无功损耗加大，功率因数变差。

⑦ 选择合理的无功补偿方式、补偿容量，避免大量的无功通过线路远距离传输而造成有功电能损耗。

⑧ 采用新型供电系统，简化供电系统架构，提高供电系统效率，例如，可采用巴拿马电源或火车头电源等新型供电系统。

巴拿马电源系统将交流 10kV 输入直接变换到直流 240V 的电源，它替代了原有的 10kV 交流配电、变压器、低压配电、240V 直流供电系统和输出配电单元等设备及相关配套设施，具有高效率、安全、可靠、节省空间、低成本、易安装维护等优势。-48V 巴拿马电源和传统电源对比如图 5-1 所示。

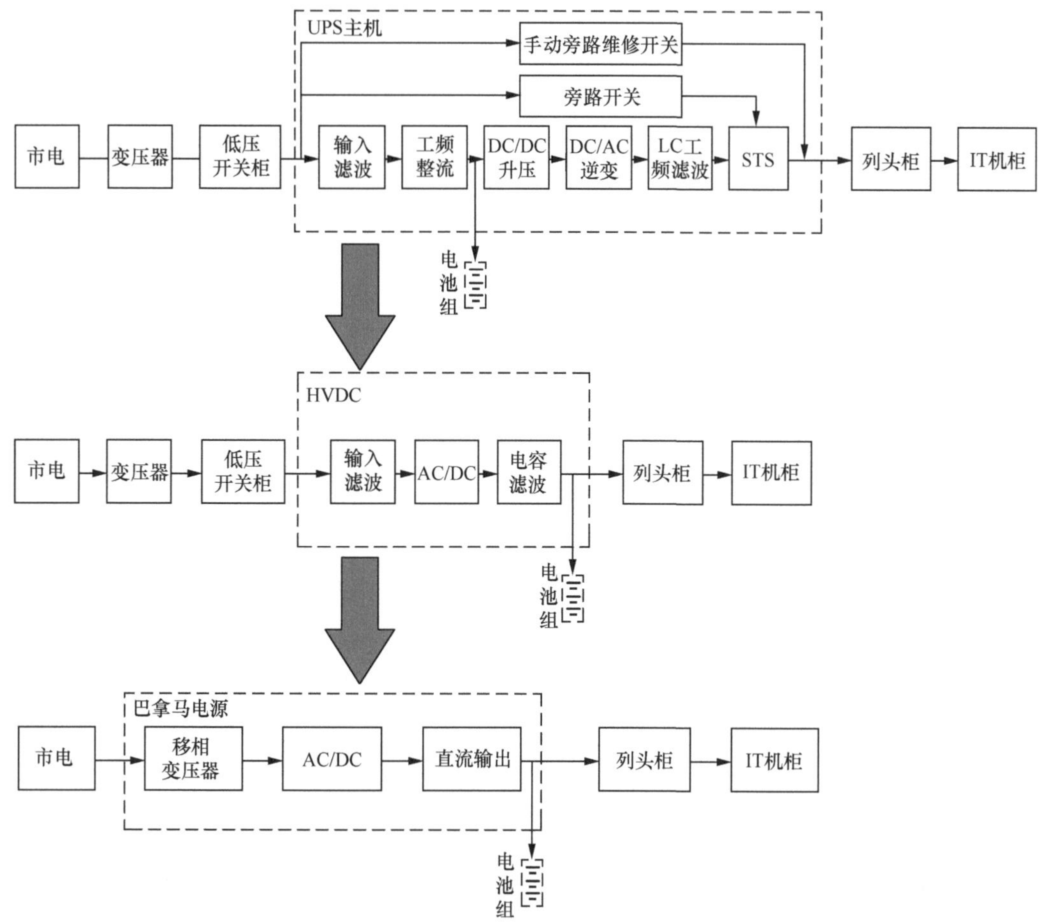


图 5-1　-48V 巴拿马电源和传统电源对比

### 5.1.6　备品备件管理

（1）一般要求

① 备品备件是为了保障通信网络正常运行而配置的，包括整流器模块、监控模块和防雷模块等。

② 备品备件应分散存放、集中管理、统一处置。

③ 备品备件的配置应按照常用且必需的原则。

④ 备品备件应参考设备故障的维护更换要求、应急保障的要求、相关管理部门的安排，做到专物专用。

（2）维护管理

① 为保障通信网络运行维护工作的正常进行，备品备件一般只用于网络维护及突

发事件的网络保障，不得随意挪作他用，且必须执行使用审批流程。

② 应指定专人管理备品备件存放仓库。仓库应干燥、通风良好、温/湿度适宜，具备防火、防水、防潮、防震、防风、防静电等功能及其他特殊要求。

③ 备品备件存入专用库房妥善保管，应保持备件外观完好、清洁、编号清晰、功能正常和记录详细等。

④ 领取备品备件时，应填写备品备件申请单，并经主管领导签字同意。仓库管理员在备件管理系统中负责做好维护领用出库记录。

⑤ 备品备件应加强日常维护管理及故障处理，避免出现暴力拆装、使用不当等人为原因造成的备件破损、毁坏等情况。

⑥ 备品备件应定期清查，避免出现备件缺失、管理台账混乱等现象。

（3）专业检测

① 高低压变配电设备用仪器仪表、劳动防护用品应通过第三方检测机构的检测。

② 在符合相关标准规范的基础上，超期服役设备若计划继续使用的，应通过第三方检测机构的检测评估。

## 5.2 发电系统

### 5.2.1 系统组成

备用发电机组是通信局（站）备用电源的重要组成部分，在市电停电或故障时，作为备用保障电源保障通信局（站）业务正常运行。目前常用的通信用备用发电机组是柴油发电机组，小部分通信局（站）采用以天然气为燃料的燃气轮发电机组。柴油发电机组主要由柴油发动机、交流发电机、控制装置、开关装置和辅助设备等组成，柴油发电机组主要是将热能转换为机械能，最终转化为电能的设施，以柴油为燃料。

通信用柴油发电机组的自动控制系统主要采用专用微处理控制器或者可编程自动控制器进行控制，不仅具有自动启动、自动运行、自动切换和自动停机的特点，而且具有自动保护装置和各种故障自动报警功能。通信用柴油发电机组具有RS485或RS232通信接口，能够与计算机连接，实现远程控制、遥信和遥测等功能。

目前，通信行业普遍采用400V低压机组和10kV中压机组，通过单机或多机组并机的方式工作。柴油发电机组构造示意如图5-2所示。

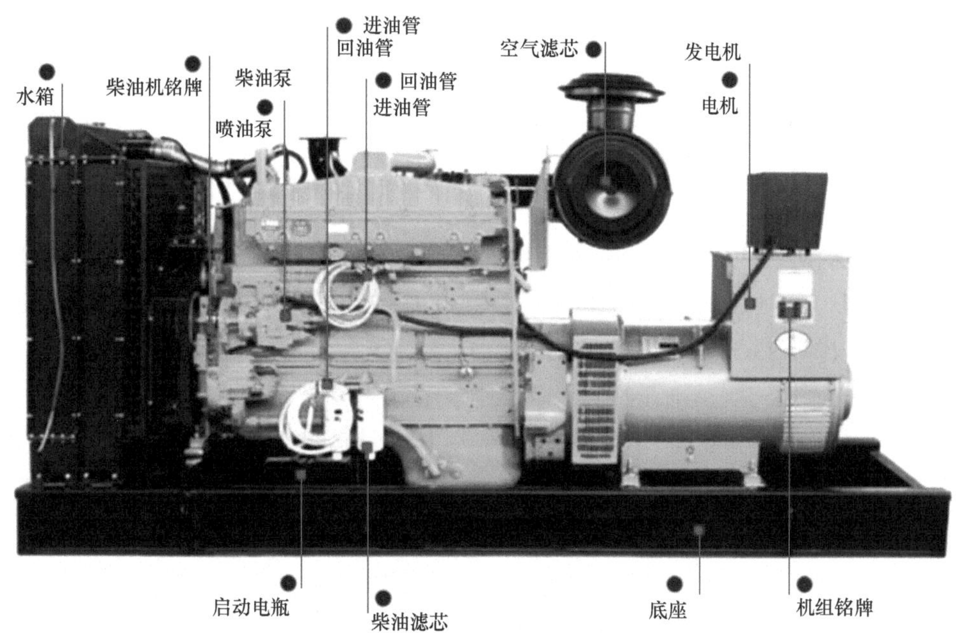


图 5-2 柴油发电机组构造示意

## 5.2.2 维护内容、周期及指标

为了降低柴油发电机组的故障率，延长机组的使用寿命，在柴油发电机组运行到一定的时间后需要对其及进行检修，并且还应该注意对其进行日常维护和保养。

1. 基本要求

① 机组应保持清洁，无漏油、漏水、漏气和漏电等现象。机组各部件应完好无损，接线牢固，仪表齐全、指示准确，无螺丝松动。

② 根据各地区气候及季节情况的变化，应选用适当标号的燃油和机油，机组在运行过程中不宜添加柴油。

③ 保持机油、燃油及其容器的清洁，按说明书的要求定期清洗和更换机油、燃油、冷却液和空气滤清器。油机外部运转件要定期补加润滑油。

④ 启动电池应长期处于稳压浮充状态，每月检查浮充电压（单节电池浮充电压为 2.18 ～ 2.24V 或按说明书的要求）及电解液比重、液位。宜配置一组备用启动电池并保持电池性能良好。

⑤ 应避免长时间怠速运行，燃油液面与输油泵高度差不宜过大。

⑥ 有人值守或配备自启动油机的局（站）在市电停电后，应能在 15min 内正常启动并供电。

⑦ 定期检查市电/发电机组自动倒换设备，进风、排风装置等辅助装置，在带载试机的同时检查其性能、功能是否符合要求。

⑧ 并机方式工作的发电机组的并机控制系统应可根据负载变化自动并列和解列机组。

⑨ 10kV 发电机组的维护和保养应由持特种作业操作证的人员（高压电工）承担。

2. 局（站）内固定式发电机组的维护内容及周期

固定式发电机组包括固定安装在发电机房或户外集装箱内的柴油 380V 和 10kV 发电机组，以及燃气轮发电机组。

① 保持机房清洁、不存放杂物；进出门口装置防鼠栏，地槽、线槽等孔洞应堵塞，保证进排风畅通；机房噪声应符合 GB 3096—2008《声环境质量标准》的规定，必要时应采取降噪措施。

② 油机室内温度应不低于 5℃。若冬季室温过低（0℃以下），油机的水箱内应添加防冻剂，如果未添加防冻剂，则在油机停用时，应放出机体、散热水箱、水泵和机油冷却器等处的冷却水。环境温度低于 5℃时，应给机组加热。

③ 应定期对 10kV 发电机组配套的高压配电设备及高压电缆做绝缘测试。

④ 机组每月空载试机一次，持续时间 5 ～ 15min，有条件的情况下，可带一定的负载进行轻载测试。每半年全局性负载带载测试一次，持续时间 15 ～ 30min。具有自启动/切换功能的机组结合带载试机工作，每年测试自启动/切换功能和手动启动/切换功能各一次。

⑤ 维护检查前应将机组设置成手动启动状态，检查完毕后再恢复成自启动状态。

⑥ 日常维护检查。

- 检查机油、冷却水的液位是否符合规定的要求。机油液位应在机油尺高（H）和低（L）标识之间，应在停机 15min 后补充机油，冷却水液位在膨胀水箱加水管颈下为宜，采用开式循环冷却系统的水箱应接通水源。
- 检查进风、排风的风道是否通畅。
- 检查排烟管道及固定支架是否完好，无杂物。
- 检查机组油底壳、输油管道及油箱是否漏油、渗油。
- 储油罐、通气管、呼吸器应无阻塞；检查日用燃油箱里的燃油量是否充足，液位指示和刻度标识是否正常。
- 检查冷却水管及水箱是否漏水、渗水。
- 检查皮带是否有损坏或失效，检查张力应适度，若有损坏或失效，应及时更换；散热风扇叶片是否完好，应无裂痕或偏移。
- 检查电启动系统连接是否正确，有无松动，启动电池电压、液位是否正常。
- 检查机组显示屏的显示状态是否正常。
- 清理机组及其附近放置的工具、零件及其他物品，以免机组运转时发生意外。
- 机组总开关应处于分断状态。
- 采用自动并机系统控制的机组，检查其并机系统是否正常。

⑦ 启动、运行检查。

- 检查机油压力、机油温度、水温是否符合说明书规定的要求。
- 检查各种仪表指示是否稳定并在规定的范围内。
- 检查各种信号灯指示是否正常。
- 检查气缸工作及排烟是否正常。
- 检查油机运转时，是否有剧烈振动和异常声响。
- 电压、频率（转速）达到规定要求并稳定运行后方可供电。
- 检查供电后系统是否有低频振荡现象。
- 启动机温升不宜过高。

⑧ 关机、故障停机检查及记录。

- 正常关机：当市电恢复供电或试机结束后，应先切断负荷，空载运行 3～5min后再关闭油门停机。
- 故障停机：当出现油压低、水温高、转速过高、电压异常等故障时，应能自动或手动停机。
- 紧急停机：当出现转速过高（飞车）或其他有发生人身事故或设备危险的情况时，应立即切断油路和进气路，紧急停机。
- 故障或紧急停机后应做好检查和记录，在机组未排除故障和恢复正常时，不得重新开机运行。

⑨ 燃气轮发电机组的维护内容，按照产品的要求进行。

局（站）内固定式发电机组的维护项目及周期见表 5-4。

表5-4 局（站）内固定式发电机组的维护项目及周期

| 序号 | 维护项目 | 维护周期 |
| --- | --- | --- |
| 1 | 机组全面清洁 | 月 |
| 2 | 检查机组润滑油、冷却液的液位是否符合规定的要求 | |
| 3 | 检查冷却水管及水箱是否漏水、渗水 | |
| 4 | 检查机组油底壳、输油管道及油箱是否漏油、渗油 | |
| 5 | 检查充电器工作状态、指示是否正常；启动电池电压、液位是否正常，连线接头是否牢固 | |
| 6 | 检查机组的进风风道、排风风道、排烟管道是否畅通 | |
| 7 | 检查各种仪表、信号指示是否正常 | |
| 8 | 检查启动、冷却、润滑、燃油、通风系统是否正常 | |
| 9 | 空载试机5～10min | |
| 10 | 并机系统的并列和解列检查 | |
| 11 | 检查有无异味、异响和“四漏” | |
| 12 | 检查接地电阻柜外观，接地电阻柜柜内PLC和二次线接线，以及接触器功能（高压机组） | 半年 |
| 13 | 加载试机15～30min | |

（续表）

| 序号 | 维护项目 | 维护周期 |
| --- | --- | --- |
| 14 | 并机系统带载运行时，各机组并机负载电流不均衡度应小于10% | 半年 |
| 15 | 油机/市电转换功能检查 | |
| 16 | 检查传动皮带和散热风扇叶片 | |
| 17 | 检查储油罐、通气管、呼吸器是否阻塞；日用燃油箱里的燃油量是否充足，液位指示和刻度标识是否正常，是否进水 | |
| 18 | 检测校正仪表 | |
| 19 | 各部螺丝连接检查 | |
| 20 | 检查润滑油 | |
| 21 | 清洁空气滤清器，排放油水分离器中的积水或沉淀水 | |
| 22 | 检查发电机组自动启动/市电自动切换设备性能、功能是否符合要求 | 年 |
| 23 | 检查发电机组手动启动/市电手动切换设备性能、功能是否符合要求 | |
| 24 | 10kV发电机组配套的高压配电设备及高压电缆做绝缘测试 | 2年 |
| 25 | 清洗柴油日用燃油箱、储油罐沉淀油污 | 3年 |
| 26 | 更换机油、冷却液、燃油和空气滤清器 | 按说明书 |

室外安装的静音箱式固定机组的维护与固定式机组相同，但需要增加每年雷雨季、冬季前对静音箱的内外结构的检查与维护。

3. 移动式发电机组的维护内容及周期

① 移动式发电机组包括便携式机组、拖车式机组和车载式机组。

② 在不使用移动式发电机组时，应每个月做一次试机和试车。

③ 每个月给启动电池充一次电，保证汽车和油机的启动电池容量充足。检查润滑油和燃油箱的油量，油量不足时应及时补充。

④ 车载和拖车机组在开机前应可靠接地。

⑤ 便携式汽油机在运转供电时，要有专人在场，并禁止吸烟。当人机同处一室时，应保持室内空气流通，防止工作人员废气（一氧化碳）中毒。在燃油不足时，停机后方可添加燃油。

⑥ 存放便携式汽油机的仓库禁止存放汽油，应采用专用汽油储油桶携带运输汽油；便携式汽油机使用后检查燃油箱是否泄漏、油箱盖是否旋紧；长途运输或长期存放的汽油机组应放空燃油箱。

⑦ 每次使用后，注意补充（车和机组）润滑油和燃油，检查冷却水箱的液位情况。

⑧ 移动式柴油发电机组的其他维护要求参考固定式发电机组的相关规定。

⑨ 所配备车辆按车管部门的要求年检。

### 5.2.3 设备更新周期

柴油发电机组的更新周期为累计运行小时数超过大修规定的时限或使用 15 年。便携式油机的更新周期为使用 6 年。

### 5.2.4 降耗运维管理

在数据中心机电系统的建设成本中，备用油机系统的投资占比高达 15% ～ 20%。投入运行后因为负荷增长缓慢，所以油机系统多年处于低负载、高耗能的运行状态，进而带来高建设投资、高运行成本等一系列问题。如何提高运行效率、降低建维成本是规划建设数据中心备用油机系统面临的难题，油机复用技术能够很好地解决上述问题。

油机复用技术将传统的油机系统与机楼配电系统的一一对应关系解耦，优化油机配电系统和控制系统，实现一套油机系统对应多栋机楼，灵活可调，高效利用油机系统的剩余容量，提高资源利用率。

某超大型数据中心在园区分期建设中将已投产运行的 3 栋数据机楼油机系统整合优化，调配现有油机系统剩余容量为新建的一栋数据机楼供电。园区所有油机资源利用率由之前的 30% 提升到 89%，避免了采用传统方式增加油机后带来的高能耗、高碳排放；同时，新建机楼项目中的油机部分投资减少 77%，总投资下降 14%，后期运营费用还会大幅降低，带来显著的经济效益和社会效益。

另外，在日常运营维护过程中，严格按照发电机组的维护内容和维护周期对机组进行保养，保证机组正常运行，减少不必要的油耗浪费等。

### 5.2.5 备品备件管理

为提升维护质量，灵活调配备品备件、工器具的周转，提高利用率，延长使用寿命，最大限度地发挥其使用价值，保障系统正常运行，应认真管理和合理使用专用工具、仪表及备品备件器材。

系统日常维护中主要涉及以下工器具、仪表和备品备件。

① 电能质量分析仪：分析电流、电压、波形、谐波含量，计算功率因数，长时间记录电压、电流波动，记录瞬间电流、电压波动等功能。

② 普通数字表：电流、电压、电阻、频率等校准、测量。

③ 笔记本计算机：用于下载分析 -48V 直流系统的运行参数及运行记录。

④ 专用通信线：用户连接计算机与 -48V 直流系统的专用通信线，下载运行数据。

⑤ 机械工具：各种规格的固定扳手、活动扳手、万用扳手、套装机械工具，包括各种规格的螺丝刀、套筒等必备工具。

⑥ 专用工具：专用螺丝刀、保险启拔器等 -48V 直流系统专用工具。

⑦ 除尘工具：便携式除尘机器，主要用于灰尘覆盖比较严重的外表附属设备。

⑧ 备品备件：燃油、空气滤清器、冷冻剂、防锈剂和启动电池等。

在日常管理中应做到以下 8 点。

① 加强工具、仪器、仪表、备品备件的计划管理，建立管理档案，定期汇总，并办理申报手续。

② 分级专人保管，物品放置整齐，账、卡、物一致。

③ 定期校验仪表和工具，不得使用不合格的工具和仪表。

④ 借出工具和仪表时，应办理相关手续，禁止私自领取做他用或随意转借他人。

⑤ 应储备一定数量的易损备品备件，并根据消耗情况及时补充。为防止备品备件变质和性能的劣化，备品备件的存放环境应与机房环境要求相同。

⑥ 加强备品备件和材料的质量检查，应及时送修故障板件，不得出库不合格产品。

⑦ 若运行中的设备发生故障，且已查明故障部位，则可用备件代替设备。在未查明设备故障原因时，不得插入备件试验。应对故障备件做明显标记并及时送修。

⑧ 燃油、冷冻剂、启动电池等易燃、易爆、腐蚀性材料应专室存放。

## 5.3 -48V 直流供电系统

### 5.3.1 系统组成

-48V 直流供电系统一般由交流配电、整流模块、监控模块和直流配电 4 个部分组成，开关电源系统实现了将 380V/220V 交流电变换成-48V 直流电，为电信设备不间断供电，-48V 直流供电系统组成如图 5-3 所示。

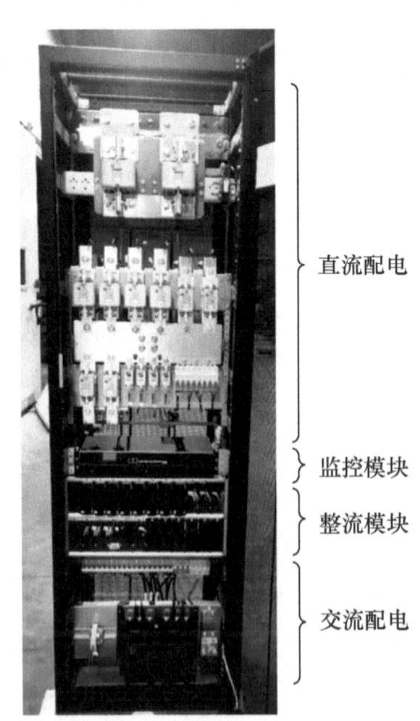


图 5-3 -48V 直流供电系统组成

### 5.3.2 内容、周期及指标

1. 基本要求

设备应安装在干燥、通风良好、无腐蚀性气体的房间，室内温度不宜超过 30℃。高频开关电源设备宜放置在有空调的机房，机房温度不宜超过 28℃。

设备维护一般要求如下。

① 输入电压的变化范围应在允许工作电压变动范围内。工作电流不应超过额定值，各种自动、告警和保护功能均应正常。

② 宜在稳压并机均分负荷的方式下运行。

③ 要保持布线整齐，各种开关、熔断器、插接件、接线端子等部位应接触良好、无电蚀；馈电母线、电缆及软连接头等应连接可靠，导线应无老化、刮伤、破损等现象。

④ 机壳应有良好的接地。

2. 整流设备的维护

① 整流器应保持清洁，定期清洁整流器的表面、进出风口、风扇及过滤网或通风栅格等。

② 整流器风扇应工作正常、通风顺畅、无杂音，输出处无明显的高温；进出风口及过滤网或通风栅格应无堵塞。

③ 定期检查均充、浮充工作时的参数设置，设定值与实际值应相符。

④ 定期检查监控性能，包括遥信工作状态、浮充/均充状态、各整流器及监控模块故障等。

⑤ 定期测量整流器之间的均流性能，不均流度应小于 5%。

⑥ 定期检查各种手动或自动连续可调功能、告警和保护功能，均应正常。

⑦ 定期检查面板仪表的显示值，显示值与实际值的误差应不超过 5%。

⑧ 整流器不宜长期工作在 20% 额定负载以下，如果系统配置冗余较大，可轮流关闭部分整流器以调整负载比例，作为冷备份的整流器宜放置在机架下方。

⑨ 备用电路板、备用整流器每年定期测试一次，应保持其性能良好。

8V 直流供电系统的维护项目及周期见表 5-5。

表5-5 8V直流供电系统的维护项目及周期

| 序号 | 维护项目 | 维护周期 |
|---|---|---|
| 1 | 清洁设备、风扇、过滤网等，确保它们无积尘，散热性能良好 | 月 |
| 2 | 检查各整流器风扇运转是否正常 | |
| 3 | 测量直流熔断器的温升、汇流排的温升有无异常 | |
| 4 | 检查记录系统输出电压、电流 | |
| 5 | 检查模块液晶屏显示功能是否正常 | |
| 6 | 检查整流器、监控模块的工作状态，整流器的负载均分性能 | |

（续表）

| 序号 | 维护项目 | 维护周期 |
|---|---|---|
| 7 | 检查各开关、继电器、熔断器及各接触元器件是否正常工作，容量是否匹配（包括交、直流配电屏） | 季度 |
| 8 | 测量直流配电部分放电回路电压降和供电回路全程电压降 | |
| 9 | 测量主要部件的温升 | |
| 10 | 检查通信接口、通信状况是否良好，遥控摇信功能是否正常 | |
| 11 | 检查防雷设备能否正常 | |
| 12 | 检查整流器各告警点等参数设置是否正确，有无变更，检查各种手动或自动连续可调功能是否正常，测试必要的保护与告警功能（例如，系统直流输出限流等） | |
| 13 | 检查蓄电池管理功能：检查系统自动均充、浮充转换功能，检查均充和浮充电压、均充限流值、均充周期及持续时间、温度补偿系数等各项参数，校对均充和浮充电压设定值、电池保护电压、均浮充转换电流等 | |
| 14 | 测试模块的休眠功能 | 半年 |
| 15 | 检查面板仪表的显示值与实际值的误差是否超过5%，并及时校准 | |
| 16 | 检查两路交流电源输入的电气或机械连锁装置是否正常 | 年 |
| 17 | 检查各机架接地保护是否紧固牢靠 | |
| 18 | 测试备份整流模块 | |

### 5.3.3 设备更新周期

-48V 直流供电系统的设备更新周期为 10 年。

### 5.3.4 节能降耗运维管理

当 -48V 直流供电系统负载率在 30% 以下时，电源系统效率较低，负载率在 50% ～ 60% 时，电源系统的运行效率最高。因此，在保证系统安全运行的基础上，尽量让系统在较高的负载率下运行，提高电源系统的效率，实现电源系统的节能。在这种情况下，可以通过休眠技术对负载率进行动态调节。休眠技术通过监控模块控制整流模块的投入运行，使部分模块处于休眠状态，提高工作模块的带载率。模块休眠功能前后系统效率对比如图 5-4 所示，可以看出，通过对模块休眠节能改造后，电源负载率较低的电源系统效率得到了较大程度的提升。

采用普效模块运行的电源系统，根据正常工况下的负载，配置一定数量的高效率模块，使高效模块优先且一直工作并带载，普效模块处于休眠状态，仅作为冗余备份和电池补充电使用，通过这种较低成本的系统配置，普通效率电源系统在常态下可通过配置的高效模块获得更高的系统效率。

下面以普通模式、高效模式和混合模式 3 种工作模式来介绍高/普效模块混插技术。

普通模式即普效模块组成的电源系统工作模式。普效模块工作情况下，系统效率较低，即使采用休眠技术，受限于普效模块效率，电源系统的运行效率仍然比较低。

在普通效率系统中根据负载需求配置一定数量的高效模块，在正常浮充状态下，高效模块的输出满足负载的使用需求，高效模块一直处于工作模式，所有普效模块均处于休眠状态，系统即处于高效模式。

在市电停电恢复后，由于配置的高效模块仅保证负载用电及部分电池充电用电，此时普效模块退出休眠状态投入工作以确保电池较大的电流充电需求，系统即处于混合模式。

在混合模式中，因为普效模块的工作投入，所以系统效率有所降低，但是国内电网总体情况较好，电源停电次数与停电时间较短，高普效电源系统运行于混合模式时间较高效模式时间相比，几乎可以忽略不计，因此，系统的整体效率主要还是由高效模式效率决定的。混合模式的存在减少了高效模块的投资，降低了电源系统的风险，实现了原电源系统和模块的利旧使用。

不同模式的效率比较如图 5-5 所示。

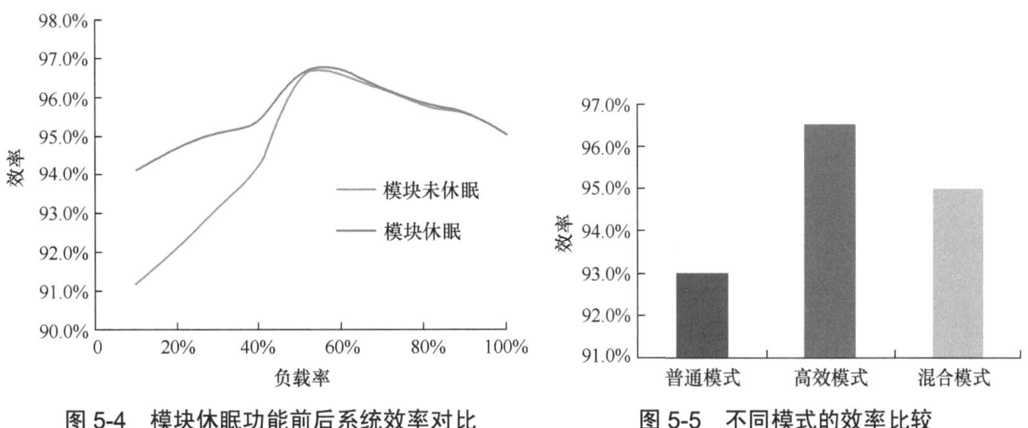


图 5-4 模块休眠功能前后系统效率对比

图 5-5 不同模式的效率比较

## 5.3.5 仪器仪表管理

为了提升备品备件、工器具维护的质量，灵活调配周转，提高其利用率，延长使用寿命，最大限度地发挥其使用价值，保障系统正常运行，应认真管理和合理使用专用工具、仪表及备品备件器材。

1. -48V 直流系统日常维护

-48V 直流系统日常维护中主要涉及如下工器具、仪表、备品备件。

① 电能质量分析仪：分析电流、电压、波形、谐波含量，计算功率因数，长时间记录电压、电流波动，记录瞬间电流、电压波动等功能。

② 普通数字表：电流、电压、电阻、频率等的校准、测量。

③ 笔记本计算机：用于下载分析 -48V 直流系统的运行参数及运行记录。

④ 专用通信线：用户连接计算机与 -48V 直流系统的专用通信线，下载运行数据。

⑤ 机械工具：各种规格的固定扳手、活动扳手、万用扳手、套装机械工具，包括

各种规格的螺丝刀、套筒等必备工具。

⑥ 专用工具：专用螺丝刀，保险启、拔器等-48V直流系统专用工具。

⑦ 仪器、仪表：万用表、示波器等。

⑧ 除尘工具：便携式除尘机器，主要用于灰尘比较严重的外表附属设备。

⑨ 除尘工具：精细除尘工具，主要用于板卡及器件的表面除尘。

⑩ 备品备件：保险熔丝等。

2. 日常管理

① 加强备品备件的计划管理，建立备品备件管理档案，每年按时汇总，并办理申报手续。

② 分级专人保管，物品放置整齐，账、卡、物一致。

③ 定期校验仪表、工具，不得使用不合格的工具、仪表。

④ 借出工具、仪表时，应办理相关手续，禁止私自领取做他用。

⑤ 贮备一定数量的易损备品备件，并根据消耗情况及时补充，为防止备品备件变质和性能的劣化，存放环境应与机房环境的要求相同。

⑥ 加强备品备件和材料的质量检查，应及时送修故障板件，不出库不合格产品。

⑦ 当运行中的设备发生故障，且已查明故障部位时，可用备用件代替。在未查明设备故障原因时，不得插入备件试验。应对故障备件做明显标记并及时送修。

## 5.4 240V直流供电系统

### 5.4.1 系统组成

240V直流供电系统与-48V直流供电系统类似，只是整流器的输出电压等级比-48V供电系统高。系统由市电输入、高频开关整流器、配电屏、蓄电池组组成。正常情况下，整流模块将市电的380V/220V交流电变换成标称电压为240V的直流电输出。

和-48V直流供电系统一样，240V直流供电系统也采用全浮充供电方式，即开关电源架上的整流模块与两组电池并联浮充供电。当市电正常时，240V直流供电系统承担负载供电，同时给蓄电池组补充电；当市电停电时，由蓄电池组放电，供电给负载设备。

240V直流供电系统组成如图5-6所示。

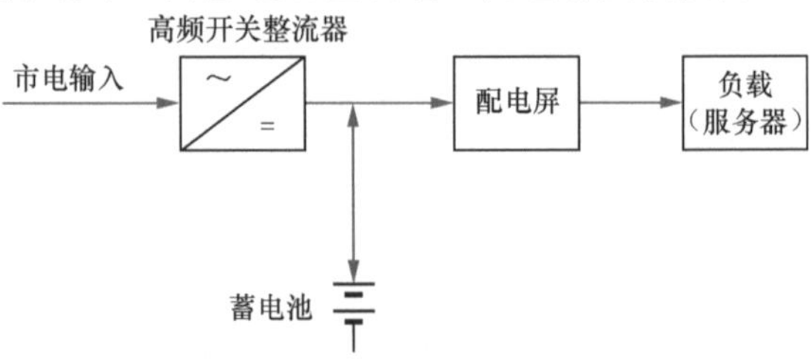


图5-6 240V直流供电系统组成

和通信用-48V直流电源相比较，240V直流供电技术在同样输出功率的情况下，工作电流只有前者的1/5～1/7，不仅延续了-48V直流供电可用性高的优势，而且具有工作电流小、输电导体材料节省、转换效率高等特点。240V直流供电技术可以满足传统通信设备越来越高的功耗要求。

### 5.4.2 维护内容、周期及指标

240V直流供电系统的维护内容基本与-48V直流供电系统一致，具体维护内容可参照-48V直流供电系统，由于两个系统的输出电压不同，240V直流系统除常规维护内容外，还需要对绝缘监察设备进行维护，具体维护内容如下。

① 定期检查系统的绝缘状况是否良好，查看绝缘监察系统的告警记录是否有异常，各支路的运行监视信号是否完好、指示是否正常。

② 定期使用绝缘监察测试仪，检查核对系统所配置的绝缘监察装置的可靠性和数据准确性。

③ 经常检查直流正负极金属裸导体之间、正负极金属裸导体与地（金属外壳）之间的间隔。

240V直流供电系统的维护项目及周期见表5-6。

**表5-6 240V直流供电系统的维护项目及周期**

| 序号 | 维护项目 | 维护周期 |
|---|---|---|
| 1 | 检查绝缘监察系统的告警记录，检查正负极对地悬浮状态是否正常 | 月 |
| 2 | 检查记录系统输出电压、电流 | |
| 3 | 检查模块液晶屏显示功能是否正常 | |
| 4 | 检查整流器、监控模块的工作状态，整流器的负载均分性能 | |
| 5 | 检查各整流器风扇运转是否正常 | |
| 6 | 维护清洁设备、风扇、过滤网等，确保无积尘、散热性能良好 | |
| 7 | 测量直流熔断器的温升、汇流排的温升是否异常 | |
| 8 | 检查整流器各告警点等参数设置是否正确，有无变更，检查各种手动或自动连续可调功能是否正常，测试必要的保护与告警功能（例如，系统直流输出限流等） | 季 |
| 9 | 检查蓄电池管理功能：检查系统自动均充、浮充转换功能，检查均充和浮充电压、均充限流值、均充周期及持续时间、温度补偿系数等各项参数，校对均充和浮充电压设定值、电池保护电压、均浮充转换电流等 | |
| 10 | 检查各开关、继电器、熔断器及各接触元器件是否正常工作，容量是否匹配（包括交、直流配电部分）；接线端子的接触是否良好 | |
| 11 | 检查通信接口、通信状况是否良好，遥控摇信功能是否正常 | |
| 12 | 测试模块休眠功能 | 半年 |
| 13 | 检查面板仪表的显示值与实际值的误差是否超过5%，并及时校准 | |
| 14 | 检查防雷设备是否正常 | 年 |
| 15 | 检查两路交流电源输入的电气或机械连锁装置是否正常 | |
| 16 | 检查测试绝缘监测装置是否正常 | |
| 17 | 检查各机架保护接地是否牢固可靠 | |
| 18 | 校准系统电压、电流 | |
| 19 | 测试备份整流器 | |

### 5.4.3 设备更新周期

240V直流供电系统的设备更新周期为10年。

### 5.4.4 节能降耗运维管理

相较于-48V直流供电系统，240V直流供电系统不仅具有-48V直流供电系统的典型优势，而且输出电压等级更高，输出容量大，线损小，更加节能。在实际使用中，240V直流供电系统可以采用模块休眠技术，通过监控模块对整流模块的投入运行进行控制，使部分模块处于休眠状态，提高工作模块的带载率，进而提高系统的运行效率。

“240V直流供电系统+市电”可以组成市电直供系统，为ICT设备供电。市电直供系统可以有以下两种工作模式。

①“240V直流供电系统（保障电源）+市电”混合供电：正常工作时，两路服务器电源同时输出，自动均流各承担一半负载。当其中一个电源出现故障或者异常时候自动退出时，另外一个则承担起全部负载，保证设备的可靠供电。

② 市电主供方式：该模式下，ICT设备侧的输入电源系统由一路市电加一路热备的240V直流供电系统（保障电源）组合构成。在市电正常时，服务器由单路的市电供电，240V直流供电系统处于热备状态，在市电停电时，服务器切换到由240V直流供电系统，由240V直流供电系统供电。

在市电直供模式下，系统供电效率比传统的双路保障电源供电系统运行效率大幅提高，显著降低建设成本，有效节省机房空间。

### 5.4.5 仪器仪表管理

为了提升维护质量，灵活调配备品备件、工器具的周转，提高利用率，延长使用寿命，最大限度地发挥其使用价值，保障系统正常运行，应认真管理和合理使用专用工具、仪表及备品备件器材。

240V直流系统日常维护中主要涉及的工器具、仪表、备品备件，同-48V直流系统日常维护用品一样。

## 5.5 交流UPS供电系统

### 5.5.1 系统组成

初期的不间断电源设备是旋转型的，由整流器、蓄电池、直流电动机、柴（汽）油机、飞轮和发电机组成。在市电正常的情况下，市电供给电动机，电动机带动飞轮和发电机给负载供电；断电后，因为飞轮的惯性作用，所以电动机会继续带动发电机的转子旋转，从而使发电机能持续给负载提供电源（电能—动能—电能），起到缓冲的作用，并启动柴（汽）油机。当油机转速与发电机转速相同时，油机离合器与发电机相连，完成从市电到油机的转换。这是UPS较早的形式，也是今天飞轮UPS的原理。

在经历了可控硅静止型UPS、自关断的巨型功率晶体管静止型UPS、自关断的功率场效应管静止型UPS等形式的演进，目前数据中心机房普遍使用的是IGBT静止型UPS。

UPS由5个部分组成：主路、旁路、电池等电源输入电路，进行AC/DC变换的整流器，进行DC/AC变换的逆变器，逆变和旁路输出切换电路，以及蓄能电池。

数据中心的UPS的功能不仅是不间断的，UPS连接在市电与重要负载（例如，计算机）之间，为负载提供高质量的电源。UPS通过内部电压和频率调节器，其输出不受其输入电源变化的影响，提高了供电质量。当市电掉电保护时，若输入电源断电，UPS由电池供电，负载供电无中断。

UPS单机工作原理如图5-7所示。UPS采用AC—DC—AC变换器，第一级变换（AC—DC）采用三相高频整流器，把三相交流输入电压变换成稳定的直流母线电压。

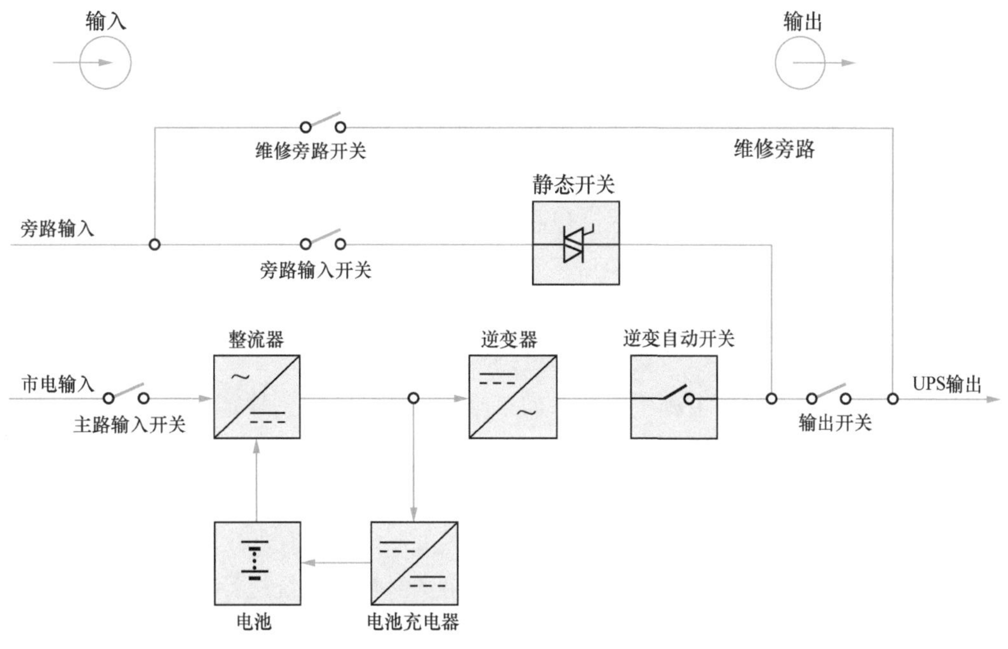


图 5-7　UPS 单机工作原理

UPS具备独立的电池充电器，并采用温度补偿技术，可以有效地延长电池的使用寿命。逆变器采用大功率IGBT作为其逆变元件，采用正弦脉宽调制控制技术，把直流母线电压逆变回交流电压。

当市电正常时，整流器和逆变器同时工作，给负载供电的同时给电池充电。

当市电异常时，整流器停止工作，由电池经整流器与逆变器向负载供电；若电池电压下降至放电终止电压，而市电还未恢复正常，UPS将关机（如果主旁不同源且旁路正常，系统转由旁路供电）。市电异常而电池维持UPS工作，直至电池电压降到电池放电终止电压而关机的时间，被称为“后备时间”。后备时间的长短取决于电池的容量和所带负载的大小。

通过包含可控电子开关电路的“静态开关”的智能控制，负载既可以由逆变器供电，也可以由旁路电源供电。在正常情况下，负载由逆变器供电，此时逆变器的逆变自动开关闭合；当出现过载（且过载时间到）或逆变器出现故障时，逆变自动开关断开，旁路的“静态开关”自动闭合，将负载切换到旁路电源侧。

另外，UPS还设置了手动维修旁路开关，用于UPS因维护而需要关机的情况，由旁路电源通过维修旁路直接给重要负载供电。

UPS正常运行状态是指UPS输入市电正常，整流器和逆变器均正常工作，负载由逆变器供电，电池开关闭合且电池处于稳定的浮充状态。

如果市电停电或不正常，整流器将自动停止工作，系统转由电池逆变输出，电池逆变时间的长短取决于负载的大小及电池的容量。在此期间，若电池电压下降至放电终止电压，市电仍未恢复正常，逆变器将自动停止工作，UPS的操作控制显示面板将显示相应的告警信息。若主旁不同源，且旁路正常，则转由旁路供电。

当市电在允许的时间内恢复正常时，整流器将自动开机，重新给负载供电并对电池充电，因此负载的供电不会中断。

如果需要将外置电池从UPS脱离以备维修，可通过外部隔离开关将电池分离。此时，除不能具备市电停电时的电池后备功能以外，UPS的其他功能及规定的所有稳态性能指标均不受影响。

如果逆变器输出过载或逆变电流超过指标范围，并且超出了所规定的时间，负载将自动转旁路供电，负载电源不中断。如果过载和电流均降到规定范围内，则负载将切换回逆变器供电。如遇输出短路，负载将被切换到旁路，逆变器关闭，5min后逆变器自动开启，若此时短路状态清除，则负载将切换回逆变器供电。此切换是由系统使用的保护器件的特性所决定的。

UPS具有第二条旁路电路，即维修旁路，用于对UPS系统进行定期保养或维修时给工作人员提供一个安全的工作环境，并给负载提供未经处理的市电电源。该维修旁路可通过维修旁路开关进行手动选择，置于“OFF”位置可将其断开。

### 5.5.2 维护内容、周期及指标

1. UPS维护的主要工作步骤及内容

① 定期检查并机系统的负载均分是否符合要求。

② 定期查看UPS设备内部元器件的外观，发现异常及时处理，并清洁设备内部的电路、风扇、电缆开关与接插件等。

③ 定期检查塔式UPS逆变器、整流器的启停等功能是否正常。

④ 定期检查塔式UPS交/直流滤波电容是否变形、漏液，测量表面温升是否异常，发现异常应及时处理。电容运行5年（或根据厂商要求）后应及时更换。

⑤ 并机UPS系统的电池放电试验时要逐台逐组进行，在一台主机的配套电池放电结束、充电完成后再开始下一台主机的测试。

UPS的维护项目和维护周期见表5-7。

表5-7 UPS的维护项目和维护周期

| 序号 | 维护项目 | 维护周期 |
|---|---|---|
| 1 | UPS显示面板检查：检查监控面板按键操作功能，检查UPS当前负载量是不是百分之百，检查当前存在的系统事件及历史记录，检查并记录UPS的当前工作状态 | 日 |
| 2 | UPS工作环境检查：温度、湿度，通风情况，UPS机房室内卫生情况，UPS空气过滤网 | 日 |
| 3 | 观察UPS内部可目测的元器件的物理外观 | 月 |
| 4 | 查看UPS设备告警、历史信息 | 月 |
| 5 | 检查并记录UPS设备输入、输出各项运行数据 | 月 |
| 6 | 检查UPS设备风扇的运行情况，各接线端子的接触是否良好、有无锈蚀、温升是否异常 | 月 |
| 7 | 检查并机系统的负载均分情况 | 月 |
| 8 | 清洁设备表面、散热风口及滤网 | 季度 |
| 9 | 检查电池外形和端子 | 季度 |
| 10 | 测量UPS设备的输入电压、输入频率、输入电压谐波、输入电流谐波、输入功率因数、效率、输出电压、输出电流、输出频率、中性线电流、零地电压、蓄电池的充电电流等参数 | 年 |
| 11 | 查看UPS设备内部元器件的外观 | 年 |
| 12 | 检查UPS交/直流滤波电容 | 年 |
| 13 | 清洁设备内部电路、风扇、电缆开关与接插件等 | 年 |
| 14 | 检查UPS逆变器、整流器的启停等功能是否正常 | 年 |
| 15 | 电池放电测试（包括UPS电池放电功能测试和每只电池性能测试） | 年 |
| 16 | UPS信息记录处理：下载历史记录、系统状态显示参数值、电池状态数据；下载系统设置参数值；通过调试软件，截取相关数据图表并保存在新建word文档中 | 年 |
| 17 | UPS深度维护 | 年 |

2. UPS深度维护内容及步骤

① 检查UPS的运行状态、单机负载信息、运行记录，以及输出的三相平衡状态。

② 检查UPS输入/输出分配的系统结构图，确定所有电气分配的开关状态、开关的额定电流等。

③ 检查后备蓄电池的状态，根据UPS的模拟计算，确定单机系统UPS的大致后备时间。

④ 按正常的操作流程，确定先进行深度维护的某台UPS（UPS1）。然后，关闭UPS1的输出开关，确定将所有负载顺利转移到UPS2上，UPS2的额定负载将增加1倍，并确定UPS2的额定负载量小于100%，实际上额定负载量的最佳状态为70%。

⑤ UPS1的所有负载顺利转移到UPS2上后，确定所有的负载均运行正常，按正常的开关机操作步骤，关闭UPS1的逆变器、输入开关及直流开关。

⑥ 开启UPS1的所有的前门及保护隔板，让UPS1内部的元器件充分冷却。大约20min后，更换UPS1的电容和风扇，并进行深度维护。

⑦ 清洁处理。利用除尘工具彻底清洁UPS1内部所有的部分，保证所有的电子器件安全，特别是板卡、逆变模块及电容器件的关键部分。

⑧ 清洁完毕后测试必要的关键器件，主要是电容器件、IGBT逆变器件、各部分的供电保险等，并检查所有的接线端子是否紧固等。

⑨ 测量UPS1内部交直流电容的容值和风扇情况，并根据测量结果判断是否需要更换。

⑩ 功能测试。UPS1的在线工作模式、电池工作模式、静态旁路工作模式切换功能测试。

⑪ 检查测试完毕后，对周围环境进行清洁处理，主要是处理机器周围内部散落的灰尘并清洁机器的外表面等。

⑫ 加电给UPS1，测试UPS1维护后的状态，确定各项参数正常后，根据正常的开机步骤，主要流程是：送交流输入—电容预充电—送直流—观察机器状态及各项目参数—启动逆变器—测试（在线/旁路/逆变）状态是否正常—观察10min左右，输出开关—UPS1开始带载—带载观察20min，正常后再开始重复第④步，去维护UPS2。

3. UPS深度维护应急处理预案及相关注意事项

① 维护工作开始前必须检测系统输入和输出电压、电流、频率，以及每台UPS的负载率；确定关闭一台UPS后，另外一台UPS能正常承担所有的负载，不会发生超载或停机等现象，确保系统安全。

② 在维护工程中，当两台机器均出现严重问题无法启动时，现场工程师必须迅速利用手头上的现有备件，到现场恢复机器运行。应急处理方法为："1+1"两台机器，确保恢复一台机器正常运行，并带所有的负载；另一台将在24小时内通过追加备件的方法，恢复机器正常运行，在特殊情况下，48小时内恢复机器正常运行。

③ 维护结束，一台机器出现预料的故障现象，通过更换备用的备件恢复机器运行，确保两台均正常运行。

④ 所有设备的深度维护，现场的维护人员及相关负责人员必须在场，服务工程师

的所有操作，特别是用户外置开关柜内所有开关的动作，必须依据现场的电气系统图纸，并和用户现场的维护及责任人员确认无误后才能操作，以免发生意外。

⑤ 在深度维护的过程中出现机器无法启动时，必须和用户现场人员沟通，在得到现场人员的确认后才能更换相关的备件，机器恢复运行后方可离场。

⑥ 完成维护后，两套UPS设备均能正常运行，均匀承担负载，必须进行必要的功能测试，测试UPS的在线工作模式、电池工作模式及静态旁路工作模式，测试完毕且正常运行30min以上，现场相关人员签字确认所有的维护报告和数据后，维护人员方可离开现场。

⑦ UPS深度维护涉及UPS关机，这是风险操作，必须按风险操作的流程执行，必须明确现场负责人、执行人，维护过程中确保分工明确、信息畅通。

⑧ 完成维护后，必须建立每套UPS的维护报告，经过签字确认后，方可结束维护工作。

### 5.5.3 设备更新周期

在正常使用及维护条件下，UPS主机（含模块化UPS）的更新周期为10年（建议第5年更换电容）。

### 5.5.4 节能降耗运维管理

UPS的节能降耗运行可以从以下两个方面着手。

（1）充分利用高效UPS主机的功能

利用模块休眠技术，在负载较轻时，退出多余的模块，成倍地提高运行UPS的带载率，降低UPS的自身能耗；当负载增加时，自动投入休眠模块，大幅降低数据中心的运行电费，提高数据中心的运行效益。

选择ECO模式运行，除了维修旁路开关，其他相关电源开关及电池开关均处于闭合状态，负载电源优先由旁路提供，以达到节能的目的。

（2）监控与治理IDC的电能质量

UPS双变换供电制式、HVDC供电、48V通信电源等开关电源类负载通常带有功率因数校正电路，50%以上负载率情况下可以实现很高的功率因数和很小的谐波。实际上，因为2*N*的配置或者冗余的需求，在负载率不高情况下会呈现一定的容性阻抗特性（例如，典型服务器电源实测工作时的PF值为-0.92）。并且在工作过程中还能产生谐波，主要是5次、7次、11次和13次谐波。这些在供配电末端产生的问题不但多而且还消耗能源，给配电系统带来了不可靠性，严重影响了供电系统的安全。

可通过对电能质量问题跟踪测试和分析，以及捕捉电流的特性，利用电能质量治理终端解决以下问题：解决数据中心谐波、容性无功、中性线电流过大等隐患；优化末端电能质量的数据，遏制谐波使电流波形均趋于正弦波；使配电系统呈现感性从而使功率因素上升；下降中线电流，降低整个系统的线损；实现了数据中心绿色、安全、高效供电。

### 5.5.5 仪器仪表管理

为了提升维护质量，灵活调配备品备件和工器具，延长使用寿命，最大限度地发挥其使用价值，保障系统正常运行，应认真管理和合理使用专用工具、仪表及备品备件器材。

UPS日常维护中主要涉及以下工器具、仪表和备品备件，同-48V直流系统日常维护用品一样。

## 5.6 电池

### 5.6.1 铅酸蓄电池种类及容量

1. 铅酸蓄电池的分类与结构

固定型铅酸蓄电池可分为防隔爆式铅酸蓄电池和阀控式铅酸蓄电池（Valve-Regulated Lead-Acid battery，VRLA），而阀控式铅酸蓄电池又可分为阴极吸收式/贫液式电池和胶体式电池。数据中心常用的铅酸蓄电池为固定型阀控式铅酸蓄电池，由极群、端子、上盖、筒体、安全阀和电解液等组成，其中，极群又包括正极板、负极板、隔膜、汇流排和极柱等。

① 极群：由正负极板和隔膜组合而成，从结构上看，极板包括板栅和活性物质。

② 板栅：主要起活性物质的支架和导电作用，活性物质是储能和电化学反应的载体。

③ 隔膜：将正极板与负极板隔开以免内部短路；将充放电过程中所需的电液量吸附其中。阀控式铅酸蓄电池的隔膜为超细玻璃纤维隔膜，这种隔膜的优点是吸液率高、内阻小、弹性好和孔率大等。

④ 壳体、壳盖：用来盛放电解液和极群，以及电化学反应的容器。阀控式铅酸蓄电池的壳体采用丙烯腈-丁二烯-苯乙烯树脂（ABS）或聚丙烯工程塑料。ABS的优点是强度高，胶接性能好，与端子的封接效果比较理想，而这一点对防漏来说是至关重要的。而聚丙烯防水分的自然渗透性蒸发能力较强，但端子的封接难度比较大，一般采用本体热熔对接封焊。

⑤ 电解液；主要作为电池内部离子迁移的载体，铅酸蓄电池的电解液还直接参加电池的成流反应，电解液主要有稀硫酸与胶体。

⑥ 安全阀：排除电池内部多余的气体，均衡内压，材质阻燃，是单向排气阀。

2. 铅酸蓄电池容量的研究

铅酸蓄电池的实际容量取决于活性物质的量及其利用率。利用率又依赖于极板的结构形式、放电制度（放电速率、温度、终止电压）、原材料及制造技术等方面。

（1）极板结构对容量的影响

极板越薄，活性物质的利用率就越高；极板面积越大，同时参与反应的物质就越多，容量就越大。

（2）放电制度

放电制度包括放电速率、放电形式、终止电压和温度。在低温条件下放电，输出容量将减小。高倍率放电时会造成电池的实际容量下降，原因是放电倍率越高，放电电流密度越大，电流在电极上分布不均匀，电流优先分布在离主体电解液最近的表面上，从而在电极的最外表面优先生成$PbSO_4$；$PbSO_4$的体积比$PbO_2$和Pb大，于是放电产物$PbSO_4$堵塞多孔电极的孔口，电极内部物质不能得到充分的利用，因此高倍率放电时容量将降低。在大电流放电时，活性物质沿厚度方向的作用深度是有限的，电流越大，其作用深度越小，活性物质被利用的程度越低，电池给出的容量也就越小。放电倍率对铅酸蓄电池放出容量的影响见表 5-8。

表5-8 放电倍率对铅酸蓄电池放出容量的影响

| 电池放电小时数/h | 0.5 | | | 1 | | | 2 | 3 | 4 | 6 | 8 | 10 | ≥20 |
|---|---|---|---|---|---|---|---|---|---|---|---|---|---|
| 放电终止电压/V | 1.65 | 1.70 | 1.75 | 1.70 | 1.75 | 1.80 | 1.80 | 1.80 | 1.80 | 1.80 | 1.80 | 1.80 | ≥1.85 |
| 放电容量系统 | 0.48 | 0.45 | 0.40 | 0.58 | 0.55 | 0.45 | 0.60 | 0.75 | 0.79 | 0.88 | 0.94 | 1.00 | 1.00 |

（3）电解质温度对容量的影响

同型号同容量的阀控式铅酸蓄电池，以相同的放电速率，在一定环境温度范围放电时，使用容量随温度的升高而增加，随温度的降低而减小。在环境温度 10℃～45℃时，阀控式铅酸蓄电池容量随温度的升高而增加；但是，超过一定的温度范围则相反，在环境温度 45℃～50℃条件下放电，电池容量明显减小。低温条件下，电池容量随温度的降低而减小，电解液温度降低时，其黏度增大，离子运动受到较大阻力，扩散能力降低；在低温下电解液的电阻也增大，电化学的反应阻力增加，蓄电池容量下降。其次，低温还会导致负极活性物质的利用率下降，影响蓄电池的容量。所以，保持蓄电池屏的温度能更高效率地利用蓄电池。

阀控式密封铅酸蓄电池放电时，若温度不是标准温度（25℃），则需将实测电量$C_t$换算成标准温度的实际容量$C_e$，即

$$C_e = \frac{C_t}{1 + K(t - 25℃)}$$

$C_t$为非标准温度下电池放电量。

$t$为放电时的环境温度。

$K$为温度系数：10h率容量试验时，$K$=0.006/℃；3h率容量试验时，$K$=0.008/℃；1h率容量试验时，$K$=0.01/℃。

根据YD/T 799—2010《通信用阀控式密封铅酸蓄电池》所述，不同温度下的容量修正系数（基准温度25℃）见表5-9。

表5-9　不同温度下的容量修正系数（基准温度25℃）

| 产品规格 | -20℃ | -10℃ | 0℃ | 5℃ | 10℃ | 20℃ | 25℃ | 30℃ | 40℃ | 45℃ |
|---|---|---|---|---|---|---|---|---|---|---|
| 2V | 50% | 70% | 74% | 80% | 88% | 97% | 100% | 103% | 105% | 106% |
| 12V | 60% | 75% | 80% | 85% | 90% | 97% | 100% | 103% | 106% | 107% |

周围的环境温度还会影响铅酸蓄电池的寿命，在高温下，易发生失水、热失控等现象，导致电池严重变形。根据Arrhenius公式可知，温度每升高10℃，正板栅腐蚀速度将提高一倍，电池的浮充寿命缩短一半。在低温时，电池放完电后再充电困难，会使电池容量快速下降。

（4）电解液密度

在铅酸蓄电池中，$H_2SO_4$也是反应物，当体积一定时，增加电解液的浓度就是增加反应物质。所以在实际使用的电解液浓度范围内，随着电解液浓度的增加，蓄电池的容量也增加，特别是高倍率放电并且由正极板限制电池容量的时候。因为电解液浓度的提高对正极有利，对负极则不同，特别是在电流低温放电时这种差异更显著，这时负极可能成为限制蓄电池容量的因素。所以，应当综合考虑电解液浓度对蓄电池容量的影响。

## 5.6.2　铅酸蓄电池的基本原理、维护内容、周期及指标

1. 铅酸蓄电池的基本原理

固定型VRLA与普通铅酸蓄电池的化学原理是一致的。它将电能转换为化学能储存起来，需要时又将化学能转变为电能供给用电设备。它的正极活性物质是$PbO_2$，负极活性物质是海绵状金属铅Pb，电解液是$H_2SO_4$，充电和放电过程是通过电化学反应实现的。阴极吸收原理：用电池的阴极来吸收电池的阳极在充电过程中所产生的氧气，实现电池的密封；正极产生的氧气通过隔膜到达负极表面，和金属铅反应生成$PbO_2$，$PbO_2$再和$H_2SO_4$反应，生成$PbSO_4$和$H_2O$。铅酸蓄电池在充放电过程中发生如下化学反应。

正极反应：

$$PbO_2 + 3H^+ - HSO_4^- + 2e^- \underset{充电}{\overset{放电}{\rightleftharpoons}} PbSO_4 + 2H_2$$

负极反应：

$$Pb + HSO_4^- \underset{充电}{\overset{放电}{\rightleftharpoons}} PbSO_4 + H^+ + 2e^-$$

总反应：

$$Pb + 2H^+ + 2HSO_4^- + PbO_2 \underset{充电}{\overset{放电}{\rightleftharpoons}} PbSO_4 + 2H_2O + PbSO_4$$

电池放电时，发生化学能转变为电能的电化学反应：在负极上进行氧化反应，向外电路提供电子；在正极上进行还原反应，从外电路接受电子。因此，电池放电时负极为阳极，正极为阴极。

在充电过程中，电能转变为化学能并使电池恢复到放电前的状态，阳极上发生氧化反应，阴极上发生还原反应，因此，电池充电时正极是阳极，负极是阴极。

2. 铅酸蓄电池的使用及维护内容

（1）蓄电池的储存

生产完蓄电池后应尽量缩短储存时间，否则会影响蓄电池的使用寿命和功能。选择的储存条件应符合有关要求。

① 蓄电池应在干燥、通风、阴凉的环境条件下储存，严禁受潮、雨淋。

② 避免蓄电池受阳光直射或其他热源影响导致过热危害。

③ 避免蓄电池存放中受到外力机械损坏或自身跌落。

由于温度对蓄电池自放电有影响，所以存放地点的温度应尽可能低。注意存储蓄电池的房间必须清洁，并且适当维护。在存储过程中，每隔 6 个月进行一次补充电，蓄电池的存储时间与补充电要求的关系见表 5-10。

**表5-10　蓄电池的存储时间与补充电要求的关系**

| 储存期限 | 补充电规定 |
| --- | --- |
| 不超过2个月 | 无须补充电，直接使用 |
| 不超过6个月 | 以2.3V单体，恒压充电48h（2d） |
| 不超过12个月 | 以2.3V单体，恒压充电96h（4d） |
| 不超过24个月 | 以2.4V单体，恒压充电120h（5d） |

长期不用蓄电池设备时，蓄电池应与充电设备和负载分开，最好取出单独保存。对需求单位来说，应考虑好设备的订货时间，以最佳的存储时间提高蓄电池的使用性能。

（2）蓄电池的安装

① 检查测量。安装前，检查包装箱上的分组号是否相同，安装时应将分组号相同的电池相连接，不同容量、不同厂商的蓄电池严禁互连使用。蓄电池组开箱后，首先应检查蓄电池是否有物理性损坏，然后用三位半万用表测量每个蓄电池的电压是否均衡，

开路电压值是否满足出厂合格证的要求。对电压不满足要求的蓄电池做好标记。然后检查电池安装架是否固定，有无倾斜现象，对电池架分层安装的，还要检查每一层支撑强度是否满足要求。安放蓄电池后，要保证相邻蓄电池间最少要有间隙，蓄电池极柱与金属构架要保持一定的安全距离。准备好蓄电间连接用的绝缘导体，保证长度适中，接头规范。对电压不符合要求的蓄电池初充电后进行复测，若仍不符合出厂电压值规定，应及时向制造厂商要求调换。

② 现场安装。操作安装人员要戴好绝缘手套，使用绝缘工具，以免遭受电击和造成蓄电池短路。搬运蓄电池时，应搬蓄电池的底部，轻搬轻放，不可用手握住端子挪动电池，更不可用端子吊装电池。极间连线时核对好蓄电池的极性，防止反极性连接。紧固接线螺母时，用扭矩扳手紧固，扭矩为 11 ～ 15（N • m）为宜，不可用力过大、过猛，防止损坏极柱。安装完毕后，要测量蓄电池的总开路电压，应与各单只蓄电池开路电压之和相等，以验证极性连接的正确性。然后才可将蓄电池组与充电设备相连，蓄电池组的正极必须与充电设备的正极相连。蓄电池连线极柱应加硅酮基脂润滑，在裸露的蓄电池极柱可加装绝缘罩壳，防止蓄电池极间短路。

③ 系统调试与补充电。蓄电池组与充电机连接正确后，调试充电机，设定充电机的输出电压、电流符合蓄电池的技术要求，包括均衡充电电压、均衡充电电流、浮充电电压值等。检测各级断路器和熔断器的额定电流，以及脱扣、熔断电流是否满足选择性要求，并正确接入。为确保蓄电池的可靠使用，蓄电池投入运行时应处于完全充满电的状态。因此安装完毕后，经补充电后方可正常使用，根据蓄电池存储时间的长短，参照表 5-10 补充电。新蓄电池进行初次核定性充放电前，需对蓄电池组进行 24h 的均衡充电和 48h 的浮充电，然后再进行放电—充电循环。

（3）入网蓄电池组的维护

蓄电池组投入运行后，为做好检查与维修工作，应具备详细的设备台账和完整的运行记录。

① 环境检查包括以下内容。

供电条件：检查开关电源交流电是否有告警，是否存在缺相。

机房环境：机房是否通风、牢固，有无鼠患、鸟患等。

安装位置：安装架（柜）是否结实、紧固，不能有大量放射线、红外线辐射有机溶剂腐蚀气体，避免阳光直射，空调或设备的散热口、通风口不应对着电池组，还要考虑电池是否便于维护。

② 配套设备检查包括以下内容。

充电设备；充电是否有偏移（测量电池组输出端的端电压，与开关电源参数设置、监控单元值进行对比，查看有无电压漂移）；参数设置是否正确。

空调设备：机房温度是否正常；交流电停电恢复供电后空调是否能正常启动；在

正常工作中，空调的功能是否正常。

③ 蓄电池外观检查包括以下内容。

壳体检查：有无划痕、开裂和漏液的现象。

极性检查：电池单体之间有无反接。

安全阀检查：有无漏液、脱落和开裂的现象。

安装架检查：接触是否牢固，有无变形，是否符合承重的要求。

动力环境监控设备：螺丝是否紧固，采集数据是否存在偏移。

电池间连接：螺丝是否紧固，有无氧化，连接是否完好，电池间摆放是否留有散热间隙。

与充电设备连接：螺丝是否紧固，连接是否完好，连接线是否符合要求。

与监控器连接：连接是否紧固，连接是否完好。

④ 蓄电池性能检查包括以下内容。

检查电池组输出端的端电压与电源参数设置之间有无电压漂移的现象，若有则应及时校正，若恢复不了则应通知用户。

测量电池单体电压，观察其是否是落后电池（浮充状态下，电池电压不低于 2.18V）。

用手接触电池的外壳，感受其是否特别烫。

用钳形表检测电池的电流是否与开关电源显示的电流一致。

检测电源均浮充转换功能是否正常。

在有条件或用户要求的情况下检测电池的放电容量。

3. 铅酸蓄电池的运行周期及指标

（1）浮充方式

浮充电的充电装置既提供直流母线负载电流，又给蓄电池组提供浮充电流，以维持蓄电池满充电的状态。浮充电压根据不同类型的蓄电池，其值有所不同。

① 正常浮充电流：一般小于 50mA/100Ah，最大不超过 150mA/100Ah。

② 浮充电压：一般情况下，浮充电压为 2.23 ～ 2.27V（25℃），每 2V 单体，温度补偿 $U$=$U$（25℃）+（25−$t$）× 温度补偿系数（$t$ 为环境温度），温度补偿系数以电池厂商提供数据为准。

③ 浮充时全组各电池端电压的最大差值不大于 90mV。

④ 定期测量电池单体的端电压。

⑤ 产品技术说明书有特殊说明的，以说明书为准。

（2）铅酸蓄电池的充放电

① 密封蓄电池在使用前无须进行初充电，但应进行补充充电。补充充电方式及充电电压应按照产品技术说明书的规定。一般情况下应采取恒压限流的充电方式，补充充电电流不得大于 $0.2C_{10}$（$C_{10}$ 为电池的额定容量），电池充电电压和充电时间见表 5-11。

表5-11 电池充电电压和充电时间

| 单体电池额定电压/V | 单体电池电压/V | 充电时间/h |
| --- | --- | --- |
| 2 | 2.30～2.35（含2.35） | 24 |
| 2 | 2.35～2.40 | 12 |
| 6 | 6.90～7.05（含7.05） | 24 |
| 6 | 7.05～7.20 | 12 |
| 12 | 13.80～14.10（含14.10） | 24 |
| 12 | 14.10～14.40 | 12 |

注：上述充电时间适用于环境温度25℃，若环境温度降低则充电时间应延长，若环境温度升高则充电时间可缩短。

② 密封蓄电池的均衡充电。在一般情况下，密封蓄电池组遇到下列情况之一时，应进行均充（有特殊技术要求的，以其产品技术说明书为准），充电电流不得大于 0.2 $C_{10}$，对于能够设置为 0.05 $C_{10}$ 的系统，充电电流应设置为 0.05$C_{10}$。

- 浮充电压每组有两只以上，每只低于 2.18V。
- 搁置不用时间超过 3 个月。
- 放电深度超过额定容量的 20%。
- 连续浮充时间超过 6 个月。

③ 密封蓄电池充电终止的判据如下，达到下述 3 个条件之一，可视为充电终止。

- 充电量不小于放出电量的 1.2 倍。
- 充电后期，充电电流小于 0.005$C_{10}$A。
- 充电后期，充电电流连续 3h 不变化。

④ 蓄电池的放电应遵循以下规则。

- 每年应做一次核对性放电试验（对于UPS使用的 6V 或 12V 密封蓄电池，宜每半年一次），放出额定容量的 30% ～ 40%。
- 对于 2V 单体的电池，每 3 年应做一次容量试验，使用 6 年后应每年一次。对于UPS 使用的 6V 及 12V 单体的电池，应每年做一次容量试验。
- 蓄电池放电期间，应定时测量单体端电压、单组放电电流。有条件的应采用专业蓄电池容量测试设备进行放电、记录和分析，以提高测试精度和工作效率。

⑤ 密封蓄电池放电终止的判据如下，达到下述 3 个条件之一，可视为放电终止。

- 对于核对性放电试验，放出额定容量的 30% ～ 40%。
- 对于容量试验，放出额定容量的 80%。
- 电池组中任意单体达到放电终止电压。对于放电电流不大于 0.25$C_{10}$，放电终止电压可取 1.8V/2V 单体；对于放电电流大于 0.25$C_{10}$，放电终止电压可取 1.75V/2V 单体。对于高倍率蓄电池，以 15min 率额定放电功率放电时，放电终止电压可取 1.67V/2V 单体。

铅酸蓄电池的维护项目和周期见表 5-12。

表5-12　铅酸蓄电池的维护项目和周期

<table>
<tr><th>序号</th><th>维护项目</th><th>维护周期</th></tr>
<tr><td>1</td><td>保持电池室清洁卫生</td><td rowspan="4">月</td></tr>
<tr><td>2</td><td>测量和记录电池室内的环境温度</td></tr>
<tr><td>3</td><td>全面清洁蓄电池，检查端子、极柱、连接条、外壳、安全阀及盖的物理外观</td></tr>
<tr><td>4</td><td>测量和记录电池系统的总电压、浮充电流、单体端电压</td></tr>
<tr><td>5</td><td>测量单体电池内阻</td><td rowspan="3">季</td></tr>
<tr><td>6</td><td>检查是否达到充电条件，若达到，则应进行均充充电</td></tr>
<tr><td>7</td><td>检查引线及端子的接触情况，检查馈电母线、电缆及软连接头等各连接部位的连接是否可靠，并测量压降</td></tr>
<tr><td>8</td><td>核对性放电试验（UPS使用的6V及12V电池）</td><td>半年</td></tr>
<tr><td>9</td><td>核对性放电试验（2V电池）</td><td>年</td></tr>
<tr><td>10</td><td>校正仪表</td><td rowspan="2">3年</td></tr>
<tr><td>11</td><td>容量测试（对于使用6年后的2V电池和UPS使用的6V及12V电池，应每年做一次放电试验）</td></tr>
</table>

## 5.6.3　更新周期

阀控式铅酸蓄电池的容量低于额定容量的 80%。

市电类别为一、二类，有发电机组保证，有空调的数据中心：单体 2V 蓄电池浮充，寿命 8 年；单体为 6V 或 12V 的蓄电池，寿命为 6 年。

市电类别为三类，有移动发电机组保证，有空调的数据中心：单体 2V 蓄电池浮充，寿命 6 年；单体为 6V 或 12V 的蓄电池，寿命为 4 年。

## 5.6.4　磷酸铁锂电池的基本原理、维护内容、周期及指标

1. 磷酸铁锂电池的基本原理

传统的 VRLA 以其成本低廉、技术成熟、维护方便得到广泛应用，然而，随着无线通信技术的不断发展和无线基站应用场景的复杂化，传统的蓄电池逐渐显现出体积大、对环境温度要求苛刻等劣势。磷酸铁锂电池具有体积小、重量轻，高温性能突出，循环性能优异，可高倍率充、放电，绿色环保等优点，更适用于环境温度高及机房面积和承重小等基站环境，在末端供电后备电池方面可作为铅酸蓄电池的有效补充。

磷酸铁锂电池以正极材料命名，是锂离子电池的一种。锂离子电池的工作原理不同于其他化学电池，在电极上发生的是一种嵌入/脱嵌反应，而不是普通的化学反应。锂离子电池的正负极材料在充放电过程中不断发生锂离子的嵌入/脱嵌反应，锂离子在电池中经由电解液在正负极材料间的流动形成电池内部的电路。

充电时，锂离子从正极脱出，经过电解液嵌入到负极，结果是负极锂离子浓度升高、正极锂离子浓度降低，同时电子通过外电路传输到负极中，保持正、负极的电荷

平衡。放电时则相反，锂离子从负极脱出，经过电解液嵌入到电池正极，使得正极锂离子浓度升高、负极锂离子浓度降低。正常充放电时，锂离子在橄榄石结构的磷酸亚铁锂正极材料中脱嵌或嵌入，完全脱锂状态下的$FePO_4$的结构和$LiFePO_4$很相近，正极材料变形小，结构稳定。同时，$LiFePO_4$与电解液的反应活性很低。因此，以$LiFePO_4$作为正极材料的锂离子电池具有很好的可逆性，循环寿命长。

电池充电时，$Li^+$从磷酸铁锂迁移到晶体表面，在电场力的作用下进入电解液，穿过隔膜，再经电解液迁移到石墨晶体的表面，然后嵌入石墨晶格中。与此同时，电子经导电体流向正极的铝箔集电极，经极耳、电池极柱、外电路、负极极柱、负极耳流向负极的铜箔集流体，再经导电体流到石墨负极，使负极的电荷达至平衡。

电池放电时，$Li^+$从石墨晶体中脱嵌出来进入电解液，穿过隔膜，再经电解液迁移到磷酸铁锂晶体的表面，然后重新嵌入磷酸铁锂的晶格内。与此同时，电子经导电体流向负极的铜箔集流体，经极耳、电池负极柱、外电路、正极极柱、正极极耳流向电池正极的铝箔集流体，再经导电体流到磷酸铁锂正极，使正极的电荷达至平衡。

2. 磷酸铁锂电池的维护内容

（1）磷酸铁锂电池运行环境的要求

① 磷酸铁锂电池设备应安装在干燥、通风良好、无腐蚀性气体的机柜内，柜内环境温度应在-10℃～45℃。

② 确保电池组之间预留足够的维护和散热空间。

③ 保持各部位，尤其是通风散热通道的清洁。

④ 应避免阳光对电池直射，远离热源，并安装在没有导电尘埃与腐蚀性气体的场所。

⑤ 注意勿将电池放入水中或进水，存储时注意避免电池受潮。

⑥ 注意勿将电池放入火中或对电池加热，勿在高温下存储电池。

（2）磷酸铁锂电池的一般维护

① 不同规格、型号、设计使用寿命的电池禁止在同一直流供电系统中使用；新旧程度不同的电池不应在同一直流供电系统中混用。

② 具备动力及环境集中监控的系统，应通过动力及环境集中监控系统监测电池组的总电压、总电流、单体电压和标示电池温度，每月观察蓄电池组的充放电曲线，发现问题及时处理。

③ 应定期检查下列项目，发现问题及时处理。

物理性检查项目如下。

- 电池组表面产品标识清楚，正、负极端子及极性、通信（或告警）接口有明显标识。
- 极柱、连接条是否清洁。
- 是否存在损伤、变形或腐蚀的现象。

- 连接处有无松动。
- 电池及连接处温升是否正常。

根据厂商提供的技术参数和现场环境条件，检查电池组及单体均、浮充电压是否满足要求，浮充电流是否稳定在正常范围。相关参数设置的检查和调整如下。

- 检查电池组的充电限流值设置是否正确。
- 检查电池组的告警电压（低压告警、高压告警）设置是否正确。
- 若直流系统中设有电池组脱离负载装置，则应检查电池组脱离电压设置是否准确。

（3）磷酸铁锂电池组的充电

① 充电为限流—恒压方式，单体电池的充电电压应大于 3.4V，均充充电电压为 3.5 ～ 3.6V，默认值是 3.55V；浮充充电电压为 3.4 ～ 3.5V，默认值是 3.4V。

② 连续充电电流限制为 $1C_{10}A$，瞬间充电电流限制为 $2C_{10}A$。

③ 充电方式包括标准充电和快速充电两种。

- 标准充电。在环境温度 25℃ ±2℃的条件下，以 $0.2C_{10}A$ 充电，当电池组电压达到充电限制电压时，改为恒压充电，直到充电电流小于或等于 $0.05C_{10}A$。
- 快速充电。在环境温度 25℃ ±2℃的条件下，以 $1.0C_{10}A$ 充电，当电池组电压达到充电限制电压时，改为恒压充电，直到充电电流小于或等于 $0.05C_{10}A$。

④ 判断完全充满电的情况。通过以下两种方式可以判断电池组是否完全充满电。

- 在环境温度 25℃ ±5℃的条件下，以第 203 条规定的电流充电，当电池组电压达到第 203 条规定的电压时，改为恒压充电，总充电时间不小于 24h。
- 在环境温度 25℃ ±5℃的条件下，以第 203 条规定的电流充电，当电池组电压达到第 203 条规定的电压时，改为恒压充电，直到充电电流小于或等于 $0.05C_{10}A$。

（4）磷酸铁锂电池的放电

① 单体电池的终止电压为 2.7V。

② 整组电池的终止电压为 43.2V。

③ 每年应以实际负荷做一次核对性放电试验，放出额定容量的 30% ～ 40%。

④ 每 3 年应做一次容量试验，使用 6 年后宜每年做一次容量试验。

⑤ 放电期间，应定时测量单体端电压、单组放电电流。有条件的应采用专业电池容量测试设备进行放电、记录和分析，以提高测试精度和工作效率。

（5）磷酸铁锂蓄电池放电终止的判据

达到下述 3 个条件之一，可视为放电终止。

① 对于核对性放电试验，放出额定容量的 30% ～ 40%。

② 对于容量试验，放出额定容量的 80%。

③ 电池组中任意单体达到放电终止电压 2.7V。

（6）磷酸铁锂电池性能的一致性

① 电池模块内各完全充电电池之间的静态开路电压最大值与最小值的差值应不大于 0.05V。

② 电池模块内各电池之间容量最大值、最小值与平均值的差值应不超过平均值的±1%。

（7）磷酸铁锂电池内阻

电池模块内各电池之间的内阻最大值与最小值的差值应符合：10mΩ 以下的，偏差绝对值不超过 0.5mΩ；10mΩ 以上的，偏差绝对值不超过平均值的 5%。电池、电池模块内阻参考值见表 5-13。

表5-13　电池、电池模块内阻参考值

| 电池容量 /Ah | 电池内阻 /mΩ | 电池模块容量 /Ah | 电池模块内阻 /mΩ |
|---|---|---|---|
| 0.6 | 40～60 | 20 | 30～40 |
| 4.2 | 4～12 | 30 | 25～35 |
| 10 | 4～10 | 40 | 20～30 |
| 16 | 3～8 | 50 | 20～30 |
| 50 | 0.1～2 | 60 | 17～25 |
| 100 | 0.05～1 | 100 | 10～15 |

（8）其他

① 保持布线整齐，各种开关、熔断器、插接件、接线端子等部位应接触良好，导线应无老化、刮伤、破损等现象，机壳应有良好的接地，且无电蚀。

② 定期检查告警性能，检查接线是否良好，检查开关、接触器件是否可靠接触；检查指示灯状态是否正常。磷酸铁锂电池的维护项目及周期见表 5-14。

表5-14　磷酸铁锂电池的维护项目及周期

| 序号 | 维护项目 | 维护周期 |
|---|---|---|
| 1 | 保持电池室清洁卫生 | 月 |
| 2 | 测量和记录电池系统的总电压、浮充电流、单体端电压 | |
| 3 | 全面清洁蓄电池，检查端子、外壳的物理外观 | |
| 4 | 远端通过监控检查电池电压、容量是否正常，电池及环境温度是否正常，BMS电池各项管理功能是否正常 | |
| 5 | 测量单体电池的内阻 | 季 |
| 6 | 检查告警性能，检查接线是否良好，检查开关、接触器件是否可靠接触，检查指示灯状态是否正常 | |
| 7 | 现场检查电池组浮充电压是否正常 | |
| 8 | 断开交流电，检查电池组是否能正常放电，并读取放电状态的数据，负载电流大小 | |
| 9 | 放电后，合上交流电，检查电池组能否正常充电，并读取充电状态的数据、充电电流大小 | |

（续表）

| 序号 | 维护项目 | 维护周期 |
|---|---|---|
| 10 | 核对性容量试验 | 年 |
| 11 | 校正仪表 | |
| 12 | 容量试验 | 3年 |

## 5.6.5 磷酸铁锂电池更新周期

锂电池组：局（站）用 8 年，室外用 5 年。

## 5.6.6 其他锂离子电池的基本原理、概述及基本维护

1. 锂离子电池的工作原理

锂离子电池主要由能够发生可逆脱嵌反应的正负极材料、能够传输锂离子的电解质和隔膜组成。充电时，锂离子从正极活性物质中脱出，在外电压的驱使下经电解液向负极迁移，嵌入负极活性物质中，同时电子经外电路由正极流向负极，电池处于负极富锂、正极贫锂的高能状态，实现电能向化学能的转换；放电时，锂离子从负极脱嵌，迁移至正极后嵌入活性物质的晶格中，外电路电子由负极流向正极形成电流，实现化学能向电能的转换。

锂离子电池正极材料按照其组成材料的晶体结构类型可分为：层状氧化物 $LiMO_2$（例如，钴酸锂、镍酸锂、锰酸锂等）、多元复合的氧化物、尖晶石型 $LiM_2O_4$（例如，锰酸锂等）、聚阴离子型化合物（例如，磷酸铁锂、磷酸钒锂和磷酸锰锂等）和富锂材料等。

锂离子电池负极材料分为碳材料、锡基材料、硅基材料、钛酸锂（$Li_4Ti_5O_{12}$）和过渡金属氧化物。

在锂离子电池中，电解质承载传输锂离子的作用，因此电解质的性质会决定锂离子电池的性能。锂离子电池电解质体系一般是由电解质锂盐、电解质有机溶剂和稳定成分的添加剂组成的。

2. 锂离子电池的特点

与铅酸电池、镍镉电池（Cd/Ni）和镍氢电池（MH/Ni）相比，锂离子电池具有更优的性能，其性能优势主要体现在以下 6 个方面。

① 质量比能量高。锂离子电池的质量比能量是镍镉电池的 2 倍以上，是铅酸蓄电池的 4 倍，即在同样储能的条件下，锂离子电池的体积仅是镍镉电池的一半。因此，便携式电子设备会选择使用锂离子电池。

② 工作电压高。一般单体锂离子电池的电压约为 3.6V，有些甚至可达到 4V 以上，是镍镉电池和镍氢电池的 3 倍，是铅酸蓄电池的 2 倍。

③ 循环使用寿命长。80%放电深度充放电可达1200次以上，远高于其他电池。

④ 自放电小。一般月均放电率在10%以下，不到镍镉电池和镍氢电池的一半。

⑤ 电池中没有环境污染的物质，被称为绿色电池。

⑥ 较好的加工灵活性，可制成各种形状的电池。

当然，锂离子电池也有一些待解决的问题，例如锂离子电池内部电阻较高，工作电压变化较大，部分电极材料（例如$LiCoO_2$）的价格较高，充电时需要保护电路防止过充等。

## 5.6.7 节能降耗运维管理

1. 铅酸蓄电池的节能降耗运维管理

铅酸蓄电池的使用寿命和维护成本是关系电池性能稳定和使用成本的关键，优良的设计和正确的维护能够保证电池的使用寿命。

① 避免过充电。虽然有些大容量电池能放出大于额定容量的电量，但仍应避免其过充电。

② 避免过放电。铅酸蓄电池要避免过放电尤其是深度放电，过放电时，铅酸蓄电池的极板表面会生成大颗粒的硫酸铅（$PbSO_4$）结晶，且难以恢复。

③ 保证在合适的环境温度范围内使用。铅酸蓄电池出厂时一般都会明确其适用温度的范围，在该温度范围内使用能发挥铅酸蓄电池的最佳性能，维持铅酸蓄电池的使用寿命。

④ 保持电池清洁，将端子连接处、电架的腐蚀降到最低，降低维修成本，延长电池的使用寿命。

2. 磷酸铁锂电池的节能降耗运维管理

在原有电池组BMS信息化数据的基础上，提升采集/监控数据的处理能力和智能化功能，从而进一步提升电池组的运行/维护效能。

① 多个电池组组成一套备电系统，通过主控单元实现协调控制，处于充/放电状态时依据标称容量、SOC及内生电压等参数调整各个电池组的工作指标，实现电池组系统的最优化运行。

② 电池组系统可以依据负荷需求的变化，自动调整工作状态，实现电池组轮供、后备等多种工作模式。

③ 在业务闲时，电池组系统可与电源系统协同工作，完成电池组容量的核对工作，精确掌控电池组的使用寿命。

④ 推进磷酸铁锂电池和铅酸蓄电池的混合使用。

3. 蓄电池与储能技术

蓄电池储能是目前分布式供电电网中应用最广泛的储能方式之一，也是通信电源系统中最直接、最有效的储能技术之一。蓄电池储能可以解决通信系统高峰负荷时的电能需求，协助无功补偿装置，有利于抑制电压波动和闪变。

### 5.6.8 仪器仪表管理

为了提升维护质量，灵活调配备品备件、工器具的周转，最大限度地发挥其使用价值，应该认真管理和使用专用工具、仪表及备品备件器材。

电池在日常维护中主要涉及以下工器具、仪表、备品备件。

① 普通数字表：完成电流、电压、电阻、频率等校准、测量。

② 笔记本计算机：用于下载分析电池的运行参数及运行记录。

③ 专用通信线：用户连接计算机与电池管理系统的专用通信线，下载运行数据。

④ 机械工具：各种规格的固定扳手、活动扳手、万用扳手和套装机械工具，包括各种规格的螺丝刀、套筒等必备工具。

⑤ 专用工具：专用螺丝刀，保险启、拔器等专用工具。

⑥ 仪器、仪表：万用表等。

⑦ 除尘工具：便携式除尘机器，主要用于灰尘比较严重的外表附属设备。

⑧ 备品备件：保险熔丝等。

在日常管理中应做到以下 6 个方面。

① 加强工具、仪器、仪表、备品备件的计划管理，并建立管理档案，定期汇总，并办理申报手续。

② 分级专人保管，物品放置整齐，账、卡、物一致。

③ 定期校验仪表、工具，不得使用不合格的工具、仪表。

④ 借出工具、仪表时应办理相关手续，禁止私自领取做他用。

⑤ 储备一定数量的易损备品备件，并根据消耗情况及时补充，为防止备品备件变质和性能的劣化，存放环境应与机房环境的要求相同。

⑥ 加强备品备件和材料的质量检查，及时送修故障板件，不出库不合格产品。

## 5.7 电源系统新技术及应用案例

### 分布式电源在数据中心的应用

#### 1. 分布式电源（Distributed Power System，DPS）的概述

DPS把成熟稳定的UPS或高压直流控制技术与新型电池储能技术相结合，不仅提升了供电效率，同时也降低了电源系统的体积和重量，提高了机房的空间利用率。

新型电池采用适用于数据中心场景的BMS策略，解决了长期备电环境下的SOC

计算和单体电芯均衡等难题，结合完善的保护策略，确保新型电池始终工作在安全范围内。

### 2. 分布式电源与集中式电源的对比

分布式电源与集中式电源的对比见表 5-15。

表5-15　分布式电源与集中式电源的对比

| 对比项目 | 分布式电源 | 集中式电源 |
| --- | --- | --- |
| 节能效果 | 无负载时不开机，零功耗；配电环节简化，更节能 | 一直通电，初期负载率较低时效率低，损耗高 |
| 投资效率 | 可跟随业务发展需求分批次投入，高效利用投资。相同机架数可占用更少的建筑面积，降低建筑投资 | 一次性投入，与业务发展脱节，会造成空载折旧 |
| 电池对比 | 采用可插拔设计新型电池，充放电效率高，寿命长，功率密度高，占用空间小，重量轻，易于维护管理 | 采用传统铅酸蓄电池，充放电效率低，寿命短，功率密度低，占地面积大，对建筑物承重要求高，需周期性停电维护 |
| 基建要求 | 无须独立的UPS室和电池室；楼面承重要求低 | 独立的UPS室和电池室，占用空间大；楼面承重要求高 |
| 方案弹性 | 前期：按需规划，方案弹性高，能够更充分、灵活地利用市电资源。<br>后期：扩容和改造方便 | 前期：预先规划容量，方案弹性低；难以最佳匹配市电资源。<br>后期：改造困难，设计难度大 |
| 施工周期 | 安装便捷，施工周期短，无须专业技术人员安装调试 | 安装、调试复杂，施工周期长，依赖专业技术人员实施 |
| 故障影响 | 单台故障仅影响1～2个机架 | 单套故障影响数十个甚至上百个机柜的供电 |
| 运维难度 | 设备IT化、支持热插拔，维护方便；无须专业的动力运维工程师，电芯间采用焊接工艺连接和BMS温度检测，无须维护人员巡检 | 专业要求高，只能由专业的动力运维工程师或厂商维护，传统铅酸蓄电池需维护人员定期检查电池间连接螺栓的松紧状态 |

### 3. 分布式电源系统的技术原理

交流分布式不间断电源将传统的UPS与新型电池相结合。在电网供电正常时，将交流电转换为平滑的直流电供给逆变器，将直流电转换成220V/50Hz的交流电供负载使用，同时给新型电池充电。当发生市电中断时，新型电池放电把能量输送到逆变器，逆变器把直流电变成交流电供负载使用。

高压直流分布式电源产品为市电交流输入，240V高压直流输出。在电网供电正常时，将交流电通过整流、滤波、稳压后转换为平滑的直流电，供负载使用，同时对新型电池充电。当市电发生异常时，新型电池放电直接供负载使用。

### 4. 分布式电源的功能特点和主要技术参数

明德源能分布式电源可模块化部署于标准 19 英寸机柜中，单机柜占用 3U ～ 10U 的空间。

（1）主要特点

① 简化数据中心设计，按需快速部署，系统投资线性化。

② 模块化设计，电池可热插拔，易于维护。

③ 部署无须独立的分布式电源系统空间和电池室，增加机房的有效机柜数量。

④ 设备重量与服务器相当，每平方米仅承重 500kg。

⑤ 可与负载安装同步实施，实现“零工期”工程，缩短整体施工周期。

⑥ 系统运维IT化，提高工作效率，无须专门技术人员，降低了维护难度与成本。

⑦ 高效率供电模块，全系列产品效率高达 96% 以上。

⑧ 全锂电池备源系统，放电效率高达 95% 以上，寿命高达 10 年。

（2）主要技术参数

① 额定功率如下。

- 交流制式：220V 单相输入 6kVA、10kVA；380V 三相输入 15kVA、20kVA、30kVA，支持三相输出或单相输出，可并联使用。
- 直流制式：4kW、8kW、12kW、16kW、20kW、24kW 高压直流 240V 输出。

② 电池容量：10Ah、15Ah、20Ah、25Ah、30Ah。

③ 设备高度：3U ～ 10U。

④ 设备重量：45 ～ 90kg（交流 10kVA，直流 16kVA 以内）。

⑤ 转换效率：大于 95%。

⑥ 功率因数：大于 0.99。

⑦ 输入谐波：小于 5%。

### 5. 适用场景及选用建议

分布式不间断电源系统普遍适用于超大型/大型数据中心、5G/边缘计算等分布式数据中心、DC化改造数据中心、空间承重受限的数据中心、集装箱/一体化机房，以及边缘一体化机柜数据中心等应用场景。结合实际机柜功率、备电时间需求进行配置，按要求安装使用即可。

### 6. 绿色低碳与节能效果

以下分析和对比采用一套 600kVA 集中式 UPS，与相同机架数对应 DPS 数量的能耗情况。分析均按照远期满负荷的运行状态。

（1）环境制冷及排氢

分布式不间断电源系统方案较集中供电方式减少了动力室的制冷供电 1.5kW 和风扇排氢系统 2kW 的供电损耗。

（2）电池充放电

集中供电方式以 2 组 300Ah 铅酸蓄电池方案评估：为了保证电池的活性，定期的充放电维护损耗每套系统损耗高达 21kW，持续 8h。新型电池无须做维护。

（3）配电损耗

相较于集中供电方案，分布式不间断电源方案在配电环节可节省线路电能损耗1.5kW以上。

（4）主机损耗

UPS方案采用2*N*模式供电，上述损耗几乎加倍，且又有2*N*的关系，UPS本身最多只能达到50%负载率。由于UPS基本采用高频模块化设计，因此可以认为UPS和DPS具有相同的工作效率和类似损耗。

（5）制冷损耗

基于以上损耗，按照一定能效比（本例取3）计算空调功耗，见表5-16。

表5-16　空调功耗

| 序号 | 项目 | UPS功耗/kW | DPS功耗/kW | 备注 |
|---|---|---|---|---|
| 1 | 环境制冷及排氢 | 1.9 | 0 | |
| 2 | 电池充放电，浮充 | 3 | 0.11 | 工作充放电 |
| 3 | 电池充放电，均充 | 22.5，8h | 0 | 铅酸蓄电池按每两个月一次均充 |
| 4 | 配电损耗 | 1.5 | 0.3 | |
| 5 | 主机损耗 | 16.2 | 16.2 | |
| 6 | 2*N*总损耗 | 46.42 | 33.22 | |
| 7 | 制冷能耗 | 15.47 | 11.07 | |
| 8 | 直接损耗 | 61.89 | 44.29 | 机架供电过程直接能耗 |
| 9 | 办公及公共制冷 | 135 | 135 | 按25%主设备UPS容量计算 |
| 10 | PUE值 | 1.41 | 1.36 | DPS可提升0.05PUE值 |
| 11 | DPS较UPS节能 | 17.6kW | | |
| 注：以上基于为主设备机架供电600kVA UPS进行分析 | | | | |

### 7. 工程设计要点

列头柜给DPS输入的开关应具有选择性，以防设备功率变大或者发生故障时影响其他设备供电；DPS应尽可能布置于机架底部，减少与主设备之间的工程或者线路干涉，便于维护并提高维护的安全性；PDU设计采用下进线，缩短了DPS到PDU的距离，降低了材料费用和电能损耗。

### 8. 工程施工要点

确保电缆连接良好，无松动；确保接线正确；在施工过程中，先接保护地线；维护过程中需要断开接线时，确保最后断开地线；在施工过程中，确保DPS外部接线完成后再插入电池；在维护过程中，确保拔出并放置好电池后再对主机进行操作；在施工和维护过程中，务必做好防短路、防跌落、防砸伤等措施，在确保安全的前提下进行相关的操作。

### 9. 项目应用案例

河北电信2018年石家庄枢纽楼9层微模块机房DPS购置工程，属于中国电信河北分公司 2018 年 IDC 机房 DPS 设备及相关服务采购框架协议子订单，采购框架覆盖全省 12 个地市，应用了 139 套 6kVA/15Ah 的交流 DPS 电源设备，“一路市电+一路 DPS”的保护方式。

项目上线以来运行稳定，各项指标符合用户要求。年节省电量约 364000kW • h，节省电费约 35.4 万元，折合吨标煤约 113t，年减少二氧化碳排放量约 349t。

（技术依托单位：安徽明德源能科技有限责任公司）

## 数据中心高功率电池的应用

### 1. 高功率电池概述

UPS 设备及整个供电系统是满足数据中心供电质量的最核心部分，而蓄电池又是整个供电系统中最重要的组成之一，是整个供电系统的“最后一道屏障”。传统的铅酸蓄电池功率密度系数低，相同体积的蓄电池大电流放电能力差，相同配置选择的产品所占空间大，机房面积不能满足这种需求。

高功率电池专为高功率放电要求的数据中心 UPS、EPS 等不间断电源设备和紧急备用电源设备打造。高功率电池通过薄极板设计，COS 自动铸焊，TTP 穿壁焊接技术，大直径铅铜端子，高倍率铅膏配方，具有优良的高倍率放电性能；板栅采用耐腐蚀合金，腐蚀速率低，有较理想的浮充寿命；多片设计，增加活性物质的反应面积，电池比能量高。

### 2. 高功率电池的主要特点

① 比功率、比容量更高，占用空间更小。

② 产品功率细分，系统配置成本最优。

③ 同等配置电池用量少，占地空间小，成本更低。

④ 功率循环性能更优，使用寿命长。

⑤ 定制化灵活安装设计，方便安装运维。

### 3. 高功率电池的创新设计与技术参数

① 铅酸蓄电池免维护。

② 铅钙合金板栅。更低的气体排放量，更低的自放电率。

③ 3D 结构板栅设计。活性物质黏附的优化设计，薄、细网格板栅为高功率输出提供更大的表面积。

④ 特殊的极板铅膏配方。先进焊接技术确保优良的高功率放电能力（W/15mr，上升 20%）。

⑤ 电池壳采用更安全的 UL94 V0 级 ABS 、PP、PC 复合材料。

⑥ 独特的排气阀设计控制水分流失，防止空气和火花进入。

⑦ 氧复合效率大于或等于 98%。

⑧ 较宽的温度范围：-20℃～ 50℃。

⑨ 长寿命设计。

⑩ 特殊的板栅制造工艺，自动化生产线，增加了铅酸蓄电池的寿命和一致性。

### 4. 高功率电池的绿色节能

铅轻量化，E2E减排工艺，无镉、砷等毒害，高循环利用价值，充电效率高，整个生命周期对无效的能耗损失较少。

### 5. 高功率电池的选用建议

高功率电池广泛应用于UPS、EPS，数据和网络运营中心，应急电源系统，银行及金融机构，医院和测试实验室等。用于各种支撑网络（例如，数据、办公、通信和生产流程）的硬件设备，以及服务器、存储器、数据通信设备、精密仪器、过程控制设备等场景。

（1）选型计算

恒功率计算公式：$W=PL\div(V\div 2\times\eta)$

式中：

$W$为铅酸蓄电池每单格应提供的功率，单位为W/cell；

$PL$为负载功率（满载时=UPS额定容量$VA\times$功率因数cosø），单位为W；

$V$为铅酸蓄电池组的额定工作电压，单位为V；

$\eta$为UPS逆变器效率。

（2）配置要求

① UPS额定容量（例如，400kVA）。

② UPS功率因数（例如，0.9）。

③ 铅酸蓄电池工作电压（例如，480V）。

④ 逆变器效率（例如，95%）。

⑤ 铅酸蓄电池备电时间（例如，15min）。

⑥ 铅酸蓄电池放电终止电压（例如，1.67V/cell）。

⑦ 铅酸蓄电池只数可调/不可调。

默认：不考虑温度影响，不考虑安全系数1.25。

（3）项目应用要点

通过定制化模块设计，可满足不同安装场地的需求；固定巡检周期，可做到有效监控，定期检查电池的健康状态，及时发现落后产品，保证电池组的一致性。模块化安装，建议安装BMS智能监控系统，并需确保气流循环通畅。

### 6. 项目应用案例

（1）京东云华东数据中心项目

京东云华东数据中心项目如图5-8所示。

地址：江苏省宿迁市。

面积：12332$m^2$。

投入运营：2018 年 12 月。

蓄电池规格：12V650W。

蓄电池数量：3872pcs。

图 5-8 京东云华东数据中心项目

（2）广州联通知识城IDC一期、二期、三期配套新建工程项目

广州联通知识城IDC一期、二期、三期配套新建工程项目如图 5-9 所示。

地址：广东省广州市黄埔区。

面积：67450m$^2$。

投入运营：2022 年 5 月。

蓄电池规格：12V605W、12V705W、12V750W。

蓄电池数量：8400pcs。

图 5-9 广州联通知识城 IDC 一期、二期、三期配套新建工程项目

（3）成都超级计算项目

成都超级计算项目如图 5-10 所示。

地址：四川成都市成都科学城鹿溪智谷。

面积：约 600000m$^2$。

投入运营：2020 年 5 月。

蓄电池规格：12V700W。

蓄电池数量：2680pcs。

图 5-10 成都超级计算项目

（技术依托单位：理士国际技术有限公司）

## 高效模块化嵌入式电源系统的应用

### 1. 嵌入式电源系统概述

嵌入式电源是针对现代通信电源市场而设计的新一代“绿色节能”一体化智慧电源，符合通信局站发展的基本趋势；可节省安装空间和建设成本，缩短建设周期；扩大工作温度范围，可满足高端用户的需求；广泛应用于老旧开关电源柜的改造（充分利用原开关电源的交直流配电系统）。

### 2. 嵌入式电源系统的构成

嵌入式电源系统包括交流配电单元、直流配电单元、整流模块和监控模块 4 个部分，如图 5-11 所示。

图 5-11 嵌入式电源系统的构成

（1）交流配电单元

交流配电单元分配交流电，外市电三相四线输入，如图 5-12 所示。

图 5-12 交流配电单元的构成

（2）直流配电单元

位于整流模块与负载之间，主要用于整流模块、电池组的接入和直流负载的分配。

一次下电用于接通普通负载，当电压低于 47V（可调）时会下电保护；二次下电用于接重要负载，当电压低于 43.2V（可调）时会下电保护。

具有过压、欠压、过流保护和低电压告警功能。监测电池组充放电回路及主要输出分路。

（3）整流模块

整流模块是整个电源系统的核心，它将输入的交流电变换为稳定的 -48V 直流电；型号为 ZT DMA 4850，额定输出电流为 50A。主要功能如下。

① 电力转换，将交流电转换为直流电。

② 信号检测（电压、电流和温度等）。

③ 故障保护（过温、过压和短路）。

④ 通信（与电源监控）。

（4）监控模块

显示功能：监控模块可以在屏幕上分屏显示系统的各种运行信息，例如，交流电压、直流输出电压/电流、电池的均浮充状态、电池电流、参数设置及其他告警信息等。

参数设置功能：可以通过显示屏及键盘，输入、修改电源系统工作的各种参数。这些参数在设备运行中将影响整个系统的工作。在设置参数时，必须确保参数值与实际情况一致，否则监控模块不能正确地监控整个电源系统。

控制功能：监控模块根据系统的实际运行状态，向被监控项目发出相应的动作指令，主要包括改变整流模块的限流点，控制模块的开关机和均浮充状态。

告警功能：根据采集到的数据，监控系统的各项开关量和模拟量，出现异常数据时会发出声光告警。

历史记录：监控模块会将电源系统运行过程中的一些重要状态和数据，根据时间自动存储，掉电也不丢失，用户可以随时浏览、判断设备的运行情况，根据历史数据定位故障点，进而解决故障。

电池管理功能：可以根据用户设定的数据调整电池的充电方式和充电电流，并实施各种保护措施。

#### 3. 嵌入式电源系统的优势

① 节能减排：整流模块效率达到96%以上，支持热插拔。

② 延长寿命：改造后重新计算设备的寿命，保证通信网络的稳定性。

③ 扩容终局：成倍扩展，最高可扩至1200A。

④ 费用与时间：减少投资成本，缩短安装设备的时间。

⑤ 补充备件：更换下线后的整流模块、监控单元及分架皆可以拆分入库，暂时补充在用旧设备的维护、维修资源。

⑥ 插框电源改造，负载用户不断电。

#### 4. 嵌入式电源系统的前景

目前，很多地市通信核心网机房的48V通信设备都是由开关电源提供电源的能力，随着5G时代的到来，现有电源系统已经不能满足现在通信的大功率核心网设备的需求。随着功率增大，传统的开关电源容量扩容空间也不大，加上设备逐渐老化，线路损耗较大，安装新的开关电源会增加成本。

但随着通信电源的发展需要，结合通信用240V高压直流供电系统在逐步替代UPS的同时，利用240V直流供电系统加上电源插框系统可以替代传统的开关电源系统供电，这既解决了供电线路长、线路压降大的问题，也节约了投资成本，提高了安全性。

**（技术依托单位：中塔新兴通讯技术集团有限公司）**

## 智能干式节能变压器整体解决方案

#### 1. 方案介绍

智能干式节能变压器整体解决方案由绿色节能硅橡胶干式变压器、TMonitor变压器监测装置和有源电力滤波器3个部分组成，实现变压器绿色化、智能化、数字化和高节能的应用效果，如图5-13所示。

以SJCB18型硅橡胶干式变压器为例，该变压器满足GB 20052—2020《电力变压器能效限定值及能效等级》一级能效要求，从制造到退役整个生命周期不会对环境造成危害，变压器整体回收率在98%以上。

变压器智能监测装置数字化地监视变压器，进行智能化的全生命周期管理，并可以将监测的数据接入数据中心能源管理系统。

有源电力滤波器为系统的电能质量保驾护航，可快速补偿系统的谐波、无功和三相不平衡，保证变压器在稳定的电力系统中可靠运行。

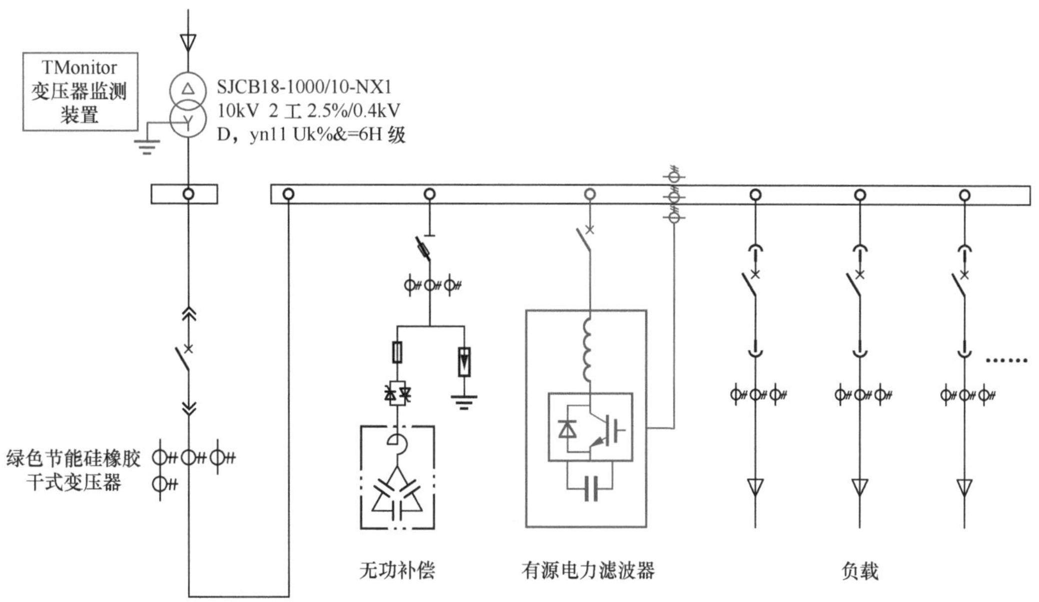


图 5-13 智能干式节能变压器整体解决方案

### 2. 智能干式节能变压器的技术研究

（1）变压器绝缘研究

高压绕组内绝缘层ε1、空气ε2 和低压绕组外绝缘层ε3 构成了固—气—固三重冗余绝缘结构，其中空气兼主气道和散热的作用。空气介电强度设计为在标准条件下能承受外施耐压试验电压，而两个固体绝缘层分别设计为比空气高很多的介电强度，实现容错无缺陷绝缘特性。

（2）主动消除局部放电

高压绕组采用带绝缘内筒和法兰的多饼式结构，饼间主动降低了电压可消除局部放电，绕组在模具中用液体硅橡胶进行浇注后固化，形成弹性硅橡胶填充和包封的高压线包，局部放电量不超过 5pC。高压绕组如图 5-14 所示。

（3）变压器耐受力研究

硅橡胶绝缘材料具有弹性和不开裂的特性。SJCB18 硅橡胶变压器所采用的高性能液态硅橡胶耐温（-60℃～250℃），且具有弹性，用它浇注变压器线圈，可以解决环氧树脂浇注干式变压器绝缘开裂的问题，提高了变压器的安全性，延长了变压器的使用寿命。

（4）一体式套管出线研究

硅橡胶干式变压器的高压出线采用一体式硅橡胶绝缘套管出线。绝缘套管可以增加爬电距离，降低了变压器出线端沿面放电的风险，适用于盐雾、潮湿等恶劣环境。高压出线如图 5-15 所示。

图 5-14　高压绕组

图 5-15　高压出线

（5）变压器消防安全研究

硅橡胶干式变压器所采用的硅橡胶天然阻燃，因此，硅橡胶变压器的燃烧等级满足F1 级要求，且其变压器可燃物总质量小于 2%。

（6）变压器能效研究

通过固体绝缘的可靠参与，减少不必要的空气距离，缩短磁路长度，减小变压器的体积，并采用高牌号的铁芯材料，增加硅橡胶的导热系数，增加散热气道，改善散热条件等措施，有效降低变压器的空载损耗和负载损耗，实现SJCB18 型硅橡胶变压器符合GB 20052—2020 一级能效标准。

（7）数字化的变压器

变压器数字化是提升变压器管理效率的基础。SJCB18 硅橡胶变压器可选集成TMonitor数字化变压器监测装置，全面监视变压器的运行状态，实时分析供电质量，统计供电量并评估损耗，从而提升变压器全寿命周期管理的水平。SJCB18 硅橡胶变压器如图 5-16 所示。

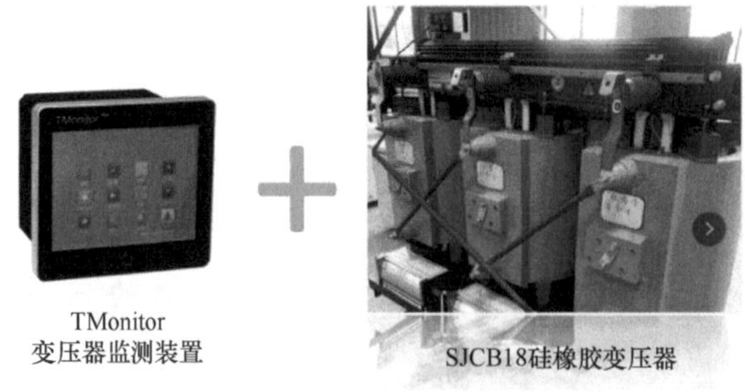


图 5-16　SJCB18 硅橡胶变压器

（8）有源电力滤波器研究

数据中心有很多谐波源负荷，例如UPS、变频设备等。谐波的产生会对配电系统造成危害，应治理负荷产生的谐波。有源电力滤波器可以同时治理 2 ～ 50 次谐波，响应速度在 5ms 以内，总谐波补偿效率不小于 97%，是目前最有效的谐波治理方案。

### 3. 硅橡胶变压器的主要性能及技术指标

① 电气安全性能：10kV 变压器局部放电小于或等于 5pC，20 ～ 35kV 变压器局部放电小于或等于 10pC。

② 主绝缘可靠性："两固+空气"等于三重冗余、缺陷容错。

③ 过载能力：过负荷 20%（AN）、50%（AF）或以上。

④ 节能性能：达到 GB 20052—2020 规定的新一级能效和超新一级能效的要求。

⑤ 噪声：实现 50dB 以下静音。

⑥ 抗短路冲击能力：强于传统变压器。

⑦ 环保性能：材料、制造、运行、退役回收近零排放。

⑧ 资源回收：整机可回收率大于 98%。

⑨ 消防安全：优于F1 级，少烟无毒。

⑩ 免维护：终身。

### 4. 硅橡胶干式变压器的绿色节能效果

以一台 1600kVA/10kV 变压器为例，从原来最常用的环氧树脂变压器 10 型改造成一级能效变压器，按照年平均 80% 负载率、50% 负荷利用小时数计算，每台每年可节约电量 $1.23\times10^4$kW • h，使用 25 年可以节约 $3.075\times10^5$kW • h。按照平均发电标准煤耗 330g/（kW • h）计算，可节省标准煤 100t，将减少 $CO_2$ 排放 225t、$SO_2$ 排放 0.85t、$NO_n$ 排放 0.72t。

### 5. 适用场景

该方案广泛应用于配电网、新能源、数据中心、5G 基站、电动汽车充电、船用岸电、建筑、高铁供电、农网、工业企业等场景。

### 6. 工程项目选用建议

据统计，变压器损耗占输电电力损耗的 40%，降低变压器能耗对实现低碳用电转型具有重要的作用，也是降低数据中心 PUE 值的措施之一，因此建议绿色新型数据中心项目应选用一级能效干式变压器，同时也应选用免维护、无污染的绿色化变压器。

传统的变压器只监测温度值，非常欠缺对变压器的智能化管理。按照《变压器能效提升计划（2021—2023 年）》的要求，提高变压器数字化、智能化和绿色化的水平。因此，需要使用变压器智能监测装置，智能化地管理变压器的全生命周期，实现数据共享。

变压器需要运行在标准的参数范围内，配电系统的谐波含量也应符合国家标准，因此需要有效治理系统的谐波。

### 7. 工程项目应用要点

根据安装环境选用适合的变压器类型，根据项目情况确定变压器的容量、能效等级、分接范围、短路阻抗、联结组别等参数。有源电力滤波器的容量计算与无源滤波是相同的，而且不需要考虑滤波支路的数量。从结构选择上，推荐选用安装维护简单的模块式产品，同时应具有通信接口。

干式变压器应安装在室内或室外箱式变电站内，应离开墙壁和其他障碍物300mm，安装变压器的地基应埋置螺栓，安装场地应清洁无导电粉尘，无腐蚀性气体。有源滤波器并联于配电系统中，为接线便捷，建议安装在无功补偿柜与出线柜之间。

（技术依托单位：上海正尔智能科技股份有限公司）

## 分布式锂电不间断电源系统的应用

### 1. 概述

DPS将锂电池技术与不间断电源相结合，同时采用模块化设计理念，打破了传统UPS的应用模式，解决了传统UPS在采购、部署、使用、维护和更新换代等场景下的各种问题。

联方云天Smart DPS系列产品融合了电力电子、互联网和通信等技术的供电系统，该产品为嵌入式锂电池设计、机柜式部署，可根据用户的实际使用需要及业务发展情况，提供按需部署、易于扩容、维护简单、模块化设计且与数据中心全融合的软件定义数据中心（Software Defined Data Center，SDDC）的产品与方案，降低用户的总体拥有成本（Total Cost of Ownership，TCO），并提升用户的能源管理能力。该产品应用于数据中心供电系统，改变了现有数据中心的供电方式，提升了数据中心的能源使用效率，提高了数据中心供电系统的稳定性和可靠性，保障了数据中心的业务安全。

### 2. DPS的主要组成及功能

DPS的硬件设备由电源模块、锂电池模块（锂电池电芯和BMS）及能源管理系统组成，各模块安装在一个主机箱中，主机箱可以部署在19英寸的标准服务器机柜中。

电源模块负责为IT设备提供稳定的电力及在市电中断时为IT设备提供持续的电力支持，并对电池进行充放电操作；BMS负责电池管理及电池安全保护；能源管理系统实时分析来自监控模块上报的数据，进行能源调度、设备状态管理、运行趋势分析及报表输出。

### 3. 联方云天DPS产品的主要特点

（1）快速、灵活、分布式、模块化部署

① 简化数据中心规划设计，按需快速部署。

② 模块化设计，电池可热插拔，主机更换时负载不断电。

③ 在同一数据中心兼容T2/T3/T4不同等级。

（2）有效利用空间和承重

① 部署无须独立的DPS空间和电池室，有效机柜数量增加40%以上。

② 设备重量与服务器相当，机房承重仅500kg/m$^3$。

（3）节能减排，机柜级能源管理有效结合云计算

① 高效率供电模块，全系列产品效率高达96%以上。

② 全锂电池电源备份系统，放电效率高达95%以上，寿命高达10年以上。

③ 配合能源管理系统可以实现机柜级的能源管理并配合云计算进行调度。

### 4. 联方云天DPS产品的主要系列

联方云天Smart DPS系列产品主要包括以下3种。

① Mercury水星系列分布式电源产品为交流在线式产品，为IT设备提供220V交流供电，能同时为机柜提供两路AC电源。整机含锂电池，支持6kVA、10kVA（4U或6U），最大容量40kVA（12U）。

② Jupiter木星系列分布式电源产品为220VAC输入、240V高压直流输出产品，该系列产品整流器为模块化构造，单模块3.5kW的整流模块可并联使用，整机含锂电池（3U～8U），支持最大容量为21kW（3.5kW×$N$，$N$可以取1～6的任一整数）。

③ Galaxy银河系列分布式电源系统供电产品能为IT设备提供240V高压直流供电，同时可以形成能源池支持直流微电网DC—Grid互联，提高系统的可靠性、可用性。

### 5. 推荐部署方式

DPS依据实际部署及供电保障的等级要求，大致可以选择以下3种典型的部署方式。

（1）标准部署

标准部署如图5-17所示。

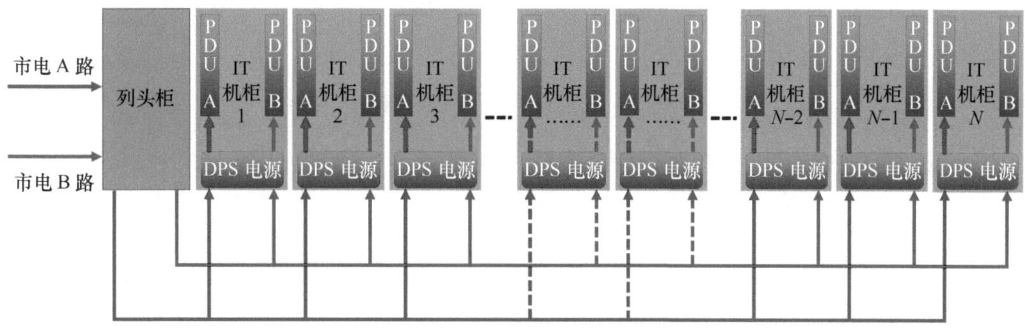


1. PDU（Protocol Data Unit，协议数据单元）。

图5-17 标准部署

采用“一路市电+一路DPS”供电方式，满足GB 50174—2017《数据中心设计规范》A级机房中对不间断电源系统配置的“一路UPS+一路市电”要求。

（2）高可靠性（架间互联）部署

高可靠性（架间互联）部署如图 5-18 所示。

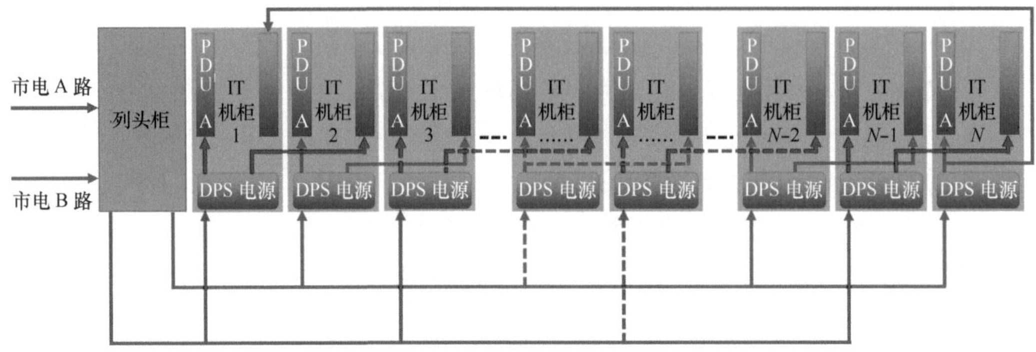


图 5-18　高可靠性（架间互联）部署

高可靠性（架间互联）部署方案在互联机柜之间形成相互冗余，采用 2N 的供电方式，消除设备故障造成的单点故障。满足 GB 50174—2017《数据中心设计规范》A 级机房中对于不间断电源系统配置的 2N 要求。

（3）直流微电网部署

直流微电网部署方案，在正常工作时，采用独立工作模式，当某一个机柜的 DPS 发生故障或过载时，指定为备用的 DPS 为故障机柜供电；一个以上 DPS 故障或过载时，系统先判断备用的 DPS 是否能提供足够的电量，如果不能提供足够的电量，则需要调用负载低的电源为故障机柜供电。直流微电网部署如图 5-19 所示。

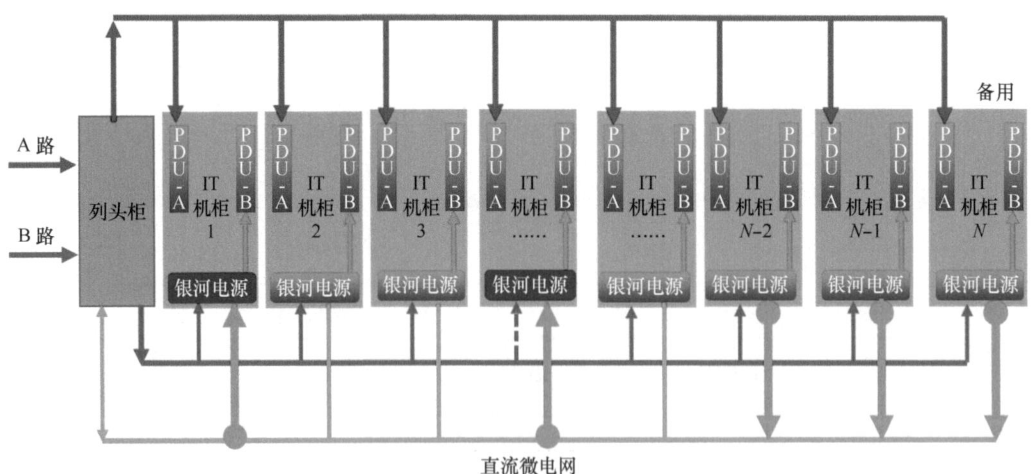


图 5-19　直流微电网部署

### 6. 联方云天DPS的应用场景

（1）原有机房改造

原有机房改造一般是因为供电容量无法满足当前IDC的需要或者需要扩充供电的等级，但原先规划的UPS面积小，无法满足改造需求。采用DPS作为机房改造的供电系统，不需要增加UPS室空间，甚至可以将原有的UPS室腾出用来部署IT机柜。

（2）中小型边缘计算数据中心

5G网络建设及应用需要大量分布式建设的中小型数据中心支持边缘计算。这种数据中心机房一般占地面积较小，前期未进行UPS室及电池室的规划，或者规划后会导致机房的利用率降低，如果采用DPS部署方案，则将节省部署集中式UPS所占用的空间，有效提高机房的利用率，实时监控机房的安全运行。

（3）需求不明确的数据中心

对于需求不明确的数据中心，如果前期规划的UPS容量太大，则将造成投资浪费；如果前期规划不足，则将导致后期扩容困难。如果采用DPS方式部署，则可按照当前容量设计，如果后期需扩容，则仅需更换扩容的机柜电源主机即可，既能保护当前投资，又能在后期需求变化中灵活调整。

（4）低碳节能创新的数据中心

对于数字经济发达区域及数字城市服务需求高，但土地及电力能源资源稀缺，数据中心建设发展必须达到资源的高效利用，弹性部署以快速适应需求的变化。如果一次性投入终期容量的不间断电源及铅酸蓄电池系统，就会浪费投资及占用城市稀缺土地及电力资源。引入DPS进行按需快速部署，同时结合数字服务的应用关键性，提供弹性及差异化的机柜级数据中心供电等级，以确保提高经济效益的目标，达到数字经济发达区域对数据中心节能减排的要求。

（5）承重不满足部署集中式UPS的数据中心

按照数据中心设计规范，集中式UPS和电池室要求楼面的承重为16kN/$m^2$。如果前期未规划电力电池室，则一般建筑物楼面承重为6kN/$m^2$，如果改造为电力电池室，则会受改造成本较高或因建筑物限制影响而无法改造。采用DPS部署后，一般情况下采用 6kN/$m^2$ 的楼面承重即可满足要求。

### 7. 绿色低碳与节能效果

（1）绿色低碳

DPS系列产品的技术创新重点是采用锂电池替代了传统的铅酸蓄电池。铅酸蓄电池含有铅类化合物，这些化合物如果泄漏，则会对人体和环境产生严重污染。另外，铅酸蓄电池的寿命较短，通常情况下 3 到 5 年就需要全面更换一次。而锂电池的寿命可以长达10 年，且锂电池的材料中基本没有重金属，回收处理相对容易，几乎对环境没有污染。锂电池的充放电效率高，可以大幅降低充电能耗，节省总体的电能，间接降低碳排放量。

（2）节能效果

① 效率方面。DPS的部署方式分布在每个IT机柜内，为本机柜负载供电，因此，每台DPS的带载效率比较高，根据不同的机房建设标准，采用C级机房建设标准，每台DPS的带载率在90%以上，采用A/B级机房建设标准，每台DPS的带载率在40%以上，在机房的全生命周期内，DPS的带载率不会发生变化。

② 灵活应用方面。在没有业务的IT机柜，DPS可以随时关机、随时启用，而传统UPS的部署方式，在机房启用初期及业务调整期，很长一段时间会处于低负载的工作状态，带载率较低，工作效率也很低。

③ 辅助用电方面。采用DPS部署方式，原机房电力室将不再需要空调，可以有效降低整个机房的PUE值。

④ 电池自放电方面。锂电池月自放电小于2%，铅酸蓄电池月自放电在15%～30%，且锂电池不需要浮充，可节约充电，能够有效降低整个机房的PUE值。

**8. 项目应用案例**

（1）北京电信亦庄数码港

本项目主要对北京亦庄机房的5层3间主机房进行生产能力建设，机房位于中国数码港科技园内，是中国电信集团和北京电信共用的机房，要求分阶段建设，满足中远期扩容的需要。

通过采用直流DPS方案，为每个机柜部署一台直流DPS产品，提供6kW 240V DC供电，锂电池后备时间为30min。

（2）无锡电信宜兴国际数据中心

该项目位于宜兴经济技术开发区内，也是目前国内县级市内最高等级的国际数据中心。

整栋楼宇全部采用DPS建设方案，共分3期建设，目前，机架数约为500个，按国际“Tier3+”、国内四星级标准建设。该项目采用“微模块+DPS方案”分区域建设部署，根据不同的用户需求，将机房划分为不同功耗的功能区域，分别选用10kVA和6kVA两种不同供电能力的DPS产品，锂电池后备时间为30min；机房同时部署了能量管理系统（Energy Management System，EMS），在数据中心内部统一监管DPS设备的运行和维护情况。

**9. 总结**

DPS的部署特性及锂电池的应用，符合数据中心供电方案未来发展的趋势，体现了模块化、节能减排、易扩展等特点。在数据中心的设计和部署上更简便，进一步提高了系统的可靠性。数字化的电源及锂电池储能的技术应用创新，结合微电网、物联化和可视化的设备，以及全生命周期云能源管理体系的建立，为绿色低碳新型数据中心提供了实践节能减排的一个可行路径。

**（技术依托单位：联方云天科技（北京）有限公司）**

## 一体化 UPS 电力模块系统的应用

1. 系统概述

为了实现数据中心快速部署、高效运维、降低投资与运营成本、节省占地面积等方面的建设需求，以及针对电力系统预制化、模块化的产品设计趋势，先控推出了一体化UPS电力模块系统。该系统主要包含高压输入柜、变压器柜、无功功率补偿柜、进线柜、UPS柜、分路馈线柜和监控系统等，通过在工厂预制组装的方式，将其安装在平台底座上，组成室内预制化电力模块。该模块能够整体运输到项目现场，极大地缩短了施工安装的周期，也保障了产品的整体质量。

该系统具备一体化集成、安全可靠、节能省地、省时省力、架构兼容、部署快速灵活和一体化集中监控等特点，配合储能系统应用，可创造更高的经济价值和社会价值，成为新一代数据中心供配电预制化产品。

2. 系统架构及功能

一体化UPS电力模块系统的核心理念是直接输入10kV中压交流电，再转化成为380V交流电输出的一体化不间断电源系统。系统容量为1200kVA、1800kVA、2400kVA。

一体化UPS电力模块系统可设置在线补偿节能模式，效率高达99%，同时，做到了市电供电与UPS供电间的无缝切换；当电网波动或发生瞬间跌落时，还能通过“削峰填谷”的方式进行功率补偿；同时，具备集中旁路功能，大幅提升了系统的可靠性及可用性。一体化UPS电力模块系统架构如图5-20所示。

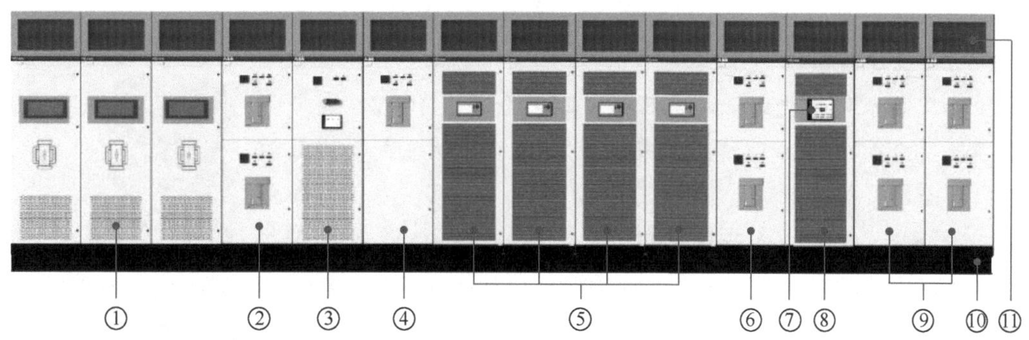


注：①变压器柜 ②进线和母联柜 ③无功功率补偿柜（SVG） ④UPS总输入柜 ⑤UPS柜 ⑥UPS旁路柜 ⑦集中监控 ⑧UPS总输出柜 ⑨UPS输出配电柜 ⑩平台底座 ⑪母线仓

图 5-20 一体化 UPS 电力模块系统架构

（1）UPS电源系统

模块化结构设计，通过配置冗余模块提升系统的可靠性；系统所有模块均支持在线热插拔，扩容、维修便捷，可在线维护；通过标准、模块化的结构设计，提高组件的复用性、通用性，有效降低了产品的生产成本。UPS 电源系统如图 5-21 所示。

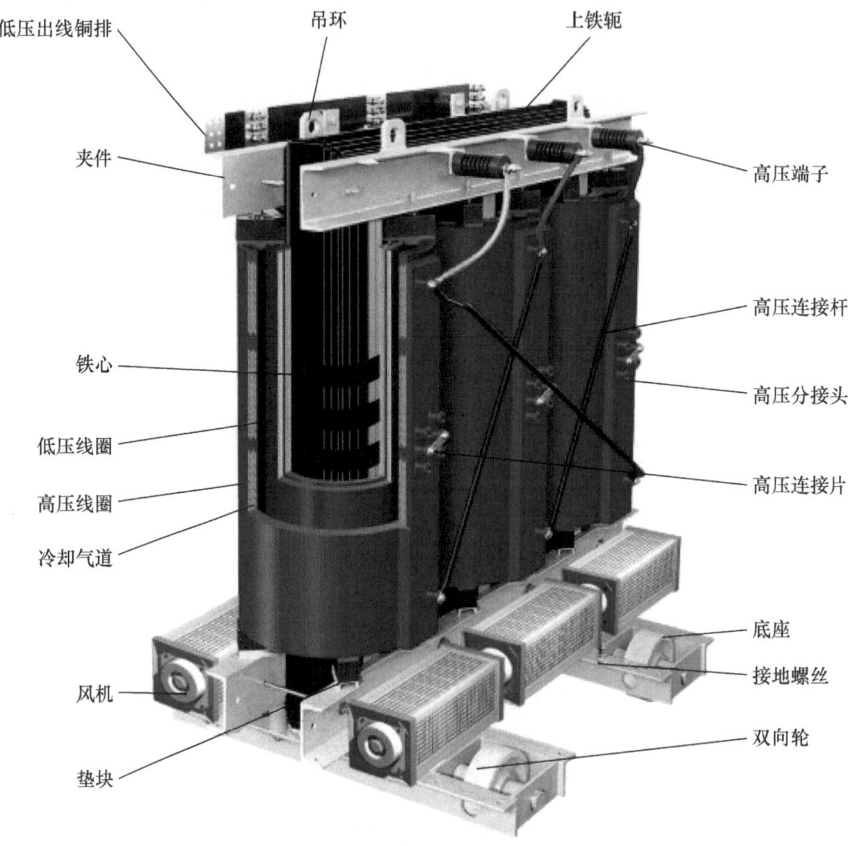


图 5-21　UPS 电源系统

（2）变压器

变压器采用缠绕式干式变压器，额定电压为 10kV，额定容量为 2500kVA。变压器铁芯采用拉板结构，步进式叠片工艺，表面刷涂厚浆型树脂漆。低压线圈为铜箔绕制，层间绝缘采用差分模式时延（Differential Mode Delay，DMD），低压线圈两端用环氧树脂进行端封，并设置 1 ～ 3 层冷却气道。高压侧采用 H 级漆包线绕制，通过玻璃纤维撑条和围板作为主空道后，直接在低压线圈外绕制。这种变压器具有抗短路能力强、散热良好、低噪声、低损耗、耐冲击电压性强等特点。变压器的架构如图 5-22 所示。

图 5-22　变压器的架构

（3）配电系统

系统机柜均采用标准柜型，变压器柜、UPS 总输入柜、UPS 旁路柜、UPS 柜均采用标准柜型结构特征，保持系统外观的一致性。所有观察窗和显示屏排布的高度均为 1.6 ～ 1.7m，符合人们日常的观察习惯。系统顶部的母线槽采用百叶窗设计，充分保障了系统对散热通风量的要求。

系统采用上走线形式，将系统的母线铜排预制在机柜顶部的母线槽内，采用前后顺序排布，整体结构清晰、整洁。所有母线与下面的机柜在结构上相互独立，便于在系统发生故障时快速维修或更换故障设备。配电系统如图 5-23 所示。

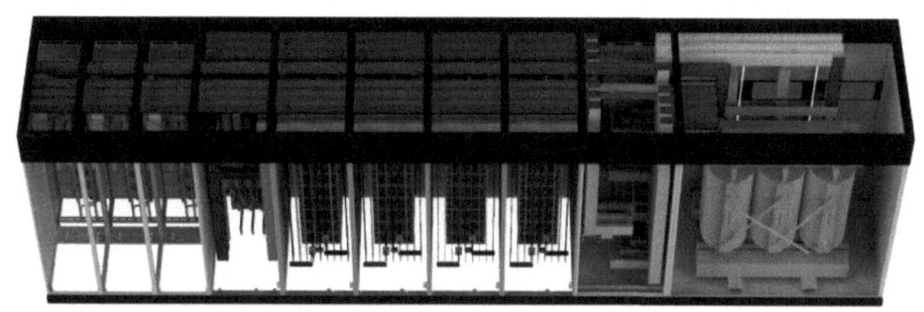

图 5-23 配电系统

（4）电力模块一体化监控平台

电力模块一体化监控平台能够实时监测系统内的UPS电源系统、变压器、配电系统等重要设备的工作状态，并实现遥控、遥测、遥信功能，实时采集和显示系统各种运行开关量状态和电量参数。系统北向接口协议采用简单网络管理协议（Simple Network Management Protocol，SNMP），可以方便地接入用户的后台，实现统一管理。电力模块一体化监控平台如图 5-24 所示。

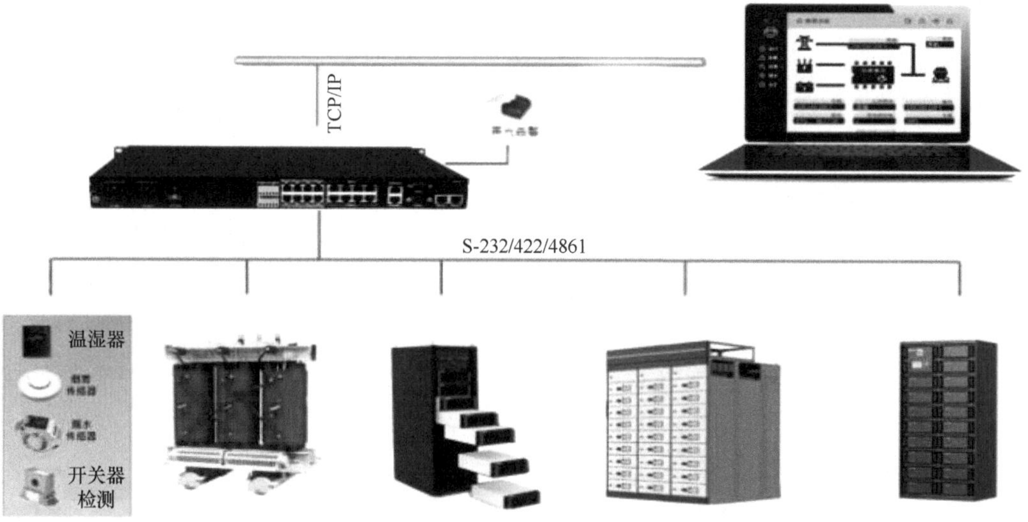


图 5-24 电力模块一体化监控平台

### 3. 系统的创新设计及优势

（1）一体化集中式设计

一体化设计是在模块化、标准化的基础上，将供配电系统、馈电系统、监控管理系统等集成在一起，所有单元提供 2*N* 冗余配置，提升系统的安全可靠性。与传统的UPS相比，一体化设计具有明显的优势，各系统集合成一体，减少了中间的连接环节，有效节省了材料成本，缩短了安装工期。连接材料的减少，能够提升整个系统的效率，能效提升 1% ～ 2%。集中式设计使整体结构紧凑，空间大大节省。

（2）预制模块化结构设计

预制实现了系统的快速部署，普通供配电系统现场安装至少需要施工 30 天，而预制化供配电系统可以在工厂进行系统的预制化生产，节省安装时间，大幅提升整个储能系统的部署速度。该一体式系统可整托式直接陆运，在一个工作日内就可完成就位、安装和连接，降低本地安装差异和管理风险带来的安全隐患。配合整体系统的模块化设计，扩容简单、维修便捷，可实现在线维护，还能提高组件的复用性、通用性，有效降低产品的生产成本。

（3）在线补偿节能模式

传统紧急转换命令（Emergency Changeover Order，ECO）模式是指市电通过旁路直接供电，UPS作为备用电源，这虽然提升了效率，但存在切换时间的问题，而且不能解决市电波动和断电造成的影响。

一体化电力模块系统增加了在线补偿节能模式，将传统ECO模式时UPS的后备状态升级为在线式，同时将UPS和市电的串联结构调整为并联结构。该模式能够做到无缝切换，优化了电网侧和负载侧的性能，使市电和逆变器同时工作，在设定的时间内对负载进行联合供电或电池充电。同时，该系统还具备自老化、无功补偿、实时进行功率因数校正、谐波治理提高电能质量、支持油机软启动、“削峰填谷”等多项功能。在降低了UPS自身损耗的同时，大范围地降低了数据中心的PUE值，成为高效节能的关键措施之一。

UPS处于在线补偿节能模式时，逆变与旁路联合给负载供电，逆变器通过无功输出的调节可满足负载对无功能量部分的需求，从而满足了电网侧功率因素的需求。而传统的旁路直供模式，负载的功率因素会直接反映到电网侧，对电网的质量造成影响。

在切换时间方面，传统ECO模式的工作方式为旁路电源直供负载，逆变器开启但未输出，仅作为备用电源。当旁路输入产生异常时，通过断开旁路开关，再闭合逆变器开关的方式实现电源输出的切换。这种切换方式存在开关的闭合、断开操作，所以存在一定切换时间，通常为 2 ～ 4ms；但是在在线补偿节能模式下，旁路和逆变器的输出开关都处于闭合状态，二者处于并联供电状态，在旁路电源检测到异常时，仅需关闭旁路输入开关即可，而负载侧由于没有串联开关的断合操作，所以也不存在切换时间。

（4）集中旁路设计

静态旁路作为UPS供电系统的最后一道屏障，重要性不言而喻。常见的分散式旁路静态开关，控制复杂，各个旁路模块之间无法实现均流控制，任何旁路模块发生故障均会对系统造成影响。

一体化UPS电力模块系统采用集中旁路设计，静态开关按照系统的最大容量设计，切换时间短，可靠性高。该设计减少了静态开关的数量，电路结构及控制方式简单，避免出现分散旁路必须同步切换的问题，确保系统故障时切换的可靠性；减少旁路之间的连接，提高了可靠性和抗冲击能力，不存在旁路均流问题，进一步提高了系统的安全性。集中旁路原理如图 5-25 所示。

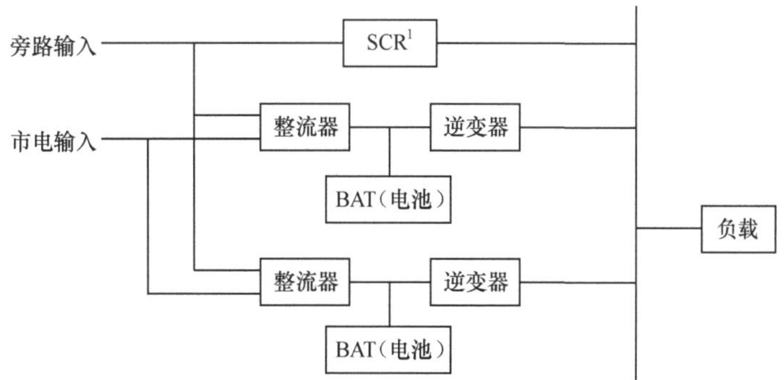


注：1. SCR（Selective Circuit Reservation，选择性电路预留）。

图 5-25 集中旁路原理

（5）一体化监控

该系统采用一体化监控平台，实时监测系统内重要设备的工作状态，实时采集各种运行开关的状态和电量参数，实现遥控、遥测、遥信功能。

这一监控平台能够实现实时监测、曲线绘制、事件告警、同步记录、远程遥控、历史事件查询、用户权限管理、电能质量检测、报表查询等多项功能，能够实时监测各个机柜间的温度、湿度、运行情况等，支持下载导出历史记录 2000 余条，方便运维人员判断系统当前的健康维度，并提供可靠的解决方案，有效地保障人员和设备的安全。

**4. 系统适用场景**

一体化UPS电力模块系统定位为大型数据中心供配电系统方案的预制产品，主要应用于电信和金融中心的机房，可以为能源、电力、交通、因特网服务提供方（The Internet Service Provider，ISP）及大型企业核心机房提供供配电方案。

### 5. 系统绿色低碳与节能

采用一体化UPS电力模块系统可以节省占地面积，快速部署，减少配套工程，有效降低运营和安装的成本，节约人力、物力和财力。

一体化UPS电力模块系统具备在线补偿节能模式，可将单路或双路设定为在线补偿节能模式运行（电网掉电时，可实现零切换，保证可靠性），效率可达99%，有效减少了UPS长期运行产生的电量损耗，降低了碳排放。

一体化UPS电力模块系统可将设备设置为自动休眠和唤醒模式，降低电源系统的损耗，从而降低PUE值。休眠技术是模块化UPS的一项特殊技术，该功能可以提升系统的整机效率，降低UPS自身的损耗，UPS逻辑控制系统可以根据实际负载调整功率模块的投入比例，使功率模块始终保持在高负载率的状态下，以降低UPS的自身损耗达到节能的目的。

电力模块系统通过对UPS、运行模式、减少配电环节等进行多种改善，使系统运行效率提升3%～5%，易损设备在线维护时可热插拔，不易损设备可在线维护，负载不断电，UPS可随着负载的增长在线扩容，供电系统的可利用率极高，实现绿色节能省电。这种措施是今后大型数据中心的最佳选择。

### 6. 工程项目应用

遵化热电大数据中心改造利用现有检修楼，在一、二、三层数据中心建设数据机柜1100台。

采用8套一体化UPS电力模块系统，为IT及动力负载提供可靠电力保障，并实现快速部署、高效运维，具有极高的性价比；项目采用2*N*供电，每套模组包括2000kVA变压器、输入/输出配电柜、CMS-500kVA不间断电源、集中监控平台。

一体化UPS电力模块系统采用集中式设计，为用户节省80个服务器机柜位置，这对寸土寸金的数据中心机房来说是一笔非常可观的收益。

另外，密集母线设计节省了电缆投资、预制式节约了施工时间、标准化设计降低了生产成本、模块化设计和集中监控管理减少了运维成本……在数据中心业务不断拓展的情况下，必然会面临投资成本、运营能耗、系统拓展等问题，一体化UPS电力模块系统能够妥善解决这些问题，满足未来数据中心复杂多变的业务需求。

如果本项目在45%的带载率下，选择原UPS效率大于96.4%的设备，优化后IT设备双路采取UPS在线补偿节能模式供电，与原来2*N*工作模式相比，其损耗可下降50%。

（技术依托单位：先控捷联电气股份有限公司）

## 直流塑壳断路器在云计算中心的应用

### 1. 直流塑壳断路器的创新设计

直流塑壳断路器配置于直流电网电路中，用来分配电能和保护线路及电源设备免受过载、短路等故障带来的安全问题。直流塑壳断路器具有机械灭弧和栅片灭弧的创新设计，机械灭弧是通过增大电弧长度灭弧，栅片灭弧是增大近极压降灭弧。

由于直流电流没有过零点，电流分断要求远比交流电流难度更大，对断路器的灭弧系统要求很高。在分断直流电流的过程中，一旦电弧没有分断，温度就会在短时间内急剧升高，从而引发火灾事故。为了有效熄灭直流电弧，采用动静银点侧引弧设计，加速弧根从银点转移，使电弧迅速进入灭弧室，避免银点被长时间灼烧，延长断路器的寿命。

### 2. 直流塑壳断路器的技术原理

当触头刚开始分离时，其间隙很小，电场强度极大，易产生高热和强场，金属内部的自由电子从阴极表面逸出，奔向阳极。同时，自由电子在电场中撞击中性气体分子，产生正离子和电子，电子在强电场的作用下继续向阳极移动时，还要撞击其他中性分子，因此，在触头间隙中产生大量的正离子和电子的带电粒子。使气体导电形成炽热的电子流，即电弧；增磁片的作用是让电弧受电磁力而拉长，被吹入有固体介质构成的灭弧室内，与固体介质接触，电弧被冷却而暂停。磁吹拉长弧技术示意如图 5-26 所示。

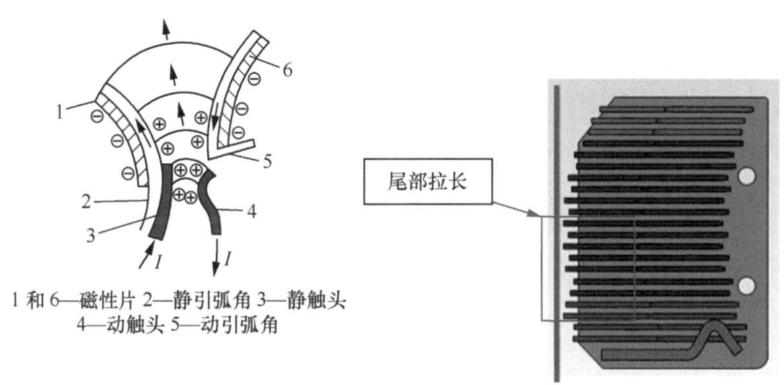


图 5-26 磁吹拉长弧技术示意

增加灭弧栅片数量改善灭弧栅片的形状与间距，当触头分隔时，产生的电弧在电动力的作用下被推入一组金属栅片而被切开数段，栅片间是绝缘的，其作用是导出电弧的热量，以提高电弧的弧柱压降，同时栅片将电弧分割成一段段的电弧，每一栅片是这些短弧的电极，也就是有许多个阳极压降和阴极压降，当近极处的电弧电压降加弧柱的电压降足够大时，电源电压就不能维持电弧，因而灭弧。灭弧栅片的设计如图 5-27 所示。

### 3. 适用场景及选用建议

（1）使用场景 1：UPS 电池开关柜、HVDC 屏与开关柜

800A 电流规格以下，建议选用 3P 直流专用断路器 NDM3Z 系列，正负极间电压

DC690V；适用于UPS设备电池50节以下铅酸电池系统，800A电流规格以上，建议选用直流专用断路器NDM5Z系列，适用于大功率400kVA、500kVA、600kVA以上UPS设备电池开关柜总开部分。

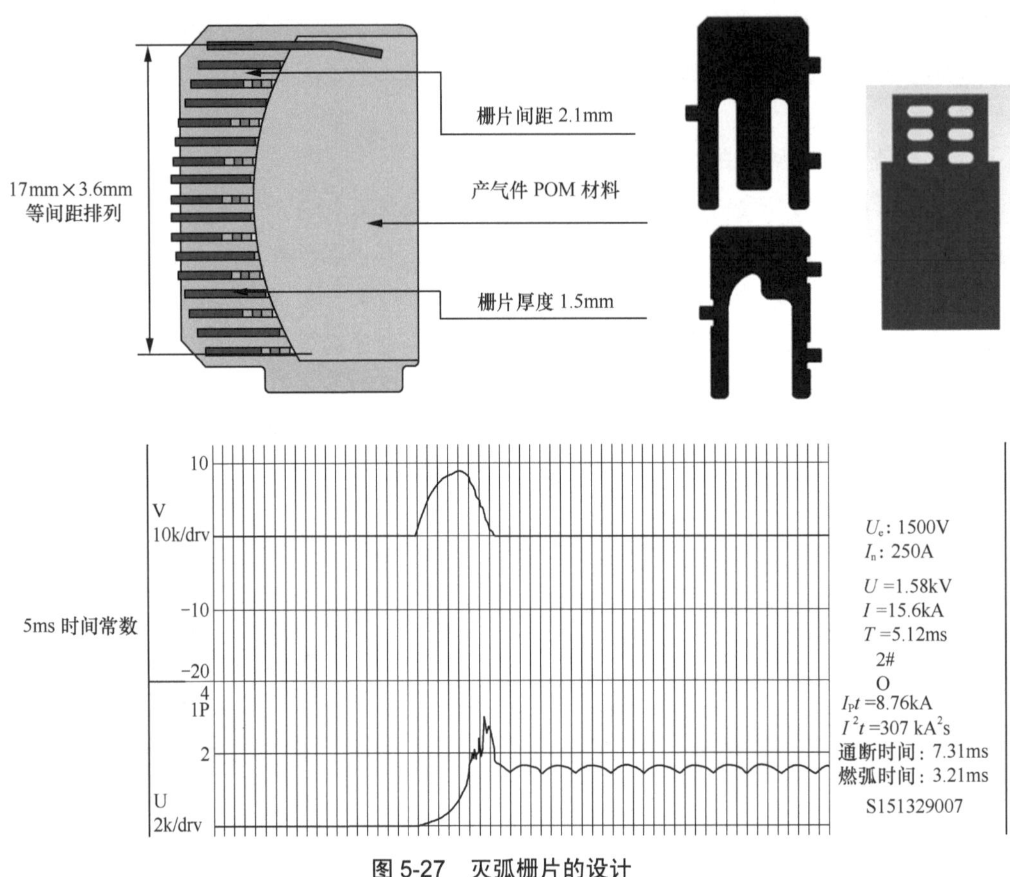


图 5-27　灭弧栅片的设计

（2）使用场景2：HVDC系统

建议选择2P直流专用断路器产品NDM3Z系列，正负极间电压DC500V。

### 4. 项目应用案例

浪潮昆明云计算中心项目为昆明市各委办局提供统一的硬件设施、基础数据库、应用支撑平台和通用软件共享服务，总投资规模达20亿元，包含20000个机柜。

该云计算中心项目采用高频UPS设备，设备容量≥400kVA，电池容量220Ah，电池数量44节，铅酸电池标称电压每节12V，浮充电压每节14.1V，直流部分系统电压620V；由于高频UPS设备采用绝缘栅双极型晶体管（Insulated Gate Bipolar Transistor，IGBT）整流，该工作方式是将输入交流电源的正半周和负半周分别处理，因此会用到零线，整流后的直流母排电压也是有正负两组，在零线和正负极之间分别跨接直流电容，用于滤波和续流。高频UPS设备的逆变器采用的是半桥逆变器，将正负两组直流电压分别逆变成交流输出的正负半周，因此直流断路器需要增加中性极。模块气流如图 5-28 所示。

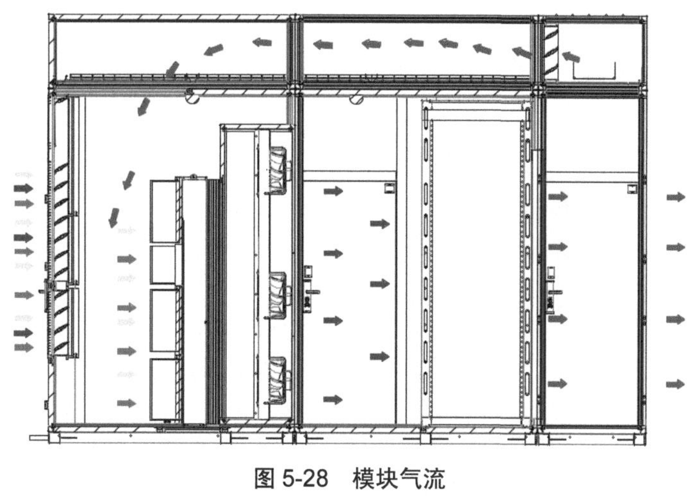

图 5-28 模块气流

该项目电池开关柜直流塑壳全部应用良信NDM3Z系列产品，整体方案体积缩小25% ～ 50%，成本降低 50%。

（技术依托单位：上海良信电器股份有限公司）

## 交直流自动切换电源系统的应用

### 1. ADS 概述

交直流自动切换（Alternating Direct Automatic Switching，ADS）电源系统是一种全新的、为IDC机房设计的电源系统。在现有电子功率器件条件下，实现了整机架交直流功率无时延切换；ADS是通信HVDC技术的派生产品，在保留了HVDC供电安全优势的前提下，进一步节能，通过第三方测试，运行效率达到 99%。

### 2. ADS 的工作原理

市电状态正常时，优先向负载供电；市电不正常时，后备直流模块无时延地切换向负载供电；市电恢复正常时，后备直流模块无时延地关断，切换成市电向负载供电。ADS的工作原理如图 5-29 所示。

### 3. ADS 设备的优势

ADS在工作状态下，大量时间采用市电供电（基于市电正常化和市电的 100% 高效率），HVDC保障部分的开关电源设备将减少 80%，只需要配足一定时长内蓄电池完成充电所需要的模块数量即可，减少了变换级数，效率更高。HVDC开关电源设备效率只有 90%，而ADS的效率高达 99%，由于开关电源设备的减少，相应的空调制冷需求也减少了，提升了机房机架的容积率，节省了宝贵的机房空间。ADS切换模式如图 5-30所示。

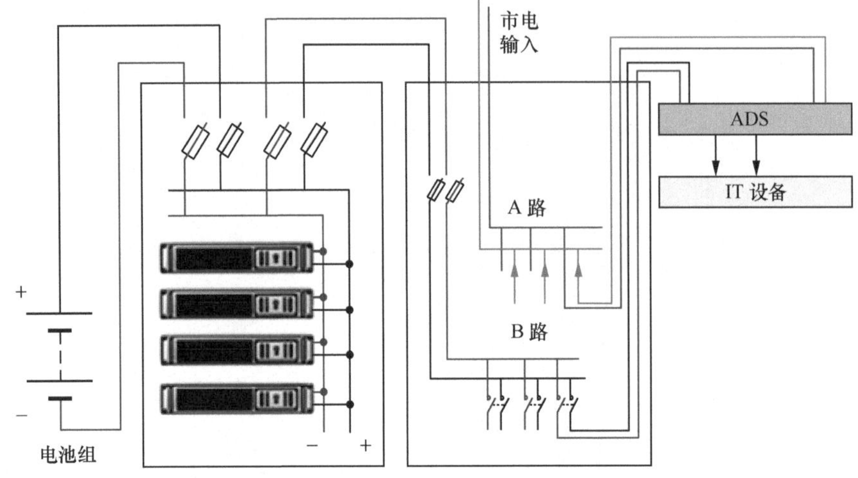


图 5-29　ADS 的工作原理

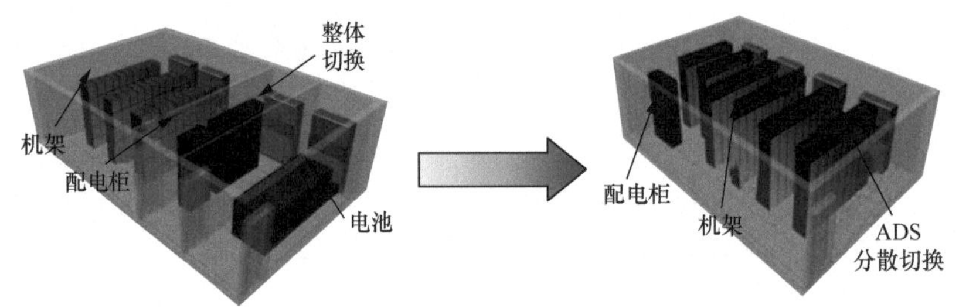


图 5-30　ADS 切换模式

ADS改变了传统的供备电方式，将电源切换分散到每个机架中，可以集中供电、分散切换，也可以分散供电、分散切换，组态灵活。

4. ADS的配置优势

① 可分步建设、按需投资。

② 电池挂母线，可在线扩容，避免电池空置，损耗寿命。

③ 根据机房建设要求，灵活调整配套模式。

④ 根据负载容量、备电时长，灵活配置ADS规格、数量。

⑤ 对应不同机房等级，ADS配套相应冗余、锁定工作状态。

⑥ 针对客户不同负载，可选功率等级、灵活组网。

⑦ 市电直接引入机柜，施工简便。

⑧ 承重改造要求低，机房可灵活选址。

⑨ 机电配套简单，缩短建设周期。

### 5. ADS的节能效益

本方案是在机柜内采用240V直流与市电输入，通过ADS进行供电方式的切换，实现在市电有电的情况下，优先采用市电输入，市电停电后，通过ADS切换至蓄电池放电，保证负载供电。机柜采用ADS切换供电方式，由于市电优先原则，其效率接近99%，大幅提高了经济效益。

（技术依托单位：中塔新兴通讯技术集团有限公司）

## 智能快速应急电源系统（ISPS）的应用

### 1. ISPS系统概述

在当代电力网指标和计算机类重要负荷耐受电网环境的能力已经今非昔比的现实面前，传统变换式UPS的稳压、稳频及无缝等指标已过时，整流、逆变、滤波及输出可控硅等半导体热在线的一系列副作用（低效、低带载率、高温高热隐患、高故障率、谐波回流、环境恶化等），换来的仅仅是应急供电（含$T$>10ms的瞬间应急）。而为了规避热在线的副作用，业内一直在探索外网电源优先的出路，先后推出过旁路优先式UPS（ECO模式）、双变换式UPS、Dalta式变换式UPS、直流UPS和后备式UPS等个性化机型，但这些机型没有冲破输出端可控硅开关热在线的桎梏，没有解决捕捉全网（本网、邻网、前端网及邻网、远端网及邻网等）断电前兆的问题，且没有植入提前启动输出转换的技术，故输出端转换所造成的间断时间无法绝对满足$T\leqslant$ 10ms的要求，因而未能在市场中扎根，反而助力了传统变换式UPS市场地位的稳固。

国彪电源等7家中小型电源企业联合研制推出一款冷在线型个性化UPS，其属性为智能预判式UPS，部分领域标准称之为智能快速应急电源系统（以下简称ISPS）。ISPS的运行模式也是遵循外网电源优先思路。

### 2. ISPS系统技术优势特点

① 输出端的ISTS由两个复合开关构成，每个复合开关均由无触点（IGBT）和有触点（接触器类）构成，前者用于转换瞬间载流，后者用于转换后持续载流。其结果是：故障断电的转换时间由毫秒级降为纳秒级，导体持续载流没有温升隐患和有源谐波回流。

② 主机内智能模块群能快速判断全网范围内的故障断电和本网内半导体器件异常。

③ 输出端发生转换不会产生晃电感（无缝）。

④ 在断电应急情况下，逆变输出最大带载能力可达正常值的两倍。

⑤ 不存在整流谐波回流，并且可以根据实际需要配谐波再利用模块，吸收并再利用（充电）来自电网或负荷侧的无源谐波。

⑥ 无精密空调和有源滤波器可以进一步减少系统异常因素。

⑦ 逆变支路常态阻断可以有效防范负荷侧的数据被窃取。

### 3. ISPS系统节能效果和效益

数据机房的核心重要负荷（服务器机房）是由电源机房（由380V/220V配电系统和不间断电源机群构成）供电的。当不间断电源主机为ISPS时，其相较于UPS的节能减排和降低PUE值等优势主要体现为以下6个方面。

① 电源系统效率提升30%～50%，运行电费可降低30%～50%。

② 因半导体常态不载流而降低了散热功率，其系统散热功率仅为ISPS装机功率的1%（而UPS系统散热功率为装机功率的10%），大幅减轻了集中空调制冷功率的负担。

③ 无配套精密空调和有源滤波器的耗电。

④ 因系统简化而节省占地空间。

⑤ 可大幅降低系统PUE值和运行电费。

⑥ 因半导体寿命延长而延长了系统的安全寿命，减少设备系统的重复投资。

### 4. ISPS供电系统的组网设计

（1）ISPS对综合类小负荷系统供电的配置（$\sum P$=100kW）

方案1：标准型组网配置如图5-31所示。方案2：长时延型组网配置如图5-32所示。方案3：冗余型主机的组网配置如图5-33所示。方案4：冗余型主机的长时延类组网配置如图5-34所示。

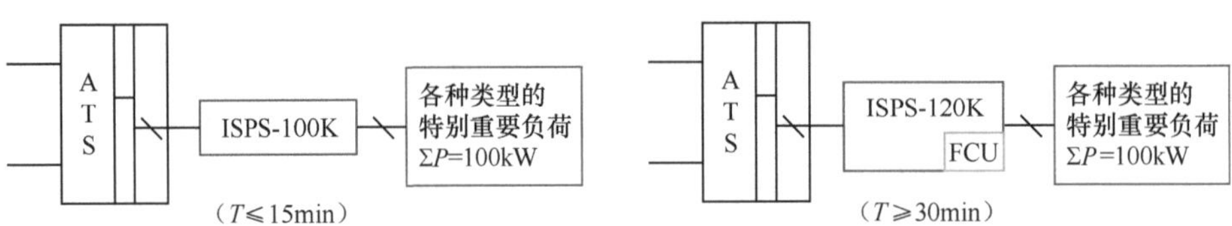


图5-31　标准型组网配置　　图5-32　长时延型组网配置

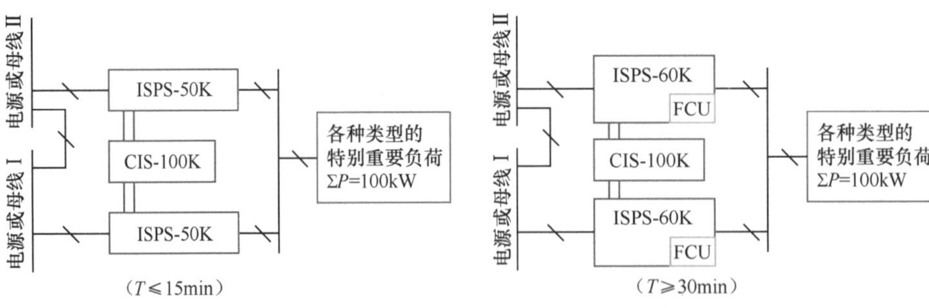


图5-33　冗余型主机的组网配置　　图5-34　冗余型主机的长时延类组网配置

注：① ISPS容量根据负荷功率调整。② 方案3和方案4中两套ISPS的电源、蓄电池及逆变器模块均能相互冗余和共享。③ 方案2和方案4为带降温模块的ISPS主机，适用于断电应急时间较长且精密空调由外网电源直供的场所。

（2）动力专用型ISPS对重要负荷供电的配置

方案1：带变频启动与控制功能的ISPS供电系统如图5-35所示。

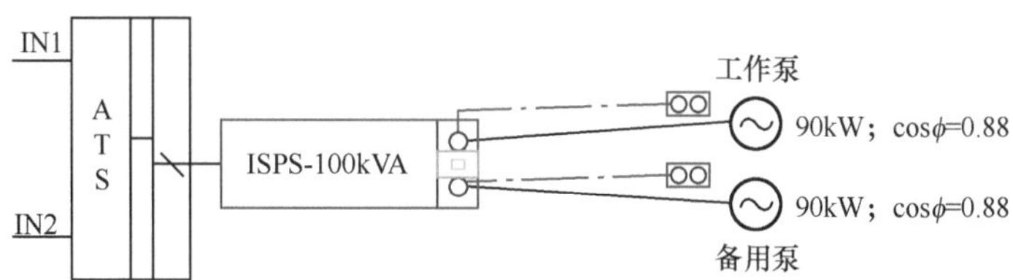


图 5-35 带变频启动与控制功能的 ISPS 供电系统

注：本系统的 ISPS 为一体化机型，集变频启动、控制、变频调速、应急供电于一身，可替代动力设备现场的启动控制设备和变频调速设备。

方案 2：不带变频启动与控制功能的 ISPS 供电系统如图 5-36 所示。

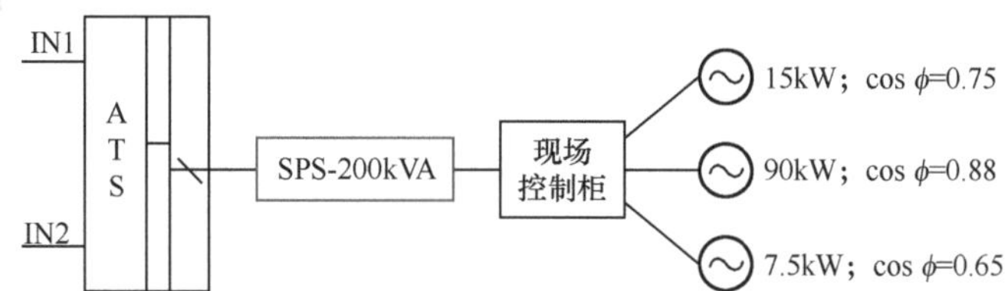


图 5-36 不带变频启动与控制功能的 ISPS 供电系统

注：本机型不带启动、控制及调速功能，适用于自带且必须自带启动控制设备的动力负荷系统，其智能识别全网故障、快速转换及其他功能不变。

（3）ISPS 主机群对 800kW 服务器群供电的 4 个典型接线方案

方案 1：单输入双输出型主机对双电源列头柜的供电方案如图 5-37 所示。

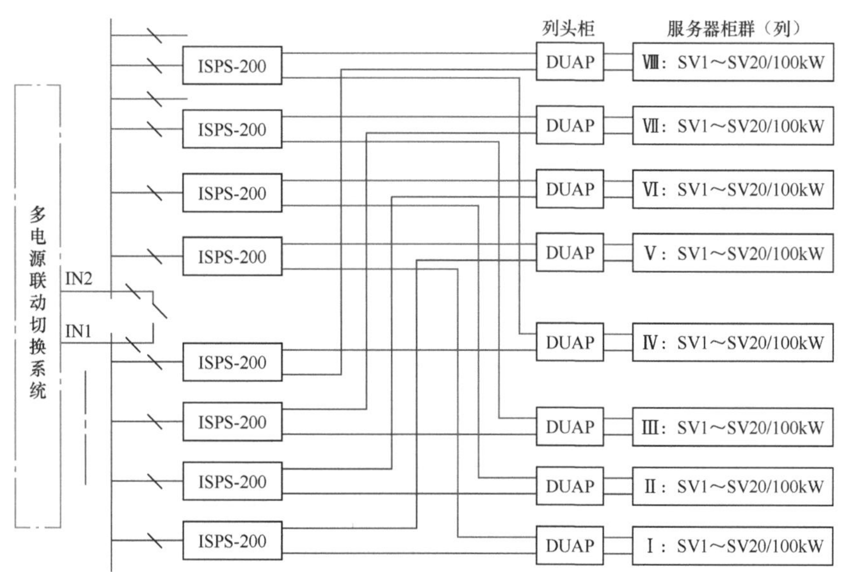


图 5-37 单输入双输出型主机对双电源列头柜的供电方案

方案 2：单输入双输出共享型主机对双电源列头柜的供电方案如图 5-38 所示。

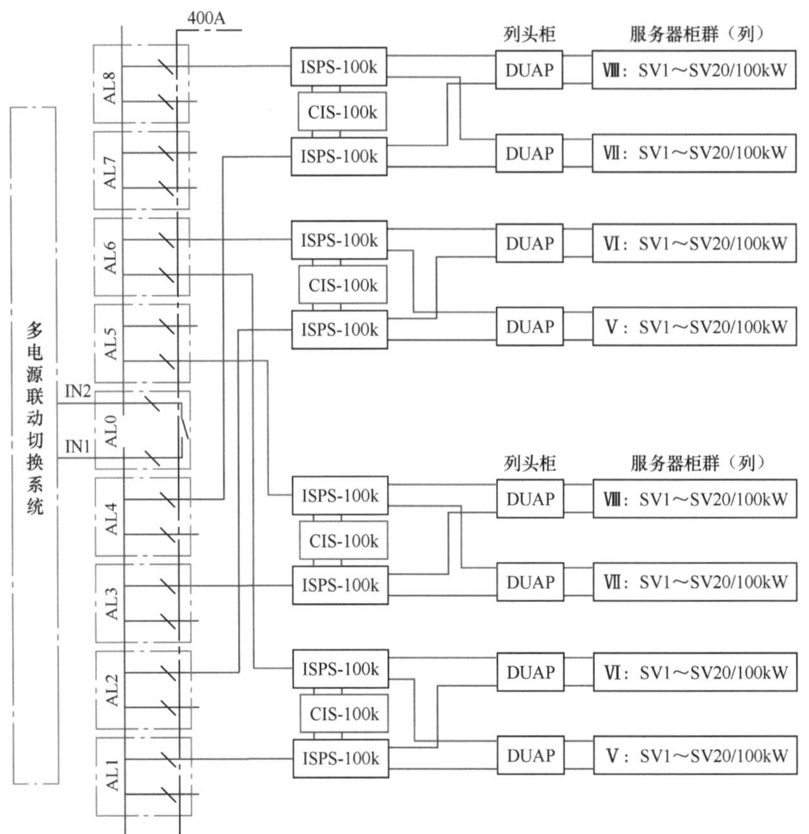


图 5-38　单输入双输出共享型主机对双电源列头柜的供电方案

方案 3：单输入单输出型主机对单电源列头柜的供电方案如图 5-39 所示。

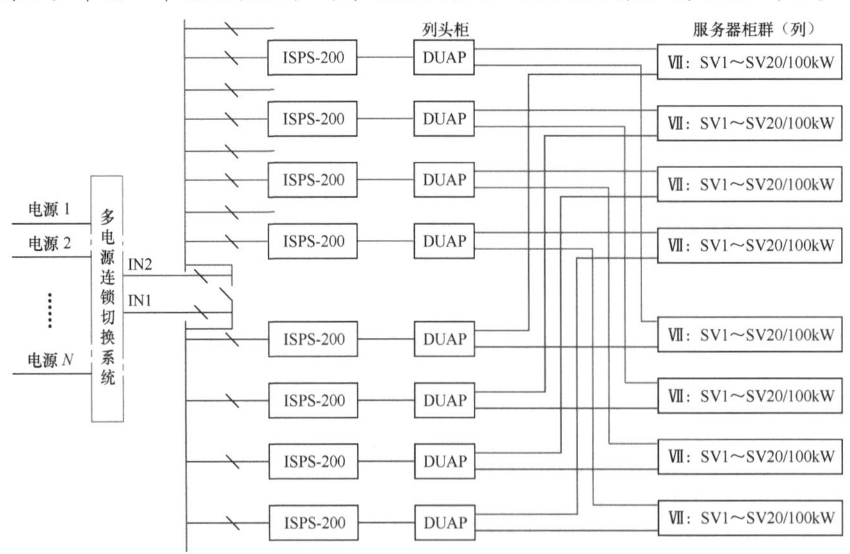


图 5-39　单输入单输出型主机对单电源列头柜的供电方案

方案 4：单输入单输出共享型主机对单电源列头柜的供电方案如图 5-40 所示。

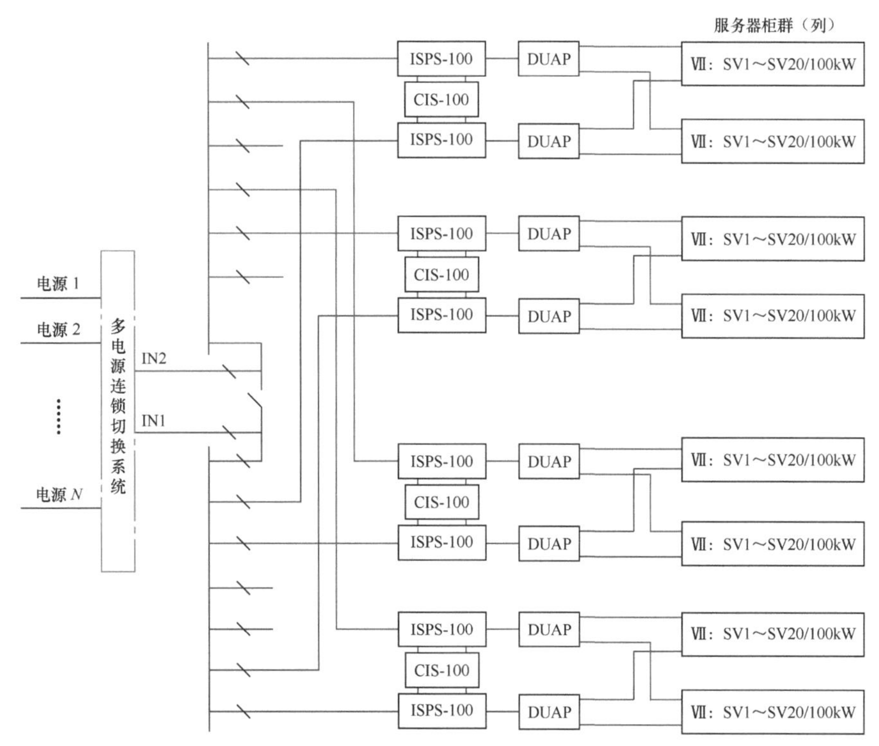


注：①方案 2 和方案 4 中每组 ISPS 的电源、蓄电池、逆变模块均可共享和冗余；② 每个供电单元的 ISPS 总功率可根据负荷组功率决定，而 ISPS 主机的数量可根据负荷组数量决定，即主机数量不限、单机容量不限，且同一母线下 ISPS 群内的主机功率、品牌、型号及规格均可不同（按需要选配）。

**图 5-40　单输入单输出共享型主机对单电源列头柜的供电方案**

（4）ISPS 与 UPS 两种供电系统在结构上的异同

① 负荷结构相同而安装功率不同，主机入端配电相同而出端配电不同。

② UPS 系统需要配套精密空调和有源滤波器而 ISPS 系统不需要。

**（技术依托单位：国彪电源集团有限公司）**

## 数据中心末端配电智能控制系统的应用

### 1. 系统概述

配电系统作为数据中心的关键环节之一，基于节能理念的末端配电智能控制系统不仅可以在电能的动态监控管理中进行节能管理，而且系统自身的待机功耗也在经过结构与电子的优化迭代后至少降低了 50%。

数据中心末端配电智能方案实现的功能不仅包含了从母线到 PDU 再到精密设备的配电硬件设计环节，还包含了电能的动态监控管理、机房室内的环境实时智能监测及可以实现的远程报警与控制功能。

### 2. 系统的节能设计

在数据中心末端配电智能控制系统的电气节能设计中，关键环节是进行合理、精确的计算，充分考虑智能数据中心设计的要求，并结合设计前的计算数据和实际经验数值，确定系统内用电功率等参数。根据机房用电负荷进行用电容量的统计，并把实际用电负荷按照用电等级进行等级划分，以确定合理的供配电方案。其中，应为配电系统选择合理科学的接线方案，尽量保证其可靠性和经济性，根据用电负荷等级要求，合理选择供电电源和配电方案。在确定相关产品配置时，为了降低电力输送过程中的能量损失，应该尽量选择合适的载流元器件，保证整个配电系统的灵活性和可靠性，降低配电系统的电气消耗。

### 3. 系统的主要功能及技术优势

系统增加了电能监测元件，实时监测电流、电压、功率和电量，实时显示每个机柜PDU的运行状态，实现对机柜进行精密监控和能效管理；可实现故障报警，实时监控电能质量，包括负载系数、谐波含量等，所有监测参数将最终被汇集到主控板，通过开放通信协议接口与动环系统无缝连接，通过动环系统可以实时查看数据中心机房的运营状况，任何监测点出现故障，均可在系统显示界面找到其对应编号，以便维护人员迅速做出响应，减少检修的工作量。

在母线上，采用金手指防触电结构设计，双重防护等级最高可达IP54，多腔体E形结构，独立舱室。插接箱采用插入及锁定的结构，稳定输出。始端箱强弱电分离、采用智能电力监控。智能母线管理系统及核心功能如图 5-41 所示。

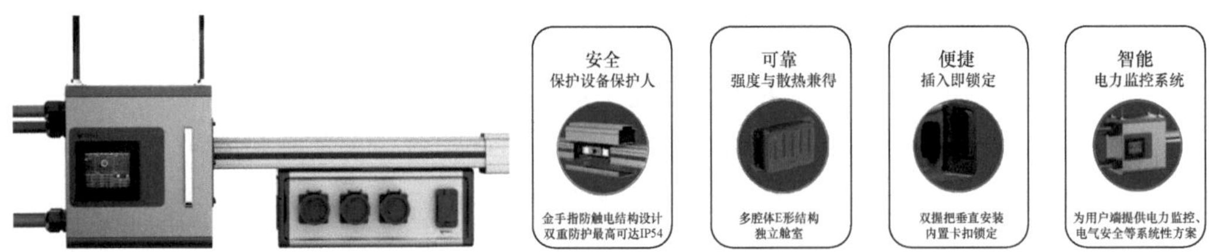


图 5-41　智能母线管理系统及核心功能

在PDU上，采用过零检测技术，延长产品寿命，通过主控板可以轻松监控设备的用电情况，操作人员无论身在何方，都可以对PDU进行远程开机、关机和重新启动等操作，同时还可以远程监控电流、电压、功率、环境温/湿度等系数，计量精度可以达到 0.5%，支持单相 63A，三相 32A。智能PDU及主要功能如图 5-42 所示。

### 4. 系统应用场景及选用建议

数据中心末端配电系统作为设备最后一道供电的主要工具，在数据中心的工作中发挥了关键作用。随着数据中心设备的规模不断扩大，人们也开始关注设备本身的能耗问题。为了充分发挥设备的环保价值和经济价值，数据中心末端配电系统的选用应注意以下要点。

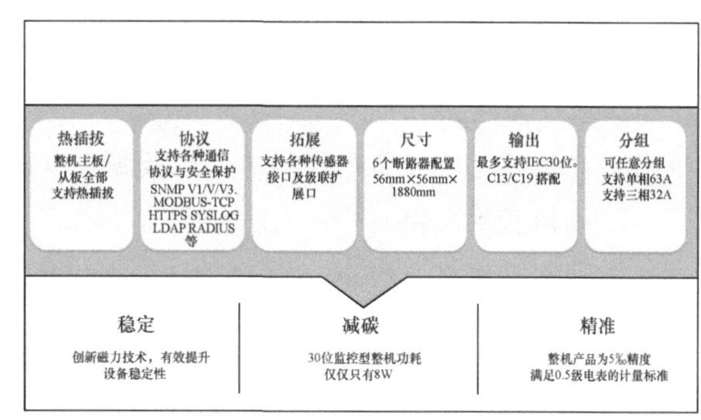


图 5-42　智能 PDU 及主要功能

首先是系统本身的能耗，配电系统的节能主要是在满足电能使用的前提下，通过减少供配电系统本身的能耗来实现，为了达到这一目的，除了使用节能设备外，还要考虑整个配电系统的合理性，以采取行之有效的方法来减少设备能耗。其次要注意管理系统设备用电参数，随着各场所用电设备及用电量的增加，配电网发展迅速，配电管理中如果还是依靠人工监管，管理难度大，数据实时性跟不上。智能配电采用的是“设备自采集+实时监测+平台预警”的智能化管理方式，不以人工经验、主观意识为转移，系统构建了一套多维监测预警体系，提供更可靠的安全保障。

#### 5. 系统应用趋势

随着大数据时代的来临和海量数据的产生，数据中心的规模会越来越大，中型和大型的数据中心市场未来会有非常大的增长。面积更大、密度更高、等级更高的数据中心会不断涌现，对配电系统的要求也会越来越高，除了满足基本供电，还要求对机房的运营状况包括能耗、安全预警、潜在风险分析等有更高级别的把握。传统配电方案在满足不断变化的客户需求过程中显得力不从心，数据中心末端配电需要一种更高可用性、更高安全性和灵活的配电架构来支撑。因此，数据中心末端配电智能控制系统是一个很好的可选方案。

#### 6. 工程项目应用要点

数据中心末端配电智能控制系统需要考虑生命周期成本和空间占用率，减少对风道的占用和线路损耗，同时需要考虑实时监测电能，再辅以高效UPS和精密空调，实现节能增效。

在系统工程设计中要预留余量，从容应对灵活扩容、功率密度变化的需求，做到可以随机柜数量及位置的变化灵活地延伸配电系统的长度或改变走向。例如，母线插接箱可带电热插拔，即插即用，同时，实时故障监测降低系统维护和检修工作量，安装维护工时缩短一半以上。

工程施工需要考虑到数据中心内部灵活配置按需模块化建设，可预先架设机柜顶部或地板下方的母线槽，再根据机柜的部署进度按需安装母线插接箱，没有复杂的线缆采购和施工，过程中可以实现减少线缆及配电施工质量的问题，把传统数据中心的机电工程安装变成了简单的工厂预制产品拼接，大幅缩减了项目的建设时间，模块化数据中心的搭建时间要比传统工程化数据中心的搭建时间节约 50%。

7. 项目应用案例

某学院改扩建工程——二期五标图书馆项目，在线路设计时结合了具体需求明确了导线截面，选择电导率较小导线材料，例如，TU2 材料等。操作期间遵循各类型用电选择适合的导线材料，同时，实行直线类线路设计避免了迂回，例如，线路可选择稍大一级导线，尽管在一定程度上会增加导线费用，然而在日后的应用中，其降低电能消耗、维护经济效益方面的优势比较突出。数据中心机房示意如图 5-43 所示。

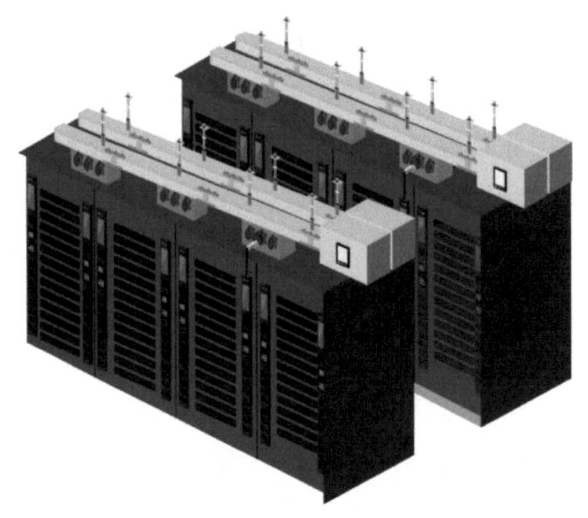

图 5-43　数据中心机房示意

另外，智能电网的设计重点是提升互动性，通过数据中心与电网之间业务流、信息流、电力流的三流互动，便于数据中心管理电能，考虑合理优化配置电能资源。通过智能系统监控用电环境与参数，合理使用能源，避免出现能源消耗问题。通过优化能效，增强数据中心的核心竞争力，立足于能效分析的结果，选择了具有经济效益的能效项目，与此同时，根据市场的电价，该项目承建方也选择了适合该学院的电价策略，并在各个环节参与了电网的负荷管理。

（技术依托单位：公牛集团股份有限公司）

第 6 章

# 空调系统低碳节能维护与管理

## 6.1 空调系统基本维护要点

目前，数据中心主流的制冷方式是水冷空调系统，主要分为冷源侧系统和末端侧系统两大部分。数据中心在业务负载率达到一定规模后，水冷空调系统的节能运维管理精细化水平则成为数据中心能否实现PUE规划设计值的关键影响因素。

### 6.1.1 冷源侧系统概况和维护要点

数据中心水冷空调系统的冷源侧主要由冷水机组系统、冷却塔系统、水泵系统、板式换热器系统、蓄冷罐系统及管网系统组成，从维护更新周期上分为日常维护、月度维护、季度维护和年度维护。

1. 冷水机组系统概况和维护要点

（1）系统概况

冷水机组包括压缩机、蒸发器、冷凝器、节流装置、管路及附件、控制及电气系统，按压缩机类型分为离心式、螺杆式和涡旋式等，按冷却方式分为风冷式和水冷式，按工作电压分为中/高压冷水机组和低压冷水机组。冷水机组系统如图6-1所示。

图6-1 冷水机组系统

（2）维护要点、指标及更新周期

① 机组正常运行时，非专业人员禁止随意拆卸或调整系统管路阀门、电路系统和微计算机控制器。

② 应定期检查和校准机组安全装置器件，以确保安全。

③ 机组在平衡制冷剂压力时，冷却水/冷冻水应保持循环通畅，防止制冷剂平衡过程中机组冻裂。

④ 维护过程中必须注意的是，不能短接水流丢失、排气温度及高/低压保护等安全开关，否则保护失效，机组可能会损坏。

⑤ 如果冬季长时间停机，则避免气温下降导致冻裂或应采取防冻措施。

⑥ 机组在长时间停机时不能断电。

⑦ 制冷剂、冷冻油应依据法规回收或实施处理，不应直接排放到环境中。

⑧ 维护操作结束后，应将温度、湿度等重要参数设定值调回到原设定值。

⑨ 应及时清洗冷凝器、蒸发器，当温差超过 3℃时，应计划清洗。

⑩ 机组参数设置参考使用手册及厂商的标准指标。

2. 冷却塔系统概况和维护要点

（1）系统概况

冷却塔作为冷源侧系统的重要组成部分，包括给排水部分、塔体、散热单元、风机及其电机、皮带、减速机构、控制系统等，按水和空气的接触方式分为闭式冷却塔和开式冷却塔。冷却塔系统如图 6-2 所示。

图 6-2　冷却塔系统

（2）维护要点、指标及更新周期

① 塔体各部位贴有警告标贴、注意标贴，应遵守标贴内容的要求。冷却塔运行时严禁人进入冷却塔，严禁爬到塔体上部。

② 冷却塔风机维护应确保在断电的情况下进行。

③ 进行冷却塔填料清洗时，应做好个人防护。

④ 应定期检查冷却塔是否渗漏。

⑤ 应定期检查冷却塔结构部件，确保塔体稳固。

⑥ 应检查塔体，并及时处理锈蚀情况。

⑦ 应检查配电线路，及时处理对接线松动、线路老化等情况。

3. 水泵系统概况和维护要点

（1）系统概况

水泵属于冷源侧系统动力的中心，包括轴承、风扇、泵腔、控制系统等。水泵分为立式和卧式两种。循环水泵系统如图 6-3 所示。

（2）维护要点、指标及更新周期

① 水泵运行时，严禁触碰水泵轴承及连接件。

② 水泵出现异响时，应及时排查。

图 6-3　循环水泵系统

③ 应定期检查水泵轴封等是否漏水。

④ 应检查法兰接头、软连接，防止出现负压。

⑤ 应定期加注润滑脂，防止水泵磨损严重。

⑥ 应定期清洗水泵过滤器，防止堵塞。

⑦ 应根据设计数值及指标，检查压力表、流量计等计量器具是否正常。

⑧ 应定期清理水泵风扇，检查轴承温度。

⑨ 应检查水泵配电、变频器等电控部件。

4. 板式换热器系统概况和维护要点

（1）系统概况

板式换热器是数据中心冷源侧利用自然冷源的主要制冷设备，是由一系列具有一定波纹形状的金属片叠装而成的高效换热器，各种板片之间形成薄矩形通道，通过板片进行热量交换。板式换热器是进行“液—液”“液—汽”热交换的理想设备。板式换热器系统如图 6-4 所示。

图 6-4　板式换热器系统

（2）维护要点、指标及更新周期

① 板片间严禁出现漏水现象，存在漏水情况时，应及时处理。

② 应定期进行外观检查。

③ 应根据换热及压力情况，定期进行内部清洗。

④ 维护周期分为季度维护、年度维护。

⑤ 按需求进行换热性检测，衰减过大时应及时更换。

5. 蓄冷罐系统概况和维护要点

（1）系统概况

蓄冷罐是数据中心重要的储冷设备，可分为水蓄冷和冰蓄冷两种，从封闭方式上可分为开式和闭式两种。其原理是通过水或冰将数据中心空调系统运行中的富余冷量储藏（例如，晚上室外温度低时），需要时再释放冷量（例如，停电而柴油发电机尚未启动时），满足数据中心的制冷需求，保证制冷系统的平缓过渡运行，保障数据中心的安全。蓄冷罐系统如图 6-5 所示。

图 6-5　蓄冷罐系统

（2）维护要点、指标及更新周期

① 蓄冷罐干净清洁，标识清楚。

② 在使用蓄冷罐时，严格执行操作规程和巡回检查维护制度，蓄冷罐相关仪器的运行温度要保持在规定的温度以下。

③ 无照明条件不得进入储罐内作业，严禁携带一切火种进入储罐内施工。

④ 在维护蓄冷罐时，应规范操作，高空作业时应注意安全，防止发生意外。

⑤ 每次进行蓄冷罐维护工作后，要做好运维记录。

⑥ 当蓄冷罐发生以下现象时，操作人员应按照操作规程采取紧急措施，并及时报告相关部门。

- 蓄冷罐的基础设施渗水。
- 蓄冷罐罐底翘起或设置锚栓的低压储罐基础环墙（或锚栓）被拔起。
- 蓄冷罐罐体发生裂缝、鼓包、凹陷等异常现象，危及机房安全。

⑦ 定期进行放冷测试，确保蓄冷系统可正常运行。

6. 管网系统概况和维护要点

（1）系统概况

管网系统包括冷冻水循环系统和冷却水循环系统。其中，冷冻水循环系统包括水处理设备、定压补水装置、冷冻水管道及阀门仪表、蓄水池等；冷却水循环系统包括水处理设备、补水装置、冷却水管道及阀门仪表等。

（2）维护要点、指标及更新周期

① 检查管路保温和标识的情况。

② 定期清洗 Y 形过滤器。

③ 检查管路是否泄漏，处理管路泄漏时，应先泄压，禁止带压操作。

④ 检查管路表面的锈蚀情况。

⑤ 北方地区在入冬前，应检查管道电伴热的情况。

⑥ 定期检查阀门是否正常。

⑦ 检查电动阀的功能是否正常。

⑧ 检查水处理装置，及时处理废物。

⑨ 检查液位计、流量计等传感器的准确度。

### 6.1.2 末端侧系统概况和维护要点

数据中心水冷空调系统的末端侧主要是指直接参与机房空气环境处理的设备。根据空调系统末端的冷媒及形式可将其分为冷冻水专用空调、热管型空调、风冷专用空调、舒适性空调和恒湿机等。

1. 冷冻水专用空调概况和维护要点

冷冻水专用空调主要是由室内风机、表面冷却器（表冷器）盘管、加湿系统、加热系统、冷冻水流量调节阀组成的。其工作原理为制冷站输出的低温冷冻水进入空调内的换热盘管，与室内空气进行换热，高温冷冻水经回水管路被送回制冷站，重新降温，完成循环。冷冻水机房空调末端根据位置的不同，主要分为水冷行级空调、机柜级空调和房间级空调系统等。水冷行级空调、机柜级空调和房间级空调系统如图 6-6 所示。

图 6-6　水冷行级空调、机柜级空调和房间级空调系统

冷冻水专用空调维护的要点如下。

（1）冷冻水供水、回水管路的维护

① 检查冷冻水管路进/出水的温度。

② 检查机组进/出水的压力。

③ 检查内部管路是否保温，有无渗水、凝露，保温棉有无破损，机组内部有无泄漏及凝露水渍。

④ 过滤器清洁，滤料无破损，透气孔无阻塞、无变形。

（2）室内风机及表冷器的维护

① 测量风机的运行电流小于额定电流。

② 蒸发器翅片应明亮无阻塞、无污痕。

③ 检查过滤网的完好性和脏堵情况，如果有破损、脏堵或过滤网维护告警，则应更换过滤网。

④ 翅片水槽和冷凝水盘底部接水盘应无积水，排水孔应无堵塞，可以正常排水。

⑤ 清洗表冷器内部管路，对其进行正冲、反冲的清洗作业。

（3）流量调节阀的维护

① 检查接管处有无漏水，连接处有无渗水，密封垫是否完好。

② 手动、自动控制阀门能正常开启和关闭，可正常动作，执行机构正常。

③ 检查阀门动作与控制的一致性，检查执行器实际指示开度与控制器输出开度是否一致。

（4）加湿器部分的维护

① 保持加湿水盘和加湿罐的清洁，定期清除水垢。

② 检查给排水管路，保证畅通，无渗漏和堵塞的现象。

③ 检查电磁阀动作、加湿负荷电流和控制器的工作情况，及时排除发现的问题。

④ 检查电极、远红外管，保持其完好无损、无污垢。

（5）电气控制部分的维护

① 测量场地电压值及波动值，电源电压应为额定电压 ±10%，且无缺相和反相。

② 用钳形电流表测试所有电机的负载电流，如果测量数据与原始记录不符，则应查出原因，及时排除。

③ 检查继电器和电子元件有无损坏和变质，发现问题及时解决。

④ 对双路供电空调进行主备电源切换，对空调上级自动测试系统（Automatic Test System，ATS）（或内部自带 ATS）供电电源进行切换，切换后启动正常。

⑤ 检测内阻及对地绝缘，内阻参考厂商的指标，对地阻值应大于 1MΩ。

2. 热管型空调系统概况和维护要点

热管型空调主要由室内风机、蒸发器、传感器、水—冷媒板式换热器、冷冻水流量调节阀、冷却液分配单元（Coolant Distribution Unit，CDU）和电气控制部分组成。其载冷剂为氟利昂（或其他相变工质），空调通过换热器将冷水的冷量换热给相应的制冷剂，依靠制冷剂相变实现传热，同时，该换热器也作为制冷剂的冷凝端，而换热盘管即为其蒸发端。热管型空调末端根据位置的不同，主要可分为热管列间空调、热管背板空调等。热管背板空调和热管列间空调系统如图 6-7 所示。

热管型空调维护的要点如下。

（1）热管换热器及管路的维护

① 检查CDU进/出水的温度。

② 检查机组液管和气管的压力。

③ 检查内部管路是否保温，有无渗水、凝露，保温棉有无破损，机组内部有无泄漏及凝露水渍。

图 6-7　热管背板空调和热管列间空调系统

④ 查看冷媒流量和含水试纸的颜色，机组运行时视液镜有无大量气泡，试纸颜色是否指示系统干燥。

⑤ 清洗CDU内部管路，进行正冲、反冲清洗作业。

（2）风机及蒸发器的维护

① 风机、电动机、叶片的固定是否正常，应紧固各螺栓，风机无异响及抖动。

② 测量风机的运行电流小于额定电流，三相电流不平衡小于10%。

③ 蒸发器翅片应明亮无阻塞、无污痕。

④ 检查过滤网的完好性和脏堵情况，如果有破损、脏堵或过滤网维护告警，则应更换过滤网。

⑤ 冷凝水盘底部接水盘内无积水，排水孔无堵塞，测试排水系统是否正常。

⑥ 盘管排气口密封，阀芯、阀帽紧固良好，无漏水。

（3）电磁阀的维护

① 检查接管处有无漏水，连接处有无渗水，密封垫是否完好。

② 供液电磁阀、CDU回水流量电磁阀的手动、自动控制阀门能正常开启和关闭，可正常动作，执行机构无卡死的现象。

③ 检查供液电磁阀、CDU回水流量电磁阀的阀门动作与控制的一致性，检查执行器实际指示开度与控制器输出开度是否一致。

（4）电气控制部分的维护

① 定期检查报警器声、光报警是否正常，接触器、熔断器有无松动或损坏，及时

排除发现的问题。

② 测量场地电压值及波动值，电源电压应为额定电压，且无缺相或反相。

③ 用钳形电流表测试所有电机的负载电流，测量数据与原始记录不符时，应查出原因，及时排除。

④ 对双路供电空调进行主备电源切换，对空调上级ATS（或内部自带ATS）供电电源进行切换，切换后自启动正常。

⑤ 测量设备的保护接地线，如果引线接触不良，则应及时紧固。测试设备的绝缘情况，检查漏电保护开关有无老化现象。

3. 风冷专用空调系统概况和维护要点

风冷专用空调主要由压缩机、冷凝器、膨胀阀、蒸发器组成。其工作原理是制冷剂在蒸发器中吸收机房热量后汽化成蒸汽，压缩机不断抽取蒸发器中产生的蒸汽，并将其压缩，然后将其送往室外的冷凝器，制冷剂在冷凝压力下冷凝成液体，并将放出的热量传送到室外的空气中。风冷专用空调末端根据位置的不同，主要分为房间级空调和行级空调等。风冷专用空调系统如图 6-8 所示。

图 6-8 风冷专用空调系统

风冷专用空调维护的要点如下。

（1）空气处理机的维护

① 表面清洁，风机转动部件无灰尘、油污，皮带转动无异常摩擦。

② 过滤器清洁、滤料无破损，透气孔无阻塞、无变形。

③ 蒸发器翅片应明亮无阻塞、无污痕。

④ 翅片水槽和冷凝水盘应干净，无沉积物，冷凝水管应畅通。

⑤ 送风、回风道及静压箱无跑风、冒风、漏风现象。

（2）风冷冷凝器的维护

① 风扇支座紧固，基墩不松动，无风化现象。

② 电机和风叶应无灰尘、油污，扇叶转动正常，无抖动和摩擦。

③ 定期用钳形电流表测试风机的工作电流，检查风扇的调速机构是否正常。

④ 定期检查、清洁冷凝器翅片，应无灰尘、油污，接线盒和风机内无进水。

⑤ 电机轴承应为紧配合，发现扇叶摆动或转动不正常时，应进行维修或更换。

（3）制冷部件的维护

① 用高、低压气压表测试制冷管路的高、低压压力，及时排除发现的问题。

② 定期用手触摸压缩机表面的温度，应无过冷或过热的现象，发现有较大的温差

时，应查明原因。

③ 定期观察视镜内氟利昂的流动情况，判断有无水分，是否缺液。

④ 检查冷媒管的固定位置是否存在松动或震动的情况。

⑤ 检查冷媒管道的保温层，发现破损应及时修补。

（4）加湿器部件的维修

① 保持加湿水盘和加湿罐的清洁，定期清除水垢。

② 检查给排水管路，保证给排水管路畅通，无渗漏、无堵塞现象。

③ 检查电磁阀动作、加湿负荷电流和控制器的工作情况，及时排除发现的问题。

④ 检查电极、远红外管，保持其完好无损、无污垢。

（5）电气控制部件的维护

① 定期检查报警器声、光报警是否正常，接触器、熔断器有无松动或损坏，及时排除发现的问题。

② 用钳形电流表测试所有电机的负载电流，当测量数据与原始记录不符时，应找到原因，及时排除。

③ 检查继电器和电子元件有无损坏和变质的现象，如果有问题，则应及时更换。

④ 测量回风温度，偏差超出标准时应进行调整。

⑤ 测量设备的保护接地线，如果引线接触不良，则应及时紧固。

4. 舒适性空调系统概况和维护要点

舒适性空调由制冷系统、通风系统、电气控制系统和箱体系统组成。其制冷原理为制冷系统内制冷剂的低压蒸汽被压缩机吸入并压缩为高压蒸汽后排至冷凝器，室内空气不断循环流动，降低温度。其制热原理通过电磁换向，将制冷系统的吸排气管的位置对换，原来制冷工作蒸发器的室内盘管变成制热时的冷凝器，制冷系统在室外吸热，向室内放热，实现制热。舒适性空调系统的室内机、室外机如图 6-9 所示。

图 6-9　舒适性空调系统室内机、室外机

舒适性空调维护的要点如下。

舒适性空调设备应能够满足长时间运转的要求，并具备停电保存温度设置、来电自启动功能。

使用舒适性空调时，应注意以下 4 个方面的问题。

① 空调器外壳是塑料件，受压范围有限，如果受压后面板变形，则会影响冷暖气通过，严重时，会损坏内部重要的元件。

② 清扫滤清器，以免灰尘堆积影响下次使用；拔掉电源插头，防止意外损坏；干燥机体，以保持机内干燥；室外机罩上保护罩，以免风吹、日晒、雨淋。

③ 检查滤清器是否清洁，并确认已装上；取下室外的保护罩，移走遮挡物体；冲洗室外机散热片；试机检查运行是否正常。

④ 每季度进行一次来电自启动功能试验。

5. 恒湿机概况和维护要点

恒湿机的主要作用是改善机房空气的相对湿度，主要由室内机、湿膜加湿模块、冷冻除湿模块、传感器、电控部分组成。其工作原理是由风扇将潮湿空气抽入机内，湿膜加湿器通过热交换器，此时空气中的水分冷凝成水珠，变成干燥的空气排出机外，如此循环，降低室内的湿度。恒湿机系统如图 6-10 所示。

图 6-10　恒湿机系统

恒湿机空调维护的要点如下。

（1）恒湿机给排水的维护

① 排水管、溢水管连接无渗漏，管路无堵塞，球阀及各接头密封紧固良好，无渗水。

② 水箱密封良好，无渗漏，定期清洗水箱底部的污垢。

③ 布水器孔无堵塞，布水均匀，出水流量适中，无飞溅，否则，调节上水阀的开度。

④ 浮球阀连杆活动灵活，无锈蚀变形，可正常控制布水。

⑤ 供水水压宜为 100 ～ 700kPa 或参照厂商指标。

⑥ 手动开启加湿供、排水电磁阀，供、排水正常。

（2）湿膜加湿、除湿模块的维护

① 湿膜表面清洁状况良好，湿膜表面无破损，黏合固定可靠，如果有破损，则应尽快进行修复或更换。

② 检查水泵工作的电压、电流和频率，电压为额定电压，电流小于额定电流，三相电流不平衡小于 10%。

③ 冷凝水接水盘内无积水，排水孔无堵塞，手动测试排水正常。

④ 检查蒸发器、冷凝器表面无积灰、油污，翅片无变形。

⑤ 检查管路、排气阀无泄漏，如果有泄漏，则应立即隔离，修复故障点。

（3）风机的维护

① 检查风机、电动机、叶片的固定是否正常，紧固各螺栓，风机应无异响及抖动。

② 测量风机的运行电流，应小于额定电流，三相电流不平衡小于 10%。

③ 风机端子接线无虚接，接线端子紧密，手拽不松脱。

（4）电气控制部分的维护

① 检查空开和接触器的表面和触头，无拉弧和烧痕印迹，严重时应更换。

② 用钳形电流表测试所有电机的负载电流，测量数据与原始记录不符时，应查出原因，及时排除。

③ 测量场地电压值及波动值，电压应为额定电压，且无缺相或反相。

④ 测量设备的保护接地线，如果引线接触不良，则应及时紧固。

## 6.2 空调系统节能维护要点

### 6.2.1 空调系统节能管理体系

空调系统节能管理应当用体系化的思路来考虑整个运维过程，遵循系统化管理原则，通过实施一套完整的标准、规范，在组织内建立一个完整有效的、形成文件的节能管理体系，并注重建立和实施过程的控制，不断优化组织的活动、过程及其要素。

1. 空调系统节能管理的意义与目标

通过采取例行能耗监测、能源审计、能效对标、内部审核、组织能耗计量与测试、组织能量平衡统计、管理评审、自我评价、节能技改、节能考核等措施，不断提高节能管理体系持续改进的有效性，履行空调系统节能管理的承诺，并达到预期的能源消耗或使用目的。空调系统节能管理体系的运行模式如图 6-11 所示。

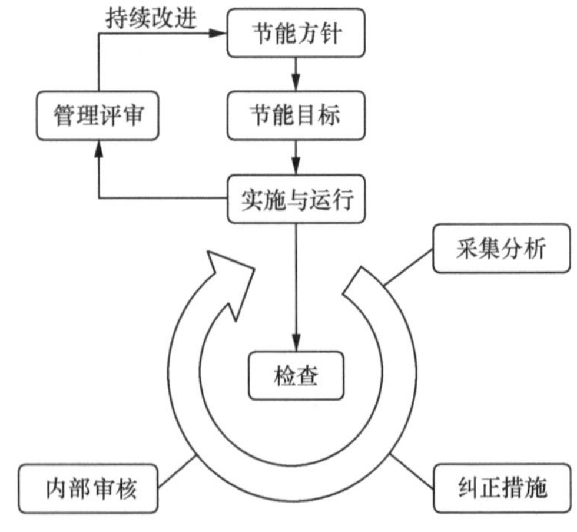

图 6-11　空调系统节能管理体系的运行模式

空调系统节能管理的目标可设定如下。

① 全面掌握空调系统能源消耗的情况，做到心中有数。

② 合理调配能源，做到高效配置。

③ 建立空调系统能源使用的预警机制，

做到安全生产。

④ 提高制冷设备能源的利用效率。

⑤ 通过测量、统计、分析和改善等能源管理技术持续改善以指导后期规划、建设和运维等工作，做好能源管理的迭代。

2. 空调系统节能管理实施流程

精细化节能管理的实施要从技术规划、设备选型、工程建设、验收、运维和退网的全生命周期出发，深入单个维度中的系统、设备、参数 3 个层面，建立以机房为单位的能耗优化档案机制，做到能耗优化的个性化、规范化和持续化。

规划入网阶段：积极参与建设单位的设备选型、技术规范和图纸方案等评审和验收工作，从运维角度对内容提供支撑，提高落地实施的可操作性。

运维管理阶段：作为动环专业实施能耗优化，突出节能管理成果和体现运维能力的重点环节，空调系统能耗优化流程见表 6-1。

表6-1 空调系统能耗优化流程

| 流程顺序 | 流程名称 | 流程执行人 | 流程内容 |
| --- | --- | --- | --- |
| 1 | 方案制定 | 工程师 | 负责制定节能方案和实施细节 |
| 2 | 方案审核 | 主管 | 负责审核节能方案和批准方案的实施 |
| 3 | 方案实施（进入变更管理流程） | 一线工程师 | 负责方案的具体实施 |
| 4 | 效果评估 | 工程师、主管 | 对节能效果进行评估 |
| 5 | 方案修订 | 工程师 | 根据评估对方案进行优化 |
| 备注 | 流程“5”完成后进入流程“1”再次循环 | | |

设备退网阶段：一方面要建立低效、无效资产判定标准及处置原则，指导全网对相关设备进行“下”电处置，坚持低效、无效资产清理常态、长效机制；另一方面要提高仪器仪表、备品备件等运维工具的利用率和部分老旧设备零配件的有效回收再利用率。

## 6.2.2 空调系统节能措施

### 6.2.2.1 空调系统能耗监测

数据中心的能耗指标PUE是用来反映机房的总用电中有多少电能是真正被馈送到IT设备上的，也就是IT设备的电能消耗强度。PUE值越大，表示由UPS、空调系统、输入/输出供配电系统及照明系统等所组成的动力和环境保障基础设施所消耗的电功耗就越大。PUE值还可以根据考察范围和对象细化为不同的分项指标。其中，制冷负载系数（Cooling Load Factor，CLF）是数据中心中制冷设备耗电与IT设备耗电的比值，可用于进一步深入分析制冷系统的能源效率。

数据中心配电、能耗采集点设置简易模型如图 6-12 所示。为了计算数据中心的 PUE值和CLF，需要在图 6-12 所示的模型中，测量数据中心总耗电量、制冷系统总耗电量及IT设备耗电量。

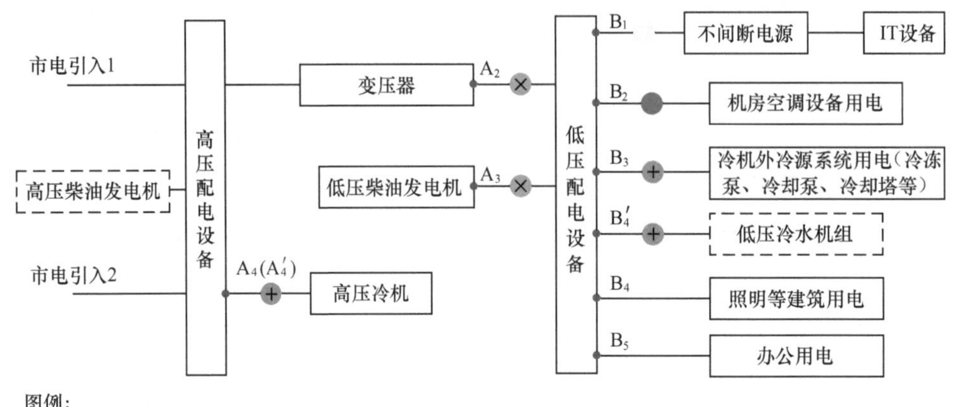


**图 6-12　数据中心配电、能耗采集点设置简易模型**

图 6-12 中模型的具体说明如下。

① 图 6-12 中能耗采集设置点不是特指某一具体配电柜、断路器的计量点，只要符合图中设置层及区间，可准确计量出对应用电类型的计量点。

② 数据中心如果使用低压柴油发电机，则使用 $A_3$ 位置为能耗采集层。

③ 数据中心如果使用高压冷机，则使用 $A_4$ 位置为能耗采集层；如果使用低压冷机，则使用 $A_4'$位置为能耗采集层。

总用电取点的位置有以下 3 种方案。

方案 1：数据中心采用高压柴油发电机，总用电取点位于图 6-12 中 $A_2$ 位置（变压器输出侧），如果同时采用高压冷机，则需要增加高压冷机用电，按规定总用电要剔除机楼办公用电（含办公冷源用电），此时“总用电量=$A_2+A_4-B_5$”。

方案 2：数据中心采用低压柴油发电机，总用电取点位于图 6-12 中 $A_2$ 位置（变压器输出侧）和 $A_3$ 位置（发电机组输出配电柜内各进线开关的输入侧或油机控制屏处），按规定总用电要剔除机楼办公用电（含办公冷源用电），此时“总用电量=$A_2+A_3-B_5$”。

方案 3：如果机楼在 $A_2$、$A_3$ 处无计量电表，则总用电采用分项用电求和计算，此时“总用电量=$A_4$（$A_4'$）$+B_1+B_2+B_3+B_4$”。

IT 设备用电取点的位置方案包括以下几种。

位于图 6-12 中 $B_1$ 位置（不间断电源的输入侧），考虑到输入侧取点未剔除电源损耗，实际计算时需增加电源损耗系数 0.9，此时“主设备用电量=$0.9\times B_1$”。

冷源设备用电取点的位置方案。

位于图 6-12 中 $A_4$（$A_4'$）（冷机配电输入侧电表）、$B_3$［冷机外冷源系统用电（冷冻泵、冷却泵、冷却塔等）输入侧电表］，此时“冷源设备用电=$A_4$（$A_4'$）+$B_3$”。

机房空调设备用电取点的位置方案如下。

位于图 6-12 中 $B_2$ 位置（低压配电柜内对应机房空调设备配电的输出开关输出侧），此时“制冷设备用电=$B_2$”。

（1）数据中心园区内楼栋PUE值、CLF指标计算

计算方案 1：在高压油机情况下，总用电取变压器输出侧，如果同时采用高压冷机，则需要增加高压冷机用电，同时剔除办公用电（含办公冷源用电）。

$$PUE=(A_2+A_4-B_5)/(0.9\times B_1)$$

$$CLF=(A_4+B_2+B_3)/(0.9\times B_1)$$

计算方案 2：在低压油机情况下，总用电取变压器及油机输出侧，同时剔除办公用电（含办公冷源用电）。

$$PUE=(A_2+A_3-B_5)/(0.9\times B_1)$$

$$CLF=(A_4+B_2+B_3)/(0.9\times B_1)$$

计算方案 3：总用电由分项用电求和计算。

$$PUE=[A_4(A_4')+B_1+B_2+B_3+B_4]/(0.9\times B_1)$$

$$CLF=[A_4(A_4')+B_2+B_3]/(0.9\times B_1)$$

特殊场景补充说明：多栋机楼冷源共用时，参照各机楼IT负载进行冷源能耗分摊。

如果数据中心园区两栋楼共用冷源，1 号楼IT负载为$P_1$，2 号楼IT负载为$P_2$，总冷源用电为$P_3$。此时 1 号楼冷源用电为$P_3\times P_1/(P_1+P_2)$，2 号楼冷源用电为$P_3\times P_2/(P_1+P_2)$。

在总用电中，同样需要考虑冷源分摊。冷源中要剔除办公用冷源。

（2）数据中心园区PUE值、CLF指标计算方法

汇总各楼栋相同用电类型后，计算PUE值。

计算方案 1：在高压柴油发电机的情况下，总用电取变压器输出侧，如果同时采用高压冷机，则需要增加高压冷机用电，同时剔除办公用电。

$$PUE=(\sum A_2+\sum A_4-\sum B_5)/(0.9\times\sum B_1)$$

$$CLF=(\sum A_4+\sum B_2+\sum B_3)/(0.9\times\sum B_1)$$

计算方案 2：在低压柴油发电机情况下，总用电取变压器及油机输出侧，同时剔除办公用电。

$$PUE=(\sum A_2+\sum A_3-\sum B_5)/(0.9\times\sum B_1)$$

$$CLF=(\sum A_4+\sum B_2+\sum B_3)/(0.9\times\sum B_1)$$

计算方案 3：总用电由分项用电求和计算。

$$\mathrm{PUE}=(\sum A_4\ (A_4')+\sum B_1+\sum B_2+\sum B_3+\sum B_4)\ /\ (0.9\times\sum B_1)$$

$$\mathrm{CLF}=(\sum A_4\ (A_4')+\sum B_2+\sum B_3)\ /\ (0.9\times\sum B_1)$$

（3）数据中心空调系统的能耗监测

数据中心能耗管理系统主要实时监测机房的IT设备、空调设备、照明设备、电源等的用电情况。其中，空调系统的能耗主要由冷源设备用电和机房空调设备用电组成，某数据中心基础设施运维管理平台如图 6-13 所示。该平台可以实时监测并展示实时的PUE值和CLF，且能精细化统计和分析空调系统的耗电情况，绘制总用电量、IT用电量和空调用电量的能耗曲线，对用电数据进行同比、环比，分析空调系统的用电趋势，在保障数据中心安全可靠运行的同时，提升数据中心空调系统的能效、资源利用率和可用性，实现提高运维效率且降低能耗的目标。

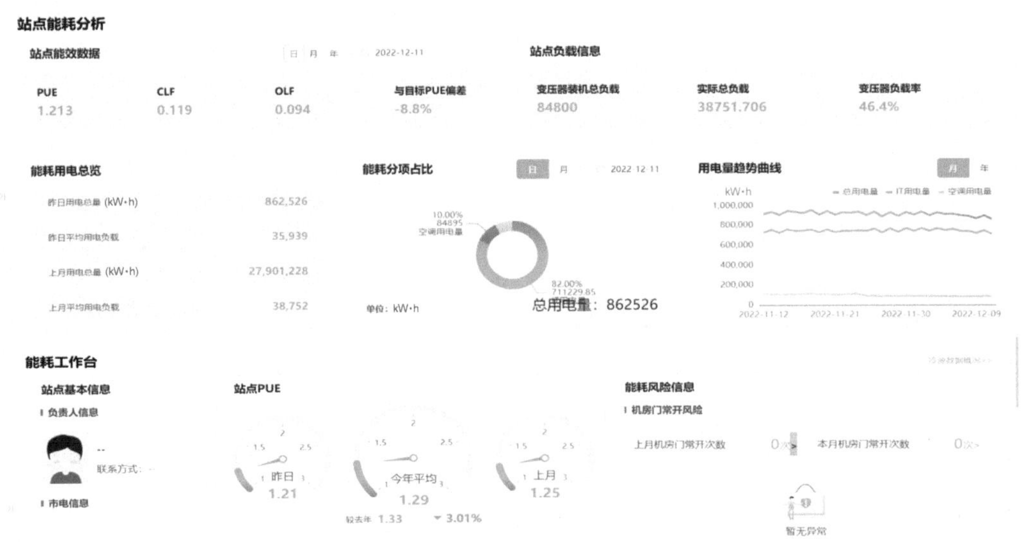


图 6-13　某数据中心基础设施运维管理平台

### 6.2.2.2　节能运维作业

1. 气流组织优化

数据中心机房在设计规划和使用的过程中，存在气流组织不合理、不通畅等问题，造成“热岛效应”，形成局部热点。优化数据中心机房内部气流路径，减少混风损失尤为重要。通常采取机柜盲板封堵，空调加装风管、回风导流罩，提高机房、微模块密封性等措施优化气流组织，实现节能降耗。

（1）机柜盲板封堵

通过给机柜加装盲板，实现冷热隔离，减少混风损失，精准制冷，避免出现气流组织紊乱的现象，消除局部热点，达到提高制冷效率的目的，空调制冷效率节约率为22.5% ～ 36%。机柜盲板安装对比效果如图 6-14 所示。

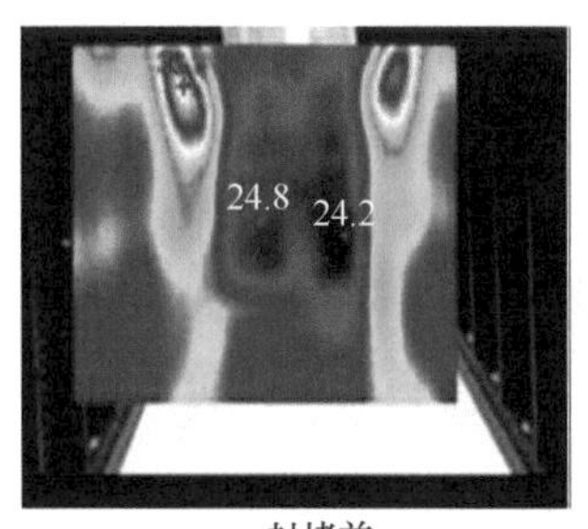


封堵前

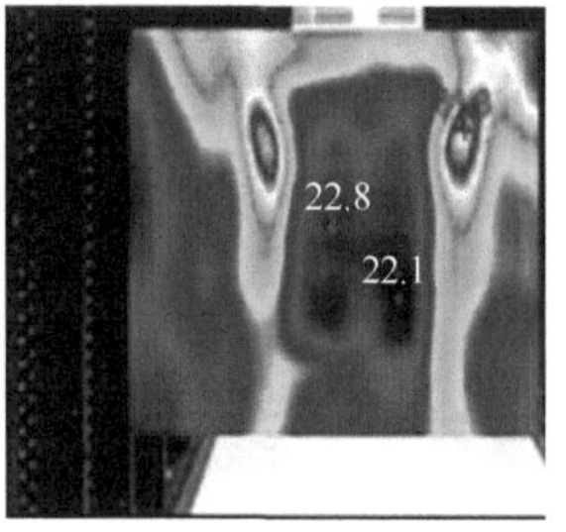


封堵后

图 6-14　机柜盲板安装对比效果

（2）提高机房密封性

数据中心机房采用列间空调均匀分布、封闭冷热通道的方式，实现机柜受冷均匀，缩短气流距离，加强冷热隔离，避免冷量浪费，实现能耗降低。列间空调均匀分布，封闭冷热通道示意如图 6-15 所示。封闭冷通道前后气流对比如图 6-16 所示。

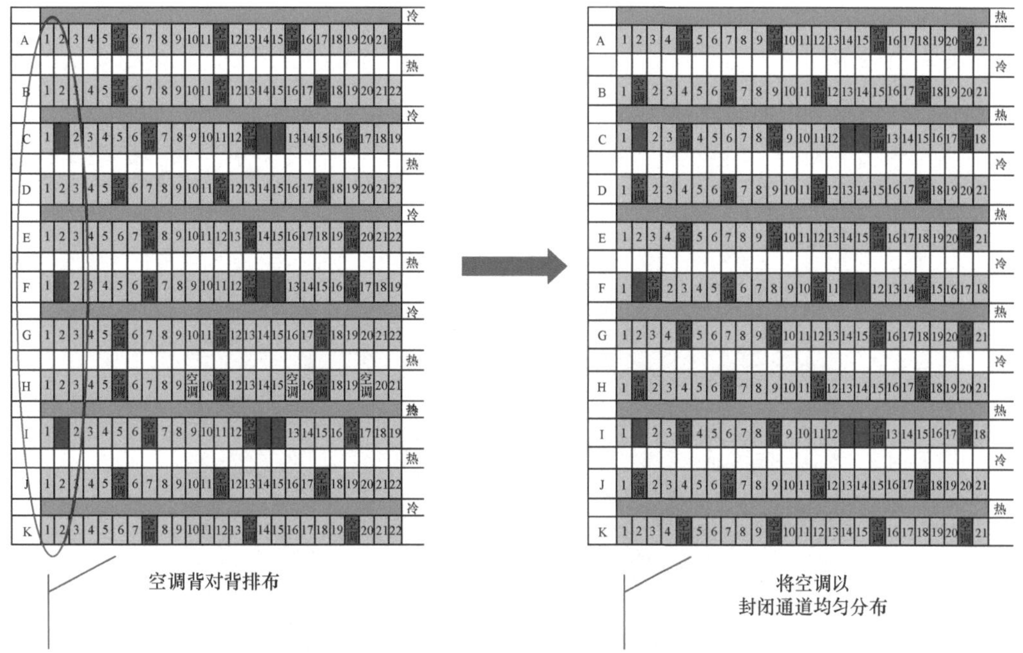


图 6-15　列间空调均匀分布，封闭冷热通道示意

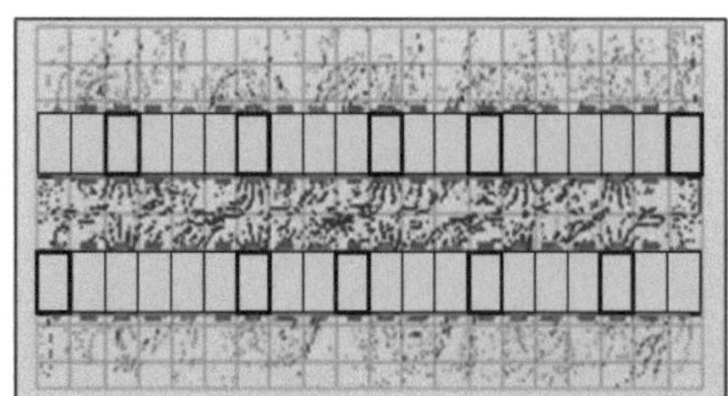

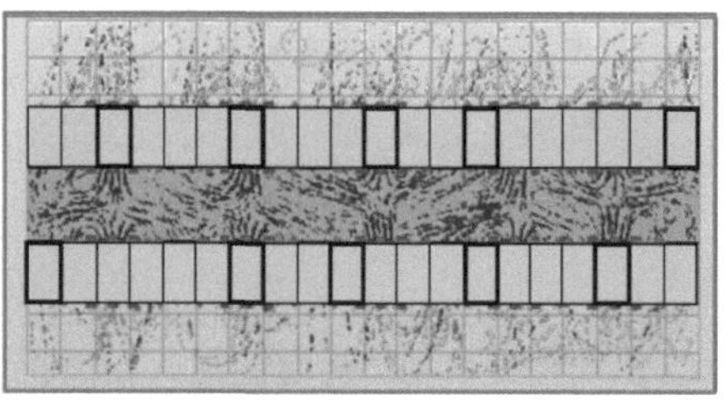

图 6-16　封闭冷通道前后气流对比

某数据中心机房根据设计单机架功率为 5kW，单机房设计IT负载为 1155kW，机房总功率为 1400 ～ 1600kW，利用机架、冷热通道温湿度、设备功率数据，结合机房结构、风道布局及空调运行状况，对数据机房进行计算流体力学（Computational Fluid Dynamics，CFD）热力分布模拟，分析气流、空调利用率后可知，封闭冷通道后，单机房局部PUE值应为 1.045 ～ 1.09，相当于减少 2 台空调的制冷量，空调风机功耗节约率为 26%。

封闭通道使气流组织更好，可充分利用空调的制冷量，且气流路径缩短可降低空调风机的功率，提高了效率。

（3）精准消除机房局部热点

在数据中心机房中，由于部署的高密度设备越来越多，所以机柜设备规划不合理或空调设备送风方式不当都会造成区域内出现局部热点。而为了彻底消除局部热点，必须降低整个机房的温度，但是这样很容易造成机房过度制冷等出现能源浪费的问题，也整体增加了空调系统的能耗，整体PUE值也上升了。

对配电区及业务机房采用弥漫式上送风的方式，以增加静压箱及送风管，能实现精确送风到设备进风口，可调节风量，按需供给。

针对地板下送风的机房，可分割地板下冷通道，增大高密机柜区域的送风量、送风静压、制冷量等。整体空调出风温度可上调 2℃，节约能效约 15%。

机房专用空调精确送风布局如图 6-17 所示。

图 6-17　机房专用空调精确送风布局

2. 合理设置设备运行模式及参数

（1）提高冷通道温度

传统机房环境温度通常控制在 25℃，空调出风温度通常设置在 18℃左右。IT设备维护人员长期工作于低温环境。随着服务器功能的提升，IDC机房环境温度可以提升至 32℃，适当提高冷通道温度，出风温度可提升至 27℃。合理设置空调的运行模式，降低空调的能耗，能明显改善IT设备维护人员的工作环境。

某严寒地区数据中心以 20℃为基准，每月将环境温度提升 1℃，直至温度达到 27℃，以此测试每月的耗电量变化趋势。末端空调系统耗电量随设定温度变化趋势如图 6-18 所示。

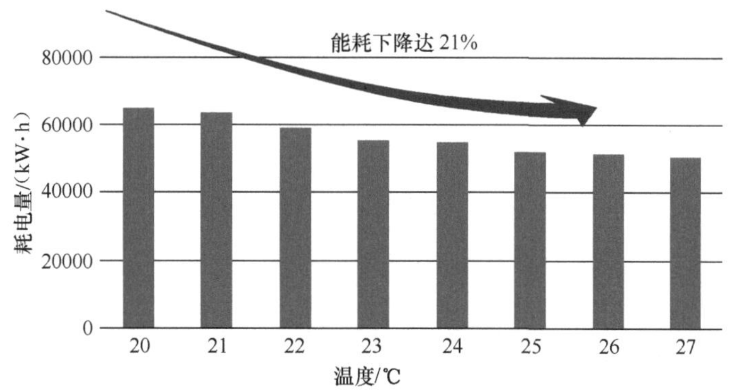


**图 6-18　末端空调系统耗电量随设定温度变化趋势**

由图 6-18 可知，空调末端制冷效率明显提升，自身能耗下降达 21%。末端空调出风温度有所提升，进而冷源系统的供回水温度有所提升，冷却塔蒸发量减少，制冷系统的能耗降低。

（2）提高冷冻供回水温度

冷水机组能量需要量（Estimated Energy Requirement，EER）曲线表明，冷机在负载率为 80%左右时，EER 最高。在数据中心前期常规设计中，冷水机组供水温度为 12℃，如果将冷冻水供水温度提高至 15℃，则冷机在负载率增加至 76%，EER 提升至 7.10。冷机制冷效率随供水温度变化如图 6-19 所示。

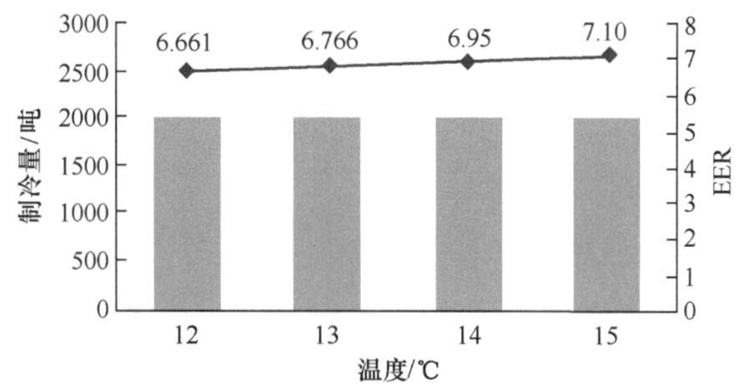


**图 6-19　冷机制冷效率随供水温度变化**

实验研究表明，采用在冷机制冷量相同的情况下，冷冻水供水温度每提高 1℃，冷机自身能耗减少 3%。提升供回水温差，采用大温差、小流量的模式运行，可提升制冷的效率。

（3）优化空调控制模式

冷冻水列间空调主要耗电元件为 EC 风机，其耗电功率可按下式计算。

$$P = P_0 \times \left( \frac{f}{f_0} \right)^3 \qquad 式（6-1）$$

其中，

$P$ 为风机实际功率，单位为kW。

$P_0$ 为风机额定功率，单位为kW。

$\frac{f}{f_0}$ 为风机转速比。

由此可知，风机功耗（$P$）与风机转速比（$\frac{f}{f_0}$）的立方成正比，某台列间空调在不同转速下单台空调能耗对比如图 6-20 所示。

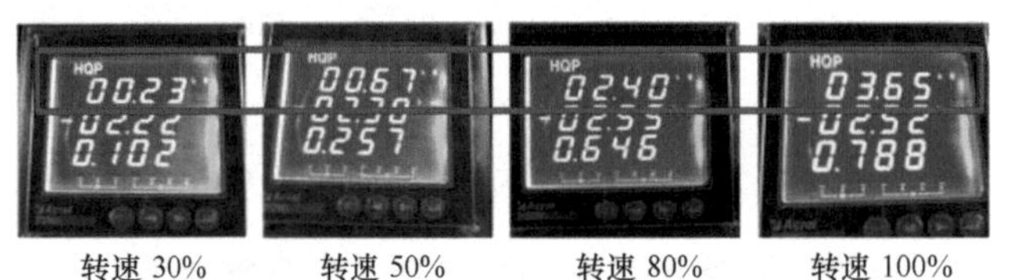


图 6-20　某台列间空调在不同转速下单台空调能耗对比

某数据中心以一个封闭热通道 8 台（6 主+2 备）空调实测，对比热备模式（开启全部空调）和主备模式（只开启主用空调）下空调的能效曲线，不同负载率下，两种空调模式的能效曲线如图 6-21 所示。根据测试结果，负载较低（小于 50%）时，需开启主用空调，关闭冗余末端空调，降低空调能耗；负载较高（大于 50%）时，需增加空调开启的数量和水阀开度，使其在能效最高点工作，此时末端空调均处于低速工况制冷。

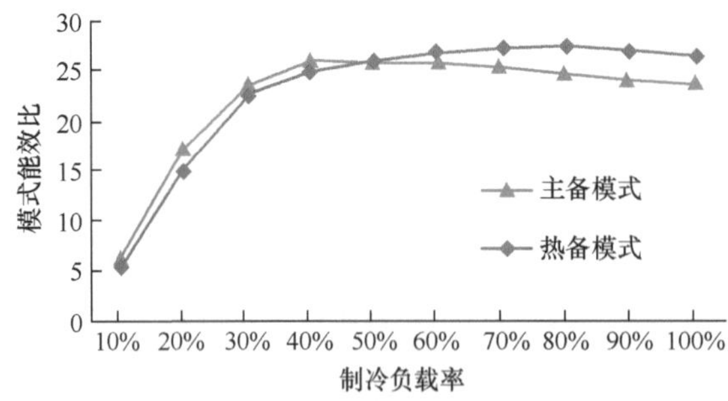


图 6-21　不同负载率下，两种空调模式的能效曲线

在实际运维的过程中，根据IT负荷，按需开启冷通道空调的数量：如果负载率低，则建议关闭部分空调末端，低温季节、低负载机房关闭冗余末端空调，精确匹配制冷需求，降低空调能耗；IT负荷接近设计满载时，开启全部主备用空调，降低单空调的风量及制冷量，且关闭水冷空调除湿功能，避免过度制冷，减少空调风机的能耗，

实现最优的节能效果。

3. 加强制冷系统维护

对于采用集中水冷空调系统制冷的数据中心，水质控制是否合理关系到整个系统是否可高效运转。大量数据中心运行数据统计表明，通过合理地控制水质，在保证系统稳定运行的前提下，能够将冷机趋近温度每年上升控制在 1° 以内，可以节省约 3% ～ 5%的冷机电耗。降低冷却塔、板式换热器清洗维护成本，设备因合理的水质处理而延长使用寿命，节约整体数据中心的运维成本。从维护的角度出发，将数据中心水质处理分为冷却水处理、恒湿机系统水质处理和管路清洗处理等。

（1）冷却水处理

冷却水系统，尤其是开式冷却水系统，由于直接与空气接触，对环境恶劣、风沙大及水质差的地区来说，水质处理显得尤为重要。

冷却水经过蒸发、浓缩变成复杂的循环水，水质波动频繁，水中各离子组成成分会因浓度变化而带来结垢、腐蚀、微生物大量繁殖等水质问题。这些会在冷却塔、板式换热器、冷机内部沉积，造成换热效率低下。板式换热器腐蚀如图 6-22 所示，冷却塔填料结垢如图 6-23 所示，冷水机组换热器结垢如图 6-24 所示。

图 6-22　板式换热器腐蚀

图 6-23　冷却塔填料结垢

图 6-24　冷水机组换热器结垢

鉴于以上问题，冷却侧的水质处理重点是监测与治理，围绕这两个方面的重点工作包括：一是配置智能化水质监测设备，实时在线反馈水质的情况，并可自动进行排水，置换新鲜水样；二是采用化学和物理的双重处理方法，在源头解决水的结垢、微生物问题；三是制订设备的预防性维护作业计划，关注机组小温差、板式换热器的压差及冷塔的布水情况，定期做健康评估，及时调整水质处理方案，确保效果良好。

（2）恒湿机系统水质处理

按照GB 50174—2021《电子信息系统机房设计规范》，露点温度为5.5℃～15℃，同时相对湿度不大于60%，机房配置加湿机，保障湿度维持在正常范围。对于北方干燥地区，加湿系统显得尤为重要。由于水的蒸发及流速控制问题，加湿机结垢严重，微生物滋生，某机房恒湿机结垢情况如图6-25所示。

恒湿机系统水质处理的重点是钙离子、镁离子，主要方式包括：一是在供水侧提供达标的软化水，实时监测和调整软水水质；二是根据项目要求和投资情况，引入反渗透（Reverse Osmosis，RO）膜等净水处理设备，提升水质；三是设定合理的加湿机维护计划，定期清理和置换水质。

（3）管路清洗处理

数据中心循环管路在入网之前都会冲洗焊渣、污垢、铁锈和杂物等，并进行酸洗和钝化处理。冷冻水系统是闭式系统，直接与末端相连，前期管道钝化效果在运行3年后就会失效，造成管道腐蚀和微生物繁殖，引起水质问题。因此，为了保障冷冻水管路的高效换热，必须注意以下4个方面的问题。

① 严把验收关。管道安装完毕，应反复冲洗系统，直至排出的水中不带泥沙、铁屑等杂质，水色与入口无差别为合格，且需继续循环2h（必要时，需要装设临时旁通管等）方能与设备接通。

② 设计立项之初，全面要求管路进行二次镀锌，管道二次镀锌安装如图6-26所示。

③ 定期在主管道内进行排污置换（根据运行需要和水质检测结果而定）。

④ 日常水质检测，根据测试结果投加药剂进行必要处理。

图6-25　某机房恒湿机结垢情况

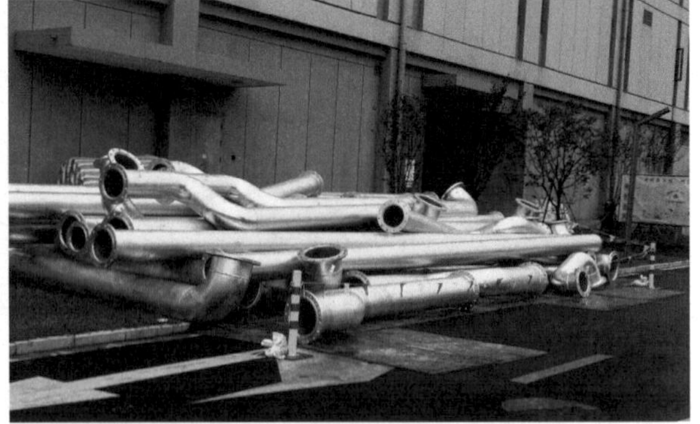

图6-26　管道二次镀锌安装

（4）清洁过滤器

循环管路中的杂质和污垢最终会在各种设备的过滤器处沉积，需要定期清洗循环水泵过滤器、冷却塔过滤器和冷机入口过滤器，配合排污。

### 6.2.2.3 空调群控策略优化

1. 常见的空调群控节能控制策略

数据中心空调群控系统支持实现统一的冷源和空调末端群控管理，系统可根据机房的负荷变化，自动控制空调的冷量输出，实现节能运行。

常见的空调群控节能控制策略主要包括冷却模式切换控制逻辑、制冷单元加减机控制逻辑、水泵变频控制逻辑、冷却塔加减机控制逻辑 4 种。

（1）冷却模式切换控制逻辑

为了充分利用自然冷源，缩短冷机开启时长，降低制冷能耗，制冷系统通常会根据不同的室外环境温度采取 3 种不同的冷却模式：一是普通制冷模式，仅冷机用于供冷；二是预冷模式，即冷机与板式换热器共同供冷，板式换热器作为预冷；三是自然冷却模式，即冷机不开，仅通过板式换热器实现冷却水和冷冻水之间的换热。

其中，自然冷却模式全年使用时间越长，代表数据中心空调节能效果越好。针对这项需求，空调群控系统会在启用初始阶段根据室外湿球温度及冷却水回水温度共同判断运行模式。初始阶段的模式切换控制逻辑、具体参数，可根据各数据中心自身的情况调整，以呼和浩特地区为例，冷冻水供回水温度设计值为 14℃ /19℃，切换控制逻辑建议如下。

① 普通制冷模式→预冷模式。当“冷塔出水温度＜ 13℃，且室外湿球温度＜ 10℃，时延为 20min”时，切换阀门、改变水路，先进板式换热器，再进冷机。

② 预冷模式→普通制冷模式。当“冷塔出水温度＞ 13℃，且室外湿球温度＞ 10℃，时延为 20min”时，切换阀门、改变水路，只通过冷机。

③ 预冷模式→自然冷却模式。当“冷塔出水温度＜ 8℃，且室外湿球温度＜ 6℃，时延为 20min”时，关闭冷机，板式换热器不变，水路只通过板式换热器。

④ 自然冷却模式→预冷模式。当“冷塔出水温度＞ 8℃，且室外湿球温度＞ 6℃，时延为 20min”时，只启动一组冷机和板式换热器，然后按预冷模式加减机条件做加减机运行（例如，如果转换开始，则当前启动的板式换热器数量为 3 台，转换后，从节能及避免电网受冲击考虑，只启动一台冷机和板式换热器，即把原来的加减机的级数由 3 变为 1，然后再按预冷模式调整加减机）。

随着数据中心空调群控系统深入应用及数据的长期积累，各数据中心应该在上述初始控制逻辑基础上不断细化和挖潜，摸索出更多种适用于自然冷却模式的场景，让模式切换控制逻辑更智能、更精准，自然冷源的利用率更高。

（2）制冷单元加减机控制逻辑

从安全和节能两个方面统筹考虑，群控系统对制冷单元（包括冷机、水泵、板式换热器、冷却塔等）运行数量的自动调控是关键策略之一，空调运维人员需要重点关注和分析。

制冷单元运行数量调控的原则是使机房或微模块内运行的空调设备总制冷能力与实际需求基本匹配，避免出现“大马拉小车”现象。系统应能够结合数据中心机房内的IT能耗分布、空调设备布局及气流分布均匀性等实际情况，给出合理的制冷单元运行数量优化策略。

下文是冷却模式下常用的制冷单元加减机控制逻辑，具体参数可根据实际情况调整。

① 普通制冷模式和预冷模式加机逻辑。只有同时满足这3项要求，才能进入下一机组加载程序：当前，运行的机组有足够的时间接近100%负载；当系统检测的冷冻水供水温度高于当前的冷冻水供水温度设定点（当前设定值15℃）；运行机组的负载大于某个设定值（例如，设定值90%）。

当满足这3项要求时，新冷水机组立即启动：新冷水机组启动的时延已经结束（时延设定为15min）；新冷水机组禁止运行的命令未被激活；新冷水机组没有出错或处于断电重启阶段。

② 普通制冷模式和预冷模式减机逻辑。只有同时满足这3项要求，才能进入以下机组卸载程序。目前，运行的机组台数多于1台；运行机组的平均负载小于某个设定值（例如，设定值为40%）；当系统温度传感器所测的冷冻水供水温度小于当前的冷冻水温度设定点（设定值为13℃）。

当机组停机的时延已经结束（时延设定为15min）时，设定机组马上停机。

③ 自然冷却模式加减机逻辑。根据冷机最小运行时间原则选择需要加减的板式换热器的位号，在自然冷却模式下，由冷却水进水阀门组中的板式换热器阀门控制进入板式换热器的冷却水流量，从而控制二次侧冷冻水的出水温度；当板式换热器阀门开度为0，且冷冻水出水温度高于加机设定值一定时间时，可增加板式换热器；当板式换热器阀门开度大于减机设定值，且冷冻水出水温度低于减机设定值时，可减少板式换热器。

（3）水泵变频控制逻辑

为了实现冷冻水、冷却水两侧的变流量调节，通常数据中心会选用变频水泵。空调群控系统对冷源系统两侧的水流量进行变频调节，达到节能的目的。

通常冷冻水循环泵的变频主要根据冷机最小流量的设定及空调末端最小压差的设定进行调整，如果不满足该设定值，则增加频率；如果满足压差和流量，则根据温差采用比例、积分和微分（Proportional Integral Derivative，PID）方式调节频率。

通常冷却水循环泵的变频主要根据冷机最小流量的设定进行调整，如果不满足压差和流量，则增加频率；如果满足压差和流量，则根据温差采用PID方式调节频率。

下面是常见的集中式冷源系统水泵变频控制逻辑，具体参数可根据实际情况调整。

① 冷冻水泵变频调节基于每套分集水器之间的压差，压差设定为 0.08MPa（可调），如果压差大于 0.08MPa，则调低冷冻泵频率；如果压差小于 0.08MPa，则调高冷冻泵频率。

② 冷却水泵只有在自然冷却模式下进行变频控制，在普通制冷模式和预冷模式采用工频运行；在自然冷却模式下，根据冷却水供回水温差调节，温差大于 4℃（可调），调高冷却泵频率；温差小于 4℃（可调），调低冷却泵频率。

（4）冷却塔加减机控制逻辑

冷却塔与冷机一一对应控制，群控系统应在满足要求的情况下，尽量减少冷却塔风机的运行台数，这样既能够达到节能的目的，又能够减少设备的损耗。

下面是常见的冷却塔加减机控制逻辑，具体参数可以根据实际情况调整。

① 在普通制冷模式下，冷却塔风机启动台数由冷机冷却水供水温度控制。根据不同的室外湿球温度，取不同的冷却水温度设定值，不同室外湿球温度下冷却水温度设定值见表 6-2。

**表6-2　不同室外湿球温度下冷却水温度设定值**

| 室外湿球温度 $T_{wb}$/℃ | $T_{wb}\leqslant18$ | $18<T_{wb}\leqslant20$ | $20<T_{wb}\leqslant22$ | $22<T_{wb}\leqslant24$ | $24<T_{wb}\leqslant26$ | $26<T_{wb}\leqslant28$ | $T_{wb}>28$ |
|---|---|---|---|---|---|---|---|
| 冷却塔供水温度/℃ | 20 | 22 | 24 | 26 | 28 | 30 | 32 |

② 在预冷模式下，进板式换热器的冷却水温度设定值低于冷冻水回水温度值，以保证板式换热器预冷的作用。

③ 在自然冷却模式下，冷却塔风机台数由冷却模式下的进板式换热器的冷却水，即冷却塔的出水温度设定值控制，以保证冷却水温度维持在一个安全的范围内；而板式换热器二次侧出水温度，通过调节冷却水模拟阀旁通水流，控制通过板式换热器的冷却水流量，从而控制板式换热器二次侧冷冻水的出水温度。

2. 基于AI的空调群控节能应用

目前，业内各大数据中心主要依靠群控系统与人工调节相结合的方式优化空调能耗，但数据中心负载和外部环境变化频繁，群控系统与人工调节相结合的调节方式效果十分有限。针对复杂的制冷系统，目前，各大数据中心开始尝试应用大数据、AI等技术优化制冷能效。通过利用AI技术找出PUE与各类特征数据的关系，并输出预测的PUE，指导数据中心根据当前气温及负载工况，按照预期进行对应的优化控制，完成真正的智能调节和按需供冷，最终实现节能的目标。

下面以北方某大型数据中心为例，介绍基于AI的空调群控节能应用案例。

该数据中心共计有 3 栋机楼及 3 栋配套制冷站，IT 负荷为 $4.5\times10^4$kW，采用“高温冷水机组+板式换热器+冷却塔”组成的冷冻水系统，采用 9 台制冷量为 2000RT 的变频水冷离心式冷水机组，IDC机房采用水冷前门、列间空调、背板空调、精密空调等多种形式供冷。

空调系统（“制冷站+末端空调”）自2016年陆续投入使用，已经运行6年多，暴露出空调系统运行指标较设计值偏离较高、自控系统策略较为简单、空调系统能耗日渐增高的问题，需要更多的人参与空调系统的操作管理工作。该数据中心拟通过大数据技术、人工智能技术，建立高精度的用能系统模型，优化运行参数，提高空调系统的能源利用效率，节省能源消耗，降低碳排放。该数据中心基于“大数据分析+人工智能算法”提出的节能优化解决方案如图6-27所示。

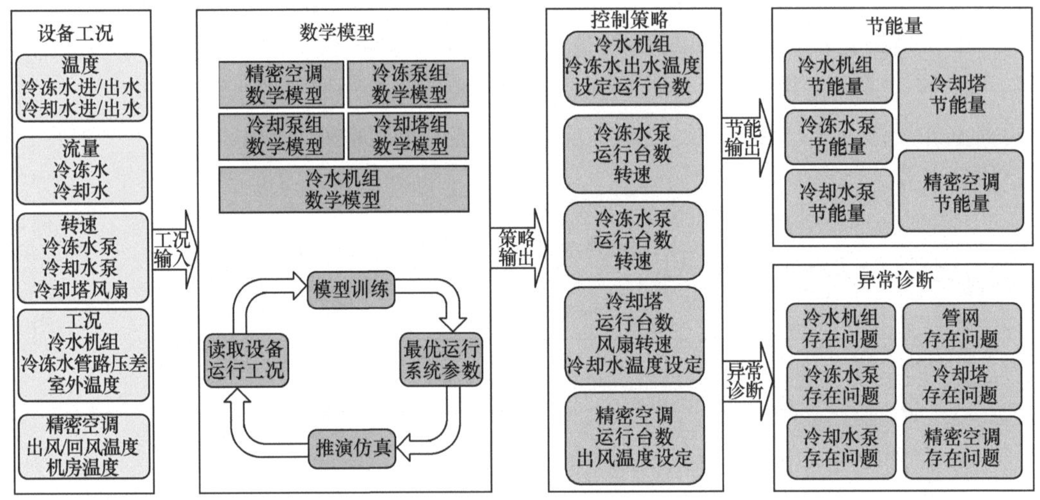


**图6-27 该数据中心基于“大数据分析+人工智能算法”提出的节能优化解决方案**

该方案在数据中心部署实践后，经评测，PUE值得到明显改善，从1.40降低到1.34。

AI调优期间，系统自动诊断出多项群控系统问题，不断促进该数据中心空调系统安全、高效、节能运行。

通过该方案，主要总结得出以下3个方面的节能经验：一是冷却塔运行频率下限值由30Hz降至20Hz，适用于开启多台冷却塔、单台冷却塔运行频率有所降低的场景；二是冷冻水泵运行频率下限值由38Hz降至32Hz，适用于冷冻水供回水温差增大、冷冻水泵运行频率有所降低的场景；三是冷冻水压差设定值由150kPa降至120kPa，适当降低冷冻水泵的运行频率和负载，该冷冻水压差设定值仍有下降空间。

#### 6.2.2.4 节能新技术应用

绿色低碳数据中心建设是未来新基建实际落地的必由之路。为了进一步降低PUE值，必须从空调系统的源头进行节能，引入高效的新节能制冷技术。

1. *间接蒸发冷却*

间接蒸发冷却技术与传统的水冷系统相比，将空气—水、水—水、水—空气3级换热直接转变为空气—空气换热，采用“高效气—气板式换热器+喷淋系统”作为间接蒸发冷却换热载体。为了满足不同气候的要求，板式换热器供冷量不足时，再用压缩机制冷系统补偿，最大限度地利用板式换热器的自然冷却能力。该项技术通过高效板式换热器热交换，对室内回风进行间接式自然冷却，避免当直通新风的空气质量较差时，出现对IT设备造成腐蚀的风险。

（1）间接蒸发冷技术节能应用

间接蒸发冷却技术的显著特点就是可以延长室外冷源的利用时间，达到节能的目的。为了更大程度地提高室外冷源的利用率，减少机械制冷的使用时长，新型的系统采用两级的高效气—气换热器，实现高温气候条件下可使用间接蒸发冷却技术，机组在数据中心应用布置示例如图 6-28 所示。

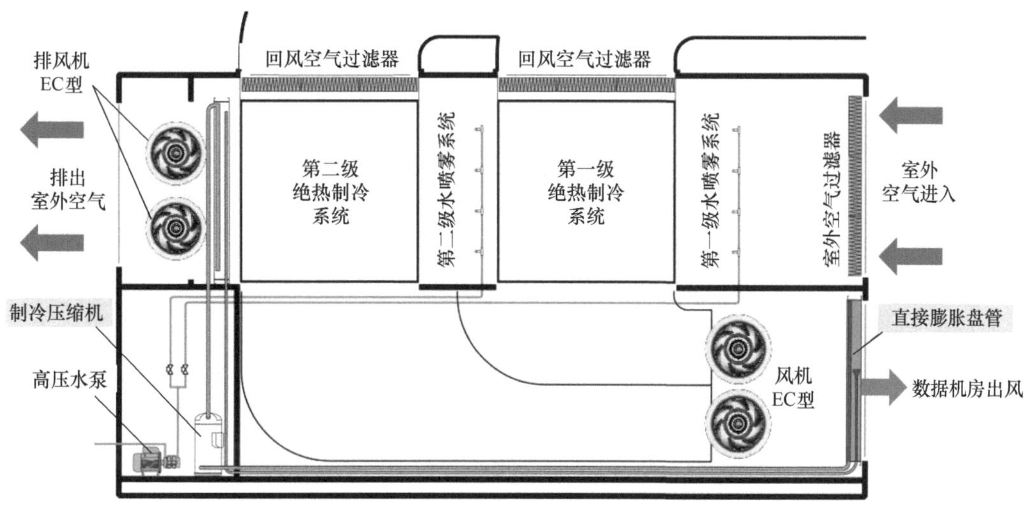


图 6-28　机组在数据中心应用布置示例

以某数据中心两级间接蒸发冷却系统应用为例，说明在实际使用过程中的节能效果。取数据中心机房的标准温度 23℃进风、50%湿度，温差控制在 12℃之内，回风温度为 35℃、25%湿度，某数据中心两级间接蒸发冷却系统运行工况见表 6-3。

表6-3　某数据中心两级间接蒸发冷却系统运行工况

| 工况<br>（机房回风控制：温度35℃，湿度25%） | | | 一级换热<br>（进风量50%） | 二级换热<br>（进风量50%） | 数据机房送风 |
|---|---|---|---|---|---|
| 干工况 | 室外送风温度 | -6℃～2℃ | 出风温度12.8℃±1℃ | 出风温度<br>27.7℃±1℃ | 温度23℃，<br>湿度50% |
| 湿工况 | 室外送风温度 | 3℃～18℃ | 出风温度19.8℃～20.3℃ | 出风温度<br>23.3℃～24.5℃ | |
| 混合制冷模式 | 室外送风温度 | 19℃～40℃ | 出风温度23.3℃ | 出风温度24.5℃ | |

在室外送风18℃的情况下，可继续使用蒸发冷却技术散热，这对我国北方的大部分数据中心来说，节能优势明显，局部地区的PUE值可达到1.07。

（2）间接蒸发冷却技术节能特性及运维注意事项

间接蒸发冷却技术一方面可以利用自然冷实现节能，另一方面可灵活部署。

① 高效节能的板式换热器自然冷却。应用板式换热器自然冷却技术，当室外环境温度较低时，尽量利用低温新风对高温回风进行自然冷却，当板式换热器供冷量不足时，再用压缩机制冷系统补偿，最大限度地利用板式换热器的自然冷却能力。

即使机房的IT设备满负荷运行，当环境温度在22℃以下时，即可完全停用压缩机制冷系统、纯粹采用低能耗的板式换热器自然冷却方式供冷，提高了整个空调系统的节能性。

通过板式换热器热交换对室内回风进行间接式的自然冷却，避免了直通新风的空气质量较差时对IT设备造成腐蚀，兼顾了节能和洁净的要求。

② 无级调节直流变频压缩机制冷系统。压缩机制冷系统采用“变频涡旋压缩机+定频涡旋压缩机”组合的方式，确保机组不但在满负荷运行下的效率更高，在部分负载时也同样有很高的能效比。制冷量10%～100%无级调节，任何工况下，制冷量和室内负荷都可以高度匹配，具有调节范围宽、调节精度高的优点，并且可以最大限度地降低压缩机的输入功率，减少压缩机启停的次数，高效节能。制冷系统采用R134a、R410a绿色环保制冷剂，对环境完全友好。风机能效如图6-29所示。

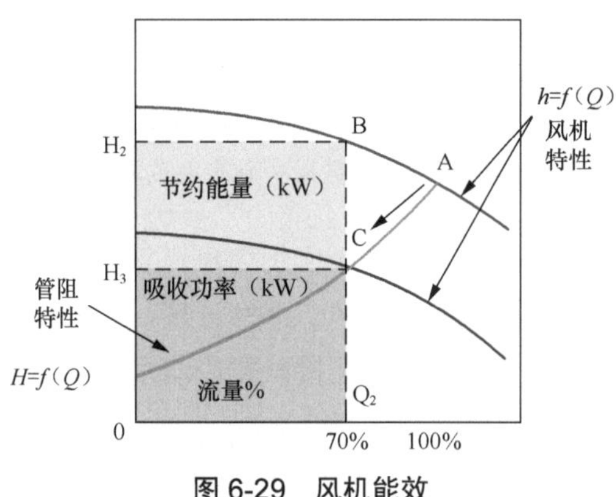


图6-29 风机能效

③ 变频节能运行策略。新风机、送风机均采用变频技术及优化的控制策略。在室内负荷较小或环境温度较低，且满足IT设备散热的前提下，尽量降低新风量、送风量，把整个板式换热器和通风系统的运行能耗降至最低，可显著降低数据中心的PUE值。

2. 液冷技术

随着算力集群及AI的加速落地，单机柜服务器的功耗越来越高，传统的制冷方式已经无法满足数据中心对能耗管控的要求，液冷技术是未来数据中心云化服务的必然趋势。液冷技术是降低制冷能耗较极致的定向制冷技术，在整个换热过程中，只有约 10%的冷却功耗。从冷却原理上来看，液冷技术可以分为间接接触式和直接接触式两种。其中，间接接触式主要是冷板式液冷技术；直接接触式主要是浸没式液冷技术。

（1）冷板式液冷技术

冷板式液冷技术中将液冷冷板固定在服务器的主要发热器件上，依靠流经冷板的液体将热量带走，达到散热的目的；再通过液体循环带出设备，传递到冷媒中。这是数据中心部署相对较多的一种液冷形式，技术及配套设备相对成熟。

① 冷板式液冷技术应用。对已建成的数据中心，冷源侧建设交付，配合冷板式液冷服务器可实现节能高效运行。一次侧为冷却水，二次侧为液冷工质（去离子水、乙二醇水溶液或氟化液），通常一次侧采用“N+1”冗余配置，二次侧直接进入液冷机柜分液器。按照不同机房的级别，可选配列间空调或者风冷机房专用空调作为冷量备用，在现有风冷机房的基础上完成改造，之前已建成的冷却塔和一次侧管路供水，水温可控制在 5℃～35℃，在此基础上，增加补冷板式换热器和二次侧管路，不需要隔离冷热通道，不需要特殊的排风设计。全液冷满足“东数西算”绿色数据中心PUE值小于 1.15 的要求，运行TCO比风冷系统可降低 10%。冷板式液冷技术应用示意如图 6-30 所示。

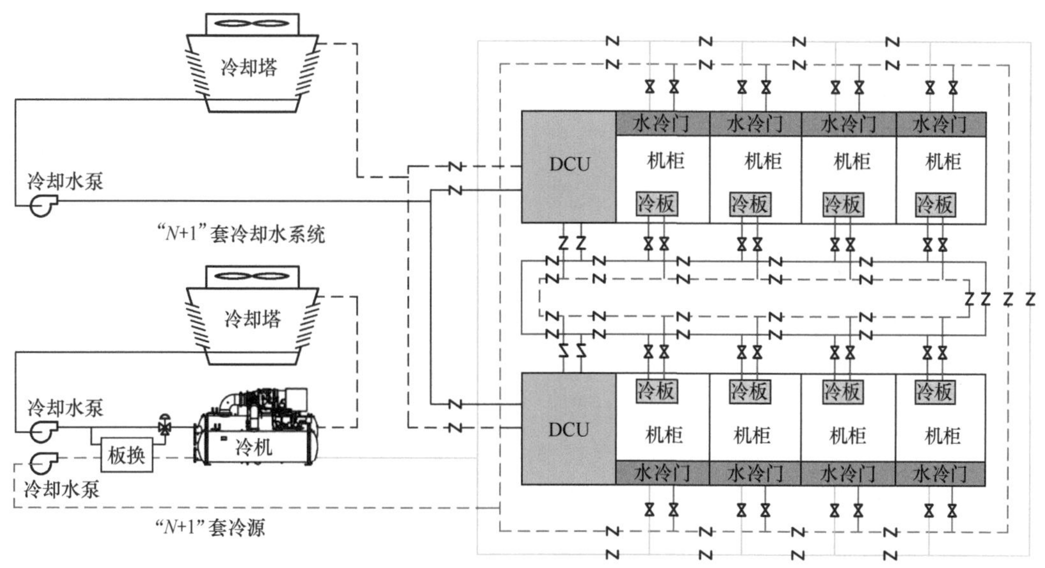


图 6-30　冷板式液冷技术应用示意

② 冷板式液冷技术节能特性及运维注意事项具体包括以下 3 个方面。

一是全液冷模式下集成配电部分，效率更高。集成盲查电源背板，减少了传统机房服务器上架过程中线缆绑扎的工程量。

二是液冷板存在多个分液器，管路连接处等漏液问题不可忽视，在实际落地过程中，除了实验室的全部测试，到场安装过程中需要完成保压测试，并对产品的漏液检测做进一步的测试验证，确保可准确上报漏液故障。

三是不论采用集中式CDU，还是分布式CDU，在二次侧的部署过程中，都需要综合评估。对新建机房而言，二者兼可；对已建数据中心机房来说，集中式CDU需要建设二次管路，且不同厂商的液冷服务器接口需要匹配，难度较大，可选择分布式CDU。

③ 冷板式液冷技术的预防性维护，具体包括以下内容。

- 一次侧室外换热器（冷却塔或干冷器）的预防性维护包括以下内容。

a）清洗塔体及塔盘，确保管路无淤泥、不堵塞。

b）专业水质处理。

c）周期性维护风机。

- 一次侧板式换热器入口预防性维护包括以下内容。

a）检查板式换热器侧的温差和压差。

b）制冷单元主备路切换。

c）控制系统告警功能，参数及显示是否正常。

- 循环水泵的预防性维护包括以下内容。

a）根据现场运行情况，用润滑油润滑所有轴承。

b）清理电动机出入风口的污垢。

c）检查轴承及密封情况是否完好。

d）清理Y形过滤器。

- 二次侧液冷机柜的预防性维护包括以下内容。

a）检测泄气阀是否可以自动开启。

b）检查分液器连接是否松动，根据具体情况紧固。

c）检查冷板连接软管是否变形。

d）检查换热CDU过滤器是否堵塞并清洗。

e）测试流量电动阀是否正常运转。

- 电气部分维护（参照机房电气设备维护标准）。
- 传感器维护，校准室外温湿度传感器和室内液冷柜温湿度传感器。

（2）浸没式液冷技术

浸没式液冷技术是将服务器浸泡在一种特殊的矿物油或者电子氟化液中进行降温，

此系统对有矿物油或者电子氟化液的化学成分、密闭性和净化要求很高。

基础制冷侧（一次侧）也就是数据中心配套的制冷系统，主要由液冷机柜（含冷凝换热盘管）、液冷 CDU、室外冷却塔（或干冷器）、循环泵、管路系统等组成。浸没式液冷原理如图 6-31 所示。

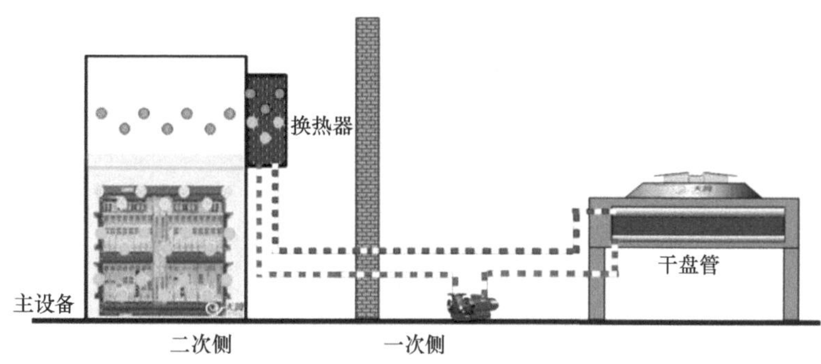


图 6-31　浸没式液冷原理

① 浸没式液冷技术节能特点及运维注意事项包括以下 5 个方面。

一是浸没式液冷机房由于服务器无风扇设计，功耗可更低，整体节能效果较好，主要功耗集中在一次侧的能耗上，在北方气候寒冷地区，PUE 值可降低到 1.05。

二是浸没式液冷服务器全部在制冷载体内，对机房环境温度、湿度、粉尘、硫化物要求低，提高了设备的稳定性。浸没式液冷服务器如图 6-32 所示。

三是浸没式液冷服务器全部在主设备内，当需要更换或维护主设备内某个 IT 设备时，由于其他的设备业务还在运行或者处于密封状态，所以会存在漏出大量氟化液的安全隐患。

四是浸没式液冷技术的产品架构改动大。不适用已建成机房的能耗优化，需要在新建机房过程中完成部署。

五是相变液冷设备的气密性问题。当负载率波动较大时，汽化的氟化液波动变大，导致容器内的压力波动，密封也困难。

图 6-32　浸没式液冷服务器

② 浸没式液冷技术的预防性维护。

- 循环液泵的预防性维护包括以下内容。

a）检查泵体表面温度是否正常。

b）检查水泵是否有异响或振动。

- 循环水泵的预防性维护包括以下内容。

a）检查泵体表面温度是否正常。

b）检查水泵是否有异响或振动。

- 冷却塔或干冷器的预防性维护包括以下内容。

a）清洗集水盘。

b）校准和维护传感器。

c）风机电机加注润滑脂。

d）检查冷却塔风机皮带是否老化，必要时更换。

e）塔体填料及清洗脏污，进行除垢、除藻维护。

f）专业水质处理。

- 换热CDU的预防性维护包括以下内容。

a）检查过滤器是否堵塞并清洗。

b）测试电动阀是否正常运转。

## 6.3 空调系统新技术及应用案例

### 磁悬浮变频离心式冷水机组的技术应用

#### 1. 磁悬浮变频离心冷水机组概述

以美的“司南”系列磁悬浮变频离心机组为例，该机组应用拥有完全自主知识产权及核心技术的磁悬浮压缩机，具备无油高效、稳定可靠、宽域运行、低噪环保、节省费用等特点，全系列机组的COP和IPLV均达到国标一级能效水平。该机组获得了国家节能认证、中国制冷协会CRAA认证、美国AHRI认证。磁悬浮压缩机由于没有润滑油，特别容易实现多压缩机并联系统的方案，并且对数据中心应用来说，采用多压缩机并联系统方案更加符合热备用的使用习惯和系统冗余备份要求。

单压缩机机组如图6-33所示，双压缩机机组如图6-34所示，三压缩机机组如图6-35所示。

图6-33　单压缩机机组

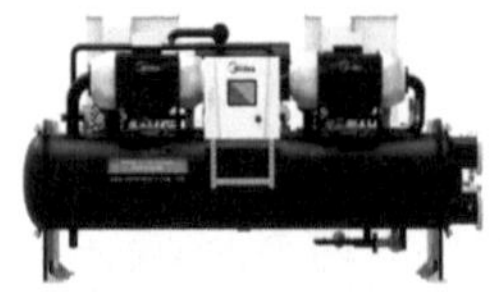

图6-34　双压缩机机组

图6-35　三压缩机机组

磁悬浮离心压缩机如图6-36所示。

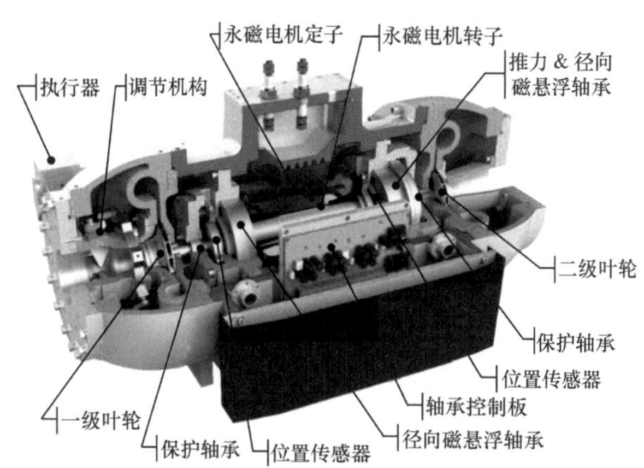


图 6-36　磁悬浮离心压缩机

### 2. 磁悬浮变频离心机组的高效节能技术

美的全新一代磁悬浮变频离心机组采用磁浮轴承技术、航天气动技术、永磁同步电机技术、全降膜蒸发技术等，结合美的独特的水平对置双级压缩形式，较常规磁悬浮离心机组有更优越的能效表现，满负荷能效提升 4%，部分负荷能效提升 7%。机组综合部分负荷能效最高达 11.5（AHRI 工况），均达到国家一级节能标准，特别适合数据中心全年运行的节能需要。

（1）水平对置航天高效气动技术

该技术采用航天气动设计，独特的双级离心水平对置压缩形式，多目标仿真优化的三元流高效闭式叶轮，压缩机全流场深度CFD仿真和优化，压缩机等熵效率更高；两级叶轮水平双向背靠背排列在电机的两侧，管道回流器流速低压损小，经济器补气充分混合；二级叶轮轴向均匀进气，叶轮效率更高；形成水平对置压缩，轴承受力小，提高压缩机效率。

CFD 仿真示意如图 6-37 所示。

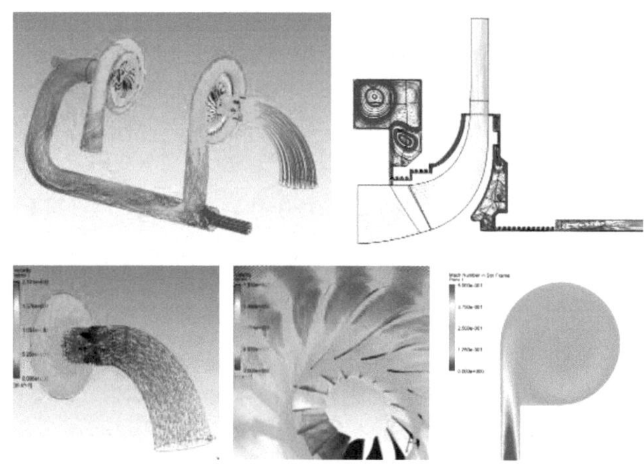

图 6-37　CFD 仿真示意

（2）“双级压缩＋经济器补气增焓”技术

该技术可增加制冷剂的吸热能力，降低压缩机功耗，比单级压缩机组提高 6% 的能效。“双级压缩＋经济器补气增焓”技术应用示意如图 6-38 所示。

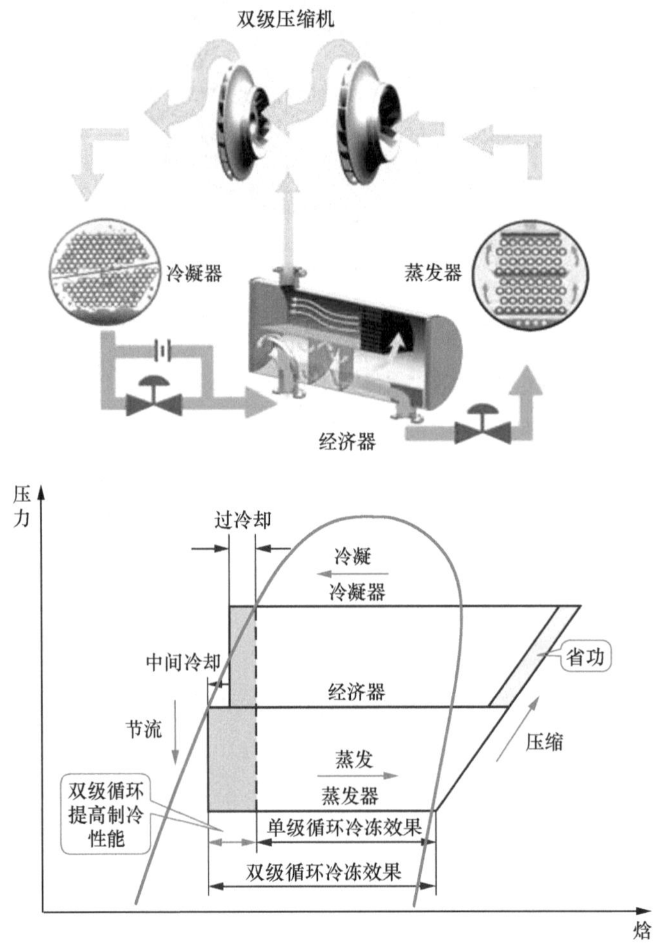


图 6-38 “双级压缩 + 经济器补气增焓”技术应用示意

（3）低功耗混合磁悬浮轴承技术

该技术运用工业级磁轴承组件，包含径向磁轴承、推力磁轴承和位置传感器，具有低功耗、高承载力及高可靠性；功耗低于 0.4kW，仅为常规油轴承的 2% ～ 10%，常规纯电磁轴承的 25%；突破常规油轴承转速上限，高转速轴承功耗显著降低，转速越高，磁悬浮轴承较油轴承越节能。

（4）宽范围高效永磁同步电机技术

该技术采用高频低损的电工硅钢及优质稀土永磁磁钢励磁，电机体积小、损耗分布合理、总损耗低，全工况范围的电机效率在 97% 以上，最高效率可达 98%。

轴承功耗对比如图 6-39 所示。

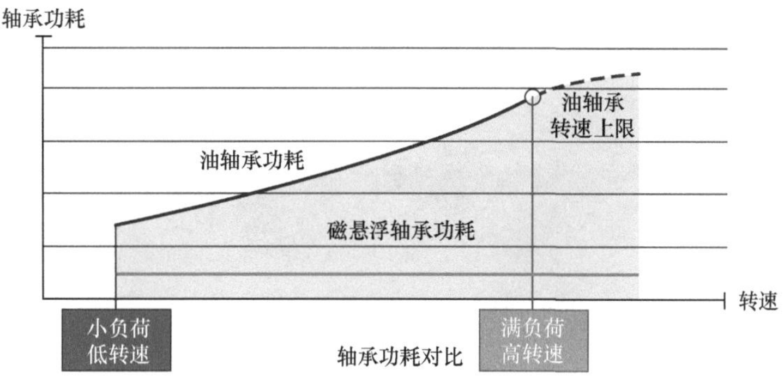


图 6-39 轴承功耗对比

电机效率示意如图 6-40 所示。

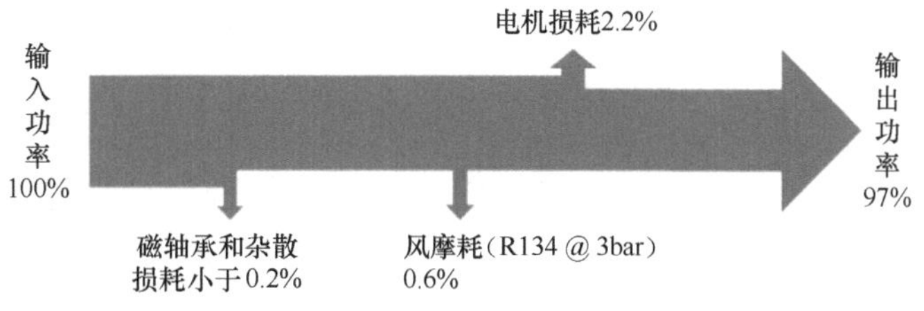


图 6-40 电机效率示意

应用空间矢量脉宽调制技术调速与驱动，适时跟随工况变化而精准高效运行，起动电流小、运行电流低，全生命周期运行电费及配电成本低；采用定子温度及转子轴伸量实时监测系统，实现电机定转子的精准冷却，可靠性高。

（5）高速电机直驱传动技术

该技术不需要增速齿轮，无传动损失，效率更高；传动系统简单，运动部件少，可靠性更高；结合磁悬浮技术，机组运行噪声大幅度降低。

电机负荷与效率曲线如图 6-41 所示。高速电机直驱传动技术如图 6-42 所示。

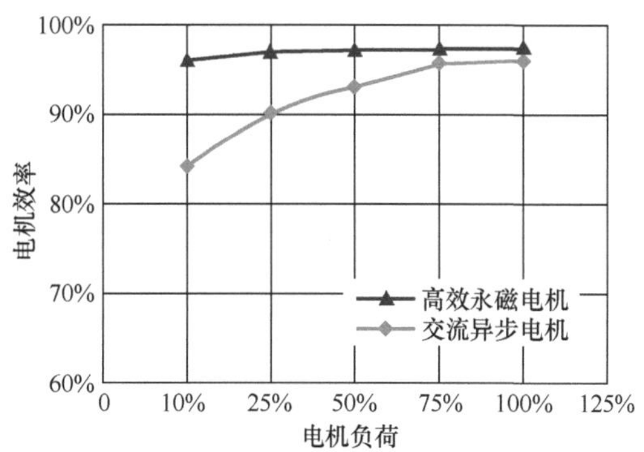


图 6-41 电机负荷与效率曲线

图 6-42　高速电机直驱传动技术

（6）全降膜蒸发器技术

为了得到更高效节能的换热效率，美的研发出专利技术全降膜蒸发技术。全降膜蒸发器技术采用喷淋技术，制冷剂在高效换热管表面实现膜态蒸发，提升了换热效率和布液均匀性。

采用行业首创的全降膜蒸发技术，基本可以实现蒸发器内“零”液位，比传统的满液式蒸发器、混合降膜式蒸发器可减少大量的制冷剂充注量，经济环保。

全降膜式蒸发器及制冷剂分配示意如图 6-43 所示。

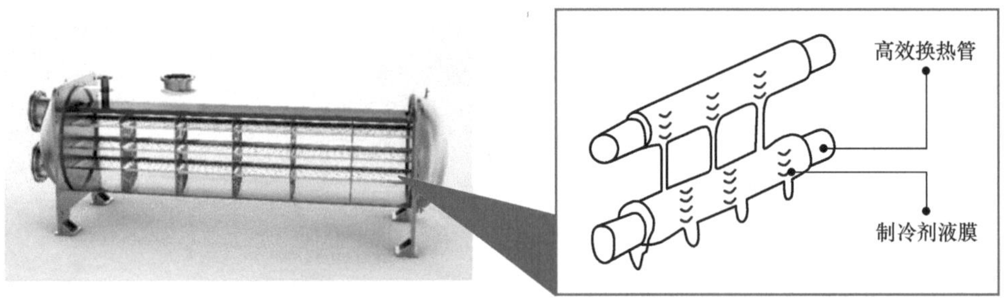


图 6-43　全降膜式蒸发器及制冷剂分配示意

（7）先进的双路并联节流控制

采用先进的多孔节流孔板与电子膨胀阀组合冷媒节流控制方式，根据工况的变化，精确调节冷媒流量，获得最佳的冷凝器和蒸发器性能；可迅速调节，避免部分负荷热气旁通，保证机组在不同负荷下高效运行；提高机组的节能性和稳定性，降低运行成本。

双路并联节流控制示意如图 6-44 所示。

与行业其他节流方式对比见表 6-4。

美的磁悬浮离心机组采用磁轴承，不需要润滑，制冷系统实现 100% 无油运行，消除了润滑油引起的传热损失，保证换热持续高效；传统离心机冷媒中都会溶有一定量的润滑油，冷媒中的润滑油随着系统循环会慢慢附在换热管上，降低换热效率。

磁悬浮机组与常规机组逐年运行对比如图 6-45 所示。

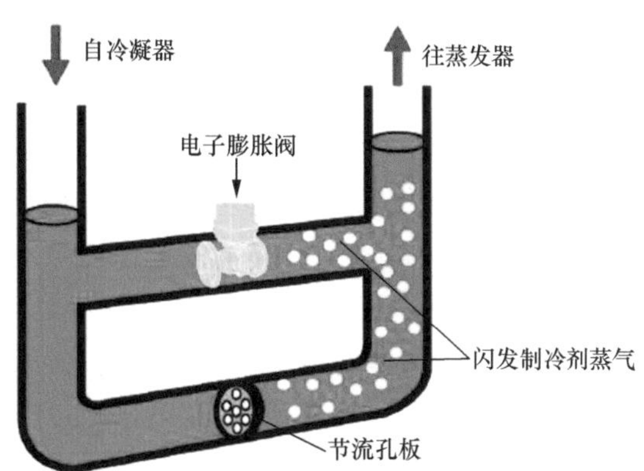


图 6-44 双路并联节流控制示意

表6-4 与行业其他节流方式对比

| 节流方式 | 优缺点对比 |
|---|---|
| 孔板+电子膨胀阀双重调节 | • 多孔板节流，满负荷效率高<br>• 电子膨胀阀提高部分负荷效率<br>• 精确控制最佳液位，稳定可靠 |
| 线性浮球阀 | 部分负荷效率较高，但容易导致机械损坏，需定期检修维护 |
| 热力膨胀阀 | 感温包传递温度存在时延，反应滞后，但有稳定的过热度，系统运行相对稳定 |

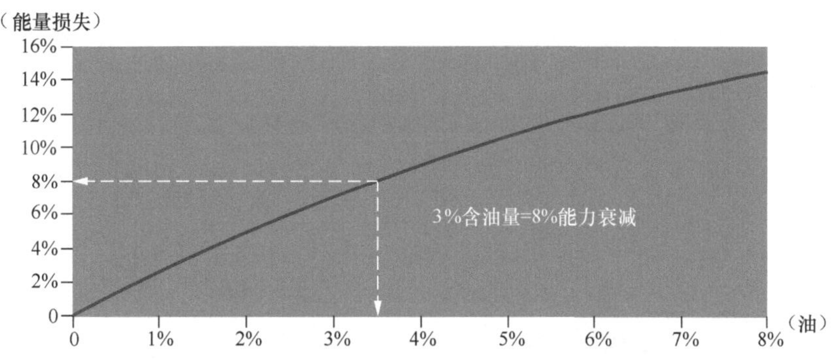


图 6-45 磁悬浮机组与常规机组逐年运行对比

AHRI的数据表明，当离心机蒸发器润滑油的浸入量达到3.5%时，COP会衰减8%以上；美的磁悬浮离心机组彻底摆脱了油系统对制冷机组的影响和束缚，使机组能效不随使用年限的增加而衰减。

### 3. 磁悬浮变频离心机的稳定可靠性技术

美的磁悬浮变频离心机具有无油、无摩擦、低噪声、低功耗等优点，美的更关注设备在使用过程中的安全性和可靠性。

美的磁悬浮变频离心机组具备断电后自发电模式和长寿命备降轴承，可实现对磁浮轴承的精准及安全控制，在保证高效的同时，更能确保磁浮轴承的安全性；微流道冷媒散热变频器技术更能极大地提高变频器的可靠性和适应性。

（1）运动部件少，运行无磨损

压缩机采用电机直接驱动转子，取消了增速齿轮，整个压缩机仅一个运动部件，从源头上提高了机组的可靠性；压缩机采用磁轴承使转子在运行中完全悬浮，轴承与转子无接触、无摩擦，没有结构性振动；机组不需要复杂油系统，机组零部件大幅减少，意味着故障点减少，机组可靠性更高。

无齿轮传动如图 6-46 所示，无机械轴承如图 6-47 所示，无润滑系统如图 6-48 所示。

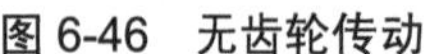

图 6-46　无齿轮传动

图 6-47　无机械轴承

图 6-48　无润滑系统

（2）高精度多自由度振动抑制技术

主动式轴承控制系统采用前瞻性振动补偿技术，通过高频位置检测及控制，有效降低不平衡量对转轴振动的影响；20kHz 位置动态扫描及调整，μm 级位置控制精度，保证轴悬浮位置精准。

前瞻性轴承控制原理如图 6-49 所示，轴承控制示意如图 6-50 所示。

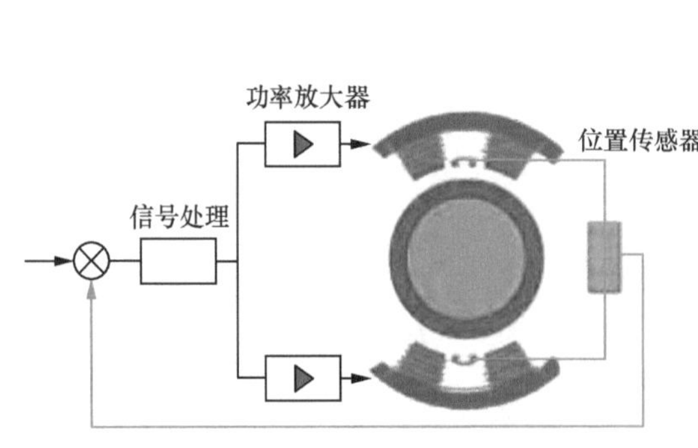


图 6-49　前瞻性轴承控制原理

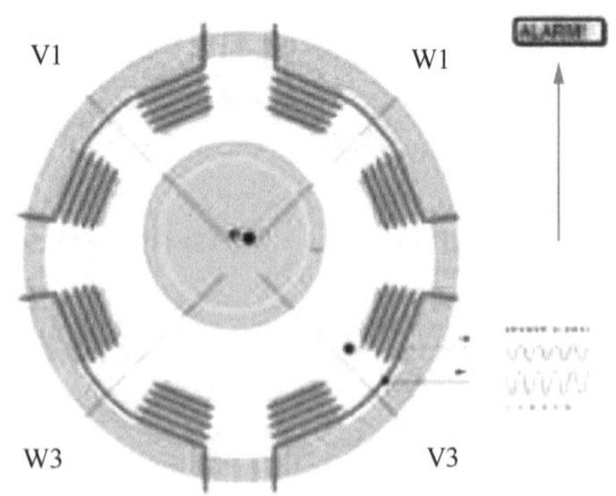


图 6-50　轴承控制示意

磁悬浮轴承控制采用分立解耦补偿轴承控制算法，根据转子位移及振动加速度动态调整控制策略，有效防止快速强冲击带来的剧烈位移突变甚至轴承跌落或碰撞。磁悬浮轴承控制示意如图 6-51 所示。

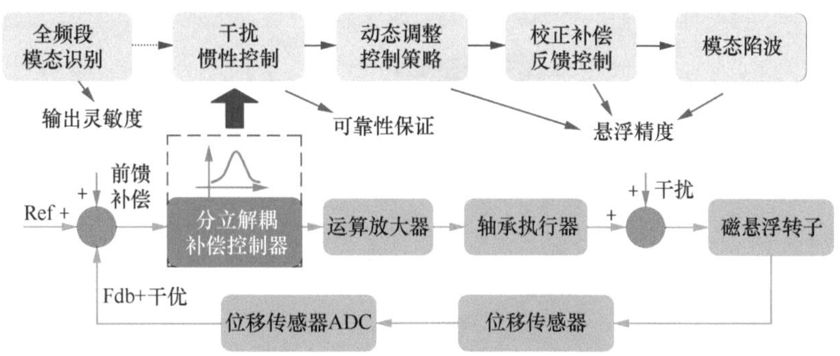


图 6-51　磁悬浮轴承控制示意

经权威第三方检测，在极限大压比的恶劣工况下，即使让磁悬浮压缩机经历续喘振周期超过 308 次，持续时间 1h15min 的连续喘振及喘振脱离后，其仍能稳定保持悬浮运行，具有超强的扛喘振能力。

（3）长寿命备降轴承

备用轴承采用高强度滚动轴承组和阻尼减震环，当磁轴承控制器发生故障时，能有效支撑转子轴从高速转动状态到停止状态，避免磁轴承、传感器与转子产生磨损，从而导致压缩机损坏；每个备降轴承均设计了气流自清洁流道，进行自清洁及冷却，及时清除杂质，从而实现超长寿命。经权威第三方检测，在最大转速下对备降轴承进行机械硬跌落，美的备降轴承寿命可以达 300 次以上，并且压缩机仍然能够正常工作。备用轴承和阻尼减震环的应用如图 6-52 所示。

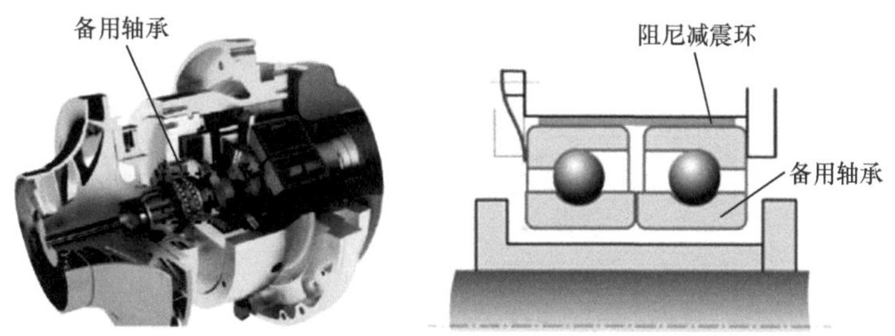


图 6-52　备用轴承和阻尼减震环的应用

（4）不间断自发电技术

停电时，机组自动切换为不间断发电模式，压缩机电机瞬间切换为发电机模式，保持母线电压稳定，将残余的旋转动能回收后给轴承供电，结合轴承 150 ～ 750V 宽电压适应性，确保磁悬浮轴承持续悬浮直到正常备降。

不间断自发电技术示意如图 6-53 所示。

不间断发电过程如图 6-54 所示。

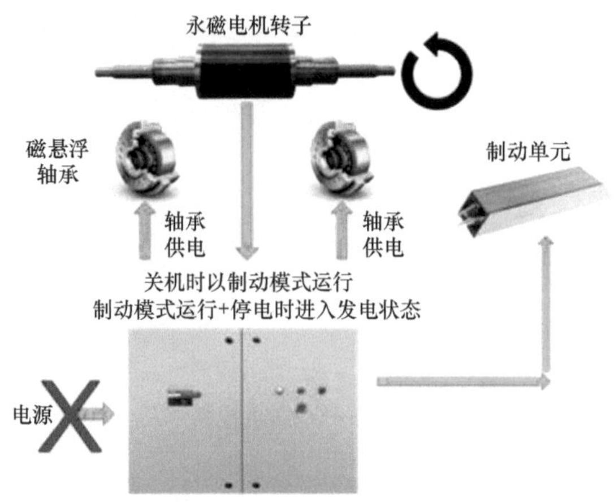


图 6-53　不间断自发电技术示意

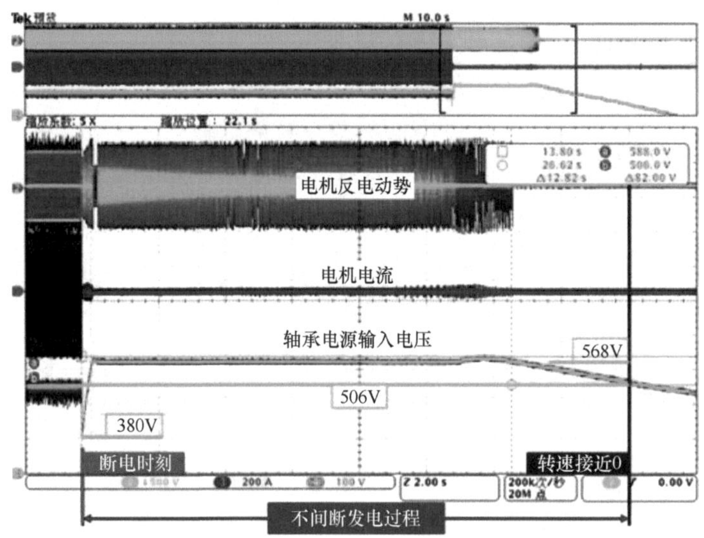


图 6-54　不间断发电过程

（5）自学习防喘振控制技术

根据喘振自检测结果，自学习算法进行喘振面自检定和自修正，确保喘振面预测值持续接近真实值。自学习防喘振控制技术应用流程如图 6-55 所示。该技术可解决喘振边界易因压缩机性能衰减、传感器漂移等逐渐偏离真实边界的问题，避免机组频繁出现防喘失效，或因过度防喘而过度缩小能调范围；自学习防喘振控制技术通过“在线运行即测量”“防喘边界实时优化”，实现全周期防喘精度在 99% 以上，拓宽了运行范围。

（6）“极速启动”技术

系统突然断电后，磁悬浮控制器会记录断电前机组所有调节部件的开度状态，例如导叶开度、电机转速、电子膨胀阀开度等，从而为来电后实现快速启动和快速恢复到停电前的机组制冷运行状态做好准备。突然停电时，机组立即进入不间断自发电模式运行，吸收压缩机转子上残余的旋转动能，从而缩短压缩机达到静止状态的时间，并且将发出的电力供给磁悬浮轴承，使轴承正常悬浮工作，为下一次启动做准备。如果系统水泵带UPS，机组电控带UPS，则可在断电5s后恢复供电，美的磁悬浮的“极速启动”过程如下，系统可以在恢复供电后20s完成启动。

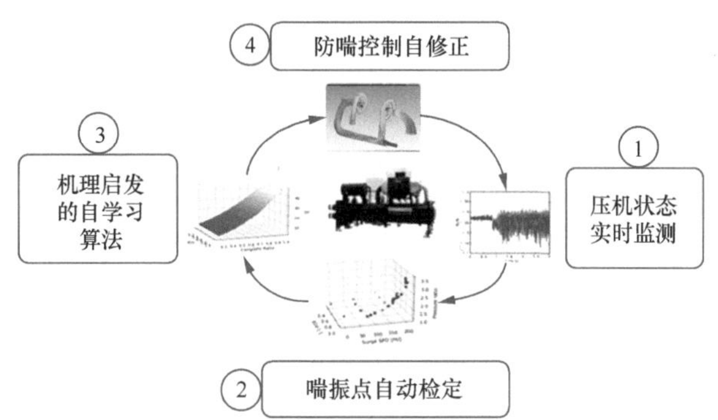


图 6-55　自学习防喘振控制技术应用流程

“极速启动”技术应用示意如图 6-56 所示。

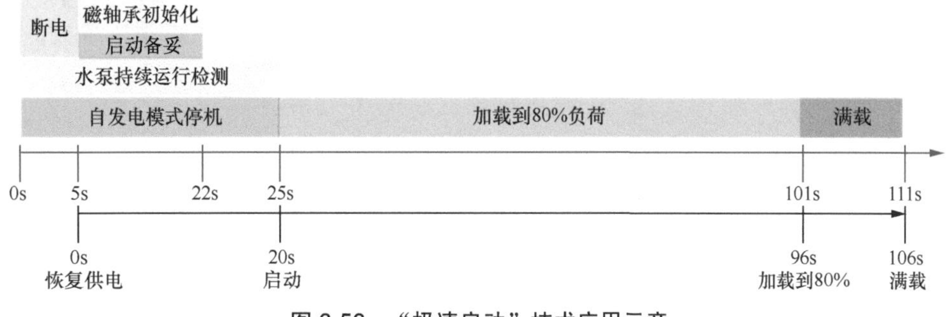


图 6-56　“极速启动”技术应用示意

### 4. 磁悬浮变频离心机组的宽域运行技术

美的全新一代磁悬离心机组采用多技术联合调节，保证在效率最优的情况下，拓宽机组运行范围，可以实现单压缩机制冷负荷低至10%以下，并保证机组在冷却水温12℃时正常运行。

（1）压缩机双重调节技术

美的磁悬浮离心机采用“变转速+进口导叶（IGV）”联合进行冷量调节。在高环温工况下，50%负荷时开始关小导叶；在常规工况下，15%以上负荷时，仅通过变转速调节负荷，从而避免IGV关小带来的附加效率衰减。美的磁悬浮离心机运行范围如

图 6-57 所示。

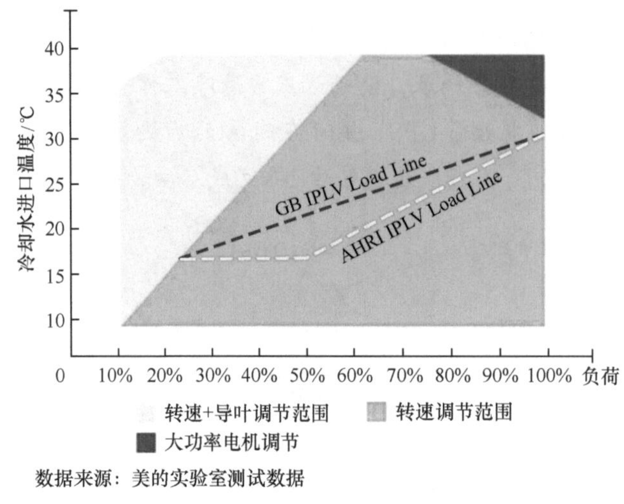


数据来源：美的实验室测试数据

图 6-57　美的磁悬浮离心机运行范围

（2）低环温长期运行技术

磁悬浮离心机无润滑油和回油系统，因此仅需增加电机和变频器冷却系统辅助冷媒泵，就可以实现低环温和“逆温差”（逆温差是指冷却水进水温度低于冷冻水出水温度）情况下的长期稳定制冷运行。此时压缩机的吸排气压力非常接近，压缩比极小，因此压缩机的转速很低，制冷效率非常高，这就为数据中心全年PUE值的降低提供了很好的保障。低环温长期运行技术应用如图 6-58 所示。

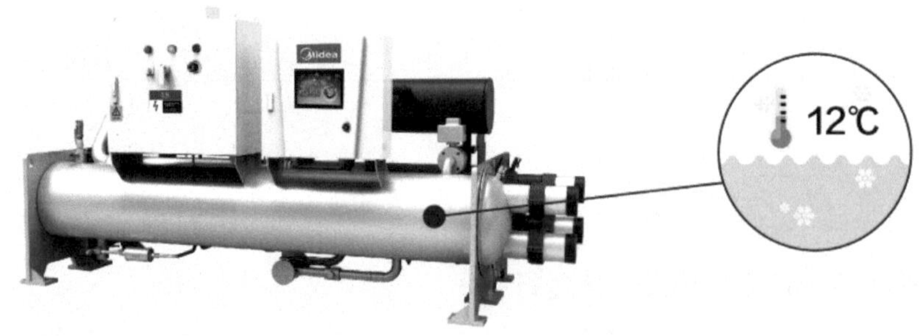


图 6-58　低环温长期运行技术应用

（3）前瞻性扩稳控制技术

该技术具有先进的预估趋势、自我诊断、调整、安全保护等功能。控制系统根据目标值与历史同期负荷水平，预测实时负荷变化，对机组负荷进行前瞻性修正，避免机组水温频繁波动影响系统能耗或者停机。

采用控制逻辑技术，除了能保护机组可靠运行，还能扩展机组的运行范围，使机组适应各种运行状态。

机组前瞻性控制及运行范围示意如图 6-59 所示。

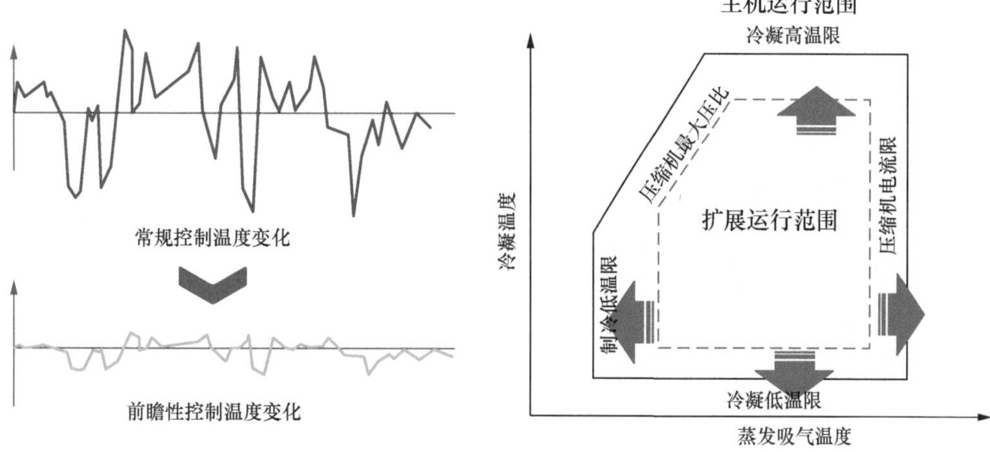


图 6-59　机组前瞻性控制及运行范围示意

### 5. 磁悬浮变频离心机组的维护

① 美的磁悬浮离心机组，全生命周期无油运行，可以减少油对系统能效的影响，杜绝能效衰减，降低用户的使用成本。

② 磁悬浮离心机组，磁悬浮轴承无摩擦，拥有更优秀的部分负荷，可满足全工况下的高效运行，减少运行费用。

③ 无油的磁悬浮离心机，去掉了传统的油路系统，避免了油路系统故障对机组造成的损坏，降低了维修风险。

④ 无油路系统，减少了机组日常维护内容，例如，润滑油的更换、油滤的更换、油路系统的清洗、轴承磨损检测等，降低了用户日常的维护成本。

各类离心机组维护保养项目对比见表 6-5。

表6-5　各类离心机组维护保养项目对比

| 序号 | 维护保养项目 | 标准离心机 R123 | 标准离心机 R134a | 美的磁悬浮离心机 |
|---|---|---|---|---|
| 1 | 更换润滑油 | 一年一次 | 三年一次 | 不需要 |
| 2 | 更换油过滤芯 | 一年一次 | 一年一次 | 不需要 |
| 3 | 油泵压力检测 | 一季一次 | 一季一次 | 不需要 |
| 4 | 油质检测（颜色、质量） | 一周一次 | 一周一次 | 不需要 |
| 5 | 油过滤器压降检测 | 一月一次 | 一月一次 | 不需要 |
| 6 | 压缩机振动测试 | 一年一次 | 一年一次 | 不需要 |
| 7 | 油泵绝缘检查 | 三年一次 | 三年一次 | 不需要 |

（续表）

| 序号 | 维护保养项目 | 标准离心机 R123 | 标准离心机 R134a | 美的磁悬浮离心机 |
|---|---|---|---|---|
| 8 | 油加热器检查 | 三年一次 | 三年一次 | 不需要 |
| 9 | 电机绕组检查 | 一年一次 | 一年一次 | 不需要 |
| 10 | 接触器和过载设置检验 | 一年一次 | 一年一次 | 不需要 |
| 11 | 制冷剂清洁检查 | 一周一次 | 不需要 | 不需要 |
| 12 | 更换冷媒过滤器 | 一季一次 | 不需要 | 不需要 |

传统有油离心机部分维护项目如图 6-60 所示。

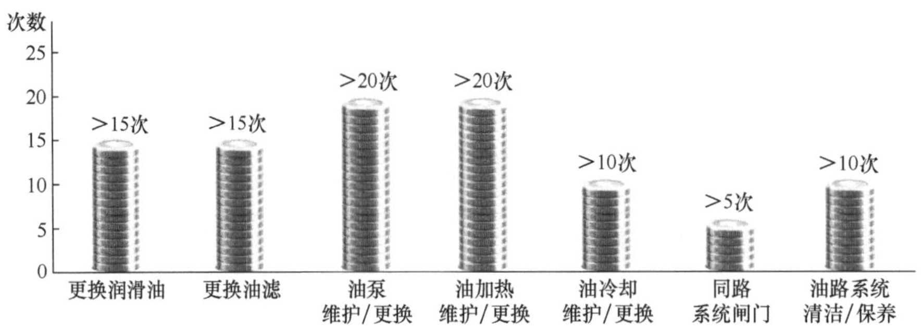


图 6-60　传统有油离心机部分维护项目

（技术依托单位：广东美的暖通设备有限公司）

## 间接蒸发冷却空调系统的应用

### 1. 系统概述

该系统采用先进的间接蒸发冷却技术，并将间接蒸发冷却技术与传统机械制冷技术有效结合，通过监测送风参数及室内外的环境工况自动切换到最优运行模式（干工况模式、湿工况模式和混合工况模式），满足数据中心所需的环境条件。机组优先选择间接蒸发冷却系统，当间接蒸发冷却系统不能满足要求时，机组自动开启机械压缩制冷系统进行补充降温，降温后的空气送入数据中心内部，给数据中心内部降温。

### 2. 系统构成及技术原理

系统设备包含间接蒸发冷却器、过滤系统、水喷淋系统、送风机、排风机、循环水系统、智能控制系统等，进入湿通道的室外空气与喷淋水直接接触，吸收干通道的热量后排出，并且能够带走冷凝器的热量，相比传统的风冷系统，冷凝效果更好，数据中心的高温回风经过干通道，将热量传递给湿通道后，温度降低，降温后的空气送入数据中心内部。间接蒸发冷却空调系统的技术原理示意如图 6-61 所示。

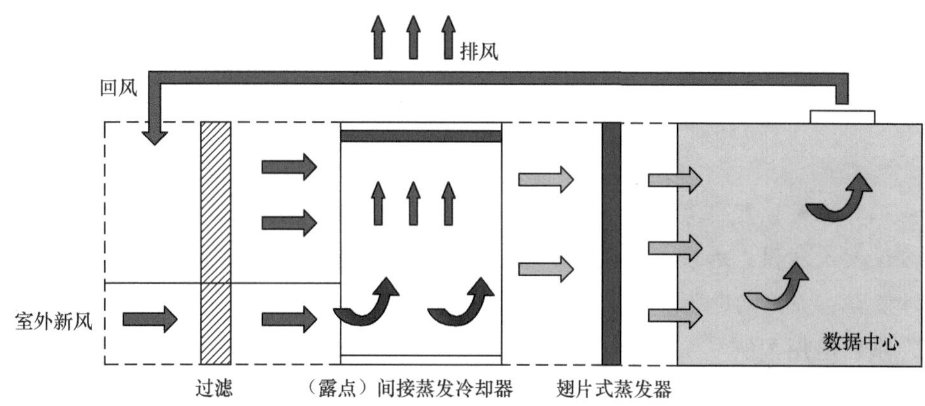


图 6-61　间接蒸发冷却空调系统的技术原理示意

设备集成间接蒸发、变频制冷、三维均匀布水、水质实时检测处理和智能群控等多项关键技术，采用模块化设计，具有高效节能、运行稳定、防冻结和低噪声等特点，可以作为数据中心新老项目独立的降温解决方案，也可以作为数据中心机械补冷补充方案，节能效果十分明显。

#### 3. 机组的主要性能特点

① 机组可采用干工况、湿工况与混合工况 3 种智能高效的运行模式，也可以根据实际需要选择节能模式、节水模式、经济模式和除湿模式。

② 机组预留能耗采集接口，可实时采集功耗数据。

③ 间接蒸发冷却芯体采用高亲水性高分子材料经特殊工艺加工而成，并采用宽片距板片式结构，高压差、高风速不变形，换热效率高，耐腐蚀性强，具有自清洁功能。

④ 大孔径三维布水，布水均匀，不易堵塞，可实现精确淋水，杜绝漏水现象。

⑤ 机组采用压缩机单独给电、（风机和水泵）用两路电（至少一路 U 电），控制用两路电（至少一路 U 电）的配电结构，确保数据中心用电安全。

⑥ 机组保护功能齐全，提供电源缺相、欠压、高低压、过载、压差、防冻、液位异常等报警功能。

⑦ 间接蒸发冷却空调机组的标准制冷量为 86kW、120kW、160kW、220kW 共 4 种。

#### 4. 适用场景

间接蒸发冷却空调系统适用于空气品质优等以下的地区，而且屋顶、侧墙或地面结构设计允许预留场所，特别适用于严寒和寒冷地区的数据中心。

#### 5. 绿色节能效果

设备的 COP[1] 超过 8，并且能够全年或大部分时间使用自然冷源，减少机械制冷系统的全年运行时间，有效降低数据中心的 PUE 值。其中，使用间接蒸发冷却空调系统后，数据中心的 PUE 值均能够降低至 1.3 以下。

1. COP（Coefficient Of Performance，性能系数）。

### 6. 工程项目应用要点

设备选型设计时，需要结合实际工程使用地的气象参数条件，确定机械辅冷系统的容量；在设计安装位置时，应考虑防冻、防结霜、防沙尘暴、防雷、防暴雪、水质要求等因素。

施工安装时，需要考虑清洗和更换进风侧的空气过滤器；水质欠佳时，循环水泵进口应设置过滤器，加装电子水处理器；在空气中风沙量较大的地区，进风口需安装防风沙装置，并定期进行清洗。

### 7. 项目应用案例

中国移动通信集团湖南有限公司某核心机房制冷工程分为南侧机房和北侧机房两个区域，总面积为 $9\times10^4m^2$。本项目采用了间接蒸发冷却空调系统，部分冷源为 9 台间接蒸发冷却组合式空调机组，冷源机组置于屋面，设备风量为 $57600m^3/h$。

系统运行期间，室内舒适，用户体验良好。与常规机械制冷空调系统相比，本项目采用的间接蒸发冷却空调系统经济合理、节能环保、无制冷剂泄漏，设备长期运行稳定良好。在空调系统的能耗大幅度降低的同时，减少了耗电量，从而减少了 $CO_2$、$SO_2$、$NO_x$ 及其他有害物质和颗粒物的排放，对于改善空气质量有明显的促进作用。

系统运行期间，相比机械制冷节省电量约 68%，年节约运行费用为 128.7 万元，减碳量约为 2260t，其经济效益、节能效果和低碳运行成果显著。

## 间接蒸发冷水塔系统的应用

### 1. 系统的技术理念及运行模式

该系统以间接蒸发冷水塔为冷源，新风首先经过间接蒸发预冷，温度被降低后送入填料塔，再进行直接蒸发冷却，其运行模式分为高温运行模式、低温运行模式和超低温运行模式 3 种。

其中，高温运行模式主要是在夏季，不开预冷段，空气经过滤后送入填料塔，与填料表面水分直接接触进行直接蒸发，凭借水分的蒸发带走热量，制得高温冷水，空气经顶部EC变频风机墙排出，该运行模式下的功耗与冷却塔相当。

低温运行模式下，开启机组的间接蒸发预冷段，将空气的干球温度和湿球温度同时降低后送入填料塔，此时的风机满载运行，利用干空气能够降低进入机组空气的湿球温度，提高填料塔的蒸发冷却效率，空气与水的热湿交换更充分，能效更高，且具备水箱加热功能，防止冻结。

超低温运行模式主要是在严寒、寒冷地区的冬季，设备不开预冷、不淋水，使用乙二醇盘管与室外低温空气进行换热，充分利用自然冷源，有效解决了冬季冻结的问题。

### 2. 系统的关键技术构成

系统设备集成了内冷式间接蒸发、填料热湿交换、三维变流量均匀布水、水质实时检测处理和智能群控等多项关键技术，采用模块化设计，具有高效节能、运行稳定、防冻结和低噪声等特点，特别适用于大型新建及改建的数据中心制冷项目。间接蒸发冷水塔系统的工作过程示意如图 6-62 所示。

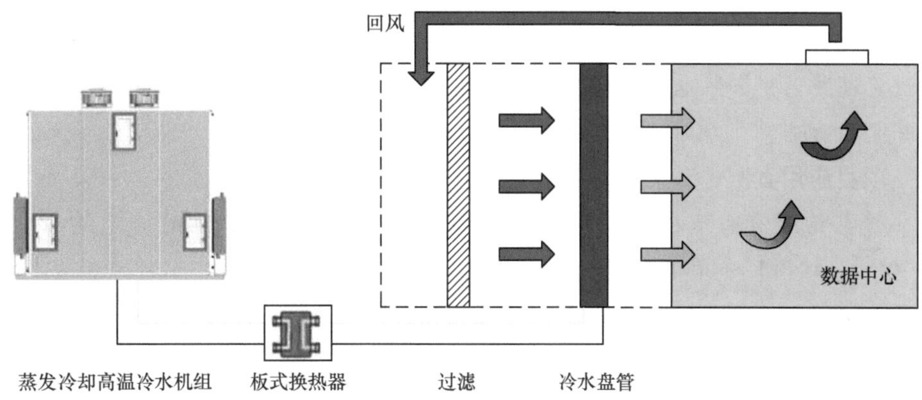


图 6-62　间接蒸发冷水塔系统的工作过程示意

### 3. 机组设备的性能特点

① 与机械制冷设备相比，本系统设备在相同制冷量下节能 65% 以上，大幅降低了运行费用。

② 填料采用有机高分子材料，具有良好的阻燃、抗菌性能，并且采用新型结构设计，可快速拆换，有效降低了后期的维护成本。

③ 机组设备采用直流无刷 EC 风机，具备可靠性高、效率高、寿命长、振动小、噪声低及不间断工作等特点，并可有效阻挡雨雪风沙的侵入，保持水质的干净。

④ 采用“PLC+触摸屏”智能控制，提供多种接口类型，可实时检测出水温度，自动控制风机转速。

⑤ 内冷式间接蒸发冷却芯体采用高亲水性高分子材料经过特殊工艺加工，并采用宽片距板片式结构，具有高压差高风速不变形、换热效率高、耐腐蚀性强和寿命长等特点。

⑥ 机组设备采用大孔径三维布水技术，布水均匀，不易堵塞，更适合变流量运行。

⑦ 间接蒸发冷水塔单模块循环水量可达到 40 ～ 200m³/h。

### 4. 适用场景

间接蒸发冷水塔系统适用于空气品质优等，且室外空气湿球温度基本保持在 18℃及以下的地区，而且屋顶、侧墙或地面结构设计允许预留场所，特别适用于严寒和寒冷地区的数据中心制冷项目。

### 5. 绿色节能效果

与机械制冷设备相比，本系统设备在相同制冷量下节能 65% 以上，大幅降低了运行费用，节能减排效果明显。

6. 工程项目应用要点

在设备选型设计时，需要结合实际工程使用地的气象参数条件，确定机械辅冷系统的容量；在安装位置设计时，应考虑防冻、防结霜、防沙尘暴、防雷、防暴雪等因素。

施工安装时，需考虑清洗和更换进风侧的空气过滤器；水质不好时，循环水泵进口应设置过滤器，加装电子水处理器；在风沙量较大的地区，进风口需安装防风沙装置，并定期清洗。

7. 项目应用案例

中国电信股份有限公司成都分公司数据中心项目制冷工程的总建筑面积约为 $3.5\times10^5m^2$。该项目采用了间接蒸发冷水塔系统，其中间接蒸发冷水塔作为冷源之一，该冷源机组的循环水量为 $5m^3/h$，制冷量为 30kW。该系统由间接蒸发冷水塔、风冷冷水机组和蓄冷罐组成，间接蒸发冷水塔作为春季、秋季及冬季冷源及部分时段的蓄冷冷源，可最大限度地降低系统能耗。

系统运行期间，相比机械制冷节省电量约 50%，年节约运行费用为 126 万元，降碳量约为 990t，其经济效益、节能效果和低碳运行成果显著。

## 全新风直接蒸发冷却空调系统的应用

1. 系统概述

该系统可采用直接蒸发式冷气机或直接蒸发式冷却空调机组来实现。该系统包括直接蒸发冷却空调设备（包含过滤段、翅片式蒸发器/表冷器段、直接蒸发段、风机段等）、排风系统、精密空调和联动控制系统等。

该系统可监测室内外温/湿度，当检测到直接蒸发冷却系统无法满足室内温/湿度要求时，会自动联动精密空调运行。

2. 系统的技术理念及原理

该系统充分利用直接蒸发冷却技术，利用不饱和空气的干球温度和湿球温度之差作为驱动进行降温，空气越干燥，干湿球温度差越大，蒸发冷却的效果越好。

直接蒸发冷却空调设备在集成直接蒸发冷却技术和外冷式间接蒸发冷却技术的基础上，可根据实际工程需要增加中高效过滤、机械制冷段、表冷段、加热段、消声段和加湿段等其他功能段，采用模块化设计，具有高效节能、运行稳定、防冻结和低噪声等特点，适用于各种数据中心、机房和配电室的节能降温系统。全新风直接蒸发冷却空调系统的工作过程示意如图 6-63 所示。

3. 空调机组的性能特点

（1）直接蒸发式冷气机

① 设备壳体采用高强度耐候性工程塑料或钣金结构，具有抗老化、抗紫外线、抗

变形、抗腐蚀性、使用寿命长等特点。

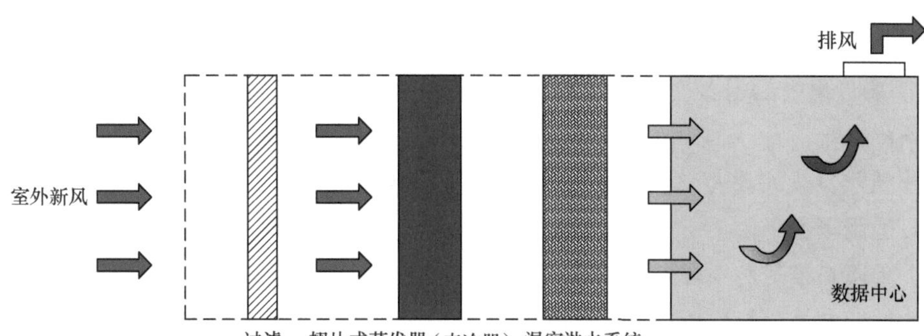


图 6-63 全新风直接蒸发冷却空调系统的工作过程示意

② 蒸发填料采用原木浆纸纤维复合物，易清洗，降温效果显著，并且具有良好的防火特性。

③ 采用自动控制的水系统，开敞式水分布器，水流均匀流畅，不易堵塞。

④ 采用直流无刷电机，运行平稳、噪声低、电机重量轻、温升低、无励磁声。

⑤ 同时适用于频率 50Hz/60Hz、宽电压（200 ～ 277V）的范围内长期运行。

⑥ 电机效率高，相同风量、风压情况下节能约 20%。

⑦ 电机直联传动，运动部件少，不需要更换皮带、使用维护方便。

⑧ 采用智能液晶控制器，设备工作状态、故障显示一目了然。

⑨ 恒功率电控，自动感测阻力，调整风压及风量，保证送风量和送风距离。

⑩ 采用专业设计的前倾多翼式离心风机，出口静压高，送风距离远。

⑪ 蜗壳及叶轮均采用新型复合材料，重量轻、耐腐蚀、抗老化且吸振效果好。

⑫ 有上、下、侧面出风方式可供选择，运行平稳，噪声小。

⑬ 直接蒸发式冷气机送风量可以达到 10000 ～ 200000m³/h。

（2）直接蒸发式冷却空调机组

① 采用直接蒸发冷却技术，充分利用室外干空气能以降低新风机运行能耗，节能效果明显。

② 空调机组采用防冷桥铝合金框架，无缝承插拼接面板，高压聚氨酯保温板，具有良好的保温性能和密封性能。

③ 采用植物纤维材料或高分子材料制成的填料，阻燃等级达到B1 级，吸水效率高达 250%，蒸发效率高达 95%，寿命长、无异味，不含苯酚等对人体有害的物质，符合环保ROHS和REACH认证要求。

④ 机组内置水箱，循环使用，采用先进的布水淋水设计，低迎面风速，无飘逸水，换水周期长，降低用水量和水泵能耗。

⑤ 机组可设置初、中、高效过滤网，且过滤等级可选，功能段设置合理，可根据实际使用需求选择加热段、机械制冷段等。

⑥ 机械制冷系统配比可按照实际需求调整，能效比更高。

⑦ 采用中央控制器，可实现风量自动调整、温/湿度控制、故障报警、多台机组群控等功能。

⑧ 直接蒸发式冷却空调机组的送风量可以达到 5000 ～ 200000$m^3$/h。

#### 4. 适用场景

全新风直接蒸发冷却空调系统适用于室外空气品质优等地区的新建、扩建，以及改建的数据中心、各类机房、基站的制冷。

#### 5. 绿色节能效果

设备直接蒸发冷却效率高达 90% 以上，一次能量搬运，无能量交换的热损失，功耗低，充分利用干空气能源，无传热温差，使用时间长，节能率最高超过 80%，COP 最高可达 47 以上。

#### 6. 工程项目应用要点

在设备选型设计时，需要结合实际工程使用地的气象参数条件，确定机械辅冷系统的容量；在安装位置设计时，应考虑防冻、防结霜、防沙尘暴、防雷、防暴雪等因素。

施工安装时，需考虑清洗和更换进风侧的空气过滤器；水质不好时，循环水泵进口应设置过滤器，加装电子水处理器；在风沙量较大的地区，进风口需安装防风沙装置，并定期清洗。

#### 7. 项目应用案例

福建省某联通机房 2 号楼双层增值机房的制冷系统节能改造工程的面积为 2850$m^2$，高为 4m，采用了全新风直接蒸发冷却空调系统。冷源为 50 台风量为 18000$m^3$/h 的蒸发式冷气机，冷源机组置于机房外墙，系统在过渡季节及冬季由蒸发式冷气机对机房进行降温，满足节能减排、降低空调能耗的要求。蒸发式冷气机开启后，机房降温区域温度在 28℃以下，满足机房运行环境，节能效果理想。

系统运行期间，室内舒适，用户体验良好。与常规机械制冷空调系统相比，该工程采用的全新风直接蒸发冷却空调系统经济合理、节能环保、无制冷剂泄漏，设备长期运行稳定。

该工程使空调系统的能耗大幅降低的同时，也减少了耗电量，从而减少了 $CO_2$、$SO_2$、$NO_x$ 及其他有害物质和颗粒物的排放，对于改善空气质量有明显的促进作用。系统运行期间，相比机械制冷节省电量约 82%，年节约运行费用为 138 万元，降碳量约为 1090t，其经济效益、节能效果和低碳运行成果显著。

（技术依托单位：澳蓝（福建）实业有限公司）

# 新型节能氟泵系统的应用

## 1. 系统的创新设计

① 该系统采用回风高、压比低、换热面积大的设计，能够有效降低压缩机的运行功率，充分利用室外自然冷源，提升整机的全年能效比。

② 氟利昂制冷剂循环泵（简称氟泵）、压缩机共管路，智能双循环，随机房负载、室外环境温度整机在压缩机模式、混合模式、氟泵节能模式中自动切换。

③ 氟泵节能模块采用专利化防气蚀设计，解决了离心泵气蚀问题，充分利用离心泵比行业其他产品（例如，齿轮泵）噪声低、功率低、效率高的特点，氟泵节能模块可实现静音化、无噪声污染、功耗低、更加高效节能。

④ 该系统采用双变频技术（变频压缩机和变频氟泵），冷量输出随机房负载、室外环境温度自动匹配调节，全年能效比可以比普通氟泵空调高出 30%。

⑤ 该系统采用单独的压缩机腔体设计，使换热器腔体具备更好的气流组织，风阻更小，蒸发器换热效率更高，更加高效，压缩机腔体内还可集成电量计量、防雷、ATS 双电源等功能器件。

## 2. 系统原理及运行模式

为了尽可能提高室外自然冷源的利用率和增强产品的可靠性，变频新型节能氟泵双冷源精密机房空调制冷系统的方案选用和控制策略的制定极为关键。在制冷系统设计方面，氟泵和压缩机串联到同一个管路系统中。系统运行原理如图 6-64 所示。

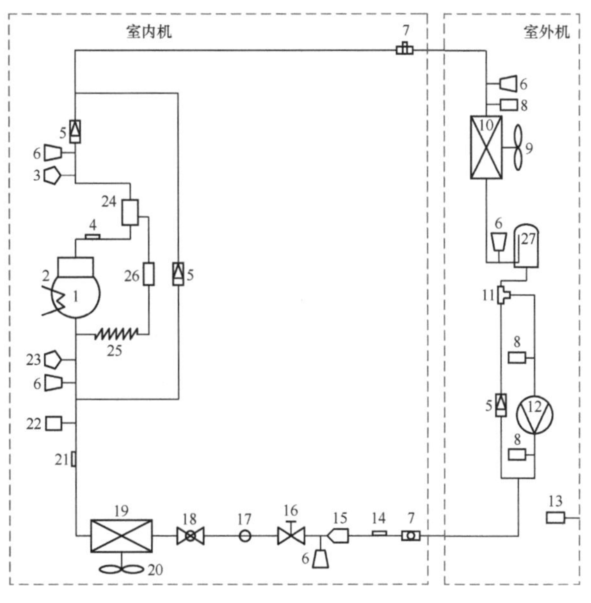


图 6-64　系统运行原理

在控制策略上，当处于不同季节时，变频新型节能氟泵双冷源精密机房空调可以通过分别开启压缩机、氟泵或压缩机和氟泵联合运行的方式，最大限度地提高制冷系统的能效比。3 种运行模式如图 6-65 所示。

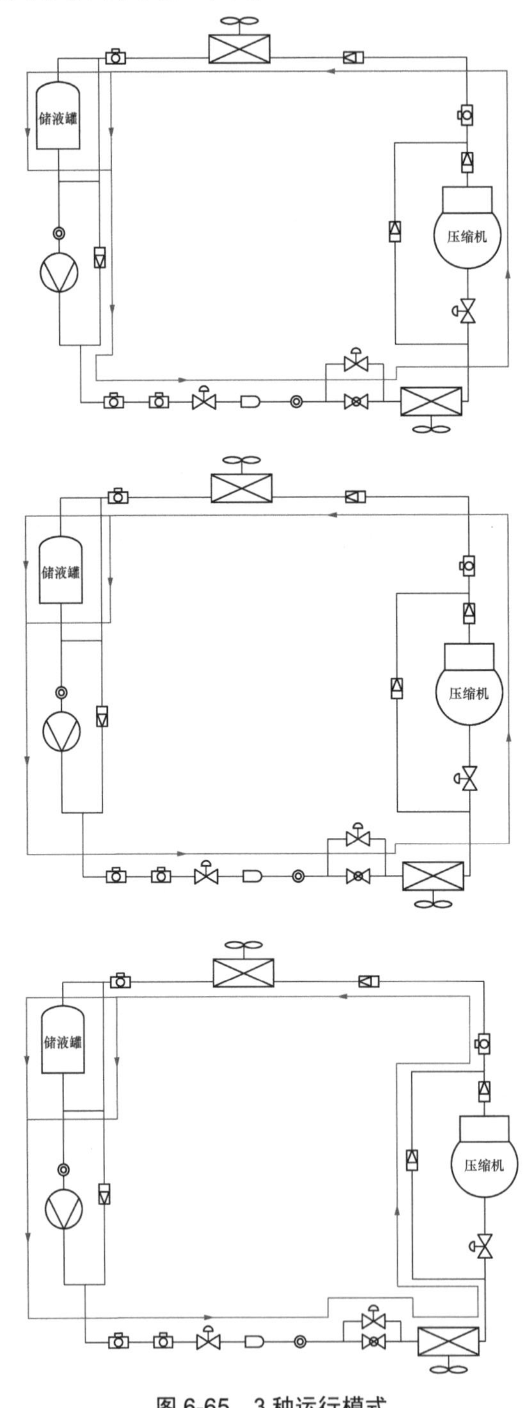


图 6-65　3 种运行模式

① 压缩机运行模式

在压缩机运行模式下，变频新型节能氟泵双冷源精密机房空调和常规风冷型机房空调系统完全相同。低温低压的制冷剂在蒸发器内吸热汽化后，被压缩机压缩成高温高压的蒸汽，然后进入冷凝器进行排热。该模式适用于室外温度较高的条件。

② 压缩机和氟泵混合运行模式

氟泵（又称液泵、制冷剂泵）和压缩机共同运行，当季节过渡室外温度较低时，可显著提高整机能效比。该模式适用于室内外有一定温差时的环境。

③ 氟泵运行模式

氟泵单独运行，在室外低温条件下应用，能效表现远高于压缩机运行模式，大幅度节省了机房内空调制冷的耗电量。

**3. 关键技术与技术难点**

相对于数据中心传统风冷机房空调，变频新型节能氟泵双冷源精密机房空调的关键技术及技术难点主要有以下 4 个方面。

① 为了确保能够最大限度地利用室外免费的自然冷源，变频新型节能氟泵双冷源精密机房空调需要综合判断室外环境温度和数据中心内部发热负载的变化情况，以便智能化地控制压缩机或氟泵的制冷量输出，同时，为了数据中心提供高效的节能运行和精确的温度和湿度控制。

② 应用在数据中心的传统风冷机房空调需要确保全年不间断运行，对可靠性设计要求极高。变频新型节能氟泵双冷源精密机房空调相比传统风冷机房空调，有着更多的运行模式。这些运行模式均要精确控制制冷剂流量，以确保制冷剂在蒸发器内部可靠蒸发。

③ 不同模式的切换过渡阶段是系统可靠性最脆弱的环节。切换控制逻辑的合理性和控制过程的精细程度，对压缩机的可靠性影响起着非常关键的作用。因此，需要通过大量的测试来验证和分析，并结合特殊的制冷管路设计，才能总结出合适的控制逻辑，以达到和传统风冷机房空调同等的可靠性，同时又能实现最大限度的节能效果。

④ 整机全套钣金开模设计，一体化成型，重量轻、强度高，具备防火、防水隔离功能，压缩机风机、控制器等关键器件可实现全面维护。

**4. 新型节能氟泵技术在不同季节的应用要点**

① 低温季节（≤ 5℃），充分利用自然冷源，运行氟泵节能模式，只使用氟泵制冷，充分利用自然冷源，降低空调耗电量。

② 过渡季节（5℃～ 15℃），同时开启压缩机、氟泵，运行混合模式，根据室内负载与室外环境温度自动调节输出占比。

③ 高温季节（＞ 15℃），开启机械制冷模式，压缩机运行模式，冷量输出强劲以保证机房温度或湿度。无论何种环境机组均能自动适应，在满足机房温控要求的前提

下，运行至最佳状态，最大限度地利用自然冷源。

5. 技术适用场景

该技术主要应用于新建数据中心和在用数据中心改造，适用于负荷率在25%以上的设备，适用于严寒地区、寒冷地区、温和地区和夏热冬冷地区，可用于中小型、大型和超大型数据中心。当环境温度低于15℃时，使用时间越长，地区投资回收期越短，在冬季室外冷源充足的地方其应用效果更好，整机能效比更高。

6. 绿色低碳与节能效果

普通机房空调全年能效比为4.94，新型节能氟泵全年能效比为13.59，其能效大幅提升，节能率达51.53%。由此可计算单台机组每年节省耗电量为54830kW・h，每年折节标煤17t，以电价每千瓦时1元计算，每台每年节省电费54830元，实现经济效益每年每台5.5万元，未来3年预计可实现机组数量500台，静态投资回收期约为3.65年（120000/32898≈3.65）。

7. 项目应用案例

天津某数据中心采购了14台100kW变频氟泵双冷源设备，在冬季或过渡季室外温度较低时，利用制冷剂泵（智能双循环）对制冷剂进行室外循环换热，充分利用室外自然冷源；在夏季或过渡季室外温度较高时，采用压缩机对制冷剂进行压缩循环换热；这种智能双循环设计能够在全年一定时间内不需要开启压缩机制冷，降低空调能耗。

天津某数据中心充分利用自然冷源，设计新型节能氟泵产品，符合实际需求，降低能耗，绿色节能。数据中心采用新型节能氟泵，全年能效比为13.59，机房全年耗电量为721943kW・h，相比于同期14台风冷机房空调，节省电量为767612kW・h，节能率为51.53%，可实现年节能减碳量237.96t。

14台设备的投资额为168万元，假设电费每1千瓦时为1元，每年的节省电费为76.76万元。投资回收期约为2.19年（1680000/767612≈2.19）。

## PHU整体式全天候节能技术的应用

1. 技术概述

海悟PHU整体式全天候节能技术是通过低功率氟泵充分利用大气自然冷源实现数据机房制冷的一体化技术，主要应用于新型整体式氟泵空调机组。该技术是通过室外环境温度自动判断机组运行模式（氟泵模式/混合模式/压缩机模式），最大限度地提高制冷系统的能效比。采用全变频设计，根据机柜热负载自动调节，实现整机高性能、高可靠性的需求，保障冷量稳定输出，保障数据中心业务不中断。PHU整体式氟泵空调机组室内外机集成为一体，不占用室内机柜的空间，出柜率提高到30%，大幅减少占地面积，同时支持无水配置，避免机房进水、动火等风险。整体式氟泵空调机组能效比测试见表6-6。

表6-6　整体式氟泵空调机组能效比测试

| 序号 | 项目 | | 整体式氟泵空调 | |
|---|---|---|---|---|
| 1 | 室内工况 | | 回风工况：36℃/30%RH | |
| 2 | 负载率 | | 100%负载 | 75%负载 |
| 3 | 能效比 | 室外温度35℃ | 4.21 | 5.36 |
| | | 室外温度25℃ | 5.89 | 6.24 |
| | | 室外温度15℃ | 7.85 | 10.81 |
| | | 室外温度5℃ | 15.93 | 22.90 |
| | | 室外温度-5℃ | 18.47 | 24.29 |
| 4 | 全年能效比 | | *AEER*=10.92 | *AEER*=14.45 |

### 2. 技术创新设计

将传统空调室内机与室外机有机结合，所有零部件被集成在一个集装箱/钣金框架中，机组整体预制化装配及运输，帮助客户实现温控设备的快速部署。

在传统风冷系统的基础上增加氟泵制冷系统与压缩机系统管路串联，在低温季节时可关停或降低压缩机的频率，充分利用自然冷源。

机组运行阻力低，节能高效，满足机房零耗水的需求；同时，室外侧可选配湿膜蒸发预冷组件，延长自然冷却的时间，进一步提高整机能效。

机组可根据室外环境温度及机房负载情况自动调节运行模式及各部件的运行数据，在保证高效制冷的同时做到自寻优运行。

氟泵节能模块采用专利化防气蚀设计，解决离心泵气蚀问题，充分利用离心泵比行业其他产品齿轮泵噪声低、功率低和效率高的特点，使氟泵模块静音化、无噪声污染、低功耗和高效节能。

机组可选余热回收组件，将数据中心余热有效回收使用，满足数据中心附近园区或办公区域的供暖需求，进一步提高产品的性价比。

### 3. 机组运行模式

① 氟泵模式。在低温季节，机组只开室内和室外风机及制冷剂泵，不需要开启压缩机，通过低功率氟泵给冷媒提供动力，获取室外冷量，充分利用自然冷源，大幅降低空调耗电；选配湿膜蒸发组件时，可自动开启湿膜蒸发装置，延长氟泵模式的开启时间。氟泵模式如图 6-66 所示。

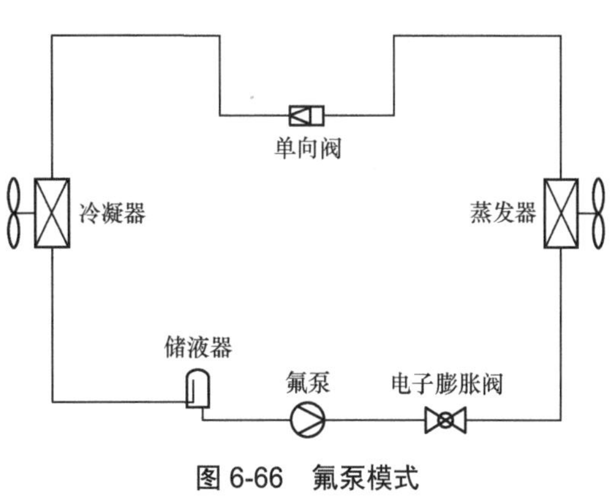

图 6-66　氟泵模式

② 混合模式。在过渡季节，机组室

内风机、室外风机、压缩机、制冷剂泵开启，通过压缩机和氟泵混合运行，极致利用自然冷源，确保充足冷量和高能效。混合模式如图 6-67 所示。

③ 压缩机模式。在高温、高湿的条件下，仅使用压缩机动力循环制冷，保证强劲冷量输出的同时根据室外温度变化自动调节，最大化地节能减耗。压缩机模式如图 6-68 所示。

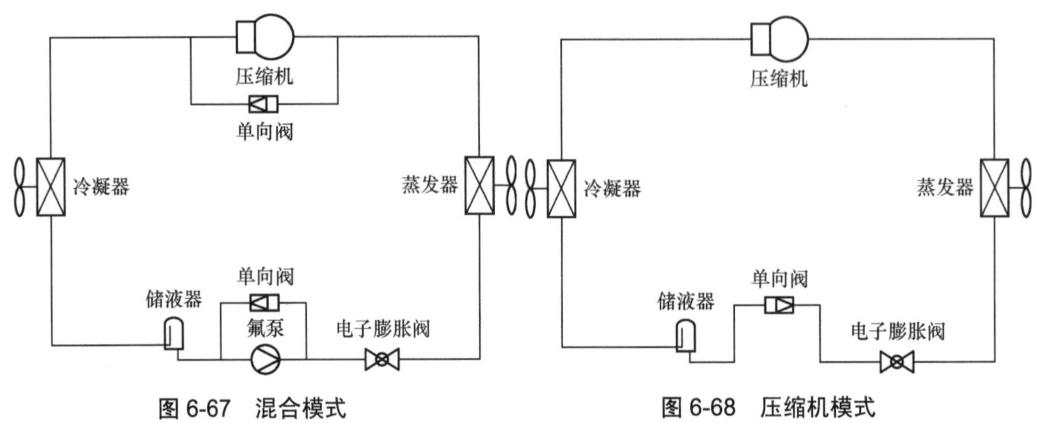


图 6-67　混合模式　　　　图 6-68　压缩机模式

④ 在压缩机排气管路上设置一个水氟换热板换（氟侧双系统），回收排气热量，提供采暖热水，通过调节电动球阀的开度控制旁通至板换的排气量，控制板换供水温度满足用户的设定值。热回收系统如图 6-69 所示。

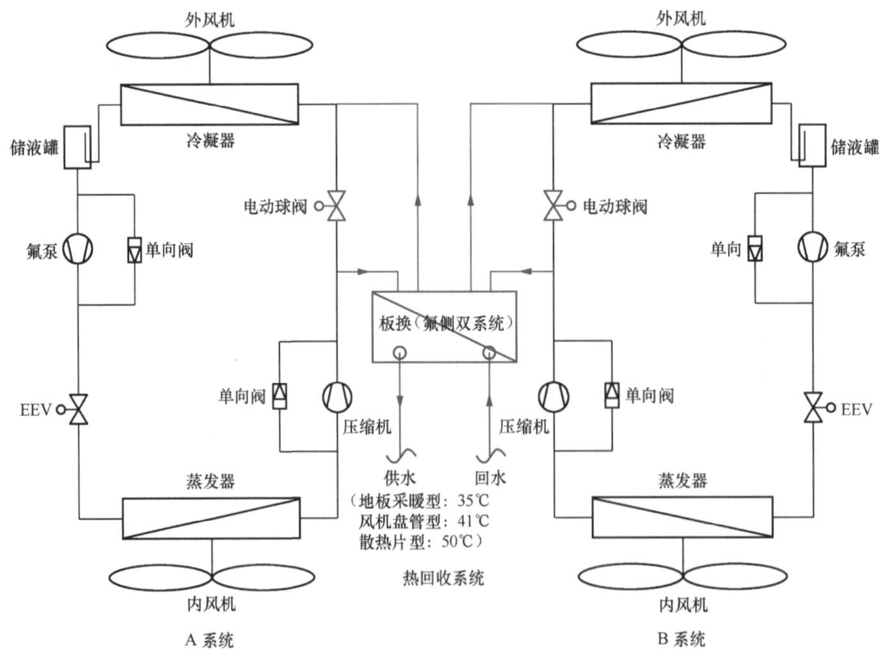


图 6-69　热回收系统

4. 技术特点及优势

① 一体化高密度集成。设备采用整体式设计，工厂整机生产装配。出厂后不需要二次安装，不需要工程焊管，简单可靠。

② 全年高效制冷。制冷系统全变频设计，运行模式自动切换；室外进风侧可选配湿膜预冷组件，最大化地节能减耗。

③ 运行智能寻优。自寻优控制策略，助力机组能效提升 15% ～ 20%。

④ 方案灵活兼容。针对不同应用场景设计了 3 种结构形式，可以根据现场的实际情况最优配置机组方案。

⑤ 供电架构可靠。标准配置双电源自动切换装置，保证机组运行稳定可靠。

⑥ 维护简单省心。关键器件位于机组端面或侧面，室内侧配备检修门及检修通道，适合外部开放空间在线检修。

5. 绿色低碳与节能效果

（1）对比传统温控方案：传统机房空调

PHU 整体式全天候节能技术产品 100% 制冷负载下与传统机房空调能效对比曲线如图 6-70 所示。整体式全天候节能技术产品全年能效比为 10.92，传统机房空调全年能效比为 4.15。对比传统机房空调，整体式全天候节能技术产品节能率为 62%，单台 400kW 机组每年可节省耗电达 523458.2kW・h。假设电力折标系数为 310gce/（kW・h），则单台 400kW 整体式全天候节能技术产品可减少消耗 162.3t 标准煤。

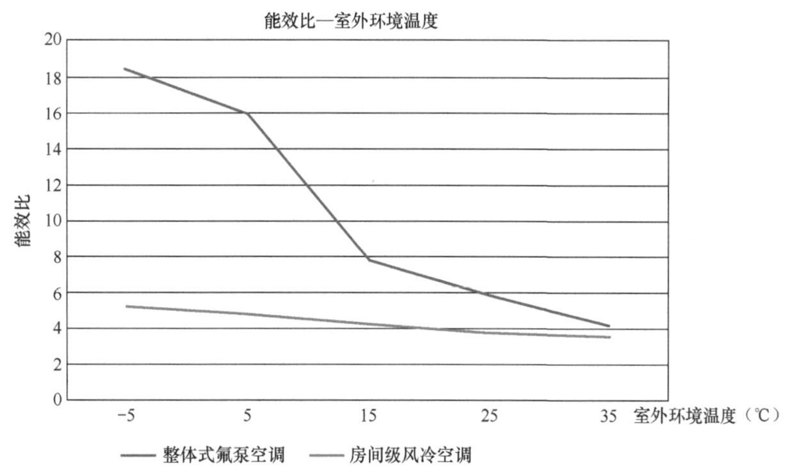


图 6-70　PHU 整体式全天候节能技术产品 100% 制冷负载下与传统机房空调能效对比曲线

（2）对比行业先进方案：间接蒸发冷却空调

在北京地区，机组回风温度为 36℃，75% 制冷负载下，整体式全天候节能技术产品与间接蒸发冷却空调计算 PUE 值及 WUE 对比如图 6-71 所示。

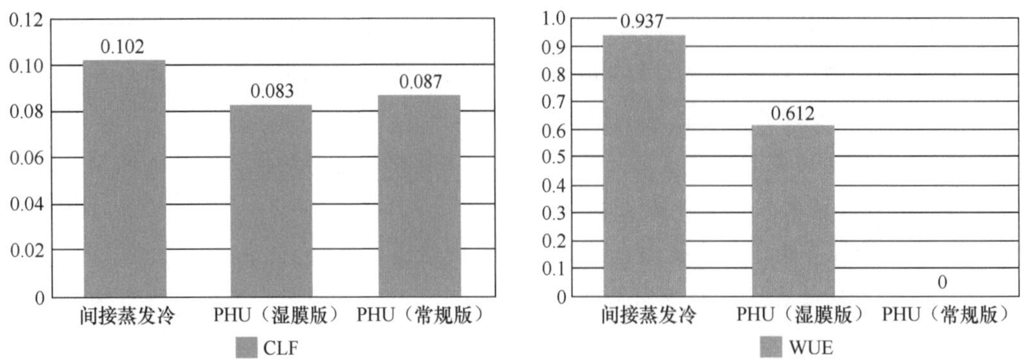


图 6-71　整体式全天候节能技术产品与间接蒸发冷却空调计算 PUE 值及 WUE 对比

上海地区同工况负载下，两种方案PUE值及WUE对比如图 6-72 所示。

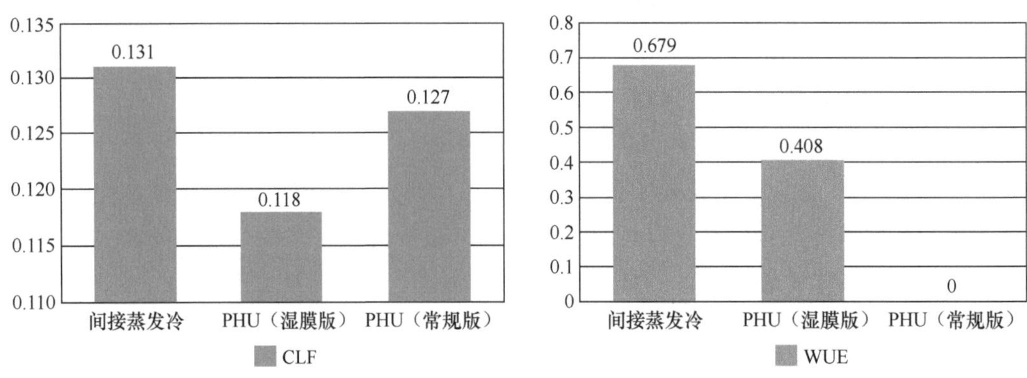


图 6-72　上海地区同工况负载下，两种方案 PUE 值及 WUE 对比

广州地区同工况负载下，两种方案PUE值及WUE对比如图 6-73 所示。

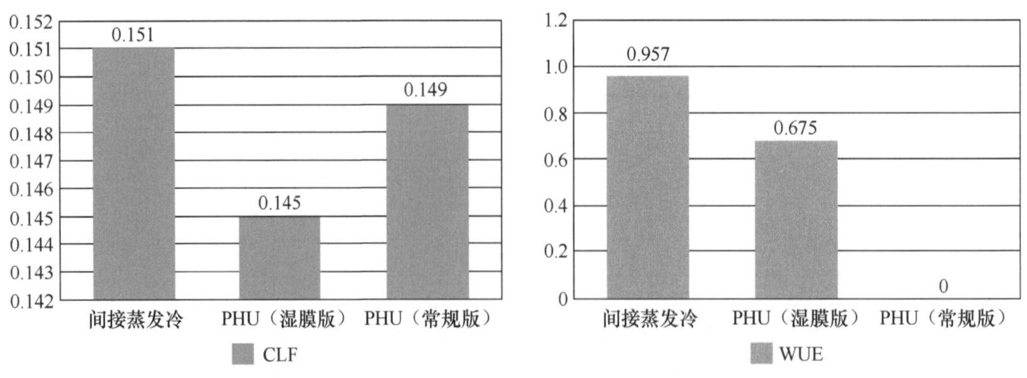


图 6-73　广州地区同工况负载下，两种方案 PUE 值及 WUE 对比

### 6. 适用场景和选用建议

该技术适用于各类改建/新建的大型、中大型数据中心、模块化数据中心、中高热密度通信设备与计算机机房等。同时，建议选择大颗粒度型号机组，留出一定冗余系

数，可获得更高的节能效果，并且在后期机房扩容时可灵活配置。

### 7. 项目应用案例

中联绿色大数据产业基地项目预采购 150 台 400kW 间接蒸发冷却空调，客户要求制冷系统能效比＞4.23，全年能效比＞9.7，水利用效率＜0.45，机组额定功率＜85kW。

海悟提供的方案为选配湿膜蒸发组件的 400kW 整体式全天候节能技术机组。该机组在 100% 制冷负载下能效比为 4.45，全年能效比为 10.36，水利用效率为 0.26，额定功率为 80.9kW，满足相应参数的要求。

由两个方案对比可知，在原方案中计划机组 75% 负载运行，要求机组全年能效比为 9.7。而在海悟配置方案中，在 75% 负载下机组全年能效比为 14.45。由此可以计算单台机组每年节省耗电量为 89059.3kW•h，机组节电率为 32.87%。假设电费为 0.6 元/（kW•h），折合单台机组每年可节省电费 5.34 万元。另外，通过对比水利用效率，可以计算单台机组每年节水 683.3t，机组节水率为 42.2%。假设水费为 10 元/t，折合单台机组每年可节省水费 6833 元。

（技术依托单位：北京海悟技术有限公司）

## 通信机房基于双回路热管空调技术的节能应用

### 1. 热管技术的原理

标准的热管模型由 3 个部分组成：主体为一根封闭的金属管（管壳），内部空腔内有少量工作介质（工作液）和毛细结构（管芯），管内的空气及其他杂物必须排除在外。

循环过程：当附着于蒸发段管壁的次冷液体吸收外界热量时，会将液体加热汽化，并且产生一种较高的压力，我们称为蒸汽压，这是造成蒸汽流往冷凝端(压力较低)流动的源动力，当蒸汽流到冷凝端时会释放出潜热并且凝结成液体，液体最后利用热管的毛细结构所提供的力回到蒸发段形成一个循环。

热管换热是在室外温度低于室内温度时，利用冷媒的自然汽化吸热作用为室内提供制冷，相比压缩机制冷而言，功耗只有 1/4，COP 能达到 10 以上。

### 2. 双回路热管空调技术

双回路热管空调技术融合了热管换热与压缩机制冷两套独立系统，压缩机系统与热管系统分别使用不同的蒸发器和冷凝器。采用热管空调可以充分利用室外自然冷源，冷却介质质量的流量降低，并可充分利用重力从而降低输配能耗，并且室内机可以更接近发热器件，从而减少气流掺混所引起的冷量损失，达到节能降耗的目的。自然冷源利用率高，全年节能工作时间长，节能效率高。热管空调与传统空调换热对比如图 6-74 所示。

双回路热管空调一体机是针对传统通信机房的要求而设计的，特别适合通信机房无人值守、无水系统、免维护、房间式安装、送风远等特点。

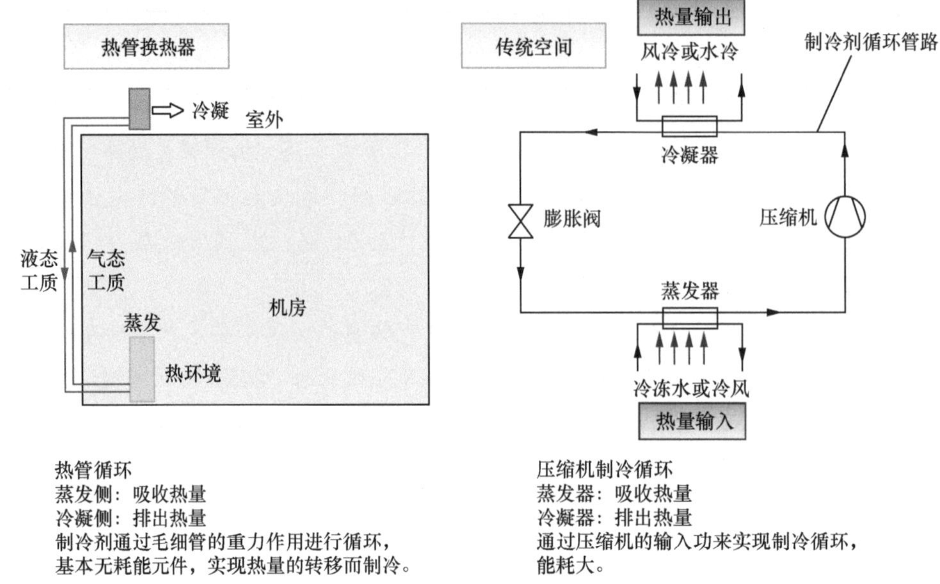


图 6-74　热管空调与传统空调换热对比

双回路热管空调一体机工作原理如图 6-75 所示。

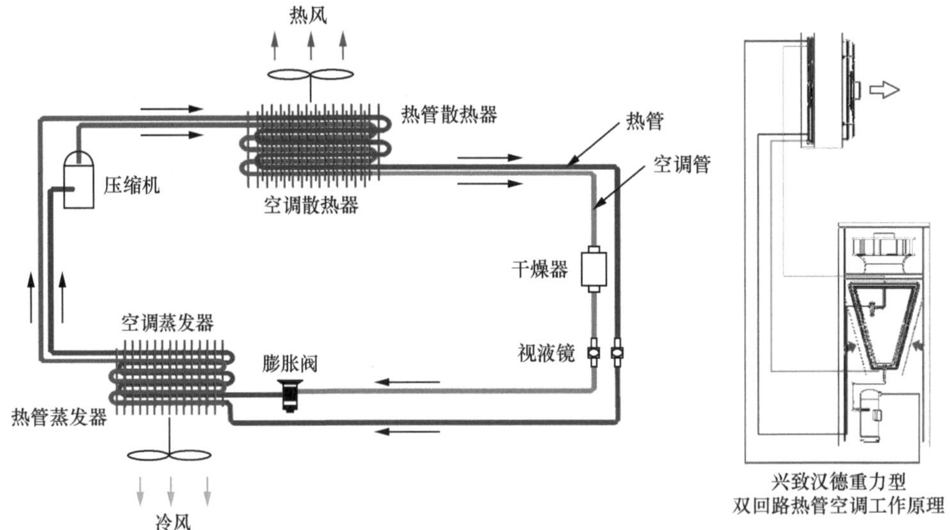


图 6-75　双回路热管空调一体机工作原理

### 3. 热管空调技术在 5G 机房节能改造中的应用

为探索热管空调对机房PUE值的影响，以武汉电信十里铺机房进行节能改造为例，对改造前后 4 年的耗电数据进行节电效率分析，以评估热管空调改造对机房PUE值的影响。

（1）机房平面图及设备布局情况

武汉电信十里铺三楼综合传输机房长 32.8m，宽 8m，总面积为 262m$^2$，安装 21 列机柜，机房安装有 10 台 5P 机房空调，机房布局如图 6-76 所示。

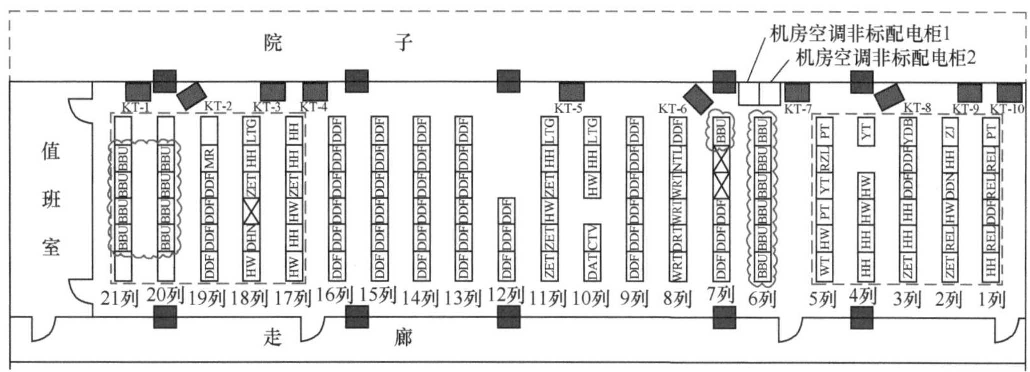


图 6-76　机房布局

（2）改造前机房情况

① 机房负荷及能耗情况

在 2018 年 4 月 5 ～ 6 日，经实际测量，室外温度为 6℃～ 13℃，机房主设备直流负荷电流 1200A，改造前的机房空调运行情况和能耗见表 6-7。

表6-7　改造前的机房空调运行情况和能耗

| 空调 | 设备年代 | 额定制冷量/kW | 运行电流/A | 日耗电/（kW·h） | 出风风速/（m/s） |
|---|---|---|---|---|---|
| 佳力图 | 2017年3月 | 12.6 | 7.91 | 87.46 | 10.9 |
| 佳力图 | 2016年8月 | 12.6 | 7.91 | 87.46 | 10.8 |
| 佳力图 | 2016年2月 | 12.6 | 7.98 | 88.24 | 9.6 |
| 佳力图 | 2014年7月 | 12.6 | 7.64 | 84.48 | 7.7 |
| 爱默生 | 2013年5月 | 12.5 | 9.29 | 102.72 | 5.5 |
| 爱默生 | 2012年7月 | 12.5 | 7.51 | 83.04 | 7.3 |
| 佳力图 | 2012年9月 | 12.6 | 8.29 | 91.66 | 9.1 |
| 三菱 | 2006年5月 | 12.6 | 8.71 | 96.31 | 4.1 |
| 三洋 | 1996年12月 | 12.5 | 8.86 | 97.97 | 4.3 |
| 大金 | 1996年12月 | 12.8 | 9.55 | 105.60 | 4.8 |

机房空调日均总耗电量为 924.93kW·h，主设备电功率为 64.8kW，日耗电量为 1555.2kW·h，机房 PUE 值为 1.59。

注：仅计算机房主设备和空调能耗，不计电源设备和照明的能耗。

② 改造前机房存在的问题

机房局部发热问题比较严重。特别是 6 ～ 7 列、20 ～ 21 列的 4G BBU 机柜发热密度高，机房空调循环风量偏小，冷气不能送到 BBU 机柜，常发出高温告警。

机房制冷量不足，机房整体温度偏高，机房空余机柜已不能增加设备。

机房PUE值偏高，2018 年 4 月 PUE 值为 1.59，全年PUE值在 1.64 左右。

（3）机房空调节能改造方案及耗电分析

① 改造方案

为解决机房问题和降低能耗，设计单位计划拆除原有的 10 台空调，采用 10 台兴致汉德重力型双回路热管空调代替，其中，7 台为 5P、3 台为 8P 热管空调，8P 空调布置在高发热列间。热管空调于 2018 年 6 月安装完成，运行至 2022 年 2 月 17 日，改造后机房空调耗电情况见表 6-8。

表6-8　改造后的机房空调耗电情况

| 热管空调耗电量数据/（kW·h） | | | | | | | | | | |
|---|---|---|---|---|---|---|---|---|---|---|
| 采集日期 | 空调1 | 空调2 | 空调3 | 空调4 | 空调5 | 空调6 | 空调7 | 空调8 | 空调9 | 空调10 |
| 2018年11月7日 | 10411 | 14744 | 12236 | 8907 | 14061 | 13758 | 9907 | 12743 | 4030 | 5323 |
| 2021年6月5日 | 71639 | 88766 | 87876 | 87008 | 87089 | 87940 | 110189 | 60637 | 94016 | 70654 |
| 2022年2月17日 | 90766.4 | 115999.96 | 110297.14 | 112221.29 | 107892.11 | 110369.85 | 133888.86 | 77897.9 | 120334.88 | 88646.16 |

② 改造后机房空调节能情况分析

2018 年 6 月至 2021 年 6 月，热管空调总耗电量 845814kW·h，截至 2022 年 2 月 17 日，总耗电量为 1068314.55kW·h，主设备负荷由 1200A 增长到 1800A，热管空调总耗电量为 845814kW·h，平均年耗电量 281938kW·h，机房年均 PUE 值为 1.34。

2021 年 7 月至 2022 年 2 月共计 232 天，主设备功率增长到 2230A，机房于 2021 年 7 月增加了 1 台 5P 海悟空调。在此期间，机房 PUE 值为 1.35，热管空调耗电为 222500.55kW·h，其中海悟空调约耗电 15600kW·h，主设备耗电 670498.56kW·h。

## 4. 分析结论及展望

综上所述，用热管空调代替原来的空调后，该机房年 PUE 值从 1.64 降至 1.34～1.35，节能效果明显，且改造后的热管空调制冷效果好，送风距离远，有效解决了机房局部发热的问题。虽然近 4 年主设备负荷大幅增加，但机房温度仍保持在合适水平。

热管空调由室内蒸发器和室外冷凝器通过气体管路和液体管路连接而成，重力型独立回路热管结构简单紧凑、传热性能好、可靠性高，没有制冷剂输运能耗，只有为了增强传热效果的室内风机和室外风机的能耗，可以充分利用自然冷源，有效解决局部过热的难点，提高制冷效率，有效降低了 5G 机房的 PUE 值，产生了良好的节能效益，值得进一步推广。

双回路热管空调按照机房专用空调标准设计，通用性强。因为叠加了热管系统，所以全年可减少压缩机近一半的工作时长，使用寿命高于普通空调；双回路热管空调制冷覆盖范围大、显冷比高，在普通传输机房、C-RAN 机房进行空调选型配置时，

2 台 5P 热管空调可以完全替代 3 台同规格普通空调，能进一步降低投入成本；热管空调在生命周期中耗电更低，降低了全生命周期成本。

根据目前江苏、安徽、山东、湖北、辽宁、河南等地的使用情况，双回路热管空调相较于普通机房空调，全年综合节能效率明显，是传统机房空调的优秀代替方案。

按通信行业节能产品采购标准和节能回收期要求计算，回收期为 2 ～ 3 年，北方地区回收周期更短。按照合同能源管理方式替换机房原有老旧空调，按照 9 : 1 的节能分成比例计算，投资回收期约 3.5 年，是优秀的合同能源管理选择方案。

（技术依托单位：湖北兴致天下信息技术有限公司）

## 数据中心液 / 气双通道精准高效制冷技术的应用

### 1. 技术概述

根据传热学的基本定律，为了达成热量的有效排放，一方面可以增大冷热源间的温差$\Delta T$，实现有效散热的目标；另一方面，也可通过建立低热阻的高效导热通道（R），达到制冷的目标。为了使数据中心“去空调”成为可能，针对数据中心服务器的热场特征，提出液/气双通道精准高效制冷技术。

数据中心液/气双通道精准高效制冷技术弥补了传统风冷制冷技术能耗较大、热岛现象突出、资源利用率不高等缺点，又规避了直接水冷技术泄漏风险高，结构相对复杂，系统流量分配难、压差大的不足，同时避免了浸没式液冷介质要求极高、工艺复杂，服务器架构变化极大、维护麻烦等问题，使数据中心在不增加建设成本的前提下，实现高效精准散热，节能环保。

### 2. 技术路线

制冷系统原理如图 6-77 所示。

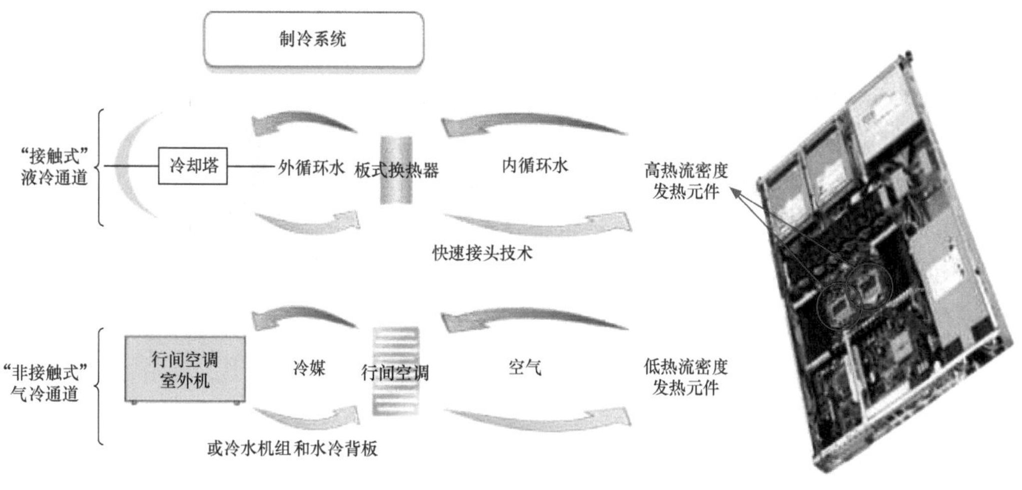


图 6-77　制冷系统原理

① 针对高热流密度元件（发热量占比大），采用“接触式”液冷通道制冷，液冷通道分为内外两级循环，内外循环之间通过板式换热器实现热量交换。经过板式换热器冷却后的载冷剂进入机柜内部水冷板，再通过热管将服务器内部高热流密度元件上的热量带走。

② 针对低热流密度元件（发热量占比小），采用“非接触式”气冷通道散热。气冷通道可以使用行间空调或水冷背板等形式，高密度热量通过液冷通道散走，气冷通道能耗大大减少，这使数据中心在不增加建设成本的前提下，实现高效节能、绿色发展。

冷板式液冷温控系统如图 6-78 所示。涉及液冷通道散热、气冷通道散热，液冷散热通道由液冷CDU、一次侧循环管网、二次侧循环管网、液冷机柜（含分配单元）、室外冷源（冷却塔或干冷器）组成；气冷散热通道由冷源（来自冷水机系统或室外机）、行间空调末端组成，共同承担液冷服务器全部散热。

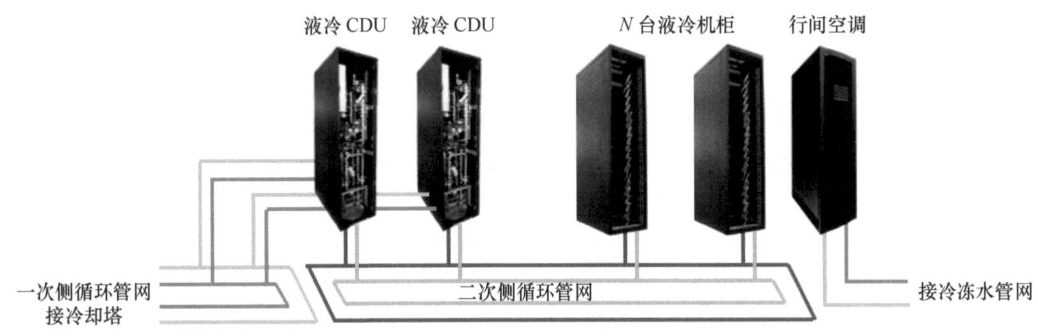


图 6-78　冷板式液冷温控系统

### 3. 技术创新设计

① 该设计提出了数据中心液/气双通道精准高效制冷新模式，克服了传统单一水冷系统结构复杂、安全性低的问题，突破了数据中心单一制冷系统模式限制，开辟了具有“双通道”特征的新型精准高效制冷新模式。

② 该设计发明了双环路双级水循环供冷系统，突破了服务器液冷技术应用瓶颈，解决了液冷系统污垢无泄漏及工质均匀分配的问题。

### 4. 技术主要特点

① 低能耗。液体载冷直接冷却核心发热部件，高载能、高换热；不需要压缩机，全年自然冷却，全国范围内，机房PUE值低于 1.15。

② 高灵活。选址灵活，全工况通用；匹配纯水、乙二醇、丙二醇及氟化物等多种介质；静音运行，布置灵活。

③ 高可靠。适应高密度机柜，提供可靠的散热环境；浸润材料全兼容、专有分液流路技术，连接头零泄漏，系统可靠。

### 5. 技术适用场景

该技术适用于冷板式液冷服务器、冷板式传输设备等场景，单机架功率密度小于

30kW的新建、扩建和改建，或有模块化和快速部署需求的液/气双通道热管冷板间接液冷数据中心，与项目选址弱相关。

6. 绿色低碳与节能效果

① 节省能耗：该技术可以将数据中心的PUE值降低至1.2以下，比传统数据中心（PUE值大于2.2）节省能耗45%以上。

② 提高资源利用率：消除了“热岛效应”，单机架功率可以提高至25kW以上。同时降低了制冷系统、供电系统50%以上的部署空间需求，与传统数据中心相比可提高5～8倍的服务器装机容量。

③ 该技术成果可实现数据中心的PUE值在1.2以下，与PUE值为2.2的数据中心相比，相当于我国每年可减少燃烧标准煤$1.5 \times 10^7$t、减少碳排放$3.7 \times 10^7$t。

7. 工程设计应用要点

① 负荷计算：明确电子信息设备发热（分别明确液冷负荷、气冷负荷值）、供电等其他设备发热，建筑围护结构的传热，通过外窗进入的太阳辐射热，人体散热及散湿，照明装置散热，新风冷负荷及湿负荷。

② 配置要求：该工程应满足主设备高热流密度元件发热的冷负荷，并设计为24h不间断运行；自然冷却单元、液泵、液冷温控单元、换热设备等设备应按照“$N$+$X$”（$X$=1～$N$）冗余配置；采用环路供回水设计等具备单点故障隔离功能的管路配置方案；应设置不间断电源保障，保障时间不宜小于15min；如果采用开式冷却塔，补水箱（池）的容量宜按照不低于配置；液泵、阀门等的设置应满足系统运行安全性及可维护性的要求。

③ 管路预制：液冷管路为二次侧溶液输配不锈钢管网，工厂内预制成型，机房内拼装，液冷管路如图6-79所示。

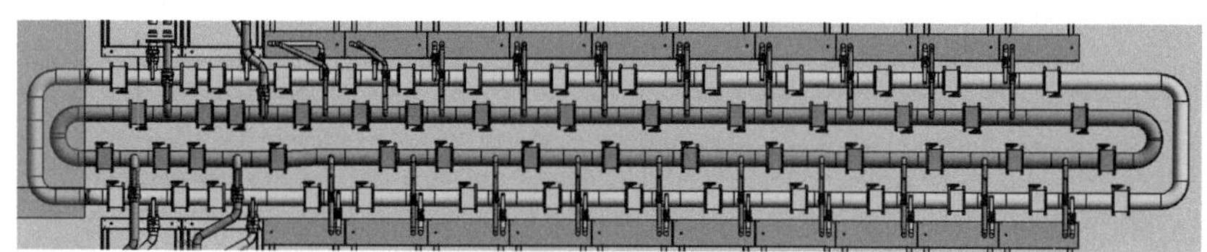

图6-79 液冷管路

8. 项目应用案例

马来西亚MY06项目的主体规模建设：864架机柜，单机柜的功率为25kW，该项目采用冷板式液冷系统，提供液冷CDU、Manifold、二次侧管网，实际应用PUE值为1.15。

（1）方案设计

该项目的液冷系统承担系统冷量的50%，采用“CDU+液冷分配单位”为机柜提供冷却液，CDU采用“1+1”互备配置，每个模块机房设置CDU设备“9+9”台；CDU一次侧冷却水由室外冷却塔提供，项目应用示意如图6-80所示。

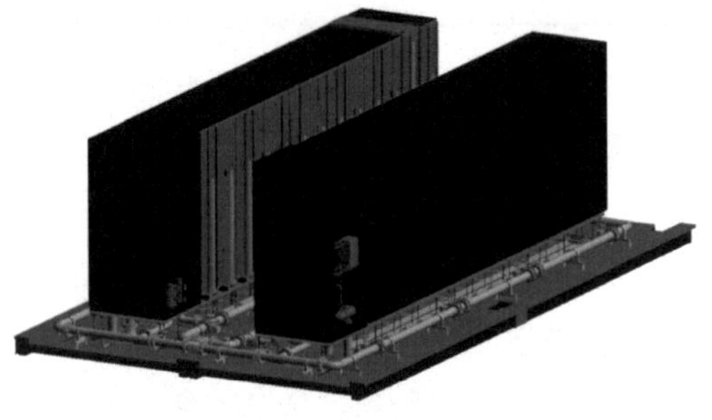

图6-80 项目应用示意

① 液冷系统采用内外循环构成的双级循环。双级循环通过换热器隔离换热，可以避免内循环受到外界环境的污染。

② 液冷系统采用双环路和液冷分配单元，采用双环路同程设计内循环系统，解决了机架内的流量匹配和可靠供液难题。

③ 液冷系统与蒸发冷却系统结合。液冷系统已带走高密度热量，蒸发冷却系统带走剩下热量。

（2）效果及效益分析

以传统数据中心的PUE值为1.5为标准，经测算，本项目的PUE值达1.15以下。

① 年节电能：864×25×0.35×8760=66225600（kW·h）。

② 节电效益：66225600×0.65/10000≈4304.7（万元/年），电费单价为每千瓦时0.65元。

③ 碳减排量：66225600×0.75/1000=49669.2（$tCO_2/a$）。

④ 节能量：66225600×0.32/1000≈21192.2（tce/a）。

⑤ 水冷冷水系统静态投资回收期为2.2年。

（技术依托单位：广东申菱环境系统股份有限公司）

## 数据中心单相浸没液冷散热解决方案

### 1. 系统构成及技术原理

该系统包含一次侧系统和二次侧系统。其中，一次侧系统为冷源系统，包含一次侧冷却塔等自然冷源设备及工程管路；二次侧系统包含CDU、二次侧工程管理、TANK等。单相浸没液冷散热解决方案如图6-81所示。

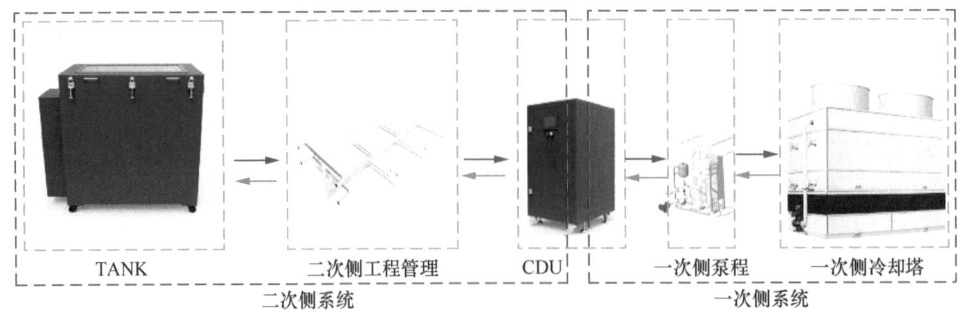


图6-81 单相浸没液冷散热解决方案

冷却液在TANK中吸收服务器产生的热量后，通过工程管路返回CDU，在CDU内通过板式换热器与一次侧冷却液进行换热，降温后的冷却液，经二次侧循环泵提升压力，通过工程管路再次进入TANK，在TANK中吸热后再次返回CDU，如此循环，从而带走服务器的热量，保证服务器在一个良好的环境中工作；吸收二次侧热量的一次侧冷却液经一次侧水泵提升压力，进入冷却塔降温后，再次进入CDU内的一次侧；室外冷源最终将热量散发到大气中。

### 2. 应用场景

单相浸没液冷散热解决方案均温性好、安全性高、噪声低，可实现机房PUE值低于1.1，可适用于多种类型的机房建设。

（1）中/大型数据中心机房场景

采用集中式液冷系统布局，CDU与TANK配置通常为“*N*+*X*”架构，*N*个CDU带动*X*个TANK机柜，CDU热备份，系统可靠性高，二次侧采用电子氟化液作为循环介质。

采用液冷系统的数据中心如图 6-82 所示。

（2）边缘数据中心场景

采用集装箱式布局或CDU和TANK一体机架构，可以实现工厂端预制开发，客户端按需部署，柔性扩容。集装箱式数据中心如图 6-83 所示。

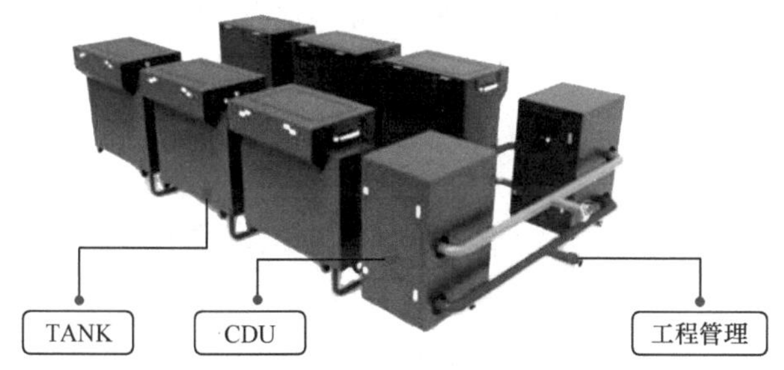


图 6-82　采用液冷系统的数据中心

图 6-83　集装箱式数据中心

### 3. 核心技术产品

分配单元如图 6-84 所示。

**End-of-row CDU**

- 200kW以上的散热能力
- 磁力泵浦
- 系统控制支持整机热备份
- 支持Modbus TCP、SNMP、TCP/IP、UDP等通信方式
- “PLC+触摸屏”控制方式
- ±0.1℃温控精度

图 6-84　分配单元

液冷机柜如图 6-85 所示。

**TANK**

- 满足数据中心19英寸标准化服务器接口要求，兼容1U、2U、3U等标准高度服务器接口
- 材料：不锈钢材质等
- 工艺：氩弧焊接、一体成型
- 优势：均温性好、安全性高、噪声低

图 6-85 液冷机柜

### 4. 项目应用案例

中航光电已参与配套多个单相浸没液冷系统项目，包括机房及集装箱式单相浸没液冷系统。以某数据中心机房为例，计算量大，能耗高，要求机房PUE值低于 1.2。

该项目采用的技术路线为：单相浸没液冷；一次侧进/回液温度 33℃ /38℃，二次侧进/回液温度 36℃ /43℃，二次侧CDU采用“2*N*”冗余架构，2 个CDU带动 6 个TANK机柜。

该项目实施效果：液冷CLF为 0.06，机房PUE值为 1.12。

## 数据中心冷板式液冷散热解决方案

### 1. 系统构成及技术原理

数据中心冷板式液冷散热解决方案的整体系统包含一次侧系统和二次侧系统：一次侧系统为冷源系统，包含冷却塔等自然冷源设备及工程管路；二次侧系统包含CDU、工程管路、机柜级Manifold、软管组件、冷板组件等。冷板式液冷散热解决方案如图 6-86 所示。

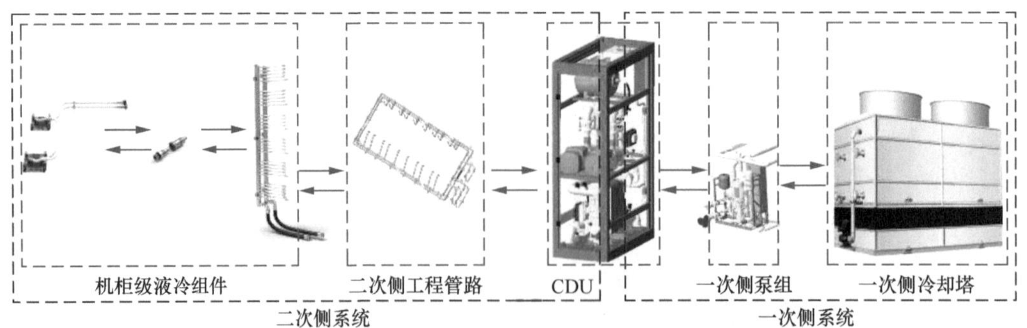


图 6-86 冷板式液冷散热解决方案

冷却液在液冷服务器机柜冷板中吸收服务器芯片产生的热量，通过Manifold、工

程管路返回CDU，在CDU内通过板式换热器与一次侧冷却液进行换热，降温后的冷却液，经二次侧水泵提升压力，通过工程管路、Manifold再次进入冷板，在冷板中吸热后再次返回CDU，如此循环，从而带走服务器芯片产生的热量，保证服务器在一个良好的环境下工作；吸收二次侧热量的一次侧冷却液经一次侧水泵提升压力，进入冷却塔降温后，再次进入CDU内的一次侧冷却塔；室外冷源最终将热量散发到大气中。

### 2. 应用场景

冷板式液冷散热解决方案的散热能力强、技术成熟度高、介质可为去离子水，机房PUE值可实现低于1.2，适用于多种类型的机房建设。

（1）中大型数据中心机房场景

中大型数据中心采用集中式液冷系统布局，*N*个CDU互为备份，向服务器机柜集群集中供液，系统可靠性高，中大型数据中心机房场景如图6-87所示。

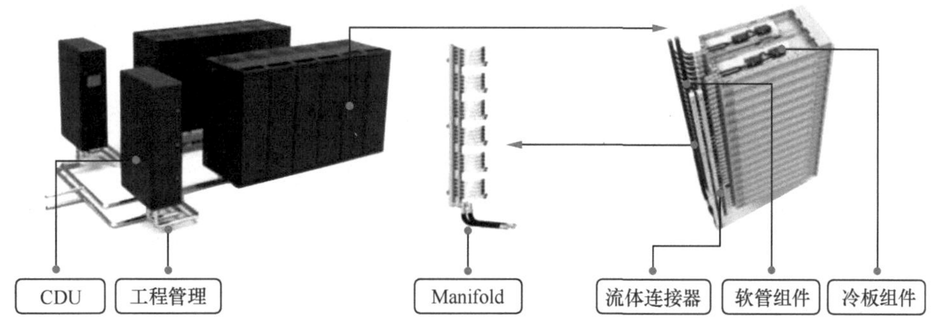


图 6-87 中大型数据中心机房场景

（2）边缘数据中心场景

边缘数据中心采用集装箱式布局，可以实现工厂端预制开发，客户端按需部署，柔性扩容。

### 3. 核心技术产品

分配单元如图6-88所示，液冷组件如图6-89所示，液冷连接器如图6-90所示。

**End-of-row CDU**

- 标准机柜尺寸
- 800kW以上的散热能力
- 系统控制支持整机热备
- 支持Modbus TCP、SNMP、TCP/IP、UDP等通信方式
- “PLC+触摸屏”控制方式
- ±0.1℃控温精度
- 50μm过滤精度

图 6-88 分配单元

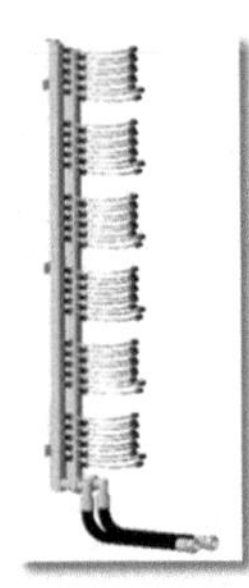

**Manifold 组件**

- 标准化设计：实现42U标准化机柜内液冷系统流体的分流和集液
- 主路管类型及工艺：304/316不锈钢方钢/圆钢管氩弧焊、塑料圆管热熔承插焊

图 6-89 液冷组件

**UQD/TSC/TSD/UQDB等多种系列**

- 双向自密封功能，连接断开无泄漏
- 壳体材料：不锈钢、铝合金、黄铜
- UQD/UQDB系列符合Intel UQD Requirements

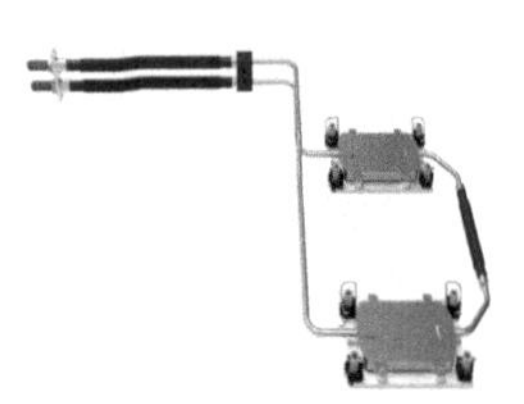

**冷板组件**

- 材料：冷板组件为紫铜（纯铜）
- 流道成型方式：铲齿
- 焊接方式：钎焊、搅拌摩擦焊等
- 符合Intel或AMD水冷板设计指南

图 6-90 液冷连接器

### 4. 项目应用案例

中航光电已参与配套多个机房冷板式液冷系统项目建设，完成某客户冷板式液冷服务器批量测试环境建设，实现某冷板式液冷集装箱集群项目批量供货，进行某大型冷板式液冷数据中心机房液冷系统建设。

以山西某云计算数据中心机房为例，计算量大，能耗高，要求机房PUE值优于1.2。

该数据中心采用的技术路线为：采用“冷板液冷+风冷”模式，其中液冷占比70%；一次侧进/回液温度为33℃/38℃，二次侧进/回液温度为35℃/40℃，二次侧CDU采用“$N$+1”冗余架构，二次侧工程管路成环网设计。

实施效果：液冷CLF为0.08，机房PUE值为1.18。

（技术依托单位：中航光电科技股份有限公司）

## 基于自研冷却液的浸没式液冷解决方案

### 1. 方案的技术原理

该方案是基于自研冷却液开发的高精准流场和换热体系。通过将IT设备浸没在自研冷却液中，电子元件产生的热量会传递到冷却液中，冷却液通过管路流向换热器，与水路的低温水换热降温为低温冷却液，低温冷却液再次回流到液池中继续冷却服务器。高温水通过冷却塔将热量释放到空气中，全程利用自然冷源实现冷却功能，不需要压缩制冷等附加耗能。结合高效变频智能控制技术，通过对液泵、水泵、风机变频控制和耦合关联，实现冷量的按需供给、节能散热，灵活满足数据中心的制冷要求。技术原理示意如图 6-91 所示。

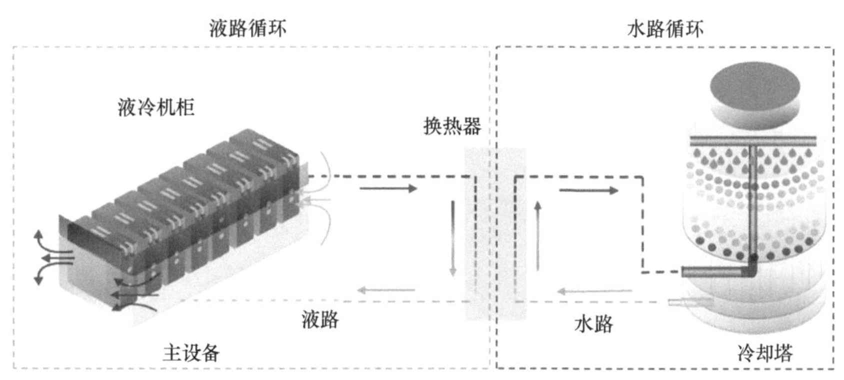


图 6-91　技术原理示意

### 2. 方案的创新设计

① 自研冷却液技术，全自主知识产权，突破国外专利技术，成本不到进口冷却液的 10%，相关性能已获得权威机构的检测认证，安全可靠。

② 高精度流场设计和低损管网水力设计，换热均匀，可有效降低流体输送设备耗能。

③ 大数据传感融合技术，通过对液泵、水泵、风机变频控制和关键数据相互耦合，实现数据中心高效精准节能控制。

④ 系统预留集成余热回收系统的适配性，进一步提高了能源利用率。

### 3. 方案的主要特点及优势

该方案依托于单相浸没式液冷技术，基于自研冷却液的高导热性能、高比热容的特点，实现全年利用自然冷源散热，不需要压缩制冷等耗能技术。

① 省电：全年依托于自然冷源，PUE 值不超过 1.1。

② 省地：不需要土建装修，集成化一体式设计，大幅减少了土地使用面积和降低了用户成本投入。

③ 部署周期短：工厂预制，出厂即完工，现场配套工程量极少，快速灵活，可加速用户投资回收与盈利。

④ 高密度：风冷机柜承载功率较低，本产品支持高功率 IT 设备部署，产品负载功率高达 1kW。

⑤ 安全稳定：服务器全部浸没于冷却液中，可有效隔离灰尘、空气，避免风道

振动等影响。液冷散热高效，可有效杜绝服务器局部积热现象。系统100%冗余配置，配备远程管理模块，可实现无人值守，进而降低运营成本。

⑥ 造价低：自研冷却液成本低，且不需要建筑施工，可大幅提高土地利用率，一次性投资，可与传统风冷机柜媲美。在高密度场景下，浸没式液冷数据中心造价更低。

⑦ 高效率：液冷系统支持集成余热回收系统，可提高能源利用率。

⑧ 低噪声：液冷系统的泵等元件比风扇的声音更小，噪声较风冷系统大幅降低，机房基本可实现“静音”。

#### 4. 适用场景及选用建议

本技术方案适用于各种规模的新建数据/通信机房或现有机房改造，尤其适配节能、节地、快速部署的需求。

（1）中大型数据中心场景

中大型数据中心采用液冷机柜构建液冷系统，通常由数个CDU向液冷机柜集群供液，散热效率高，稳定可靠，中大型数据中心场景如图6-92所示。

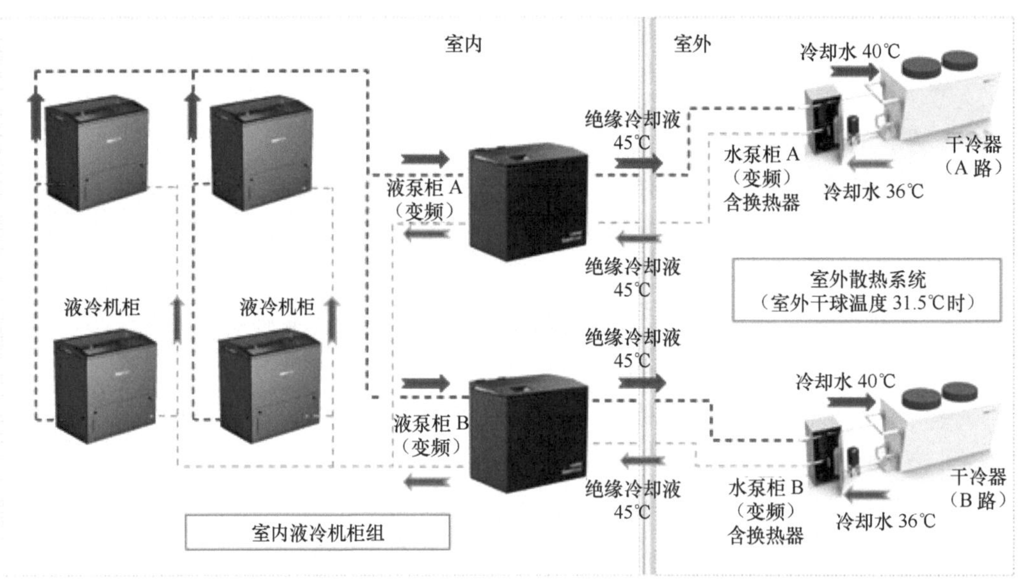


图6-92　中大型数据中心场景

（2）边缘计算场景

采用类似于“集装箱”式的集成式设计，或一体化液冷机柜结构，实现工厂预制，按需快速部署，弹性扩容，满足定制化机房、小微型机房的建设需求。集成式设计如图6-93所示，一体化液冷机柜如图6-94所示。

（3）5G通信机房场景

基于自研冷却液极佳的导热性、兼容性，对5G BBU进行专项柜体设计，使机柜具有即插即用、灵活扩展、高效散热、超低能耗、稳定可靠等特性，5G CU/DU液冷机柜如图 6-95 所示。

图 6-93 集成式设计

图 6-94 一体化液冷机柜

#### 5. 工程项目应用要点

机房内液冷设备的间距：机柜正面之间的间距不宜小于 1m，搬运通道不应小于 1.5m，当需要在机柜侧面或后面维修时，机柜与墙之间的距离不宜小于 1m。

液冷机房的净高不宜小于 3m，改扩建机房不应小于 2.6m，机房门不小于 1m×2.2m（宽 × 高）。

换热系统预留量：换热系统的各主要部件应留有 15% ～ 20% 的余量。

液冷机房的承重能力不应小于 6000N/$m^2$；液冷数据机房的日常排风系统每小时不宜小于 5 次。

图 6-95 5G CU/DU 液冷机柜

液冷管道宜采用 304 不锈钢管，焊接宜采用手工氩弧焊，焊条应选用 A102 系列，管道焊接时应有防风、防雨、防雪措施。阀门安装位置、进出口方向正确，连接牢固、紧密，启闭灵活，朝向合理，表面洁净，阀门及管接口密封材料应与冷却液兼容；液冷管道检漏可采用气压检漏，气压加至 0.6MPa，10min 中内压降不大于 0.05MPa；液冷管道可采用压缩空气吹扫，空气吹扫可利用压缩空气系统进行间断性吹洗，同时吹扫压力不得超过系统的设计压力，流速宜大于 20m/s，吹扫油管道时气体中不得含油。

#### 6. 项目应用案例

杭州云酷已建设多个浸没式液冷项目。例如，浙江国网某数据机房采用了预制化高效集成单相浸没式液冷技术，实现了数据中心功率密度的提升，同时降低了 PUE 值。该液冷机房的总容量为 334U、总功率为 100kW，占地面积约为 18$m^2$。该项目于 2020 年 10 月开始施工，并于同月安装调试完毕。经权威机构实地测试 PUE 值小于 1.1，节电率达到了 40% 以上，项目每年可节电 $4.9\times10^5$kW • h 以上，节省电费近 40 万元，每年可以减少碳排放近 500t。

以2022年中国电信上海分公司5G CU/DU液冷机柜项目为例，本项目计划在中国电信上海分公司5G机房中部署36台液冷机柜。单台液冷机柜最多可配置10台CU/DU设备，设备浸没在绝缘冷却液中，通过液体的流动，带走发热元器件的热量，再通过换热器将热量传递给冷却水，最终冷却水在干冷器中将热量散发到室外。经测算，本项目全部实施后液冷方案将比风冷方案每年节省电量约为$2.6\times10^6$kW·h，将减少碳排放量近2600t。

（技术依托单位：杭州云酷智能科技有限公司）

## 数据中心用DLC浸没式液冷技术

### 1. 技术原理

DLC浸没式液冷技术是指将IT设备浸没在冷却液中，IT设备将热量直接传递给冷却液，冷却液吸收热量后通过液冷主机与水循环系统换热，水循环系统将热量带到外部换热器并散发到空气中。这样即完成一次液冷系统的散热循环，DLC浸没式液冷技术原理如图6-96所示。

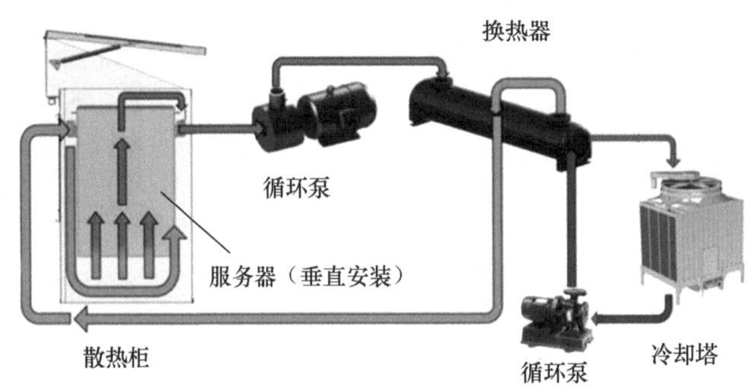


图6-96　DLC浸没式液冷技术原理

同时，数据中心采用智能液冷监控系统对液冷系统进行实时监控，智能液冷监控系统界面如图6-97所示。

### 2. 技术创新性

（1）液体换热取代传统空气换热，节能效果明显

DLC浸没式液冷技术以液体作为散热冷却介质，取代了传统数据IT设备以空气作为散热介质的冷却方式，简化了散热过程，使用该技术的数据中心不需要精密空调，数据中心PUE值可达1.1以下，制冷因子CLF（制冷设备耗电/IT设备耗电）在0.05～0.1。制冷系统节能80%～95%，IT设备能耗可降低10%～20%。

（2）高效换热，满足高功率密度换热需求

传统风冷却服务器的常规单机柜的IT功率一般最大为10kW，个别定制超算服务器的单机柜的IT功率可达到20kW，但冷却成本较高。数据中心采用浸没式液冷方式，

冷却液导热率是空气的 6 倍，单位体积热容量是空气的 1000 倍，单机柜IT功率可达 20 ～ 50kW以上（单机柜功率最高可达到 200kW）。

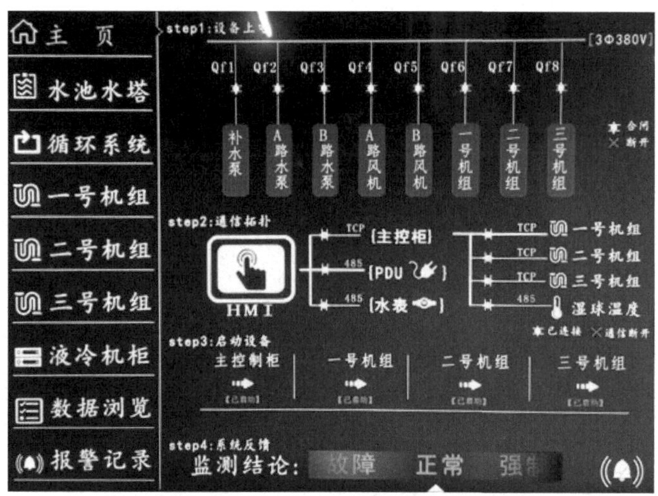


图 6-97　智能液冷监控系统界面

（3）服务器和交换机不需要风扇，环境舒适静音

液冷机柜的运行噪声极低，实测噪声值在 42dB 内，为机房管理人员和运维人员提供了舒适的工作环境。

（4）全浸没式设计，提高IT设备的可靠性

全浸没式设计，IT设备完全隔绝空气，有效避免灰尘、腐蚀性空气对服务器的腐蚀，并可避免静电干扰，大幅改善了IT设备的运行环境，可有效提高服务器的可靠性和使用寿命，降低日常维护费用和停机维护时业务中断造成的损失。

### 3. 适用场景

DLC浸没式液冷技术主要适用于严寒地区、温和地区、夏热冬冷地区、夏热冬暖地区等各类型场景的新建及改造的中小型数据中心，主要包括 5G、CDN、工业互联网、智慧城市、人工智能等边缘计算领域。

### 4. 绿色低碳与节能效益

根据权威机构统计，2021 年我国数据中心总耗电量约 $2.045 \times 10^{20}$kW・h，约占当年全国电力消耗总量的 2.7%，预计 2030 年我国数据中心总用电量将达到 $2.66792 \times 10^{13}$kW・h，年复合增长率达到 10.64%。

2023 年，假设在理想状态下，我国数据中心平均PUE值降至 1.6，采用液冷技术的数据中心的PUE值保守估计为 1.2，则空调系统节能率约为 67.7%，数据中心整体节能率约为 25%。假设到 2028 年，我国数据中心年度能耗不再增加，液冷技术普及率为 5%，则数据中心全年可节电：$2.66792 \times 10^{12} \times 5\% \times 25\% = 3.335 \times 10^{10}$（kW・h）。

### 5. 工程项目选用建议

为确保系统运行效率及运行可靠性，在室内环境温度低于5℃或高于35℃，室外湿球温度高于28.5℃，室外环境较为恶劣的区域，例如风沙严重区域，空气酸碱浓度较高的化工区域等，DLC浸没式液冷技术限制使用。

该技术具备模块化优势，工厂集成式生产，针对不同需求，可选择不同的设计方案。对于新建或改建的各类数据中心，可根据尺寸、功能模块随时按需扩展。

微型液冷数据中心可直接放置在办公区域。集装箱液冷数据中心适用于快速部署和野外场景，兼具扩展灵活、易部署、高密度、绿色环保等特点。中大型液冷数据中心适用于选址方便、功率密度高、TCO更低的场景。

### 6. 项目应用案例

网宿科技嘉定云计算数据中心是上海第一座拥有全浸没式液冷机房的数据中心。该项目最大的特色在于创新性引入DLC浸没式液冷技术，部署液冷机柜IT规模约5544kW，由504台液冷机柜组成，单个机柜功率为11kW，液冷系统的冷源为4台冷却塔（3用1备），液冷数据中心实景如图6-98所示。

图6-98　液冷数据中心实景

（1）液冷系统组成

一个数据中心包含多套相同的液冷系统，该项目504台液冷机柜由84套模组组成，每套模组包含6台液冷机柜与2台液冷主机，其中液冷主机互为备份，液冷系统如图6-99所示。液冷主机通过环形管路与数据中心内的每一台液冷机柜连接，形成一个液冷系统。液冷系统原理示意如图6-100所示。

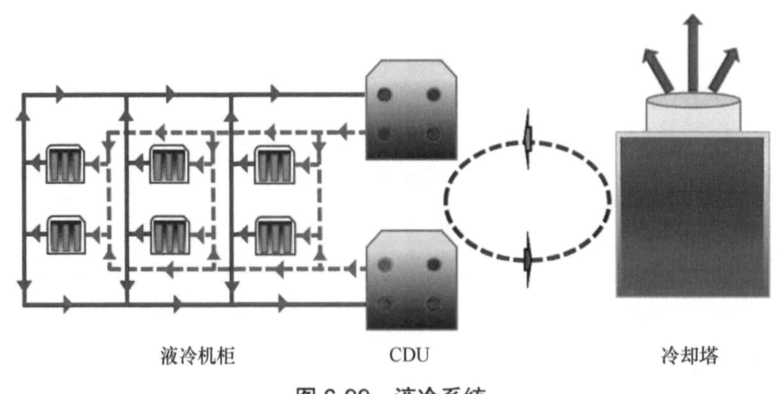


图6-99　液冷系统

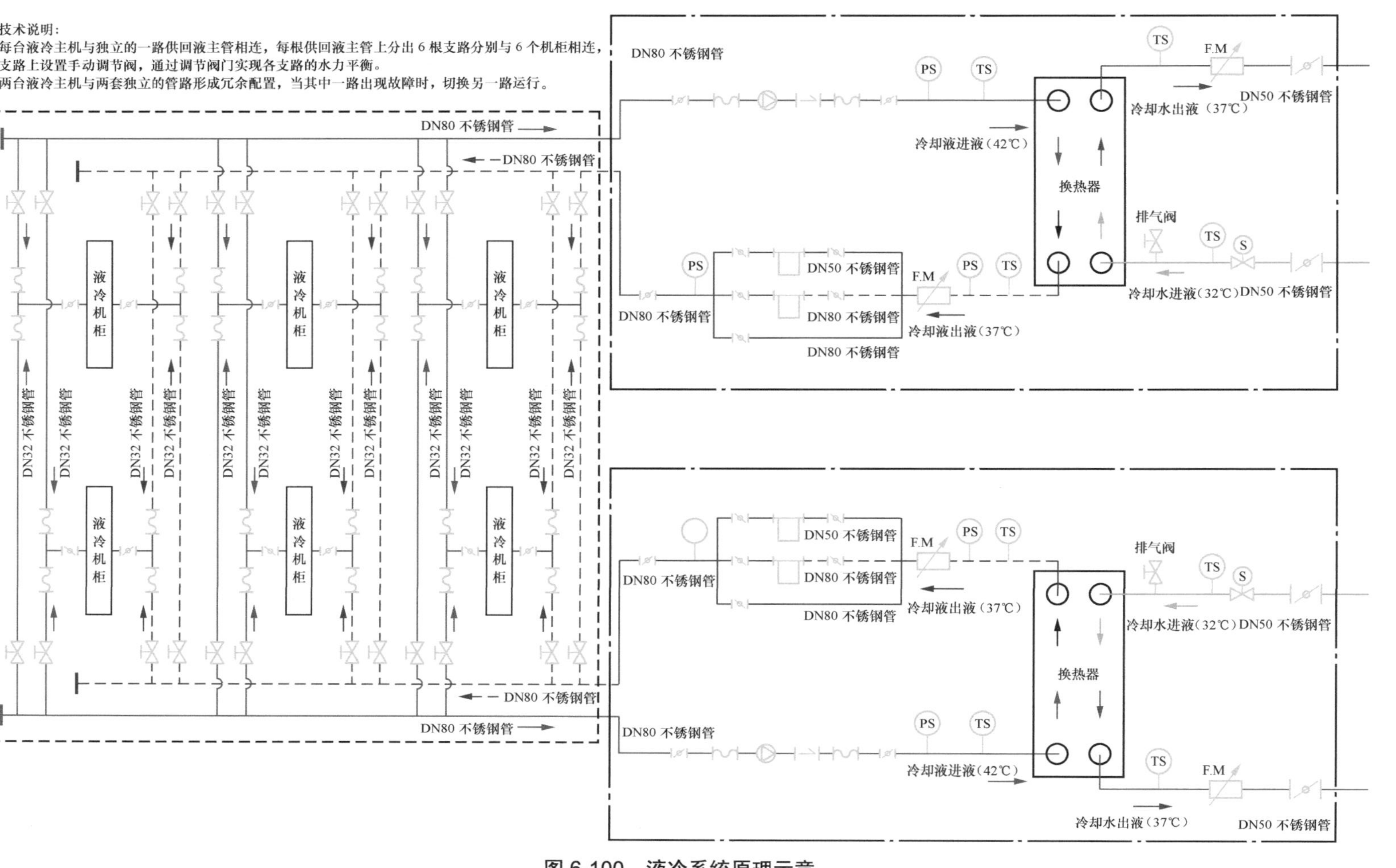


图 6-100　液冷系统原理示意

（2）冷源系统

冷源系统为4台冷却塔（3用1备），单台冷却塔的夏季工况制冷量大于3500kW，功率为30kW，进出水温度分别为32℃和37℃，冷源系统如图6-101所示。

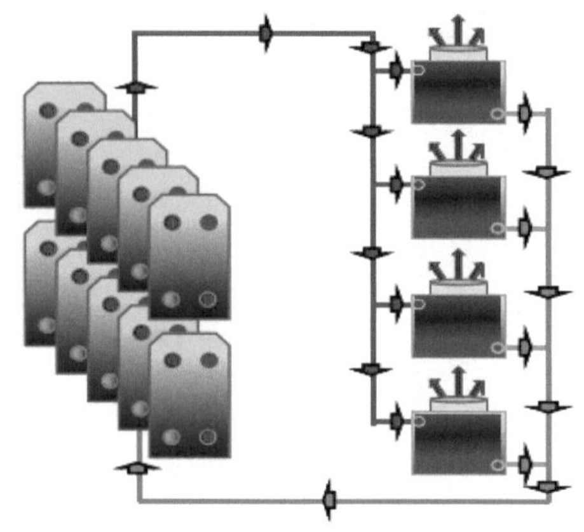

图6-101　冷源系统

该项目自2021年5月投入使用，产品运行稳定，安全可靠，噪声低，运行能耗低，使用至今未出现故障，各项性能参数达到使用要求，液冷系统年平均PUE值在1.15左右。

与传统节能技术设计的数据中心机房相比，该项目的数据中心机房年平均PUE值为1.6，液冷机柜年平均PUE值为1.15，系统整体节能率约为28.13%。对比普通机柜方案，该项目的液冷方案全年节电量为21858300kW·h，碳减排量为985.8t。

供配电系统容量降低、制冷系统简单，因此，预估可节约5%～10%的数据中心占地面积。由此估算建筑结构及用地等可节约大约10%以上的投资费用。

（技术依托单位：深圳绿色云图科技有限公司）

## 单相液冷服务器的技术应用

### 1. 单相液冷服务器的研发背景

随着数据处理量的急速增长，大量的计算能力需要海量服务器来支撑，但受限于数据中心建设面积和环保规定，常规的风冷无法满足机柜功率密度增加后的散热需求，为调和不断增长的算力需求和有限的数据中心承载能力之间的矛盾，兰洋科技开发了使用自研单相冷却液的浸没式液冷服务器。其安装便利，可以在常规标准机柜中快速搭建高密度、可靠、高效的液冷服务器系统，满足客户提效降能耗的需求。

### 2. 单相液冷服务器的核心技术

（1）流体建模技术

兰洋科技研发团队采用数值模拟和实验测试相结合的研发手段，对以热源为中心的区域采用基于颗粒材料热传导的离散元结构模型，采用颗粒处理与流体接触的固体表面结构或阻流、扰流和导流结构设计，加速热源区域液体工质的瞬时换热能力，提升换热效率。流体建模技术如图6-102所示。

（2）BO系列单相冷却液

兰洋科技自主研发生产的BO系列单相冷却液（以下简称冷却液），其安全性、绝缘性、兼容性、传热效率、稳定性等各项指标目前在行业内处于领先水平。基于此冷却液研发的浸没式液冷服务器和冷板式液冷服务器具有稳定性、安全性和经济性。

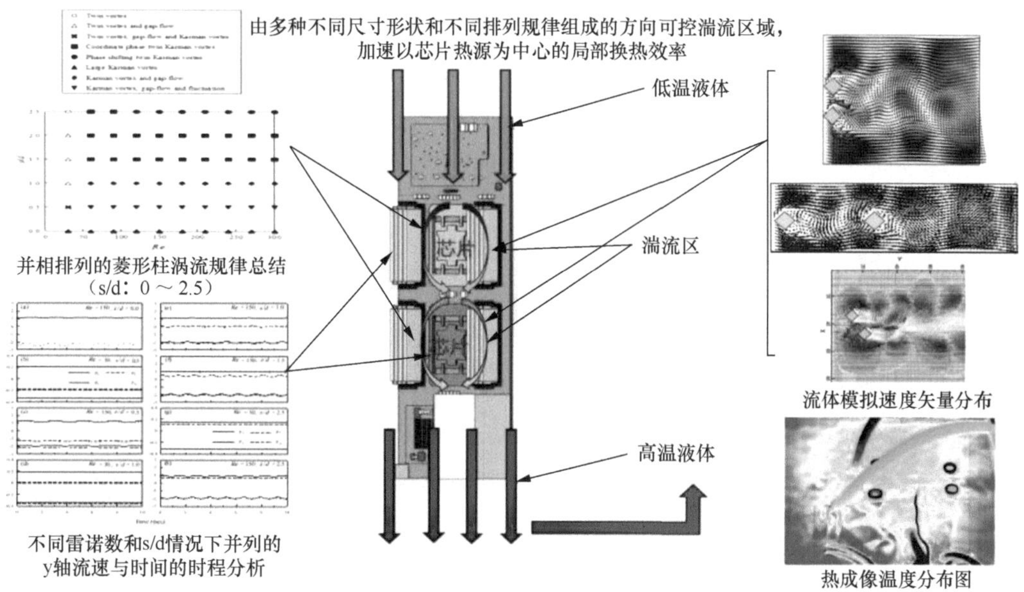


图 6-102　流体建模技术

（3）浸没式液冷服务器

使用 2U/3U 封闭式腔体服务器，封闭腔体内置服务器主板、CPU、GPU 等主要发热组件，配合 2U/4U 的 CDU，构成一个液冷服务器单元。

（4）电源、信号传输的密封结构

为保证更好的散热和对硬件更好的保护，冷却液必须在密封的工作环境中循环传热，常规的服务器机箱使用的电源、信号连接、接插方式不能满足密封要求。基于上述要求，兰洋科技开发了转接密封技术，并申报多项专利。由金属结构件和自研PCB（含供电、网络接口，目前最高稳定传输速度可达 48Gbit/s）组成的密封传输结构在 0℃～150℃的环境中都能稳定保持密封状态。

（5）PLC 控制模块

散热控制系统采用可编程逻辑控制器（Programmable Logic Controller，PLC）控制，PLC 采集腔体内的冷却液液面高度、进出液管口温度、CPU 温度、冷却液循环泵转速等数据，通过 PLC 控制逻辑，控制条件泵、风扇和各管口压力，帮助服务器高效散热。此外，设有报警系统在异常状态下人机交互系统进行报警提醒。

### 3. 浸没式液冷服务器

（1）产品概述

冷却液取代空气作为导热工质，与服务器中的发热部件进行热交换，将热量导出。液冷技术的高效散热效果能有效提升服务器的使用效率和稳定性，同时，散热能力的提升可以使数据中心在单位空间内布置更多的服务器，提升机柜的空间占用率，浸没式液冷服务器的噪声和功耗低于常规风冷服务器，能提高数据中心的运行效率，并兼顾节能降噪的需求。服务器和冷却液分配单元使用快速止水接头连接，可以快速组建高能效的液冷服务器系统。

（2）组成单元

浸没式液冷服务器使用2U/3U封闭式腔体，以冷却液作为传热介质，将服务器的主要发热元件CPU、GPU和主板完全浸没在冷却液中，通过循环水泵和封闭式管路将热量带出腔体，腔体内的信号、供电接口使用密封设计的转接板与腔体固定，确保腔体密封性。服务器前部硬盘位置保留适当的散热能力。冷却液循环泵使用双倍冗余设计，任何一泵在发生故障时，都能直接在服务器不停机的状态下，实现直接更换设备，保证服务器正常运行。

液冷服务器包括机箱，机箱内安装有封闭式腔体，腔体包括下腔体和上盖（图中已隐藏）。腔体内安装有主板，主板上CPU侧边缘朝向服务器的后端，腔体连接处有进液管，进液管的末端连接处有出液喷头，出液喷头朝向CPU的热管散热器，腔体后端的出液口正对出液喷头设置。腔体的前端和后端都设置有转接密封组件，连接框与下腔体的侧壁螺栓连接，连接框与下腔体的侧壁之间通过密封圈密封。服务器的后端连接2U/3U/4U冷却液分配单元（CDU），CDU内包括冷凝器、风扇、冷却液循环泵与单向阀，冷却液循环泵采用双泵冗余的方式连接，保证散热系统的安全正常运行。

液冷服务器如图6-103所示。

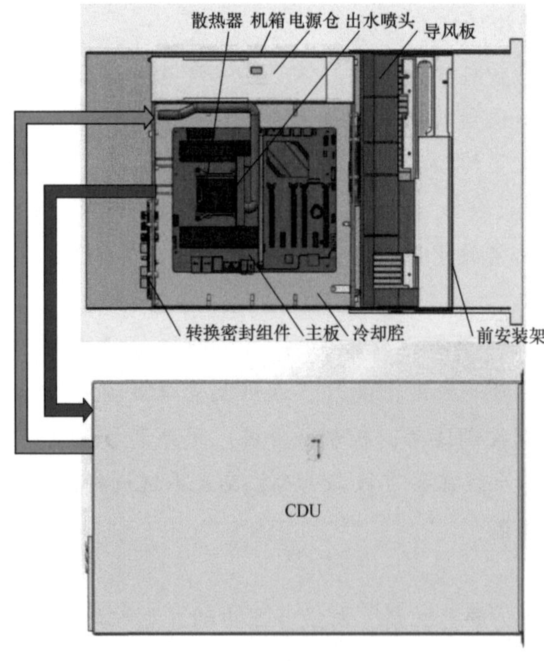


图6-103　液冷服务器

（3）浸没式服务器机柜

单个42U标准机柜最多可以布置16个服务器，服务器机箱使用2U/3U封闭式腔体，配有一个4U冷却液分配单元或外侧独立CDU单元，以冷却液作为传热介质，通过分液器转接，同时给机柜内的全部服务器提供冷却液。在保持与常规风冷服务器一样便于安装、方便运维的基础上，因液体的物理特性，同功耗下的热交换能力远远超出空气。在相同散热需求下，使用液冷比空气冷却散热节能50%以上。传统风冷对整柜功耗在18kW以上的散热需求已经无法满足，使用液冷散热后可满足15～80kW的散热需求。浸没式液冷服务器机柜如图6-104所示。

### 4. 冷板式液冷服务器机柜

4～10个服务器配备一个独立4U的CDU，使用2U腔体，冷板贴附在处理器和内存散热面，依靠流经冷板的冷却液将热量快速带走，实现高效换热，主板、网卡、电源供应器等部件依靠冗余风扇实现风冷散热，在机柜内布置一个CDU，通过分液器转接，同时给多个服务器（4～8个）供冷却液。42U标准机柜最多配有16个服务器，使用2个冷却液分配单元，PLC使用温控逻辑调节流量从而精确控制散热，达到节能的效果。冷板式液冷服务器机柜如图6-105所示。

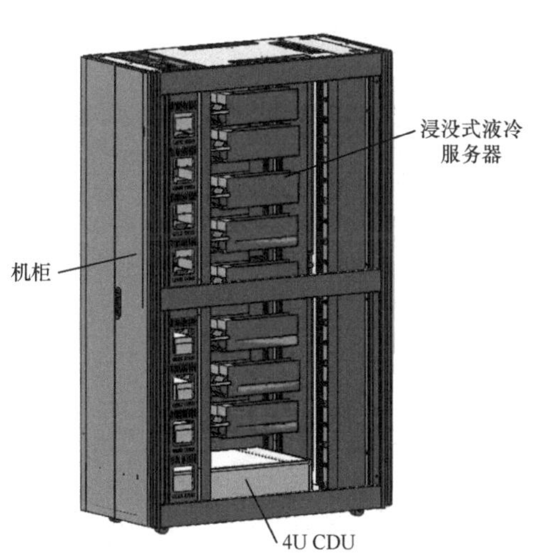


图6-104　浸没式液冷服务器机柜

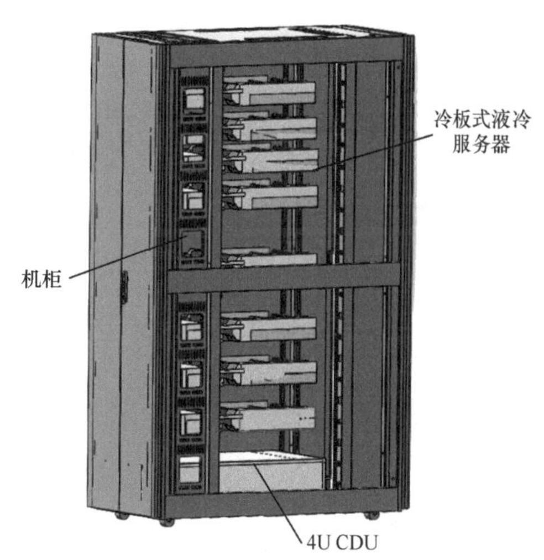


图6-105　冷板式液冷服务器机柜

### 5. 冷板液冷集群

计算节点采用冷板式与风冷双散热系统设计，散热系统分为一次侧干冷式冷却塔、二次侧冷液分配单元和机房精密空调。一次侧采用自然风冷+压缩机补冷方案，冬季采用自然风冷散热、当自然风冷无法满足冷却塔控制箱设定的供水温度时，压缩器启动补冷。二次侧冷却分配单元是通过与一次侧换热，实现供应32℃水给计算节点。机房精密空调是计算节点运行中处理器与内存之外的热量，通过机箱风扇散发至机房环境，需要按照整机功耗的20%来配置恒温恒湿的精密空调。冷板液冷集群如图6-106所示。

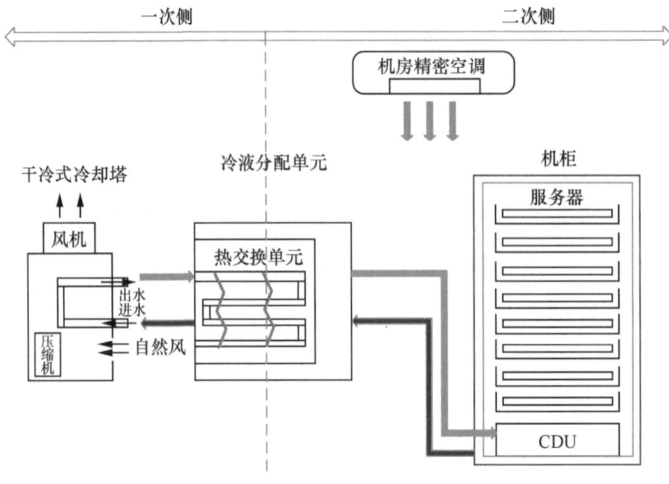


图6-106　冷板液冷集群

### 6. 服务器主要技术参数

服务器主要技术参数见表6-9。

表6-9　服务器主要技术参数

| 主要技术参数 | 浸没式服务器单元 | 浸没式服务器单机柜 | 冷板式服务器单机柜 | 液冷服务器规模部署 |
|---|---|---|---|---|
| 额定散热能力 | 3kW | 15kW | 8kW | 80kW（单机柜） |
| 机箱出口冷却液温度（环境温度25℃） | <30℃ | <32℃ | <32℃ | <35℃ |
| 单元PUE值 | <1.1 | <1.09 | <1.13 | <1.18 |
| 泵冗余设计 | 是 | 是 | 是 | 是 |
| PLC系统控制 | 是 | 是 | 是 | 是 |
| 供电 | 220V 50Hz | 220V 50Hz | 220V 50Hz | — |
| 温度环境需求 | 通风良好 | 通风良好 | 通风良好 | 环境精密空调 |

### 7. 绿色低碳与节能效果分析

绿色低碳与节能效果分析见表6-10。

表6-10　绿色低碳与节能效果分析

| 对比维度 | 对比指标 | 风冷 | 冷板式液冷 | 浸没式液冷 |
|---|---|---|---|---|
| 能耗 | PUE值 | 1.6 | 1.25 | 1.18 |
| | 数据中心总能耗单节点均摊 | 100% | 70% | 65% |
| 成本 | 数据中心总成本单节点均摊 | 100% | 83% | 80% |

（续表）

| 对比维度 | 对比指标 | 风冷 | 冷板式液冷 | 浸没式液冷 |
|---|---|---|---|---|
| 占地 | 最大功率密度（千瓦/机柜） | 5 | 15 | 80 |
| | 主机房占地面积比例 | 1 | 1/3 | 1/4 |
| 可靠性 | CPU核心温度 | 90℃ | 75℃ | 70℃ |
| 机房环境要求 | 温度、湿度、洁净度、腐蚀性气体 | 要求高 | 一般 | 要求低 |

（技术依托单位：兰洋（宁波）科技有限公司）

## 高效环保型氟化冷却液在液冷系统的应用

### 1. 高效环保型氟化冷却液概述

采用浸没式液冷换热方式可以让IT设备完全隔绝空气，几乎免除湿度、灰尘和振动的影响及酸性气体对服务器的腐蚀，优化了服务器的运行环境，可有效提高服务器的可靠性和运行寿命。另外，浸没式液冷换热方式无噪声，制冷效率高，节能环保。

浸没式液冷换热设计关键在于冷却液的选择。与水、矿物油、硅油及乙二醇等冷却液相比，氟碳类热交换介质最大的特点是具备良好的换热性能及流动性能，能满足高/低温工作条件，尤其在低温情况下，能保持一定的流动性，绝缘性能优越，无闪点及自燃点，有良好的化学惰性。液冷系统中的金属及橡胶等材料长期相容，系统年PUE值低至1.04。与冷却水及乙二醇相比，氟碳类热交换介质对冷却系统不会造成腐蚀危害，不存在泄漏导电风险。与矿物油及硅油相比，其稳定性较好，不会发生氧化或交联反应，使用后也不需要特定的清洗步骤，是液冷数据中心常用冷却液中最安全的一种。

### 2. 相变浸没式液冷技术的原理及优势

相变浸没式液冷技术是利用冷却液的蒸发潜热，其系统包括两个循环回路：服务器冷却回路和冷凝冷却回路。因为服务器浸泡在冷却液中，所以服务器产生的热量使冷却液温度升高，如果冷却液的温度达到其沸点，则开始沸腾，同时，产生大量气泡。如果气泡上升至液面上方，则会在服务器罐内形成气相区域。

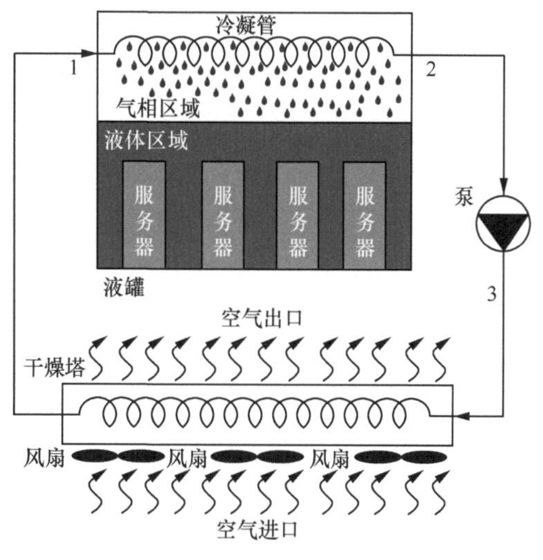

图 6-107 相变浸没式液冷系统示意

服务器罐体的外壁可以用高保温材料制备，最大程度地减少罐体和环境之间的热交换。因此，相变浸没式液冷即使在热带地区也不需要空调辅助，从而大大节省了空间和降低了能耗。相变浸没式液冷系统示意如图 6-107 所示，冷却液沸腾后形成的蒸汽通过循环水冷凝管再次冷凝成液体（流向 1）；与冷却液换热后，水经流向 2 流出，经过泵输入干燥塔，与空气进行换热冷却。

单相浸没式液冷技术主要利用冷却液的传热能力，其传热能力主要由其密度、导热系数、比热和黏度共同决定。IT 设备的电子元件连同设备完全浸没在冷却液中，在液相环境下稳定运行，冷却液通过循环与外界换热后，形成完全封闭的导热回路，液冷技术工作过程示意如图 6-108 所示。与传统的风冷和冷板式液冷技术相比，其优点如下。

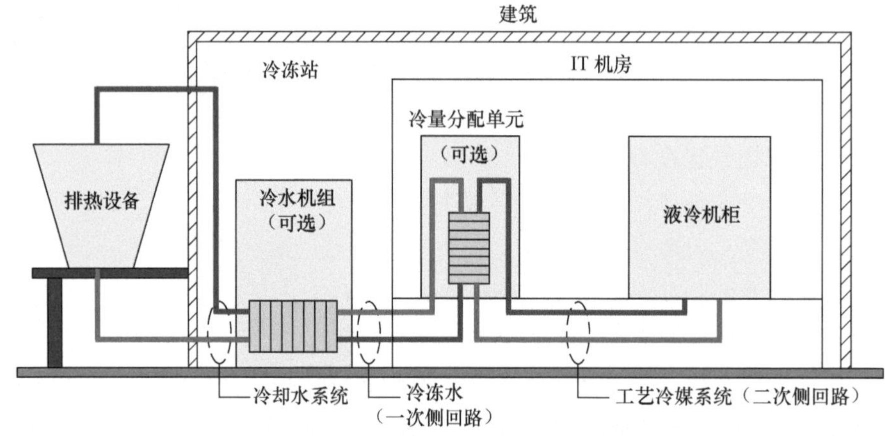


图 6-108　液冷技术工作过程示意

① 性能大幅度提高，IT 设备完全浸泡在封闭的液体环境中的设计使计算部署功率密度大幅提升，CPU 和 GPU 计算部件可长时间稳定工作在高频状态。

② 几乎免受湿度、灰尘和振动的影响，极大地优化了服务器的运行环境，提高了设备的寿命，安全可靠。

③ 无噪声，制冷效率极高，节能环保。

### 3. 环保型氟化冷却液的性能特点

环保型氟化冷却液无色无味，具有换热效率高，安全性好，绝缘性好，热稳定性高，材料兼容性好，不可燃、低毒性、低介电常数等特点。例如，诺亚氟化液是具有全知识产权的全浸没相变和单相冷却介质，与国外同类产品相比，具有价格低、材料相容性更好、温室效应潜能值更低的优势。经过优化，全浸没相变液冷技术 PUE 值可以达到 1.04 以下。两款适合数据中心液冷散热技术的氟化冷却液（Noah 2100A 和 Noah 3000A）主要具有以下性能特点。

① 氟化液绝缘不导电、不可燃，安全性高。

② 介电常数小于或等于 2.0，不影响高速信号传输的完整性。

③ 碳氟键键能强，化学稳定性和热稳定性好，使用寿命长。

④ 氟化液材料兼容性好，适合服务器等元器件长期浸泡。

⑤ 氟化液传热能力高，高效率解决发热器件的散热问题。

⑥ 超低温室气体效应（GWP[1] < 150），环保性好。

⑦ 氟化液不包含有害组分，符合GHS[2] 分类的标准要求。

⑧ 常温下为液体，不属于危化品，运输方便。

### 4. 高效环保型氟化冷却液的适用场景

Noah 2100A和Noah 3000A作为一种能源、资源利用效率提升技术类产品，适用于新建数据中心及在用数据中心改造场合，数据中心规模以中小型、大型、超大型为主。该产品对地区气候没有限制，可适用于各类气候类型的地区。该产品对信息设备负荷率没有使用要求，可适用于全部类型的负荷率。

### 5. 高效环保型氟化冷却液的绿色环保与节能效果

高效环保氟化冷却液毒性低，不易燃，具有优异的安全环保性能。电绝缘性能好，干净清洁；比热容大，可以直接从IT设备中带走热量，散热效率极高，允许CPU、GPU芯片和配件超频工作，可以提高整个IT设备的集成度或单位空间服务器部署密度，较大范围地节省占地空间；具有单相（Noah 3000A）和两相（Noah 2100A）浸没式冷却操作所需的沸点和热稳定性，对电子设备的相容性高。这是一种高效的液冷介质，可以有效降低数据中心的维护成本。使用高效环保型氟化冷却液的数据中心液冷技术，可以节约30%～50%的用电量，满足“低碳节能”的环保要求。几种氟化冷却液指标对比见表6-11。

表6-11　几种氟化冷却液指标对比

| 冷却液种类 / 物性参数 | 双相冷却液 | | 单相冷却液 | | |
|---|---|---|---|---|---|
| | FC-3284 | Noah2100A | FC-40 | HT-170 | Noah3000A |
| 性状 | 无色无味，透明 | 无色无味，透明 | 无色无味，透明 | 无色无味，透明 | 无色无味，透明 |
| 沸点/℃ | 50 | 47 | 165 | 170 | 115 |
| 闪点/℃ | 无 | 无 | 无 | 无 | 无 |
| 自燃温度/℃ | 无 | 无 | 无 | 无 | 无 |
| 密度/（kg×m$^{-3}$，25℃） | 1710 | 1601 | 1855 | 1700 | 1815 |
| 运动黏度/（cSt，25℃） | 0.42 | 0.379 | 2.2 | 1.8 | 1.353 |
| 比热/［J/（kg•k）］ | 1100 | 1279 | 1100 | 1203 | 1177 |
| 热传导系数/［W/（m•k）］ | 0.062 | 0.0597 | 0.065 | 0.065 | 0.0623 |
| 介电强度绝缘耐度/kV（2.5mm Gap） | 40 | 43.4 | 46 | 40 | 39.4 |
| 相对介电常数/MHz | 1.86 | 1.88 | 1.9 | 1.94 | 1.79 |
| ODP | 0 | 0 | 0 | 0 | 0 |
| GWP | ＞5000 | 20 | ＞5000 | 9000 | 120 |

备注：Noah 2100A和Noah 3000A为浙江诺亚氟化液品牌；FC-40和FC-3284为3M氟化液品牌；HT-170为苏威公司氟化液品牌

1. GWP（Global Warming Potential，全球增温潜能值）。

2. GHS（Global System of Classification and Labelling of Chemicals，全球化学品统一分类和标签制度分类）。

另外，采用液冷技术可大幅降低服务器风扇转速，使服务器噪声降低至35dB（A）（相当于图书馆的噪声级别），与风冷服务器相比，液冷服务器噪声降低约45dB（A），优化了机房运维环境，避免噪声对工作人员的身体健康造成危害；使用液冷技术可以减少或避免冷水机组的使用，从而减少水资源的浪费。

**6. 高效环保型氟化冷却液在液冷机房中的应用案例**

（1）国家电网山东省某供电公司液冷机房项目

该项目于2021年7月1日落成，总计算功率10kW（10台机架，每台1kW），IT设备总容量为21U，PUE值小于1.1。改造前，传统小型的供电所风冷机房PUE值为1.8，建设成本高且周期较长，每年运行能耗大，现将传统风冷技术升级改造为浸没式液冷技术，PUE值小于1.1，节约空间的同时，大幅降低能耗水平。

改造后，每年用电量为77088kW•h［10×1.1×24×365×0.8=77088（kW•h）］，而风冷每年用电量为126144kW•h［10×1.8×24×365×0.8=126144（kW•h）］，相比风冷技术，本项目每年用电量节约为49056kW•h。

根据计算，本项目相比风冷技术，每年碳减排量为36.792t。（根据PUE值估算的方法，该机房环境风冷按照1.8估算，电费每千瓦时按1元计算，IT设备使用率为80%）。

与传统的风冷技术相比，本项目节约了30%的占地面积，缩短了60%的建造时间，年度收益为7.8万元，每年碳减排量为36.792t，可减少11.406t标准煤的使用。

（2）宁波某变电站浸没式液冷柜机房项目

该变电站成功打造浙江首台PUE值低于1.04的浸没式液冷机房。该机房占地面积约为18m$^2$，配置浸没式液冷数据交换及系统，可用空间为334U，总计算功率为60kW。建设周期历时2年，至今处于高效运行状态。该项目每年用电量为437299.2kW•h［60×1.04×24×365×0.8=437299.2（kW•h）］，而风冷技术每年用电量为7148.6kW•h［60×1.7×24×365×0.8=714816（kW•h）］，相比风冷技术，本项目每年用电量可节约277516.8kW•h。

根据计算，本项目相比风冷技术，每年减碳排量为208.1376t。

与传统的风冷技术相比，本项目节约了30%的占地面积，年度收益为75万元，2.5年收回投资成本。每年碳减排量为208t，可减少64.522t标准煤的使用。

（技术依托单位：浙江诺亚氟化工有限公司）

## 数据中心液冷快速连接器的应用

**1. 液冷快速连接器的作用**

快速连接器是液冷机柜中连接冷板和Manifold之间的关键组件，可快速连接和断开液冷回路，在数据中心液冷系统全生命周期中发挥着不可或缺的作用。尤其在预防性和故障性维护、更换组件的过程中，对冷却回路进行操作时，快速连接器能够快速断开回路而不中断系统，保障数据中心长时间稳定运行。

冷板式液冷系统的模块化部署示意如图 6-109 所示，整个液冷循环系统由室外机组、水力系统、CDU、机房分水管及液冷机柜等组成。

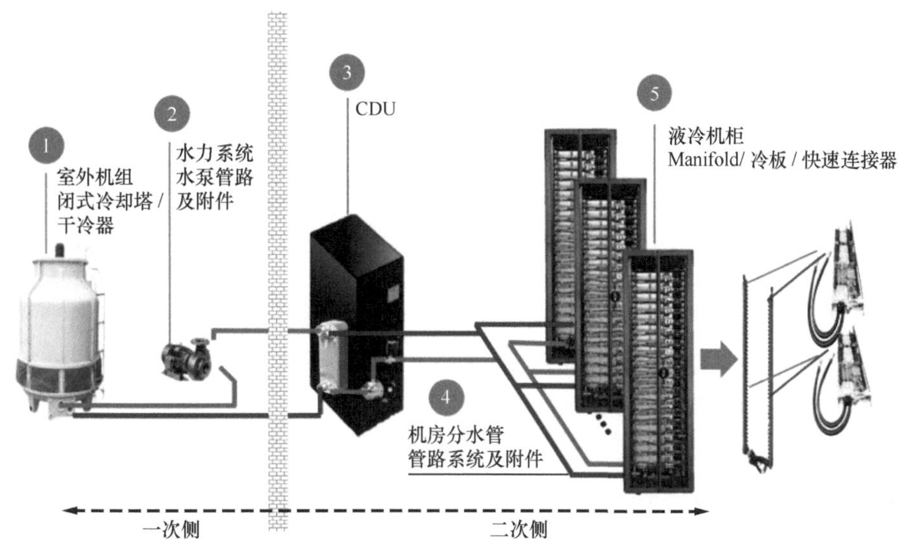


图 6-109　冷板式液冷系统的模块化部署示意

### 2. 液冷快速连接器的关键技术

液冷快速连接器作为液冷系统内的热插拔组件，在机柜内部署，如果连接或断开过程中出现泄漏，会引起重大安全事故，因此液冷快速连接器在设计上具备较高的技术门槛，需满足以下要求。

（1）防水密封，保证设备洁净安全

在液冷系统中，冷却液非常靠近电路，若泄漏会造成电子元件严重损坏，引发短路或污染工作环境。这就要求快速接头具备绝对的密封性，在断连时液体不能有任何泄漏，同时在连接过程中不能有杂质进入回路。

（2）插拔快速可靠，发生故障时可在线热插拔，维护便捷

数据中心需具备长时间稳定运行的能力，因此服务供应商必须定期更换零部件并能快速更换故障组件。这就要求快速接头支持在线热插拔，即在加压的情况下也可以安全断连回路，以确保关键组件模块化，并在维保过程中实现快速切换，而不需要中断系统运行或导致系统失压。

（3）高耐用度及材质兼容性

金属材质相比塑料材质更持久耐用，作为主体组件材质可有效减少数据中心的维护频率。快速接头的金属主体和密封圈与流体的兼容性是接头可靠性的重要指标之一。

（4）优化流量压降比，提高能效

在保证冷却回路流量的同时降低压降，使回路需要的压力更小，从而将冷却所需的能源降至更低。

（5）结构紧凑，节省空间

为进一步提高服务器机房内的可用空间，快速接头要求结构紧凑，能够安装至狭窄空间内，以便在有限的空间内安装更多的机柜，从而提高数据中心算力。

3. 常见方案的应用场景

根据不同液冷板设计需求，目前常见的连接形式有手动连接和盲插连接，它们适用于不同类型的服务器。

（1）机架式冷板服务器

常见的机架式冷板服务器由于Manifold的存在，操作空间相对充足，可通过手动快速接头和软管来实现和服务器节点的回路连接，机架式冷板服务器如图 6-110 所示。

图 6-110　机架式冷板服务器

（2）高密度刀片式服务器

高密度刀片式服务器的结构更为紧凑，液冷接头一般安装于刀片的后端，盲插式自动连接。高密度刀片式服务器如图 6-111 所示。

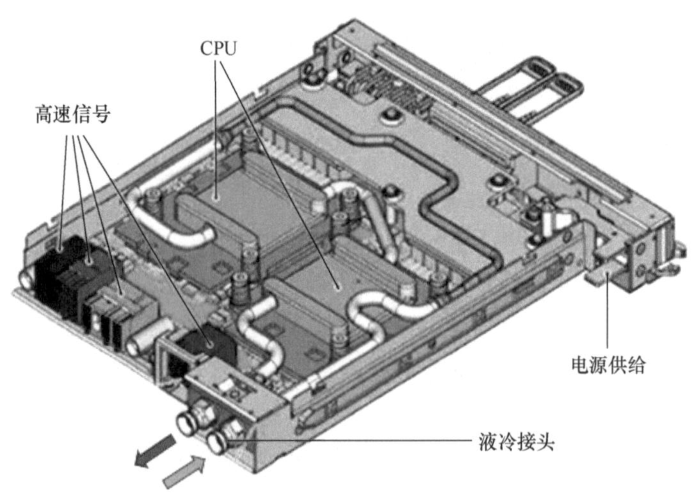


图 6-111　高密度刀片式服务器

4. 液冷快速连接器的选型建议

液冷快速连接器除了要满足关键技术要求，在产品选型时，还要根据具体的应用工况，对其采用主体材质、密封圈材质、流量、连接末端等进行周全考量，尤其是接头主体材质和密封圈材质的选择。

在液冷环境中常见的腐蚀类型有化学腐蚀和电化学腐蚀。在化学腐蚀中常见的去离子水会对铝、铜等低电势金属产生化学腐蚀，但去离子水的电导率接近或低于 5us/cm时，腐蚀概率更大。而在同一个液冷系统中，两个直接接触的组件若采用不同电势材质，且都与导电流体接触，则有可能发生电化学腐蚀，高电势金属（例如不锈钢）可以避免此类腐蚀的发生。因此在液冷系统组件的选择上，需要综合考虑冷却流体和各组件金属材质之间的兼容性，防止腐蚀造成液体泄漏。

密封圈也需要和冷却介质兼容，才能保证不溶胀、收缩、断裂或弯曲。因此，在密封圈材质的选择上，同样要根据冷却流体类型而定，同时综合工况温度、机械性能、经济性等其他因素。

5. 史陶比尔液冷快速连接器的应用

史陶比尔液冷快速连接器满足数据中心快速连接的所有严苛要求，并拥有庞大的标准产品系列，对于不同的口径、对接形式、材质选择、连接末端等均有针对性解决方案，同时也可为特殊项目定制开发新方案，应对差异化需求。

在材质选择上，基于海量案例和测试数据，史陶比尔液冷快速连接器能够为数据中心应用提供最合适的金属和橡胶圈材质，完美匹配不同的冷媒介质（水乙二醇/丙二醇、去离子水、电子氟化液等），为快速接头的可靠性和耐用性奠定基础。

在对接形式上，史陶比尔液冷快速连接器针对液冷应用环境提供手动连接和自动连接方案，其中自动连接的盲插方案在行业内最早提出并批量应用，其定制的位移容差技术配合导向系统，可补偿高达毫米级的连接误差，这对于实现高密度机架的盲接至关重要。

得益于深厚的应用开发经验，史陶比尔液冷快速连接器快速接头出色的内部结构设计，还能保证快速接头拥有最大的流量和最小的压降损失，同时实现极为紧凑的外形尺寸，助力客户的整体结构设计和能源功耗优化。

（1）快速连接器

史陶比尔液冷快速连接器两款核心产品：DAG 快速连接器如图 6-112 所示，CGD 快速连接器如图 6-113 所示。

图 6-112　DAG 快速连接器

图 6-113　CGD 快速连接器

①DAG 快速连接器的优势：自动锁紧液冷系统，单手断连，操作简便；平头无滴漏设计，保证回路完全密封，环境洁净，设备和人员安全，适用于电气和高电压环境；

结构紧凑，与数据中心和超级计算机等设备集成简单方便；组装简单方便，采用O形密封圈端面密封设计，能够配合各种安装要求。不同规格的DAG快速连接器的特点见表6-12。

表6-12　不同规格的DAG快速连接器的特点

| 规格选择 | DAG 03 | DAG 06 | DAG 09 |
| --- | --- | --- | --- |
| 公称直径/mm | 3 | 6 | 8 |
| 最大允许压力/bar | 16 | | |
| 最小和最大允许温度/℃ | -10℃～+100℃ | | |
| 截止阀 | 双向 | | |
| 材质 | 不锈钢 | | |
| 密封圈材质 | 三元乙丙橡胶(EPDM) | | |

② CGD快速连接器的优势：采用位移容差技术，补偿不对中误差；无滴漏设计，保证回路完全密封，环境洁净，设备和人员安全，适用于电气和高电压环境；平头防污染技术，保证了流体洁净和完整性，在连接过程中不会有杂质进入回路提供定制化密封，各种密封圈材质供选择；用于大部分流体应用并能满足较大范围的温度要求；性能优异，安全可靠，具备大流量、耐振动、防腐蚀、高插拔等特性。不同规格的CGD快速连接器的特点见表6-13。

表6-13　不同规格的CGD快速连接器的特点

<table>
<tr><th>规格选择</th><th>CGD 03</th><th>CGD 05</th><th>CGD 08</th><th>CGD 12</th></tr>
<tr><td>公称直径/mm</td><td>3</td><td>5</td><td>8</td><td>12</td></tr>
<tr><td>最大允许压力/bar</td><td colspan="4">16</td></tr>
<tr><td rowspan="3">最小和最大允许温度/℃（根据密封圈）</td><td colspan="4">氟硅橡胶：-40℃～+175℃，根据流体类型，最低可达-50℃</td></tr>
<tr><td colspan="4">三元乙丙烯橡胶，-20℃～+150℃</td></tr>
<tr><td colspan="4">氟碳橡胶：-10℃～+200℃</td></tr>
<tr><td>截止阀</td><td colspan="4">双阀</td></tr>
<tr><td>材质</td><td colspan="4">经表面处理的铝合金</td></tr>
<tr><td>密封圈材质</td><td colspan="4">根据工作温度可提供氟硅橡胶、三元乙丙烯橡胶、氟碳橡胶</td></tr>
</table>

（2）项目应用案例

史陶比尔在液冷行业有着超过30年的丰富应用经验，在数据中心领域与全球IT公司也展开深度合作，为不断迭代的液冷服务器产品提供安全可靠的定制化快速连接解决方案。

以日本富岳超级计算机服务器液冷项目为例，为实现对CMU的主动维护和超高密度安装，安装商将电接头和液冷接头组合在一起进行同步盲插对接，其主要需求是液冷接头具备导向和浮动功能。

该项目采用方案：CGD 03/IC，出货量165K以上，432个机架，平均每个机架采用 368 套CGD。CGD系列专为补偿连接不对中误差而设计，特别适用于狭小空间内的盲插，其位移容差系列产品可以补偿最大为 1mm的不对中误差。凭借CGD主体结构紧凑、大流量设计、平头无滴漏等关键技术和出色的在线热插拔性能，可确保液冷系统最佳冷却效率和设备的长久可靠运行。位移容差技术原理如图 6-114 所示。

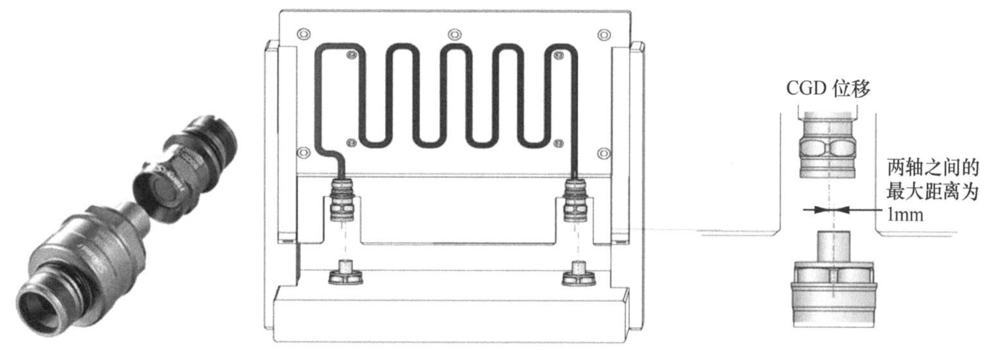


图 6-114 位移容差技术原理

（技术依托单位：史陶比尔（杭州）精密机械电子有限公司）

## 数据中心空调系统水力平衡方案的应用

### 1. 水力平衡方案的设计

从多维度考虑，数据中心空调系统一般采用双回路设计，主要包括静态平衡阀方案、动态压差平衡阀方案、动态平衡电动调节阀（即 3 种平衡功能合在一起的一体阀）方案。

（1）静态平衡阀方案

大多数项目会在各楼层水平管路中加装静态平衡阀，静态平衡阀方案如图 6-115 所示。

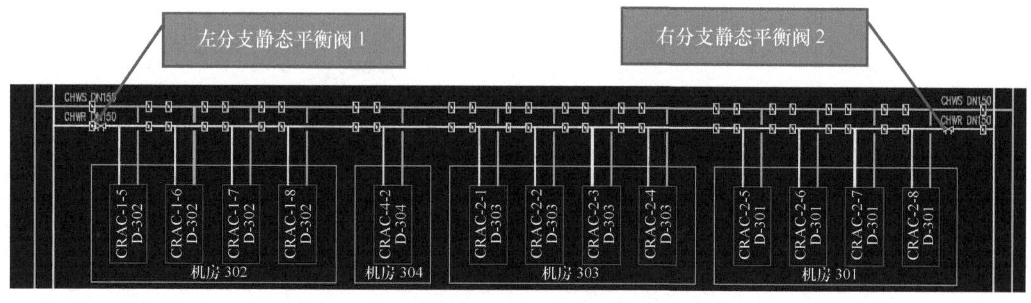


图 6-115 静态平衡阀方案

如果按照正常使用时的双回路调试，这种方案的静态平衡阀 1 和静态平衡阀 2 的流量如何确定是个问题（13 台精密空调机组的总流量为 100m$^3$/h，每台平衡阀无法确定需要多少流量：在某些特殊条件下，关闭一路时，无法保证总流量为100m$^3$/h，流量达不到指定数据时会有高温报警的风险）；如果按照单回路分别调试（关闭一路，调试另一路，调试好后交替），流量单路为100m$^3$/h，则这种方案解决了特殊条件下存在的风险问题，但是系统一般是双回路运行的（即两边回路都是正常开启的），这样就不可避免地存在过流，前端过流会导致后面的不利回路有欠流，但依然存在风险，而且这样的系统能耗会变高，不利于PUE的控制，因此，静态平衡阀方案对PUE有要求的项目来说，并不是一种优质方案。

（2）动态压差平衡阀方案（吉视传媒使用此方案）

该方案在主管路及分支管路不加任何形式的平衡阀，只在末端精密空调这一级的分支管路上增加静态平衡阀和动态压差平衡阀，末端精密空调要自带电动调节阀（建议采用调节座阀——直行程形式，不推荐采用调节球阀——角行程形式），动态压差平衡阀方案如图6-116所示。

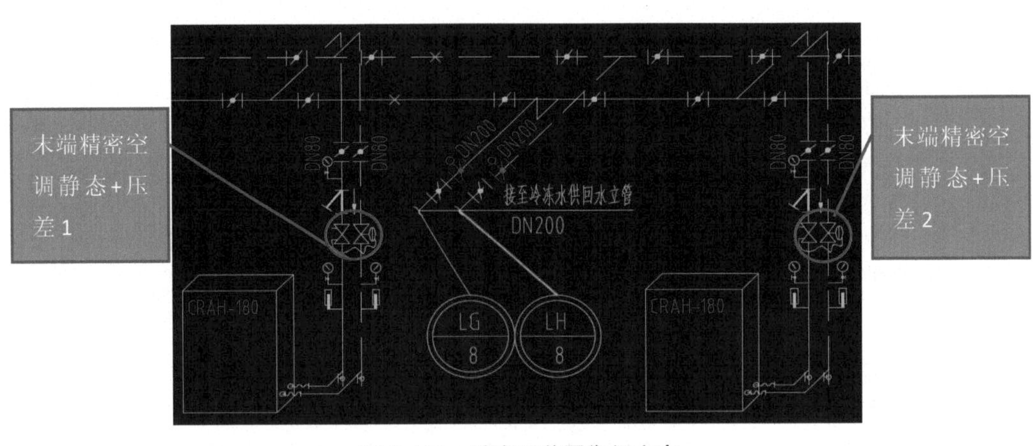


图6-116　动态压差平衡阀方案

这种方案是我们推荐的方案，具体原因如下。

① 该方案经过精确调试后不再有远端和近端流量差异，无论是在近端还是在所谓的远端，流量都是平衡的，或者说压差设定后，无论是双回路运行还是单回路运行，根据公式：$Q=Kv\sqrt{\Delta P}$，只要控制回路的压差恒定，整个回路的最大流量就被限定了，原来的平衡状态不会被打破，与静态平衡阀方案不同。

② 该方案很好地控制了末端回路的压差，保证了末端精密空调的电动调节阀的阀权度在高位下的有效控制，控制精度提高，节能效果得到了保证。

③ 该方案的静态平衡阀不需要调试，即可用来测量回路的精确流量。如果没有静态平衡阀，控制回路的压差只能通过计算来预估，预估值往往和实际需要值或多或少会有些偏差，静态平衡阀可以通过调整压差平衡阀的压差精准测量需要的流量值，因此，不建议只装一台压差平衡阀而取消静态平衡阀方案。静态平衡阀示意如图6-117所示。

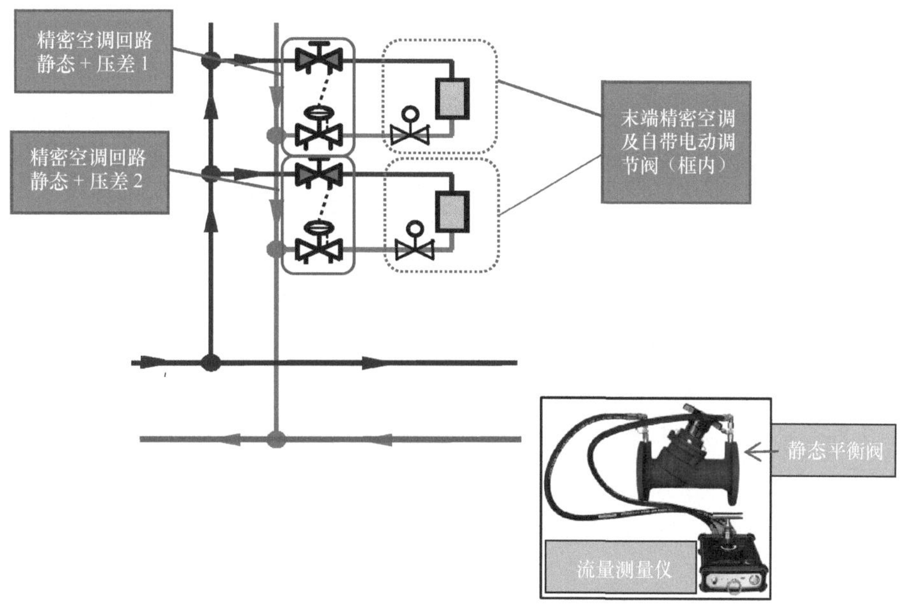


图 6-117 静态平衡阀示意

（3）动态平衡电动调节阀方案

该方案在主管路及分支管路不加任何形式的平衡阀，只在末端精密空调管路上安装一台一体阀。该方案的机组自带电动调节阀改成一体阀；由于吉视传媒项目的电动调节阀是精密空调厂家机组上自带的，所以没有采用一体阀方案。精密空调接管示意如图 6-118 所示。

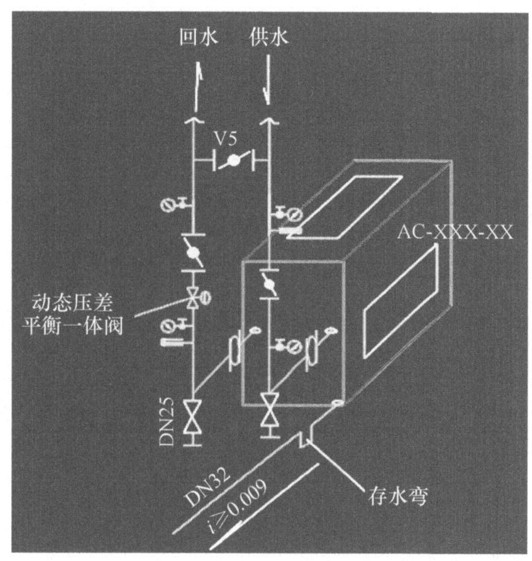


图 6-118 精密空调接管示意

该方案也是我们推荐的方案，具体原因如下。

① 该方案可以根据每台末端精密空调的负荷计算出所需的额定流量（后附选型举例），动态平衡电动调节阀可以设定最准确的流量，使系统提供最大流量与精密空调的额定流量相匹配，实现流量定制；后期可对每台一体阀流量设定调试，使整个管网的流量达到平衡状态，无论是双回路还是单回路运行，都不会影响系统的平衡状态。

② 动态平衡电动调节阀调试相对动态压差平衡阀方案来说，更加简便，只要通过计算进行设定，即可完成调试。

③ 动态平衡电动调节阀集静态平衡阀、动态压差平衡阀及电动调节阀 3 种功能于一体，节省了安装的空间和成本，尤其是对于数据机房空间相对狭小的项目，使用该方案更合适。

动态平衡电动调节阀应用示意如图 6-119 所示。

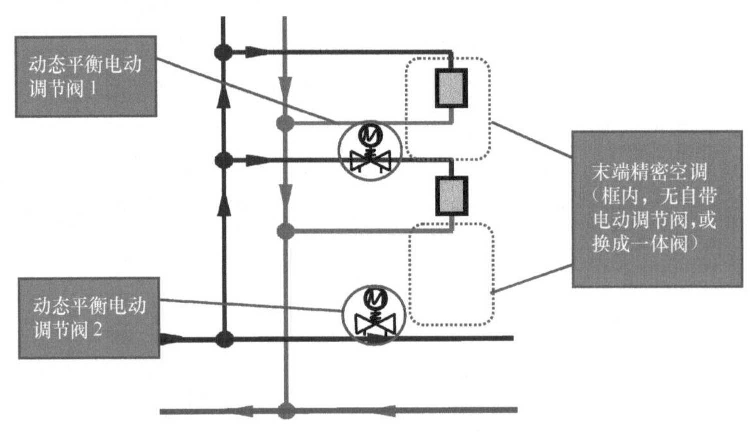


图 6-119　动态平衡电动调节阀应用示意

选型举例如下。

已知，机组负荷为：$P$=160kW，温差为：$\Delta T$=6℃，可用公式计算出流量：$Q=P/\Delta T\times 0.86=160/6\times 0.86\approx 22.9$（$m^3/h$）

理想情况下，一般选择在阀门最大流量的 80% 左右工作，这样可以保证阀门处于良好的工作状态。

因此，根据兹戈图一体阀参数表选型，兹戈图一体阀参数见表 6-14。DN80 的 A1010-80-××× 产品的最大流量是 32m³/h，通过调节流量盘（调节流量盘如图 6-120 所示）的预设定调节机构，参照流量圈数对照表，调到刻度 8 的位置，即为 22.94m³/h，环路将在不超过 22.94m³/h 的设计流量下运行，

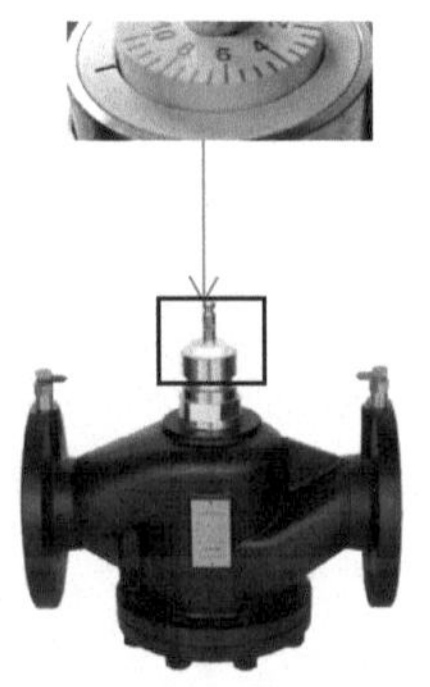

图 6-120　调节流量盘

实现需求与供给之间的流量匹配。

表6-14 兹戈图一体阀参数

| 型号 | 口径 | 刻度对应的流量值/（$m^3/h$） | | | |
|---|---|---|---|---|---|
| | | 刻度4 | 刻度6 | 刻度8 | 刻度10 |
| A1010-65-××× | DN65 | 11.4 | 17.22 | 20.38 | 24 |
| A1010-80-××× | DN80 | 14.54 | 19.56 | 22.94 | 32 |
| A1010-100-××× | DN100 | 24 | 31.7 | 40.3 | 48 |

### 2. 水力平衡方案在吉视传媒数据中心的应用

吉视传媒数据中心二期项目后期建成后，将承担起省部级公检法等多个职能部门的数据存储任务。多方考察后，本项目使用了兹戈图的阀门类产品，例如，手动蝶阀、电动蝶阀、静态平衡阀、动态压差平衡阀、止回阀等。考虑到各个部门并不会同时使用，有的部门很早就满负荷运行，有的部门甚至还没有启动存储工作计划，因此，本项目在冷却方面使用了末端精密空调系统安装静态平衡阀加动态压差平衡阀的方案，使末端机组之间减小彼此的互扰性，彼此流量独立，最重要的是，该方案可以把能耗降到最低，在不需要大流量运行的情况下，系统可以通过水泵的变频节约大量的能耗，整体的水力平衡状态也不会被打破。

现场平衡方案：供水管路上装有静态平衡阀，回水管路上装有动态压差平衡阀，中间用铜管导通连接。吉视传媒数据中心水力平衡方案如图 6-121 所示。

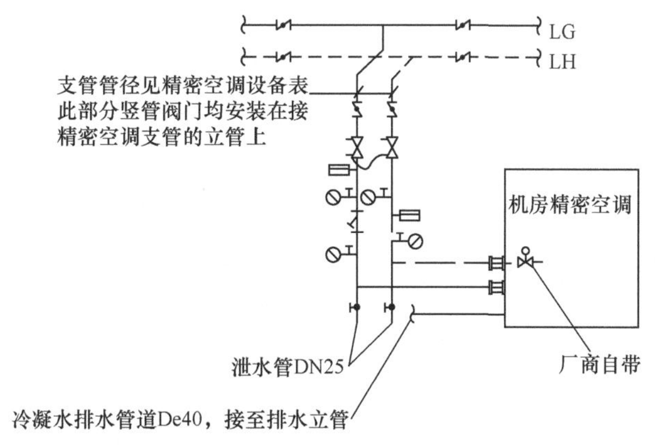


图 6-121 吉视传媒数据中心水力平衡方案

调试时，该项目现场只有 11 层的用户启动了部分存储设备，一半左右的设备在满负荷运行，其他楼层只有很少或没有任何存储设备运行。基于以上情况，使用压差方案是非常合适的，当调整完现有使用的设备后，待后期其他设备运行时不会对前期运行设备的流量造成较大影响。

吉视传媒的设计理念和想达到的目的，通过最终的调试得到了充分的体现。因此，水力平衡方案对数据中心空调系统的节能来说是很重要的环节，合适的方案可实现PUE值的降低。

（技术依托单位：兹戈图（中国）流体控制技术有限公司）

## 蒸发冷却水平衡及水处理系统的应用

### 1. 系统介绍

直接蒸发冷却水系统是通过水的蒸发来冷却空气并加湿空气的冷却水系统。间接蒸发循环冷却水系统是通过水的蒸发来冷却空气（二次空气或称为工作空气），空气（一次空气或称为产出空气）在被冷却时未被加湿的循环冷却水系统。根据传统冷水机组工程设计资料统计，开式冷却水系统的水容积（指系统内所有水容积的总和）一般是循环冷却水小时流量的1/20～1/3（循环一遍的时间对应为3～20min）。蒸发冷却空调机组水循环独立，完全依靠集水盘的储水量，水容积小、保有水量小（循环一遍的时间低于1min），储水量明显过小，在项目设计阶段常被忽视，导致后期运营维护时水处理的难度增加。

间接蒸发冷却水平衡系统既能够增加保有水量，又能方便水质的集中处理和水平衡管理，能够降低控制浓缩倍数的难度。

### 2. 系统构成

间接蒸发冷却水平衡系统包括3组以上间接蒸发冷却空调机组、微晶化学处理单元、集水单元、供水管道、供水总管道、循环水总管道。

我们设计的间接蒸发冷却水平衡系统包括电气控制单元、水质检测传感器组件、回水泵、微晶化学处理单元、示踪加药单元、集水单元、供水泵、供水总管道（供水平衡管）、循环水总管道（排水平衡管）和排水总管。

集水单元经供水总管道与各间接蒸发冷却空调机组分别连接，各间接蒸发冷却空调机组分别经循环水总管道与所述集水单元连接，循环水总管道上设有微晶化学处理单元。

间接蒸发冷却水平衡系统还包括示踪加药单元，连接微晶化学处理单元和集水单元的管段上设有所述示踪加药单元。

### 3. 主要控制单元的技术原理

电气控制单元应与第一套蒸发冷却空调机组排水阀B1、进水阀M1通信连接，（同时与第二套蒸发冷却空调机组排水阀B2、进水阀M2通信连接；与第三套蒸发冷却空调机组排水阀B3、进水阀M3通信连接；与第$n$套蒸发冷却空调机组排水阀B$n$、供水阀M$n$通信连接）；根据需要的蒸发冷却空调机组开启数量，集中控制循环水浓缩倍数，这样既可增加保有水量，又能方便水质的集中处理和水平衡管理。电气控制单元的工作状态包括以下3种。

① 根据与电气控制单元微电脑通信连接的水质检测传感器组件（浊度传感器、ORP 传感器、结垢指数监控、电导率传感器）的检测结果，启动微晶化学处理单元。

② 根据与电气控制单元微电脑通信连接的水质检测传感器组件（药剂浓度传感器、电导率传感器）的检测结果，启动示踪加药单元。

③ 根据与电气控制单元微电脑通信连接的水质检测传感器（电导率传感器）的检测结果，启动电动排污阀。

微晶化学处理单元采用电化学方法对水质进行处理。当微晶化学处理单元中的阳极/阴极与电源的正/负极接通，流经电极间的水达到微电解状态后，在阳极表面和阴极表面分别发生电化学反应。阳极反应中产生的•OH、$^1O_2$、$O_2^-$、$O_3$、$H_2O_2$、HClO 等强氧化性物质进入循环冷却水后，对循环水中的细菌和藻类具有显著的杀灭和抑制生长作用，并且处理后的循环水再与未经处理的循环水混合后，强氧化性物质能够在扩散作用下逐渐分布于整个循环冷却水系统，从而实现对整个循环水系统杀菌灭藻的作用。阴极反应主要产生氢氧根离子，改变了阴极附近微环境的酸碱度。在反应过程中，水中的 $Ca(HCO_3)_2$、$Mg(HCO_3)_2$ 等暂时进入阴极附近，与氢氧根离子发生反应，$CaCO_3$、$Mg(OH)_2$ 逐渐达到饱和而析出，并在阴极表面沉积为软垢。

**4. 系统的主要功能**

根据蒸发冷却的实际情况，浓缩后的水净化处理受到保有水量小的限制（药剂停留时间太短），一般会采取低浓缩倍数方案，即“长流水”方式（不回用水），这会造成水资源严重浪费，本系统则基本上解决了这个问题。

间接蒸发冷却水平衡系统解决了集水盘的储水量小、保有水量小等问题，降低了后期运营维护时水处理的难度，减少了化学药剂二次污染问题，降低化学药剂损耗，减少水资源浪费，节省能源消耗。

**5. 系统适用场景**

间接蒸发冷却水平衡系统主要适用于数据中心等行业使用的蒸发冷却空调机组。间接蒸发冷却水系统使用时，新鲜水依次经供水管道、供水总管道流入三组以上的间接蒸发冷却空调机组，供其内部循环喷淋降温使用。在水处理条件不理想时，应将各间接蒸发冷却排水汇集到循环水总管道（排水平衡管），并经微晶化学处理单元的电化学处理后汇入集水单元，再经供水总管道（供水平衡管）进入各间接蒸发冷却空调机组，还可进一步经示踪加药单元进行加药处理。

**6. 水处理方案**

直接蒸发冷却水系统和间接蒸发冷却水系统，通常采用不同的水处理方案。直接蒸发冷却水处理方案（一对一管道布置示意）如图 6-122 所示，直接蒸发冷却水处理方案（多对多管道布置示意）如图 6-123 所示，间接蒸发冷却系统水平衡工艺如图 6-124 所示。间接蒸发冷却水系统的水平衡工艺注解见表 6-15。

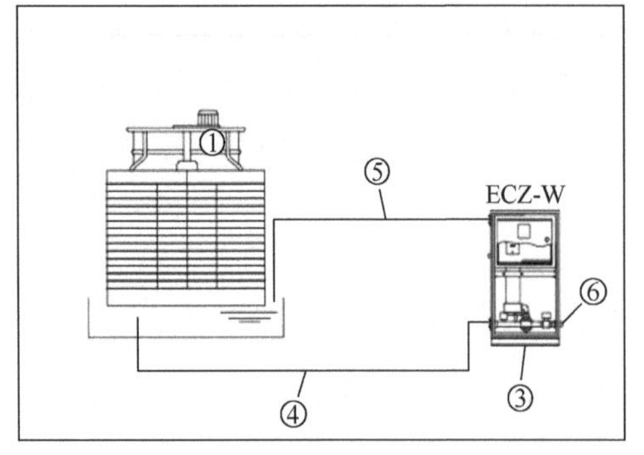


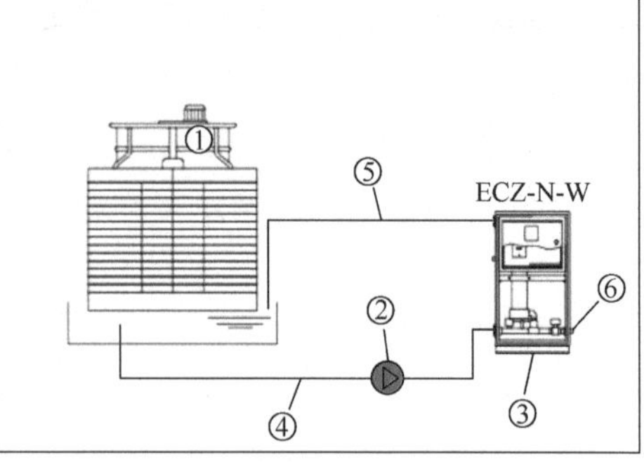


图 6-122　直接蒸发冷却水处理方案（一对一管道布置示意）

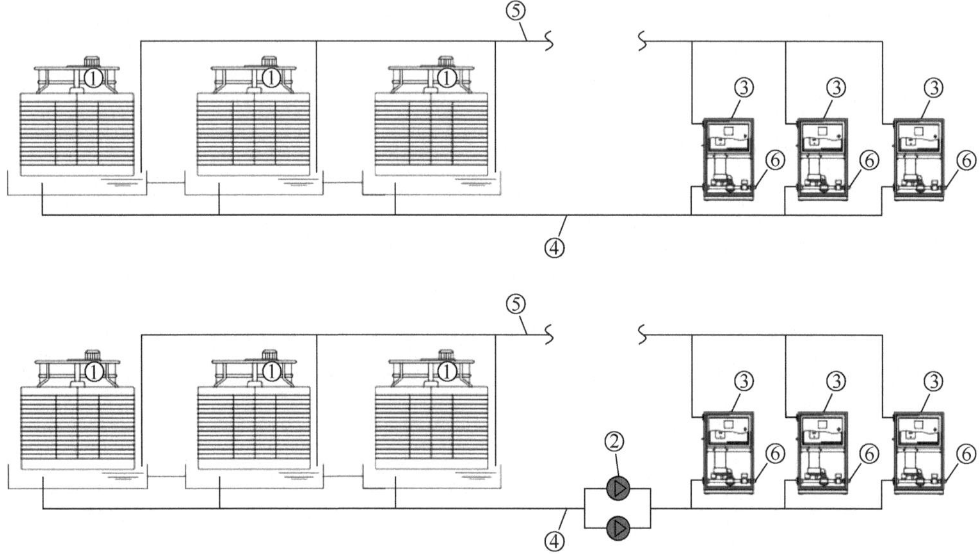


图 6-123　直接蒸发冷却水处理方案（多对多管道布置示意）

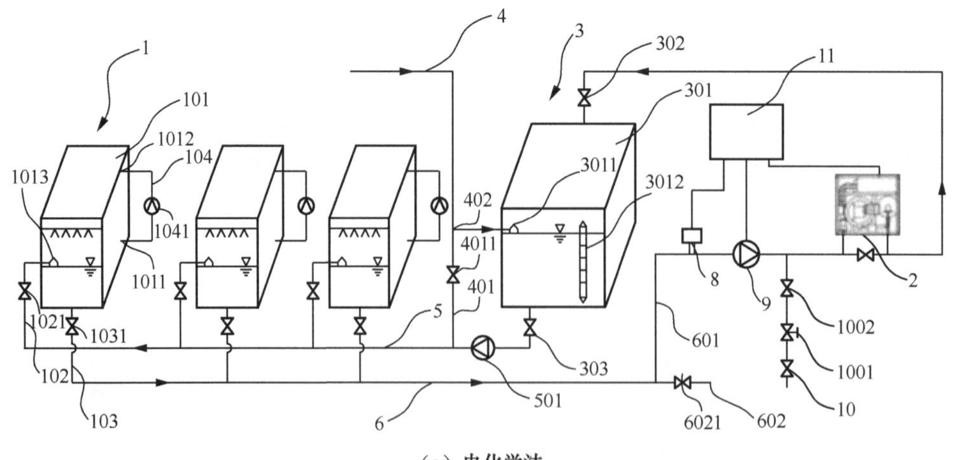


（a）电化学法

图 6-124　间接蒸发冷却系统水平衡工艺

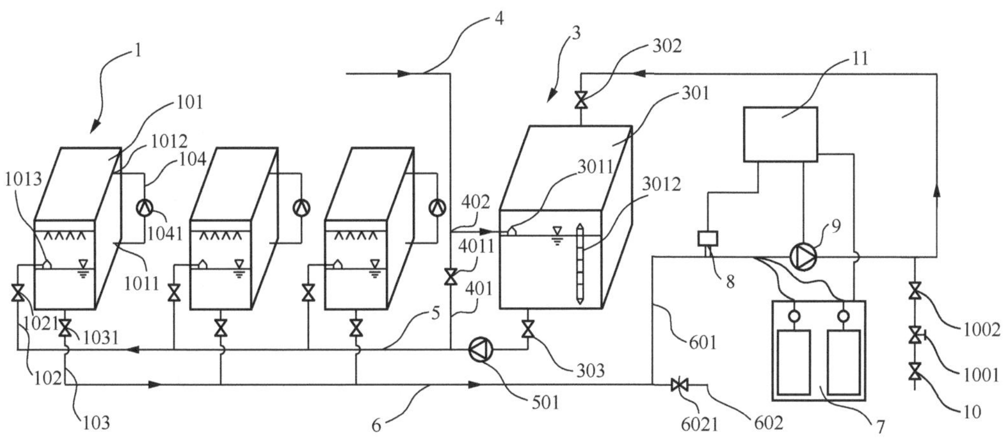


（b）化学药剂法

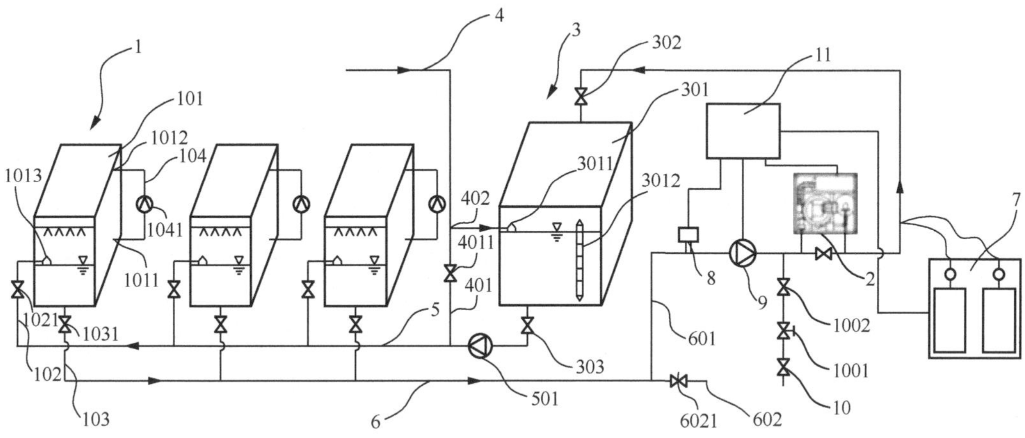


（c）旁流水处理方案

**图 6-124　间接蒸发冷却系统水平衡工艺（续）**

**表6-15　间接蒸发冷却水系统的水平衡工艺注解**

| 编号 | 术语/专用词语 | 编号 | 术语/专用词语 |
|---|---|---|---|
| 1 | 间接蒸发冷却空调机组 | 4 | （补充水）供水管道 |
| 101 | 间接蒸发冷却空调机组本体 | 401 | 补充水（原）供水管路 |
| 1011 | 自循环吸水口 | 4011 | 供水阀 |
| 1012 | 自循环出水口 | 402 | 补充水（新增）供水管路 |
| 1013 | 蒸发冷却空调机组浮球阀 | 5 | 供水总管道（供水平衡管） |
| 102 | 进水管道 | 501 | 供水泵 |
| 1021 | 进水阀M1 | 6 | 循环水总管道（排水平衡管） |
| 103 | 排水管道 | 601 | （新增）循环水管道 |
| 1031 | 排水阀B1 | 602 | 排水总管 |

（续表）

| 编号 | 术语/专用词语 | 编号 | 术语/专用词语 |
|---|---|---|---|
| 104 | 循环管道 | 6021 | （原）泄水阀 |
| 1041 | 自循环泵 | 7 | 示踪加药单元 |
| 2 | 微晶化学处理单元 | 8 | 水质检测传感器组件 |
| 3 | 集水单元 | 9 | （排水收集）回水泵 |
| 301 | 集水单元本体 | 10 | （新增）排污管道 |
| 3011 | 集水单元浮球阀 | 1001 | 电动排污阀 |
| 3012 | 液位计 | 1002 | 手动排污阀 |
| 302 | 集水单元进水阀门 | 11 | 电气控制单元 |
| 303 | 集水单元出水阀门 | | |

### 7. 项目应用案例

某项目采用的蒸发冷却冷水空调系统是集中式蒸发冷却空调系统在数据中心机房领域的实际应用，并且是蒸发冷却空气与水系统的耦合。该系统是以间接蒸发冷却冷水机组为全年主用冷源、以外冷式蒸发冷却新风机组为备份冷源的集中式蒸发冷却空调系统，根据不同的工况条件切换相应的运行模式，从而满足数据中心全年制冷的需要。

根据DZJN 81-2022标准要求的保有水量，每小时水蒸发1m$^3$，集水盘的水应至少储备1.9m$^3$，以保障水系统安全运行。因此，在项目设计阶段，需要根据估算的开式系统水容积（保有水量），对集水盘（连体或远置贮水槽）提出扩容要求，即非标准或定制要求。保有水量达不到要求或不具备远置贮水槽设置条件的，在多台间接蒸发冷却空调机组喷淋塔并联使用时，应设置水平衡管。这样既可增加保有水量，又能方便水质的集中处理和水平衡管理，也可降低浓缩倍数的控制难度。

根据估算的开式系统水容积（保有水量），对集水盘（连体或远置贮水槽）提出扩容要求，即与其他蒸发冷却空调机组水路并联在一起或增加贮水槽。首先满足单套蒸发冷却空调机组保有水量的$V/Q$e值大于1.9，其次考虑多套蒸发冷却空调机组并联以达到$V/Q$e值可控，即3～20套机组并联。单套机组保有水量达不到要求或不具备远置贮水槽设置条件的，在多台蒸发冷却空调机组喷淋塔并联使用时应增加不锈钢水箱并设置水平衡系统。如果单套蒸发冷却空调机组保有水量为0.5m$^3$，那么每并联一套蒸发冷却空调机组则需要增加1.4m$^3$的水箱，若3套蒸发冷却空调机组并联使用，则不锈钢水箱的有效容积至少需要4.2m$^3$。

以现有某数据中心为例，采用蒸发冷却系统，循环水量为2000m$^3$/h，冷却塔80%负荷，换热温差为5℃，蒸发水量为14m$^3$/h，两种方案的比较如下。

① 按传统蒸发冷却系统循环，浓缩2倍，排污量为7m$^3$/h，飘洒（风吹损失1‰计算）为2m$^3$/h，一共需要23m$^3$/h补水（自来水）。

② 如果浓缩 5 倍，排污量为 3.5m³/h，飘洒（风吹损失 1‰计算）为 2m³/h，一共需要 19.5m³/h 补水（自来水）。

对比上述两种方案可以看出，浓缩 5 倍会比浓缩 2 倍节省 3.5m³/h 的补水水量（自来水），运行一天可节省 84m³ 补水水量；运行一个月（按一年平均每月 30.4 天计算）可节省 2553.6m³ 补水水量；运行一年可节省 30643.2m³ 补水水量。

以某市 2022 年居民用水综合水价 8.79 元计算，若采用水平衡系统及相关水处理设备后，浓缩倍数由 2 倍扩大至 5 倍，则每年可节省补水量 30643.2m³，每年可省下用水费用 269501.4 元（30643.2m³ × 8.79 元≈ 269353.7 元）。这不仅做到降低运行成本、减少补水开支，同时也减少能源消耗，真正做到节能减排。

（技术依托单位：上海赛一环保设备有限公司）

## 纳尔科水处理方案在数据中心的应用

### 1. 概述

在确保数据中心运行稳定安全的同时，优化用电效率，降低能耗水耗，节省总运行成本已成为行业关注的重点。目前，水冷是数据中心的主流冷却方式，纳尔科在水冷管理方案上具有丰富的经验与成熟的应用。通过整体专业方案持续保持冷冻机制冷效率的高效稳定，从而降低非 IT 设备耗电量，实现通过减少补水量来减少水耗，并监测主要指标确保零宕机。

### 2. 项目概况

以华东地区某第三方数据中心为例，该数据中心拥有 4 台冷冻机，每台额定制冷量均为 650 冷吨，为三用一备。冷冻机冷凝器通过开路冷却水系统进行冷却。在纳尔科维护前，该数据中心的冷却水系统采用了化学处理方案，并且 1 ～ 3 个月清洗一次冷凝器，但冷冻机制冷性能始终无法达到理想状态，能耗居高不下。因此，客户邀请纳尔科对系统进行调查，希望对目前的水管理方案进行优化，帮助客户在确保数据中心安全稳定运行的同时，实现节能降耗，减少总运营成本。

纳尔科经过对系统标准化的调查后发现，该数据中心现有的处理方案并不能有效解决结垢与腐蚀问题，冷凝器内水侧积累了严重的污垢，导致趋近温度持续升高。这些污垢是冷冻机制冷性能降低的主要原因，从而导致能耗和维护成本增加。同时，冷却水系统的腐蚀问题影响了系统管道的使用寿命，且腐蚀问题会直接影响冷却系统的稳定运行，从而威胁数据中心运营的安全可靠。

### 3. 解决方案

纳尔科工程师与现场工作人员从机械设备、操作运行和化学条件 3 个方面对冷却水系统进行了全面的调查分析，并利用流程优化工具 3D TRASAR Optimizer，最终选择了 3D TRASAR 无磷冷却水技术作为解决方案。

① 首先使用纳尔科专业的预处理方案，让长久以来积累沉积的微生物与污垢得到彻底解决，为后续方案打下良好的基础。

② 利用 3D TRASAR 自动监控技术，配合拥有专利的“荧光示踪”和标记聚合物药剂，每天 24 小时不间断地对冷却水系统进行在线实时管理，有效控制腐蚀、结垢、沉积和微生物等应力问题。

- 实时监控水质参数，例如pH 值、电导率、浊度、温度及化学品浓度等。
- 基于水质运行的实际需求，自动精确控制化学品投放。
- 对冷却水系统出现的问题第一时间做出快速响应。

③ 基于客户更环保，更绿色的愿景和当地冷却水排污的要求，以及对于现场水质、设备状况的评估，推荐使用无磷化缓蚀阻垢一桶式方案。

④ 云端数据管理平台连接 3D TRASAR 控制系统，所有处理数据均可在线实时查询，配合远程专家中心，提供系统报警、运行报告和专家建议，确保系统在任何时候都可以运行，并为运维人员提供专业冷却水处理技术与管理培训，使现场按照最佳实践进行标准化、精细化管理。

#### 4. 处理过程分析及成果

在纳尔科处理之前，系统存在腐蚀及沉积问题。预处理中清理出来的沉积物如图 6-125 所示。

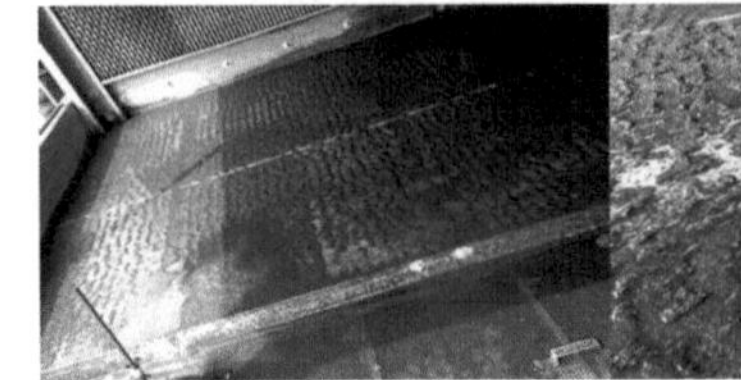
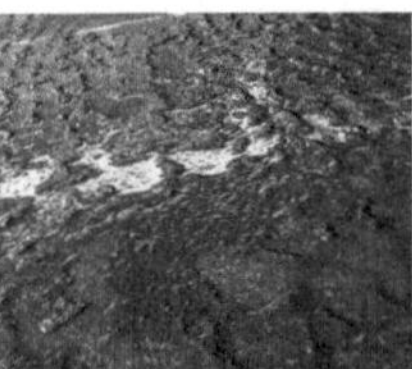

图 6-125　预处理中清理出来的沉积物

纳尔科 3D TRASAR 自动监控技术与无磷化缓蚀阻垢一桶式方案精确并有效地控制了化学品的投放及监控，使系统电导率始终保持在（1250±10）μs/cm，确保冷却水浓缩倍数稳定在控制范围内（保持在 7 倍左右），电导率和浓缩倍数追踪趋势如图 6-126 所示。

另外，冷却水系统的腐蚀率由处理前的 4.0mpy 下降至 1.5mpy，并保持进一步下降的趋势，这确保了冷冻机和冷却水系统的安全稳定运行。挂片效果对比如图 6-127 所示，腐蚀率数据对比如图 6-128 所示。

进行了专业的预处理方案并使用纳尔科水处理方案后，冷冻机系统结垢及沉积问题得到良好的解决。在对现场人员进行专业培训后，冷凝器和冷却塔由原来 1 ～ 3 个月清洗一次，延长到每年一次。

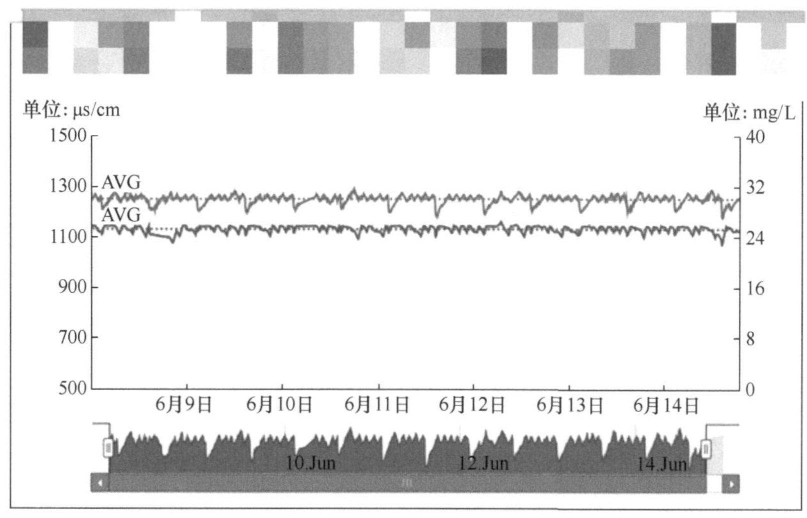


图 6-126　电导率和浓缩倍数追踪趋势

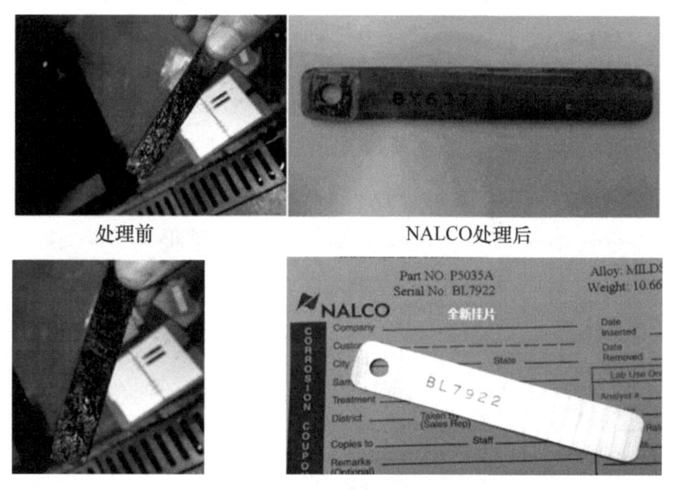


图 6-127　挂片效果对比

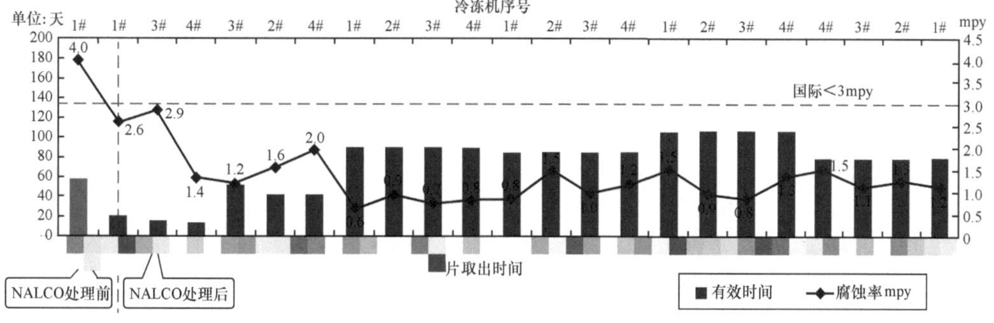


图 6-128　腐蚀率数据对比

此外，有效的结垢和沉积控制，使冷冻机冷凝器水侧列管表面保持清洁，冷凝器换热效果得到明显改善。经过 3D TRASAR 方案处理后，冷凝器趋近温度平均值降低约 1.1℃。以 4# 冷冻机为例，冷凝器趋近温度平均值下降 2.35℃。该数据中心 4 套冷冻机，趋近温度平均值和前一年环比下降 1.105℃，在实现节能的同时提高了运行的安全可靠性。4# 冷冻机冷凝器趋近温度处理前后对比如图 6-129 所示。

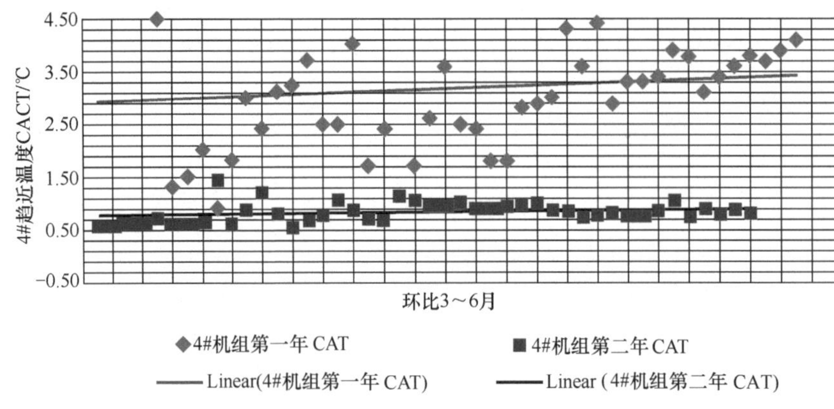


图 6-129　4# 冷冻机冷凝器趋近温度处理前后对比

### 5. 纳尔科不断推出新方案助力绿色低碳数据中心建设

为助力数据中心实现更高的绿色低碳愿景，纳尔科于 2019 年推出了全新的固体药剂方案，进一步减少了固废的产生，并使现场操作更简便、更安全。纳尔科在行业内率先推出数据中心冷却水排污回用方案，进一步提高了循环冷却水处理的效率。纳尔科为数据中心定制的智能创新型回用解决方案流程短，占地面积少，且拥有更稳定的出水率、更少的维护成本。

### 6. 绿色低碳成果及经济效益

绿色低碳成果及经济效益见表 6-16。

表6-16　绿色低碳成果及经济效益

| 改善客户 | 绿色低碳成果类别 | 经济效益 |
|---|---|---|
| 通过改善冷凝器换热效率，每年实现节能 156100kW·h | ENERGY 节能 | 每年节能成本达 156100元 |
| 处理之前浓缩倍数为3倍，处理后约为7倍，年节水量约为11000$m^3$，WUE降低0.3 | WATER 节水 | 每年节水成本达 55000元 |
| 通过改善管道腐蚀率，预计延长管道使用寿命20年以上，并提高了数据中心运行的稳定性和可靠性 | ASSETS 设备保护 | 每年节省管道维护、更换等投资费用达 112500 元 |
| 冷凝器和冷却塔由原来1～3个月清洗一次延长到每年清洗一次，每年减少清洗操作900个工时 | COSTS 降低维护工作量 | 每年节省清洗成本22500 元 |
| 使用无磷缓蚀阻垢一桶式方案，达到当地排放标准，减少了固废排放 | WASTE 环保 | 避免了排放超标产生的法律风险，并节省危险固废处置费用 |

同时，随着间接蒸发冷和液冷（冷板式液冷、浸没式液冷）技术被数据中心广泛采用，纳尔科不断创新推出间接蒸发冷却技术解决方案和液冷整体解决方案，力求打造极简、绿色、智能、安全的数据中心。

使用间接蒸发冷技术的数据中心现场在使用一段时间后往往会出现换热效率下降明显、低能耗模式（干模式）运营时间不足、后期运维难度及费用大幅上升等问题。这主要是因为换热芯体表面累积的污染沉积让芯体换热效率下降，间接蒸发冷单元提早开启了更高的能耗模式，同时芯体表面需要频繁清洗，增加了人工费用。然而由于间接蒸发冷设备的特殊性，芯体表面的沉积物类型复杂且特殊，并且补水直接经过芯体表面，需要充分考虑无损芯体材质。

纳尔科推出的全新的间接蒸发冷水管理方案从源头控制了芯体表面的沉积与污染问题，且经过大量实验，兼容目前市面上大多间接蒸发冷单元材质，可以降低用电效率指标及用水效率指标，降低运维成本，延长低能耗模式运营时长。该方案已经帮助多家大型数据中心实现了EER与人工成本的双赢。同时，纳尔科参与编写了《数据中心蒸发冷却水质标准》，为行业实现蒸发冷单元开式水系统和闭式水系统运行维护的规范性、安全性和及时性提供参考，确保运行环境的稳定可靠。

对液冷系统来说，冷却液、非导电液体与外侧冷源构成了一个冷却整体，实现了液冷系统卓越的用电效率指标及用水效率指标。但由于换热系统结构的特殊性，外侧冷源一般为冷却水，冷却水的腐蚀、结垢、沉积与微生物的问题，会直接对服务器造成损害，进而导致严重的宕机事故与资产损失。

因此，在选择冷却液与冷却水处理方案时，既要考虑传热性能（长期稳定性和可靠性等），也要考虑其与冷板、CDU的适配性以保证运营的安全性。纳尔科的液冷整体解决方案已经在国内外多家数据中心有了成熟的应用，取得了非常好的效果，赢得了业界的口碑。

（技术依托单位：纳尔科（中国）环保技术服务有限公司）

## TriIns Water 智水循环冷却水处理系统的应用

### 1. 系统概述

冷却水占比工业总用水量的 60% ～ 70%，循环多频次使用冷却水是缓解水危机、降低水消耗的关键途径。TriIns Water智水系统采用安全频段的电磁波（特频，TriIns）处理循环冷却水，完全替代传统化学加药处理法，形成不同于化学药剂法的技术路线，克服了其他物理法存在的技术性能不足和应用局限性的问题。以智能化处理模式控制系统结垢、腐蚀及微生物滋生。在循环冷却水处理效果符合并优于GB/T 50050—2017《工业循环冷却水处理设计规范》要求的同时，节能、节水且无污染物被引入。

（1）技术原理

运用特定频率范围的交变脉冲电磁波，使电磁波能量有效激励水分子产生共振，增强水的内部能量，促使冷却水中形成无附着性的文石及在钢铁表面形成磁铁层，解决结垢和腐蚀问题。同时，其独特的离子电流脉冲波也具有显著灭杀微生物的功能，控制细菌和藻类生长。

（2）系统构成

TriIns Water智水系统由水处理模块、水质在线自动监测模块和远程代维模块组成，TriIns Water智水系统构成如图6-130所示。

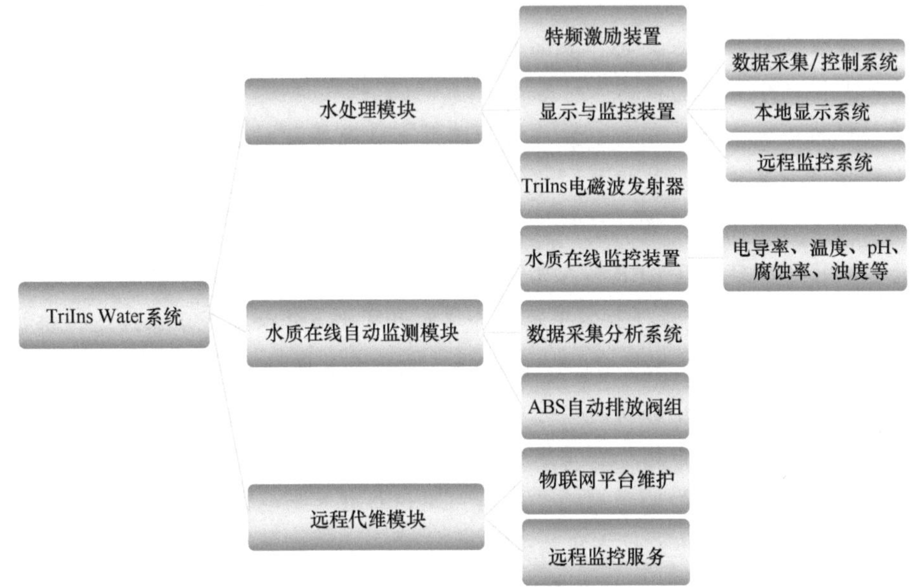


图6-130 TriIns Water智水系统构成

## 2. 系统功能特点与技术参数

TriIns Water智水系统循环冷却水处理工艺流程如图6-131所示。

（1）功能特点

① 纯物理循环冷却水处理时，不需要添加任何化学药剂，能够同时实现循环冷却水系统的结垢控制、腐蚀控制及微生物控制三效合一。

② 实现高浓缩倍率，节水效果明显；换热器/凝汽器端差明显下降，降低能耗；杀菌功能强，零药剂、零废水排放、零危废产生，环境卫生风险低。

③ 系统设备高度集成，运维简单，主要水质参数在线监控，水处理设备全自动智能运行，无人值守，实现远程运维。

④ 所使用的特定频率范围的交变脉冲电磁波的频率低，没有安全性问题。

⑤ TriIns Water系统设备挂靠式安装，不破坏循环冷却水系统设备，无论是新建项目，还是既有项目改造，都简单易行。

⑥ 适应各种应用场景及各种形式的循环冷却水系统，不受地域、循环冷却水系统

规模及冷却塔材质等限制。

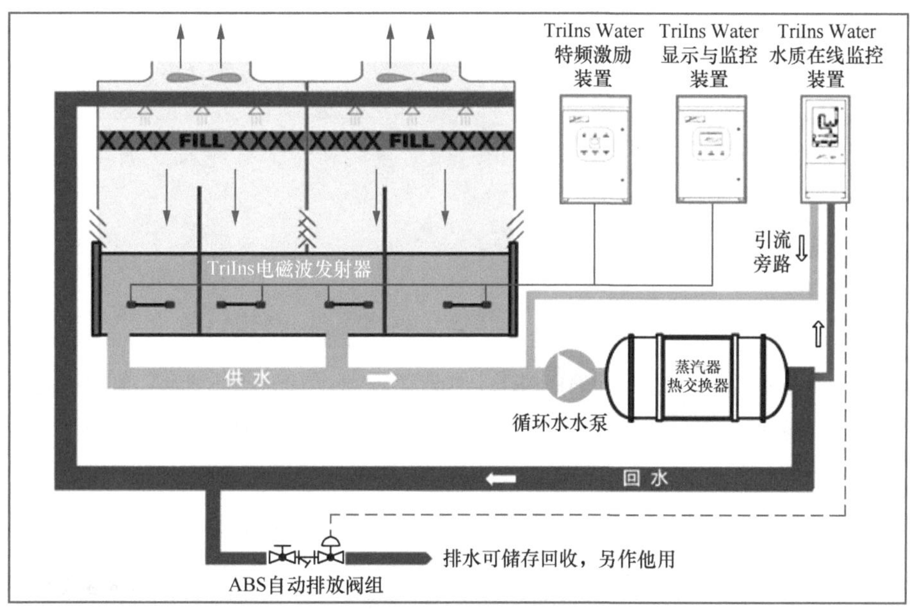


图 6-131　TriIns Water 智水系统循环冷却水处理工艺流程

（2）主要技术参数

① 结垢控制：换热器冷却水侧管壁无明显新的碳酸钙硬垢生成。

② 腐蚀控制：循环冷却水中，总铁（Fe）的浓度不超过 1.0mg/L（GB/T 50050—2017 对总铁浓度的限值：不超过 2.0mg/L）。

③ 微生物控制：循环冷却水中，异养菌总数不超过 $1.0 \times 10^4$CFU/mL（GB/T 50050—2017 对异养菌总数的限值：不超过 $1.0 \times 10^5$CFU/mL）。

**3. 系统适用场景**

TriIns Water 智水系统适用于各行业对循环冷却水的处理，例如，数据中心中央空调、火力发电机组、分布式能源站、冶炼、石化、煤化工、大型建筑中央空调、医院中央空调、机场高铁站等中央空调的循环冷却水系统，以及半导体电子厂、石化厂、钢铁厂、酿酒厂等工厂的工业循环冷却水系统。

TriIns Water 智水系统在国内标杆客户中经过水质和工况双极端考验，地域涉及河北石家庄、江苏徐州、山西阳泉、北京顺义等补充水极度高硬、高碱、易结垢区域和上海、杭州等典型沿海区域。补充水的水源包括自来水、河水、中水、半咸水等。

**4. 绿色低碳与节能效果**

① 零药剂处理：不添加任何化学药剂，无污水排放，绿色环保。

② 节水效果：提升循环冷却水系统的浓缩倍数（Cycle Of Concentration，COC），排污量较化学药剂处理法减少 30% 以上，即等量减少排污所需的补充水量。

③ 节能效果：结垢、腐蚀及微生物控制的处理效果更好，提升了设备的换热效率，冷水机组平均冷凝趋近温度降低 1℃～ 2℃，压缩机能耗降低 3% ～ 6%。

以大型数据中心循环冷却水系统的基准情景为例，4 台制冷容量 1200RT 的水冷式冷水机组，额定功耗为 4×779kW，循环冷却水系统循环量为 4×856.8m$^3$/hr。每年节省耗电量 424025kW·h，相当于每年 4423.7t 的碳减排量，每年减少循环冷却水系统排水 21024m$^3$，不需要使用药剂。

### 5. 项目应用案例

（1）案例概况

上海某数据中心的中央空调系统配置了 3 套独立的离心式冷水机组以及配套的方形横流式冷却塔，总制冷量达到 1950RT，机组总功耗为 984kW，循环冷却水总循环量为 1410m$^3$/hr。传统化学药剂处理法处理循环冷却水存在严重腐蚀、结垢及微生物滋生问题，系统能耗大，浓缩倍数低，用水量大。从 2018 年 12 月采用 TriIns Water 智水系统替代传统化学药剂处理法至今，TriIns Water 智水系统已稳定运行超过 53 个月，系统结垢、腐蚀及微生物控制效果良好，循环冷却水清澈无异味，水质参数符合并优于 GB/T 50050—2017《工业循环冷却水处理设计规范》要求。项目现场部分设备如图 6-132 所示。

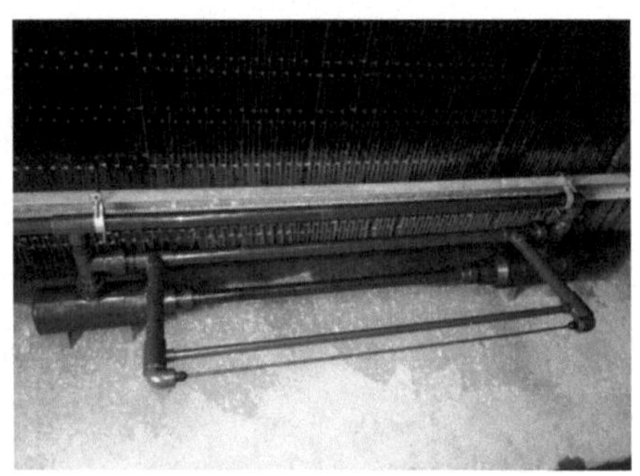

图 6-132　项目现场部分设备

（2）效果及项目收益

TriIns Water 智水系统投运后，对结垢、腐蚀及微生物控制的效果良好，系统总铁及总菌数均控制在 GB/T 50050—2017《工业循环冷却水处理设计规范》限值的 1/10 以下。

项目收益包括如下内容。

① 零药剂处理，100% 节省年化学药剂费用。

② 浓缩倍数（COC）由 3.0 提升至 5.6，年节水量达 20736m$^3$。

③ 各机组平均冷凝趋近温度较原化学药剂处理法降低超过 1℃，能耗降低 3% 以上，年节电量 169920kW·h（相当于年碳减排量 169.4t）。

④ 冷却塔及冷水机组人工清洗和水质监控工作量减少，节省大量人力成本。

（技术依托单位：上海莫秋环境技术有限公司）

第 7 章

# 赋能经济社会

传统数据中心正加速云网融合，向新型数据中心演进。工业和信息化部印发的《新型数据中心发展三年行动计划（2021—2023 年）》提出，新型数据中心是以支撑经济社会数字转型、智能升级、融合创新为导向，以 5G、工业互联网、云计算、人工智能等应用需求为牵引，汇聚多元数据资源、运用绿色低碳技术、具备安全可靠能力、提供高效算力服务、赋能千行百业应用的新型基础设施。未来，新型数据中心对数字经济的赋能和驱动作用将日益凸显，数据中心也将迎来更广阔的前景。

## 7.1 数据中心赋能工业领域

工业是我国国民经济的重要基础，是社会民生的重要保障。工业所涉行业既有为国民经济各部门提供先进技术装备的高端重工业，也包含为国民经济各部门提供能源和原材料的基础行业，同时还包含为满足人民生活需求而提供的各个消费品行业。根据国家统计局公布的数据，2020 年我国工业增加值占 GDP 的比重为 37.8%，可见工业在国民经济中占据主导地位。我国工业主要以能源工业、钢铁工业、机械工业等基础工业为主，这些行业长期以来依靠物质资源消耗，资源环境成本较高，据统计，钢铁、有色金属、建材、石化四大高能耗制造业的二氧化碳排放量总和占我国碳排放量的 50% 以上。我国高能耗制造业 2020 年碳排放情况如图 7-1 所示。

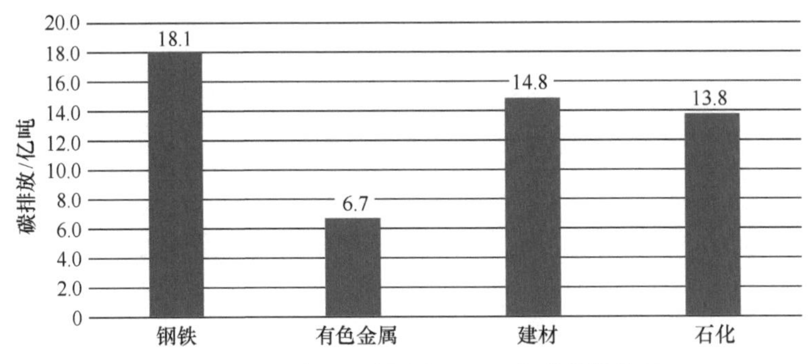


**图 7-1　我国高能耗制造业 2020 年碳排放情况**

在工业互联网规模化发展的引领下，我国也逐渐走向先进制造大国行列，成为高效率、低成本、高产出、高质量的代名词。5G 网络的发展对于工业领域转型举足轻重，但不可否认，实现数字化、智能化转型的工业，是借助数字信息飞速发展革新的红利，这才有了今天产出与可持续比翼齐飞的状态。因此，数据中心，尤其是服务于传统高能耗产业绿色数字化转型的新型数据中心，在其中的作用较为突出。

### 7.1.1 数据中心赋能钢铁领域

数据中心赋能钢铁节能减排，主要聚焦绿色低碳产品研发、生产运营集中管理及产业链供应链协同，从不同角度共同发力，打造绿色低碳的钢铁行业生产体系。具体来说，一是通过新型数据中心，实现ICT技术的高度运用，赋能低碳钢铁产品开发过程，基于材料数据库、人工智能等技术，提高低碳产品研发效率，从源头减少碳排放。二是赋能铁、钢等生产过程与企业运营过程，开展集中的企业管控，减少企业内部生产运营过程中的能耗、物耗，减少碳排放。三是赋能跨企业的信息互通与资源调度配置，减少行业资源浪费，从而减少碳排放。

### 7.1.2 数据中心赋能有色领域

有色金属行业包括有色金属采选、冶炼、加工 3 个子行业，产品品种众多，被广泛应用于机械、建筑、电子、汽车、冶金、包装、国防等领域，在国民经济发展中占据十分重要的地位。2020 年，我国 10 种有色金属产量达到 6188.4 万t，有色金属行业碳排放量约 6.7 亿t，占全国总排放量的 4.7%。我国铝工业碳排放量约 5.5 亿t，占有色金属行业的 83%，其中电解铝产业碳排放量 4.2 亿t，占有色金属行业 65%。铜铝压延加工行业的碳排放量为 0.64 亿t，约占有色金属行业的 10%。其他（例如铜、铅、锌等）有色金属冶炼行业碳排放量为 0.58 亿t，占有色金属行业的 9%。目前，我国有色金属行业生产中，碳排放量主要从熟料烧成、脱硅工序、蒸发工序、高压溶出工序 4 个高能耗阶段产生。

新型数据中心作为先进信息技术的载体，赋能有色金属行业碳减排主要以智能制造、工业互联网平台、数字工厂及数字矿山等为发展方向，具体来说包含以下 5 个方面：基于企业设备、工艺明确的运行策略，通过对生产运行情况跟踪监视，辅助企业调度优化运行方案，帮助企业优化用能、提高能效、节约成本；利用数据分析手段进行数据挖掘，追踪能耗影响因素，为工艺改善提供数据支撑；通过对能源计量信息汇总平衡及计划预测数据的管理，优化能源运行调度及高效利用；利用仿真过程代替真实运行过程，虚拟控制器代替现场控制站，实现真实工厂到数字工厂的映射；在大数据平台进行集中存储、分析、建模，建立“云—边—端”协同的工业互联网平台，支撑企业实现业务目标。

### 7.1.3 数据中心赋能建材领域

建筑材料工业包括水泥、石灰石膏、卫生陶瓷、玻璃等。其中，水泥生产是建材行业的能耗大户，水泥工业碳排放量占建材行业碳排放量的 83%，水泥的能耗约占全球能源消耗的 2%，二氧化碳排放量占全球碳排放量的 5%。我国是水泥生产和消费大国，水泥产量占世界水泥总产量的 60% 左右。

从生产流程来看，生产过程中熟料形成阶段的碳排放量占总量的 60% ～ 70%，剩余 30% ～ 40% 的碳排放量来自为该过程提供动力的燃料的燃烧。目前，水泥生产过程中的熟料形成阶段无法被替代，暂时没有替代石灰石的有效方案。

水泥行业因其碳排放结构的特殊性，以新型数据中心为载体，应用数字技术赋能的着力点主要体现在产品质量的改善、生产效率与运营效率的提升，以及能源效率的提高等方面。一是通过数字技术赋能水泥产品的质量控制，二是通过数字技术赋能生产过程与企业运营过程。

### 7.1.4 数据中心赋能石化领域

石化行业是我国重要支柱型行业，2020 年石化行业的营业收入为 11.08 万亿元，占全国规模工业营业收入的 10.4%，石化产品被广泛应用于生产生活的众多领域。石化行业也是碳排放集中行业，石化行业的碳排放一是来自化石燃料的燃烧；二是来自工艺生产过程中的化学反应自身产生的二氧化碳；三是来自外购电力过程中发电产生的二氧化碳；四是来自产品运输过程中交通工具产生的二氧化碳。根据中石化相关统计，由化石燃料燃烧及工艺化学反应排放等方式直接排放的二氧化碳量约占石化行业总排放量的 90% 以上。

新型数据中心在石化领域的应用，主要是利用数字技术赋能石化行业全要素、全产业链、全价值链，打造绿色环保的行业生态。具体来说，一是通过数字技术赋能低碳产品、工艺路线研发；二是通过数字技术赋能石化产品生产及企业一体化管控优化。

### 7.1.5 数据中心赋能工业领域各环节节能降碳

以钢铁、有色金属、建材、石化为代表的高能耗基础工业领域长期以来依靠物质资源，导致我国工业占据了全国能源消费及碳排放的绝大部分，其中设备、工艺、回收、管理环节分别占比 4∶3∶1∶2，新型数据中心在这些环节的节能降碳工作中发挥重要作用。

新型数据中心赋能工业生产设备节能降碳。依托新型数据中心的新型数字技术，可提升单位功率下的作业量及作业精细度，逐步控制能耗总量，减少碳排放，初步测算可助力设备端节能降碳 10% ～ 30%。

新型数据中心赋能生产工艺节能降碳。依托新型数据中心，可对生产流程全过程进行建模仿真及数字孪生，并引入AI技术，持续优化工艺流程，实现提质增效、节能降碳。初步测算，新型数据中心可助力生产工艺环节节能降碳 20% ～ 30%。

新型数据中心赋能企业管理。依托新型数据中心，以数字技术对企业实现综合管控，降低能耗及碳排放。初步测算，新型数据中心可赋能企业管理降碳 2% ～ 5%。

新型数据中心赋能废物回收率及再利用率。依托新型数据中心，可实现对工业生产中产生的多种废旧物再利用，降本增效，初步测算，新型数据中心可赋能废物回收利用降碳 0.3% ～ 0.5%。

## 7.2 数据中心赋能家庭领域

随着生活水平的不断提高，各种新型家用电器有了更多的功能，需要更大的电源，增加了家庭能耗，但提供了更大的便利。家庭智能能源系统可以减少能源消耗，提高能源利用效率，扩大新能源在发电中的使用比例。家庭智能能源设计的目的是使设备智能节能。不同类型的传感器可以收集能源数据，通过大数据和云计算等信息通信技术，智能能源管理系统可以实时控制家庭供电的不同部分，例如设置家庭照明系统和温度控制系统，让家庭生活更舒适和更节能。当然，先进的信息通信技术需要通过云数据中心的大规模应用来实现，这也为云数据中心空间利用率的提升找到了一个有效的出路，因为家庭领域的用能载体规模小、数量多，对时延要求不高。但是数据交换频次极高，且对所谓安全的要求并不十分严格，因此云数据中心是实现以上需求定制化、智能化功能的重要载体。

随着越来越多的系统采用固态电子设备、太阳能光伏电源、其他可再生能源等，基于直流的发电、配电、存储和利用设备的潜力越来越大。智能能源系统可以集成不同的发电源，能够根据天气、电量、负荷率、负荷种类等，使供电动态优化。事实上，智能能源系统增加了可再生能源发电的比例，并间接减少了二氧化碳排放量。

因此，这类需求及技术革新引起了人们对直流微电网概念的兴趣，直流微电网是由直流负载和分布式能源组成的系统，可在失去正常交流电源时独立运行。除了直流微电网的弹性优势，由于避免了多次AC/DC转换，直流配电还可以提高效率。直流微电网的优势包括增强弹性和安全性，提高性能、效率和稳定性，以及即插即用功能。此外，直流基础设施可以在“智能电网”配电、分散电网和数字化中发挥重要作用。家庭用智能微网结构如图 7-2 所示。

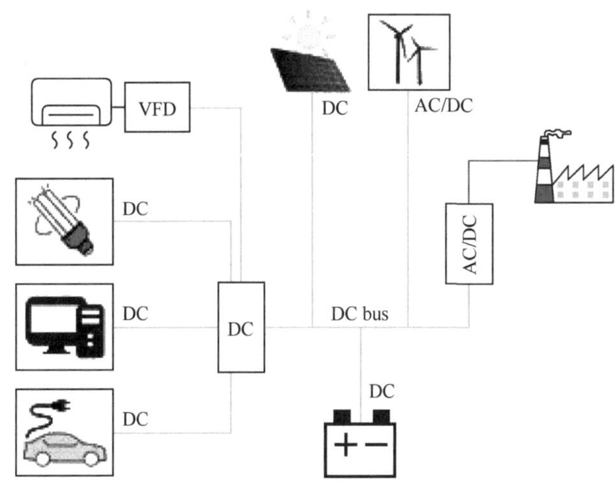


图 7-2 家庭用智能微网结构

同时，自发自用能源可以通过光伏和风力发电来提供动力。如果剩余电量太大而无法存储，则可以在能源市场上交易剩余电量。另外，智能能源系统在家庭中的应用可以有效地培养一种新型用电习惯。通过应用智能能源系统，可以建立一个新的生态系统，使能源效率融入家庭智能能源系统的核心。

从物理实体来看，智能微网在家庭中的应用，更多的是借助现有的可再生能源发电设备、储能终端、家庭电器及传统市电等方面，它们的组合不难实现，而如何智能化地将这些用电及内部自发自用设备有机融合到一个统一平台上，则需要新型数据中心赋予其功能。我们可以利用先进的传感设备获取众多的能源自发自用数据信息，但是我们没有能力实现有效的优化计算、数据分析和策略制定，尤其是在先进的机器学习和智能识别上，传统物理设备不具备智能决策来实现高效节能、绿色安全的能源利用宗旨。此时，所有的优化决策的相关功能实现都需要基于新型数据中心，只有这样，才能够对海量的用能设备提供近乎定制化的数据处理和信息优化，最终实现精准工作。

## 7.3 数据中心赋能城市领域

信息通信技术是推动城市应用智能能源系统的关键因素。但在某些情况下，由于缺乏先进的信息通信技术，城市应用的能效水平无法进一步优化。因此，城市应采取积极主动的态度，充分吸纳先进的信息通信技术。通过促进清洁能源、区域定制、网络通信和物联网的应用，可以改善和优化城市的能源设施。智能能源系统在数据中心的支撑下，还可以促进太阳能、风能、电力和石化等各种可再生能源的转化，增加清洁能源发电的吸收，优化能源供给结构，提高整体能源效率。智能能源系统以其特定功能区分，可应用于城市的 5 个关键领域：商业区、民用社区、工业园区、电力运输网络和市政枢纽。

### 7.3.1 数据中心赋能商业区

由于商业区的建筑结构复杂，且层数多，因此消耗了大量能源。智能技术的应用可以通过促进实时监测和将能源数据转换为节能功能来提高此类建筑的能源性能。通过使用大数据技术和智能传感器等智能能源系统来促进网络互联，收集实时和过去的能源消耗数据。例如，智能能源系统可以识别特定房间中的能源浪费，并自动执行远程断电功能，以节省能源。同时，光伏组件也可以应用于建筑物表面，为其提供可再生能源，从而降低对传统电网的依赖。新型数据中心赋能商业建筑具体环节示意如图 7-3 所示。

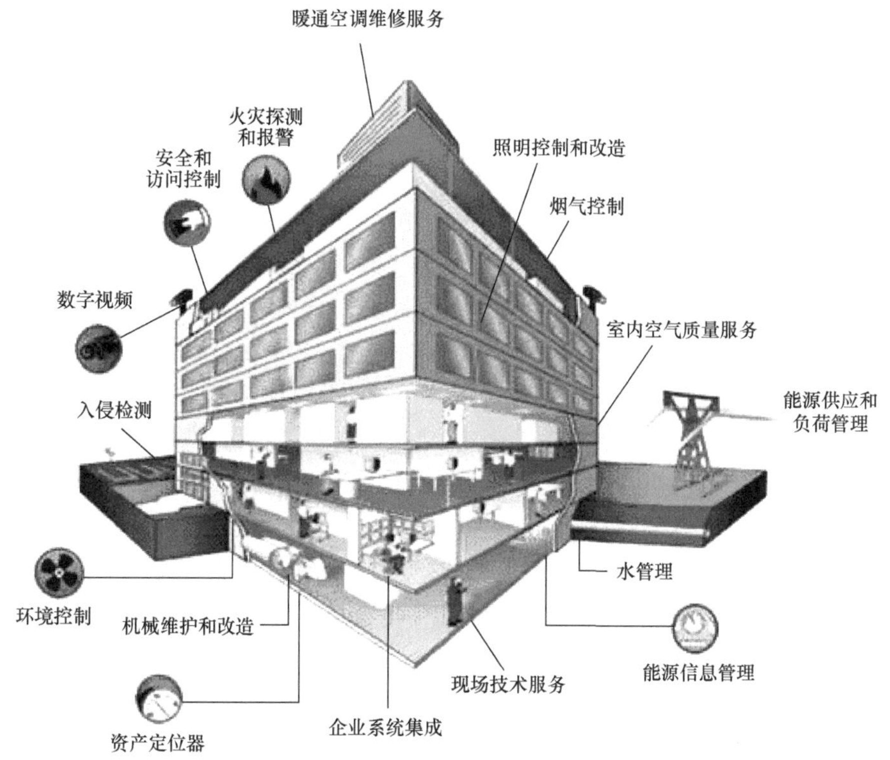


图 7-3 新型数据中心赋能商业建筑具体环节示意

此外，由于商业区人口密度高，电力可靠性也很重要。相关人员的操作维护工作量大。商业区应用智慧功能后，可以及时发现潜在的可靠性问题，并自动解决新出现的可靠性问题。例如，一栋办公楼内通常存在大量不同电压等级的电气设备，例如AC 220V、230V、380V、400V，以及DC 48V、12V。在这种情况下，由于各种电压水平和大量电气设备，配电系统很容易过载。在传统的操作和维护下，维护人员需要逐层检查所有的电源和公用设备，这是一个耗时的过程，在紧急情况下很难确定故障点。在数据中心功能的加持下，每个电源设备都可以自动监控，并且可以在极短的时间内执行自检和自解决。在大数据分析和人工智能技术的支持下，如果存在潜在问题，可以通过远程控制应用程序将相关信息发送给维护人员，这样他们可以应用不同的智能解决方案来解决潜在问题。

### 7.3.2 数据中心赋能民用社区

社区是城市的重要组成部分。随着可再生能源的持续快速发展，太阳能和风能越来越普遍地用于发电。同时，储能系统可以用来稳定发电量的波动。不同时段需要不同的能源消耗水平。例如，与晚上相比，早上的能源消耗水平相对较低。借助数据中心的数据分析功能提供解决方案，风力涡轮机和光伏组件的输入功率可以存储在电池系统中，以备未来使用。对于医院、学校和超市等关键基础设施，智能能源系统可以根据能源需求自动调整输出功率的比例。在夜间，可以根据电力需求的实时数据动态使用存储的风能和太阳能。同时，连接的电动汽车充电桩可以进行双向电力交易。一方面，低功率的电动汽车可以获得较低成本的电力，另一方面，具有较高容量的电动汽车电池可以向电网供电以销售能源。

### 7.3.3 数据中心赋能工业园区

数据中心支撑的智能解决方案可以帮助工业园区建立一个综合能源利用系统。与传统能源系统相结合，综合能源利用系统可以提高光伏能源、风能和其他清洁能源的利用率。构建综合能源利用系统，可实现统一能源管理，并进行分析预测，有助于提高区域能源利用率，降低工业园区整体能耗。

工业园区通过智慧化管理，可以提高供电质量和可靠性；利用人工智能和大数据技术可收集和分析能源消耗数据；使用数据中心的智能能源控制策略，可以显著降低能耗。同时，根据不同时段的电网价格差异，可以采用“削峰填谷”方法，降低工业园区的用电成本，提高供电安全性。由于制造过程中的耗电量巨大，通常会排放大量热能。热能可以循环利用，用于再次加热。此外，工业园区通过使用智能工厂平台，高温热可以循环利用，作为机械动力输入，支持工厂的制造过程。因此，购电量和二氧化碳排放量都将减少。

### 7.3.4 数据中心赋能交通路网

交通智能能源主要由电动汽车和充电桩等辅助设备组成。随着智能能源的应用，电动汽车的充放电模式是双向的。双向充放电模式有以下 3 种情况。

有序充电：当充电桩插入电动汽车时，充电工作不会立即开始。充电桩的电量会根据用户信息（例如，剩余电量或停车时间）进行调度。

电力需求管理：信息通信技术、电力技术和电价数据通过智能能源系统进行整合。

电动汽车在微电网中的充放电：分布式太阳能发电和储能系统普遍存在于公园区微电网中。通过电动汽车的充放电工作，上述能源可以通过公共母线连接到电网。可再生能源提供的清洁能源比例得以提高。

在一些城市，办公楼附近有许多不同规模的电动汽车公共充电站，可以统一管理所有电动汽车和相关基础设施，例如充电桩等，制定有序的充放电规则，方便与电网互联，平抑发电波动。

### 7.3.5 数据中心赋能市政枢纽

可靠和不间断的供电是市政地区能源使用的核心，也是节能和能源清洁的核心。通过行政应用平台传输和处理的数据量很大，而且往往是机密数据。如果发生电源故障，将产生严重后果。此时，边缘数据中心的作用就极为凸显，专有的机密性应用程序可以根据能源公司提供的大量情景数据及时进行安全预测，使电源故障的发生可能性最小化。通过连接不同类型电力设备和能源设备的智能传感器，可以收集和分析所有运行数据，因此任何潜在的安全问题都可以通过人工智能技术进行识别，并提供相应的解决方案。即使在极其紧急的情况下，也可以自动处理可靠性问题，并且可以快速解决诊断出的问题。当能源系统出现不可避免的问题时，智能能源系统可以快速有效地隔离有问题的部分并解决问题。

### 7.3.6 数据中心赋能城市建筑及交通节能降碳

1. 新型数据中心赋能城市建筑节能降碳

新型数据中心赋能建筑采暖系统节能降碳。依托新型数据中心可实现采暖系统耗能的智能优化，以实现节能减排。初步测算，新型数据中心可赋能建筑采暖系统节能降碳 20% 左右。

新型数据中心赋能建筑空调系统节能降碳。根据建筑环境温度及实际需求，依托新型数据中心，通过数字技术可智能动态调节空调系统的运行状态，有效降低空调系统的能耗。初步测算，新型数据中心可助力建筑空调系统节能降碳 20% ～ 45%。

新型数据中心赋能建筑照明系统节能降碳。通过使用节能灯具和智能控制方案，减少建筑照明能耗。初步测算，新型数据中心可助力建筑照明系统节能降碳 35% ～ 50%。

新型数据中心赋能建筑热水供应系统节能降碳。通过智能控制建筑热水供应系统，以自动调温、保温、防高温等功能大幅降低热水用能。初步测算，新型数据中心可助力建筑热水供应系统节能降碳 25% ～ 85%。

2. 新型数据中心赋能城市交通节能降碳

我国城市交通运输发展迅速，其能耗及碳排放量也呈快速增长趋势，交通领域的石油消耗占据我国石油终端总消耗的 60% 左右，碳排放量占据全国碳排放总量的 15% 左右，成为温室气体排放量增长最快的领域之一。

新型数据中心助力交通工具智能化。依托新型数据中心，可为交通运输工具赋智，实现自动驾驶和辅助驾驶，优化运输工具的工作状态，达到能耗最优工况，助力节能降碳。初步测算，交通工具智能化可赋能交通领域节能降碳 10% ～ 25%。

新型数据中心助力公共出行低碳化。依托新型数据中心，通过数字技术可实现公共出行智能集群调度，将传统交通出行与信息化、智能化高度融合，通过网络平台智能推送最优路线，减少出行的时间和距离。初步测算，公共出行低碳化可赋能交通领域节能降碳 20% ～ 33%。

新型数据中心助力路网运行低碳化。依托新型数据中心构建的智慧交通系统，通过实时调度优化和现场运营组织提高路网运行效率，能够有效缓解交通拥堵，减少油料消耗和废气排放量。经过初步测算，路网运行低碳化可赋能交通领域节能降碳 20% ～ 30%。

# 第 8 章
# 总结与展望

2020年，中共中央政治局常委会召开专题会议研究加快5G网络、数据中心等新型基础设施建设进度，将数据中心提升到国家战略基础设施层面；“十四五”规划提出，要加快建设新型基础设施；2021年，工业和信息化部在《新型数据中心发展三年行动计划（2021—2023年）》中强调，传统数据中心要加速与网络、云计算融合发展，加快向新型数据中心演进，从高技术、高算力、高能效和高安全4个方面出发，用3年的时间基本形成新型数据中心发展格局，实现高质量发展。

随着数字经济、智能社会市场需求的不断增长，数据算力技术的不断更新发展，数据中心能耗逐年增加，在“双碳”战略的引导下，数据中心向绿色低碳和智能运营维护方向发展是必然趋势，IT设备和非IT设备节能绿色低碳发展是社会普遍关注的核心问题。

70%以上的数据中心的能耗来自IT设备，云计算技术、高密度服务器、备份一体机等新技术开始大量应用于数据中心的建设运营，以技术促进数据中心基础设施变革。云计算技术的应用使数据中心的虚拟化程度不断提高，数据中心与云平台、网络、运营之间的连接日益紧密，分布式存储、定制化服务器、SDN、智能运维等IT技术的应用，有效提升了数据中心的服务能力，这些新技术、新设备的应用必然要向着节能、绿色、低碳目标发展。

除了IT设备能耗，非IT设备的能耗中空调系统能耗占据绝大部分，空调系统的节能是数据中心节能的核心，是数据中心节能的最大潜力所在。数据中心空调系统按照架构可分为冷源侧、输配侧、负荷侧三大环节。针对冷源侧节能，可因地制宜优先采用直接或间接的高品位冷源，最大限度地利用自然冷源，延长自然冷却时间。针对输配侧节能，如果工质为冷冻水，则优先考虑提高供/回水温度，采用大温差、小流量的输配系统，降低水泵能耗；如果输送工质为冷媒，则优先采用相变技术进行输送；如果通过相变技术输送的驱动力不足，则采用氟泵系统进行输送。针对负荷侧节能，传统空调末端为房间级精密空调，冷却介质与房间级精密空调进行回风换热，再将冷风送入机房内，存在两级换热。随着IT机架功耗的不断增加，采用新型末端形式（例如，行级空调系统、机柜级重力式热管背板空调系统、芯片级液冷系统等），使空调末端贴近服务器（负荷中心），可减少空调末端与服务器之间的冷量损失，降低空调末端能耗。

对空调系统的智能控制也可显著提高空调系统的运行效率，降低PUE值。目前，空调群控技术比较成熟，以空调水系统为例，新建或改造的数据中心可根据系统实时负荷，通过控制算法准确计算，并对机组和水泵、风机自动加/减载或启停，达到设备安全高效率运行、延长机组使用寿命的效果。采用人工智能技术的控制技术可打破传统空调群控系统基于精准数学模型的限制，通过总体自寻优，经过不断的参数优化和最佳启停策略寻优，逐步达到整体最优控制性能。

供配电系统作为数据中心正常运行的电力保障，在整体设计建设中占有重要地位，可从供电架构级供电、系统级供电和设备级供电 3 个层级采取节能措施，提高系统的供电效率。供电架构级节能立足于数据中心总体，合理减少供电环节、提高电压等级、深入负荷中心，采用市电直供、10kV 变换为直流 240V/336V 等技术。系统级节能包括高压直流系统、模块化不间断供电系统、一体化电源系统等技术。设备级节能技术包括UPS的ECO模式、高效模块优先、智能备电等技术。部分数据中心有快速部署需求，“预制化”“模块化”的供配电系统也成为发展趋势之一，可实现快速、高效的耦合。

随着数据中心处理数据量的高速增长，新建数据中心多以大规模、超大规模为主，复杂的系统和大量的设备为数据中心的整体管理带来了挑战，通过搭建智能化管理平台，可以对数据中心各子系统、各设备进行实时监控与管理，节省大量维护时间和费用，并可精确分析数据中心的PUE构成，为能耗的优化管理提供有力支撑。

除了降低数据中心各类负荷能耗的“节流”措施，推广低碳能源的“开源”措施也是未来新型数据中心绿色发展的重要举措之一。目前，数据中心领域中广泛使用的低碳能源主要有太阳能、风能、水（冰）蓄冷等。国家发展和改革委员会、中央网络安全和信息化委员会办公室、工业和信息化部、国家能源局于 2020 年联合印发《关于加快构建全国一体化大数据中心协同创新体系的指导意见》，明确指出，优化数据中心基础设施建设布局，加快实现数据中心集约化、规模化、绿色化发展，建立健全新技术设计和应用标准规范，例如，鼓励西部有条件的地区综合考虑清洁能源和电网布局选址就近建设数据中心，更多开发和利用水力发电、光伏发电和风能发电等清洁能源，增加与数据中心行业相适应的可再生能源供给；支持数据中心企业购买绿色能源，推动形成绿色产业集群发展，引导数据中心高效、清洁、绿色化发展，实现数据中心持续健康发展。

在未来的新型数据中心建设过程中，绿色能源将进一步得到推广，各类节能的创新技术将不断涌现，数据中心的建设理念也将更加丰富，利用新能源、新技术加速实现节能减排，提升算力服务水平，进一步赋能数据中心产业的节能降碳绿色发展。